河南省"十四五"普通高等教育规划教材

混凝土结构

第二版

蔡丽朋　马云玲　刘晓红　主编

HUNNINGTU
JIEGOU

化学工业出版社
·北京·

内容简介

本书为河南省"十四五"普通高等教育规划教材。根据普通高等教育土木工程专业的培养目标和教学要求，为满足普通高等教育土木工程专业应用型人才培养需求编写而成。全书共13章，包括绪论、混凝土结构材料的基本性能、结构设计基本原理、受弯构件正截面承载力计算、受压构件正截面承载力计算、受拉构件正截面承载力计算、构件斜截面受剪承载力计算、受扭构件截面承载力计算、正常使用极限状态及耐久性设计、预应力混凝土构件、梁板结构设计、单层工业厂房、框架结构设计。

本书依据的规范和标准有《混凝土结构设计规范》（GB 50010—2010，2015 年版）、《建筑结构荷载规范》（GB 50009—2012）、《建筑结构可靠性设计统一标准》（GB 50068—2018）。

为方便教学和学生自学，各章均设有相当数量的计算例题，每章后均有本章小结、思考题，部分章节还有习题。

本书为高等学校土木工程专业及相关土建工程类专业的教材，也可供相关的工程技术人员和科研人员学习参考。

图书在版编目（CIP）数据

混凝土结构/蔡丽朋，马云玲，刘晓红主编. —2 版. —北京：化学工业出版社，2022.8（2024.2重印）
河南省"十四五"普通高等教育规划教材
ISBN 978-7-122-41913-2

Ⅰ.①混… Ⅱ.①蔡…②马…③刘… Ⅲ.①混凝土结构-高等学校-教材 Ⅳ.①TU37

中国版本图书馆 CIP 数据核字（2022）第 140855 号

责任编辑：王文峡　　　　　　　　　　装帧设计：王晓宇
责任校对：宋　玮

出版发行：化学工业出版社（北京市东城区青年湖南街 13 号　邮政编码 100011）
印　　装：北京科印技术咨询服务有限公司数码印刷分部
787mm×1092mm　1/16　印张 25　字数 639 千字　2024 年 2 月北京第 2 版第 2 次印刷

购书咨询：010-64518888　　　　　　　售后服务：010-64518899
网　　址：http://www.cip.com.cn
凡购买本书，如有缺损质量问题，本社销售中心负责调换。

定　价：69.00 元　　　　　　　　　　　　　　　　　版权所有　违者必究

第二版前言

随着国家基本建设的快速发展，土木工程行业已成为国民经济的支柱行业之一，土木工程行业对应用型人才的需求也逐年剧增。与此同时，与土木工程专业教材内容相关的各种规范、标准也在陆续颁布和更新。本书为适应土木工程专业应用型人才培养需要，根据国家最新颁布的《混凝土结构设计规范》（GB 50010—2010，2015年版）、《建筑结构荷载规范》（GB 50009—2012）、《建筑结构可靠性设计统一标准》（GB 50068—2018）等设计规范编写而成。本书主要内容包括混凝土结构材料的基本性能，结构设计基本原理，受弯、受压、受拉、受扭构件的承载力计算，正常使用极限状态及耐久性设计，预应力混凝土构件，梁板结构设计，单层工业厂房和框架结构设计。

本书在内容编排上，强调应用型人才的培养，理论讲述以必需、够用为原则，教材内容力求理论联系实际，简明扼要，突出实用。编写时深入浅出，循序渐进，图文并茂，结合工程实践对专业理论进行阐述，并附有翔实的工程设计实例，以利于学生的学习和学以致用。每章之后附有本章小结、思考题，部分章节还有习题，以便于学生复习和巩固本章的内容，也可供教学参考。

本教材第一版自2019年8月出版发行以来，受到广大高校师生和读者的认可和好评。随着技术的快速发展，土木工程专业的规范和标准不断更新，需要对教材内容进行完善和更新。尤其是本教材2020年12月被立项为河南省"十四五"普通高等教育规划教材，对教材提出了更高的要求。为此，编者对教材第一版进行了修订。本教材第二版在保留第一版的特色基础上，主要做了以下修订：

1.保留了原教材的基本框架，对教材中的不妥之处进行了修改和更正，对陈旧和不适宜内容进行了删减，增加补充了一些新内容。

2.根据《建筑结构可靠性设计统一标准》（GB 50068—2018），将结构的极限状态分为承载能力极限状态、正常使用极限状态和耐久性极限状态，删除了由永久荷载控制的效应组合表达式，调整了永久荷载和可变荷载的分项系数，并修改了相关的例题。

3.结合工程实例修改了部分例题和习题，使教材内容更加接近于工程实际，体现应用型教材的特色。

本书由洛阳理工学院蔡丽朋、马云玲、刘晓红担任主编，具体编写分工如下：洛阳理工学院蔡丽朋编写第1、2、7、11章，洛阳理工学院马云玲编写第3、4、12章，洛阳理工学院刘晓红编写第5、6、13章，洛阳城市建设勘察设计院有限公司肖亮群编写第8章，洛阳理工学院董迎娜编写第9、10章，洛阳理工学院杜志刚编写附录，全书由蔡丽朋统稿。化学工业出版社对本教材的第二版修订给予支持和指导，在此表示衷心感谢！

由于编者水平有限，教材中难免有疏漏和不妥之处，恳请广大读者批评指正。

编者
2022年4月

目 录

第1章 绪论

- 1.1 混凝土结构的基本概念和特点 … 001
  - 1.1.1 混凝土结构的基本概念 … 001
  - 1.1.2 钢筋与混凝土共同工作的原因 … 002
  - 1.1.3 混凝土结构的特点 … 002
- 1.2 混凝土结构的发展和应用 … 003
  - 1.2.1 混凝土结构的发展历史 … 003
  - 1.2.2 混凝土结构的应用 … 004
  - 1.2.3 混凝土结构的新进展 … 005
- 1.3 本课程的主要内容及学习方法 … 007
  - 1.3.1 课程的主要内容 … 007
  - 1.3.2 课程特点与学习方法 … 007
- 本章小结 … 008
- 思考题 … 008

第2章 混凝土结构材料的基本性能

- 2.1 钢筋的基本性能 … 009
  - 2.1.1 钢筋的品种和级别 … 009
  - 2.1.2 钢筋的强度与变形 … 010
  - 2.1.3 混凝土结构对钢筋性能的要求 … 013
- 2.2 混凝土的基本性能 … 013
  - 2.2.1 混凝土的强度 … 013
  - 2.2.2 混凝土的变形性能 … 017
- 2.3 钢筋与混凝土之间的粘接 … 021
  - 2.3.1 粘接的概念 … 021
  - 2.3.2 粘接力的组成 … 022
  - 2.3.3 影响粘接强度的因素 … 022
  - 2.3.4 保证粘接强度的构造措施 … 023
  - 2.3.5 钢筋的锚固和连接 … 023
- 本章小结 … 026
- 思考题 … 027

第3章 结构设计基本原理

- 3.1 结构的功能要求及结构的可靠度 … 028
  - 3.1.1 结构上的作用、作用效应和结构的抗力 … 028
  - 3.1.2 结构的功能要求 … 029
  - 3.1.3 结构的极限状态 … 030
  - 3.1.4 结构的失效概率和可靠指标 … 031
  - 3.1.5 结构的安全等级 … 034
- 3.2 荷载和材料强度的取值 … 034
  - 3.2.1 荷载代表值 … 034
  - 3.2.2 材料强度的标准值和设计值 … 036
- 3.3 极限状态设计的基本表达式 … 038
  - 3.3.1 结构的设计状况 … 038
  - 3.3.2 承载能力极限状态设计

    表达式 ················· 038
 3.3.3 正常使用极限状态设计
    表达式及验算 ·········· 041

本章小结 ························· 042
思考题 ··························· 043
习题 ····························· 044

第4章 受弯构件正截面承载力计算

4.1 概述 ······················· 045
4.2 受弯构件的构造要求 ········· 046
 4.2.1 板的一般构造要求 ······ 046
 4.2.2 梁的一般构造要求 ······ 047
 4.2.3 梁、板的混凝土保
    护层 ··················· 049
 4.2.4 梁、板截面有效高度 ··· 049
4.3 正截面受弯性能的试验研究
  分析 ······················· 050
 4.3.1 梁正截面工作的三个
    阶段 ··················· 050
 4.3.2 受弯构件正截面破坏
    形态 ··················· 051
 4.3.3 适筋破坏与超筋破坏、
    少筋破坏的界限 ········ 053
4.4 单筋矩形截面受弯构件承载力
  计算 ······················· 055
 4.4.1 基本假定 ·············· 055
 4.4.2 基本计算公式及适用

    条件 ··················· 056
 4.4.3 计算方法及应用 ········ 057
4.5 双筋矩形截面受弯构件承载力
  计算 ······················· 064
 4.5.1 受压钢筋的应力 ········ 064
 4.5.2 基本计算公式及适用
    条件 ··················· 065
 4.5.3 计算方法及应用 ········ 067
4.6 T形截面受弯构件承载力
  计算 ······················· 070
 4.6.1 T形截面梁的应用 ······ 070
 4.6.2 T形截面的类型和
    判别 ··················· 072
 4.6.3 基本计算公式及适用
    条件 ··················· 072
 4.6.4 计算方法及应用 ········ 074
本章小结 ························· 077
思考题 ··························· 078
习题 ····························· 079

第5章 受压构件正截面承载力计算

5.1 轴心受压构件正截面承载力
  计算 ······················· 081
 5.1.1 配置普通箍筋轴心受压构件正
    截面受压承载力计算 ····· 082
 5.1.2 配置螺旋式箍筋轴心受压构件正
    截面受压承载力计算 ····· 086
5.2 偏心受压构件正截面受力性能
  分析 ······················· 089
 5.2.1 破坏形态 ·············· 089
 5.2.2 大、小偏心受压破坏的
    界限 ··················· 090
 5.2.3 附加偏心距e_a ········· 091

 5.2.4 截面承载力$N_u - M_u$相关
    曲线 ··················· 091
 5.2.5 偏心受压长柱的受力
    特点 ··················· 092
 5.2.6 偏心受压长柱设计弯矩的
    计算方法 ··············· 093
5.3 矩形截面偏心受压构件承载力
  计算基本公式 ··············· 095
 5.3.1 大偏心受压构件 ········ 095
 5.3.2 小偏心受压构件 ········ 097
5.4 矩形截面对称配筋偏心受压构件
  承载力计算 ················· 098

5.4.1 大、小偏心受压破坏的判别 …… 099
  5.4.2 基本公式及适用条件 … 099
  5.4.3 截面设计 …… 100
  5.4.4 截面复核 …… 101
5.5 受压构件一般构造要求 …… 108
  5.5.1 截面形式及尺寸 …… 108
  5.5.2 材料强度要求 …… 108
  5.5.3 纵向钢筋 …… 108
  5.5.4 箍筋 …… 109
本章小结 …… 110
思考题 …… 111
习题 …… 112

第 6 章　受拉构件正截面承载力计算

6.1 轴心受拉构件承载力计算 …… 113
  6.1.1 轴心受拉构件的受力特点 …… 113
  6.1.2 承载力计算公式及应用 …… 113
  6.1.3 构造要求 …… 114
6.2 矩形截面偏心受拉构件承载力计算 …… 114
  6.2.1 偏心受拉构件的破坏形态 …… 114
  6.2.2 偏心受拉构件正截面承载力计算公式 …… 115
  6.2.3 截面设计 …… 117
  6.2.4 截面复核 …… 118
本章小结 …… 122
思考题 …… 122
习题 …… 122

第 7 章　构件斜截面受剪承载力计算

7.1 概述 …… 123
7.2 受弯构件受剪性能的试验研究 …… 123
  7.2.1 无腹筋简支梁的受剪性能 …… 123
  7.2.2 有腹筋简支梁的受剪性能 …… 125
  7.2.3 影响斜截面受剪承载力的主要因素 …… 129
7.3 受弯构件斜截面受剪承载力计算公式 …… 129
  7.3.1 基本假定 …… 129
  7.3.2 斜截面受剪承载力计算公式 …… 130
  7.3.3 计算公式的适用条件 … 131
  7.3.4 板类构件的受剪承载力 …… 132
7.4 受弯构件斜截面受剪承载力计算方法 …… 133
  7.4.1 斜截面受剪承载力的计算截面位置 …… 133
  7.4.2 斜截面受剪承载力计算方法 …… 133
  7.4.3 计算例题 …… 135
7.5 受弯构件斜截面受弯承载力和钢筋的构造要求 …… 139
  7.5.1 抵抗弯矩图 …… 140
  7.5.2 纵向钢筋的构造要求 … 142
  7.5.3 箍筋的构造要求 …… 144
  7.5.4 弯起钢筋的构造要求 … 145
7.6 偏心受力构件的斜截面受剪承载力 …… 145
  7.6.1 偏心受压构件斜截面受剪承载力 …… 145
  7.6.2 偏心受拉构件斜截面受剪承载力 …… 147

本章小结 ·················· 147　　习题 ······················ 149
思考题 ···················· 148

第8章　受扭构件截面承载力计算

8.1　概述 ······················ 151
8.2　纯扭构件的受力性能和扭曲截面
　　　承载力计算 ················ 152
　　8.2.1　试验研究 ············ 152
　　8.2.2　纯扭构件的开裂扭矩 ··· 153
　　8.2.3　纯扭构件的受扭承载力
　　　　　计算 ·················· 156
8.3　复合受扭构件承载力计算 ······ 157

8.3.1　弯扭构件承载力计算 ··· 157
8.3.2　剪扭构件承载力计算 ··· 157
8.3.3　弯剪扭构件承载力
　　　计算 ·················· 159
本章小结 ······················ 163
思考题 ························ 164
习题 ·························· 164

第9章　正常使用极限状态及耐久性设计

9.1　裂缝及其控制 ················ 165
　　9.1.1　裂缝控制的目的 ······ 165
　　9.1.2　裂缝控制等级 ········ 166
9.2　裂缝宽度验算 ················ 166
　　9.2.1　裂缝的产生、分布和
　　　　　开展 ·················· 166
　　9.2.2　裂缝宽度验算 ········ 168
　　9.2.3　减小裂缝宽度的主要
　　　　　措施 ·················· 171
9.3　受弯构件的挠度验算 ·········· 173
　　9.3.1　变形控制的目的和
　　　　　要求 ·················· 173
　　9.3.2　受弯构件挠度验算 ···· 173

9.3.3　减小受弯构件挠度的主要
　　　措施 ·················· 175
9.4　混凝土结构的耐久性 ·········· 176
　　9.4.1　影响混凝土结构耐久性的
　　　　　主要因素 ·············· 177
　　9.4.2　混凝土结构耐久性设计
　　　　　方法和内容 ············ 178
　　9.4.3　《规范》对混凝土结构
　　　　　耐久性的相关规定 ······ 178
本章小结 ······················ 179
思考题 ························ 180
习题 ·························· 180

第10章　预应力混凝土构件

10.1　概述 ······················ 181
　　10.1.1　预应力混凝土的概念 ··· 181
　　10.1.2　施加预应力的方法 ···· 181
　　10.1.3　预应力混凝土的
　　　　　　优缺点 ·············· 183
　　10.1.4　预应力混凝土的锚具 ··· 183
　　10.1.5　预应力混凝土的材料

要求 ·················· 185
10.2　张拉控制应力和预应力损失 ··· 186
　　10.2.1　张拉控制应力 ········ 186
　　10.2.2　预应力损失 ·········· 187
　　10.2.3　预应力损失值的分阶段
　　　　　　组合 ················ 191
10.3　预应力混凝土轴心受拉构件

    计算 ·························· 192
  10.3.1 预应力混凝土轴心受拉
      构件应力分析 ·········· 192
  10.3.2 预应力混凝土轴心受拉
      构件的计算 ·············· 196
10.4 预应力混凝土受弯构件计算 ··· 203
  10.4.1 使用阶段计算 ············ 203
  10.4.2 施工阶段验算 ············ 209
10.5 预应力混凝土构件的构造

    要求 ························· 210
  10.5.1 先张法构件的构造
      要求 ······················ 210
  10.5.2 后张法构件的构造
      措施 ······················ 211
本章小结 ······························ 215
思考题 ································ 215
习题 ·································· 216

第11章 梁板结构设计

11.1 概述 ······························ 217
  11.1.1 楼盖结构选型 ············ 217
  11.1.2 梁、板截面尺寸 ········· 219
  11.1.3 现浇整体式楼盖的受力体
      系及内力分析方法 ······ 220
11.2 单向板肋梁楼盖设计 ············ 221
  11.2.1 单向板肋梁楼盖的结构
      布置 ······················ 221
  11.2.2 单向板肋梁楼盖各构件
      计算简图确定 ·········· 222
  11.2.3 单向板肋梁楼盖按弹性
      理论方法计算内力 ······ 224
  11.2.4 单向板肋梁楼盖按塑性
      理论方法计算内力 ······ 228
  11.2.5 单向板肋梁楼盖的配筋
      计算与构造要求 ······· 231
  11.2.6 单向板肋梁楼盖设计
      实例 ······················ 236
11.3 现浇整体式双向板肋梁楼盖
  设计 ······························ 247
  11.3.1 双向板的受力特点 ······ 247
  11.3.2 双向板内力计算 ········· 247

  11.3.3 双向板楼盖支承梁的
      设计 ······················ 249
  11.3.4 双向板肋梁楼盖的配筋
      计算及构造要求 ······· 250
  11.3.5 双向板肋形楼盖设计
      实例 ······················ 251
11.4 装配式楼盖 ······················ 254
  11.4.1 概述 ······················ 254
  11.4.2 预制构件的形式及
      特点 ······················ 255
  11.4.3 装配式楼盖的计算
      要点 ······················ 257
  11.4.4 装配式楼盖的连接
      构造 ······················ 257
11.5 楼梯 ······························ 259
  11.5.1 板式楼梯 ··············· 259
  11.5.2 梁式楼梯 ··············· 262
  11.5.3 整体式楼梯设计
      实例 ······················ 264
本章小结 ······························ 268
思考题 ································ 268
习题 ·································· 269

第12章 单层工业厂房

12.1 概述 ······························ 272
  12.1.1 单层厂房的特点 ········· 272

  12.1.2 单层厂房的结构类型 ··· 272
  12.1.3 单层工业厂房的结构

         组成 …………………… 273
12.2 单层工业厂房结构布置及主要
     构件选型 ………………………… 275
     12.2.1 结构平面布置 ………… 275
     12.2.2 主要承重构件选型 …… 280
12.3 排架结构内力分析 …………… 286
     12.3.1 计算简图 ……………… 286
     12.3.2 荷载计算 ……………… 287
     12.3.3 排架结构内力计算 …… 293
     12.3.4 荷载效应组合 ………… 298
12.4 排架柱设计 …………………… 299
     12.4.1 截面设计 ……………… 300
     12.4.2 牛腿设计 ……………… 300
     12.4.3 预埋件设计 …………… 302
     12.4.4 柱的吊装验算 ………… 305
本章小结 ……………………………… 305
思考题 ………………………………… 306
习题 …………………………………… 306

第13章 框架结构设计

13.1 概述 …………………………… 308
     13.1.1 框架结构体系的特点 … 308
     13.1.2 结构总体布置 ………… 309
     13.1.3 框架结构设计要求 …… 309
13.2 框架结构的结构布置 ………… 310
     13.2.1 框架结构布置一般
            原则 ……………………… 310
     13.2.2 柱网布置 ……………… 310
     13.2.3 框架结构的承重方案 … 311
     13.2.4 变形缝的设置 ………… 312
13.3 框架结构的计算简图 ………… 313
     13.3.1 框架梁、柱截面尺寸
            初选 ……………………… 313
     13.3.2 框架结构计算单元的
            选取 ……………………… 315
     13.3.3 框架结构计算简图的
            确定 ……………………… 316
     13.3.4 框架梁、柱线刚度的
            确定 ……………………… 317
13.4 框架结构的荷载计算 ………… 318
     13.4.1 竖向荷载 ……………… 318
     13.4.2 水平荷载 ……………… 319
13.5 竖向荷载作用下框架结构的
     内力计算 ………………………… 321
     13.5.1 分层法 ………………… 321
     13.5.2 弯矩二次分配法 ……… 325
     13.5.3 系数法 ………………… 326
13.6 水平荷载作用下框架结构的
     内力计算 ………………………… 328
     13.6.1 水平荷载作用下框架结构
            的受力及变形特点 …… 328
     13.6.2 反弯点法 ……………… 329
     13.6.3 D 值法 ……………… 333
     13.6.4 门架法 ………………… 340
13.7 水平荷载作用下框架结构的侧
     移计算 …………………………… 341
     13.7.1 梁、柱弯曲变形引起的
            侧移（剪切型变形）的
            计算 ……………………… 342
     13.7.2 框架结构的侧移
            控制 ……………………… 343
13.8 荷载效应组合及构件设计 …… 344
     13.8.1 荷载效应组合 ………… 344
     13.8.2 构件设计 ……………… 347
13.9 框架结构的构造要求 ………… 349
     13.9.1 框架梁 ………………… 349
     13.9.2 框架柱 ………………… 349
     13.9.3 梁柱节点 ……………… 350
     13.9.4 钢筋的连接和锚固 …… 351
     13.9.5 框架结构抗震构造
            措施 ……………………… 353
本章小结 ……………………………… 357
思考题 ………………………………… 358
习题 …………………………………… 359

附录

附录 1	普通钢筋强度标准值 ……… 360	附录 13	混凝土保护层的最小厚度 c ……… 364
附录 2	预应力筋强度标准值 ……… 360	附录 14	纵向受力钢筋的最小配筋百分率 ρ_{min} ……… 364
附录 3	普通钢筋强度设计值 ……… 361		
附录 4	预应力筋强度设计值 ……… 361		
附录 5	普通钢筋及预应力钢筋在最大力下的总伸长率限值 ……… 362	附录 15	钢筋的公称截面面积及理论重量 ……… 365
附录 6	钢筋的弹性模量 ……… 362	附录 16	每米板宽内的钢筋截面面积 ……… 365
附录 7	混凝土强度标准值 ……… 362		
附录 8	混凝土强度设计值 ……… 362	附录 17	等截面等跨连续梁在常用荷载作用下的内力系数表 ……… 366
附录 9	混凝土弹性模量 ……… 362		
附录 10	混凝土结构的环境类别 … 363	附录 18	双向板按弹性理论计算系数表 ……… 377
附录 11	结构构件的裂缝控制等级及最大裂缝宽度的限值 ……… 363		
附录 12	受弯构件的挠度限值 ……… 364	附录 19	框架柱反弯点高度比 ……… 382

参考文献

第1章 绪论

1.1 混凝土结构的基本概念和特点

1.1.1 混凝土结构的基本概念

混凝土是由胶凝材料、粗骨料（石子）、细骨料（砂）和水，有时还加入外加剂和掺合料，按一定比例配制，经拌和、养护、凝结硬化后而成的人工石材。目前在土木工程中应用最广泛的是以水泥为胶凝材料的水泥混凝土，也称为普通混凝土。混凝土的抗压强度较高，而抗拉强度很低。

混凝土结构是以混凝土为主要材料制成的结构，包括素混凝土结构、钢筋混凝土结构、预应力混凝土结构等。

1.1.1.1 素混凝土结构

素混凝土结构是指无筋或不配置受力钢筋的混凝土结构，只能用于承受压力而不承受拉力的构件，且破坏比较突然，在工程中极少使用。素混凝土结构主要用于设备基础、道路路面、地坪及一些非承重结构构件。

1.1.1.2 钢筋混凝土结构

钢筋混凝土结构是指配置受力的普通钢筋、钢筋网或钢筋骨架的混凝土结构。钢筋混凝土结构在土木工程中应用广泛，适用于各种受弯、受压、受拉、受扭的结构，如梁、板、柱、墙体、基础等。钢筋混凝土结构由钢筋和混凝土两种力学性能不同的材料组成。钢筋的抗拉和抗压强度都很高，但价格较贵；混凝土的抗压强度较高而抗拉强度较低，价格便宜，取材便利。钢筋混凝土结构就是把钢筋和混凝土通过合理的方式组合在一起，使钢筋主要承受拉力，混凝土主要承受压力，充分发挥两种材料的性能优势，使得设计的工程结构既安全又经济。此外，在受压构件中，也可配置钢筋来协助混凝土共同承受压力，从而减少构件截面尺寸，改善受压构件的脆性性能。

下面以钢筋混凝土受弯构件（梁）为例，来说明钢筋和混凝土的工作原理。如图1-1所示为跨度、截面尺寸和混凝土强度均相同的素混凝土梁与钢筋混凝土梁的破坏情况，图1-1（a）为素混凝土梁破坏，图1-1（b）为配置适量受力钢筋的钢筋混凝土梁破坏。素混凝土简支梁在荷载作用下截面下部受拉、上部受压，当梁跨中截面下边缘的混凝土达

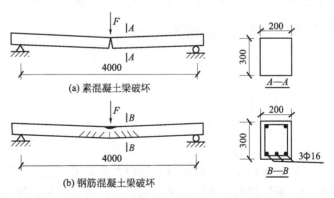

图1-1 素混凝土梁与钢筋混凝土梁的破坏情况

到抗拉强度时，梁下部出现裂缝，并且一裂即断，破坏很突然，属于脆性破坏。素混凝土梁破坏由混凝土抗拉强度控制，受压区混凝土的抗压强度没有充分利用，由于混凝土抗拉强度很低，故梁破坏时承担的荷载很小。而钢筋混凝土梁当跨中截面下边缘的混凝土开裂后，由钢筋来承受拉力，梁还能继续承担荷载，梁的变形和裂缝继续增大，直到受拉钢筋达到屈服，受压区混凝土被压碎，梁才宣告破坏。钢筋混凝土梁能充分发挥钢筋和混凝土各自的性能优势，承载荷载的能力较强，且破坏前有明显的预兆，属于塑性破坏。

综上所述，钢筋混凝土梁与素混凝土梁相比较，有以下显著优点：①材料性能得到充分利用，混凝土受压破坏，钢筋受拉破坏；②改善了构件的受力性能和破坏形态，由脆性破坏转变为塑性破坏；③大大提高了构件的承载能力。

1.1.1.3 预应力混凝土结构

预应力混凝土结构是指配置受力的预应力筋，通过张拉或其他方法建立预加应力的混凝土结构。预应力混凝土结构一般是在构件的受拉区预先施加压应力，以全部或部分抵消荷载作用下的拉应力。预应力混凝土结构具有抗裂性好、刚度大、能充分发挥高强钢筋强度的特点，特别适宜用于对抗裂抗渗要求高、大跨度及重荷载的结构构件。

1.1.2 钢筋与混凝土共同工作的原因

钢筋与混凝土两种材料能够有效地结合在一起共同工作，主要是基于以下三个原因。

1.1.2.1 钢筋与混凝土之间存在着粘接力

混凝土凝结硬化后，能与钢筋牢固地粘接在一起。该粘接力使得钢筋混凝土结构中的钢筋与混凝土在外荷载作用下协调变形，共同工作。因此，粘接力是钢筋和混凝土两种材料能够共同工作的基础。

1.1.2.2 钢筋与混凝土两种材料的温度线膨胀系数很接近

钢筋的温度线膨胀系数为 $1.2\times10^{-5}℃^{-1}$，混凝土为 $(1.0\sim1.5)\times10^{-5}℃^{-1}$，线膨胀系数很接近。所以，温度变化时，钢筋与混凝土之间不会因产生较大的温度应力和相对变形而破坏。

1.1.2.3 混凝土能够有效地保护钢筋

钢筋埋置于混凝土中，混凝土对钢筋起到了保护和固定作用，使钢筋不容易锈蚀，且使其受压时不易失稳，在遭受火灾时不致因钢筋很快软化而导致结构整体破坏。因此，在混凝土结构中，钢筋表面必须留有一定厚度的混凝土作保护层。

1.1.3 混凝土结构的特点

混凝土结构作为土木工程中应用最广泛的结构形式，具有很多优点，但也存在一些缺点有待进一步改进和提高。

1.1.3.1 优点

（1）就地取材　混凝土中的主要材料砂、石一般可由当地供应，易于就地取材。另外，还可以将工业废料，如矿渣、粉煤灰等制成人造骨料用于混凝土中，变废为宝。

（2）整体性好　目前混凝土结构大多采用现浇的施工方法，构件之间节点通过钢筋贯通和锚固、采用混凝土整体浇筑而成，具有较好的整体性，刚度和稳定性也都比较好，有利于抗震、抵抗振动和爆炸冲击波。

(3) 耐久性好　钢筋埋置在混凝土中,受混凝土保护不易发生锈蚀,因而钢筋混凝土结构的耐久性好,不需要像钢结构那样需经常性地去维护。

(4) 耐火性好　混凝土是非燃烧材料,遇火时不像木结构那样易燃烧,混凝土中的钢筋也不像钢结构那样易较快软化而导致结构整体破坏。因而,混凝土结构与木结构和钢结构相比,具有很好的耐火性。

(5) 可模性好　混凝土在浇筑时是流动状态,可根据外形需要制成任意形状和尺寸的结构构件,有利于建筑造型。

(6) 节约钢材　钢筋混凝土结构能合理应用材料的性能,发挥钢筋和混凝土各自的优势,承载力较高,大多数情况下可用来代替钢结构,因而能节约钢材,降低造价。

1.1.3.2　缺点

(1) 自重大　钢筋混凝土的容重约为 $25kN/m^3$,比砌体(容重为 $19kN/m^3$)和木材(容重为 $5kN/m^3$)大。若承受相同的外荷载,采用混凝土结构的截面尺寸比采用钢结构要大很多,导致混凝土结构的自重大,这对建造大跨度结构、高层建筑结构以及对结构抗震均是不利的。

(2) 抗裂性差　混凝土的抗拉强度很低,一般构件都存在拉应力,配置钢筋以后虽然可以提高构件的承载力,但抗裂能力提高很少,因此普通钢筋混凝土结构经常带裂缝工作,这给构件的刚度和耐久性都带来不利的影响。

(3) 模板用量多　现在混凝土结构大多采用现浇的施工方法,模板消耗量大,若采用木模,则耗费大量的木材,增加工程造价。

此外,混凝土结构施工工序复杂,周期较长,施工受季节环境影响较大;对于已建成的混凝土结构,如遇损伤则修复困难;隔热、隔声性能也比较差。

随着科学技术的不断发展,混凝土结构的缺点正在被逐渐克服或有所改进。如采用轻质混凝土可减轻结构自重;采用预应力混凝土可提高其抗裂性;采用可重复使用的钢模板会降低工程造价;采用预制装配式结构,可节约模板,并能使混凝土构件制作少受或不受气候条件的影响,提高工程质量和加快施工进度。

1.2　混凝土结构的发展和应用

1.2.1　混凝土结构的发展历史

混凝土结构应用的历史并不长,至今大约有 160 年,但发展很快,现已成为土木工程领域最为重要的结构形式。混凝土结构的发展可大致划分为四个阶段。

1850~1920 年为第一阶段,这时由于钢筋和混凝土的强度都很低,仅能建造一些小型的梁、板、柱、基础等构件,钢筋混凝土本身的计算理论尚未建立,按弹性理论进行结构设计。

1921~1950 年为第二阶段,这时已建成各种空间结构,发明了预应力混凝土并应用于实际工程,此阶段的计算理论开始考虑材料的塑性,并开始按破损阶段进行构件设计。

1951~1980 年为第三阶段,该阶段材料强度不断提高,混凝土单层房屋和桥梁结构的跨度不断增大,混凝土高层建筑的高度也不断被刷新,混凝土的适用范围进一步扩大;各种现代化施工方法普遍采用,结构构件已过渡到按极限状态设计的设计方法。

1981 年起至今,混凝土结构的发展进入第四阶段。尤其是近年来,高强混凝土、高性能混凝土和高强钢筋等相继出现并得到广泛应用，各种新的结构形式和施工技术相继得到应用，混凝土结构不断向新的领域拓展，混凝土结构所能达到的高度和跨度不断被刷新。计算机辅助设计和绘图的程序化，改进了设计方法并提高了设计质量，也减少了设计工作量。非线性有限元分析方法的广泛应用，推动了混凝土强度理论的深入研究，结构构件的设计已采用以概率理论为基础的极限状态设计方法。

1.2.2 混凝土结构的应用

目前，混凝土结构在房屋建筑、桥梁、隧道、地下工程、水利、港口、特种结构与高耸结构等工程中得到广泛的应用。随着高性能外加剂和混合材料的使用，混凝土强度不断提高，目前C50～C90级混凝土甚至更高强度等级混凝土的应用已较普遍。各种特殊用途的混凝土不断研制成功并获得应用，例如超耐久性混凝土的耐久年限可达500年；耐热混凝土可耐1800℃的高温；钢纤维混凝土和聚合物混凝土、防射线、耐磨、耐腐蚀、防渗透、保温等有特殊要求的混凝土也应用于实际工程中。

1.2.2.1 房屋建筑

房屋建筑中的住宅和公共建筑，以及单层和多层工业厂房大量使用混凝土结构，其中钢筋混凝土结构在一般工业和民用建筑中使用最为广泛。高层建筑中的框架结构、剪力墙结构、框架-剪力墙结构、筒体结构等也多采用混凝土结构。代表性的混凝土结构房屋建筑工程有：1996年建成的广州中信广场大厦（80层，高391m），是当今世界上最高的钢筋混凝土结构建筑；1998年建成的马来西亚石油双塔楼（88层，高452m），2003年建成的中国台北国际金融中心（101层，高508m），这两栋建筑均采用钢-混凝土混合结构，其高度已超过当时世界上最高的钢结构建筑（美国芝加哥希尔斯大厦）；1999年建成的上海金茂大厦（88层，高420m），也为钢-混凝土混合结构；2008年建成的上海环球金融中心（地下3层，地上101层，高492m）为筒中筒结构体系，其中内筒为钢筋混凝土结构，外筒为型钢混凝土巨型框架；2016年建成的上海中心大厦（地下5层，地上建筑主体118层，总高为632m，结构高度为580m），采用了"巨型框架-核心筒-伸臂桁架"的抗侧力结构体系，为钢-混凝土混合结构，其中核心筒为钢筋混凝土结构；2010年阿联酋迪拜建成的哈利法塔（160层，高828m），其中600m以下为钢筋混凝土结构，600m以上为钢结构，为当前世界上的最高建筑。

1.2.2.2 桥梁工程

在桥梁工程中，跨度小于25m的桥梁绝大部分采用钢筋混凝土结构或预应力混凝土建造，跨度在25～60m的桥梁一般采用钢-混凝土组合结构建造较为经济，更大跨度的桥梁一般采用钢结构建造；即使是在悬索桥、斜拉桥等大跨度桥梁中，其桥面结构和桥塔一般也采用混凝土结构。现今，我国在桥梁工程的许多方面处于国际领先水平，取得了举世瞩目的建设成就。2018年10月，总长55km的港珠澳大桥顺利通车运行，创造了诸多世界之最，是世界上里程最长、设计使用寿命最长、施工难度最大、沉管隧道最长、技术含量最高、科学专利和投资金额最多的桥梁。除此以外，代表性的混凝土结构或钢-混凝土组合结构桥梁工程有：我国2016年建成通车的北盘江大桥，全长1341.4m，主跨达720m，上承式劲性骨架钢筋混凝土拱桥，为目前世界上最大跨度的钢筋混凝土拱桥；1997年建成的重庆长江二桥为预应力混凝土斜拉桥，跨度达444m；1997年建成的虎门辅航道桥，主跨270m，为预应力混凝土连续刚架桥；1997年建成的四川万县长江大桥，主跨420m，采用钢管混凝土劲性骨架的箱形拱桥，为目前世界首创；2000年建成的福州市青州闽江大桥，主跨605m，1993年建成的上海杨浦大桥，主跨602m，这两座桥均为双塔双索面钢-混凝土结合梁斜拉桥，其桥塔和桥面板均为混凝土结构，在钢-混凝土结合梁斜拉桥中分别排名世界第一和第二。

1.2.2.3 隧道工程及地下工程

隧道及地下工程多采用混凝土结构建造。新中国成立后修建了约2500km长的铁路隧道，其中成昆铁路线中有隧道427座，总长341km，占全线路长31%；修建的公路隧道约400座，总长约80km；2007年建成通车的秦岭终南山公路隧道，单洞长18.02km，双洞共长36.04km，是目前我国最长的隧道。目前，我国许多城市建有大量地铁、地下商业街、地下停车场、地下仓库、地下工厂、地下旅店等。

1.2.2.4 水利工程

水利水电工程中的水电站、拦洪坝、引水渡槽、污水排灌管等均采用混凝土结构。我国水利水电工程建设规模大，建设水平高。世界上海拔最高的坝是我国雅砻江流域梯级电站锦屏一级拱坝，为混凝土双曲拱坝，坝高305m，2005年开工建设。我国清江梯级开发第一级电站的水布垭大坝，坝高233m，为世界第一高混凝土面板堆石坝，2007年建成。世界上最高的重力坝为瑞士的大狄桑坝，高285m；四川二滩水电站拱形重力坝高242m；贵州乌江渡拱形重力坝高165m；黄河小浪底水利枢纽，主坝高154m。我国的三峡水利枢纽，水电站主坝高185m，设计装机容量1.82×10^7kW，该枢纽发电量居世界第一，坝体为混凝土重力坝，混凝土用量达到$2.7 \times 10^7 m^3$，为世界之最。另外，举世瞩目的南水北调大型水利工程，沿线将建造很多预应力混凝土渡槽。

1.2.2.5 特种结构

特种结构中的烟囱、水塔、筒仓、储水池、电视塔、核电站反应堆安全壳、近海采油平台等也有很多采用混凝土结构建造。如1989年建成的挪威北海混凝土近海采油平台，水深216m；目前世界上最高的电视塔是加拿大多伦多电视塔，塔高553.3m，为预应力混凝土结构；上海东方明珠电视塔由三个钢筋混凝土筒体组成，高456m，居世界第三位；2009年建成的广州电视塔，总高度610m，其中主塔450m，发射天线桅杆160m。瑞典建成容积为$10000 m^3$的预应力混凝土水塔，我国山西云岗建成两座容量为6万吨的预应力混凝土煤仓等。

1.2.3 混凝土结构的新进展

随着技术的发展，混凝土结构在其所用材料和配筋方式上有了许多新进展，形成了一些新型混凝土及结构形式，如高性能混凝土、纤维增强混凝土、活性粉末混凝土、工程化的纤维增强水泥基复合材料及钢与混凝土组合结构等。

1.2.3.1 高性能混凝土结构

高性能混凝土是今后混凝土材料发展的重要方向，一般是指具有高强度、高耐久性、高流动性及高抗渗透性等特点的混凝土。《混凝土结构设计规范》(GB 50010—2010)(2015年版)将混凝土强度等级大于C50的混凝土划为高强混凝土。高强混凝土的强度高、变形小、耐久性好，适应现代工程结构向大跨、重载、高耸发展和承受恶劣环境条件的需要。但是高强混凝土在受压时表现出较大的脆性，因而在结构构件计算方法和构造措施上与普通强度混凝土有一定差别，在某些结构上的应用受到限制，如有抗震设防要求的混凝土结构，混凝土强度等级不宜超过C60（设防烈度为9度时）和C70（设防烈度为8度时）。

1.2.3.2 纤维增强混凝土结构

纤维增强混凝土是在普通混凝土中掺入适当的各种纤维材料形成的，其抗拉、抗剪、抗折强度和抗裂、抗冲击、抗疲劳、抗震、抗爆等性能均有较大提高，因而具有较大发展和应用空间。

目前应用较多的纤维材料有钢纤维、合成纤维、玻璃纤维和碳纤维等。钢纤维混凝土是将短的、不连续的钢纤维均匀乱向地掺入普通混凝土而制成的，有无筋钢纤维混凝土结构和钢纤维钢筋混凝土结构。钢纤维混凝土结构的应用很广，如机场的飞机跑道、地下人防工程、地下泵房、水工结构、桥梁与隧道工程等。合成纤维（尼龙基纤维、聚丙烯纤维等）可以作为主要加筋材料，提高混凝土的抗拉、韧性等结构性能，用于各种水泥基板材；也可以作为一种次要加筋材料，主要用于提高混凝土材料的抗裂性。碳纤维具有轻质、高强、耐腐蚀、施工便捷等优点，已广泛用于建筑、桥梁结构的加固补强以及机场跑道工程等。

1.2.3.3 活性粉末混凝土结构

活性粉末混凝土（简称RPC）是由骨料（级配良好的石英砂）、水泥、硅粉、高效减水剂以及一定量的纤维（如钢纤维等）等组成，因除去了大颗粒骨料，并增加了组分的细度和活性而得名，是一种超高强度、超高韧性和高耐久性的超高性能混凝土。RPC的密度大，空隙率低，抗渗能力强，耐久性高，流动性好，还具有较高的韧性和良好的变形性能，比普通混凝土和现有的高性能混凝土有质的飞跃。RPC梁的抗弯强度与自重之比已接近钢梁，与高强钢绞线结合，有着良好的耐火性和耐腐蚀性，其综合结构性能可超过钢结构。

1.2.3.4 工程化的纤维增强水泥基复合材料结构

由于粗骨料与水泥砂浆界面是混凝土中的最薄弱环节，因此近年来美国Michigan大学采用高性能纤维增强水泥砂浆，研制出一种工程化的纤维增强水泥基复合材料（简称ECC）。其生产工艺类似于纤维混凝土，但不使用粗骨料，纤维体积含量一般不超过2%。ECC具有类似于金属材料的拉伸强化现象，其极限拉应变可达到5%～6%，与钢材的塑性变形能力几乎相近，是具有像金属一样变形的混凝土材料。ECC的抗压强度类似于混凝土，抗压弹性模量较低，但受压变形能力比普通混凝土大很多；其耐火性和耐久性也超过普通混凝土。

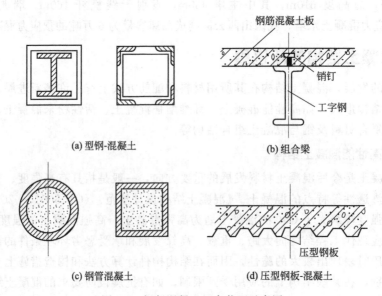

图1-2 钢与混凝土组合截面示意图

1.2.3.5 钢与混凝土组合结构

用型钢或钢板焊成钢截面,再将其埋置于混凝土中,使混凝土与型钢形成整体共同受力,称为钢与混凝土组合结构。国内外常用的组合结构有型钢混凝土结构、钢与混凝土组合梁、钢管混凝土结构、压型钢板与混凝土组合楼板等,如图 1-2 所示。

钢与混凝土组合结构除具有钢筋混凝土结构的优点外,还有抗震性能好、施工方便、能充分发挥材料的性能等优点,因而得到了广泛应用。各种结构体系,如框架、框架-剪力墙、剪力墙、框架-核心筒等结构体系中的梁、柱、墙均可采用组合结构。例如,上海金茂大厦外围柱、上海环球金融中心大厦的外框筒柱、深圳地王大厦的外框架柱,采用了钢管混凝土柱或型钢混凝土柱。

1.3 本课程的主要内容及学习方法

1.3.1 课程的主要内容

混凝土结构为土木工程及相关专业的主干专业课程,主要讲述混凝土结构构件的受力性能、设计计算方法和构造措施等。本课程主要内容包括混凝土结构材料的基本性能,结构设计基本原理,受弯、受压、受拉、受扭构件的承载力计算,正常使用极限状态及耐久性设计,预应力混凝土构件,梁板结构设计,单层工业厂房和框架结构设计。

混凝土结构构件的设计,首先根据结构使用功能要求及考虑经济、施工等条件,选择合理的结构方案,进行结构布置以及确定结构计算简图等;然后根据结构上所作用的荷载及其他作用,对结构进行内力分析,求出构件截面内力(包括弯矩、剪力、轴力、扭矩等)。在此基础上,对组成结构的各类构件分别进行截面设计,即确定构件截面所需的钢筋数量、配筋方式并采取必要的构造措施。

1.3.2 课程特点与学习方法

由于钢筋混凝土是非线性的,由混凝土和钢筋组合而成,受力性能复杂。混凝土结构与研究弹性体的"材料力学"完全不同,学习时应注意它们之间的异同点。在学习本课程时,应注意课程的以下几个主要特点。

1.3.2.1 材料的特殊性

钢筋混凝土结构是由钢筋和混凝土两种材料组成的构件,且混凝土是非均匀、非连续和非弹性材料。因此,材料力学的公式一般不能直接用来计算钢筋混凝土构件,在具体应用时应注意钢筋和混凝土两种材料各自性能上的特点。

1.3.2.2 公式的试验性

钢筋混凝土构件的计算方法是建立在试验研究基础上的,钢筋和混凝土材料的力学性能指标通过试验确定。根据一定数量的构件受力性能试验,研究其破坏机理和受力性能,建立物理和数学模型,并根据试验数据得出半理论半经验公式。因此,学习时一定要深刻理解构件的破坏机理和受力性能,特别要注意构件计算方法的适用条件和应用范围。

1.3.2.3 设计的综合性

混凝土结构构件设计是一个综合性的问题,需要考虑多方面的因素,解答也是多样的。结构构件设计包括构件的截面形式、材料选用、配筋计算及构造等。因此,学习本课程时,要注意学会对多种因素进行综合分析,得出较为合理的设计。另外,钢筋和混凝土在强度和数量上存在一个合理的配比范围，如果钢筋和混凝土在体积上的比例及材料强度的搭配超过了这个范围，就会引起构件受力性能改变，从而引起构件截面设计方法的改变。

1.3.2.4 规范的权威性

本课程实践性很强，课程内容及其设计计算应符合现行设计规范和标准的要求。本课程内容涉及的主要规范有《混凝土结构设计规范》（GB 50010—2010，2015年版，以下简称《规范》）、《建筑结构可靠性设计统一标准》（GB 50068—2018，以下简称《统一标准》）、《建筑结构荷载规范》（GB 50009—2012，以下简称《荷载规范》）等。设计规范是国家颁布的有关结构设计的技术规定和标准，规范条文尤其是强制性条文是设计中必须遵守的带法律性的技术文件。只有正确理解规范条文的概念和实质，才能正确地应用规范条文及其相应公式，充分发挥设计者的主动性和创造性。

1.3.2.5 构造的重要性

目前，我国现行的实用计算方法一般只考虑了荷载效应，对混凝土收缩、温度变化及地基不均匀沉降等的作用效应，难以用公式计算来表达。《规范》根据长期的工程实践经验，总结出来一些构造措施来考虑这些因素的影响。因此，学习本课程时，不仅要掌握各种计算方法，对相关的构造措施也应给予足够的重视。在混凝土结构设计时，除了满足相关计算以外，还必须同时满足各项构造措施。

（1）混凝土结构是以混凝土为主要材料制成的结构，包括素混凝土结构、钢筋混凝土结构、预应力混凝土结构等。在混凝土中配置适量的钢筋后，可使构件的承载力大大提高，构件的受力性能也得到显著改善。

（2）钢筋和混凝土能有效地一起工作，是基于两种材料之间存在粘接力、两种材料的温度线膨胀系数接近、混凝土对钢筋的保护作用等。

（3）混凝土结构具有整体性好、耐久性好、耐火性好、可模性好等很多优点，但也存在自重大、抗裂性差等缺点，应通过不断的研究和技术开发，进行合理的设计，发挥其优点，克服其缺点。混凝土结构目前是土木工程中应用最广泛的结构形式之一，广泛应用于房屋建筑、桥梁、隧道、地下工程、水利、港口、特种结构与高耸结构等工程中。

（4）混凝土结构的应用约有160余年的历史，应用极其广泛，成就非常突出。随着技术的发展，混凝土结构在其所用材料和配筋方式上有了许多新进展，形成了一些新型混凝土及结构形式。

（5）混凝土结构构件的设计原理和方法，与材料力学既有联系又有区别，且比材料力学复杂，学习时应予以注意。

思考题

（1）什么是混凝土结构？混凝土结构有哪些类型？
（2）钢筋混凝土梁与素混凝土梁相比，结构的性能将发生哪些变化？
（3）钢筋混凝土结构有哪些主要优点和缺点？如何克服其缺点？
（4）钢筋与混凝土共同工作的原因是什么？
（5）简述混凝土结构的发展和应用情况。
（6）本课程主要包括哪些内容？学习本课程要注意哪些问题？

第 2 章 混凝土结构材料的基本性能

混凝土结构主要由钢筋和混凝土两种材料制作而成,混凝土结构的受力性能与钢筋和混凝土材料的力学性能密切相关。对钢筋和混凝土力学性能以及二者共同工作原理的了解,是掌握混凝土结构构件性能并对其进行分析与设计的基础。

2.1 钢筋的基本性能

2.1.1 钢筋的品种和级别

钢筋的品种繁多,我国混凝土结构采用的钢筋按照加工工艺和力学性能的不同,有热轧钢筋、预应力钢丝、钢绞线和预应力螺纹钢筋。热轧钢筋主要用于钢筋混凝土结构和预应力混凝土结构中的普通钢筋,预应力钢丝、钢绞线和预应力螺纹钢筋主要用于预应力混凝土结构中的预应力筋。

2.1.1.1 热轧钢筋

热轧钢筋又称为普通钢筋,是在工厂直接热轧成型。热轧钢筋按强度不同分为 HPB300(Φ)、HRB335(Φ)、HRB400(Φ)、HRBF400(Φ^F)、RRB400(Φ^R)、HRB500(Φ)、HRBF500(Φ^F)级。其中 HPB300 级为低碳钢;HRB335 级、HRB400 级和 HRB500 级为普通低合金钢筋;HRBF400 级和 HRBF500 级为细晶粒钢筋;RRB400 级钢筋为余热处理钢筋,是在生产过程中,钢筋热轧后经淬火提高其强度,再利用芯部余热回火处理而保留一定延性的钢筋。细晶粒钢筋是我国近年来开发的新型热轧钢筋,这种钢筋不需要添加或只需要添加很少的合金元素,通过控温轧制工艺就可以达到与添加合金元素相同的效果,既可有效提高钢材的强度,又可使钢材具有一定的塑性。

热轧钢筋按外形分为光面钢筋和变形钢筋,热轧钢筋的外形见图 2-1。HPB300 热轧钢筋外形为光面圆形[如图 2-1(a)所示],称为光面钢筋;其余热轧钢筋均在表面轧有月牙肋[如图 2-1(b)所示],称为变形钢筋或带肋钢筋。

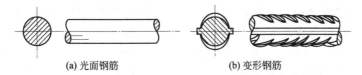

(a) 光面钢筋　　　　　　　　(b) 变形钢筋

图 2-1　热轧钢筋的外形

HRB 系列热轧带肋钢筋具有较好的延性、可焊性、机械连接性能及施工适应性,在工程中应用广泛,目前国家大力推广 400MPa、500MPa 级高强热轧带肋钢筋作为纵向受力钢筋的主导钢筋。RRB400 级余热处理钢筋的延性、可焊性、机械连接性能及施工适应性降低，一般可用于对延性及加工性能要求不高的构件中，如基础、大体积混凝土、楼板、墙体以及次要的中小结构构件等，不宜用作重要部位的受力钢筋，不应用于直接承受疲劳荷载的构件。

2.1.1.2 预应力钢丝

预应力钢丝包括中强度预应力钢丝和消除应力钢丝。中强度预应力钢丝的抗拉强度为800~1270MPa，外形有光面（ϕ^{PM}）和螺旋肋（ϕ^{HM}）两种。消除应力钢丝的抗拉强度为1470~1860MPa，外形也有光面（ϕ^P）和螺旋肋（ϕ^H）两种。

2.1.1.3 钢绞线

钢绞线（ϕ^S）是由多根高强钢丝用绞盘绞结为一股而形成的［如图2-2(a)所示］，常用的有1×3（3股）和1×7（7股），抗拉强度为1570~1960MPa。

2.1.1.4 预应力螺纹钢筋

预应力螺纹钢筋（ϕ^T）又称精轧螺纹粗钢筋［如图2-2(b)所示］，是用于预应力混凝土结构的大直径高强钢筋，抗拉强度为980~1230MPa，这种钢筋在轧制时沿钢筋纵向全部轧有规律性的螺纹肋条，可用螺栓套筒连接和螺母锚固，不需要再加工螺栓，也不需要焊接。

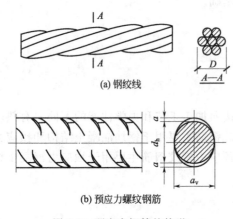

图2-2 预应力钢筋的外形

根据《混凝土结构设计规范》（GB 50010—2010，以下简称《规范》），混凝土结构的钢筋应按下列规定选用：①纵向受力钢筋可采用HRB400、HRB500、HRBF400、HRBF500、HRB335、RRB400、HPB300钢筋，梁、柱和斜撑构件的纵向受力普通钢筋宜采用HRB400、HRB500、HRBF400、HRBF500钢筋；②箍筋宜采用HRB400、HRBF400、HRB335、HPB300、HRB500、HRBF500钢筋；③预应力筋宜采用预应力钢丝、钢绞线和预应力螺纹钢筋。

2.1.2 钢筋的强度与变形

2.1.2.1 钢筋的强度

钢筋根据力学性能的不同分为有明显屈服点的钢筋和无明显屈服点的钢筋。有明显屈服点的钢筋也称为软钢，如热轧钢筋；无明显屈服点的钢筋也称为硬钢，如预应力钢丝、钢绞线和预应力螺纹钢筋。钢筋的强度和变形一般通过钢筋拉伸时的应力-应变曲线来说明。

(1) 有明显屈服点的钢筋（软钢）　有明显屈服点的钢筋拉伸时的典型应力-应变曲线如图2-3所示。曲线可分为4个阶段：弹性阶段ob、屈服阶段bc、强化阶段cd和破坏阶段de。应力-应变曲线的特点是：a点以前应力-应变呈直线变化，a点对应的应力称为比例极限。过a点以后，应变的增长速度略快于应力的增长速度，但在应力达到弹性极限b点之前卸载，应变中的绝大部分仍能恢复。在应力超过b点以后，应力-应变图形接近于水平线一直延续到c点，bc段称为屈服平台，b点的应力称为钢筋的屈服强度。过c点以后，钢筋应力开始重新增长，直到d点达到最高点，d点的应力为钢筋的极限抗拉强度，曲线cd段称为强化阶段。超过d点后，在试件内部某个薄弱部位的截面将突然急剧缩小，发生局部颈缩现象，应力-应变曲线成为下降曲线，de 段为颈缩阶段，也称为破坏阶段。此后若应力仍按初始横截面计算，则应力是逐渐降低的，至 e 点试件被拉断，e 点对应的应变称为钢筋的极限应变。

软钢有两个强度指标：屈服强度和极限抗拉强度。屈服强度是混凝土构件设计时钢筋强度取值的依据，这是因为钢筋应力达到屈服强度以后，构件产生了较大的塑性变形，卸荷后塑性变形无法恢复，这将使构件产生很大的变形和过宽的裂缝，以致构件不能正常使用。极限抗拉强度是钢筋破坏时的实际强度，可度量钢筋的强度储备。

(2) 无明显屈服点的钢筋（硬钢） 无明显屈服点的钢筋拉伸时的典型应力-应变曲线如图 2-4 所示。应力-应变曲线的特点如下：钢筋应力达到比例极限（如图 2-4 所示的 a 点，约为 $0.75\sigma_b$，σ_b 为极限抗拉强度）之前，应力-应变按直线变化，钢筋具有明显的弹性性质。超过 a 点之后，钢筋表现出一定的塑性性质，但应力与应变均持续增长，应力-应变曲线上没有明显的屈服点。达到最高点 b 点后，同样由于钢筋的颈缩现象出现下降段，至 c 点钢筋被拉断。b 点所对应的应力为钢筋的极限抗拉强度，用 σ_b 表示。

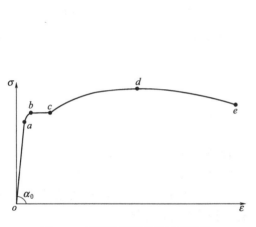

图 2-3 有明显屈服点的钢筋拉伸时的应力-应变曲线

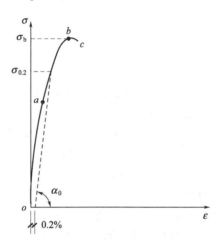

图 2-4 无明显屈服点的钢筋拉伸时的应力-应变曲线

硬钢只有一个强度指标，即极限抗拉强度。在设计中需要考虑钢筋的安全储备，故极限抗拉强度不能作为钢筋强度取值的依据。因此，工程上一般取 0.2% 残余应变所对应的应力 $\sigma_{p0.2}$ 作为无明显流幅钢筋的强度限值，称为条件屈服强度。根据试验结果，$\sigma_{p0.2}=(0.8\sim0.9)\sigma_b$，为简化计算，一般取 $\sigma_{0.2}=0.85\sigma_b$。

各类钢筋的强度标准值见附录 1、附录 2，强度设计值见附录 3、附录 4。

(3) 钢筋的弹性模量 钢筋的弹性模量是根据拉伸试验中测得的弹性阶段的应力-应变曲线确定的。如图 2-3 所示，弹性模量 $E=\sigma/\varepsilon=\tan\alpha_0$。由于钢筋在弹性阶段的受压性能与受拉性能类同，所以同一种钢筋的受压弹性模量与受拉时相同。各类钢筋的弹性模量见本书附录 6。

2.1.2.2 钢筋的变形性能

钢筋除了要满足强度要求外，还应具有一定的塑性变形能力。衡量钢筋塑性性能的指标有伸长率和冷弯性能。

(1) 伸长率 钢筋的伸长率越大，表明钢筋的塑性变形能力越好。钢筋的伸长率是指钢

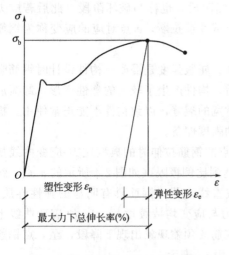

图 2-5 钢筋最大力下的总伸长率

筋试件上标距为 $10d$ 或 $5d$（d 为钢筋直径）范围内的极限伸长率，记为 δ_{10} 或 δ_5。这个伸长率仅能反映钢筋颈缩区域残余变形的大小，与钢筋拉断时的应变状态相差很远。伸长率测试时，钢筋不同量测标距长度所得的结果不一致，即对同一钢筋，当量测标距长度取值较小时，所得的伸长率值较大，而当量测标距长度取值较大时，则所得的伸长率值较小；另一方面，伸长率忽略了钢筋的弹性变形，不能反映钢筋受力时的总体变形能力；此外量测钢筋拉断后的标距长度时，需将拉断的两段钢筋对合后再量测，也容易产生人为误差。为此，近年来国际上已采用钢筋最大力下的总伸长率 δ_{gt} 来表示钢筋的塑性变形能力。

钢筋在达到最大应力 σ_b 时的变形包括塑性变形和弹性变形两部分（如图 2-5 所示），故最大力下的总伸长率 δ_{gt}，可表示如下：

$$\delta_{gt}=\left(\frac{L-L_0}{L_0}+\frac{\sigma_b}{E_s}\right)\times 100\% \tag{2-1}$$

式中　L_0——试验前的原始标距（不包含颈缩区）；

　　　L——试件经拉断产生残余伸长后的标距；

　　　σ_b——钢筋的最大拉应力（即极限抗拉强度）；

　　　E_s——钢筋的弹性模量。

δ_{gt} 的量测方法如图 2-6 所示。在离断裂点较远的一侧选择 Y 和 V 两个标记，两个标记之间的原始标距 L_0 在试验前至少应为 100mm；标记 Y 或 V 与夹具的距离不应小于 20mm 或 d，与断裂点之间的距离不应小于 50mm 或 $2d$，d 为钢筋直径。钢筋拉断后量测标记之间的距离为 L，求出钢筋拉断时的最大拉应力 σ_b，按式(2-1) 计算 δ_{gt}。

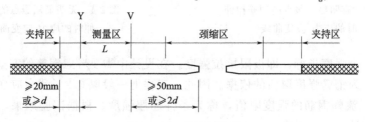

图 2-6　δ_{gt} 的量测方法

《规范》采用 δ_{gt} 作为钢筋塑性的指标，各种钢筋最大力下的总伸长率 δ_{gt} 值不应小于本书附录 5 所规定的数值。

(2) 冷弯性能　冷弯性能是指钢筋在常温下抵抗弯曲变形的能力。伸长率一般不能反映钢材脆化的倾向，冷弯性能可反映钢筋的塑性性能和内在质量。为了使钢筋在使用时不会脆断，加工时不致断裂，还要求钢筋具有一定的冷弯性能。

冷弯性能通过冷弯试验来反映，如图 2-7 所示，图中 D 称为弯心直径，α 为冷弯角度。冷弯是将钢筋在常温下

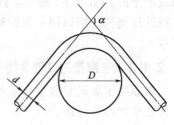

图 2-7　钢筋的冷弯试验示意图

绕规定的弯心直径为 D 和弯曲角度为 α 弯曲后,如果钢筋无裂纹、断裂或起层现象,则认为钢筋的冷弯性能合格。钢筋冷弯时的弯心直径 D 越小,冷弯角度 α 越大,则冷弯性能越好。

2.1.3 混凝土结构对钢筋性能的要求

2.1.3.1 强度高

强度是指钢筋的屈服强度和极限抗拉强度。钢筋的屈服强度(无明显屈服点的钢筋取 $\sigma_{0.2}$)是混凝土构件承载力计算的主要依据,屈服强度高则材料用量省,经济效益好。对钢筋混凝土结构,可采用普通热轧钢筋,受力筋宜优先选用 400MPa 和 500MPa 级钢筋。对预应力混凝土结构,可采用预应力钢丝、钢绞线、预应力螺纹钢筋等更高强度的钢筋。

2.1.3.2 塑性好

在工程设计中,要求混凝土结构承载能力极限状态为具有明显预兆的塑性破坏,避免脆性破坏,抗震结构则要求具有足够的延性,这就要求其中的钢筋具有足够的塑性。另外,在施工时钢筋要弯曲成型,因而应具有一定的冷弯性能。

2.1.3.3 可焊性强

在很多情况下,钢筋的接长和钢筋之间的连接需要通过焊接,因此要求钢筋具备良好的焊接性能,在焊接后不应产生裂纹及过大的变形,以保证焊接接头性能良好。我国生产的热轧钢筋可焊,而高强钢丝、钢绞线不可焊。细晶粒热轧带肋钢筋以及直径大于 28mm 的带肋钢筋,其焊接应经试验确定,余热处理钢筋不宜焊接。

2.1.3.4 与混凝土具有良好的粘接

钢筋与混凝土之间的粘接力是钢筋与混凝土得以共同工作的基础,其中钢筋凹凸不平的表面与混凝土间的机械咬合力是粘接力的主要部分,所以变形钢筋与混凝土的粘接性能最好,设计中宜优先选用变形钢筋。

另外,在寒冷地区要求钢筋具备抗低温性能,以防止钢筋低温冷脆而致破坏。

2.2 混凝土的基本性能

普通混凝土是由胶凝材料(水泥)、粗骨料(碎石或卵石)、细骨料(砂)和水,有时还加入外加剂和掺合料,按一定比例配制,经拌和、养护、凝结硬化后而成的人工石材。混凝土结构构件的力学性能,在很大程度上取决于混凝土材料的性能。混凝土的性能包括混凝土的强度、变形、碳化、耐腐蚀、抗渗等,本节主要介绍混凝土的强度和变形性能。

2.2.1 混凝土的强度

混凝土的强度大小不仅与组成材料的性能和配合比有关,而且还与混凝土的养护条件、龄期、受力情况等有很大关系。此外,试件尺寸及形状、加载方式和试验方法不同,所测得的强度也不同。因此,混凝土在各种单向受力状态下的强度指标必须以统一规定的试验方法为依据。

2.2.1.1 混凝土在单向应力作用下的强度

(1)立方体抗压强度和混凝土强度等级 《规范》规定,按标准方法制作、养护的边长为 150mm 的立方体试件，在 28d 或设计规定龄期以标准试验方法测得的抗压强度值称为立方体抗压强度，用符号 f_{cu} 表示。由于粉煤灰等矿物掺合料在水泥及混凝土中大量应用，以及近代混凝土工程发展的实际情况，确定混凝土立方体抗压强度的试验龄期不仅仅限于 28d，可由设计根据具体情况适当延长。

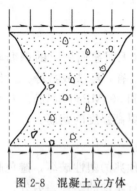

图 2-8 混凝土立方体试件在标准试验方法下的破坏情况

《普通混凝土力学性能试验方法标准》（GB/T 50081—2002）规定，标准养护是在温度（20±2）℃，相对湿度 95% 以上的标准条件下养护。标准试验方法是指试件承压面不涂润滑剂，试件全截面受压，加荷载速度为每秒（0.3～0.8）N/mm^2。立方体试件的强度比较稳定，图 2-8 为混凝土立方体试件在标准试验方法下的破坏情况。

试验表明，混凝土立方体抗压强度还与试件尺寸有关，试件尺寸越小，测得的抗压强度越高，这种现象称为尺寸效应。当采用非标准立方体试件（边长为 200mm 或 100mm）时，需将测得的抗压强度值乘以尺寸换算系数换算成标准试件（边长为 150mm）的立方体抗压强度值，边长为 200mm 立方体试件的换算系数为 1.05，边长为 100mm 立方体试件的换算系数为 0.95。

试验表明，加载速度对混凝土抗压强度也有一定的影响。加载速度过快，混凝土内部微裂缝难以充分扩展，塑性变形受到一定抑制，强度较高。反之，加载速度过慢，则强度有所降低。混凝土的强度还与试验时的龄期有关。在一定的温度和湿度条件下，混凝土的强度开始增长较快，后来逐渐减慢，这个强度增长的过程可以延续几年，在潮湿环境中延续的增长时间更长。

《规范》规定，混凝土强度等级应按立方体抗压强度标准值确定。立方体抗压强度标准值是具有 95% 保证率的立方体抗压强度，用符号 $f_{cu,k}$ 表示。《规范》规定的混凝土强度等级有 C15、C20、C25、C30、C35、C40、C45、C50、C55、C60、C65、C70、C75、C80 共 14 个等级，其中 C50 及其以下为普通混凝土，C50 以上为高强混凝土。混凝土强度等级中的数字表示立方体抗压强度标准值，单位为 N/mm^2。例如 C30 表示立方体抗压强度标准值为 $30N/mm^2$ 的混凝土强度等级。

混凝土强度等级选用应考虑结构所处的环境、受力状况以及与钢筋强度的匹配情况等因素。《规范》规定，素混凝土结构的强度等级不应低于 C15；钢筋混凝土结构的混凝土强度等级不应低于 C20；采用强度等级 400MPa 及以上的钢筋时，混凝土强度等级不应低于 C25。预应力混凝土结构的混凝土强度等级不宜低于 C40，且不应低于 C30。承受重复荷载的钢筋混凝土构件，混凝土强度等级不应低于 C30。

(2) 轴心抗压强度 在实际工程中，混凝土结构受压构件往往不是立方体，而是构件长度比截面尺寸大的棱柱体，因此采用棱柱体试件比立方体试件更能反映混凝土的实际抗压能力。用棱柱体试件测得的抗压强度称为混凝土的轴心抗压强度（又称棱柱体抗压强度），用符号 f_c 表示。具有 95% 保证率的轴心抗压强度称为轴心抗压强度标准值，用符号 f_{ck} 表示。

试验表明，当棱柱体试件的高度 h 与截面边长 b 之比即 h/b 在 2～4 时，所测得的抗压强度趋于稳定，同时试件也不会失稳。这是因为在此范围内既可消除垫板与试件之间摩擦力对抗压强度的影响，又可消除可能的附加偏心距对试件抗压强度的影响。我国混凝土材料试验中采用 150mm×150mm×300mm 的棱柱体作为轴心抗压的标准试件，棱柱体试件的制作、养护和加载方法同立方体试件。

混凝土的轴心抗压强度与立方体抗压强度之间的关系很复杂，与很多因素有关。根据试验分析结果，混凝土轴心抗压强度标准值 f_{ck} 与立方体抗压强度标准值 $f_{cu,k}$ 的经验关系按下式计算：

$$f_{ck} = 0.88 \alpha_{c1} \alpha_{c2} f_{cu,k} \tag{2-2}$$

式中 α_{c1}——棱柱体强度与立方体强度之比值，对混凝土强度等级为 C50 及以下取 $\alpha_{c1}=0.76$，对 C80 取 $\alpha_{c1}=0.82$，中间按线性规律变化取值；

α_{c2}——混凝土考虑脆性的折减系数，对 C40 及以下混凝土取 $\alpha_{c2}=1.00$，对 C80 取 $\alpha_{c2}=0.87$，中间按线性规律变化取值；

0.88——考虑结构中混凝土强度与试件混凝土强度之间的差异而采取的修正系数。

(3) 轴心抗拉强度 混凝土的抗拉强度远小于其抗压强度，其值为抗压强度的 1/8~1/20。因此，在混凝土结构中，一般不利用混凝土来承受拉力。混凝土抗拉强度不与抗压强度呈线性关系，混凝土强度等级越高，抗拉强度与抗压强度的比值越小。混凝土的轴心抗拉强度是确定混凝土抗裂度的重要指标，用符号 f_t 表示。具有 95% 保证率的轴心抗拉强度称为轴心抗拉强度标准值，用符号 f_{tk} 表示。

混凝土轴心抗拉强度目前还没有一种统一的标准试验方法，常用的有轴心受拉试验和劈裂试验，如图 2-9 所示。

如图 2-10 所示为轴心受拉试验所采用的试件，试件尺寸为 100mm×100mm×500mm 的棱柱体，两端各埋入一根为 16mm 的变形钢筋，钢筋埋深为 150mm，并置于试件的轴线上。试验时用试验机夹头夹住两端外伸的钢筋施加拉力，破坏时试件在没有钢筋的中部截面被拉断，试件被拉断时的总拉力除以其截面面积，即为混凝土的轴心抗拉强度。

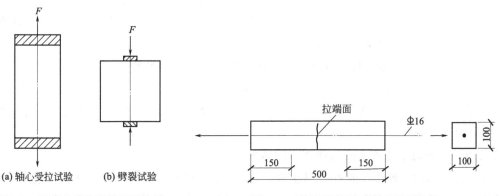

图 2-9　混凝土抗拉强度试验方法　　图 2-10　轴心受拉试验所采用的试件

用轴心受拉试验测定混凝土抗拉强度时，试件的对中比较困难，稍有偏差就可能引起偏拉破坏，影响试验结果。目前国内外常采用劈裂试验来测定混凝土的抗拉强度。

劈裂试验可用立方体试件[如图 2-9(b) 所示]或圆柱体试件[如图 2-11(a) 所示]进行，在试件上下与加载板之间各加一垫条，使试件上下形成对应的条形加载，造成沿立方体中心或圆柱体直径切面的劈裂破坏，如图 2-11(b) 所示。由弹性力学可知，此时在试件的竖直中面上，除两端加载点附近的局部区域为压应力外，其余部分将产生均匀的水平拉应力[如图 2-11(b) 所示]，当拉应力增大到混凝土的抗拉强度时，试件将沿竖直中面产生劈裂破坏。混凝土的劈裂强度可按下式计算：

对立方体试件

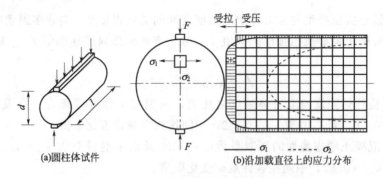

图 2-11 圆柱体试件的劈裂试验及其应力分布

$$f_t = \frac{2F}{\pi a^2} \quad (2-3)$$

对圆柱体试件

$$f_t = \frac{2F}{\pi dl} \quad (2-4)$$

式中 F——试件破坏荷载；
$\quad a$——立方体试件的边长；
$\quad d$——圆柱体试件的直径；
$\quad l$——圆柱体试件长度。

根据我国对普通混凝土和高强混凝土的试验数据，经统计分析后，可得混凝土轴心抗拉强度标准值 f_{tk} 与立方体抗压强度标准值 $f_{cu,k}$ 之间的关系为：

$$f_{tk} = 0.88 \times 0.395 f_{cu,k}^{0.55} (1-1.645\delta_{f_{cu}})^{0.45} \times \alpha_{c2} \quad (2-5)$$

式中 $\delta_{f_{cu}}$——混凝土立方体抗压强度的变异系数，可按照本书第3章表3-6取值；
$\quad 0.88,\ \alpha_{c2}$——含义同公式(2-2)；
$\quad 0.395 f_{cu,k}^{0.55}$——轴心抗拉强度与立方体抗压强度的折算关系；
$\quad (1-1.645\delta_{f_{cu}})^{0.45}$——试验离散程度对标准值保证率的影响。

混凝土的轴心抗压强度、轴心抗拉强度标准值见本书附录7，轴心抗压强度、轴心抗拉强度设计值见附录8。

2.2.1.2 混凝土在复合应力作用下的强度

在混凝土结构构件中，通常受到轴力、弯矩、剪力或扭矩的不同组合作用，混凝土极少处于单向应力状态，大多数处于复合应力状态，如钢筋混凝土梁弯剪段的剪压区、框架的梁柱节点区、牛腿等。复合应力状态下混凝土的强度，亦称为混凝土的复合受力强度。

在简单受力状态下，混凝土材料的极限应力（即强度）状态可用数轴上的一点表示。在复合应力状态下，由于材料中的某一点同时受多种应力作用，当这些应力的某种组合使材料达到极限状态时，材料破坏；因此，复合应力状态下混凝土材料的极限应力状态应当用平面曲线或空间曲面来表示。

(1) **双向受力强度** 图 2-12 所示为混凝土双向受力试验的强度曲线。微元体在两个平面作用着法向应力 σ_1 与 σ_2，第三个平面上应力为零。第Ⅰ象限为双向受拉应力状态，σ_1 和 σ_2 相互间的影响不大，无论比值 σ_1/σ_2 如何变化，双向受拉强度基本上接近于单向受拉强度。第Ⅱ、Ⅳ象限混凝土处于一向受压、另一向受拉状态，此时混凝土的强度均低于单向受压强度和单向受拉强度。第Ⅲ象限为双向受压状态，由于一个方向的压应力会对另一方向压应力引起的侧向变形起到一定程度的约束作用，限制了试件内混凝土微裂缝的扩展，故一个方向的压应力会使另一方向的混凝土抗压强度有所提高，最多可提高 20% 左右。

（2）剪压或剪拉复合应力状态 构件截面同时作用剪应力和压应力或拉应力的剪压或剪拉复合应力状态，在工程中较为常见，如钢筋混凝土梁弯剪区段的剪压区等。图 2-13 为混凝土剪压或剪拉作用下的复合强度变化曲线，在剪拉应力状态下，随着拉应力的增加，混凝土抗剪强度降低。在剪压应力状态下，随着压应力的增大，混凝土的抗剪强度逐渐增大，并在压应力达到某一数值时

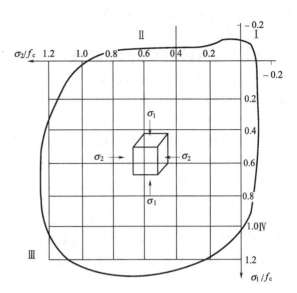

图 2-12 混凝土双向受力试验的强度曲线

（大约为 $0.6f_c$），抗剪强度达到最大值。此后，抗剪强度随压应力增大反而减小，当压应力达到混凝土轴心抗压强度时，抗剪强度为零。从图中可以看出，由于剪应力的存在，混凝土的抗压强度要低于单向抗压强度。

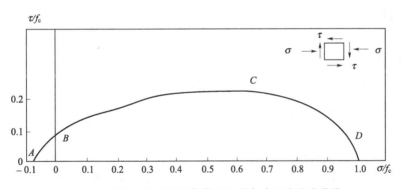

图 2-13 混凝土剪压或剪拉作用下的复合强度变化曲线

（3）三向受压强度 实际工程中广泛应用的钢管混凝土柱、螺旋箍筋柱等，当承受轴向压力时，钢管或螺旋箍筋内的混凝土同时受到钢管或螺旋箍筋的侧向约束，形成三轴受压状态。图 2-14 所示为混凝土三向受压试验时的应力-应变曲线。试验表明，混凝土三向受压时，随着侧向压应力的增加，微裂缝的发展受到了很大的限制，提高了混凝土各个方向的抗压强度。即混凝土三向受压时，任一向的抗压强度都会随其他两向压应力的增加而有较大程度的提高。

混凝土受压构件变形受到约束时，不仅可以提高其纵向抗压强度，还可以提高混凝土的延性，改善混凝土结构的抗震性能。如工程中的钢管混凝土柱、螺旋箍筋柱等，由于钢管和螺旋箍筋对混凝土的侧向约束，限制了混凝土的侧向变形，提高了混凝土的强度和延性。

2.2.2 混凝土的变形性能

混凝土的变形可分为两类：一类是荷载作用下的变形，包括混凝土一次短期加载的变

形、荷载长期作用下的变形等；另一类是非荷载作用下的变形，包括混凝土收缩、膨胀以及由于温度变化产生的变形等。

2.2.2.1 混凝土在荷载作用下的变形

(1) 混凝土在一次短期加载下的变形性能　混凝土在单向受压状态下的应力-应变关系是混凝土材料最基本的性能，是研究和建立混凝土构件的承载力、变形、延性和受力全过程分析的重要依据。

一般用标准棱柱体试件受压时的应力-应变曲线反映混凝土在一次短期加载下的变形性能，如图 2-15 所示。在压应力较小的 OA 段（$\sigma_0 \leqslant 0.3f_c$），应力-应变关系接近于直线，混凝土处于弹性工作阶段；AB 段（$\sigma_0 = 0.3 \sim 0.8 f_c$）为裂缝稳定扩展阶段；$BC$ 段（$\sigma_0 = 0.8 \sim 1.0 f_c$）为裂缝不稳定发展阶段，$C$ 点的应力达到棱柱体抗压强度 f_c，相应的应变为 ε_0，通常取 $\varepsilon_0 = 0.002$。C 点以后曲线进入下降段，试件承载能力下降，应变继续增加，最终还会留下残余应力。下降段的存在表明受压破坏后的混凝土仍保持一定的承载能力，曲线下降超过 D 点时，混凝土仅仅依靠骨料之间的咬合力及摩擦力来承受荷载，此时已失去结构的意义。D 点对应的应变为混凝土的极限压应变，通常取混凝土的极限压应变 $\varepsilon_{cu} = 0.0033$。

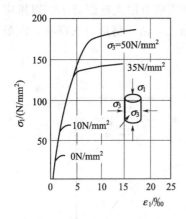

图 2-14　混凝土三向受压试验时的应力-应变曲线

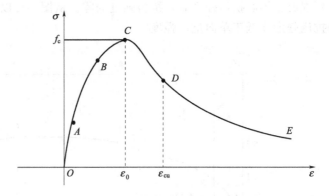

图 2-15　混凝土一次短期加载受压时的应力-应变曲线

根据试验结果，不同强度等级混凝土的受压应力-应变曲线见图 2-16。由图 2-16 可以看出，随着混凝土强度的提高，应力-应变曲线上升段的形状和峰值应变的变化不是很显著，但下降段的形状有较大差异。混凝土强度越高，下降段越陡，其脆性越大，延性越差。

(2) 混凝土的弹性模量、剪变模量　对于混凝土材料，当应力较小时，具有线弹性性质，可以用弹性模量表示应力与应变之间的关系。通常取混凝土应力-应变曲线在原点 O 处切线的斜率（如图 2-17 所示）作为混凝土的初始弹性模量，简称弹性模量，即

$$E_c = \tan\alpha_0 \tag{2-6}$$

由于混凝土在一次加载下的初始弹性模量不易准确测定，通常借助多次重复加载卸载后的应力-应变曲线的斜率来确定 E_c。大量试验结果表明，经统计分析求得混凝土弹性模量与立方体抗压强度标准值 $f_{cu,k}$ 有关，混凝土弹性模量 E_c 的经验计算公式为：

$$E_c = \frac{10^5}{2.2 + \dfrac{34.7}{f_{cu,k}}} \tag{2-7}$$

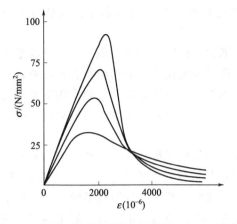 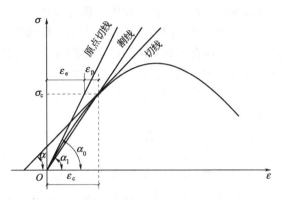

图 2-16 不同强度等级混凝土的受压应力-应变曲线　　图 2-17 混凝土变形模量的表示方法

《规范》规定的各种强度等级混凝土的弹性模量值见本书附录9。

根据弹性理论，剪变模量 G_c 与理性模量 E_c 的关系为

$$G_c = \frac{E_c}{2(1+\upsilon_c)} \tag{2-8}$$

当取混凝土泊松比 $\upsilon_c=0.2$，由上式可得 $G_c=0.417E_c$，《规范》规定混凝土的剪变模量为 $G_c=0.4E_c$。

(3) 混凝土在荷载长期作用下的变形性能　混凝土在长期不变应力作用下，其变形随时间增长的现象称为混凝土的徐变。混凝土的这种性能对于结构构件的变形、承载能力以及预应力钢筋中的应力都将产生重要影响。

如图 2-18 所示为混凝土棱柱体试件加荷至 $0.5f_c$ 后保持荷载不变，测得的徐变与时间的关系曲线。由图中可以看出，混凝土的总应变由加载时的瞬时应变和荷载持续作用下的徐变应变两部分组成。徐变开始增长较快，以后逐渐减慢，经过长时间后基本趋于稳定。通常半年内可完成总徐变量的 70%～80%，第一年内可完成 90% 左右，2～3 年后趋于稳定。当长期荷载卸除后，混凝土的徐变会经历一个恢复过程。其中卸荷后瞬时恢复的一部分应变称为瞬时恢复应变，其值略小于加载时的瞬时应变；再经过一段时间（约20d）后，徐变逐渐

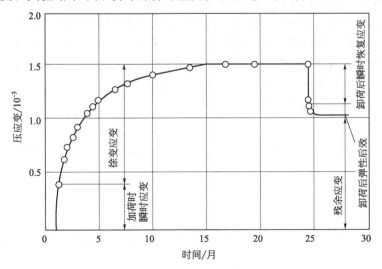

图 2-18 混凝土棱柱体试件的徐变-时间曲线

恢复的那部分应变称为弹性后效，其值约为总徐变变形的1/12；最后剩下的大部分应变是不可恢复的，将残存在试件中，称为残余应变。

关于徐变产生的原因，目前尚无一致的解释。通常可以这样理解：原因之一是混凝土中的水泥凝胶体在荷载作用下产生黏性流动，并把它所承受的压力逐渐转给粗骨料颗粒，使骨料压应力增大，试件变形也随之增大；二是混凝土内部的微裂缝在荷载长期作用下不断发展和增加，也使徐变增大。当应力不大时，徐变的发展以第一个原因为主；当应力较大时，则以第二个原因为主。

影响混凝土徐变的因素很多，可将其归纳为混凝土组成材料、环境条件、应力大小三个方面。在混凝土的组成成分中，水灰比越大，水泥水化后残存的游离水越多，徐变也越大；水泥用量越多，凝胶体在混凝土中所占比重也越大，徐变也越大；骨料越坚硬，弹性模量越大，骨料所占比例越大，徐变也越小。环境条件方面，养护环境湿度越大，温度越高，则水泥水化作用越充分，徐变就越小。压应力对徐变也有影响，长期作用的压应力越大，徐变也越大；加荷时混凝土的龄期越短，徐变越大。另外，构件尺寸越大，表面积相对越小，徐变就越小。

徐变对混凝土结构构件受力性能有着重要影响。徐变会使构件的变形增加，在截面中引起应力重分布（混凝土应力减小，钢筋应力增大），在预应力混凝土构件中会产生预应力损失等。徐变对构件所引起的影响，设计中应予以考虑。

2.2.2.2 混凝土非荷载作用下的变形

（1）混凝土的收缩与膨胀　混凝土在空气中结硬时体积减小的现象称为混凝土的收缩，混凝土在水中结硬时体积增大的现象称为混凝土的膨胀。混凝土的膨胀值一般较小，对结构影响也小，故通常不予考虑。但混凝土的收缩值一般较大，收缩对混凝土结构是不利的，应予以重视。当混凝土受到各种制约不能自由收缩时，将在混凝土中产生拉应力，进而导致构件开裂。在钢筋混凝土构件中，钢筋的存在限制了混凝土的收缩，使钢筋受到压应力，而混凝土受到拉应力，当混凝土收缩较大、构件截面配筋又较多时，混凝土构件将产生收缩裂缝。在预应力混凝土构件中，收缩会引起预应力损失，降低构件的抗裂性。

混凝土的收缩和膨胀与外荷载无关，混凝土产生收缩的原因，一般认为是凝胶体本身的体积收缩（凝缩）以及混凝土因失水产生的体积收缩（干缩）共同造成的。如图2-19所示为混凝土的自由收缩与时间的关系曲线，可见收缩变形也是随时间而增长的。结硬初期收缩变形发展很快，以后逐渐减慢，整个收缩过程可延续两年左右。蒸汽养护时，由于高温高湿条件能加速混凝土的凝结和硬化过程，减少混凝土中水分的蒸发，因而混凝土的收缩值要比常温养护时小。一般情况下，普通混凝土的最终收缩应变为$(4\sim8)\times10^{-4}$，成为其内部微裂缝和外表宏观裂缝发展的主要原因。

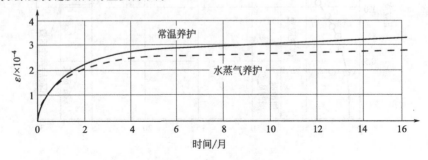

图2-19　混凝土的自由收缩与时间的关系

影响混凝土收缩的因素与影响混凝土徐变的因素大致相同，主要因素有：水泥强度等级越高，水灰比越大，水泥用量越多，混凝土收缩越大；骨料越坚硬，弹性模量越大，骨料所占比例越大，收缩越小；养护环境湿度越大，温度越高，收缩就越小；构件体积与面积之比越大，收缩越小。

（2）混凝土的温度变形　温度变化会使混凝土热胀冷缩，在结构中产生温度应力，甚至会使构件开裂以至损坏。因此，对于结构超过一定长度、大体积混凝土、烟囱、水池等结构，设计中应考虑温度应力的影响。

混凝土的温度线膨胀系数一般为 $(1.0\sim1.5)\times10^{-5}℃^{-1}$，即温度升高（或降低）1℃，每米混凝土膨胀（或收缩）0.01~0.015mm。《规范》规定，当温度在 0~100℃ 范围内时，混凝土的线膨胀系数 $α_c$ 可取 $1\times10^{-5}℃^{-1}$，热导率 $λ$ 可取 $10.6kJ/(m·h·℃)$。

温度变形对大体积混凝土及纵向较长的混凝土结构非常不利。在混凝土硬化初期，水泥水化放出较多的热量，热量聚集在大体积混凝土内部，使混凝土内外产生较大的温差，混凝土内部膨胀比表面大，从而在混凝土外表面产生很大的拉应力，严重时会开裂。因此对大体积混凝土工程，应设法降低混凝土的发热量，如使用低热水泥、减少水泥用量、采用人工降温、掺加缓凝剂和矿物掺合料等措施，以减少内外温差，防止裂缝的产生和发展。对纵向较长的混凝土结构及大面积的混凝土工程，应考虑混凝土温度变形所产生的危害，每隔一段长度应设置伸缩缝。

2.3　钢筋与混凝土之间的粘接

2.3.1　粘接的概念

通常把钢筋与混凝土接触面上所产生的沿纵向的剪应力称为粘接应力，简称粘接力。而粘接强度则是指粘接失效（钢筋被拔出或混凝土被劈裂）时的最大粘接应力。钢筋和混凝土两种材料能够结合在一起共同工作，除了二者有相近的温度线膨胀系数以外，更主要的是混凝土硬化后与钢筋在接触面上产生了良好的粘接力。同时为了保证钢筋混凝土构件在工作时钢筋不从混凝土中拔出或压出，还要求钢筋具有良好的锚固。粘接和锚固是钢筋和混凝土形成整体、协调变形和共同工作的基础。

钢筋混凝土构件中的粘接应力，按其作用性质可分为锚固粘接应力和局部粘接应力两类。锚固粘接应力，在钢筋伸入支座［如图 2-20(a) 所示］或支座负弯矩钢筋在跨间截断时［如图 2-20(b) 所示］，必须有足够的锚固长度或延伸长度，使通过这段长度上的粘接应力积累，将钢筋锚固在混凝土中，而不致使钢筋在未充分发挥作用前就被拔出。局部粘接应力一般为裂缝附近的局部粘接应力，如受弯构件某截面开裂后，开裂截面的钢筋应力通过裂缝两侧的粘接应力部分地向混凝土传递［如图 2-20(c) 所示］，这类粘接应力的大小反映了裂缝两侧混凝土参与受力的程度。

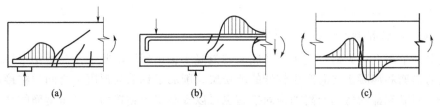

图 2-20　锚固粘接应力和局部粘接应力

2.3.2 粘接力的组成

钢筋和混凝土之间的粘接力由以下三部分组成。

2.3.2.1 化学胶结力

化学胶结力来自钢筋与混凝土接触面上的化学吸附作用。化学胶结力一般很小，仅存在于构件受力阶段的局部无滑移区域。当接触面发生相对滑移时，化学胶结力即消失。

2.3.2.2 摩擦力

摩擦力是由于混凝土硬化收缩后紧紧握裹住钢筋而产生的力。钢筋与混凝土之间的挤压力越大，接触面越粗糙，摩擦力就越大。

2.3.2.3 机械咬合力

机械咬合力是由钢筋表面的凹凸不平与混凝土产生的机械咬合作用而产生的力。光面钢筋的机械咬合力不大，变形钢筋的横肋产生了很大的机械咬合作用，是变形钢筋粘接力的主要来源。

光面钢筋的粘接力主要来自化学胶结力的摩擦力，而带肋钢筋的粘接力主要来自机械咬合力。各种粘接力在混凝土的不同受力阶段和构件中发挥着各自的作用。

2.3.3 影响粘接强度的因素

2.3.3.1 混凝土强度

提高混凝土强度，可增大混凝土与钢筋表面的化学胶结力和机械咬合力，同时也可延迟沿钢筋纵向的劈裂裂缝，从而提高了粘接强度。试验表明，粘接强度与混凝土的抗拉强度成正比。

2.3.3.2 混凝土保护层厚度及钢筋净间距

试验表明，混凝土保护层厚度对光圆钢筋的粘接强度没有明显影响，而对带肋钢筋的影响却十分显著。增大保护层厚度，可增强外围混凝土的抗劈裂能力，提高粘接强度。同样，保持一定的钢筋净间距，可以提高钢筋外围混凝土的抗劈裂能力，从而提高粘接强度。

2.3.3.3 钢筋的外形

钢筋外形对粘接强度影响很大，变形钢筋的粘接强度远高于光面钢筋。

2.3.3.4 横向配筋

在锚固区域内配置螺旋箍筋或普通箍筋等横向钢筋，可以增大混凝土的侧向约束，延缓或阻止劈裂裂缝的发展，从而提高了粘接强度，提高的幅度与所配置的横向钢筋数量有关。

2.3.3.5 横向压应力

在混凝土结构中，钢筋的锚固区往往存在横向压应力，横向压应力可以抑制混凝土的横向变形，将使钢筋和混凝土界面的摩擦力和咬合力增加，从而提高了粘接强度。

2.3.3.6 浇筑混凝土时钢筋所处的位置

浇筑混凝土深度过大时，由于钢筋底面的混凝土会出现沉淀收缩及离析泌水等现象，使水平放置的钢筋和混凝土之间产生较低的疏松层，削弱了钢筋与混凝土之间的粘接作用。

另外，钢筋端部的弯钩及附加锚固措施也可以提高锚固粘接力。受压钢筋的粘接锚固性能一般比受拉钢筋有利，钢筋受压后横向膨胀，挤压周围混凝土，增加了摩擦力，粘接强度比受拉钢筋高。

2.3.4 保证粘接强度的构造措施

为了保证钢筋与混凝土之间的粘接强度，严格来说应进行粘接计算，但由于影响粘接强度的因素繁多，粘接破坏机理也比较复杂，目前尚未建立比较完整的粘接计算理论。因此，《规范》采用了不进行粘接计算，采用构造措施来保证钢筋与混凝土之间的粘接。保证钢筋与混凝土之间粘接力的主要构造措施有：

① 采用不同强度等级的钢筋和混凝土，应保证钢筋的最小锚固长度和搭接长度；
② 混凝土构件应满足钢筋的最小间距和混凝土保护层的最小厚度；
③ 钢筋搭接接头范围内应加密箍筋；
④ 在光面钢筋端部应设置弯钩；
⑤ 高度较大的混凝土构件分层浇筑和采用二次振捣。

2.3.5 钢筋的锚固和连接

2.3.5.1 钢筋的锚固

钢筋的锚固是指通过混凝土中钢筋埋置段或机械措施将钢筋所受的力传给混凝土，使钢筋锚固于混凝土而不滑出，包括直钢筋的锚固、带弯钩或弯折钢筋的锚固，以及采用机械措施的锚固等。

(1) 受拉钢筋的锚固长度

① 受拉钢筋的基本锚固长度　当计算中充分利用钢筋的抗拉强度时，受拉钢筋基本锚固长度应按下式计算：

$$l_{ab} = \alpha \frac{f_y}{f_t} d \tag{2-9}$$

式中　l_{ab}——受拉钢筋的基本锚固长度；
　　　f_y——钢筋的抗拉强度设计值；
　　　f_t——混凝土轴心抗拉强度设计值，当混凝土强度等级超过C60时，按C60取值；
　　　d——锚固钢筋的直径；
　　　α——锚固钢筋的外形系数，按表2-1取用。

表 2-1　钢筋的外形系数

钢筋类型	光圆钢筋	带肋钢筋	螺旋肋钢筋	三股钢绞线	七股钢绞线
α	0.16	0.14	0.13	0.16	0.17

注：光圆钢筋末端应做180°弯钩，弯后平直段长度不应小于3d，但作受压钢筋时可不做弯钩。

② 受拉钢筋的锚固长度　受拉钢筋的锚固长度应根据锚固条件按下式计算，且不应小于200mm。

$$l_a = \zeta_a l_{ab} \tag{2-10}$$

式中　l_a——受拉钢筋的锚固长度；
　　　ζ_a——锚固长度修正系数，按规定取用，当按照规定多于一项时，可按连乘计算，但不应小于0.6。

纵向受拉普通钢筋的锚固长度修正系数 ζ_a 应按下列规定取用：a. 当带肋钢筋的公称直径大于25m时取1.10；b. 环氧树脂涂层带肋钢筋取1.25；c. 施工过程中易受扰动（如滑模

施工)的钢筋取 1.10；d.当纵向受力钢筋的实际配筋面积大于其设计计算面积时，修正系数取设计计算面积与实际配筋面积的比值，但对有抗震设防要求及直接承受动力荷载的结构构件不应考虑此项修正；e.锚固钢筋的保护层厚度为 $3d$ 时修正系数可取 0.80，保护层厚度为 $5d$ 时修正系数可取 0.70，中间按内插取值，此处 d 为锚固钢筋直径。

③ 钢筋末端采用弯钩或机械锚固措施 工程设计中，如遇到构件支承长度较短，靠钢筋自身的锚固性能无法满足受力钢筋的锚固要求时，可采用机械锚固措施，如钢筋末端弯折、末端带弯钩、一侧贴焊锚筋、两侧贴焊锚筋、穿孔塞焊端锚板和螺栓锚头等。机械锚固虽能满足锚固承载力的要求，但难以保证锚管的锚固刚度，因此，还需要一定的锚固长度与其配合。

《规范》规定，当纵向受拉钢筋末端采用弯钩或机械锚固措施时，包括弯钩或锚固端头在内的锚固长度（投影长度）可取基本锚固长度的 60%。钢筋机械锚固的形式及构造要求如图 2-21 所示。

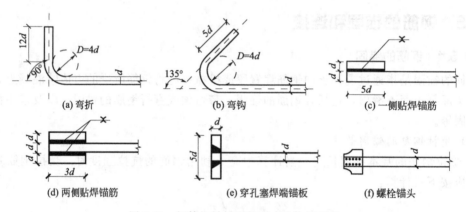

图 2-21 钢筋机械锚固的形式及构造要求

(2) 受压钢筋的锚固长度 钢筋受压时的粘接锚固机理与受拉时基本相同，但钢筋受压后加大了界面的摩擦力和咬合力，对锚固受力有利；受压钢筋端头的支顶作用也大大改善了受压锚固的受力状态。因此，受压钢筋的锚固长度应小于受拉钢筋的锚固长度。《规范》规定，混凝土结构中的受压钢筋，当计算中充分利用其抗压强度时，锚固长度不应小于相应受拉钢筋锚固长度的 70%。受压钢筋不应采用末端弯钩和一侧贴焊锚筋的锚固措施。

2.3.5.2 钢筋的连接

钢筋的连接可采用绑扎搭接、机械连接或焊接。当钢筋长度不满足施工要求时，需进行钢筋的连接。由于连接接头处受力复杂，所以受力钢筋的接头宜设置在受力较小处，且在同一根钢筋上宜少设接头。在结构的重要构件和关键传力部位，纵向受力钢筋不宜设置连接接头。

(1) 绑扎搭接 轴心受拉及小偏心受拉杆件的纵向受力钢筋不得采用绑扎搭接；其他构件中的钢筋采用绑扎搭接时，受拉钢筋直径不宜大于 25mm，受压钢筋直径不宜大于 28mm。需进行疲劳验算的构件，纵向受拉钢筋不得采用绑扎搭接接头。

同一构件中相邻纵向受力钢筋的绑扎搭接接头宜相互错开，如图 2-22 所示。钢筋绑扎搭接接头连接区段的长度为 $1.3l_1$（l_1 为搭接长度），凡搭接接头中点位于该连接区段长度内的搭接接头均属于同一连接区段，如图 2-22 所示，同一连接区段内的搭接接头为两根，即①号和③号钢筋。同一连接区段内纵向钢筋搭接接头面积百分率为该区段内有搭接接头的纵向受力钢筋截面面积与全部纵向受力钢筋截面面积的比值。当直径不同的钢筋搭接时，按直

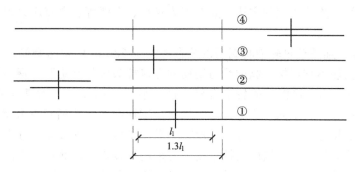

图 2-22　钢筋搭接接头的错开要求

径较小的钢筋计算。如图 2-22 所示，当四根钢筋直径相同时，钢筋搭接接头面积百分率为 50%。

位于同一连接区段内的受拉钢筋搭接接头面积百分率：对梁、板类及墙类构件，不宜大于 25%；对柱类构件，不宜大于 50%。对工程中确有必要增大受拉钢筋搭接接头面积百分率的，对梁类构件，不宜大于 50%；对板、墙、柱及预制构件的拼接处，可根据实际情况放宽。

《规范》规定，纵向受拉钢筋绑扎搭接接头的搭接长度，应根据位于同一连接区段内的钢筋搭接接头面积百分率按下式计算，且不应小于 300mm。

$$l_1 = \zeta_1 l_a \tag{2-11}$$

式中　l_a——纵向受拉钢筋的锚固长度，按式（2-10）确定；

　　　ζ_1——纵向受拉钢筋搭接长度修正系数，按表 2-2 取用，当纵向搭接钢筋接头面积百分率为表中中间值时，修正系数可内插取值。

表 2-2　纵向受拉钢筋搭接长度修正系数

纵向钢筋搭接接头百分率/%	≤25	50	100
ζ_1	1.2	1.4	1.6

对于受压钢筋的搭接接头，搭接钢筋之间的混凝土受到的剪力明显小于受拉搭接时的情况，因此，受压搭接的搭接长度小于受拉搭接长度。《规范》规定，受压钢筋的搭接长度不应小于受拉钢筋搭接长度的 70%，且不应小于 200mm。

（2）机械连接　钢筋机械连接是通过钢筋与连接件的机械咬合作用或钢筋端面的承压作用，将一根钢筋中的力传递给另一根钢筋的连接方法。国内外常用的钢筋机械连接方式有套筒挤压连接接头、锥螺纹连接接头、直螺纹连接接头、熔融金属充填接头等。

《规范》规定，纵向受力钢筋的机械连接接头宜相互错开，钢筋机械连接区段的长度为 35d（d 为连接钢筋的较小直径）。凡接头中点位于该连接区段长度内的机械连接接头均属于同一连接区段。位于同一连接区段内的纵向受拉钢筋接头面积百分率不宜大于 50%，对于板、墙、柱及预制构件的拼接处，可根据实际情况放宽。纵向受压钢筋的接头百分率可不受限制。

机械连接套筒的保护层厚度宜满足有关钢筋最小保护层厚度的规定。机械连接套筒的横向净间距不宜小于 25mm，套筒处钢筋的间距应满足相应的构造要求。

直接承受动力荷载结构构件中的机械连接接头，除应满足设计要求的抗疲劳性能外，位于同一连接区段内的纵向受力钢筋接头面积百分率不应大于 50%。

（3）焊接　焊接连接常用的方法主要有闪光对焊、电弧焊、电渣压力焊、气压焊、电阻电焊等。

《规范》规定，细晶粒热轧带肋钢筋以及直径大于28mm的带肋钢筋，其焊接应经试验确定；余热处理钢筋不宜焊接。纵向受力钢筋的焊接接头应相互错开，钢筋焊接接头连接区段的长度为35d（d为连接钢筋的较小直径）且不小于500mm，凡接头中点位于该连接区段长度内的焊接接头均属于同一连接区段。纵向受拉钢筋的接头面积百分率不宜大于50%，对于预制构件的拼接处，可根据实际情况放宽。纵向受压钢筋的接头百分率可不受限制。

需进行疲劳验算的构件，纵向受拉钢筋不宜采用焊接接头，除端部锚固外不得在钢筋上焊有附件。当直接承受吊车荷载的钢筋混凝土吊车梁、屋面梁及屋架下弦的纵向受拉钢筋采用焊接接头时，应符合下列规定：应采用闪光对焊，并去掉接头的毛刺及卷边；同一连接区段纵向受拉钢筋焊接接头面积百分率不应大于25%，焊接接头连接区段的长度应取为45d（d为纵向受力钢筋的较大直径）；疲劳验算时，焊接接头应符合《规范》规定的疲劳应力幅限值的规定。

2.3.5.3　并筋

在钢筋混凝土构件中，通常是单根钢筋成排布置。有时为解决配筋密集引起的施工困难，可采用并筋的配筋方式。《规范》规定，直径28mm及以下的钢筋并筋数量不应超过3根；直径32mm的钢筋并筋数量宜为2根；直径36mm及以上的钢筋不应采用并筋。

并筋应按单根等效钢筋进行计算，等效钢筋的等效直径应按截面面积相等的原则换算确定。相同直径的二并筋等效直径可取为1.41倍单根钢筋直径；三并筋等效直径可取为1.73倍单根钢筋直径。二并筋可按纵向或横向的方式布置；三并筋宜按品字形布置，并均按并筋的重心作为等效钢筋的重心。并筋等效直径的概念适用于与钢筋间距、保护层厚度、钢筋锚固长度、搭接接头面积百分率、搭接长度以及裂缝宽度验算等有关的计算及构造规定。

（1）钢筋混凝土结构用的钢筋主要为热轧钢筋，它有明显的流幅（软钢）；预应力混凝土构件用的钢筋主要为钢绞线、预应力钢丝和预应力螺纹钢筋，这类钢筋没有明显的流幅（硬钢）。钢筋有两个强度指标：屈服强度和极限强度。设计时，一般用屈服强度作为钢筋强度取值的依据。钢筋还有两个塑性指标：最大力下的总伸长率和冷弯性能。

（2）混凝土结构要求钢筋具有较高的强度、良好的塑性、较强的可焊性以及与混凝土之间良好的粘接力。

（3）混凝土的强度有立方体抗压强度、轴心抗压强度和轴心抗拉强度。结构设计中采用到轴心抗压强度和抗拉强度两个强度指标。立方体抗压强度及其标准值只用作材料性能的基本代表值，其他强度均可与其建立相应的换算关系。

（4）混凝土的受压破坏实质上是由垂直于压力作用方向的横向胀裂造成的，因而混凝土双向受压和三向受压时强度提高，而一向受压另一向受拉时强度降低。约束混凝土（配有螺旋箍筋、普通箍筋的混凝土以及钢管混凝土等）就是用横向约束来提高混凝土的抗压强度和变形性能。

（5）与普通混凝土相比，高强混凝土的弹性极限、峰值应变值、荷载长期作用下的强度以及与钢筋的粘接强度等均比较高。但高强混凝土在到达峰值应力以后，应力-应变曲线骤然下跌，表现出很大的脆性，其极限应变也比普通混凝土低。因此，对于延性要求比较高的混凝土结构（如地震区的混凝土结构），不宜选用过高强度等级的混凝土。

(6) 混凝土的变形有荷载作用下的变形和非荷载作用下的变形。非荷载作用下的变形主要有混凝土的收缩和温度变形。影响收缩和徐变的因素基本相同，但它们有着本质的区别。徐变和收缩对钢筋混凝土及预应力混凝土结构的性能有重要影响，设计时应予以重视。

(7) 钢筋与混凝土之间的粘接是两种材料共同工作的基础。粘接强度一般由胶着力、摩擦力和机械咬合力组成。在工程实际中应采取可靠的构造措施保证钢筋和混凝土之间的粘接。

(8) 钢筋的可靠锚固和连接是保证钢筋和混凝土粘接的重要措施，钢筋的连接方式主要有绑扎搭接、机械连接和焊接。

(1) 混凝土结构用的钢筋可分为哪几类？哪些应用于钢筋混凝土？哪些应用于预应力混凝土？

(2) 热轧钢筋按照强度不同分为哪几类？分别用什么符号表示？

(3) 热轧钢筋中哪些是光面钢筋？哪些是变形钢筋？

(4) 硬钢和软钢的应力-应变曲线有什么区别？

(5) 钢筋的强度和塑性指标各有哪些？在混凝土结构设计中，钢筋强度如何取值？

(6) 混凝土结构对钢筋的性能有哪些要求？

(7) 混凝土的强度指标有哪些？立方体抗压强度采用的标准试件的尺寸是多少？

(8) 什么是混凝土的强度等级？《规范》将混凝土强度等级划分为几级？对同一强度等级的混凝土，试比较各种强度指标值的大小。

(9) 混凝土的复合受力强度有哪些？试分析复合受力时混凝土强度的变化规律。

(10) 试述混凝土棱柱体试件在单向受压短期加载时应力-应变曲线的特点。

(11) 什么是混凝土的徐变？徐变变形的特点是什么？产生徐变的原因有哪些？

(12) 影响混凝土徐变的主要因素有哪些？徐变对结构有何影响？

(13) 何谓混凝土的收缩？收缩对混凝土结构有何影响？徐变和收缩有何区别？

(14) 与普通混凝土相比，高强混凝土的强度和变形性能有何特点？

(15) 什么是粘接力和粘接强度？钢筋与混凝土之间的粘接力一般由哪几部分组成？

(16) 影响粘接强度的主要因素有哪些？保证粘接强度的构造措施主要有哪些？

(17) 钢筋的锚固长度是如何确定的？钢筋连接的方式有哪些？

第 3 章 结构设计基本原理

3.1 结构的功能要求及结构的可靠度

3.1.1 结构上的作用、作用效应和结构的抗力

3.1.1.1 作用

结构上的作用是指施加在结构上的集中或分布荷载以及引起结构外加变形或约束变形的原因。简单地说，使结构产生内力或变形的原因称为"作用"，例如各种荷载、温度变化、沉降、收缩、徐变、地震、侵蚀、冻融等。作用包括直接作用和间接作用两种。直接作用指仅由外部因素决定，与结构本身的力学特性无关的作用，例如各种荷载。间接作用是指不仅与外部因素有关，还与结构本身的力学特性有关的作用，例如温度变化、沉降、收缩、徐变、地震、侵蚀、冻融等。

由于作用具有很大的随机性，它的取值直接影响结构的可靠度和经济效果，因此在结构设计时必须予以重视。结构上的作用按其随时间的变异性和出现的可能性不同，可分为以下三类。

(1) 永久作用 在结构设计所考虑的时间内始终存在且其量值变化与平均值相比可以忽略不计的作用，或其变化是单调的并能趋于限值的作用。例如，结构自重、土压力、固定设备、预应力等。这种作用一般为直接作用，通常称为恒荷载。

(2) 可变作用 在结构使用期间，其值随时间变化，且其变化幅度较大，与它的平均值相比不可忽略不计的作用。例如，楼面活荷载、屋面活荷载和积灰荷载、吊车荷载、风荷载、雪荷载、温度作用等。这种作用如为直接作用，则通常称为活荷载。

(3) 偶然作用 在设计基准期内不一定出现，一旦出现，其值很大且持续时间较短的作用。如爆炸力、撞击等引起的作用。这种作用多为间接作用，当为直接作用时，通常称为偶然荷载。

3.1.1.2 作用效应

直接作用或间接作用作用在结构上，由此在结构内产生内力（如轴力、弯矩、剪力、扭矩等）和变形（如挠度、转角、裂缝等），称为作用效应，用"S"表示。当为直接作用（即荷载）时，其效应也称为荷载效应。荷载 Q 与荷载效应 S 之间，一般近似地按线性关系考虑：

$$S = cQ \tag{3-1}$$

式中，c 为荷载效应系数。

如受均布荷载 q 作用的简支梁，则支座剪力值为 $V = \dfrac{1}{2} q l_0$。此处，V 相当于荷载效应 S；q 相当于荷载 Q；$\dfrac{1}{2} l_0$ 则相当于荷载效应系数 c；l_0 为梁的计算跨度。

由于作用（或荷载）效应与作用（或荷载）呈线性关系，因此可用作用（或荷载）特性来描述作用（或荷载）效应特性。

3.1.1.3 结构抗力

结构抗力是指整个结构或结构构件承受作用效应的能力，如构件的承载能力、刚度及抗裂能力等，用"R"表示。影响抗力的主要因素有以下几种。

（1）材料性能的不定性　主要是指材质因素引起的结构中材料性能（强度、变形模量等）的变异性；例如，尽管钢筋按照规定的原料配合比冶炼，并按一定的轧制工艺生产，混凝土按照强度的需要用同一配合比配制，其强度值并不完全相同，而是在一定范围内变化。这是影响抗力不确定性的主要因素。

（2）构件几何参数的不定性　主要是指构件制作尺寸偏差和安装误差等引起的构件几何参数的变异性，这种施工制作偏差是在正常施工过程中难以避免的，所以说构件几何尺寸也是随机变量。

（3）计算模式的精确性　主要是指抗力计算所采用的基本假设和计算公式不够精确等引起的变异性。

这些因素均为随机变量，因此由这些因素综合而成的结构抗力也是随机变量，一般认为该随机变量服从对数正态分布。

3.1.2 结构的功能要求

结构是由不同受力构件组成的能够承受各种外部作用的骨架。建筑结构的功能要求主要有以下三方面。

3.1.2.1 安全性

要求在正常施工和正常使用条件下，结构应能承受可能出现的各种作用（包括直接作用和间接作用）；当发生火灾时，在规定时间内可保持足够的承载力；当发生爆炸、撞击、人为错误等偶然事件时，结构仍能保持必要的整体稳定性，不出现与起因不相对称的破坏结果，防止结构的连续倒塌。

3.1.2.2 适用性

要求在正常使用条件下，结构应具有良好的使用性能，其变形、裂缝或振动等均不超过规定的要求。

3.1.2.3 耐久性

要求在正常维护条件下，结构应能在预定的使用期限内满足各项功能要求，如不发生由于结构材料的严重老化、腐蚀或裂缝宽度开展过大导致钢筋锈蚀等影响结构使用寿命的情况。

结构的安全性、适用性和耐久性概括起来称为结构的可靠性。也就是结构在规定的时间内（设计使用年限），规定的条件下（正常设计、正常施工、正常使用和正常维护），完成预定功能的能力。而结构的可靠性是以可靠度来度量的，所谓结构的可靠度，是指结构在规定的时间内，在规定的条件下，完成预定功能要求的概率。因此结构的可靠度是其可靠性的一种定量描述。结构的可靠性和经济性两者之间存在着矛盾。科学的设计方法就是要求在可靠性和经济性之间选择一种最佳方案，使结构既有必要的可靠性又有合理的经济指标。

结构可靠度定义中所说的"规定的时间"，是指"设计使用年限"，它是指设计规定的结构或结构构件不需进行大修即可按其预定目的使用的时期，即结构在规定的条件下所应达到的使用年限。设计使用年限与结构物的寿命虽有一定的联系，但不等同。当结构的实际使用年限超过设计使用年限后，并不意味着结构物立即就要报废，不能再使用了，而只是指它的可靠度降低了。若使结构保持一定的可靠度，则设计使用年限越长，结构所需要的截面尺寸或所需要的材料用量就越大。我国《建筑结构可靠性设计统一标准》（GB 50068—2018，以下简称《统一标准》）规定了各类建筑结构的设计使用年限，如表3-1所示。

表3-1 设计使用年限分类

类 别	设计使用年限/年	示例
1	5	临时性建筑结构
2	25	易于替换的结构构件
3	50	普通房屋和构筑物
4	100	标志性建筑和特别重要的建筑结构

3.1.3 结构的极限状态

结构能满足某种功能要求并能良好地工作，称为结构"可靠"或"有效"；否则，称结构"不可靠"或"失效"。区分结构工作状态的可靠与失效的界限是"极限状态"。结构的极限状态是指整个结构或结构的一部分超过某一特定的状态就不能满足设计规定的某一功能的要求，此特定状态称为该功能的极限状态。

按照结构功能的要求，极限状态可分承载能力极限状态、正常使用极限状态和耐久性极限状态三类。

3.1.3.1 承载能力极限状态

结构或构件达到最大承载能力或发生不适于继续承载的变形。当结构或结构构件出现下列状态之一时，即认为超过了承载能力极限状态。

（1）结构构件或其连接因材料强度不足而破坏（包括疲劳破坏），或因过度塑性变形而不适于继续承载；

（2）整个结构或结构的一部分作为刚体失去平衡（如结构或结构构件发生倾覆和滑移等）；

（3）结构转变为机动体系而丧失承载能力；

（4）结构或结构构件因达到临界荷载而丧失稳定（如柱被压屈等）；

（5）结构因局部破坏而发生连续倒塌（如初始的局部破坏，从一个构件扩展到其他构件，最终导致整体结构倒塌）；

（6）地基丧失承载能力而破坏（如失去稳定）；

（7）结构或结构构件的疲劳破坏（如荷载多次重复作用而破坏）。

承载能力极限状态关系到结构整体或局部破坏，会导致生命、财产的重大损失。因此，应当把出现这种状态的概率控制得非常严格。所有的结构和构件都必须按承载能力极限状态进行计算，并保证具有足够的可靠度。

3.1.3.2 正常使用极限状态

指结构或结构构件达到影响正常使用或耐久性能的某项规定限值。当结构或结构构件出现下列状态之一时，即认为超过了正常使用极限状态。

（1）影响正常使用或外观的变形（如吊车梁变形过大致使吊车不能正常行驶，梁的挠度过大影响观瞻）；

(2) 影响正常使用或耐久性能的局部损坏（如梁的裂缝过宽致使钢筋锈蚀，水池开裂漏水不能正常使用）；

(3) 影响正常使用的振动（如由于机器振动过大而导致结构的振幅超过正常使用要求所规定的限值）；

(4) 影响正常使用的其他特定状态（如相对沉降量过大）。

结构超过该类状态时将不能正常工作，影响其耐久性和适用性，但一般不会导致人身伤亡或重大经济损失。设计时，可靠度可以比承载能力极限状态略低一些，但仍应予以足够的重视。因为过大的变形和过宽的裂缝不仅影响结构的正常使用和耐久性，也会造成人们心理上的不安全感。

3.1.3.3 耐久性极限状态

指对应于结构或结构构件在环境影响下出现的劣化达到耐久性能的某项规定限值或标志的状态。当结构或结构构件出现下列状态之一时，应认为超过了耐久性极限状态。

(1) 影响承载能力和正常使用的材料性能劣化；

(2) 影响耐久性能的裂缝、变形、缺口、外观、材料削弱等；

(3) 影响耐久性能的其他特定状态。

进行结构设计时通常是先按承载力极限状态设计结构构件，然后根据使用要求按正常使用极限状态进行抗裂、裂缝宽度、变形、竖向自振频率等验算，并根据具体情况考虑进行耐久性极限状态设计。

3.1.4 结构的失效概率和可靠指标

3.1.4.1 结构的功能函数

以概率理论为基础的极限状态设计方法，简称概率极限状态设计法，又称近似概率法。此法是以结构的失效概率或可靠指标来度量结构的可靠度。结构的可靠度通常受结构上的各种作用、材料性能、几何参数、计算公式精确性等因素的影响。这些因素一般具有随机性，称为基本变量，记为 $X_i(i=1,2,\cdots,n)$。

结构和结构构件的工作状态，可以用该结构构件所承受的作用效应 S 和结构抗力 R 两者的关系式来描述，这种表达式称为结构的功能函数，以 Z 表示。

$$Z=g(X_1,X_2,\cdots,X_n) \tag{3-2}$$

当

$$Z=g(X_1,X_2,\cdots,X_n)=0 \tag{3-3}$$

时，称为极限状态方程。

若只以结构构件的作用效应 S 和结构抗力 R 两个基本的随机变量来表达，则功能函数表示为

$$Z=g(S,R)=R-S \tag{3-4}$$

因 S 和 R 是随机变量，所以功能函数 Z 也是随机变量，其功能函数表达式可用来判断结构的三种工作状态，如图 3-1 所示。

当 $Z>0$（即 $R>S$）时，结构处于可靠状态；

当 $Z=0$（即 $R=S$）时，结构处于极限状态；

当 $Z<0$（即 $R<S$）时，结构处于失效状态。

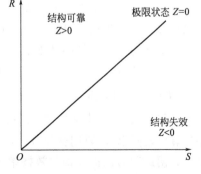

图 3-1 结构所处的工作状态

当基本变量满足极限状态方程

$$Z = g(R, S) = 0 \tag{3-5}$$

时，结构处于极限状态。

按照极限状态设计的目的，就是要求作用在结构上的荷载或其他作用对结构产生的效应不超过结构达到极限状态时的抗力，即

$$S \leqslant R \tag{3-6}$$

3.1.4.2 失效概率

结构可靠性是用概率来度量的。结构的可靠概率是指结构能够完成预定功能（$R > S$）的概率，用 p_s 表示；反之不能完成预定功能（$R < S$）的概率称为失效概率，用 p_f 表示。显然，两者是互补的，即

$$p_f = 1 - p_s \tag{3-7}$$

所以，结构的可靠性也可以用失效概率来度量。由 $Z = R - S$ 的正态分布曲线图 3-2 可知，失效概率为 $Z < 0$ 时分布曲线的尾部面积，阴影标出。

下面建立结构失效概率的表达式。

设基本变量 S、R 均为正态分布，故它们的功能函数亦呈正态分布如图 3-2 所示。图中 $Z < 0$（失效状态）的一侧 $f(Z)$ 的阴影面积即为失效概率 p_f。

$$p_f = P(Z < 0) = \int_{-\infty}^{0} f(Z) \mathrm{d}Z \tag{3-8}$$

设 Z 值的平均值

$$\mu_Z = \mu_R - \mu_S \tag{3-9}$$

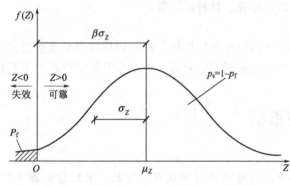

图 3-2　功能函数 Z 的正态分布曲线

标准差为

$$\sigma_Z = \sqrt{\sigma_R^2 + \sigma_S^2} \tag{3-10}$$

式中　μ_R，μ_S——结构抗力和荷载效应的平均值；

　　　σ_R，σ_S——结构抗力和荷载效应的标准差。

将式(3-8)进一步写成

$$p_f = \frac{1}{\sqrt{2\pi}} \int_{-\infty}^{0} \frac{1}{\sigma_Z} \exp\left[-\frac{(Z - \mu_Z)^2}{2\sigma_Z^2}\right] \mathrm{d}Z \tag{3-11}$$

用概率的观点来研究结构的可靠性，荷载效应 S 和结构抗力 R 都是随机变量，因此，在结构设计中，要保证结构的绝对可靠是做不到的，而只能做到大多数情况下结构处于 $R > S$ 的安全状态，只要结构处于 $R < S$ 失效状态的失效概率小到足以接受的程度，就可以认为该结构是可靠的。

3.1.4.3 可靠指标

以失效概率 p_f 来度量结构的可靠性具有明确的物理意义，能较好地反映问题的实质，但是计算失效概率 p_f 要用到积分，比较复杂，通常可采取另外一种比较简便的方法。由图 3-2 可见，阴影部分的面积即失效概率 p_f 与 μ_Z、σ_Z 的大小有关，增大 μ_Z，曲线右移，阴影面积减小；减小 σ_Z，阴影面积也将减小。同时为了便于计算，将式(3-11)引入"标准化变

量",将被积函数的一般正态分布改成标准正态分布,令 $t=\dfrac{Z-\mu_Z}{\sigma_Z}$,则 $\mathrm{d}Z=\sigma_Z\mathrm{d}t$,积分上限由原来的 $Z=0$ 变成 $t=-\dfrac{\mu_Z}{\sigma_Z}$,令:

$$\beta=\frac{\mu_Z}{\sigma_Z}=\frac{\mu_R-\mu_S}{\sqrt{\sigma_{R^2}+\sigma_{S^2}}} \tag{3-12}$$

将以上关系代入式(3-11),可得

$$p_\mathrm{f}=\frac{1}{\sqrt{2\pi}}\int_{-\infty}^{0}\exp\left(-\frac{t^2}{2}\right)=\Phi\left(-\frac{\mu_Z}{\sigma_Z}\right)=\Phi(-\beta) \tag{3-13}$$

上式中 β 称为可靠指标。由式中可以看出,可靠指标 β 与失效概率 p_f 之间具有数值上一一对应的关系,已知 β 后即可求出 p_f(见表 3-2)。显然可靠指标 β 越大,则失效概率 p_f 越小,即结构越可靠,因此可靠指标 β 和失效概率 p_f 一样可以作为衡量结构可靠度的一个指标。根据定义,可靠指标直接用随机变量的统计特征值,即平均值和标准差,来反映可靠度,这在实际应用时是非常有意义的,因为目前在实际工程结构中,无法精确掌握各种设计基本变量的理论分布,而且进行复杂的数学运算也有难度,故在这种情况下,用可靠指标(而不是直接用失效概率)度量结构的可靠性,利用概率分布的统计特征值近似分析可靠度不失为一种有效的途径。这样,既可避免用精确概率分析的困难,又可以反映随机变量的主要特性,且表达式简单。《统一标准》采用可靠指标 β 代替失效概率 p_f 来度量结构的可靠性。

表 3-2 β 与 p_f 的对应关系

β	1.0	1.5	2.0	2.5	2.7	3.0
p_f	1.59×10^{-1}	6.68×10^{-2}	2.28×10^{-2}	6.21×10^{-3}	3.47×10^{-3}	1.35×10^{-3}
β	3.2	3.5	3.7	4.0	4.2	4.5
p_f	6.87×10^{-4}	2.33×10^{-4}	1.08×10^{-4}	3.17×10^{-5}	1.33×10^{-5}	3.40×10^{-6}

3.1.4.4 目标可靠指标

设计规范所规定的作为设计结构或结构构件时所应达到的可靠指标,称为目标可靠指标 $[\beta]$,它是根据设计要求达到的结构可靠度而取定的。

在进行结构设计时,要保证结构既安全可靠,又经济合理,就是要使所设计的结构的失效概率 p_f 小到可以接受的程度,或可靠指标 β 大到可以接受的程度。即应满足下列条件:

$$\beta\geqslant[\beta] \tag{3-14}$$

式中 β——构件截面实际具有的可靠指标;

$[\beta]$——构件截面允许的可靠指标(或称目标可靠指标)。

目标可靠指标,理论上应根据各种结构构件的重要性、破坏性质(延性、脆性)及失效后果等因素,并结合国家技术政策以优化方法分析确定。但是,限于目前统计资料还不够完备,并考虑到规范的现实继承性,一般采用"校准法"并结合工程经验加以确定。所谓"校准法"就是根据各种基本变量的统计参数和概率分布类型,运用可靠度的计算方法,揭示以往规范隐含的可靠度,以此作为确定目标可靠指标的主要依据。这种方法在总体上承认了以往规范的设计经验和可靠度水平,同时也考虑了源于客观实际的调查统计分析资料,是比较现实和稳妥的。

为使结构设计安全可靠、经济合理,使结构在承载力极限状态设计时,其完成预定功能的概率不低于某一允许的水平,按照不同的破坏性质,确定不同的目标可靠指标 $[\beta]$。延性破坏构件的目标可靠指标可稍低于脆性破坏构件的目标可靠指标。

$[\beta]$ 与结构的安全级别有关,安全级别愈高,目标可靠指标就应愈大。$[\beta]$ 与不同的极限状态有关,承载能力极限状态的目标可靠指标应高于正常使用极限状态下的目标可靠指标。

3.1.5 结构的安全等级

根据建筑物的重要性不同,即一旦结构失效对生命财产的危害程度以及对社会的影响不同,《统一标准》将建筑结构分为三个安全等级。

一级:重要的工业与民用建筑物,破坏后果很严重,对人的生命、经济、社会或环境的影响很大;

二级:一般的工业与民用建筑物,破坏后果严重,对人的生命、经济、社会或环境的影响较大;

三级:次要的建筑物,破坏后果不严重,对人的生命、经济、社会或环境的影响较小。

其中,大量的一般房屋列入二级,重要的房屋提高一级,次要的房屋降低一级。重要房屋和次要房屋的划分,应根据结构破坏可能产生的后果,即危及人的生命、造成经济损失、产生社会影响等的严重程度确定。

对于承载能力极限状态,不同安全等级的结构构件设计时采用的目标可靠指标见表 3-3。

表 3-3　结构构件承载能力极限状态设计的目标可靠指标 $[\beta]$

破坏类型	安全等级		
	一级	二级	三级
延性破坏	3.7	3.2	2.7
脆性破坏	4.2	3.7	3.2

3.2 荷载和材料强度的取值

结构在使用期内所承受的荷载不是一个定值,而是在一定范围内变动的;结构所用材料的实际强度也是在一定范围内波动的。因此,结构设计时所取用的荷载值和材料强度值应采用概率统计方法来确定。

3.2.1 荷载代表值

在进行结构设计时,为了便于荷载的统计和表达,简化计算公式,通常以一些确定的值来表达这些不确定的量,它是根据对荷载统计得到的概率分布模型,按照概率方法确定的。结构设计时,根据不同极限状态的设计要求,采用不同的荷载代表值。可变荷载的代表值有标准值、组合值、频遇值和准永久值,永久荷载代表值只有标准值。

3.2.1.1 荷载标准值

荷载标准值是荷载的基本代表值,荷载的其他代表值都可在标准值的基础上乘以相应系数后得出。荷载标准值为设计基准期(一般规定为 50 年)内最大荷载概率分布的特征值

（如均值、众值、中值或某个分位值）。对于大部分自然荷载，荷载标准值为重现期内最大荷载分布的众值。但是，有些可变荷载并不具备充分的统计资料，难以给出符合实际的概率分布，只能结合工程经验，经分析判断确定。《建筑结构荷载规范》（GB 50009—2012，以下简称《荷载规范》）中规定了各类荷载标准值的具体数值或计算方法。

（1）永久荷载标准值　永久荷载标准值由于变异性不大，一般以其平均值作为荷载标准值，可按结构构件的设计尺寸和材料单位体积（或单位面积）的自重计算确定。各种材料单位体积（或单位面积）的自重可按照《荷载规范》查取。例如，混凝土的自重为25kN/m³，水泥砂浆为20kN/m³，石灰砂浆和混合砂浆为17kN/m³。

（2）可变荷载标准值　《荷载规范》已给出了各种可变荷载标准值的取值，设计时可直接查取。为了便于学习，摘录民用建筑楼面均布活荷载和屋面活荷载，见表3-4、表3-5。

表3-4　民用建筑楼面均布活荷载标准值及其组合值系数、频遇值系数和准永久值系数

项次	类别		标准值/(kN/m²)	组合值系数 ψ_c	频遇值系数 ψ_f	准永久值系数 ψ_q
1	住宅、宿舍、旅馆、办公楼、医院病房、托儿所、幼儿园		2.0	0.7	0.5	0.4
	实验室、阅览室、会议室、医院门诊		2.0	0.7	0.6	0.5
2	教室、食堂、餐厅、一般资料档案室		2.5	0.7	0.6	0.5
3	礼堂、剧场、影院、有固定座位的看台		3.0	0.7	0.5	0.3
	公共洗衣房		3.0	0.7	0.6	0.5
4	商店、展览厅、车站、港口、机场大厅及其旅客等候室		3.5	0.7	0.6	0.5
	无固定座位的看台		3.5	0.7	0.5	0.3
5	健身房、演出舞台		4.0	0.7	0.6	0.5
	舞厅、运动场		4.0	0.7	0.6	0.3
6	书库、档案库、储藏室		5.0	0.9	0.9	0.8
	密集柜书库		12.0	0.9	0.9	0.8
7	通风机房、电梯机房		7.0	0.9	0.9	0.8
8	汽车通道及停车库	单向板楼盖（板跨不小于2m）和双向板楼盖（板跨不小于3m×3m）　客车	4.0	0.7	0.7	0.6
		消防车	35.0	0.7	0.7	0.6
		双向板楼盖和无梁楼盖（柱网尺寸不小于6m×6m）　客车	2.5	0.7	0.7	0.6
		消防车	20.0	0.7	0.7	0.6
9	厨房	餐厅	4.0	0.7	0.7	0.7
		其他	2.0	0.7	0.6	0.5
10	浴室、卫生间、盥洗室		2.5	0.7	0.6	0.5
11	走廊、门厅	宿舍、旅馆、医院病房、托儿所、幼儿园、住宅	2.0	0.7	0.5	0.4
		办公楼、教室、餐厅、医院门诊部	2.5	0.7	0.6	0.5
		教学楼及其他可能出现人员密集的情况	3.5	0.7	0.5	0.3
12	楼梯	多层住宅	2.0	0.7	0.5	0.4
		其他	3.5	0.7	0.5	0.3
13	阳台	可能出现人员密集的情况	2.5	0.7	0.6	0.5
		其他	3.5	0.7	0.6	0.5

表 3-5　民用建筑屋面均布活荷载标准值及其组合值系数、频遇值系数和准永久值系数

项次	类别	标准值/(kN/m²)	组合值系数 ψ_c	频遇值系数 ψ_f	准永久值系数 ψ_q
1	不上人的屋面	0.5	0.7	0.5	0
2	上人的屋面	2.0	0.7	0.5	0.4
3	屋顶花园	3.0	0.7	0.6	0.5
4	屋顶运动场	3.0	0.7	0.6	0.4

3.2.1.2　荷载组合值

对可变荷载，荷载组合值是为使组合后的荷载效应在设计基准期内的超越概率能与该荷载单独出现时的相应概率趋于一致的荷载值；或使组合后的结构具有统一规定的可靠指标的荷载值。结构在正常使用过程中，往往会受到两种或两种以上可变荷载的同时作用。考虑到各种可变荷载同时达到预计最大值的概率显然比一种可变荷载达到预计最大值的概率要低得多，因此除了一个主导可变荷载外，其余可变荷载应在其标准值的基础上乘以组合值系数，对荷载标准值进行折减。

荷载组合值可表示为 $\psi_c Q_k$，其中 Q_k 为可变荷载标准值，ψ_c 为可变荷载的组合值系数。

3.2.1.3　荷载频遇值

对可变荷载，荷载频遇值是指在设计基准期内，其超越的总时间为规定的较小比率或超越概率为规定频率的荷载值。

荷载频遇值可表示为 $\psi_f Q_k$，其中 ψ_f 为可变荷载的频遇值系数。

3.2.1.4　荷载准永久值

对可变荷载，荷载准永久值是指在设计基准期内，其超越的总时间为设计基准期一半的荷载。在正常使用极限状态计算中，验算构件变形和裂缝时，需考虑荷载长期作用的影响。显然，永久荷载是长期作用的，而可变荷载不像永久荷载那样在结构设计基准期内全部以最大值经常作用在结构构件上。它有时作用值大一些，有时作用值小一些，有时作用的持续时间长一些，有时作用的持续时间短一些。但若可变荷载累计的总持续时间与整个设计基准期的比值已达到一定值（一般情况下，这一比值可取为 0.5），它对结构作用的影响类似于永久荷载，则该可变荷载值称为荷载准永久值。

可变荷载的准永久值表示为 $\psi_q Q_k$，其中 ψ_q 为可变荷载的准永久值系数。

常用可变荷载的组合值系数、频遇值系数、准永久值系数详见表 3-4 和表 3-5，这三个系数均小于 1，且准永久值系数 < 频遇值系数 < 组合值系数，说明荷载准永久值被超越的概率大于荷载频遇值和荷载组合值。

3.2.2　材料强度的标准值和设计值

材料强度的标准值是结构设计时采用的材料强度的基本代表值，它是设计表达式中材料性能的取值依据，也是控制材料质量的主要依据。同时为了保证结构的安全性和满足可靠度要求，在承载能力极限状态设计计算时，对材料强度取用一个比标准值小的强度值，即材料强度设计值。《规范》规定，材料的强度设计值为其强度标准值除以材料分项系数 γ_s 的数值。

3.2.2.1 钢筋强度标准值和设计值

(1) 钢筋强度标准值 《规范》规定，钢筋的强度标准值应具有不小于95%的保证率，具体取值方法如下：

对于有明显屈服点的普通钢筋，取国家标准规定的屈服点作为屈服强度标准值（f_{yk}），取钢筋拉断前相应于最大力下的强度作为极限强度标准值（f_{stk}）。《规范》规定的屈服强度即钢筋出厂检验的废品限值。

对于无明显屈服点的钢筋（包括中强度预应力钢丝、预应力螺纹钢筋、消除应力钢丝和钢绞线），取国家标准规定的极限抗拉强度σ_b作为极限强度标准值（f_{ptk}）。但是，在设计时一般取0.2%残余应变所对应的应力$\sigma_{p0.2}$作为条件屈服强度标准值，对消除应力钢丝和钢绞线取$0.85\sigma_b$作为条件屈服强度标准值，对中强度预应力钢丝和预应力螺纹钢筋根据工程经验做了适当调整。

各类钢筋的强度标准值按照附录1和附录2取用。

(2) 钢筋强度设计值 对于普通钢筋，其抗拉强度设计值f_y取屈服强度标准值f_{yk}除以钢筋材料分项系数γ_s，即$f_y = \dfrac{f_{yk}}{\gamma_s}$。材料分项系数$\gamma_s$取值如下：对于HPB300级、HRB335级、HRB400级、HRBF400级、RRB400级钢筋，取$\gamma_s=1.1$；对于HRB500级、HRBF500级钢筋取$\gamma_s=1.15$。根据计算结果进行适当调整并取整数，得到强度设计值。

对于预应力钢筋，其抗拉强度设计值f_{py}取条件屈服强度标准值除以钢筋材料分项系数γ_s。对消除应力钢丝和钢绞线，由于条件屈服强度标准值取$0.85\sigma_b$，故$f_{py}=\dfrac{0.85\sigma_b}{\gamma_s}=\dfrac{0.85f_{ptk}}{\gamma_s}$；对中强度预应力钢丝和预应力螺纹钢筋，取$f_{py}=\dfrac{f_{pyk}}{\gamma_s}$。预应力钢筋的材料分项系数取$\gamma_s=1.2$。根据计算结果进行适当调整并取整数，得到强度设计值。

各类钢筋的强度设计值按照本书附录3和附录4取用。

3.2.2.2 混凝土强度标准值和设计值

(1) 混凝土强度标准值 混凝土立方体抗压强度标准值是具有95%保证率的立方体抗压强度，用符号$f_{cu,k}$表示。

$$f_{cu,k} = f_{cu,m} - 1.645\sigma_{f_{cu}} = f_{cu,m}(1 - 1.645\delta_{f_{cu}}) \tag{3-15}$$

式中 $f_{cu,m}$——混凝土立方体抗压强度的统计平均值；

$\sigma_{f_{cu}}$——混凝土立方体抗压强度的统计标准差；

$\delta_{f_{cu}}$——混凝土立方体抗压强度的变异系数，可按表3-6取用。

表3-6 混凝土立方体抗压强度的变异系数 $\delta_{f_{cu}}$

强度等级	C15	C20	C25	C30	C35	C40	C45	C50	C55	C60~C80
$\delta_{f_{cu}}$	0.21	0.18	0.16	0.14	0.13	0.12	0.12	0.11	0.11	0.10

混凝土的轴心抗压强度标准值f_{ck}和轴心抗拉强度的标准值f_{tk}是假定与立方体抗压强度$f_{cu,k}$具有相同的变异系数，是由立方体抗压强度标准值推算而来的，其计算公式分别见第2章式(2-2)和式(2-5)。

混凝土的强度标准值按照本书附录7取用。

(2) 混凝土强度设计值　混凝土强度设计值等于混凝土强度标准值除以混凝土材料分项系数 γ_c。混凝土轴心抗压强度设计值 $f_c = \dfrac{f_{ck}}{\gamma_c}$，混凝土轴心抗拉强度设计值 $f_t = \dfrac{f_{tk}}{\gamma_c}$。混凝土的离散性比钢筋的离散性要大，因而材料分项系数也取得大一些。在工程中，混凝土的材料分项系数可取 $\gamma_c = 1.4$。根据计算结果进行适当调整并取整数，得到混凝土的强度设计值。

混凝土强度设计值按本书附录 8 取用。

3.3　极限状态设计的基本表达式

如前所述，现行的《规范》采用以概率为基础的极限状态设计法，从理论上讲，当荷载的概率分布、统计参数以及材料性能、构件尺寸的统计参数已经确定，即可按照结构的可靠度理论方法对结构进行设计。但是，直接按给定的目标可靠指标进行结构的设计计算，需要大量的统计信息，其设计计算工作量很大，过于烦琐，且不易掌握。考虑到长期以来工程设计人员的习惯和实际应用上的方便，《规范》给出了以各基本变量标准值（如荷载标准值、材料强度标准值等）和分项系数（如荷载分项系数、材料分项系数等）表示的实用设计表达式，其中采用的各种分项系数则是根据基本变量的统计特征，以结构可靠度的概率分析为基础经优选确定的，即分项系数按照目标可靠指标，经过可靠度分析反算确定，可靠指标隐含在分项系数中。

3.3.1　结构的设计状况

建筑结构设计时，应根据结构在施工和使用中的环境条件和影响，区分下列四种设计状况。

(1) 持久设计状况　在结构使用过程中一定出现，其持续期很长的状况。持续期一般与设计使用年限为同一数量级，如房屋结构承受家具和正常人员荷载的状况。

(2) 短暂设计状况　在结构施工和使用过程中出现概率较大，而与设计使用年限相比，持续时间很短的状况。如结构施工和维修时承受堆料和施工荷载的状况。

(3) 偶然设计状况　在结构使用过程中出现概率很小，且持续期很短的状况。如结构遭受火灾、爆炸、撞击、罕遇地震等作用的状况。

(4) 地震设计状况　适用于结构遭受地震时的情况，在抗震设防地区必须考虑地震设计状况。

对于上述四种设计状况，均应进行承载能力极限状态设计，以确保结构的安全性。对持久设计状况，尚应进行正常使用极限状态设计，并宜进行耐久性极限状态设计，以保证结构的适用性和耐久性；对偶然设计状况，可不进行正常使用极限状态和耐久性极限状态设计；对短暂设计状况和地震设计状况，可根据需要进行正常使用极限状态设计。

3.3.2　承载能力极限状态设计表达式

3.3.2.1　设计表达式

对于承载能力极限状态，结构构件应按荷载效应的基本组合或偶然组合进行荷载效应组合，并采用下列设计表达式进行设计：

$$\gamma_0 S \leqslant R \tag{3-16}$$

$$R = R(f_c, f_s, a_k, \cdots)/\gamma_{Rd} = R\left(\frac{f_{ck}}{\gamma_c}, \frac{f_{sk}}{\gamma_s}, a_k, \cdots\right)/\gamma_{Rd} \tag{3-17}$$

式中　γ_0——结构重要性系数，其值按表 3-7 采用；

　　　S——承载能力极限状态下作用组合的效应设计值；

　　　R——结构或结构构件的抗力（承载力）设计值；

　　　γ_{Rd}——结构构件的抗力模型不定性系数；

$R(\cdot)$——结构构件的抗力（承载力）函数；

　　f_c，f_s——混凝土、钢筋的强度设计值，$f_c = \dfrac{f_{ck}}{\gamma_c}$、$f_s = \dfrac{f_{sk}}{\gamma_s}$；

　　f_{ck}，f_{sk}——混凝土、钢筋的强度标准值；

　　γ_c，γ_s——混凝土、钢筋的材料分项系数；

　　　a_k——结构构件几何参数的标准值。

表 3-7　结构重要性系数 γ_0

结构重要性系数	对持久设计状况和短暂设计状况			对偶然设计状况和地震设计状况
	安全等级			
	一级	二级	三级	
γ_0	1.1	1.0	0.9	1.0

3.3.2.2　作用组合的效应设计值 S

作用组合效应是指在所有可能同时出现的诸荷载（如永久荷载、楼面屋面活荷载、风荷载等）组合及其他作用下，确定结构或构件内产生的总效应（内力）。结构设计时，应根据所考虑的设计状况，选用不同的组合：对持久设计状况和短暂设计状况，应采用作用的基本组合；对偶然设计状况，应采用作用的偶然组合。

当作用在结构上的可变荷载有两种或两种以上时，这些荷载不可能同时以其最大值出现，此时的荷载代表值采用组合值，即通过荷载组合值系数进行折减，使按极限状态所得的各类材料结构构件所具有的可靠指标，与仅有一种可变荷载参与组合的简单组合情况下的可靠指标有最佳的一致性。

荷载以标准值为基本变量，但应考虑荷载分项系数（其值大于 1.0）。荷载分项系数与荷载标准值的乘积称为荷载设计值；而荷载设计值与荷载效应系数的乘积则称为荷载效应设计值，即内力设计值。

（1）基本组合　基本组合的效应设计值按下式中取最不利值确定。

$$S = \sum_{i \geqslant 1} \gamma_{G_i} S_{G_i k} + \gamma_p S_p + \gamma_{Q_1} \gamma_{L1} S_{Q_1 k} + \sum_{j > 1} \gamma_{Q_j} \gamma_{Lj} \psi_{cj} S_{Q_j k} \tag{3-18}$$

式中　γ_{G_i}——第 i 个永久作用分项系数，应按表 3-8 取值；

　　　γ_p——预应力作用的分项系数，应按表 3-8 取值；

　　　γ_{Q_1}——第 1 个可变作用的分项系数，应按表 3-8 取值；

　　　γ_{Q_j}——第 j 个可变作用的分项系数，应按表 3-8 取值；

γ_{L1}，γ_{Lj}——第 1 个和第 j 个可变荷载考虑设计使用年限的调整系数，应按表 3-9 取值；

　　　S_p——预应力作用有关代表值的效应；

S_{G_ik}——按第 i 个永久作用标准值的效应；

S_{Q_1k}——按第 1 个可变作用标准值的效应；

S_{Q_jk}——按第 j 个可变作用标准值的效应；

ψ_{cj}——第 j 个可变作用的组合值系数，可按表 3-4、表 3-5 取用。

表 3-8 建筑结构的作用分项系数

作用分项系数	当作用效应对承载力不利时	当作用效应对承载力有利时
γ_P	1.3	≤1.0
γ_G	1.3	≤1.0
γ_Q	1.5	0

表 3-9 建筑结构考虑设计使用年限的荷载调整系数 γ_L

结构设计使用年限/年	γ_L
5	0.9
50	1.0
100	1.1

注：对设计使用年限为 25 年的结构构件，γ_L 应按各种材料结构设计标准的规定采用。

(2) 偶然组合 偶然组合的效应设计值可按下式计算：

$$S = \sum_{i \geq 1} S_{G_ik} + S_P + S_A + (\psi_{f1}, \psi_{q1}) S_{Q_1k} + \sum_{j>1} \psi_{qj} S_{Q_jk} \tag{3-19}$$

式中 S_A——偶然作用设计值的效应；

ψ_{f1}——第 1 个可变作用的频遇值系数，应按表 3-4、表 3-5 取用；

ψ_{q1}、ψ_{qj}——第 1 个和第 j 个可变作用的准永久值系数，应按表 3-4、表 3-5 取用。

荷载作用下的内力计算我们在结构力学和材料力学中已经学过了，而在结构和结构构件设计中只要注意荷载的取值和内力（荷载效应）的合理组合就可以了。关于截面抵抗能力（即结构抗力 R）的计算，是本书的重点，将在以后各章按内力性质的不同分章详细阐述。

【例 3-1】 一办公楼的设计使用年限为 50 年，楼盖中的一简支梁作用均布荷载，跨度为 6m，作用其上的永久荷载标准值 g_k=3kN/m；可变荷载标准值 q_k=6kN/m，可变荷载组合值系数 ψ_c=0.7。计算该梁跨中截面按荷载基本组合的弯矩设计值 M。

【解】 永久荷载标准值产生的弯矩为：$M_{Gk} = \frac{1}{8} \times 3 \times 6^2 = 13.5 (\text{kN} \cdot \text{m})$

可变荷载标准值产生的弯矩为：$M_{Qk} = \frac{1}{8} \times 6 \times 6^2 = 27 (\text{kN} \cdot \text{m})$

$$M = \gamma_G M_{Gk} + \gamma_Q \gamma_L M_{Qk} = 1.3 \times 13.5 + 1.5 \times 1.0 \times 27 = 58.05 (\text{kN} \cdot \text{m})$$

故梁的跨中截面弯矩设计值为 58.05kN·m。

【例 3-2】 某跨度为 3m 的简支梁，如图 3-3 所示。承受永久均布线荷载标准值 g_k=8kN/m，承受可变均布线荷载标准值 q_k=6kN/m，承受跨中可变集中荷载标准值 Q_k=8kN，可变荷载组合值系数 ψ_c=0.7，γ_L=1.0。该梁安全等级为一级，试求梁按承载能力极限状态计算时的跨中截面弯矩设计值。

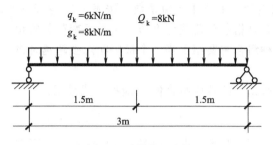

图 3-3 例题 3-2 图

【解】 永久荷载标准值产生的跨中弯矩为：$M_{Gk} = \frac{1}{8} \times 8 \times 3^2 = 9 (\text{kN} \cdot \text{m})$

均布可变荷载标准值产生的跨中弯矩为：$M_{Q_1k} = \frac{1}{8} \times 6 \times 3^2 = 6.75 (\text{kN} \cdot \text{m})$

集中可变荷载标准值产生的跨中弯矩为：$M_{Q_2k} = \frac{1}{4} \times 8 \times 3 = 6 (\text{kN} \cdot \text{m})$

梁安全等级为一级，取 $\gamma_0 = 1.1$

$$M = \gamma_0 (\gamma_G M_{Gk} + \gamma_{Q_1} \gamma_{L_1} M_{Q_1k} + \sum_{i=2}^{n} \gamma_{Q_i} \gamma_{L_i} \psi_{ci} M_{Q_ik})$$
$$= 1.1 \times (1.3 \times 9 + 1.5 \times 1.0 \times 6.75 + 1.5 \times 1.0 \times 0.7 \times 6)$$
$$= 30.94 (\text{kN} \cdot \text{m})$$

故梁的跨中截面弯矩设计值为 30.94kN·m。

3.3.3 正常使用极限状态设计表达式及验算

按正常使用极限状态设计是要保证结构构件在正常使用条件下，其裂缝开展宽度、振幅、加速度、应力、变形等不超过《规范》所规定的限值。与承载能力极限状态相比，正常使用极限状态的目标可靠指标要低一些。

3.3.3.1 设计表达式

对于正常使用极限状态，结构构件应根据不同情况分别采用荷载的标准组合、频遇组合或准永久组合，采用下列极限状态设计表达式：

$$S \leqslant C \tag{3-20}$$

式中 S——正常使用极限状态荷载组合的效应（如变形、裂缝宽度等）设计值；

C——结构构件达到正常使用要求所规定的变形、应力、裂缝宽度和自振频率等的限值，见本书附录 11 和附录 12。

3.3.3.2 荷载组合的效应设计值

(1) 对于荷载标准组合的效应组合值 S 应按下式进行计算：

$$S = \sum_{i \geqslant 1} S_{G_ik} + S_p + S_{Q_1k} + \sum_{j>1} \psi_{cj} S_{Q_jk} \tag{3-21}$$

标准组合主要用于当一个极限状态被超越时将产生严重的永久性损害的情况。

(2) 对于荷载频遇组合的效应组合值 S 应按下式进行计算：

$$S = \sum_{i \geqslant 1} S_{G_ik} + S_p + \psi_{f1} S_{Q_1k} + \sum_{j>1} \psi_{qj} S_{Q_jk} \tag{3-22}$$

式中 ψ_{f1}——可变荷载 Q_1 的频遇值系数，按表 3-4、表 3-5 查取；

ψ_{qj}——第 j 个可变荷载的准永久值系数，按表3-4、表3-5查取。

由此可见，频遇组合是指永久荷载标准值、主导可变荷载的频遇值与伴随可变荷载的准永久值的效应组合。这种组合主要用于当一个极限状态被超越时将产生局部损害、较大变形或短暂振动等情况。

(3) 对于荷载准永久组合的效应组合值 S 应按下式采用：

$$S = \sum_{i \geq 1} S_{G_i k} + S_p + \sum_{j \geq 1} \psi_{qj} S_{Q_j k} \tag{3-23}$$

准永久组合主要用于当荷载的长期效应是决定性因素时的正常使用极限状态。

另外，需要注意的是以上组合均只适用于荷载与荷载效应为线性的情况。由于正常使用极限状态的目标可靠指标较小，因而对作用不乘分项系数，计算中对材料强度采用标准值。

3.3.3.3 正常使用极限状态验算规定

(1) 对结构构件进行抗裂验算时，应按荷载标准组合的效应设计值进行计算，其计算值不应超过规范规定的相应限值。

(2) 结构构件的裂缝宽度，对钢筋混凝土构件，按荷载准永久组合进行计算，对预应力混凝土构件，按荷载标准组合进行计算，并均应考虑荷载长期作用的影响；构件的最大裂缝宽度不应超过规范规定的最大裂缝宽度限值。最大裂缝宽度限值应根据结构的环境类别、裂缝控制等级及结构类别，按本书附录11确定，其中结构的环境类别由本书附录10确定。具体验算方法和规定见第9章。

(3) 受弯构件的最大挠度，钢筋混凝土构件应按荷载准永久组合，预应力混凝土构件应按荷载标准组合，并均应考虑荷载长期作用的影响进行计算，其计算值不应超过规范规定的挠度限值，受弯构件的挠度限值按本书附录12确定。具体验算方法和规定见第9章。

(4) 对跨度较大的混凝土楼盖结构或业主有要求时，应进行竖向自振频率验算（满足其对舒适度的要求），其自振频率宜符合下列要求：住宅和公寓不宜低于5Hz；办公楼和旅馆不宜低于4Hz；大跨度公共建筑不宜低于3Hz。大跨度混凝土楼盖结构竖向自振频率的计算方法可参考国家标准或相关设计手册。

本章小结

(1) 结构设计的目的是要保证结构设计能够满足安全性、适用性、耐久性等基本功能的要求。我国《规范》采用了以概率理论为基础的极限状态设计法。

(2) 荷载按其随时间的变异性和出现的可能性分为永久荷载、可变荷载和偶然荷载。结构设计时，根据不同极限状态的设计要求，采用不同的荷载代表值。永久荷载采用标准值作为代表值；可变荷载的代表值有标准值、组合值、频遇值和准永久值，其中标准值是基本代表值，其他代表值都可在标准值的基础上乘以相应系数后得出。

(3) 结构的极限状态分为承载能力极限状态、正常使用极限状态和耐久性极限状态三类。设计任何混凝土结构构件时，都必须进行承载能力极限状态计算，同时还应按要求进行正常使用极限状态的验算，并根据具体实际考虑进行耐久性极限状态设计，以确保结构满足各项功能的要求。以相应于结构各种功能要求的极限状态作为结构设计依据的设计方法，称为极限状态设计法。

(4) 设计任何建筑工程结构时，都必须保证其在规定的时间内、规定的条件下完成结构预定功能的概率大于某一规定的数值。结构完成预定功能的概率称为可靠度，为了计算和表述的方便，可靠度通常又用可靠指标予以表达。《规范》按照结构的安全等级和破坏类型，规定了结构构件承载能力极限状态设计时的目标可靠指标 β 值，并为了设计的实用，分别用结构重要性系数、荷载分项系数、材料分项系数来统一表达结构的可靠指标，并给出了实用的近似概率极限状态设计法的设计表达式。

(5) 材料强度的标准值是按照不小于 95% 的保证率确定的，将材料强度的标准值除以材料强度分项系数后即为材料强度的设计值。在承载能力极限状态设计表达式中，材料强度均采用设计值，而在正常使用极限状态表达式中，材料强度一般采用标准值。

(6) 结构的设计状况有持久设计状况、短暂设计状况、偶然设计状况和地震设计状况四种。以上四种设计状况，均应进行承载能力极限状态设计，以确保结构的安全性。对持久设计状况，尚应进行正常使用极限状态设计，并宜进行耐久性极限状态设计，以保证结构的适用性和耐久性；对偶然设计状况，可不进行正常使用极限状态和耐久性极限状态设计；对短暂设计状况和地震设计状况，可根据需要进行正常使用极限状态设计。

(7) 结构设计中，应根据所考虑的设计状况，选用不同的组合：对持久和短暂设计状况，应采用基本组合；对偶然设计状况，应采取偶然组合；对于地震设计状况，应采用作用效应的地震组合。

(8) 概率极限状态设计表达式与以往的多系数极限状态设计表达式形式上相似，但两者有本质区别。前者的各项系数是根据结构构件基本变量的统计特性，以可靠度分析经优选确定的，它们起着相当于设计可靠指标 $[\beta]$ 的作用；而后者采用的各种安全系数主要是根据工程经验确定的。

(1) 什么是结构上的作用？荷载属于哪种作用？作用效应与荷载效应有什么区别？
(2) 荷载按照时间的变异分为哪几类？
(3) 什么是结构抗力？影响结构抗力的主要因素有哪些？
(4) 结构应满足哪些功能要求？
(5) 何谓结构的极限状态？结构的极限状态有几类？各有什么标志和限值？
(6) 何谓结构的可靠性及可靠度？
(7) 结构的功能函数是如何表达的？当功能函数 $Z>0$、$Z<0$、$Z=0$ 时，各表示什么状态？
(8) 结构安全等级是如何划分的？安全等级共分为几级？
(9) 荷载的代表值有哪些？如何计算和取值？
(10) 材料强度标准值和强度设计值有什么关系？
(11) 承载能力极限状态表达式是什么？试说明表达式中各符号的意义。
(12) 试说明荷载标准值与设计值之间的关系，荷载分项系数应如何取值。
(13) 对于正常使用极限状态，如何根据不同的设计要求确定荷载组合的效应设计值？
(14) 结构的安全等级在极限状态设计表达式中是如何体现的？
(15) 解释下列名词。
安全等级　设计状况　设计基准期　设计使用年限　目标可靠指标

(1) 某办公楼钢筋混凝土简支梁,设计使用年限为50年,计算跨度为3.9m,作用其上的永久荷载标准值 $g_k=12kN/m$,可变荷载标准值 $q_k=15kN/m$,结构安全等级为二级。

① 计算梁跨中按荷载基本组合的弯矩设计值 M。

② 计算梁跨中按荷载标准组合的弯矩设计值 M_k 和荷载准永久组合的弯矩设计值 M_q。

(2) 一简支钢筋混凝土梁如图3-4所示。计算跨度为4.0m。承受均布线恒荷载标准值 $g_k=8kN/m$,均布线活荷载标准值 $q_k=4kN/m$,跨中承受集中活荷载标准值 $Q_k=6kN$,可变荷载组合值系数 $\psi_c=0.7$,结构安全等级为二级。试求该梁跨中截面弯矩设计值。

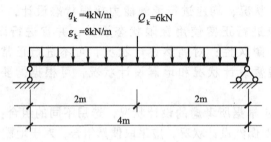

图 3-4 习题(2)图

第 4 章 受弯构件正截面承载力计算

4.1 概述

受弯构件是指承受弯矩和剪力共同作用的构件，房屋建筑中的梁、板是典型的受弯构件。梁的截面形式常见的有矩形、T 形和工字形，板的截面形式常见的有矩形、槽形和空心形等，梁、板常用的截面形状如图 4-1 所示，当板与梁一起浇注时，板不但将其上的荷载传递给梁，而且和梁一起构成 T 形或倒 L 形截面共同承受荷载，如图 4-2 所示。梁和板的主要区别在于宽高比不同，板的宽度远大于高度。

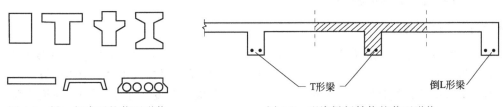

图 4-1 梁、板常用的截面形状　　　　图 4-2 现浇梁板结构的截面形状

受弯构件在外力作用下，截面中和轴一侧为受压区，另一侧为受拉区，由于混凝土的抗拉强度很低，故在截面受拉区布置钢筋以承受拉力，从而提高构件的承载力。仅在截面受拉区配置受力钢筋的构件称为单筋受弯构件；同时也在截面受压区配置受力钢筋的构件称为双筋受弯构件，如图 4-3 所示。

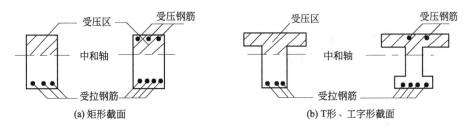

图 4-3 矩形截面和 T 形、工字形截面的受弯构件

在荷载作用下，受弯构件可能发生两种破坏形式。一种是沿弯矩最大截面的破坏，由于破坏截面与构件的轴线垂直，称为正截面破坏，如图 4-4(a) 所示；另一种是沿剪力最大截面（或剪力和弯矩都较大）的破坏，由于破坏截面与构件轴线斜交，称为斜截面的破坏，如图 4-4(b) 所示。本章仅研究受弯构件正截面受弯承载力计算问题，其斜截面承载力计算详见第 7 章。

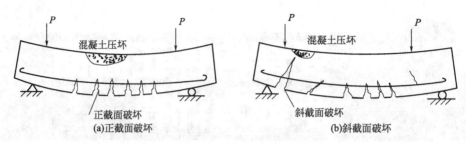

图 4-4 受弯构件的破坏形式

4.2 受弯构件的构造要求

一个完整的结构设计,应该既有可靠的计算依据,又有合理的构造措施,因为计算和构造是相辅相成的,有了计算结果,还需构造措施加以保证。构造就是考虑施工、受力及使用等方面因素而采取的一定措施,这些措施主要是根据工程经验以及在试验研究等基础上对结构计算的必要补充,一般不能或难以直接通过计算来确定。因此钢筋混凝土结构的设计除了要符合计算结果以外,还必须要满足有关的构造要求。

4.2.1 板的一般构造要求

4.2.1.1 板的厚度

现浇整体板设计时可取单位宽度 $b=1000\text{mm}$ 进行计算。板的截面厚度 h 主要与跨度 l 和所受荷载有关;为满足刚度要求,根据设计经验,板厚可根据其跨度 l 初步估算,并应满足最小厚度的要求。单向板的厚度不小于 $l/30$,双向板的厚度不小于 $l/40$,当板的荷载和跨度较大时宜适当增加。板的厚度应以 10mm 为模数,现浇钢筋混凝土板的最小厚度应符合表 4-1 的规定。

表 4-1 现浇钢筋混凝土板的最小厚度 单位:mm

板的类型		最小厚度
单向板	屋面板	60
	民用建筑楼板	60
	工业建筑楼板	70
	行车道下的楼板	80
双向板		80
密肋楼盖	面板	50
	肋高	250
悬臂板(根部)	悬臂长度不大于 500	60
	悬臂长度 1200	100
无梁楼板		150
现浇空心楼盖		200

4.2.1.2 板的材料选用

板内受力钢筋通常采用 HPB300 级、HRB335 级和 HRB400 级钢筋,分布钢筋宜采用

HPB300 级和 HRB335 级钢筋。

板常用的混凝土强度等级为 C25、C30、C35、C40 等。

4.2.1.3 板的受力钢筋

现浇单向板中通常布置两种钢筋：受力钢筋和分布钢筋，如图 4-5 所示。

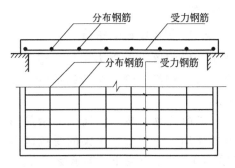

图 4-5 现浇单向板钢筋布置示意图

受力钢筋承担弯矩作用产生的拉力，沿板的受力方向在截面受拉一侧布置，截面面积由计算确定。

受力钢筋的直径通常采用 6mm、8mm、10mm、12mm 等。为了使钢筋受力均匀，应尽量采用较小直径钢筋；为施工方便，钢筋直径的种类不宜太多。

受力钢筋的间距，当板厚 $h \leqslant 150mm$ 时，不宜大于 200mm；$h > 150mm$ 时，不宜大于 $1.5h$，且不宜大于 250mm。板中受力钢筋间距不宜小于 70mm。板中下部纵向受力钢筋伸入支座的锚固长度不应小于 $5d$（d 为下部纵向受力钢筋直径）。

4.2.1.4 板的分布钢筋

分布钢筋布置在受力钢筋的内侧，与受力钢筋相互垂直，与受力钢筋绑扎或焊接成钢筋网（如图 4-5 所示）。分布钢筋的主要作用是将板面的荷载更均匀地传递给受力钢筋，固定受力钢筋的位置，抵抗混凝土收缩和温度变化产生的沿分布钢筋方向分布的拉应力。

分布钢筋按构造配置，分布钢筋直径不宜小于 6mm，间距不宜大于 250mm。分布钢筋的截面面积应不小于单位宽度上受力钢筋截面面积的 15%，且不应小于该方向板截面面积的 0.15%。当集中荷载较大时，分布钢筋的截面面积应适当增加，其间距不宜大于 200mm。

4.2.2 梁的一般构造要求

4.2.2.1 梁的截面尺寸

梁的截面尺寸主要与跨度、荷载和支承条件有关。为满足刚度要求，根据设计经验，梁截面高度 h 可根据其跨度 l 初步估计。对独立的简支梁，$h = (\frac{1}{16} \sim \frac{1}{10})l$；现浇肋形楼盖的次梁，$h = (\frac{1}{18} \sim \frac{1}{12})l$；现浇肋形楼盖的主梁，$h = (\frac{1}{14} \sim \frac{1}{8})l$；悬臂梁，$h = (\frac{1}{8} \sim \frac{1}{4})l$。为了方便施工，便于模板周转，梁高一般以 50mm 的模数递增，对于较大的梁（如 h 大于 800mm 的梁），以 100mm 的模数递增。常用的梁高有 250mm、300mm、350mm、…、750mm、800mm、900mm、1000mm 等。

梁截面高度确定后，其截面宽度 b 可用高宽比估计，矩形截面梁宽 $b = (\frac{1}{2} \sim \frac{1}{3})h$，T 形截面梁宽 $b = (\frac{1}{2.5} \sim \frac{1}{4})h$。为了便于施工，统一模板尺寸，常用的梁宽有 120mm、150mm、180mm、200mm、220mm、250mm，大于 250mm 的梁宽以 50mm 的模数递增。

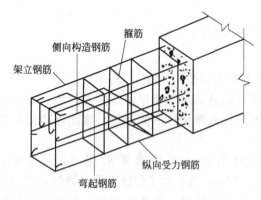

图 4-6 梁内钢筋布置示意图

4.2.2.2 梁材料选用

梁内受力钢筋宜优先采用 HRB400 级、HRB500 级、HRBF400 级、HRBF500 级钢筋。

梁常用的混凝土强度等级为 C25、C30、C35、C40 等。

4.2.2.3 梁中钢筋的布置

梁中一般配置纵向受力钢筋、箍筋、架立钢筋、弯起钢筋、侧向构造钢筋等，如图 4-6 所示。

(1) 纵向受力钢筋　纵向受力钢筋用以承受弯矩作用，一般布置于梁的受拉区以承担拉力。有时在梁的受压区也配置纵向受力钢筋（双筋梁），协助混凝土共同承受压力。

梁中受力钢筋常用直径为 12～25mm。当梁高 $h \geqslant 300$mm 时，纵向钢筋直径不应小于 10mm；当梁高 $h < 300$mm 时，纵向钢筋直径不应小于 8mm。当采用两种不同直径时，相差至少 2mm。纵向钢筋的直径太粗不易加工，钢筋与混凝土之间粘接力也差；直径太细，则所需钢筋的根数增加，在截面内不好布置。

梁内受力钢筋应具有一定的净间距，以便于浇筑混凝土，保证混凝土的密实性，保证钢筋与混凝土粘接在一起共同工作。梁中纵向受力钢筋的净间距应满足如图 4-7 所示的要求，梁上部钢筋水平方向净间距不应小于 30mm 和 $1.5d$；梁下部钢筋水平方向净间距不应小于 25mm 和 d；各层钢筋之间的净间距不应小于 25mm 和 d；d 为钢筋的最大直径。当梁下部的纵向钢筋多于两层时，因浇筑混凝土的需要，钢筋水平方向的中距应比下面两排钢筋的中距增大一倍。

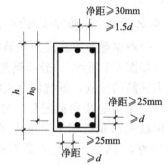

图 4-7 梁中纵向受力钢筋的净间距

梁内纵向受力钢筋的根数，一般不应少于两根。当钢筋根数较多不能满足净间距要求时，可将钢筋放成两排，上下排钢筋应当对齐，以便于浇筑和振捣混凝土。

(2) 箍筋　箍筋的主要作用是承受剪力、固定纵向受力钢筋位置、和纵筋一起形成钢筋骨架。箍筋的具体构造要求详见第 7 章。

(3) 架立钢筋　架立钢筋设置在单筋梁的受压区，与纵向受力钢筋平行。架立钢筋的主要作用是固定箍筋并与纵向受力钢筋形成钢筋骨架，还可以承受混凝土收缩和温度变化所产生的拉应力。如在受压区配有纵向受压钢筋，受压钢筋可兼作架立钢筋。架立钢筋的直径，当梁的跨度小于 4m 时，不宜小于 8mm；当梁的跨度为 4～6m 时，不应小于 10mm；当梁的跨度大于 6m 时，不宜小于 12mm。

(4) 弯起钢筋　弯起钢筋一般由纵向受力钢筋弯起形成，用以承受弯起区段截面的剪力。弯起后钢筋顶部的水平段可以承受支座处的负弯矩。

(5) 侧向构造钢筋　侧向构造钢筋又称为腰筋，设置在梁的两个侧面。侧向构造钢筋的主要作用是承受温度变化及混凝土收缩在梁中部引起的拉应力，防止混凝土裂缝的开展，同时还可以增加梁内钢筋骨架的刚度，增强梁的抗扭能力。

当梁的腹板高度 $h_w \geqslant 450$mm 时，在梁的两个侧面应沿高度配置纵向构造钢筋，每侧纵向构造钢筋（不包括梁上、下部受力筋和架立筋）的间距不宜大于200mm，截面面积不应小于腹板截面面积（bh_w）的0.1%。其中，h_w为腹板高度，对矩形截面，取有效高度；对T形截面，取有效高度减去翼缘高度；对工字形截面，取腹板净高。梁侧构造钢筋应用拉筋连接，拉筋直径宜与箍筋相同，间距常取箍筋的2倍。

4.2.3 梁、板的混凝土保护层

混凝土保护层厚度是指钢筋的外边缘至混凝土表面的垂直距离，用c表示。混凝土保护层的主要作用：保护钢筋，防止钢筋锈蚀，提高构件的耐久性；保证钢筋与混凝土之间的可靠粘接；在火灾情况下，避免钢筋过早软化，提高构件的耐火性。

《规范》规定，受力钢筋的保护层厚度不应小于钢筋的公称直径；设计使用年限为50年的混凝土结构，最外层钢筋的保护层厚度应符合本书附录13的规定；设计使用年限为100年的混凝土结构，最外层钢筋的保护层厚度不应小于本书附录13数值的1.4倍。

当梁、柱、墙中纵向受力钢筋的保护层厚度大于50mm时，宜对保护层采取有效的构造措施。当在保护层内配置防裂、防剥落的钢筋网片时，网片钢筋的保护层厚度不应小于25mm。

4.2.4 梁、板截面有效高度

截面有效高度是指截面受压区的外边缘至受拉钢筋合力点的距离，用h_0表示，如图4-8所示。在计算梁、板受弯构件承载力时，受拉区混凝土开裂后拉力完全由钢筋承担，能发挥作用的是截面有效高度。

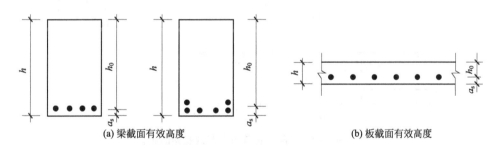

图4-8 梁、板截面有效高度

截面有效高度h_0可用下式表示：

$$h_0 = h - a_s \tag{4-1}$$

式中 h——截面高度；

　　a_s——纵向受拉钢筋合力点至受拉混凝土边缘的垂直距离。

在室内正常环境下（环境类别为一类），根据最外层钢筋混凝土保护层最小厚度规定，考虑箍筋直径（取10mm）以及纵向受力钢筋直径（梁纵筋直径取20mm，板纵筋直径取10mm），a_s可近似按下述方法确定：

当混凝土强度等级大于C25时：梁内受力钢筋为一排时，$a_s = 20 + 10 + \dfrac{20}{2} = 40(\text{mm})$；梁内受拉钢筋为两排时，$a_s = 40 + 25 = 65(\text{mm})$；板，$a_s = 15 + \dfrac{10}{2} = 20(\text{mm})$。

当混凝土强度等级不大于C25时：将上述的a_s的值再增加5mm，这是由于混凝土保护

层厚度增加了 5mm。

4.3 正截面受弯性能的试验研究分析

由于钢筋混凝土材料本身的弹塑性特点,因此,按材料力学公式对其进行强度计算时,不符合钢筋混凝土受弯构件的实际情况。为了研究钢筋混凝土受弯构件的破坏过程,应研究其截面应力及应变的发展规律。

4.3.1 梁正截面工作的三个阶段

钢筋混凝土正截面受弯试验梁的布置如图 4-9 所示。研究梁正截面受力和变形的变化规律时,为消除剪力的影响,通常采用两点对称加载,在两个对称集中荷载之间的区段称为纯弯段(只有弯矩没有剪力)。

试验研究表明,钢筋混凝土受弯构件当具有足够的抗剪能力而且构造设计合理时,构件受力后将在弯矩较大的部位(图 4-9 中纯弯区段)发生正截面弯曲破坏。受弯构件自加载至破坏的过程中,随着荷载的增加及混凝土塑性变形的发展,对于正常配筋的单筋矩形截面梁,其正截面上的应力分布和应变发展过程可分以下三个阶段。

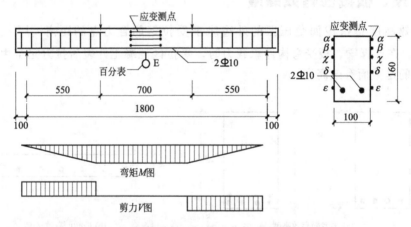

图 4-9 钢筋混凝土正截面受弯试验梁的布置

4.3.1.1 第 I 阶段:未开裂阶段

构件开始加荷时,由于弯矩小,正截面上各点的应力和应变均很小,二者成正比关系,其应变的变化规律符合平截面假定(图 4-10 I),混凝土基本处于弹性工作阶段,受压区和受拉区混凝土应力分布图形为三角形,受拉区由于钢筋的存在,其中和轴较均质弹性体中和轴稍低。

随着荷载继续增加,弯矩逐渐增大,应变也随之加大,由于混凝土抗拉强度很低,在受拉边缘混凝土已产生塑性变形,受拉区应力呈曲线状态。当构件受拉区边缘应变达到混凝土的极限拉应变时,相应的边缘拉应力达到混凝土的抗拉强度 f_t,拉应力图形接近矩形的曲线变化。此时受压区混凝土仍属弹性阶段,压应力图形接近三角形,构件处于将裂未裂的极限状态,此时为第 I 阶段末,以 I_a 表示,构件相应所能承受的弯矩称抗裂弯矩,用 M_{cr} 表示。

由于受拉区混凝土塑性变形的出现与发展,I_a 阶段中和轴的位置较 I 阶段初期略有上升。I_a 的应力图将作为计算构件抗裂弯矩 M_{cr} 的依据,在第 I 阶段,因构件未开裂,所以

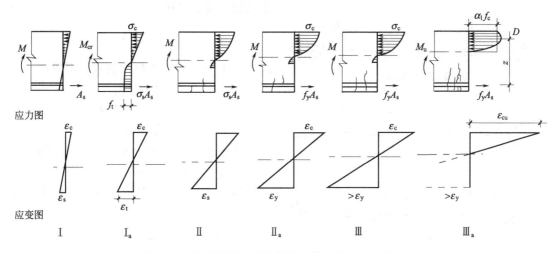

图 4-10　钢筋混凝土受弯构件正截面的三个工作阶段

称为弹性工作阶段。

4.3.1.2　第Ⅱ阶段：带裂缝工作阶段

当构件受力达到Ⅰ$_a$阶段后，随荷载增加，混凝土拉应力超过其抗拉极限强度f_t，构件开裂，在裂缝截面处的混凝土退出工作，由受拉区混凝土所承担的拉力转交给钢筋承担，钢筋应力比混凝土开裂前突然加大，故裂缝一经出现就具有一定的宽度，并沿梁高延伸到一定的高度，中和轴位置也随之上升，受压区混凝土压应力继续增加，混凝土塑性变形有了明显发展，压应力图形呈曲线变化，但截面上各点平均应变的变化规律仍符合平截面假定（图4-10Ⅱ）。

在第Ⅱ阶段，随着弯矩的增加，当弯矩增加到使钢筋的应力达到其屈服强度f_y时，纵向受拉钢筋开始屈服，此时为第Ⅱ阶段末，以Ⅱ$_a$表示。

正常工作的梁，一般都处于第Ⅱ阶段，即构件带裂缝工作阶段，第Ⅱ阶段的应力状态将作为构件正常使用极限状态中变形及裂缝宽度验算的依据。

4.3.1.3　第Ⅲ阶段：破坏阶段

钢筋屈服后，其屈服强度f_y保持不变，但钢筋应变骤增且继续发展，裂缝不断扩展并向上延伸，中和轴上移，受压区高度进一步减小，混凝土压应力不断增大。但受压区混凝土的总压力始终保持不变，与钢筋总拉力保持平衡。此时受压区混凝土边缘应变迅速增长，混凝土塑性变形更加明显（图4-10Ⅲ）。

当弯矩增加到正截面所能承受的最大弯矩时，混凝土压应变达到受压极限应变ε_{cu}，此时受压区混凝土已丧失承载能力，说明梁已经破坏，称作第Ⅲ阶段末，以Ⅲ$_a$表示。一般情况下，此时梁的变形还能继续增加，但承担的弯矩随梁变形的增加而降低，最后受压区混凝土被压碎甚至崩落，梁正截面完全破坏。此时构件所能承受的弯矩称破坏弯矩，以M_u表示。Ⅲ$_a$阶段作为承载能力极限状态计算的依据。

4.3.2　受弯构件正截面破坏形态

根据试验研究，受弯构件正截面的破坏形态主要与纵向受拉钢筋配置的多少有关。纵向受拉钢筋配置的多少用配筋率ρ表示，配筋率是纵向受拉钢筋的截面面积与构件有效截面面

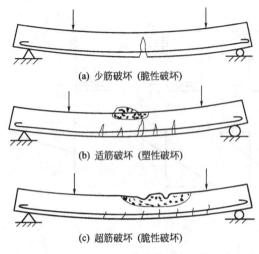

图 4-11 梁的三种破坏形态

积之比，按下式计算。

$$\rho = \frac{A_s}{bh_0} \quad (4-2)$$

式中 A_s——纵向受拉钢筋截面面积；
b——梁截面宽度；
h_0——梁截面的有效高度（当验算最小配筋率时取 h），$h_0 = h - a_s$。

试验表明，根据纵向受拉钢筋配筋率的不同，受弯构件正截面可能发生少筋破坏、适筋破坏和超筋破坏三种破坏形态，如图 4-11 所示。

4.3.2.1 少筋破坏

如果在梁受拉区配置的钢筋过少，加载至构件开裂时，拉力完全由钢筋承担，使钢筋应力突然剧增，由于钢筋过少，其应力很快达到屈服强度甚至被拉断，梁迅速破坏，其破坏形态如图 4-11(a) 所示。这种构件一旦开裂，就立即产生很宽的裂缝和很大的挠度，梁随之发生破坏，其破坏是突然性的，属于"脆性破坏"。少筋破坏受压区混凝土没有得到充分利用，不经济，设计时不允许出现少筋破坏。

4.3.2.2 适筋破坏

当在梁受拉区配置适量钢筋，破坏时受拉钢筋首先达到屈服强度，再继续加载，混凝土产生受压破坏，其破坏形态如图 4-11(b) 所示。这种梁在破坏前，由于钢筋要经历较大的塑性伸长，随之引起裂缝急剧开展和挠度的激增，破坏有明显的预兆，因此称这种破坏形态为"塑性破坏"。适筋梁在破坏时受拉钢筋达到屈服强度，混凝土的压应力也达到其抗压极限强度，此时钢筋和混凝土两种材料的性能基本上都能得到充分利用，且破坏前有明显的征兆，故梁正截面承载力计算是建立在适筋破坏基础上的。

4.3.2.3 超筋破坏

当在梁的受拉区配置的纵向受拉钢筋过多时，其破坏是以受压区混凝土被压碎而引起的，而受拉钢筋的应力远小于屈服强度，此种破坏称为"超筋破坏"，其破坏形态如图 4-11(c) 所示。又因破坏前没有明显的预兆，破坏时受拉区裂缝开展不宽，挠度不大，属于"脆性破坏"。超筋破坏时受拉钢筋强度没有被充分利用，不经济，设计时不允许出现超筋破坏。

少筋破坏、适筋破坏和超筋破坏时梁的荷载和挠度曲线（P-f）如图 4-12 所示。

综上所述，少筋破坏和超筋破坏不能充分发挥材料的性能，且破坏突然，为脆性破坏，故设计中应避免设计成少筋构件和超筋构件。适筋破坏能够充分利用材料的性能，破坏前有明显的预兆，为塑性破坏，故工程中应将受弯构件设计成适筋构件。为使受弯构件设计成适筋构件，要求配筋率 ρ 既不超过最大配筋

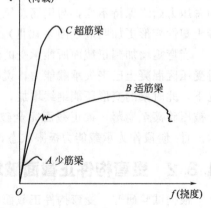

图 4-12 不同破坏形式梁的 P-f 图

率 ρ_{max}，亦不小于其最小配筋率 ρ_{min}。

4.3.3 适筋破坏与超筋破坏、少筋破坏的界限

综上所述，配筋率的改变，将会引起钢筋混凝土梁破坏性质的改变。根据平截面的应变关系可以得出适筋梁的最大配筋率和最小配筋率。

4.3.3.1 受压区混凝土的等效应力图

为简化受弯构件正截面承载力计算，对受弯构件受压混凝土压应力分布图，我国采用以等效矩形应力图代替受压区混凝土应力图形，如图 4-13 所示，其换算条件为：

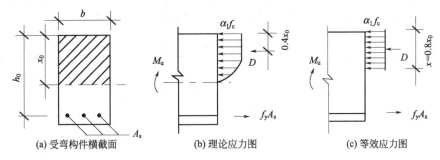

图 4-13 等效应力图的换算

(1) 等效矩形应力图形的面积与理论图形（二次抛物线加矩形图）的面积相等，即压应力的合力大小不变；

(2) 等效矩形应力图的形心位置与理论应力图的总形心位置相同，即压应力的合力作用位置不变。图中，h_0 为截面有效高度；b 为截面宽度；x_0 为混凝土实际受压区高度；x 为混凝土换算受压区高度，《规范》规定 $x=\beta_1 x_0$；α_1、β_1 为受压区混凝土的简化应力图形系数，见表 4-2。

表 4-2 受压区混凝土的简化应力图形系数 β_1，α_1 的值

混凝土强度等级	≤C50	C55	C60	C65	C70	C75	C80
β_1	0.8	0.79	0.78	0.77	0.76	0.75	0.74
α_1	1.0	0.99	0.98	0.97	0.96	0.95	0.94

4.3.3.2 界限相对受压区高度

适筋梁和超筋梁的界限破坏形式是：当正截面内纵向受拉钢筋达到屈服，同时受压混凝土应力也达到抗压极限强度时，受弯构件达到极限承载力，这种破坏状态称为界限状态破坏，也即配筋率的上限；配筋率超过此界限时，构件将发生超筋破坏。

处于界限状态受弯构件的换算受压区高度 x 与截面有效高度 h_0 的比值 ξ_b，称为界限相对受压区高度。对配有明显屈服点钢筋的受弯构件，根据平截面假定及界限相对受压区高度的定义，如图 4-14 所示，则求出 ξ_b：

$$\xi_b = \frac{x}{h_0} = \frac{\beta_1 x_0}{h_0} = \beta_1 \frac{\varepsilon_{cu}}{\varepsilon_{cu} + \varepsilon_s} = \frac{\beta_1}{1 + \dfrac{f_y}{\varepsilon_{cu} E_s}} \quad (4\text{-}3)$$

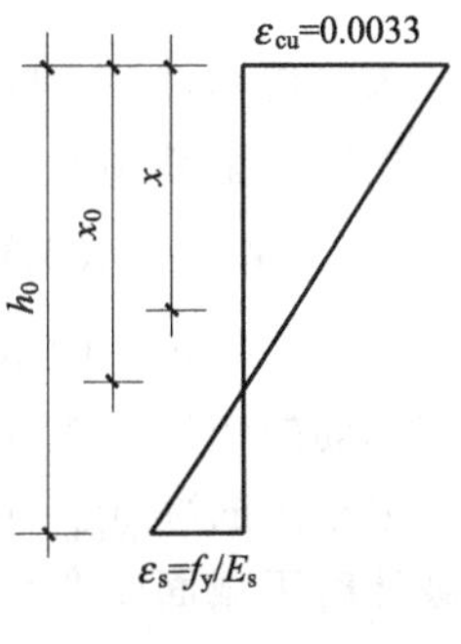

图 4-14 构件正截面应变图

式中　ε_{cu}——混凝土弯曲极限压应变；
　　　ε_s——受拉钢筋极限拉应变；
　　　f_y——钢筋抗拉强度设计值；
　　　E_s——钢筋弹性模量。

由上式推导可知，ξ_b 值主要与钢筋的级别和混凝土的强度等级有关，钢筋的 f_y/E_s 值越大，ξ_b 就越小；混凝土的 ε_{cu} 值越大，ξ_b 值也越大。当构件的实际相对受压区高度 ξ（$\xi=x/h_0$）大于 ξ_b 时，即构件的实际配筋量大于界限状态的配筋量时，则破坏时钢筋的应力 σ_s 要小于相应的屈服强度，钢筋不能屈服，其破坏属于超筋破坏。反之，当实际的 ξ 不超过 ξ_b 时，构件所配钢筋破坏时能够达到屈服，其破坏属于适筋破坏。因此，ξ_b 值是用来衡量构件破坏时钢筋强度能否充分利用的一个特征值。普通钢筋的 ξ_b 值见表 4-3。

表 4-3　普通钢筋的 ξ_b 值

钢筋级别 \ 混凝土强度等级	≤C50	C55	C60	C65	C70	C75	C80
HPB300	0.576	0.566	0.556	0.547	0.537	0.528	0.518
HRB335	0.550	0.541	0.531	0.522	0.512	0.503	0.493
HRB400、HRBF400、RRB400	0.518	0.508	0.499	0.490	0.481	0.472	0.463
HRB500、HRBF500	0.482	0.473	0.464	0.455	0.447	0.438	0.429

4.3.3.3　最大配筋率

当 $\xi=\xi_b$ 时，相应可求出界限破坏时的特定配筋率，即适筋梁的最大配筋率 ρ_{max}。

对于单筋矩形截面受弯构件，若其受压区混凝土应力分布图以等效应力图代替，如图 4-13(c) 所示，则根据力的平衡，可得：

$$\alpha_1 f_c b x = f_y A_s \tag{4-4}$$

$$\xi = \frac{x}{h_0} = \frac{f_y A_s}{\alpha_1 f_c b h_0} \tag{4-5}$$

因配筋率 $\rho = \dfrac{A_s}{bh_0}$，则

$$\xi = \rho \frac{f_y}{\alpha_1 f_c} \tag{4-6}$$

当 $\xi=\xi_b$ 时，可得最大配筋率

$$\rho_{max} = \xi_b \frac{\alpha_1 f_c}{f_y} \tag{4-7}$$

当受弯构件的实际配筋率 ρ 不超过 ρ_{max}，构件破坏时受拉钢筋能够屈服，属于适筋构件；当实际配筋率 ρ 超过 ρ_{max} 时，属于超筋构件。

4.3.3.4　最小配筋率

当配筋率很小的钢筋混凝土梁即将出现裂缝时，拉力主要由受拉区混凝土承担，可忽略受拉钢筋的作用，按素混凝土梁考虑。

最小配筋率 ρ_{min} 为少筋梁与适筋梁的界限。按下列原则确定：配有最小配筋率的构件在破坏时正截面受弯承载力设计值 M_u 等于同截面同等级的素混凝土梁的正截面所能承担的开裂弯矩 M_{cr}。《规范》对最小配筋率的规定详见附录 14。从附录 14 可以看出，受弯构件一

侧纵向受拉钢筋的最小配筋率取 0.2% 和 $0.45f_t/f_y$ 中的较大值，即

$$\rho_{\min} = \max\left\{0.2\%, 0.45\frac{f_t}{f_y}\right\} \qquad (4\text{-}8)$$

对于卧置于地基上的混凝土板，板中受拉钢筋的最小配筋率可适当降低，但不应小于 0.15%。

4.4 单筋矩形截面受弯构件承载力计算

4.4.1 基本假定

钢筋混凝土受弯构件正截面受弯承载力计算，是以适筋梁破坏阶段的 Ⅲ$_a$ 受力状态为依据的。由于截面应力和应变分布的复杂性，为了便于计算，《规范》规定，包括受弯构件在内的各种混凝土构件的正截面承载力应按下列基本假定进行计算。

4.4.1.1 截面的应变分布符合平截面假定，即构件正截面在弯曲变形后仍保持平面

试验研究表明，受弯构件在受拉区混凝土开裂前的第Ⅰ受力阶段中，其截面应变符合平截面假定；在开裂后的第Ⅱ、Ⅲ受力阶段直至 Ⅲ$_a$ 极限状态，混凝土和钢筋平均应变仍能符合平截面假定，即平均应变符合平截面假定。这样，若不考虑受拉区混凝土开裂后的相对滑移，则采用平截面假定后截面内任一点纤维的应变与该点到中和轴的距离成正比，即正截面应变按线性规律分布，如图 4-15 所示。

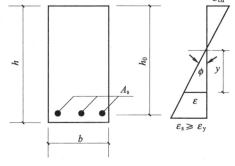

图 4-15 截面应变图

4.4.1.2 不考虑受拉区混凝土的抗拉强度

截面受拉区的拉力全部由纵向受拉钢筋承担，这是因为构件破坏时受拉区混凝土早已开裂，受拉区混凝土已大部分退出工作，混凝土所承受的拉力很小，可忽略不计。

4.4.1.3 材料的应力-应变关系

对于受压混凝土的应力-应变关系，《规范》采用如图 4-16 所示曲线，当该曲线用于轴心受压构件时，σ-ε 曲线为抛物线，极限压应变取 ε_0，相应的最大压应力取 $\sigma_c = f_c$。当该曲线用于弯曲和偏心受压构件时，压应变 $\varepsilon_c \leqslant \varepsilon_0$ 时，应力-应变关系取为与轴心受压构件相同的曲线；压应变 $\varepsilon_0 < \varepsilon_c \leqslant \varepsilon_{cu}$ 时，应力-应变关系取为一水平线。对混凝土强度等级为 C50 及以下时，$\varepsilon_0 = 0.002$，$\varepsilon_{cu} = 0.0033$，混凝土受压的应力-应变曲线的数学表达式为：

当 $0 \leqslant \varepsilon_c \leqslant \varepsilon_0$ 时，
$$\sigma_c = f_c\left[1 - \left(1 - \frac{\varepsilon_c}{\varepsilon_0}\right)^n\right] \qquad (4\text{-}9)$$

当 $\varepsilon_0 < \varepsilon_c \leqslant \varepsilon_{cu}$ 时，
$$\sigma_c = f_c \qquad (4\text{-}10)$$

$$n = 2 - \frac{1}{60}(f_{cu,k} - 50) \qquad (4\text{-}11)$$

$$\varepsilon_0 = 0.002 + 0.5(f_{cu,k} - 50) \times 10^{-5} \qquad (4\text{-}12)$$

$$\varepsilon_{cu} = 0.0033 - (f_{cu,k} - 50) \times 10^{-5} \qquad (4\text{-}13)$$

式中 σ_c ——混凝土压应变为 ε_c 的混凝土压应力；

f_c——混凝土轴心抗压强度设计值；

ε_0——混凝土压应力达到 f_c 时的混凝土压应变，当计算的 ε_0 小于 0.002 时，取 0.002；

ε_{cu}——正截面的混凝土极限压应变，当处于非均匀受压的计算值大于 0.0033 时，取 0.0033，当处于轴心受压时，取 0.002；

$f_{cu,k}$——混凝土立方体抗压强度标准值；

n——系数，当计算的 n 值大于 2.0 时，应取 2.0。

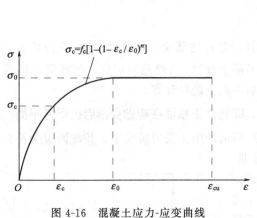

图 4-16 混凝土应力-应变曲线

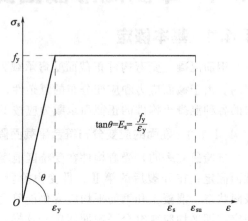

图 4-17 钢筋的应力-应变曲线

对有明显屈服点的钢筋，可采用理想的弹塑性应力-应变关系，如图 4-17 所示，表达式为：

当 $\varepsilon_s \leqslant \varepsilon_y$ 时（上升段）

$$\sigma_s = E_s \varepsilon_s \tag{4-14}$$

当 $\varepsilon_y < \varepsilon_s \leqslant \varepsilon_{su}$ 时（水平段）

$$\sigma_s = f_y \tag{4-15}$$

式中 f_y——钢筋的抗拉强度设计值；

ε_y——钢筋的屈服应变，即 $\varepsilon_y = f_y / E_s$；

σ_s——相应于钢筋应变为 ε_s 时的钢筋应力值；

ε_{su}——纵向受拉钢筋的极限拉应变，取 0.01；

E_s——钢筋弹性模量。

4.4.2 基本计算公式及适用条件

根据前述适筋梁在破坏瞬间的应力状态，用等效受压应力图代替混凝土实际压力图，根据基本假定，则单筋矩形截面在承载能力极限状态下的计算应力图形如图 4-18 所示。这时，受拉区混凝土不承担拉力，全部拉力由钢筋承担，钢筋的拉应力达到其抗拉强度设计值 f_y。

4.4.2.1 基本公式

根据平衡条件，可得到基本计算公式如下：

$$\sum X = 0 \quad f_y A_s = \alpha_1 f_c b x \tag{4-16}$$

$$\sum M = 0 \quad M \leqslant \alpha_1 f_c b x \left(h_0 - \frac{x}{2} \right) = f_y A_s \left(h_0 - \frac{x}{2} \right) \tag{4-17}$$

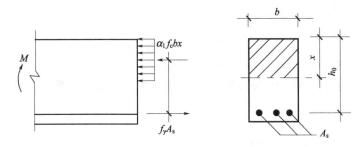

图 4-18 单筋矩形截面在承载能力极限状态下的计算应力图形

式中 M——弯矩设计值；

f_c——混凝土轴心抗压强度设计值；

f_y——钢筋抗拉强度设计值；

α_1——受压区混凝土的简化应力图形系数，按表 4-2 取值；

b——截面宽度，对现浇板，通常取 1m 宽板带进行计算，即取 $b=1000$mm；

x——混凝土受压区高度；

h_0——截面有效高度，$h_0=h-a_s$；

A_s——纵向受拉钢筋截面面积。

4.4.2.2 适用条件

（1）为了防止构件发生超筋破坏，应满足：

$$\rho \leqslant \rho_{\max} \tag{4-18}$$

或

$$\xi \leqslant \xi_b \tag{4-19}$$

或

$$x \leqslant \xi_b h_0 \tag{4-20}$$

（2）为了防止构件发生少筋破坏，应满足：

$$\rho \geqslant \rho_{\min} \tag{4-21}$$

或

$$A_s \geqslant A_{s,\min} = \rho_{\min} bh \tag{4-22}$$

当 $\rho=\rho_{\max}$ 时，即 $\xi=\xi_b$，$x=\xi_b h_0$，可求得受弯构件所能抵抗的最大弯矩 $M_{u,\max}$ 如下：

$$M_{u,\max} = \alpha_1 f_c bx \left(h_0 - \frac{x}{2}\right) = \alpha_1 f_c b h_0^2 \xi_b (1-0.5\xi_b) \tag{4-23}$$

4.4.3 计算方法及应用

4.4.3.1 截面设计

已知弯矩设计值 M、截面尺寸 $b \times h$、混凝土强度等级、钢筋级别，求所需的纵向受拉钢筋截面面积 A_s，并选配钢筋。

在截面设计中，有时候材料强度和截面尺寸也是未知的，这时可以先按照相关规定选择材料强度等级，再按照构件的跨度初步选择截面尺寸。材料强度选择和截面尺寸确定详见 4.2 节。

（1）基本公式计算法　两个基本计算公式，有两个未知数 x 和 A_s，可直接求解。计算步骤如下。

① 计算截面受压区高度 x。

由式(4-17)求得：

$$x = h_0 - \sqrt{h_0^2 - \frac{2M}{\alpha_1 f_c b}} \tag{4-24}$$

计算出的 x 应满足 $x \leqslant \xi_b h_0$，不超筋。

若计算出的 $x > \xi_b h_0$ 时，需加大构件的截面尺寸，或提高混凝土强度等级，或改用双筋截面。

② 计算受拉钢筋的截面面积 A_s。

若 $x \leqslant \xi_b h_0$，由式（4-16）求得：

$$A_s = \frac{\alpha_1 f_c b x}{f_y} \tag{4-25}$$

③ 选配钢筋。根据计算出的 A_s，梁由附录 15 选取钢筋的直径和根数，板由附录 16 选取钢筋的直径和间距，并应满足构造要求。

④ 验算最小配筋率。钢筋面积应满足 $A_s \geqslant \rho_{\min} bh$，否则应按照 $A_s = \rho_{\min} bh$ 选配钢筋。

（2）系数（或表格）计算法　利用基本公式进行计算，需要求解一元二次方程，计算过程比较烦琐。在实际工程设计时，可根据给出的一些计算系数，将计算公式加以演变，所用有关计算系数推导如下。

取计算系数

$$\alpha_s = \xi(1 - 0.5\xi) \tag{4-26}$$

$$\gamma_s = 1 - 0.5\xi \tag{4-27}$$

式中　α_s——截面抵抗矩系数；

　　　γ_s——截面内力臂系数。

则基本计算式(4-16)、式(4-17) 可改写为：

$$f_y A_s = \alpha_1 f_c b \xi h_0 \tag{4-28}$$

$$M = \alpha_1 f_c b h_0^2 \xi(1 - 0.5\xi) = \alpha_s \alpha_1 f_c b h_0^2 \tag{4-29}$$

或

$$M = f_y A_s (1 - 0.5\xi) h_0 = f_y A_s \gamma_s h_0 \tag{4-30}$$

从而可得到：

$$\alpha_s = \frac{M}{\alpha_1 f_c b h_0^2} \tag{4-31}$$

或

$$\gamma_s = \frac{M}{f_f A_s h_0} \tag{4-32}$$

ξ 和 γ_s 也可由 α_s 求得：

$$\xi = 1 - \sqrt{1 - 2\alpha_s} \tag{4-33}$$

$$\gamma_s = \frac{1 + \sqrt{1 - 2\alpha_s}}{2} \tag{4-34}$$

因 α_s、γ_s 都是相对受压区高度 ξ 的函数，所以当已知 α_s、γ_s、ξ 三者之中的任意一个时，就可以得出相对应的另外两个系数，也可通过查表 4-4 确定。

由以上可得到，利用系数或者表格法进行截面设计的计算步骤为：

① 计算 α_s。$\alpha_s = \dfrac{M}{\alpha_1 f_c b h_0^2}$。

② 计算 ξ 或 γ_s。$\xi = 1 - \sqrt{1 - 2\alpha_s}$，$\gamma_s = \dfrac{1 + \sqrt{1 - 2\alpha_s}}{2}$；也可由表 4-4 查得 ξ 或 γ_s。

表 4-4 矩形和 T 形截面受弯构件正截面强度计算表

α_s	ξ	γ_s	α_s	ξ	γ_s
0.010	0.01	0.995	0.276	0.33	0.835
0.020	0.02	0.990	0.282	0.34	0.830
0.030	0.03	0.985	0.289	0.35	0.825
0.039	0.04	0.980	0.295	0.36	0.820
0.049	0.05	0.975	0.302	0.37	0.815
0.058	0.06	0.970	0.308	0.38	0.810
0.068	0.07	0.965	0.314	0.39	0.805
0.077	0.08	0.960	0.320	0.40	0.800
0.086	0.09	0.955	0.326	0.41	0.795
0.095	0.10	0.950	0.332	0.42	0.790
0.104	0.11	0.945	0.338	0.43	0.785
0.113	0.12	0.940	0.343	0.44	0.780
0.122	0.13	0.935	0.349	0.45	0.775
0.130	0.14	0.930	0.354	0.46	0.770
0.139	0.15	0.925	0.360	0.47	0.765
0.147	0.16	0.920	0.365	0.48	0.760
0.156	0.17	0.915	0.370	0.49	0.755
0.164	0.18	0.910	0.375	0.50	0.750
0.172	0.19	0.905	0.380	0.51	0.745
0.180	0.20	0.900	0.385	0.52	0.740
0.188	0.21	0.895	0.389	0.528	0.736
0.196	0.22	0.890	0.390	0.53	0.735
0.204	0.23	0.885	0.394	0.54	0.730
0.211	0.24	0.880	0.396	0.544	0.728
0.219	0.25	0.875	0.399	0.55	0.725
0.226	0.26	0.870	0.401	0.556	0.722
0.234	0.27	0.865	0.403	0.56	0.720
0.241	0.28	0.860	0.408	0.57	0.715
0.248	0.29	0.855	0.412	0.58	0.710
0.255	0.30	0.850	0.416	0.58	0.705
0.262	0.31	0.845	0.420	0.60	0.700
0.269	0.32	0.840	0.426	0.614	0.693

求得的 ξ 应满足 $\xi \leqslant \xi_b$，不超筋。

若求得的 $\xi > \xi_b$ 时，需加大构件的截面尺寸，或提高混凝土强度等级，或改用双筋截面。

③ 计算受力钢筋面积 A_s。若 $\xi \leqslant \xi_b$，可得到 $A_s = \dfrac{\alpha_1 f_c b \xi h_0}{f_y}$ 或 $A_s = \dfrac{M}{\gamma_s h_0 f_y}$。

④ 选配钢筋。根据计算出的 A_s，梁由本书附录 15 选取钢筋的直径和根数，板由本书附录 16 选取钢筋的直径和间距，并应满足构造要求。

⑤ 验算最小配筋率。钢筋面积应满足 $A_s \geqslant \rho_{\min} bh$，否则应按照 $A_s = \rho_{\min} bh$ 选配钢筋。

梁中受力钢筋选择时，受力钢筋尽量放置一排，当放置一排满足不了混凝土保护层厚度和钢筋净间距的要求时，可将受力钢筋布置成两排。当环境类别为一类时，表 4-5 列举了受力钢筋放置一排时梁的最小宽度要求，选择受力钢筋时可供参考。

表 4-5　梁中钢筋排成一排时梁的最小宽度　　　　　　　　　　　　　　　　单位：mm

钢筋直径	3 根	4 根	5 根	6 根	7 根
12	180/150	200/180	250/220	300/300	350/350
14	180/150	200/180	250/220	300/300	400/350
16	180/180	220/200	300/250	350/300	400/350
18	180/180	250/220	300/300	350/300	400/350
20	200/180	250/220	300/300	350/350	400/400
22	200/180	300/250	350/300	400/350	450/400
25	220/200	300/250	350/300	450/350	500/400
28	250/220	350/300	400/350	450/400	550/450
32	300/250	350/300	450/400	550/450	600/500

注：斜线以左数值用于梁的上部，以右数值用于梁的下部。

4.4.3.2　截面复核

已知构件的截面尺寸 $b \times h$、混凝土强度等级、钢筋级别及受拉钢筋截面面积 A_s，求截面所能承受的弯矩设计值 M_u。

截面复核可采用基本公式法和系数法进行计算，采用基本公式法更简单方便。根据受弯构件正截面的基本计算公式，可得到截面复核的计算步骤为：

① 验算最小配筋率。受力钢筋面积应满足 $A_s \geqslant \rho_{\min} bh$，否则应按照素混凝土构件计算 M_u 或者修改设计。

② 计算截面受压区高度 x。由式(4-16) 得：$x = \dfrac{f_y A_s}{\alpha_1 f_c b}$。

③ 计算 M_u：

若 $x \leqslant \xi_b h_0$，$M_u = \alpha_1 f_c b x \left(h_0 - \dfrac{x}{2}\right)$ 或 $M_u = f_y A_s \left(h_0 - \dfrac{x}{2}\right)$；

若 $x > \xi_b h_0$，则取 $x = \xi_b h_0$，$M_{u,\max} = \alpha_1 f_c b x \left(h_0 - \dfrac{x}{2}\right) = \alpha_1 f_c b h_0^2 \xi_b (1 - 0.5\xi_b)$。

④ 复核截面是否安全。若 $M_u \geqslant M$，截面安全；反之，$M_u < M$，截面不安全。

在截面复核时，如果计算的 $M_u < M$，说明截面不安全，应采取措施提高正截面受弯承载力。在实际工程中，提高受弯构件正截面受弯承载力的主要措施有：a. 增大截面尺寸，其中增大截面高度效果更显著；b. 提高混凝土强度等级；c. 提高受力钢筋级别；d. 增大受力钢筋截面面积（适筋范围内）；e. 设计成双筋截面。

【例 4-1】 已知一矩形截面简支梁，承受均布荷载设计值 $g+q=24$kN/m（含自重），计算跨度 $l_0 = 4.5$m，混凝土强度等级为 C25，纵向受力钢筋采用 HRB400 级。梁的环境类别为一类，确定该梁的截面尺寸和纵向受拉钢筋。

【解】 查表得相关计算数据：$\alpha_1 = 1.0$，$f_c = 11.9$N/mm^2，$f_t = 1.27$N/mm^2，$f_y = 360$N/mm^2，$\xi_b = 0.518$。

假设纵向受拉钢筋一排布置，则 $a_s = 25 + 10 + \dfrac{20}{2} = 45$(mm)（混凝土保护层厚度为 25mm，按箍筋直径为 10mm、纵筋直径为 20mm 考虑）。

(1) 初选截面尺寸：

$$h = (1/16 \sim 1/10)l = (1/16 \sim 1/10) \times 4500 = 281 \sim 450 (\text{mm}), \text{取} h = 400 \text{mm}.$$
$$b = (1/3 \sim 1/2)h = (1/3 \sim 1/2) \times 400 = 133 \sim 200 (\text{mm}), \text{取} b = 200 \text{mm}.$$

(2) 计算最大弯矩设计值 M：

$$M = \frac{1}{8}(g+q)l_0^2 = \frac{1}{8} \times 24 \times 4.5^2 = 60.75 (\text{kN} \cdot \text{m})$$

(3) 计算纵向受拉钢筋面积 A_s，$h_0 = 400 - 45 = 355 (\text{mm})$
① 采用基本公式计算法：

$$x = h_0 - \sqrt{h_0^2 - \frac{2M}{\alpha_1 f_c b}} = 355 - \sqrt{355^2 - \frac{2 \times 60.75 \times 10^6}{1 \times 11.9 \times 200}} = 81.19 (\text{mm})$$

$x < \xi_b h_0 = 0.518 \times 355 = 183.89 (\text{mm})$，满足要求。

$$A_s = \frac{\alpha_1 f_c b x}{f_y} = \frac{1 \times 11.9 \times 200 \times 81.19}{360} = 537 (\text{mm}^2)$$

② 采用系数计算法：

$$\alpha_s = \frac{M}{\alpha_1 f_c b h_0^2} = \frac{60.75 \times 10^6}{1.0 \times 11.9 \times 200 \times 355^2} = 0.203$$

$\xi = 1 - \sqrt{1-2\alpha_s} = 1 - \sqrt{1 - 2 \times 0.203} = 0.229 < \xi_b = 0.518$，满足要求。

$$A_s = \frac{\alpha_1 f_c b \xi h_0}{f_y} = \frac{1 \times 11.9 \times 200 \times 0.229 \times 355}{360} = 537 (\text{mm}^2)$$

由以上计算可以看出，两种计算方法结果是一致的。
(4) 选配钢筋并验算最小配筋率。
选用纵向受拉钢筋为 3Φ16（$A_s = 603 \text{mm}^2$），钢筋可放置一排，梁配筋见图4-19。

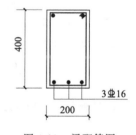

图 4-19 梁配筋图

$$\rho_{\min} = \max\left\{0.2\%, 0.45 \frac{f_t}{f_y}\right\} = \max\left\{0.2\%, 0.45 \times \frac{1.27}{360}\right\} = 0.2\%$$

$A_s = 603 \text{mm}^2 > \rho_{\min} bh = 0.2\% \times 200 \times 400 = 160 (\text{mm}^2)$，满足要求。

钢筋放一排时净间距为：$\dfrac{200 - 2 \times 25 - 2 \times 10 - 3 \times 16}{2} = 41 (\text{mm}) > 25 \text{mm}$，满足要求。

【例 4-2】 一矩形截面梁，其截面尺寸 $b = 250 \text{mm}$，$h = 500 \text{mm}$，弯矩设计值 $M = 200 \text{kN} \cdot \text{m}$。试按下列条件计算此梁所需受拉钢筋的截面面积 A_s，并选配钢筋。

(1) 混凝土强度等级为 C30，纵向钢筋采用 HRB335 级；
(2) 混凝土强度等级为 C30，纵向钢筋采用 HRB400 级；
(3) 混凝土强度等级为 C30，纵向钢筋采用 HRB500 级。

【解】 查表得相关计算数据：$\alpha_1 = 1.0$，$f_c = 14.3 \text{N/mm}^2$，$f_t = 1.43 \text{N/mm}^2$；HRB335 级钢筋，$f_y = 300 \text{N/mm}^2$，$\xi_b = 0.550$；HRB400 级钢筋，$f_y = 360 \text{N/mm}^2$，$\xi_b = 0.518$；HRB500 级钢筋，$f_y = 435 \text{N/mm}^2$，$\xi_b = 0.482$。

假设纵向受拉钢筋一排布置，则 $h_0 = h - \left(20 + 10 + \dfrac{20}{2}\right) = 500 - 40 = 460 (\text{mm})$（混凝土保护层厚度为 20mm，按箍筋直径为 10mm、纵筋直径为 20mm 考虑）。

$$\alpha_s = \frac{M}{\alpha_1 f_c b h_0^2} = \frac{200 \times 10^6}{1.0 \times 14.3 \times 250 \times 460^2} = 0.264$$

$$\xi = 1 - \sqrt{1 - 2\alpha_s} = 1 - \sqrt{1 - 2 \times 0.264} = 0.313$$

(1) 混凝土强度等级为 C30，纵向钢筋采用 HRB335 级。

验算适用条件：$\xi = 0.313 < \xi_b = 0.550$，满足要求。

$$A_s = \frac{\alpha_1 f_c b \xi h_0}{f_y} = \frac{1 \times 14.3 \times 250 \times 0.313 \times 460}{300} = 1716 (\text{mm}^2)$$

选用钢筋 $2\Phi25 + 2\Phi22$ ($A_s = 982 + 760 = 1742 \text{mm}^2$)：

$$\rho_{\min} = \max\left\{0.2\%, 0.45 \frac{f_t}{f_y}\right\} = \max\left\{0.2\%, 0.45 \times \frac{1.43}{300}\right\} = 0.215\%$$

$A_s = 1742 \text{mm}^2 > \rho_{\min} bh = 0.215\% \times 250 \times 500 = 269 (\text{mm}^2)$，满足要求。

(2) 混凝土强度等级为 C30，纵向钢筋采用 HRB400 级。

验算适用条件：$\xi = 0.313 < \xi_b = 0.518$，满足要求。

$$A_s = \frac{\alpha_1 f_c b \xi h_0}{f_y} = \frac{1 \times 14.3 \times 250 \times 0.313 \times 460}{360} = 1430 (\text{mm}^2)$$

选用钢筋 $3\Phi25$ ($A_s = 1473 \text{mm}^2$)：

$$\rho_{\min} = \max\left\{0.2\%, 0.45 \frac{f_t}{f_y}\right\} = \max\left\{0.2\%, 0.45 \times \frac{1.43}{360}\right\} = 0.2\%$$

$A_s = 1473 \text{mm}^2 > \rho_{\min} bh = 0.2\% \times 250 \times 500 = 250 (\text{mm}^2)$，满足要求。

(3) 混凝土强度等级为 C30，纵向钢筋采用 HRB500 级。

验算适用条件：$\xi = 0.313 < \xi_b = 0.482$，满足要求。

$$A_s = \frac{\alpha_1 f_c b \xi h_0}{f_y} = \frac{1 \times 14.3 \times 250 \times 0.313 \times 460}{435} = 1183 (\text{mm}^2)$$

选用钢筋 $4\Phi20$ ($A_s = 1256 \text{mm}^2$)：

$$\rho_{\min} = \max\left\{0.2\%, 0.45 \frac{f_t}{f_y}\right\} = \max\left\{0.2\%, 0.45 \times \frac{1.43}{435}\right\} = 0.2\%$$

$A_s = 1256 \text{mm}^2 > \rho_{\min} bh = 0.2\% \times 250 \times 500 = 250 (\text{mm}^2)$，满足要求。

比较 (1)、(2)、(3) 三种情况，在混凝土强度等级相同的情况下，假定采用 HRB335 级钢筋所需受拉钢筋截面面积为 100%，则采用 HRB400 级钢筋所需钢筋面积为 1473/1742 = 85%，采用 HRB500 级钢筋所需钢筋面积为 1256/1742 = 72%。由此可见，若所用混凝土等级相同，随着钢筋强度等级的提高，可以减少钢筋用量，节省材料。

【例 4-3】如图 4-20 所示为一钢筋混凝土简支板，板厚 $h = 80\text{mm}$。板上承受可变荷载标准值 $q_k = 2.5 \text{kN/m}^2$，永久荷载标准值 $g_k = 2.8 \text{kN/m}^2$。混凝土强度等级为 C30，钢筋采

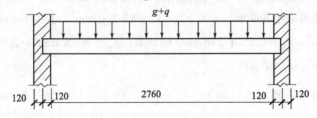

图 4-20 例 4-3 图

用 HPB300 级，处于一类环境，试求该板所需纵向受力钢筋截面面积及配筋，并画出板的配筋图。

【解】 查表得相关计算数据：$\alpha_1=1.0$，$f_c=14.3\text{N/mm}^2$，$f_t=1.43\text{N/mm}^2$，$f_y=270\text{N/mm}^2$，$\xi_b=0.576$。

$h_0=h-a_s=80-(15+10/2)=60(\text{mm})$（混凝土保护层厚度为 15mm，板按纵筋直径为 10mm 考虑）。

(1) 计算最大弯矩设计值 M

取板宽 $b=1000\text{mm}$ 作为计算单元。

简支板计算跨度近似取板的净跨加上板厚度，则有：

$$l_0=l_n+h=2760+80=2840(\text{mm})$$

$$M=\frac{1}{8}\times(1.3\times2.8+1.5\times2.5)\times2.84^2=7.45(\text{kN}\cdot\text{m})$$

(2) 计算纵向受拉钢筋面积 A_s

$$\alpha_s=\frac{M}{\alpha_1 f_c b h_0^2}=\frac{7.45\times10^6}{1.0\times14.3\times1000\times60^2}=0.145$$

$$\xi=1-\sqrt{1-2\alpha_s}=1-\sqrt{1-2\times0.145}=0.157<\xi_b=0.578$$

$$A_s=\frac{\alpha_1 f_c b\xi h_0}{f_y}=\frac{1\times14.3\times1000\times0.157\times60}{270}=499(\text{mm}^2)$$

(3) 选配钢筋并验算最小配筋率。

选取受力钢筋为 Φ10@150（$A_s=523\text{mm}^2$）

$$\rho_{\min}=\max\left\{0.2\%,0.45\frac{f_t}{f_y}\right\}=\max\left\{0.2\%,0.45\times\frac{1.43}{270}\right\}=0.24\%$$

$A_s=523\text{mm}^2>\rho_{\min}bh=0.24\%\times1000\times80=192(\text{mm}^2)$，满足要求。

选取分布钢筋为 Φ6@250，板配筋如图 4-21 所示。

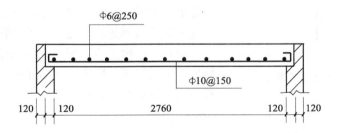

图 4-21 板配筋图

【例 4-4】 已知钢筋混凝土梁 $b=250\text{mm}$，$h=500\text{mm}$，混凝土强度等级为 C35，受拉钢筋采用 3⌀18 的 HRB400 级钢筋，求此梁截面所能承担的极限弯矩 M_u。

【解】 查附表得相关计算数据：$\alpha_1=1.0$，$f_c=16.7\text{N/mm}^2$，$f_t=1.57\text{N/mm}^2$，$f_y=360\text{N/mm}^2$，$\xi_b=0.518$。3⌀18，$A_s=763\text{mm}^2$。

受拉钢筋可放一排，$h_0 = h - a_s = 500 - \left(20 + 10 + \dfrac{18}{2}\right) = 461 (\text{mm})$（混凝土保护层厚度为 20mm，按箍筋直径为 10mm 考虑），计算时也可近似取为 $h_0 = h - 40 = 460 (\text{mm})$。

(1) 验算最小配筋率

$$\rho_{\min} = \max\left\{0.2\%, 0.45\dfrac{f_t}{f_y}\right\} = \max\left\{0.2\%, 0.45 \times \dfrac{1.57}{360}\right\} = 0.2\%$$

$A_s = 763 \text{mm}^2 > A_{s,\min} = 0.2\% \times 250 \times 500 = 250 (\text{mm}^2)$，则满足要求。

(2) 计算截面受压区高度 x

$$x = \dfrac{f_y A_s}{\alpha_1 f_c b} = \dfrac{360 \times 763}{1.0 \times 16.7 \times 250} = 65.79 (\text{mm})$$

(3) 计算梁截面所能承担的极限弯矩 M_u

$x < \xi_b h_0 = 0.518 \times 460 = 238.28 (\text{mm})$，说明此梁为适筋梁。

$$M_u = \alpha_1 f_c b x \left(h_0 - \dfrac{x}{2}\right) = 1 \times 16.7 \times 250 \times 65.79 \times \left(460 - \dfrac{65.79}{2}\right)$$
$$= 117.31 \times 10^6 (\text{N} \cdot \text{mm}) = 117.31 (\text{kN} \cdot \text{m})$$

4.5 双筋矩形截面受弯构件承载力计算

在截面受拉、受压区同时配置有纵向受力钢筋的梁，称为双筋截面梁，如图 4-22 所示。由于双筋矩形截面梁用部分钢筋协助混凝土承受压力，总用钢量较大，是不经济的。通常双筋截面梁适用于下列情况：

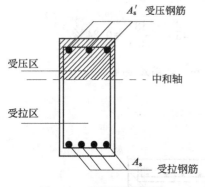

图 4-22 双筋矩形截面梁

(1) 当截面承受的弯矩设计值 M 大于单筋截面所能承受的最大弯矩设计值 $M_{u,\max}$，即 $M > M_{u,\max} = \alpha_1 f_c b h_0^2 \xi_b (1 - 0.5\xi_b)$，而截面尺寸、混凝土强度等级又受到条件限制不能提高时。

(2) 构件的同一截面在不同的荷载组合下承受异号弯矩的作用，这种构件需要在截面的上部及下部均配置纵向受力钢筋，因而形成了双筋截面。

(3) 由于构造等原因，在梁的受压区已配置一定数量的纵向钢筋。配置一定数量的受压钢筋，可以改善截面的变形能力，有利于提高截面的延性，抗震设计中要求框架梁必须配置一定比例的纵向受压钢筋。

双筋截面的用钢量通常比单筋截面多，为了节约钢材，降低造价，尽可能不设计成双筋截面。但双筋截面梁可以提高截面的延性，纵向受压钢筋愈多，截面延性愈好。此外，在使用荷载作用下，由于受压钢筋的存在，可以减小构件在长期荷载作用下的变形。

4.5.1 受压钢筋的应力

双筋截面受弯构件的受力特点和破坏特征基本上与单筋截面相似，试验研究表明，只要满足 $\xi \leqslant \xi_b$，双筋截面仍具有适筋破坏特征。因此，在建立双筋截面承载力的计算公式时，受压区混凝土仍可采用等效矩形应力图形和混凝土抗压强度设计值，而受压钢筋的应力尚待确定。

双筋截面受弯构件的箍筋必须为封闭式，箍筋的要求如图 4-23 所示。试验表明，箍筋能够约束受压钢筋的纵向压屈变形。若箍筋刚度不足（如采用开口箍筋）或箍筋的间距过大，受压钢筋会过早向外侧凸出（这时受压钢筋的应力可能达不到屈服强度），会引起受压钢筋的混凝土保护层开裂，使受压区混凝土过早破坏。

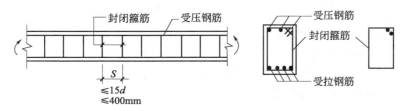

图 4-23 双筋截面受弯构件的箍筋间距及形式要求

双筋梁破坏时，受压钢筋的应力取决于它的应变 ε'_s。如图 4-24 所示，对于强度等级低于 C50 的混凝土，假设受压区钢筋合力作用点至截面受压边缘的距离为 a'_s，则根据平截面假定，应变的直线分布关系为：

$$\frac{\varepsilon'_s}{\varepsilon_{cu}} = \frac{x_c - a'_s}{x_c} = \left(1 - \frac{a'_s}{x_c}\right) = \left(1 - \frac{0.8 a'_s}{x}\right).$$

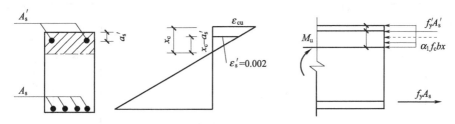

图 4-24 双筋截面受压钢筋应变计算分析图

从而可得到受压钢筋的应变 ε'_s 为：

$$\varepsilon'_s = \varepsilon_{cu}\left(1 - \frac{0.8 a'_s}{x}\right) = 0.0033\left(1 - \frac{0.8 a'_s}{x}\right) \tag{4-35}$$

式中，x 和 x_c 分别为等效矩形应力图形的计算受压区高度和按平截面假定的受压高度。

当 $x = 2a'_s$ 时，即 $\frac{a'_s}{x} = \frac{1}{2}$ 时，可得到 $\varepsilon'_s = 0.0033\left(1 - \frac{0.8 a'_s}{2a'_s}\right) = 0.00198$。《规范》取受压钢筋应变 $\varepsilon'_s = 0.002$，这时 $\sigma'_s = \varepsilon'_s E'_s = 0.002 \times (2.0 \sim 2.1) \times 10^5 = 400 \sim 420 \mathrm{MPa}$。

由此可见，当 $x \geqslant 2a'_s$ 时，普通钢筋均能达到屈服强度。为了充分发挥受压钢筋的作用并确保其达到屈服强度，必须满足：

$$x \geqslant 2a'_s \tag{4-36}$$

当不满足上式时，则表明受压钢筋的应变 ε'_s 太小，在发生截面破坏时，受压钢筋应力达不到抗压强度设计值 f'_y。

4.5.2 基本计算公式及适用条件

双筋矩形截面与单筋矩形截面计算时的基本假定是相同的，在满足一定条件下（$x \geqslant 2a'_s$），受压钢筋一般都能充分发挥其作用，受压钢筋的应力取其抗压强度设计值 f'_y。

4.5.2.1 基本计算公式

图 4-25 为双筋矩形截面受弯构件的计算应力图,根据应力图 4-25(a) 的平衡条件,可得双筋矩形截面承载力的基本计算公式为:

$$\sum X = 0 \quad f_y A_s = f'_y A'_s + \alpha_1 f_c b x \tag{4-37}$$

$$\sum M = 0 \quad M \leqslant f'_y A'_s (h_0 - a'_s) + \alpha_1 f_c b x \left(h_0 - \frac{x}{2}\right) \tag{4-38}$$

式中 A_s——受拉钢筋截面面积;

A'_s——受压钢筋截面面积;

a'_s——受压钢筋合力作用点至截面受压区外边缘的距离;

f'_y——钢筋抗压强度设计值。

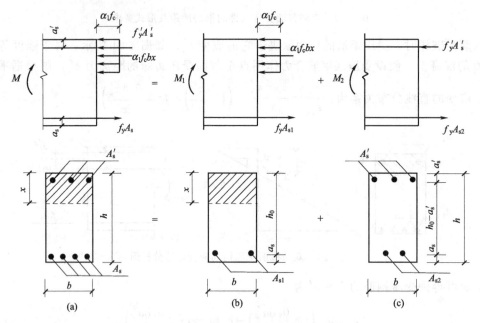

图 4-25 双筋矩形截面受弯构件的计算应力图

为了便于分析和计算,可把双筋矩形截面计算应力图 4-25(a) 分为图 4-25(b) 和图 4-25(c) 两部分,弯矩设计值 M 由 M_1 和 M_2 两部分组成,可得到:

$$M = M_1 + M_2 \tag{4-39}$$

$$M_1 = \alpha_1 f_c b x \left(h_0 - \frac{x}{2}\right) \tag{4-40}$$

$$M_2 = f'_y A'_s (h_0 - a'_s) \tag{4-41}$$

式中 M_1——由受压区混凝土的压力和相应的剩余部分受拉钢筋 $f_y A_{s1}$ 所能抵抗的弯矩;

M_2——由受压钢筋的压力 $f'_y A'_s$ 和相应的部分受拉钢筋 $f_y A_{s2}$ 所能抵抗的弯矩。

同理,把受拉钢筋 A_s 承担的拉力 $f_y A_s$ 分为 $f_y A_{s1}$ 和 $f_y A_{s2}$ 两部分,$f_y A_{s1}$ 与受压区混凝土的压力 $\alpha_1 f_c b x$ 平衡,$f_y A_{s2}$ 与受压钢筋承担的压力 $f'_y A'_s$ 平衡,则得:

$$f_y A_s = f_y A_{s1} + f_y A_{s2} \tag{4-42}$$

$$f_y A_{s1} = \alpha_1 f_c b x \tag{4-43}$$

$$f_y A_{s2} = f'_y A'_s \tag{4-44}$$

4.5.2.2 适用条件

为了使受拉钢筋在截面破坏时能够屈服,并使受压钢筋能够得到充分利用,双筋矩形截面承载力基本计算公式应满足下列条件:

(1) 为了防止构件发生超筋破坏,应满足:

$$x \leqslant \xi_b h_0 (或 \xi \leqslant \xi_b) \tag{4-45}$$

(2) 为了保证受压钢筋在构件破坏时能够达到屈服,则应满足:

$$x \geqslant 2a'_s \tag{4-46}$$

当不满足 $x \geqslant 2a'_s$ 时,受压钢筋达不到屈服。为了简化计算,可近似地取 $x = 2a'_s$,对受压钢筋的合力中心取矩,此时混凝土压应力合力作用点与受压钢筋的合力作用点重合,得到:

$$M = f_y A_s (h_0 - a'_s) \tag{4-47}$$

用上式可以直接确定纵向受拉钢筋的截面面积 A_s。这样有可能使求得的 A_s 比按单筋矩形截面计算的钢筋截面面积还大,这时应按单筋截面的计算结果配筋。

在双筋截面中,因受拉钢筋配筋量均较大,所以不需验算其最小配筋率。

双筋截面的承载力比单筋截面高,且受压钢筋配置越多,承载力提高越大。但若配置的受压钢筋过多,将造成钢筋排列过分拥挤,既不经济,也无法保证施工质量,因此应将双筋截面的钢筋用量控制在一定的合理范围内。

4.5.3 计算方法及应用

4.5.3.1 截面设计

在进行双筋梁的设计时,其截面尺寸和材料强度等级一般均为已知,需要计算受压钢筋和受拉钢筋;有时因构造需要,受压钢筋为已知,仅需计算受拉钢筋。

(1) 情况 I 已知弯矩设计值 M,截面尺寸 $b \times h$,混凝土强度等级和钢筋级别,求受压钢筋和受拉钢筋截面面积 A'_s 及 A_s,计算步骤如下。

在应用基本公式计算受压钢筋和受拉钢筋截面面积 A'_s 及 A_s 时,因两式中共含有三个未知量 x、A'_s、A_s,需要补充一个条件才能求解。考虑到受压钢筋是用来协助混凝土承受压力,应在充分利用混凝土强度之后,再由受压钢筋承受混凝土承受不了的压力值。此时,为了节约钢筋,充分发挥混凝土的抗压能力,取得较好的经济效果,可取 $x = \xi_b h_0$,代入基本公式得到受压和受拉钢筋面积分别为:

$$A'_s = \frac{M - \alpha_1 f_c b h_0^2 \xi_b (1 - 0.5\xi_b)}{f'_y (h_0 - a'_s)} \tag{4-48}$$

$$A_s = \frac{f'_y A'_s + \alpha_1 f_c b \xi_b h_0}{f_y} \tag{4-49}$$

一般双筋截面的钢筋用量较多,在计算截面有效高度 h_0 时,可按纵向受拉钢筋两排放置考虑。

(2) 情况 II 已知弯矩设计值 M,截面尺寸 $b \times h$,混凝土强度等级,钢筋级别及受压钢筋截面面积 A'_s,求受拉钢筋截面面积 A_s。

基本计算公式中含有两个未知量 x 和 A_s,可直接求解。但求解 x 时,需要解一元二次方程,不方便,此时可采用系数法或表格法计算。

计算步骤如下:

① 计算 M_2 和 A_{s2}。根据前面计算公式，可得

$$M_2 = f'_y A'_s (h_0 - a'_s), \quad A_{s2} = \frac{f'_y A'_s}{f_y}$$

② 计算在弯矩 M_1 作用下所需受拉钢筋截面面积 A_{s1}（此时相当于单筋矩形截面计算配筋）

$$M_1 = M - M_2$$

$\alpha_{s1} = \dfrac{M_1}{\alpha_1 f_c b h_0^2}$，由 α_{s1} 计算出（或由表 4-4 查得）ξ，$\xi = 1 - \sqrt{1 - 2\alpha_{s1}} \leqslant \xi_b$

得到：$A_{s1} = \dfrac{\alpha_1 f_c b \xi h_0}{f_y}$

③ 计算总的受拉钢筋截面面积 A_s，$A_s = A_{s1} + A_{s2}$。

计算时注意：在计算 A_{s1} 过程中，若 $\xi > \xi_b$，表明受压钢筋 A'_s 不足，此时应按 A'_s 和 A_s 均未知的情况 I 进行计算；若求得的 $x < 2a'_s$（即 $\xi < \dfrac{2a'_s}{h_0}$），则表明 A'_s 不能达到其抗压强度设计值，取 $x = 2a'_s$，得到受拉钢筋面积为：

$$A_s = \frac{M}{f_y (h_0 - a'_s)} \tag{4-50}$$

若上式计算的受拉钢筋面积 A_s 比按单筋矩形截面计算的钢筋截面面积还要大，则应按单筋矩形截面的计算结果配筋，而不考虑受压钢筋的作用。

4.5.3.2 截面复核

已知构件截面尺寸 $b \times h$、混凝土强度等级、钢筋级别、受压钢筋和受拉钢筋截面面积 A'_s 及 A_s，求梁所能承受的弯矩设计值 M_u。

截面复核可采用基本公式法和系数法进行计算，采用基本公式法更简单方便。应用基本公式法的计算步骤为：

① 计算截面受压区高度 x。

由基本计算公式得：$x = \dfrac{f_y A_s - f'_y A'_s}{\alpha_1 f_c b}$；

② 计算 M_u。

若 $2a'_s \leqslant x \leqslant \xi_b h_0$，$M_u = \alpha_1 f_c b x \left(h_0 - \dfrac{x}{2}\right) + f'_y A'_s (h_0 - a'_s)$

若 $x > \xi_b h_0$，则取 $x = \xi_b h_0$，$M_u = \alpha_1 f_c b h_0^2 \xi_b (1 - 0.5\xi_b) + f'_y A'_s (h_0 - a'_s)$

若 $x < 2a'_s$，$M_u = f_y A_s (h_0 - a'_s)$

③ 复核截面是否安全。若 $M_u \geqslant M$，截面安全；反之，$M_u < M$，截面不安全。

【例 4-5】 已知钢筋混凝土梁 $b = 200\text{mm}$，$h = 450\text{mm}$，混凝土强度等级为 C30，钢筋采用 HRB400 级，梁所承受的弯矩设计值 $M = 210\text{kN} \cdot \text{m}$，试计算该梁截面的配筋。

【解】 查附表得相关计算数据：$\alpha_1 = 1.0$，$f_c = 14.3\text{N/mm}^2$，$f_y = 360\text{N/mm}^2$，$\xi_b = 0.518$。

假设受拉钢筋按两排布置，则梁截面有效高度 $h_0 = 450 - 65 = 385(\text{mm})$。

(1) 验算是否采用双筋截面。

单筋矩形截面所承担的最大弯矩为：

$$M_{u,\max}=\alpha_1 f_c b h_0^2 \xi_b(1-0.5\xi_b)=1.0\times14.3\times200\times385^2\times0.518\times(1-0.5\times0.518)$$
$$=162.72\times10^6(\text{N}\cdot\text{mm})=162.72(\text{kN}\cdot\text{m})$$

因 $M>M_{u,\max}$，则应采用双筋截面。

(2) 计算受压钢筋和受拉钢筋面积。

假设受压钢筋按一排布置，$a_s'=40\text{mm}$。

$$A_s'=\frac{M-\alpha_1 f_c b h_0^2 \xi_b(1-0.5\xi_b)}{f_y'(h_0-a_s')}=\frac{210\times10^6-162.72\times10^6}{360\times(385-40)}=381(\text{mm}^2)$$

$$A_s=\frac{f_y'A_s'+\alpha_1 f_c b\xi_b h_0}{f_y}=\frac{360\times381+1.0\times14.3\times200\times385\times0.518}{360}=1965(\text{mm}^2)$$

(3) 选用钢筋。

选用受压钢筋 2Φ16 ($A_s'=402\text{mm}^2$)；受拉钢筋 3Φ22+3Φ20 [$A_s=1140+492=2082$ (mm²)]。

截面配筋图见图 4-26。

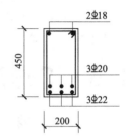

图 4-26 截面配筋图

【例 4-6】 若上例中梁的截面受压区已经配置了 3Φ20 的受压钢筋，求此种情况下受拉钢筋的截面面积 A_s。

【解】 受压钢筋 3Φ20，$A_s'=941\text{mm}^2$。受拉区钢筋仍按两排考虑，$h_0=450-65=385(\text{mm})$。

(1) 计算受压钢筋所承担的弯矩 M_2 和 A_{s2}。

$$M_2=f_y'A_s'(h_0-a_s')=360\times941\times(385-40)=116.87\times10^6(\text{N}\cdot\text{mm})=116.87(\text{kN}\cdot\text{m})$$

$$A_{s2}=\frac{f_y'A_s'}{f_y}=\frac{360\times941}{360}=941(\text{mm}^2)$$

(2) 计算在弯矩 M_1 作用下所需受拉钢筋截面面积 A_{s1}。

$$M_1=M-M_2=210-116.87=93.13(\text{kN}\cdot\text{m})$$

$$\alpha_{s1}=\frac{M_1}{\alpha_1 f_c b h_0^2}=\frac{93.13\times10^6}{1.0\times14.3\times200\times385^2}=0.220$$

$$\xi=1-\sqrt{1-2\alpha_{s1}}=1-\sqrt{1-2\times0.220}=0.252<\xi_b=0.518，满足要求。$$

$$A_{s1}=\frac{\alpha_1 f_c b\xi h_0}{f_y}=\frac{1.0\times14.3\times200\times0.252\times385}{360}=771(\text{mm}^2)$$

(3) 求总的受拉钢筋截面面积 A_s。

$$A_s=A_{s1}+A_{s2}=771+941=1712(\text{mm}^2)$$

选用受拉钢筋 6Φ20 ($A_s=1884\text{mm}^2$)，放置两排。

比较上述两个实例，例 4-5 所需受拉钢筋与受压钢筋的总面积为 2082+509=2591 (mm²)，例 4-6 的受拉钢筋与受压钢筋的总面积为 1884+941=2825(mm²)。由此可以看出，例 4-5 因考虑受压区混凝土充分发挥作用，其用钢量较为节省。

【例 4-7】 已知某梁截面尺寸 $b\times h=250\text{mm}\times550\text{mm}$，混凝土强度等级为 C30，钢筋采用 HRB400 级，已配受压钢筋 2Φ18，受拉钢筋 4Φ22，$a_s=a_s'=40\text{mm}$。若该梁承受弯矩设计值 $M=250\text{kN}\cdot\text{m}$，试验算该梁正截面是否安全。

【解】 查附表得相关计算数据：$\alpha_1=1.0$，$f_c=14.3\text{N/mm}^2$，$f_y=f_y'=360\text{N/mm}^2$，$\xi_b=0.518$；2Φ18，$A_s'=509\text{mm}^2$；4Φ22，$A_s=1520\text{mm}^2$；$h_0=550-40=510(\text{mm})$。

(1) 计算截面受压区高度 x。

$$x = \frac{f_y A_s - f'_y A'_s}{\alpha_1 f_c b} = \frac{360 \times 1520 - 360 \times 509}{1 \times 14.3 \times 250} = 101.81 (\text{mm})$$

(2) 计算 M_u。

$$x < \xi_b h_0 = 0.518 \times 510 = 264.18 (\text{mm})$$

且 $x > 2a'_s = 2 \times 40 = 80 (\text{mm})$

$$\begin{aligned} M_u &= \alpha_1 f_c b x \left(h_0 - \frac{x}{2}\right) + f'_y A'_s (h_0 - a'_s) \\ &= 1 \times 14.3 \times 250 \times 101.81 \times \left(510 - \frac{101.81}{2}\right) + 360 \times 509 \times (510 - 40) \\ &= 253.2 \times 10^6 (\text{N} \cdot \text{mm}) = 253.2 (\text{kN} \cdot \text{m}) \end{aligned}$$

(3) 复核梁截面是否安全。

$M_u = 253.2 \text{kN} \cdot \text{m} > M = 250 \text{kN} \cdot \text{m}$，故梁截面安全。

4.6 T形截面受弯构件承载力计算

4.6.1 T形截面梁的应用

如前所述，在受弯构件的正截面承载力计算中，是不考虑受拉区混凝土的受拉作用的。

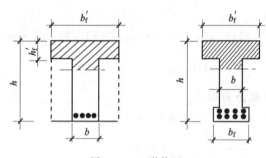

图 4-27 T形截面

对于截面宽度较大的矩形截面构件，可将受拉区两侧混凝土挖去一部分，并将受拉区钢筋集中放置，即形成如图 4-27 的 T 形截面。T 形截面和原来的矩形截面相比，其受弯承载力不会降低，但节省了混凝土用量，减轻了构件的自重。在图 4-27 中，T 形截面的伸出部分称为翼缘，其厚度为 h'_f，宽度为 b'_f，翼缘以下部分称为肋，肋的宽度用 b 表示，T 形截面总高度用 h 表示。

工程实际中的现浇整体肋形楼盖中的梁、槽形板、预应力空心板、吊车梁等均为 T 形截面受弯构件，如图 4-28 所示。

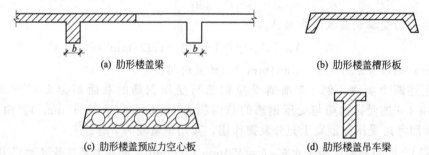

图 4-28 T形截面受弯构件形式

T形截面根据受压区位置的不同，承载力计算时可做简化。图 4-29 所示为不同情况下的 T 形截面，截面阴影部分为受压区。对于翼缘在受拉区的倒 T 形截面可按矩形截面计算；工字形截面可按照 T 形截面计算。现浇整体肋形楼盖中的梁，其翼缘是由板形成的，对于梁跨中截面应按 T 形截面计算，支座截面可按矩形截面计算。

第4章 受弯构件正截面承载力计算

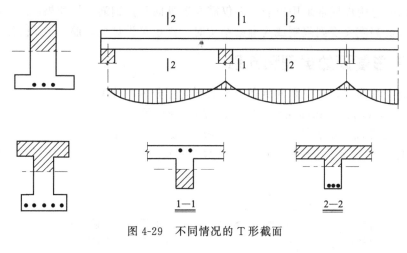

图 4-29 不同情况的 T 形截面

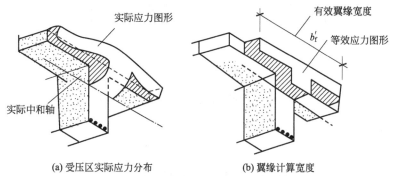

(a) 受压区实际应力分布　　(b) 翼缘计算宽度

图 4-30 T 形截面受弯构件受压区实际应力分布与翼缘计算宽度

试验和理论分析表明，T 形截面受弯构件翼缘的纵向压应力沿宽度方向的分布是不均匀的，距腹板愈远，压应力愈小，远离腹板的部分翼缘还会退出工作，如图 4-30 所示。因此，T 形截面的翼缘宽度在计算中是受限制的。为了便于计算，取一定范围作为与腹板共同工作的宽度，称为翼缘计算宽度 b'_f，并假定在此翼缘计算宽度范围内的压应力是均匀分布的，这个范围以外的部分不参与工作。《规范》对 T 形截面翼缘计算宽度 b'_f 的取值规定见表 4-6，计算时应取三项中的最小值。

表 4-6　T 形、工字形及倒 L 形截面受弯构件翼缘计算宽度 b'_f 的取值

考虑情况		T 形、工字形截面		倒 L 形截面
		肋形梁(板)	独立梁	肋形梁(板)
按计算跨度 l_0 考虑		$\dfrac{1}{3}l_0$	$\dfrac{1}{3}l_0$	$\dfrac{1}{6}l_0$
按梁(肋)净距 s_n 考虑		$b+s_n$	—	$b+\dfrac{s_0}{2}$
按翼缘高度 h'_f 考虑	当 $h'_f/h_0 \geqslant 0.1$	—	$b+12h'_f$	—
	当 $0.1 > h'_f/h_0 \geqslant 0.05$	$b+12h'_f$	$b+6h'_f$	$b+5h'_f$
	当 $h'_f/h_0 < 0.05$	$b+12h'_f$	b	$b+5h'_f$

注：1. 表中 b 为梁的腹板宽度。
2. 如肋形梁在梁跨内设有间距小于纵肋间距的横肋时，则可不遵守表中项次 3 的规定。
3. 对于加腋的 T 形、工字形截面和倒 L 形截面，当受压区加腋的高度 $h_h \geqslant h'_f$，且加腋的宽度 $b_h \leqslant 3h_h$ 时，则其翼缘计算宽度可按表中项次 3 的规定分别增加 $2b_h$（T 形截面、工字形截面）和 b_h（倒 L 形截面）。
4. 独立梁受压区的翼缘板在荷载作用下经验算沿纵肋方向可能产生裂缝时，其计算宽度取用腹板宽度 b。

T形截面受弯构件通常采用单筋,即仅需配置纵向受拉钢筋。但如果所承受的弯矩设计值很大,而截面高度又受到限制或为扁梁结构时,则也可设计成双筋T形截面。

4.6.2 T形截面的类型和判别

T形截面受弯构件,按中和轴所在位置的不同可分为两种类型:

第一类T形截面:中和轴在翼缘内,$x \leqslant h'_f$,受压区为矩形;

第二类T形截面:中和轴在梁肋内,$x > h'_f$,受压区为T形。

为了判别T形截面受弯构件的两种不同类型,首先分析如图4-31所示$x = h'_f$时的临界情况。

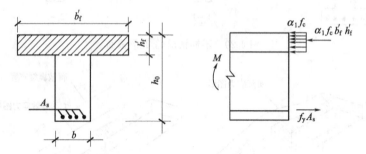

图4-31 T形截面受弯构件的判别界限

由平衡条件知:

$$\sum X = 0 \qquad f_y A_s = \alpha_1 f_c b'_f h'_f \qquad (4-51)$$

$$\sum M = 0 \qquad M = \alpha_1 f_c b'_f h'_f \left(h_0 - \frac{h'_f}{2}\right) \qquad (4-52)$$

式中 b'_f——受压区翼缘的宽度;

h'_f——受压区翼缘的高度。

由此可见,当满足下列条件之一时为第一类T形截面,即

$$f_y A_s \leqslant \alpha_1 f_c b'_f h'_f \qquad (4-53)$$

$$M \leqslant \alpha_1 f_c b'_f h'_f \left(h_0 - \frac{h'_f}{2}\right) \qquad (4-54)$$

此时,受压区高度在翼缘高度范围内,即$x \leqslant h'_f$,故属于第一类T形截面。

当满足下列条件之一时为第二类T形截面,即

$$f_y A_s > \alpha_1 f_c b'_f h'_f \qquad (4-55)$$

$$M > \alpha_1 f_c b'_f h'_f \left(h_0 - \frac{h'_f}{2}\right) \qquad (4-56)$$

此时,受压区高度已超出翼缘高度,即$x > h'_f$,故属于第二类T形截面。

在T形截面类型判别时,式(4-53)及式(4-55)用于纵向受拉钢筋截面面积已知的截面复核情况;式(4-54)及式(4-56)用于截面弯矩设计值为已知的截面设计情况。

4.6.3 基本计算公式及适用条件

4.6.3.1 第一类T形截面

由于第一类T形截面的中和轴在翼缘内,受压区形状为矩形,计算时不考虑受拉区混凝土参与工作,所以第一类T形截面可按照$b'_f \times h$的矩形截面计算,计算公式与单筋矩形

截面梁相同，仅将公式中的 b 改为 b'_f。

由图 4-32 的应力图，根据平衡条件：

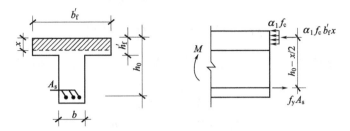

图 4-32　第一类 T 形截面的应力图

$$\sum X = 0 \qquad f_y A_s = \alpha_1 f_c b'_f x \tag{4-57}$$

$$\sum M = 0 \qquad M = \alpha_1 f_c b'_f x \left(h_0 - \frac{x}{2} \right) \tag{4-58}$$

公式的适用条件：

(1) $x \leqslant \xi_b h_0$ 或 $\xi \leqslant \xi_b$，此条件一般均能满足，可不验算。

(2) $A_s \geqslant \rho_{\min} b h$。

注意在验算 $\rho_{\min}$ 时，应按梁的腹板宽度 b 来计算。

4.6.3.2　第二类 T 形截面

第二类 T 形截面的中和轴在腹板内，受压区形状为 T 形，由图 4-33(a) 的应力图，根据平衡条件可得：

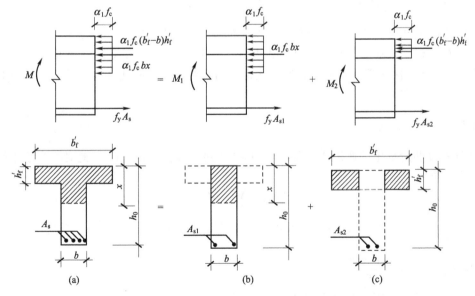

图 4-33　第二类 T 形截面的应力图

$$\sum X = 0 \qquad f_y A_s = \alpha_1 f_c b x + \alpha_1 f_c (b'_f - b) h'_f \tag{4-59}$$

$$\sum M = 0 \qquad M = \alpha_1 f_c b x \left(h_0 - \frac{x}{2} \right) + \alpha_1 f_c (b'_f - b) h'_f \left(h_0 - \frac{h'_f}{2} \right) \tag{4-60}$$

为了便于分析和计算，可把第二类 T 形截面应力图 4-33(a) 分为图 4-33(b) 和图 4-33(c) 两部分，弯矩设计值 M 由 M_1 和 M_2 两部分组成：

$$M = M_1 + M_2 \tag{4-61}$$

$$M_1 = \alpha_1 f_c b x \left(h_0 - \frac{x}{2}\right) \tag{4-62}$$

$$M_2 = \alpha_1 f_c (b'_f - b) h'_f \left(h_0 - \frac{h'_f}{2}\right) \tag{4-63}$$

同理，把受拉钢筋 A_s 承担的拉力 $f_y A_s$ 分为 $f_y A_{s1}$ 和 $f_y A_{s2}$ 两部分，则得：

$$f_y A_s = f_y A_{s1} + f_y A_{s2} \tag{4-64}$$

$$f_y A_{s1} = \alpha_1 f_c b x \tag{4-65}$$

$$f_y A_{s2} = \alpha_1 f_c (b'_f - b) h'_f \tag{4-66}$$

公式的适用条件：

(1) $x \leqslant \xi_b h_0$ 或 $\xi \leqslant \xi_b$。

(2) $A_s \geqslant \rho_{\min} bh$，此条件一般均能满足，可不进行验算。

4.6.4 计算方法及应用

4.6.4.1 截面设计

已知弯矩设计值 M、截面尺寸、混凝土强度等级和钢筋级别，求纵向受拉钢筋截面面积 A_s。

(1) 判别 T 形截面类型

① 若 $M \leqslant \alpha_1 f_c b'_f h'_f \left(h_0 - \dfrac{h'_f}{2}\right)$，则为第一类 T 形截面；

② 若 $M > \alpha_1 f_c b'_f h'_f \left(h_0 - \dfrac{h'_f}{2}\right)$，则为第二类 T 形截面。

(2) 第一类 T 形截面　可按截面为 $b'_f \times h$ 的矩形截面受弯构件计算。

(3) 第二类 T 形截面　基本计算公式中含有两个未知量 x 和 A_s，可直接求解。但求解 x 时需要解一元二次方程，不方便，所以通常采用系数法或表格法计算。计算步骤如下。

① 计算 M_2 和 A_{s2}。

根据前面计算公式可得，$M_2 = \alpha_1 f_c (b'_f - b) h'_f \left(h_0 - \dfrac{h'_f}{2}\right)$，$A_{s2} = \dfrac{\alpha_1 f_c (b'_f - b) h'_f}{f_y}$

② 计算梁肋所承担的弯矩 M_1 及与之相对应的受拉钢筋面积 A_{s1}（此时相当于单筋矩形截面计算配筋）。

$$M_1 = M - M_2$$

$\alpha_{s1} = \dfrac{M_1}{\alpha_1 f_c b h_0^2}$，由 α_{s1} 计算出（或由表 4-4 查得）ξ，$\xi = 1 - \sqrt{1 - 2\alpha_{s1}} \leqslant \xi_b$

则得到：$A_{s1} = \dfrac{\alpha_1 f_c b \xi h_0}{f_y}$

③ 计算总的受拉钢筋截面面积 A_s。$A_s = A_{s1} + A_{s2}$。

4.6.4.2 截面复核

已知构件截面尺寸、混凝土强度等级、钢筋级别、受拉钢筋截面面积 A_s，求梁所能承受的弯矩设计值 M_u。

(1) 判别 T 形截面类型

① 如果 $f_y A_s \leqslant \alpha_1 f_c b'_f h'_f$，则为第一类 T 形截面；

② 如果 $f_y A_s > \alpha_1 f_c b'_f h'_f$，则为第二类 T 形截面。

(2) 第一类 T 形截面　可按截面为 $b'_f \times h$ 的矩形截面受弯构件计算。

(3) 第二类 T 形截面　截面复核可采用基本公式法和系数法进行计算，采用基本公式法更简单方便。应用基本公式法的计算步骤为：

① 计算截面受压区高度 x。

由基本计算公式得：$x = \dfrac{f_y A_s - \alpha_1 f_c (b'_f - b) h'_f}{\alpha_1 f_c b}$

② 计算 M_u。

若 $x \leqslant \xi_b h_0$，$M_u = \alpha_1 f_c bx \left(h_0 - \dfrac{x}{2}\right) + \alpha_1 f_c h'_f (b'_f - b)\left(h_0 - \dfrac{h'_f}{2}\right)$

若 $x > \xi_b h_0$，则取 $x = \xi_b h_0$，$M_u = \alpha_1 f_c b h_0^2 \xi_b (1 - 0.5\xi_b) + \alpha_1 f_c h'_f (b'_f - b)\left(h_0 - \dfrac{h'_f}{2}\right)$

③ 复核截面是否安全。若 $M_u \geqslant M$，截面安全；反之，$M_u < M$，截面不安全。

【例 4-8】　一现浇肋梁楼盖的次梁如图 4-34 所示，次梁的计算跨度为 6m，间距为 1.8m，现浇梁板混凝土强度等级均为 C30，纵向受力钢筋为 HRB400 级，已知次梁跨中截面的弯矩设计值为 105kN·m，计算次梁所需配置纵向受拉钢筋的截面面积 A_s。

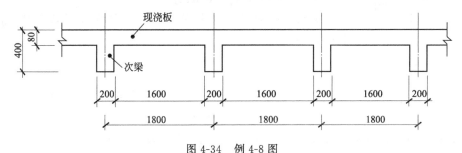

图 4-34　例 4-8 图

【解】　次梁跨中截面因现浇板参与工作，应按 T 形截面进行计算。查表得相关计算数据：$\alpha_1 = 1.0$，$f_c = 14.3 \text{N/mm}^2$，$f_t = 1.43 \text{N/mm}^2$，$f_y = 360 \text{N/mm}^2$，$\xi_b = 0.518$。

假设梁纵向受拉钢筋一排布置，则截面有效高度 $h_0 = h - 40\text{mm} = 360\text{mm}$。

(1) 确定翼缘计算宽度 b'_f。

b'_f 按表 4-6 的相关要求来确定。

按梁的计算跨度考虑时，$b'_f = \dfrac{1}{3} \times 6000 \text{mm} = 2000 \text{mm}$；

按次梁的净距 s_n 考虑时，$b'_f = b + s_n = 1800 \text{mm}$；

按梁的翼缘厚度 h'_f 考虑时，$\dfrac{h'_f}{h_0} = \dfrac{80}{360} > 0.1$，此条件不受限制；

取以上各项的最小值，$b'_f = 1800 \text{mm}$。

(2) 判别 T 形截面的类型。

$$\alpha_1 f_c b'_f h'_f \left(h_0 - \dfrac{h'_f}{2}\right) = 1.0 \times 14.3 \times 1800 \times 80 \times \left(360 - \dfrac{80}{2}\right)$$

$$= 658.94 \times 10^6 (\text{N·mm}) = 658.94 (\text{kN·m})$$

因弯矩设计值 $M = 105 \text{kN·m} < 658.94 \text{kN·m}$，故属于第一类 T 形截面。

(3) 计算受拉钢筋面积 A_s。

因属第一类T形截面，所以可按 $b'_f \times h$ 的单筋矩形截面计算。

$$\alpha_s = \frac{M}{\alpha_1 f_c b'_f h_0^2} = \frac{105 \times 10^6}{1.0 \times 14.3 \times 1800 \times 360^2} = 0.031$$

$$\xi = 1 - \sqrt{1 - 2\alpha_s} = 0.031$$

$$A_s = \frac{\alpha_1 f_c b'_f \xi h_0}{f_y} = \frac{1 \times 14.3 \times 1800 \times 0.031 \times 360}{360} = 798 (\text{mm}^2)$$

(4) 选配钢筋并验算最小配筋率。

选用钢筋 4⌀16（$A_s = 804 \text{mm}^2$），钢筋可放置一排。

$$\rho_{\min} = \max\left\{0.2\%, 0.45 \frac{f_t}{f_y}\right\} = \max\left\{0.2\%, 0.45 \times \frac{1.43}{360}\right\} = 0.2\%$$

$A_s = 804 \text{mm}^2 > \rho_{\min} bh = 0.2\% \times 200 \times 400 = 160 (\text{mm}^2)$，满足要求。

【例 4-9】 某T形梁的截面尺寸如图 4-35 所示，混凝土强度等级为 C30，钢筋为 HRB400 级，截面所承担的弯矩设计值为 270kN·m，试计算该梁所需的受拉钢筋的面积 A_s。

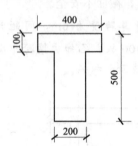

图 4-35　例 4-9 图

【解】 查表得相关计算数据：$\alpha_1 = 1.0$，$f_c = 14.3 \text{N/mm}^2$，$f_y = 360 \text{N/mm}^2$，$\xi_b = 0.518$。

假设梁纵向受拉钢筋两排布置，则截面有效高度 $h_0 = h - 65\text{mm} = 435\text{mm}$。

(1) 判别T形截面类型。

$$\alpha_1 f_c b'_f h'_f \left(h_0 - \frac{h'_f}{2}\right) = 1.0 \times 14.3 \times 400 \times 100 \times \left(435 - \frac{100}{2}\right)$$

$$= 220.22 \times 10^6 (\text{N·mm}) = 220.22 (\text{kN·m})$$

因弯矩设计值 $M = 270 \text{kN·m} > 220.2 \text{kN·m}$，故属于第二类T形截面。

(2) 计算 M_2 及 A_{s2}。

$$M_2 = \alpha_1 f_c (b'_f - b) h'_f \left(h_0 - \frac{h'_f}{2}\right) = 1.0 \times 14.3 \times (400 - 200) \times 100 \times \left(435 - \frac{100}{2}\right)$$

$$= 110.11 \times 10^6 (\text{N·mm}) = 110.11 (\text{kN·m})$$

$$A_{s2} = \frac{\alpha_1 f_c (b'_f - b) h'_f}{f_y} = \frac{1 \times 14.3 \times (400 - 200) \times 100}{360} = 794 (\text{mm}^2)$$

(3) 计算梁肋所承担的弯矩 M_1 及与之相对应的受拉钢筋面积 A_{s1}。

$$M_1 = M - M_2 = 270 - 110.11 = 159.89 (\text{kN·m})$$

$$\alpha_{s1} = \frac{M_1}{\alpha_1 f_c b h_0^2} = \frac{159.89 \times 10^6}{1.0 \times 14.3 \times 200 \times 435^2} = 0.295$$

$$\xi = 1 - \sqrt{1 - 2\alpha_{s1}} = 1 - \sqrt{1 - 2 \times 0.295} = 0.36 < \xi_b = 0.518，满足要求。$$

$$A_{s1} = \frac{\alpha_1 f_c b \xi h_0}{f_y} = \frac{1.0 \times 14.3 \times 200 \times 0.36 \times 435}{360} = 1244 (\text{mm}^2)$$

(4) 计算总的受拉钢筋面积 A_s。

$$A_s = A_{s1} + A_{s2} = 1244 + 794 = 2038 (\text{mm}^2)$$

选用受拉钢筋 6⌀22（$A_s = 2281 \text{mm}^2$），钢筋放置两排。

【例 4-10】 已知某T形梁截面尺寸 $b'_f = 500\text{mm}$，$h'_f = 120\text{mm}$，$b = 250\text{mm}$，$h = $

600mm，混凝土强度等级为 C30，纵向受拉钢筋采用 HRB400 级，该梁已配受拉钢筋 6⌀25，处于一类环境中，试求该梁所能承受的最大弯矩设计值 M_u。

【解】 查表得相关计算数据：$\alpha_1=1.0$，$f_c=14.3\text{N/mm}^2$，$f_y=360\text{N/mm}^2$，$\xi_b=0.518$。

受拉钢筋 6⌀25，$A_s=2945\text{mm}^2$。假设钢筋排成两排，则 $h_0=600-65=535(\text{mm})$。

(1) 判别 T 形截面的类型。

$$f_y A_s=360\times2945=1060200(\text{N}\cdot\text{mm})$$
$$\alpha_1 f_c b'_f h'_f=1.0\times14.3\times500\times120=858000(\text{N}\cdot\text{mm})$$

$f_y A_s > \alpha_1 f_c b'_f h'_f$，为第二类 T 形截面。

(2) 计算截面受压区高度 x。

$$x=\frac{f_y A_s-\alpha_1 f_c(b'_f-b)h'_f}{\alpha_1 f_c b}=\frac{360\times2945-1\times14.3\times(500-250)\times120}{1\times14.3\times250}=176.56(\text{mm})$$

$x<\xi_b h_0=0.518\times535=277.13(\text{mm})$，满足要求。

(3) 计算 M_u。

$$M_u=\alpha_1 f_c bx\left(h_0-\frac{x}{2}\right)+\alpha_1 f_c(b'_f-b)h'_f\left(h_0-\frac{h'_f}{2}\right)$$
$$=1\times14.3\times250\times176.56\times\left(535-\frac{176.56}{2}\right)+1.0\times14.3\times(500-250)\times120\times$$
$$\left(535-\frac{120}{2}\right)$$
$$=485.76\times10^6(\text{N}\cdot\text{mm})=485.76(\text{kN}\cdot\text{m})$$

(1) 受弯构件是指承受弯矩和剪力共同作用的构件，房屋建筑中的梁、板是典型的受弯构件。受弯构件正截面破坏是由弯矩引起的破坏，其破坏截面与构件的轴线垂直。受弯构件正截面除了满足承载力计算之外，还应满足相关的构造要求。

(2) 混凝土保护层厚度是指钢筋的外边缘至混凝土表面的垂直距离，其作用是防止钢筋锈蚀，提高构件的耐久性；保证钢筋与混凝土之间的可靠粘接；在火灾情况下，避免钢筋过早软化，提高构件的耐火性。混凝土保护层厚度应不小于《规范》规定的相关数值。

(3) 钢筋混凝土受弯构件根据配筋率不同，正截面破坏有少筋破坏、适筋破坏和超筋破坏三种破坏形态，其中少筋破坏和超筋破坏在设计中应避免。学习时应掌握少筋、适筋、超筋三种破坏的破坏特征，理解设计为适筋受弯构件的必要性。

(4) 适筋梁的整个受力过程按其特点及应力状态等可分为三个阶段。阶段Ⅰ为未出现裂缝的阶段，其最后状态 I_a 可作为构件抗裂能力的计算依据；阶段Ⅱ为带裂缝工作阶段，一般混凝土受弯构件的正常使用就处于这个阶段的范围以内，是正常使用极限状态裂缝宽度和挠度计算的依据；阶段Ⅲ为破坏阶段，其最后状态 Ⅲ_a 为受弯承载力极限状态，是受弯构件正截面受弯承载力计算的依据。

(5) 钢筋混凝土受弯构件正截面承载力计算公式是在基本假定的基础上，利用等效矩形应力图形代替实际的混凝土压应力图形，根据平衡条件得到的。

(6) 钢筋混凝土受弯构件设计分两种类型：截面设计和截面复核。在应用计算公式时，应注意验算基本公式相应的适用条件。

(7) 对于弯矩较大且截面尺寸受到限制的梁，可在受压区配置受压钢筋来协助混凝土共同承受压力，形成了在受压区配置受压钢筋的双筋截面梁。受压钢筋应有恰当的位置和数量以保证其得到充分利用。

(8) 在矩形截面受弯构件的正截面承载力计算中，没有考虑受拉区混凝土的强度。对于截面宽度较大的矩形截面构件，可将受拉区两侧混凝土挖去一部分，并将受拉区钢筋集中放置，即形成T形截面。T形截面和原来的矩形截面相比，其受弯承载力不会降低，但可节省混凝土用量，减轻构件的自重。

(1) 板中分布钢筋的作用是什么？有哪些构造要求？

(2) 梁中有哪些钢筋？各起什么作用？

(3) 什么是混凝土保护层厚度？其作用是什么？室内正常环境中，梁、板混凝土保护层最小厚度是多少？

(4) 什么是截面的有效高度？室内正常环境中，梁、板的有效高度如何计算？

(5) 受弯构件适筋梁从开始加荷至破坏，经历了哪几个阶段？各阶段的主要特征是什么？各个阶段是哪种极限状态的计算依据？

(6) 受弯构件正截面有哪几种破坏形态？其破坏特征有何不同？

(7) 什么叫最小配筋率？它是如何确定的？在计算中的作用是什么？

(8) 单筋矩形受弯构件正截面承载力计算的基本假定是什么？

(9) 单筋矩形截面受弯构件正截面承载力的计算公式是什么？适用条件有哪些？

(10) 什么是双筋截面？在什么情况下才采用双筋截面？

(11) 双筋矩形截面受弯构件正截面承载力计算的基本公式及适用条件是什么？

(12) 双筋矩形截面受弯构件正截面承载力计算为什么要规定 $x \geqslant 2a'_s$？当 $x < 2a'_s$ 应如何计算？

(13) 为什么要采用T形截面？两类T形截面梁如何判别？

(14) 第二类T形截面受弯构件正截面承载力计算的基本公式及适用条件是什么？

(15) 如图4-36所示，构件承受的弯矩设计值和截面高度都相同，以下四种截面梁正截面承载力需要的受拉钢筋截面面积是否一样？为什么？

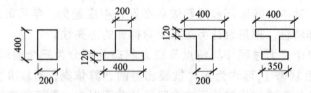

图4-36 思考题（15）图

(16) 验算T形截面梁最小配筋率时，计算配筋率为什么要用附板宽度 b 而不用翼缘宽度 b'_f？

(17) T形截面受压区翼缘计算宽度 b'_f 为什么是有限的？b'_f 的确定考虑了哪些因素？

(18) 第二类T形截面梁受弯承载力计算公式的思路与双筋矩形截面梁有何异同？

(19) 单筋矩形截面、双筋矩形截面、T形截面各自所能负担的最大弯矩如何确定？

(20) 提高受弯构件正截面承载力的措施有哪些？

(1) 已知钢筋混凝土矩形截面梁，$b=250\text{mm}$，$h=500\text{mm}$，弯矩设计值 $M=160\text{kN}\cdot\text{m}$，纵向受拉钢筋采用 HRB400 级，混凝土强度等级为 C35。试求纵向受拉钢筋截面面积 A_s。

(2) 已知钢筋混凝土矩形截面梁，截面尺寸 $b\times h=250\text{mm}\times 550\text{mm}$，弯矩设计值 $M=210\text{kN}\cdot\text{m}$，试按下列条件计算梁的纵向受拉钢筋截面面积 A_s，并根据计算结果分析混凝土强度等级及钢筋级别对钢筋混凝土受弯构件截面配筋 A_s 的影响。

① 混凝土强度等级为 C25，纵筋为 HRB400 级钢；
② 混凝土强度等级为 C30，纵筋为 HRB400 级钢；
③ 混凝土强度等级为 C30，纵筋为 HRB500 级钢。

(3) 承受均布荷载作用的矩形截面简支梁，截面尺寸 $b\times h=200\text{mm}\times 450\text{mm}$，计算跨度 $l_0=5.2\text{m}$。混凝土强度等级为 C30 级，纵向钢筋为 HRB400 级。梁上承受的永久荷载（包括梁自重）标准值 $g_k=5\text{kN/m}$；可变荷载标准值 $q_k=12\text{kN/m}$。试计算纵向受拉钢筋截面面积，并画出配筋图。

(4) 某大楼中间走廊简支单向板，如图 4-37 所示，计算跨度 $l_0=2.76\text{m}$，承受均布荷载设计值 $g+q=9\text{kN/m}^2$（包括自重），混凝土强度等级 C30，HRB335 级受力钢筋。试确定现浇板的厚度及所需受拉钢筋截面面积 A_s，并绘钢筋配筋图。计算时，取 $b=1000\text{mm}$，$a_s=20\text{mm}$。

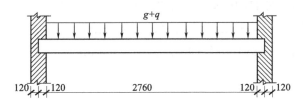

图 4-37 习题 (4) 图

(5) 已知钢筋混凝土矩形截面梁，截面尺寸 $b\times h=250\text{mm}\times 500\text{mm}$，混凝土为 C30 级，纵向受拉钢筋为 4$\Phi$16 的 HRB400 级钢筋。求此梁所能承担的弯矩设计值 M_u。

(6) 一钢筋混凝土矩形截面简支梁，$b=250\text{mm}$，$h=500\text{mm}$，计算跨度 $l_0=6.0\text{m}$，混凝土强度等级 C30，纵向受拉钢筋采用 3Φ20 的 HRB400 级，试求该梁所能承受的均布荷载设计值（包括梁自重）。

(7) 已知梁的截面尺寸 $b\times h=250\text{mm}\times 500\text{mm}$，弯矩设计值 $M=148\text{kN}\cdot\text{m}$，梁受压区配置有 2$\Phi$20 的 HRB335 级钢筋，$A_s'=628\text{mm}^2$，混凝土强度等级为 C25，求此梁所需的纵向受拉钢筋 A_s。

(8) 已知钢筋混凝土双筋截面梁，$b=250\text{mm}$，$h=600\text{mm}$，混凝土强度等级为 C30，钢筋采用 HRB400 级钢筋，梁所承受的弯矩设计值 $M=300\text{kN}\cdot\text{m}$。假设受拉钢筋布置两排，$a_s=65\text{mm}$。求该梁受拉钢筋 A_s 和受压钢筋 A_s'。

(9) 钢筋混凝土矩形截面梁，$b=250\text{mm}$，$h=400\text{mm}$，$a_s=a_s'=40\text{mm}$，混凝土强度等级为 C40，采用 HRB400 级钢筋，求下列情况下截面所能抵抗的极限弯矩 M_u：

① 双筋截面，$A_s=942\text{mm}^2$（3Φ20），$A_s'=628\text{mm}^2$（2Φ20）；

② 双筋截面，$A_s=A_s'=942\text{mm}^2$（3Φ20）。

(10) T形截面简支梁，$b_f'=500\text{mm}$，$h_f'=100\text{mm}$，$b=200\text{mm}$，$h=500\text{mm}$，混凝土强度等级为C30，钢筋采用HRB400级。试分别确定下列情况下所需受拉钢筋截面面积A_s：

① 弯矩设计值$M=100\text{kN}\cdot\text{m}$，预计一排钢筋；

② 弯矩设计值$M=260\text{kN}\cdot\text{m}$，预计两排钢筋。

(11) 某整体式肋形楼盖的次梁，计算跨度$l_0=6\text{m}$，间距为2.4m，截面尺寸如图4-38所示，混凝土强度等级为C40，HRB400级受力钢筋，跨中截面承受最大弯矩设计值$M=118\text{kN}\cdot\text{m}$，试计算该次梁所需纵向受力钢筋截面面积$A_s$。

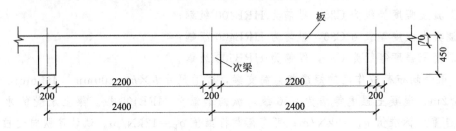

图 4-38 习题（11）图

(12) 已知T形截面$b=250\text{mm}$，$h=800\text{mm}$，$b_f'=600\text{mm}$，$h_f'=100\text{mm}$。截面配有8Φ22纵向受拉钢筋，采用HRB400级钢筋，混凝土强度等级为C35级，梁截面最大弯矩设计值$M=450\text{kN}\cdot\text{m}$，试校核该梁是否安全。

(13) T形截面简支梁，$b_f'=500\text{mm}$，$h_f'=100\text{mm}$，$b=200\text{mm}$，$h=500\text{mm}$，混凝土强度等级为C40，钢筋采用HRB400级。求下列情况下截面所能抵抗的极限弯矩M_u：

① 纵向受拉钢筋$A_s=942\text{mm}^2$（3Φ20），$a_s=40\text{mm}$；

② 纵向受拉钢筋$A_s=1884\text{mm}^2$（6Φ20），$a_s=65\text{mm}$。

第 5 章 受压构件正截面承载力计算

以承受轴向压力为主的构件属于受压构件,例如:房屋结构中的柱、桁架结构中的受压弦杆和腹杆、剪力墙结构中的剪力墙、桥梁结构中的桥墩等都属于受压构件。受压构件是工程结构中重要的承重构件,一旦发生破坏,后果很严重。

受压构件按其受力情况可以分为轴心受压构件和偏心受压构件。轴心受压构件:轴向压力作用点与构件正截面形心重合,如图 5-1(a) 所示。偏心受压构件:轴向压力作用点与构件正截面形心不重合,或既有轴向压力,又有弯矩等作用。偏心受压分为单向偏心受压(轴向压力作用点仅对构件正截面的一个主轴有偏心距)和双向偏心受压(轴向压力作用点对构件正截面的两个主轴都有偏心距),如图 5-1(b)、(c) 所示。

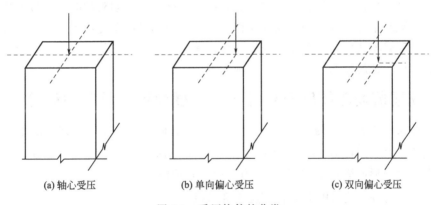

(a) 轴心受压　　(b) 单向偏心受压　　(c) 双向偏心受压

图 5-1　受压构件的分类

5.1　轴心受压构件正截面承载力计算

在实际工程中,由于混凝土材料的不均匀性,截面的几何中心和物理中心往往不重合,很难做到轴向压力恰好通过截面形心,会使轴向压力有初始偏心距,所以理想的轴心受压构件是不存在的。而在工程结构设计中,以承受恒荷载为主的多层房屋的内柱及桁架的受压腹杆等构件,构件截面的弯矩很小,以承受轴向压力为主,可近似地按轴心受压构件计算。另外,轴心受压构件正截面承载力计算还用于偏心受压构件垂直于弯矩作用平面的受压承载力验算。

一般把钢筋混凝土柱按照箍筋的作用及配置方式的不同分为两种类型:
(1) 配有纵向钢筋和普通箍筋的柱,简称普通箍筋柱;
(2) 配有纵向钢筋和螺旋式(或焊接环式)箍筋的柱,简称螺旋式箍筋柱。
钢筋混凝土轴心受压柱的截面和配筋形式如图 5-2 所示。

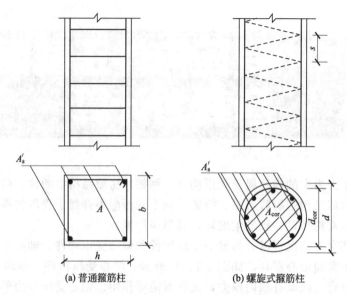

(a) 普通箍筋柱　　(b) 螺旋式箍筋柱

图 5-2　钢筋混凝土轴心受压柱的截面和配筋形式

由于构造简单和施工方便，普通箍筋柱是工程中最常见的轴心受压构件，截面形式多为矩形或者正方形。当柱承受很大的轴向压力，而柱截面尺寸受到限制时，若按普通箍筋柱设计，即使提高混凝土强度等级和增加纵向钢筋配筋量也不足以承受该轴向力时，可以采用螺旋箍筋或焊接环式箍筋以提高受压承载力。螺旋箍筋柱的截面形状一般为圆形或多边形。与普通箍筋柱相比，螺旋箍筋柱用钢量大，施工复杂，造价较高。

5.1.1　配置普通箍筋轴心受压构件正截面受压承载力计算

根据构件长细比 l_0/i（构件计算长度 l_0 与构件截面回转半径 i 之比）的不同，轴心受压柱分为短柱（对一般截面：$l_0/i \leqslant 28$，i 为截面最小回转半径；对矩形截面：$l_0/b \leqslant 8$，b 为截面宽度；对圆形截面：$l_0/d \leqslant 7$，d 为直径）和长柱。

5.1.1.1　轴心受压短柱的受力特点及破坏特征

配有纵向钢筋和箍筋的短柱，在轴向压力作用下，由于钢筋和混凝土之间存在着粘接力，因此，从开始加载到破坏，纵向钢筋和混凝土共同受压。在荷载作用下整个截面的应变分布是均匀的，随着荷载增加应变也迅速增加。当轴向压力较小时，混凝土处于弹性工作状态，钢筋和混凝土应力也相应地呈线性增长。随着轴向压力的增大，混凝土塑性变形发展，变形模量降低，钢筋应力增长速度加快，混凝土应力增长逐渐变慢。当达到极限荷载时，在构件最薄弱区段的混凝土内将出现由微裂缝发展而成的纵向裂缝，随着压应变的继续增长，这些裂缝将相互贯通，外层混凝土剥落，箍筋间的纵向钢筋压曲，向外凸出，之后核心部分的混凝土被压碎破坏，如图 5-3 所示。

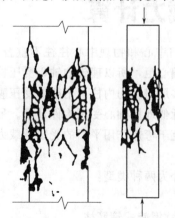

图 5-3　轴心受压短柱的破坏

在轴心受压短柱中，构件的最终承载力是由混凝土的压碎来控制的。破坏时，一般中等强度的钢筋均能达到其抗压屈服强度，混凝土能达到轴心抗压强度，钢筋和混凝土都能得到充分的利用。

轴心受压短柱的承载力计算公式可写成：

$$N \leqslant N_u = f_c A + f'_y A'_s \tag{5-1}$$

式中　N——轴向压力设计值；

　　　N_u——轴心受压承载力设计值；

　　　f_c——混凝土轴心抗压强度设计值；

　　　A——构件截面面积；

　　　f'_y——纵向钢筋的抗压强度设计值；

　　　A'_s——全部纵向普通钢筋的截面面积。

5.1.1.2　轴心受压长柱的破坏特征及稳定系数

实际工程中轴心受压构件是不存在的，荷载的微小初始偏心不可避免，这对轴心受压短柱的承载能力无明显影响，但对于轴心受压长柱则不能忽视。对于钢筋混凝土轴心受压长柱，构件受荷后，由于初始偏心矩将产生附加弯矩和侧向挠度，侧向挠度和附加弯矩相互影响，不断增大，长柱最终在轴向压力和弯矩共同作用下被破坏。破坏时，首先从凹边出现纵向裂缝，接着混凝土被压碎，纵向钢筋向外鼓出，构件凸侧混凝土出现横向裂缝，侧向挠度急速增大，柱子破坏，如图 5-4 所示。对于长细比较大的柱还有可能发生因失去平衡状态而被破坏的现象。

试验证明：长柱的破坏荷载低于相同条件下短柱的破坏荷载。《混凝土结构设计规范》（GB 50010—2010，以下简称《规范》）采用一个降低系数来反映这种承载力随长细比增大而降低的现象，称之为"稳定系数 φ"。稳定系数可表达为 $\varphi = \dfrac{N_u^l}{N_u^s}$，$N_u^l$、$N_u^s$ 分别表示长柱、短柱的受压承载力。

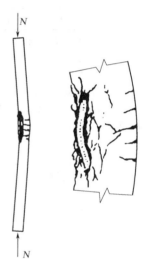

图 5-4　轴心受压长柱的破坏

构件的稳定系数 φ 主要与构件的长细比有关，长细比越大，稳定系数 φ 越小。而混凝土强度等级及配筋率对其影响较小。根据国内外试验的实测结果，《规范》中规定了稳定系数 φ 的取值，见表 5-1，设计时可直接查用。

表 5-1　钢筋混凝土轴心受压构件的稳定系数

l_0/b	≤8	10	12	14	16	18	20	22	24	26	28
l_0/d	≤7	8.5	10.5	12	14	15.5	17	19	21	22.5	24
l_0/i	≤28	35	42	48	55	62	69	76	83	90	97
φ	1.00	0.98	0.95	0.92	0.87	0.81	0.75	0.70	0.65	0.60	0.56
l_0/b	30	32	34	36	38	40	42	44	46	48	50
l_0/d	26	28	29.5	31	33	34.5	36.5	38	40	41.5	43
l_0/i	104	111	118	125	132	139	146	153	160	167	174
φ	0.52	0.48	0.44	0.40	0.36	0.32	0.29	0.26	0.23	0.21	0.19

注：1. l_0 为构件的计算长度，对钢筋混凝土柱可按表 5-2、表 5-3 的规定取用。

2. b 为矩形截面的短边尺寸，d 为圆形截面的直径，i 为截面的最小回转半径。

构件的计算长度 l_0 与构件两端的支撑情况有关。在实际结构中，构件端部的连接构造比较复杂，为此，《规范》中对单层房屋排架柱、露天吊车柱和栈桥柱，框架结构各层柱的计算长度作了具体的规定，见表 5-2、表 5-3。

表 5-2 单层房屋排架柱、露天吊车柱和栈桥柱的计算长度 l_0

柱的类别		排架方向	垂直排架方向	
			有柱间支撑	无柱间支撑
无吊车房屋柱	单跨	1.5H	1.0H	1.2H
	两跨及多跨	1.25H	1.0H	1.2H
有吊车房屋柱	上柱	$2.0H_u$	$1.25H_u$	$1.5H_u$
	下柱	$1.0H_l$	$0.8H_l$	$1.0H_l$
露天吊车柱和栈桥柱		$2.0H_l$	$1.0H_l$	—

注：1. 表中 H 为从基础顶面算起的柱子全高；H_l 为基础顶面至装配式吊车梁底面或现浇式吊车梁顶面的柱子下部高度；H_u 为从装配式吊车梁底面或从现浇式吊车梁顶面算起的柱子上部高度。

2. 表中有吊车房屋排架柱的计算长度，当计算中不考虑吊车荷载时，可按无吊车房屋柱的计算长度采用，但上柱的计算长度仍可按有吊车房屋采用。

3. 表中有吊车房屋排架柱的上柱在排架方向的计算长度，仅适用于 $H_u/H_l \geqslant 0.3$ 的情况；当 $H_u/H_l < 0.3$ 时，计算长度宜采用 $2.5H_u$。

表 5-3 框架结构各层柱的计算长度 l_0

楼盖类型	柱的类别	计算长度 l_0
现浇楼盖	底层柱	1.0H
	其余各层柱	1.25H
装配式楼盖	底层柱	1.25H
	其余各层柱	1.5H

注：表中 H 为底层柱从基础顶面到一层楼盖顶面的高度；对其余各层柱为上、下两层楼盖顶面之间的高度。

5.1.1.3 承载力计算公式

配置普通箍筋的轴心受压柱，在承载能力极限状态时，其正截面受压应力的计算简图如图 5-5 所示。根据构件截面竖向力的平衡条件，并考虑长柱和短柱计算公式的统一以及可靠度的调整因素后，配有纵向钢筋和普通箍筋的轴心受压构件，其正截面受压承载力计算公式表示为：

$$N \leqslant N_u = 0.9\varphi(f_c A + f'_y A'_s) \tag{5-2}$$

式中 N——轴向压力设计值；

N_u——轴心受压承载力设计值；

φ——钢筋混凝土构件的稳定系数，按表 5-1 采用；

f_c——混凝土轴心抗压强度设计值；

A——构件截面面积；

f'_y——纵向钢筋的抗压强度设计值，当采用 HRB500 级、HRBF500 级钢筋时，钢筋的抗压强度设计值 f'_y 应取 400N/mm²；

A'_s——全部纵向普通钢筋的截面面积。

当纵向普通钢筋的配筋率大于 3% 时，式(5-2) 中的 A 应用 $A-A_s'$ 代替。式(5-2) 中等号右边乘以系数 0.9 是为了保持与偏心受压构件正截面承载力计算的可靠度相近。

5.1.1.4 设计方法

实际工程中遇到的轴心受压构件的设计问题可以分为截面设计和截面复核两大类。

(1) 截面设计　截面设计一般有以下两种情况：

其一，混凝土强度等级和钢筋等级、构件的截面尺寸、轴向压力设计值以及计算长度等条件均为已知，要求确定截面所需要的纵向钢筋数量。这种情况可以根据式(5-2) 计算所需要的钢筋截面面积 A_s'，并考虑钢筋的构造要求，然后选配钢筋。

其二，混凝土强度等级和钢筋等级、轴向压力设计值以及计算长度等条件均为已知，要求确定构件的截面尺寸和纵向钢筋截面面积。对于这种情况，式(5-2) 中的 A_s'、A 均为未知，有许多组解答，求解时可先假设经济配筋率 ρ' 为 $1.5\% \sim 2.0\%$，$\varphi=1$，计算构件的截面面积 A 并确定边长，然后利用式(5-2) 确定出 A_s'。

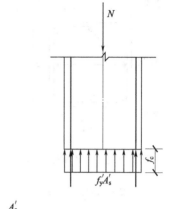
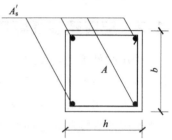

图 5-5　普通箍筋轴心受压柱正截面受压应力计算简图

(2) 截面复核　轴心受压构件的截面复核比较简单，混凝土强度等级和钢筋等级、构件的截面尺寸、钢筋的配筋、轴向压力设计值以及计算长度等条件均为已知，可根据式(5-2) 计算出构件所能承担的轴向压力承载力设计值 N_u，与轴向压力设计值 N 对比，是否符合 $N \leqslant N_u$。

【例 5-1】　某框架结构底层中柱，按轴心受压构件计算，承受轴向压力设计值 2850kN，柱的计算长度 $l_0=6.0\text{m}$，采用 C35 混凝土和 HRB400 级钢筋，试确定该柱的截面尺寸和纵向受力钢筋。

【解】　C35 混凝土：$f_c=16.7\text{N/mm}^2$；HRB400 级钢筋：$f_y'=360\text{N/mm}^2$。

(1) 确定截面形式和尺寸。

由于是轴心受压构件，因此采用正方形截面形式，则截面尺寸为 $b=h=\sqrt{A}$。

设稳定系数 $\varphi=1$，$\rho'=1.6\%$，将 A_s' 写成 $\rho'A$，代入式(5-2) 则有：

$$A=\frac{N}{0.9\varphi(f_c+\rho'f_y')}=\frac{2850\times10^3}{0.9\times1.0\times(16.7+0.016\times360)}=140991(\text{mm}^2)$$

则 $b=h=\sqrt{A}=\sqrt{140991}=375\text{mm}$，选用截面尺寸为 $400\text{mm}\times400\text{mm}$。

(2) 确定稳定系数 φ。

$\dfrac{l_0}{b}=\dfrac{6000}{400}=15$，查表 5-1 得 $\varphi=0.895$。

(3) 计算纵向钢筋的面积 A_s'。

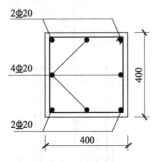

图 5-6 例题 5-1 截面配筋图

由式(5-2)得：

$$A'_s = \frac{\dfrac{N}{0.9\varphi} - f_c A}{f'_y} = \frac{\dfrac{2850 \times 10^3}{0.9 \times 0.895} - 16.7 \times 400 \times 400}{360} = 2406(\text{mm}^2)$$

选用 8⊈20 ($A'_s = 2513 \text{mm}^2$)。

(4) 验算配筋率 ρ'。

$$\rho' = \frac{A'_s}{A} = \frac{2513}{400 \times 400} = 0.0157 = 1.57\% < 3\%,\text{同时大于最}$$

小配筋率 0.55%。

截面配筋如图 5-6 所示。

5.1.2 配置螺旋式箍筋轴心受压构件正截面受压承载力计算

当受压构件承受较大的轴向受压荷载，且截面尺寸受到限制，按照配置普通箍筋受压构件来计算，即使提高了混凝土的强度等级和增加了纵向钢筋配筋量也不能满足承载力要求时，可考虑采用螺旋式或焊接环式箍筋来提高构件的承载力。

螺旋式或焊接环式箍筋受压构件的配箍率高，而且不会像普通箍筋那样容易"崩出"，因而能约束核心混凝土在纵向受压时产生的横向变形，从而提高了混凝土抗压强度和变形能力。

5.1.2.1 螺旋式箍筋柱的受力特点和破坏特征

试验研究表明，加载初期，混凝土压应力较小时，箍筋对核心混凝土的横向变形约束作用并不明显。当混凝土压应力超过 $0.8f_c$ 时，混凝土横向变形急剧增大，使螺旋式箍筋或焊接环式箍筋中产生拉应力，从而有效地约束核心混凝土的变形，提高混凝土的抗压强度。当轴向压力逐步增大，混凝土压应变达到无约束混凝土的极限压应变时，螺旋式箍筋外面的混凝土保护层开始剥落。当箍筋应力达到抗拉屈服强度时，就不再能有效地约束混凝土的横向变形，混凝土的抗压强度也就不能再提高，这时构件破坏。由此可以看出，螺旋式箍筋或者焊接环式箍筋的作用是：使核心混凝土处于三向受压状态，提高混凝土的抗压强度。虽然螺旋式箍筋或焊接环式箍筋水平放置，但它间接地起到了提高构件轴心受压承载力的作用，所以也称这种钢筋为"间接钢筋"。

5.1.2.2 正截面受压承载力计算公式

配置螺旋式箍筋的轴心受压构件破坏时，受压纵筋达到了抗压屈服强度，核心截面混凝土的实际抗压强度，因套箍作用而高于混凝土轴心抗压强度。根据力的平衡条件，同时考虑可靠度的调整系数 0.9 后，《规范》规定，配置螺旋式或焊接环式间接钢筋的轴心受压构件，其正截面受压承载力计算公式为：

$$N \leqslant N_u = 0.9(f_c A_{cor} + 2\alpha f_{yv} A_{ss0} + f'_y A'_s) \tag{5-3}$$

其中，

$$A_{ss0} = \frac{\pi d_{cor} A_{ss1}}{s} \tag{5-4}$$

式中 A_{ss0}——间接钢筋的换算截面面积；

A_{ss1}——单根间接钢筋的截面面积；

s——间接钢筋沿构件轴线方向的间距；

d_{cor}——构件的核心截面直径，取间接钢筋内表面之间的距离；

A_{cor}——构件的核心截面面积，取间接钢筋内表面范围内的混凝土截面面积；

f_{yv}——间接钢筋的抗拉强度设计值；

α——间接钢筋对混凝土约束的折减系数，当混凝土强度等级不超过 C50 时，取 $\alpha=1.0$，当混凝土强度等级为 C80 时，取 $\alpha=0.85$，当混凝土强度等级在 C50～C80 时，按直线内插法确定。

为了防止间接钢筋外面的混凝土保护层过早剥落，《规范》规定，按式(5-3)算得的构件受压承载力设计值不应大于按式(5-2)算得的构件受压承载力设计值的 1.5 倍。

当遇到下列任意一种情况时，不应计入间接钢筋的影响，应按式(5-2)进行计算：

(1) 当 $l_0/d > 12$ 时，因长细比较大，有可能因纵向弯曲影响致使螺旋式箍筋尚未屈服而构件已经破坏；

(2) 当按式(5-3)算得的构件受压承载力小于按式(5-2)算得的构件受压承载力时；

(3) 当间接钢筋的换算截面面积 A_{ss0} 小于纵向普通钢筋的全部截面面积的 25% 时，可以认为间接钢筋配置太少，间接钢筋对核心混凝土的约束作用不明显。

【例 5-2】 圆形截面现浇钢筋混凝土柱，直径 $d=420\text{mm}$，承受轴心压力设计值 4300kN，柱的计算长度 $l_0=4.8\text{m}$，混凝土强度等级为 C30，柱中纵筋采用 HRB500 级钢筋，箍筋用 HRB400 级钢筋，混凝土保护层厚度 $c=25\text{mm}$，试设计该柱。

【解】 C30 混凝土：$f_c=14.3\text{N/mm}^2$；HRB400 级钢筋：$f'_y=360\text{N/mm}^2$；HRB500 级钢筋：$f'_y=435\text{N/mm}^2$；对轴心受压构件，当采用 HRB500 级钢筋时，钢筋的抗压强度设计值 f'_y 应取 400N/mm^2。

(1) 按普通箍筋柱设计

① 计算稳定系数 φ。

$$\frac{l_0}{d}=\frac{4800}{420}=11.43$$

查表 5-1 得 $\varphi=0.931$。

② 计算纵筋截面面积 A'_s。

$$A=\frac{\pi d^2}{4}=\frac{3.14\times 420^2}{4}=138474(\text{mm}^2)$$

由式(5-2)得：

$$A'_s=\frac{\dfrac{N}{0.9\varphi}-f_c A}{f'_y}=\frac{\dfrac{4300\times 10^3}{0.9\times 0.931}-14.3\times 138474}{400}=7879(\text{mm}^2)$$

③ 验算配筋率 ρ'。

$$\rho'=\frac{A'_s}{A}=\frac{7879}{138474}=0.0569=5.69\% > 5\%$$

配筋率大于 3% 时应将式(5-2)中的 A 用 $A-A'_s$ 代替再重新计算，则配筋率会更高。由于配筋率已经超过 5%，明显偏高，而 $l_0/d < 12$，若混凝土强度等级不再提高，可考虑采用螺旋式箍筋柱。

(2) 按螺旋式箍筋柱设计。

假定纵筋配筋率 $\rho'=3.5\%$，则 $A'_s=\rho'A=0.035\times 138474=4846.59(\text{mm}^2)$，选用 10 ⊕ 25 ($A'_s=4909\text{mm}^2$)。纵筋净距为 84mm，大于 50mm，小于 300mm，符合构造要求。

① 计算间接钢筋的换算截面面积 A_{ss0}。

假设选用的螺旋式箍筋的直径为 12mm，则：

$$d_{cor}=420-(25+12)\times 2=346(\text{mm})$$

$$A_{cor}=\frac{\pi d_{cor}^2}{4}=\frac{3.14\times 346^2}{4}=93977(\text{mm}^2)$$

对于 C30 混凝土，间接钢筋对混凝土约束的折减系数 $\alpha=1.0$，由式(5-3)得：

$$A_{ss0}=\frac{\dfrac{N}{0.9}-f_c A_{cor}-f'_y A'_s}{2\alpha f_{yv}}=\frac{\dfrac{4300\times 10^3}{0.9}-14.3\times 93977-400\times 4909}{2\times 1.0\times 360}=2042(\text{mm}^2)$$

$$A_{ss0}=2042\text{mm}^2 > 25\% A'_s=0.25\times 4909=1227(\text{mm}^2)$$

满足构造要求。

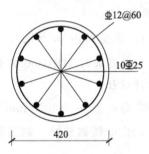

图 5-7 例 5-2 截面配筋图

② 确定螺旋箍筋的直径和间距。

选取的螺旋式箍筋的直径为 12mm，则 $A_{ss1}=113.1\text{mm}^2$，大于 $d/4=25/4=6(\text{mm})$，满足构造要求。根据式(5-4)，箍筋间距为：

$$s=\frac{\pi d_{cor} A_{ss1}}{A_{ss0}}=\frac{3.14\times 346\times 113.1}{2042}=60.17(\text{mm})$$

按照间接钢筋的间距不应大于 80mm 及 $d_{cor}/5=346/5=69.2(\text{mm})$ 且不宜小于 40mm 的构造要求，取 $s=60\text{mm}$，截面配筋图如图 5-7 所示。

③ 验算承载力。

根据所配置的螺旋式箍筋 ⊕12@60，按照式(5-4)和式(5-3)求得螺旋式箍筋柱的轴心受压承载力设计值如下：

$$A_{ss0}=\frac{\pi d_{cor} A_{ss1}}{s}=\frac{3.14\times 346\times 113.1}{60}=2048(\text{mm}^2)$$

$$\begin{aligned}N_u&=0.9(f_c A_{cor}+2\alpha f_{yv} A_{ss0}+f'_y A'_s)\\&=0.9\times(14.3\times 93977+2\times 1.0\times 360\times 2048+400\times 4909)\\&=4304(\text{kN})>4300\text{kN}\end{aligned}$$

按照普通箍筋柱计算的轴心受压承载力设计值如下：

$$\rho'=\frac{A'_s}{A}=\frac{4909}{138474}=0.0355=3.55\%>3\%$$

因此式(5-2)中的 A 改用 $A-A'_s$，得：

$$\begin{aligned}N_u&=0.9\varphi[f_c(A-A'_s)+f'_y A'_s]\\&=0.9\times 0.931\times[14.3\times(138474-4909)+400\times 4909]=3246(\text{kN})\end{aligned}$$

$$3246\text{kN}<4304\text{kN}<1.5\times 3246=4869(\text{kN})$$

满足要求。

5.2 偏心受压构件正截面受力性能分析

同时承受轴向压力和弯矩的构件,称为偏心受压构件。在实际工程中,偏心受压构件应用得非常广泛,如常见的多层框架柱、单层排架柱、实体剪力墙等都属于偏心受压构件。工程中的偏心受压构件大部分都是按单向偏心受压来进行截面设计的,通常在沿着偏心轴方向的两边配置纵向钢筋。离偏心压力 N 较近一侧的纵向钢筋为受压钢筋,其截面面积用 A'_s 表示;离偏心压力 N 较远一侧的纵向钢筋根据轴向力偏心距的大小,可能受拉也可能受压,其截面面积都用 A_s 表示。

5.2.1 破坏形态

试验证明:偏心受压构件的最终破坏是由于受压区混凝土的压碎而造成的。随着轴向力偏心距和纵向钢筋配筋率的变化,偏心受压构件可能发生受拉破坏或受压破坏,其破坏特征不同,因此可将偏心受压构件的破坏分为两类:大偏心受压破坏和小偏心受压破坏。

5.2.1.1 大偏心受压破坏(受拉破坏)

当构件截面的相对偏心距 e_0/h_0 较大且受拉钢筋 A_s 配置不太多时发生大偏心受压破坏。在偏心压力 N 的作用下,离压力较远一侧的截面受拉,离压力较近一侧的截面受压。随着压力 N 的增加,首先在混凝土受拉区出现横向裂缝,裂缝不断发展和加宽,裂缝截面处拉力完全由钢筋承担。随着荷载继续增加,受拉钢筋先达到屈服,裂缝逐渐加宽并向受压一侧延伸,受压区高度缩小,混凝土压应变增大,出现纵向裂缝。最后,受压边缘混凝土达到极限压应变 ε_{cu},受压区混凝土被压碎而导致构件破坏,如图 5-8(a) 所示。破坏时,受压钢筋一般都能屈服。偏心受压构件破坏时截面的应力、应变状态如图 5-9(a) 所示。

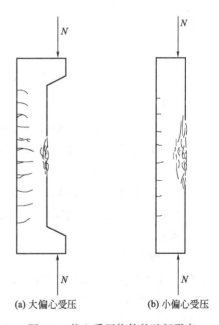

(a) 大偏心受压　　(b) 小偏心受压

图 5-8　偏心受压构件的破坏形态

从以上分析可以看出,大偏心受压构件的破坏形态与受弯构件的适筋破坏形态完全相同:受拉钢筋首先达到屈服,然后是受压钢筋达到屈服,最后由于受压区混凝土压碎而导致构件破坏。构件破坏前有明显预兆,裂缝开展显著,变形急剧增大,其破坏属于塑性破坏。由于这种破坏是从受拉区开始的,故又称为"受拉破坏"。

5.2.1.2 小偏心受压破坏(受压破坏)

当相对偏心距 e_0/h_0 较小或者相对偏心距 e_0/h_0 较大但受拉钢筋 A_s 配置过多时,构件将发生小偏心受压破坏。发生小偏心受压破坏的截面应力状态有两种类型:

第一种是相对偏心距很小,构件全截面受压。构件截面一侧压应力较大,另一侧压应力较小。构件破坏从压应力较大边开始，破坏时该侧的钢筋应力一般均能达到屈服强度，而压应力较小一侧的钢筋应力达不到屈服强度。破坏时截面的应力、应变状态如图 5-9(c) 所示。若相对偏心距更小，由于截面的实际形心和构件的几何中心不重合，也可能发生离轴向压力较远一侧的混凝土先被压坏的情况。

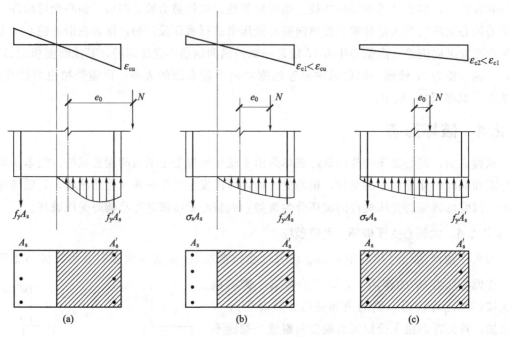

图 5-9 偏心受压构件破坏时截面的应力、应变状态

第二种是相对偏心距较小或者相对偏心距较大但受拉钢筋配置过多，截面处于大部分受压而小部分受拉的状态。当偏心压力从零开始加载逐步增大时，与受拉破坏的情况相同，截面受拉边缘也出现横向裂缝，但横向裂缝的开展与延伸较为缓慢，未形成明显的主裂缝，而受压区边缘混凝土的压应变增长较快，临近破坏时受压边出现纵向裂缝，破坏较突然，无明显预兆，压碎区段较长。破坏时，受压钢筋应力一般能达到屈服强度，但受拉钢筋并不屈服，截面受压边缘混凝土的压应变比受拉破坏时小。构件破坏时截面的应力、应变状态如图 5-9(b) 所示。

上述两种小偏心受压破坏的共同特征是：构件破坏都是由受压区混凝土压碎引起的，离轴向压力较近一侧的受压钢筋达到屈服，离轴向压力较远一侧的钢筋无论是受压还是受拉，均没有达到屈服。构件破坏前没有明显预兆，属于脆性破坏，并且混凝土强度越高，破坏越突然。由于这种破坏是从受压区开始的，故又称为"受压破坏"。受压破坏形态如图 5-8(b) 所示。

5.2.2 大、小偏心受压破坏的界限

从上述两类破坏情况可见，大、小偏心受压之间的根本区别是：构件截面破坏时，离轴向压力较远一侧的钢筋是否达到屈服。如果远离轴向压力的钢筋先屈服而后受压区混凝土被压碎即为大偏心受拉破坏，如果远离轴向压力的钢筋不管是受拉还是受压均未达到屈服强度即为小偏心受压破坏。在"受拉破坏形态"与"受压破坏形态"之间存在着一种界限破坏形态，称为"界限破坏"，即当受拉钢筋应力达到屈服强度的同时，受压区边缘混凝土刚好达

到极限压应变而被压碎，这就是两类偏心受压破坏的界限状态。它不仅有横向主裂缝，而且比较明显，界限破坏形态也属于受拉破坏形态。

试验表明，偏心受压构件从开始加载到构件破坏，构件的截面平均应变都较好地符合平截面假定。两类偏心受压构件的界限破坏特征与受弯构件中的适筋梁与超筋梁的界限破坏特征相同，其相对界限受压区高度 ξ_b 与受弯构件的计算相同。因此，可以得到大、小偏心受压构件的判别条件，即：

当 $\xi \leqslant \xi_b$ 或 $x \leqslant \xi_b h_0$ 时，为大偏心受压；

当 $\xi > \xi_b$ 或 $x > \xi_b h_0$ 时，为小偏心受压。

其中 ξ 为承载能力极限状态时偏心受压构件截面的相对受压区高度，即 $\xi = x/h_0$。

5.2.3 附加偏心距 e_a

由于工程中实际存在着荷载作用位置的不准确性、混凝土质量的非均匀性、配筋的不对称以及施工偏差等原因，构件往往会产生附加的偏心距，这种附加偏心距对受压构件承载力影响较大。因此，《规范》规定：在偏心受压构件的正截面承载力计算中，应计入轴向压力在偏心方向存在的附加偏心距 e_a，其值应取 20mm 和偏心方向截面最大尺寸的 1/30 两者中的较大值。

考虑附加偏心距后，在计算偏心受压构件正截面承载力时，应将轴向力作用点至截面形心的偏心距取为 e_i，e_i 称为初始偏心距。截面的初始偏心距 e_i 等于原始偏心距 e_0 加上附加偏心距 e_a，即：

$$e_i = e_0 + e_a \tag{5-5}$$

$$e_0 = \frac{M}{N}$$

式中 M——偏心受压构件截面上作用的弯矩设计值；

N——偏心受压构件截面上作用的轴向压力设计值。

附加偏心距 e_a 也考虑了对偏心受压构件正截面计算结果的修正作用，以补偿基本假定和实际情况不完全相符带来的计算误差。

5.2.4 截面承载力 N_u-M_u 相关曲线

对于给定截面、材料强度和配筋的偏心受压构件，当达到正截面受压承载力极限状态时，其轴向压力 N_u 和弯矩 M_u 是相互关联的。随着偏心距的增大，抗压承载力降低，但当偏心距增大到一定值时，抗压承载力 N_u 和抗弯承载力 M_u 的关系将发生变化，因此，可利用 N_u-M_u 相关曲线来表示。该曲线可由偏心受压构件试验和理论计算得到，如图 5-10 所示。

N_u-M_u 相关曲线反映了钢筋混凝土偏心受压构件截面上的轴向压力和弯矩共同作用

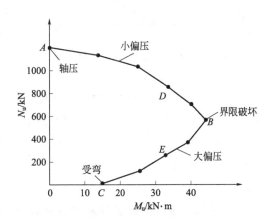

图 5-10 N_u-M_u 相关曲线

下正截面承载力的变化规律，具有以下特点：

(1) N_u-M_u 相关曲线上 A 点表示弯矩 $M=0$ 时，轴向承载力 N_u 达到最大，即为轴心受压构件；C 点表示轴向压力 N 为 0 时，抗弯承载力 M_u 的值，即为受弯构件；AB 段表示小偏心受压构件；BC 段表示大偏心受压构件；B 点为大、小偏心受压的界限构件，该点抗弯承载力 M_u 最大。

(2) 在大偏心受压构件的范围内，抗弯承载力 M_u 随轴向压力 N 的增加而增加，如图 5-10 所示中的 CEB 段；在小偏心受压构件范围内，抗弯承载力 M_u 随轴向压力 N 的增加而减小，如图 5-10 所示中的 ADB 段。

(3) N_u-M_u 相关曲线上的任一点代表截面处于正截面承载力极限状态的一种内力组合。若一组内力在曲线内侧，说明截面未达到极限承载力；若一组内力在曲线外侧，则说明截面承载力不足。

掌握 N_u-M_u 相关曲线的上述规律，对偏心受压构件的设计计算十分有用，尤其是当有多种内力组合时，可以根据 N_u-M_u 相关曲线的规律确定出最不利的内力组合。

5.2.5 偏心受压长柱的受力特点

试验表明，钢筋混凝土柱在承受偏心受压荷载后，会产生纵向弯曲。但长细比小的柱，即所谓"短柱"，由于纵向弯曲小，在设计时一般可忽略不计。对于长细比较大的柱则不同，它会产生比较大的纵向弯曲，从而使柱产生二阶弯矩，降低柱的承载能力，设计时必须予以考虑。

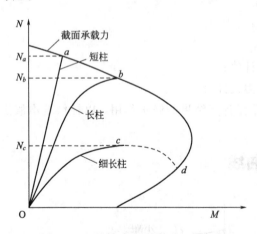

图 5-11 不同长细比柱的 N-M 关系

图 5-11 反映了三个截面尺寸、材料、配筋、轴向压力的初始偏心距等其他条件完全相同、仅长细比不同的柱从加载直到破坏的示意图，其中曲线 abd 为偏心受压构件截面破坏时承载力 N_u 与 M_u 关系曲线。

(1) 短柱从加载到破坏的 N-M 关系（直线 oa）：由于柱的纵向弯曲很小，M 和 N 呈比例增加，其变化轨迹是直线，M/N 为常数，表示偏心距自始至终是不变的。构件的破坏属"材料破坏"，所能承受的压力为 N_a。

(2) 长柱从加载到破坏的 N-M 关系（曲线 ob）：长细比较大的柱，当荷载增大到一定数值时，M 和 N 不再成比例增加，其变化轨迹偏离直线，M 的增加快于 N 的增长，呈曲线形状，M/N 是变数，表示偏心距是随着轴向力 N 的加大而不断非线性增加的，这是由于长柱在偏心压力作用下产生了不可忽略的纵向弯曲。当构件破坏时，仍能达到承载力 N_u-M_u 关系曲线，如图 5-11 所示中的 b 点，也属"材料破坏"，构件所能承受的压力为 N_b。

(3) 长细比很大的细长柱从加载到破坏的 N-M 关系（曲线 oc）：柱的长细比很大时，加载初期与长柱类似，但 M 的增长速度更快，在没有达到 N_u-M_u 的材料破坏关系曲线 abd

前，由于轴向压力的微小增量 ΔN 可引起不收敛的弯矩 M 的增加而破坏，即"失稳破坏"。构件能够承受的轴向压力 N_c 远远小于短柱时的承载力 N_a。在 c 点，虽然已经达到构件的最大承载能力，但此时构件控制截面上的钢筋和混凝土材料强度均未得到充分发挥。

从图 5-11 中还能看出，这三根柱的轴向力偏心距值虽然相同，但其承受轴向压力 N_u 值的能力是不同的，分别为 $N_a > N_b > N_c$。这表明构件长细比的加大会降低构件的正截面受压承载力。产生这一现象的原因是：当长细比较大时，偏心受压构件的纵向弯曲引起了不可忽略的二阶弯矩。

偏心受压长柱在纵向弯曲影响下，可能发生两种形式的破坏：一种是失稳破坏，长细比很大时，构件的破坏不是由材料引起的，而是由构件纵向弯曲失去平衡引起的，称为"失稳破坏"；另一种是材料破坏，当柱长细比在一定范围内时，在承受偏心受压荷载后，由于纵向弯曲引起了不可忽略的二阶弯矩，使柱的承载能力比同样截面的短柱减小，但就其破坏本质来讲，跟短柱破坏相同，属于"材料破坏"，即为截面材料强度耗尽的破坏。

5.2.6 偏心受压长柱设计弯矩的计算方法

5.2.6.1 偏心受压长柱的附加弯矩（二阶弯矩）

钢筋混凝土受压构件在承受偏心轴力后，会产生纵向弯曲变形即侧向挠度。对长细比小的短柱，侧向挠度小，计算时一般可以忽略其影响。而对长细比大的长柱，侧向挠度较大，各个截面还会产生附加弯矩，不能忽略侧向挠度的影响。因此，在承载力计算时应考虑构件挠曲产生的附加弯矩。

如图 5-12 所示（两端弯矩值相等且单曲率弯曲的无侧移构件）的偏心受压长柱，由于侧向挠度的影响，各个截面所受的弯矩不再是 Ne_0，而变为 $N(e_0+y)$，其中 y 为构件任意截面的水平侧向挠度，则在柱高中点处，侧向挠度最大的截面中的弯矩为 $N(e_0+f)$。f 随着荷载的增大而不断加大，因而弯矩的增长也就越来越明显。偏心受压构件计算中把截面弯矩中的 Ne_0 称为初始弯矩或一阶弯矩（不考虑纵向弯曲效应构件截面中的弯矩），将 Ny 或 Nf 称为附加弯矩或二阶弯矩。

当长细比较小时，偏心受压构件的纵向弯曲变形很小，附加弯矩的影响可忽略。因此《规范》规定：弯矩作用平面内截面对称的偏心受压构件，当同一主轴方向的杆端弯矩比 $\dfrac{M_1}{M_2}$ 不大于 0.9 且轴压比不大于 0.9 时，若构件的长细比满足式(5-6)的要求，可不考虑轴向压力在该方向挠曲杆件中产生的附加弯矩影响；否则应按截面的两个主轴方向分别考虑轴向压力在挠曲杆件中产生的附加弯矩影响。

$$l_c/i \leqslant 34-12(M_1/M_2) \tag{5-6}$$

式中 M_1, M_2——分别为已考虑侧移影响的偏心受压构件两端截面按结构弹性分析确定的对同一主轴的组合弯矩设计值，绝对值较大端为 M_2，绝对值较小端为 M_1，当构件按单曲率弯曲时，M_1/M_2 取正值，否则取负值；

l_c——构件的计算长度，可近似取偏心受压构件相应主轴方向上下支承点之间的距离；

i——偏心方向的截面回转半径。

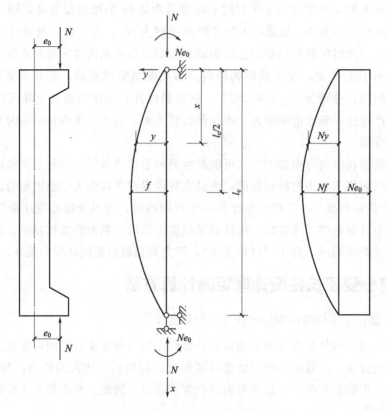

图 5-12 偏心受压长柱的横向变形

实际工程中常遇到的是长柱，即不满足上述条件，在确定偏心受压构件的内力设计值时，需考虑构件的侧向挠度引起的附加弯矩（二阶弯矩）的影响。《规范》将柱端的附加弯矩计算用偏心距调节系数和弯矩增大系数来表示，即偏心受压构件的设计弯矩（考虑了附加弯矩影响后）为原柱端最大弯矩 M_2 乘以偏心距调节系数 C_m 和弯矩增大系数 η_{ns} 而得。

(1) 偏心距调节系数 C_m　对于弯矩作用平面内截面对称的偏心受压构件，同一主轴方向两端的杆端弯矩大多不相同，但也存在单曲率弯曲（M_1/M_2 取正值）时二者大小接近的情况，即 M_1/M_2 大于 0.9，此时，该构件在构件两端相同方向、几乎相同大小的弯矩作用下将产生最大的偏心距，使该构件处于最不利的受力状态。因此，在这种情况下，需考虑偏心距调节系数，《规范》规定偏心距调节系数 C_m 采用式(5-7)进行计算。

$$C_m = 0.7 + 0.3 \frac{M_1}{M_2} \tag{5-7}$$

式中，C_m 为构件端截面偏心距调节系数，它考虑了构件两端截面弯矩差异的影响，当小于 0.7 时取 0.7。

(2) 弯矩增大系数 η_{ns}（构件临界截面考虑二阶效应的弯矩增大系数）　对于两端弯矩值相等且单向弯曲的偏心受压柱，即如图 5-12 所示的偏心受压长柱，考虑柱侧向挠度 f 后，柱中截面弯矩可表示为：

$$M = N(e_0 + f) = N \frac{e_0 + f}{e_0} e_0 = N e_0 \eta_{ns}$$

式中，η_{ns} 为弯矩增大系数，$\eta_{ns}=\dfrac{e_0+f}{e_0}=1+\dfrac{f}{e_0}$。

《规范》规定：除排架结构柱外，其他偏心受压构件考虑轴向压力在挠曲杆件中产生二阶效应后的弯矩增大系数 η_{ns}，按下式计算：

$$\eta_{ns}=1+\dfrac{1}{1300\left(\dfrac{M_2}{N}+e_a\right)/h_0}\left(\dfrac{l_c}{h}\right)^2 \zeta_c \tag{5-8}$$

$$\zeta_c=\dfrac{0.5f_c A}{N} \tag{5-9}$$

式中　N——与弯矩设计值 M_2 相应的轴向压力设计值；

　　　h——截面高度，对环形截面，取外直径，对圆形截面，取直径；

　　　h_0——截面有效高度；

　　　e_a——附加偏心距，按照 5.2.3 节内容规定确定；

　　　ζ_c——偏心受压构件截面曲率修正系数，当计算值 $\zeta_c>1.0$ 时取 $\zeta_c=1.0$；

　　　A——构件截面面积。

5.2.6.2　控制截面设计弯矩的计算方法

《规范》规定：除排架结构柱外，其他偏心受压构件考虑轴向压力在挠曲杆件中产生的二阶效应后控制截面的弯矩设计值，应按下式计算：

$$M=C_m \eta_{ns} M_2 \tag{5-10}$$

式中　C_m——构件端截面偏心距调节系数，按式(5-7)计算，当小于 0.7 时取 0.7；

　　　η_{ns}——弯矩增大系数，按式(5-8)计算；

　　　M_2——按式(5-6)中的规定取值。

当 $C_m \eta_{ns}$ 小于 1.0 时取 1.0；对剪力墙及核心筒墙，可取 $C_m \eta_{ns}$ 等于 1.0。

排架结构柱考虑二阶效应后的弯矩设计值可按下式计算：

$$M=\eta_s M_0 \tag{5-11}$$

$$\eta_s=1+\dfrac{1}{1500\left(\dfrac{M_0}{N}+e_a\right)/h_0}\left(\dfrac{l_0}{h}\right)^2 \zeta_c \tag{5-12}$$

式中　η_s——弯矩增大系数；

　　　M_0——二阶弹性分析柱端弯矩设计值；

　　　l_0——排架柱的计算长度。

5.3　矩形截面偏心受压构件承载力计算基本公式

5.3.1　大偏心受压构件

5.3.1.1　基本公式

根据试验研究结果，对于大偏心受压破坏，纵向受拉钢筋 A_s 的应力取抗拉强度设计值

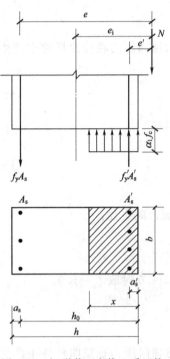

图 5-13 矩形截面大偏心受压构件截面应力计算图形

f_y,纵向受压钢筋 A_s' 的应力取抗压强度设计值 f_y'。与受弯构件正截面承载力计算时采用的基本假定和分析方法相同,构件截面受压区混凝土压应力分布取为等效矩形应力分布,其应力值为 $\alpha_1 f_c$。矩形截面大偏心受压构件截面应力计算图形如图 5-13 所示。

由轴向力的平衡条件及各力对受拉钢筋合力点取矩的力矩平衡条件,可以得到以下两个基本公式,即:

$$N \leqslant N_u = \alpha_1 f_c b x + f_y' A_s' - f_y A_s \quad (5\text{-}13)$$

$$Ne \leqslant N_u e = \alpha_1 f_c b x \left(h_0 - \frac{x}{2}\right) + f_y' A_s' (h_0 - a_s') \quad (5\text{-}14)$$

其中

$$e = e_i + \frac{h}{2} - a_s \quad (5\text{-}15)$$

式中 N——轴向压力设计值;
$\quad x$——混凝土的受压区高度;
$\quad a_s$——受拉钢筋的合力作用点到截面受拉边缘的距离;
$\quad a_s'$——受压钢筋的合力作用点到截面受压边缘的距离;
$\quad e$——轴向压力作用点至纵向受拉钢筋 A_s 合力点之间的距离。

将 $x = \xi h_0$ 代入式(5-13)和式(5-14)中,并令 $\alpha_s = \xi(1-0.5\xi)$,则可写成如下形式:

$$N \leqslant N_u = \alpha_1 f_c b h_0 \xi + f_y' A_s' - f_y A_s \quad (5\text{-}16)$$

$$Ne \leqslant N_u e = \alpha_1 \alpha_s f_c b h_0^2 + f_y' A_s' (h_0 - a_s') \quad (5\text{-}17)$$

5.3.1.2 适用条件

为了保证构件在破坏时,受拉钢筋应力能达到抗拉强度设计值 f_y 且发生大偏心受压破坏,必须满足适用条件:

$$\xi \leqslant \xi_b \text{(或 } x \leqslant \xi_b h_0) \quad (5\text{-}18)$$

为了保证构件在破坏时,受压钢筋应力能达到抗压强度设计值 f_y',必须满足适用条件:

$$\xi \geqslant \frac{2a_s'}{h_0} \text{(或 } x \geqslant 2a_s') \quad (5\text{-}19)$$

如果计算中出现 $x < 2a_s'$ 的情况,则说明受压钢筋的应力没有达到抗压强度设计值 f_y',与双筋受弯构件类似,可近似取 $x = 2a_s'$,并对受压钢筋 A_s' 的合力点取矩,则得:

$$Ne' \leqslant N_u e' = f_y A_s (h_0 - a_s') \quad (5\text{-}20)$$

其中

$$e' = e_i - \frac{h}{2} + a_s' \quad (5\text{-}21)$$

式中,e' 为轴向压力作用点至受压钢筋 A_s' 合力点的距离。

取 $N = N_u$,则:

$$A_s = \frac{Ne'}{f_y(h_0 - a_s')} \quad (5\text{-}22)$$

5.3.2 小偏心受压构件

5.3.2.1 基本公式

矩形截面小偏心受压构件在通常情况下，受压区混凝土已被压碎，该侧钢筋应力可以达到受压屈服强度，故 A'_s 应力取抗压强度设计值 f'_y。而远侧钢筋可能受拉也可能受压，但均达不到屈服强度，所以 A_s 的应力用 σ_s 表示。受压区混凝土应力图形仍取为等效矩形分布，其应力值为 $\alpha_1 f_c$。矩形截面小偏心受压构件截面应力计算图形如图 5-14 所示。

由截面上轴向力的平衡条件，各力对 A_s、A'_s 合力点取矩的力矩平衡条件，可以得到以下计算公式：

$$N \leqslant N_u = \alpha_1 f_c bx + f'_y A'_s - \sigma_s A_s \quad (5-23)$$

$$Ne \leqslant N_u e = \alpha_1 f_c bx \left(h_0 - \frac{x}{2}\right) + f'_y A'_s (h_0 - a'_s) \quad (5-24)$$

$$Ne' \leqslant N_u e' = \alpha_1 f_c bx \left(\frac{x}{2} - a'_s\right) - \sigma_s A_s (h_0 - a'_s) \quad (5-25)$$

其中

$$e' = \frac{h}{2} - a'_s - e_i \quad (5-26)$$

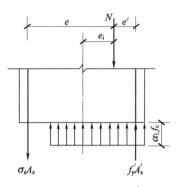

图 5-14 矩形截面小偏心受压构件截面应力计算图形

将 $x = \xi h_0$ 代入式(5-23)～式(5-25)中，则可写成如下形式：

$$N \leqslant N_u = \alpha_1 f_c bh_0 \xi + f'_y A'_s - \sigma_s A_s \quad (5-27)$$

$$Ne \leqslant N_u e = \alpha_1 f_c bh_0^2 \xi (1 - 0.5\xi) + f'_y A'_s (h_0 - a'_s) \quad (5-28)$$

$$Ne' \leqslant N_u e' = \alpha_1 f_c bh_0^2 \xi \left(\frac{\xi}{2} - \frac{a'_s}{h_0}\right) - \sigma_s A_s (h_0 - a'_s) \quad (5-29)$$

5.3.2.2 σ_s 值的确定

σ_s 可近似按下式计算：

$$\sigma_s = \frac{\xi - \beta_1}{\xi_b - \beta_1} f_y \quad (5-30)$$

当计算出的 σ_s 为正号时，表示 A_s 受拉；σ_s 为负号时，表示 A_s 受压。此时计算的 σ_s 应符合 $-f'_y \leqslant \sigma_s \leqslant f_y$。

下面说明式(5-30)的建立过程。

如图 5-15 所示的截面应变分布图形，是根据平截面假定做出的截面应变关系图，据此可以写出 A_s 的应力 σ_s 与相对受压区高度 ξ 之间的关系式，即：

$$\sigma_s = E_s \varepsilon_{cu} \left(\frac{\beta_1}{\xi} - 1\right) \quad (5-31)$$

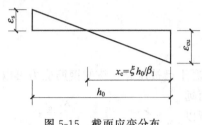

图 5-15 截面应变分布

如果采用式(5-31)确定 σ_s，则应用小偏心受压构件计算公式时需要解 ξ 的三次方程，手算不方便。

大量的试验资料及计算分析表明，小偏心受压情况下实测的受拉边或受压较小边的钢筋应力 σ_s 与 ξ 接近直线关系。为了方便计算，《规范》取 σ_s 与 ξ 之间为直线关系。当 $\xi=\xi_b$（界限破坏）时，$\sigma_s=f_y$；当 $\xi=\beta_1$ 时，由式(5-31)可知，$\sigma_s=0$；根据这两个点建立的直线方程就是式(5-30)。

5.3.2.3 适用条件

小偏心受压应满足：$\xi>\xi_b$、$-f'_y\leqslant\sigma_s\leqslant f_y$、$x\leqslant h$ 的条件，当纵向受力钢筋 A_s 的应力 σ_s 达到受压屈服强度（$-f'_y$）且 $f'_y=f_y$ 时，根据式(5-30)可计算出此状态相对受压区高度 $\xi=2\beta_1-\xi_b$。

5.3.2.4 反向受压破坏

当轴向压力的偏心距很小且压力较大（$N>f_c bh$）的全截面受压时，如果接近轴向偏心压力一侧的纵向钢筋 A'_s 配置较多，而远离轴向压力一侧的钢筋 A_s 配置相对较少时，有可能 A_s 受压屈服，远离轴向压力一侧的混凝土也有可能先被压坏，这种情况称为小偏心受压的反向破坏。小偏心受压反向破坏时截面应力计算图形如图 5-16 所示。

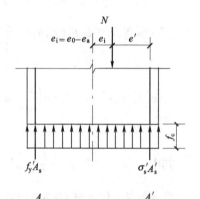

对 A'_s 合力点取矩，可得：

$$Ne'\leqslant N_u e'=f_c bh\left(h'_0-\frac{h}{2}\right)+f'_y A_s(h'_0-a_s) \quad (5-32)$$

其中

$$e'=\frac{h}{2}-a'_s-(e_0-e_a) \quad (5-33)$$

式中 e'——轴向压力作用点至受压区纵向钢筋 A'_s 合力点的距离，式(5-33)仅适用于式(5-32)的计算；

h'_0——纵向钢筋 A'_s 合力点离偏心压力较远一侧边缘的距离，即 $h'_0=h-a'_s$。

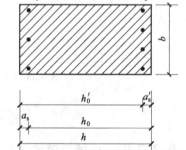

图 5-16 小偏心受压反向破坏时截面应力计算图形

《规范》规定，按反向受压破坏计算时，取初始偏心距 $e_i=e_0-e_a$，这是考虑了不利方向的附加偏心距。按这样考虑计算的 e' 会增大，从而使 A_s 用量增加，偏于安全。

5.4 矩形截面对称配筋偏心受压构件承载力计算

实际工程中，偏心受压构件在各种不同荷载（风荷载、地震作用、竖向荷载）组合作用下，在同一截面内常承受异号弯矩，即截面在一种荷载组合作用下为受拉的部位，在另一种荷载组合作用下变为受压，而截面中原来受拉的钢筋则会变为受压；同时，为了在施工过程中不产生差错，以及在预制构件中，为保证吊装时不出现差错，一般都采用对称配筋。实际工程中，对称配筋的应用更为广泛。本章仅介绍矩形截面对称配筋偏心受压构件承载力计算。

所谓对称配筋就是截面两侧的钢筋数量和钢筋种类都相同，即 $A_s=A_s'$、$f_y=f_y'$、$a_s=a_s'$。

5.4.1 大、小偏心受压破坏的判别

对于矩形截面对称配筋的偏心受压构件，可以直接计算 ξ 来判别大、小偏心受压。将已知条件代入基本公式计算出 ξ，与 ξ_b 相比较来进行判别，此方法适用于矩形截面对称配筋偏心受压构件的截面设计和截面复核。

将 $A_s=A_s'$、$f_y=f_y'$ 代入大偏心受压构件基本公式[式(5-16)]中，可以直接求得截面相对受压区高度 ξ，即：

$$\xi=\frac{N}{\alpha_1 f_c b h_0} \tag{5-34}$$

不论大、小偏心受压构件，均可以首先按大偏心受压构件考虑，按下述方法确定构件的偏心受压类型，即：

当 $\xi \leqslant \xi_b$ 时，为大偏心受压；

当 $\xi > \xi_b$ 时，为小偏心受压。

按式(5-34)计算结果判别大、小偏心受压构件时应注意两点：一是按式(5-34)计算的 ξ 值对于小偏心受压构件来说仅为判别依据，不能作为小偏心受压构件的实际相对受压区高度；二是对于轴力较小的对称配筋偏心受压构件，当按照式(5-34)计算时可能会得出大偏心受压的结论，但又存在偏心距比较小的情况，这种情况实际上属于小偏心受压，但此时无论按大偏心受压计算还是按小偏心受压计算的配筋量都很小，接近按构造配筋，所得配筋均由最小配筋率控制。

5.4.2 基本公式及适用条件

5.4.2.1 大偏心受压构件

将 $A_s=A_s'$、$f_y=f_y'$ 代入大偏心受压构件基本公式[式(5-16) 和式(5-17)]中，就得到对称配筋大偏心受压基本计算公式：

$$N \leqslant N_u = \alpha_1 f_c b h_0 \xi \tag{5-35}$$

$$Ne \leqslant N_u e = \alpha_1 f_c b h_0^2 \xi(1-0.5\xi) + f_y' A_s'(h_0-a_s') \tag{5-36}$$

适用条件仍然是：

$$\xi \leqslant \xi_b \text{（或 } x \leqslant \xi_b h_0 \text{）}$$

$$\xi \geqslant \frac{2a_s'}{h_0} \text{（或 } x \geqslant 2a_s' \text{）}$$

5.4.2.2 小偏心受压构件

(1) 基本公式 将 $A_s=A_s'$ 代入小偏心受压构件的基本公式[式(5-27) 和式(5-28)]中，得到对称配筋的小偏心受压构件的公式，即：

$$N \leqslant N_u = \alpha_1 f_c b h_0 \xi + f_y' A_s' - \sigma_s A_s' \tag{5-37}$$

$$Ne \leqslant N_u e = \alpha_1 f_c b h_0^2 \xi(1-0.5\xi) + f_y' A_s'(h_0-a_s') \tag{5-38}$$

式中，σ_s 仍按式(5-30)计算。

（2）ξ 的近似计算公式　式(5-37)、式(5-38)中只有两个未知量 ξ 和 A'_s，联立方程求解时，相对受压区高度为 ξ 的三次方程，手算非常不方便。为了简化计算，《规范》规定：矩形截面对称配筋的钢筋混凝土小偏心受压构件，相对受压区高度 ξ 可按以下近似公式计算：

$$\xi = \frac{N - \xi_b \alpha_1 f_c b h_0}{\dfrac{Ne - 0.43\alpha_1 f_c b h_0^2}{(\beta_1 - \xi_b)(h_0 - a'_s)} + \alpha_1 f_c b h_0} + \xi_b \tag{5-39}$$

5.4.3　截面设计

已知截面尺寸 $b \times h$，构件计算长度，混凝土强度等级、钢筋种类及强度，柱端弯矩设计值 M_1、M_2 及相应的轴向压力设计值 N，求钢筋截面面积 A_s 和 A'_s。

具体计算过程如下。

5.4.3.1　判断是否考虑附加弯矩的影响

首先根据式(5-6)及相关内容，判别是否需要考虑挠曲二阶效应，是否考虑附加弯矩的影响，如需要考虑则根据式(5-10)计算相应的弯矩设计值。

5.4.3.2　判别大、小偏心受压类型

不论大、小偏心受压构件均可以首先按大偏心受压构件考虑计算 ξ，即 $\xi = \dfrac{N}{\alpha_1 f_c b h_0}$。

当 $\xi \leqslant \xi_b$ 时，为大偏心受压；

当 $\xi > \xi_b$ 时，为小偏心受压。

5.4.3.3　大偏心受压构件

如果 $\dfrac{2a'_s}{h_0} \leqslant \xi \leqslant \xi_b$（或 $2a'_s \leqslant x \leqslant \xi_b h_0$），可直接求得 A'_s，并使 $A_s = A'_s$。即：

$$A_s = A'_s = \frac{Ne - \alpha_1 f_c b h_0^2 \xi(1 - 0.5\xi)}{f'_y(h_0 - a'_s)} \geqslant \rho_{\min} bh \tag{5-40}$$

如果 $\xi < \dfrac{2a'_s}{h_0}$（或 $x < 2a'_s$），则表示受压钢筋不能达到屈服，可求得 A_s，并使 $A'_s = A_s$。即：

$$A'_s = A_s = \frac{Ne'}{f_y(h_0 - a'_s)} \geqslant \rho_{\min} bh \tag{5-41}$$

无论哪种情况，所选的钢筋面积均应满足最小配筋率要求。

5.4.3.4　小偏心受压构件

将已知条件代入式(5-39)重新计算 ξ，然后按式(5-30)计算 σ_s。将计算的 ξ 和 σ_s（符合 $\xi_b < \xi \leqslant \dfrac{h}{h_0}$、$-f'_y \leqslant \sigma_s \leqslant f_y$）根据具体情况（若 $\xi > h/h_0$，取 $\xi = h/h_0$；若 $\sigma_s < -f'_y$，取 $\sigma_s = -f'_y$）代入式(5-37)和式(5-38)中，联立计算 A'_s，并使 $A_s = A'_s$。

当求得 $A_s + A'_s > 0.05bh$ 时，说明截面尺寸过小，宜加大截面尺寸。

当求得 $A'_s < 0$ 时，表明柱的截面尺寸较大，这时，应按受压构件的全部纵向钢筋和一侧纵向钢筋的最小配筋率进行配置钢筋。

5.4.3.5 垂直于弯矩作用平面的受压承载力验算

小偏心受压构件还应按轴心受压构件验算垂直于弯矩作用平面的承载力是否满足要求，此时不考虑弯矩的影响，但应考虑稳定系数 φ，受压钢筋取全部纵向钢筋的截面面积 $A_s + A_s'$。

5.4.4 截面复核

在实际工程中，有时需要对已有的偏心受压构件进行截面承载力复核。此时，构件截面尺寸 $b \times h$，构件计算长度，钢筋截面面积 A_s 和 A_s'，混凝土强度等级、钢筋种类及强度，截面上作用的轴向压力设计值 N 和弯矩设计值 M（或者偏心距）等均为已知，要求判断截面是否能够满足承载力的要求或者确定截面能够承受的轴向压力设计值 N_u。

可利用如图 5-13 所示的大偏心受压构件截面应力图，对轴向压力 N 作用点取矩的平衡条件，得：

$$A_s f_y e = A_s' f_y' e' + \alpha_1 f_c b x (e' - a_s' + x/2) \tag{5-42}$$

式中，e' 为轴向压力作用点至纵向受压钢筋合力点之间的距离，$e' = e_i - h/2 + a_s'$，当 N 作用于 A_s 和 A_s' 以外时，e' 为正值；当 N 作用于 A_s 和 A_s' 之间时，e' 为负值。

由式(5-42) 求得 $x(\xi)$ 值后可能有以下几种情况：

(1) 如果 $\xi \leqslant \xi_b$，则为大偏心受压构件，将 ξ 代入到大偏心受压构件基本计算公式 [式(5-16)] 即可求出截面能够承受的轴向压力设计值 N_u，验算 $N \leqslant N_u$。

(2) 如果 $\xi > \xi_b$，则为小偏心受压构件，此时，式(5-42) 中的 f_y 应用 σ_s [按式(5-30) 计算] 代替，由小偏心受压基本公式 [式(5-27) 和式(5-28)] 重新联立求解 ξ，并根据以下 ξ 值的范围由小偏心受压基本公式求出截面能够承受的轴向压力设计值 N_u，验算 $N \leqslant N_u$。

第 (2) 条中计算出的 ξ 值的范围情况：

如果 $\xi_b \leqslant \xi \leqslant 2\beta_1 - \xi_b$ 且 $\xi \leqslant h/h_0$，可通过小偏心受压基本公式求出截面能够承受的轴向压力设计值 N_u；

如果 $2\beta_1 - \xi_b < \xi \leqslant h/h_0$，令 $\sigma_s = -f_y'$，由小偏心受压基本公式重新计算 ξ 和 N_u；

如果 $\xi > 2\beta_1 - \xi_b$ 且 $\xi > h/h_0$，取 $\xi = h/h_0$，代入小偏心受压基本公式中求出 N_u。

矩形截面对称配筋偏心受压构件的截面承载力复核，可按上面的方法和步骤进行计算，只是此时应取 $f_y A_s = f_y' A_s'$。

对小偏心受压构件还应按轴心受压构件验算垂直于弯矩作用平面的受压承载力。

总之，对于矩形截面对称配筋偏心受压构件的截面承载力复核，计算截面所能承受的轴向压力设计值 N_u 时，无论是大偏心受压还是小偏心受压，由对称配筋偏心受压构件的基本公式可知，其未知量均为两个（N_u 和 ξ），故可以由基本公式直接求解，进行截面复核。

【例 5-3】 柱截面尺寸 $b \times h = 400\text{mm} \times 450\text{mm}$，$a_s = a_s' = 50\text{mm}$，混凝土强度等级 C40，钢筋采用 HRB500 级。承受轴向压力设计值为 426kN，柱顶截面弯矩设计值为 136kN·m，柱底截面弯矩设计值为 112kN·m。柱端弯矩已在结构分析时考虑侧移二阶效应，柱挠曲变形为单曲率。柱弯矩作用平面内的计算长度为 7.5m，柱弯矩作用平面外的计算长度为 7.8m。采用对称配筋，试计算该柱所需的纵向钢筋。

【解】 C40 混凝土：$f_c = 19.1\text{N/mm}^2$；HRB500 级钢筋：$f_y = f_y' = 435\text{N/mm}^2$，$\xi_b = 0.482$，$\rho_{min} = 0.50\%$；$h_0 = 450 - 50 = 400(\text{mm})$。

(1) 判断是否考虑轴向压力在弯矩方向杆件因挠曲产生的附加弯矩。

杆端弯矩比 $\dfrac{M_1}{M_2}=\dfrac{112}{136}=0.824<0.9$

轴压比 $\dfrac{N}{Af_c}=\dfrac{426\times10^3}{400\times450\times19.1}=0.124<0.9$

截面回转半径 $i=\sqrt{\dfrac{I}{A}}=130(\text{mm})$

长细比 $\dfrac{l_c}{i}=\dfrac{7500}{130}=57.69>34-12\times(112/136)=24.12$

所以应考虑附加弯矩的影响。

(2) 计算弯矩设计值。

$$\zeta_c=\dfrac{0.5f_cA}{N}=\dfrac{0.5\times19.1\times400\times450}{426\times10^3}=4.035>1,\text{取}\,\zeta_c=1$$

$$\dfrac{h}{30}=\dfrac{450}{30}=15(\text{mm}),\text{取}\,e_a=20\text{mm}$$

$$C_m=0.7+0.3\dfrac{M_1}{M_2}=0.7+0.3\times0.824=0.947>0.7$$

$$\eta_{ns}=1+\dfrac{1}{1300\left(\dfrac{M_2}{N}+e_a\right)/h_0}\left(\dfrac{l_c}{h}\right)^2\zeta_c$$

$$=1+\dfrac{1}{1300\times\left(\dfrac{136\times10^6}{426\times10^3}+20\right)/400}\times\left(\dfrac{7500}{450}\right)^2\times1$$

$$=1.252$$

$$M=C_m\eta_{ns}M_2=0.947\times1.252\times136=161.25(\text{kN}\cdot\text{m})$$

其中 $C_m\eta_{ns}=0.947\times1.252=1.186>1.0$

(3) 判别大、小偏压类型。

$$\xi=\dfrac{N}{\alpha_1 f_c bh_0}=\dfrac{426\times10^3}{1.0\times19.1\times400\times400}=0.139<\xi_b=0.482$$

故为大偏心受压构件。同时 $\xi<\dfrac{2a'_s}{h_0}=\dfrac{2\times50}{400}=0.250$。

(4) 计算钢筋截面面积。

$$e_0=\dfrac{M}{N}=\dfrac{161.25\times10^6}{426\times10^3}=379(\text{mm})$$

$$e_i=e_0+e_a=379+20=399(\text{mm})$$

$$e'=e_i-\dfrac{h}{2}+a'_s=399-\dfrac{450}{2}+50=224(\text{mm})$$

利用式(5-22)求得 A_s,并使 $A'_s=A_s$。则:

$$A'_s=A_s=\dfrac{Ne'}{f_y(h_0-a'_s)}=\dfrac{426\times10^3\times224}{435\times(400-50)}=627(\text{mm}^2)$$

$$>A_{s\min}=\rho_{\min}bh=0.002\times400\times450=360(\text{mm}^2)$$

(5) 选配钢筋。

选配 3⾤18（$A_s=A_s'=763\text{mm}^2$）对称配筋，截面配筋如图 5-17 所示。

截面总配筋率：$\rho=\dfrac{A_s+A_s'}{bh}=\dfrac{763+763}{400\times450}=0.85\%>\rho_{\min}=0.50\%$，满足要求。

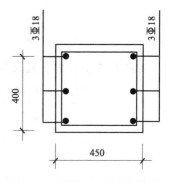

图 5-17　例题 5-3 截面配筋图

【例 5-4】 钢筋混凝土偏心受压柱，截面尺寸 $b\times h=450\text{mm}\times600\text{mm}$，$a_s=a_s'=50\text{mm}$，混凝土强度等级 C35，钢筋采用 HRB400 级。承受轴向压力设计值 1865kN，柱顶截面弯矩设计值 548kN·m，柱底截面弯矩设计值 559kN·m。柱端弯矩已在结构分析时考虑侧移二阶效应，柱挠曲变形为单曲率。柱弯矩作用平面内的支承长度为 4.5m，柱弯矩作用平面外的计算长度为 5.6m。采用对称配筋，试计算该柱所需的纵向钢筋 A_s 和 A_s'。

【解】 C35 混凝土：$f_c=16.7\text{N/mm}^2$；HRB400 级钢筋：$f_y=f_y'=360\text{N/mm}^2$；$\xi_b=0.518$，$\rho_{\min}=0.55\%$，$h_0=600-50=550(\text{mm})$。

(1) 判断是否考虑轴向压力在弯矩方向杆件因挠曲产生的附加弯矩。

杆端弯矩比 $\dfrac{M_1}{M_2}=\dfrac{548}{559}=0.980>0.9$

所以应考虑附加弯矩的影响。

(2) 计算弯矩设计值。

$$\zeta_c=\dfrac{0.5f_cA}{N}=\dfrac{0.5\times16.7\times450\times600}{1865\times10^3}=1.209>1，取\ \zeta_c=1$$

$$\dfrac{h}{30}=\dfrac{600}{30}=20(\text{mm})，取\ e_a=20\text{mm}$$

$$C_m=0.7+0.3\dfrac{M_1}{M_2}=0.7+0.3\times0.980=0.994$$

$$\eta_{ns}=1+\dfrac{1}{1300\left(\dfrac{M_2}{N}+e_a\right)/h_0}\left(\dfrac{l_c}{h}\right)^2\zeta_c$$

$$=1+\dfrac{1}{1300\times\left(\dfrac{559\times10^6}{1865\times10^3}+20\right)/550}\times\left(\dfrac{4500}{600}\right)^2\times1$$

$$=1.074$$

$$M=C_m\eta_{ns}M_2=0.994\times1.074\times559=596.76(\text{kN}\cdot\text{m})$$

其中　$C_m\eta_{ns}=0.994\times1.074=1.068>1.0$

(3) 判别大、小偏压类型。

$$\xi=\dfrac{N}{\alpha_1f_cbh_0}=\dfrac{1865\times10^3}{1.0\times16.7\times450\times550}=0.451<\xi_b=0.518$$

故为大偏心受压构件。同时 $\xi>\dfrac{2a_s'}{h_0}=\dfrac{2\times50}{550}=0.182$。

(4) 计算钢筋面积。

$$e_0=\dfrac{M}{N}=\dfrac{596.76\times10^6}{1865\times10^3}=320(\text{mm})$$

$$e_i = e_0 + e_a = 320 + 20 = 340 \text{(mm)}$$

$$e = e_i + \frac{h}{2} - a_s = 340 + \frac{600}{2} - 50 = 590 \text{(mm)}$$

利用式(5-36)可直接求得 A_s'，并使 $A_s = A_s'$。则：

$$A_s = A_s' = \frac{Ne - \alpha_1 f_c b h_0^2 \xi(1-0.5\xi)}{f_y'(h_0 - a_s')}$$

$$= \frac{1865 \times 10^3 \times 590 - 1.0 \times 16.7 \times 450 \times 550^2 \times 0.451 \times (1-0.5 \times 0.451)}{360 \times (550-50)}$$

$$= 1702 \text{(mm}^2\text{)} > A_{s\min}' = \rho_{\min} bh = 0.002 \times 450 \times 600 = 540 \text{(mm}^2\text{)}$$

(5) 选配钢筋。

选配 2⏀22+3⏀20（$A_s = A_s' = 760\text{mm}^2 + 942\text{mm}^2 = 1702\text{mm}^2$）。

截面总配筋率：$\rho = \dfrac{A_s + A_s'}{bh} = \dfrac{1702 + 1702}{450 \times 600} = 1.26\% > \rho_{\min} = 0.55\%$，满足要求。

【例5-5】 钢筋混凝土框架结构柱，截面尺寸 $b \times h = 500\text{mm} \times 600\text{mm}$，$a_s = a_s' = 50\text{mm}$，混凝土强度等级 C40，钢筋采用 HRB500 级。承受轴向压力设计值 3126kN，柱顶截面弯矩设计值 460kN·m，柱底截面弯矩设计值 503kN·m。柱端弯矩已在结构分析时考虑侧移二阶效应，柱挠曲变形为单曲率。柱弯矩作用平面内的计算长度为 5.1m，柱弯矩作用平面外的计算长度为 6.3m，采用对称配筋，求该柱所需的纵向钢筋 A_s 和 A_s'。

【解】 C40 混凝土：$f_c = 19.1\text{N/mm}^2$；HRB500 级钢筋：$f_y = f_y' = 435\text{N/mm}^2$，$\xi_b = 0.482$，$\rho_{\min} = 0.50\%$；$h_0 = 600 - 50 = 550\text{(mm)}$。

(1) 判断是否考虑轴向压力在弯矩方向杆件因挠曲产生的附加弯矩。

杆端弯矩比 $\dfrac{M_1}{M_2} = \dfrac{460}{503} = 0.915 > 0.9$

所以应考虑附加弯矩的影响。

(2) 计算弯矩设计值。

$$\zeta_c = \frac{0.5 f_c A}{N} = \frac{0.5 \times 19.1 \times 500 \times 600}{3126 \times 10^3} = 0.917 < 1，取 \zeta_c = 0.917$$

$$\frac{h}{30} = \frac{600}{30} = 20\text{(mm)}，取 e_a = 20\text{mm}$$

$$C_m = 0.7 + 0.3 \frac{M_1}{M_2} = 0.7 + 0.3 \times 0.915 = 0.974$$

$$\eta_{ns} = 1 + \frac{1}{1300 \left(\dfrac{M_2}{N} + e_a\right)/h_0} \left(\frac{l_c}{h}\right)^2 \zeta_c$$

$$= 1 + \frac{1}{1300 \times \left(\dfrac{503 \times 10^6}{3126 \times 10^3} + 20\right)/550} \times \left(\frac{5100}{600}\right)^2 \times 0.917$$

$$= 1.155$$

$$M = C_m \eta_{ns} M_2 = 0.974 \times 1.155 \times 503 = 565.86 \text{(kN·m)}$$

其中 $C_m \eta_{ns} = 0.974 \times 1.155 = 1.125 > 1.0$

(3) 判别大、小偏压类型。

$$\xi = \frac{N}{\alpha_1 f_c b h_0} = \frac{3126 \times 10^3}{1.0 \times 19.1 \times 500 \times 550} = 0.595 > \xi_b = 0.482$$

故为小偏心受压构件。

(4) 计算钢筋面积。

$$e_0 = \frac{M}{N} = \frac{565.86 \times 10^6}{3126 \times 10^3} = 181(\text{mm})$$

$$e_i = e_0 + e_a = 181 + 20 = 201(\text{mm})$$

$$e = e_i + \frac{h}{2} - a_s = 201 + \frac{600}{2} - 50 = 451(\text{mm})$$

按照式(5-39)重新计算 ξ，即：

$$\xi = \frac{N - \xi_b \alpha_1 f_c b h_0}{\dfrac{Ne - 0.43 \alpha_1 f_c b h_0^2}{(\beta_1 - \xi_b)(h_0 - a_s')} + \alpha_1 f_c b h_0} + \xi_b$$

$$= \frac{3126 \times 10^3 - 0.482 \times 1.0 \times 19.1 \times 500 \times 550}{\dfrac{3126 \times 10^3 \times 451 - 0.43 \times 1.0 \times 19.1 \times 500 \times 550^2}{(0.8 - 0.482) \times (550 - 50)} + 1.0 \times 19.1 \times 500 \times 550} + 0.482$$

$$= 0.576$$

$\xi = 0.576$，符合 $\xi > \xi_b = 0.482$ 同时 $\xi < \dfrac{h}{h_0} = \dfrac{600}{550} = 1.09$

$$\sigma_s = \frac{\xi - \beta_1}{\xi_b - \beta_1} f_y = \frac{0.576 - 0.8}{0.482 - 0.8} \times 435 = 306(\text{N/mm}^2),\ \sigma_s\ \text{符合}\ -f_y' \leqslant \sigma_s \leqslant f_y$$

将 ξ 代入式(5-38)可直接求得 A_s'，并使 $A_s = A_s'$。则：

$$A_s = A_s' = \frac{Ne - \alpha_1 f_c b h_0^2 \xi(1 - 0.5\xi)}{f_y'(h_0 - a_s')}$$

$$= \frac{3126 \times 10^3 \times 451 - 1.0 \times 19.1 \times 500 \times 550^2 \times 0.576 \times (1 - 0.5 \times 0.576)}{435 \times (550 - 50)}$$

$$= 1035(\text{mm}^2) > A_{s\min}' = \rho_{\min} bh = 0.002 \times 500 \times 600 = 600(\text{mm}^2)$$

选配 4⚛20 ($A_s = A_s' = 1256 \text{mm}^2$)。

截面总配筋率：$\rho = \dfrac{A_s + A_s'}{bh} = \dfrac{1256 + 1256}{500 \times 600} = 0.84\% > \rho_{\min} = 0.50\%$，满足要求。

(5) 验算垂直于弯矩作用平面的受压承载力。

$\dfrac{l_0}{b} = \dfrac{6300}{500} = 12.6$，查表 5-1，$\varphi = 0.941$

根据《规范》规定，对轴心受压构件，当采用 HRB500 级钢筋时，钢筋的抗压强度设计值应取 400N/mm^2。

$$N_u = 0.9\varphi(f_c A + f_y' A_s')$$
$$= 0.9 \times 0.941 \times [19.1 \times 500 \times 600 + 400 \times (1256 + 1256)]$$
$$= 5704(\text{kN}) > N = 3126(\text{kN})$$

满足要求。

【例 5-6】 已知某矩形截面柱，截面尺寸 $b \times h = 550\text{mm} \times 750\text{mm}$，$a_s = a_s' = 50\text{mm}$，混凝土强度等级 C35，钢筋采用 HRB500 级，每侧配置钢筋 5⚛22 ($A_s = A_s' = 1900\text{mm}^2$)。柱弯矩作用平面内的支承长度为 4.6m，柱弯矩作用平面外的计算长度 5.5m。试求 $e_i = 238\text{mm}$ 时该柱截面所能承受的轴向压力设计值 N_u。

【解】 C35 混凝土：$f_c = 16.7\text{N/mm}^2$；HRB500 级钢筋：$f_y = f'_y = 435\text{N/mm}^2$，$\xi_b = 0.482$，$\rho_{\min} = 0.50\%$；$h_0 = 750 - 50 = 700\text{(mm)}$。截面总配筋率：$\rho = \dfrac{A_s + A'_s}{bh} = \dfrac{1900 + 1900}{550 \times 750} = 0.92\% > \rho_{\min} = 0.50\%$，满足要求。

(1) 初步判别大、小偏压类型。

先按大偏心受压考虑。

$$e = e_i + \dfrac{h}{2} - a_s = 238 + \dfrac{750}{2} - 50 = 563\text{(mm)}$$

将已知条件代入式(5-35)、式(5-36)，化简后，解方程可得 ξ：

$$N_u = 1.0 \times 16.7 \times 550 \times 700\xi$$

$$N_u \times 563 = 1.0 \times 16.7 \times 550 \times 700^2 \xi(1 - 0.5\xi) + 435 \times 1900 \times (700 - 50)$$

两式消去 N_u 后并化简，解得：$\xi = 0.722$，$\xi > \xi_b = 0.482$，故应按小偏心受压柱重算。

(2) 按小偏心受压柱计算 ξ。

将式(5-30)代入式(5-37)、式(5-38)有：

$$N_u = \alpha_1 f_c b h_0 \xi + f'_y A'_s \left(1 - \dfrac{\xi - \beta_1}{\xi_b - \beta_1}\right)$$

$$N_u e = \alpha_1 f_c b h_0^2 \xi(1 - 0.5\xi) + f'_y A'_s (h_0 - a'_s)$$

将已知数据代入以上两式，有：

$$N_u = 1.0 \times 16.7 \times 550 \times 700\xi + 435 \times 1900 \times \left(1 - \dfrac{\xi - 0.8}{0.482 - 0.8}\right)$$

$$N_u \times 563 = 1.0 \times 16.7 \times 550 \times 700^2 \times \xi(1 - 0.5\xi) + 435 \times 1900 \times (700 - 50)$$

两式消去 N_u 后并化简，解得：$\xi = 0.625$。

(3) 计算柱截面所能承受的轴向压力设计值 N_u。

将 ξ 代入到上式，即：

$$\begin{aligned}
N_u &= \alpha_1 f_c b h_0 \xi + f'_y A'_s \left(1 - \dfrac{\xi - \beta_1}{\xi_b - \beta_1}\right) \\
&= 1.0 \times 16.7 \times 550 \times 700 \times 0.625 + 435 \times 1900 \times \left(1 - \dfrac{0.625 - 0.8}{0.482 - 0.8}\right) \\
&= 4390 \times 10^3 \text{(N)} = 4390\text{(kN)}
\end{aligned}$$

(4) 验算垂直于弯矩作用平面的受压承载力。

$$\dfrac{l_0}{b} = \dfrac{5500}{550} = 10，查表 5\text{-}1，\varphi = 0.98$$

根据《规范》规定，对轴心受压构件，当采用 HRB500 级钢筋时，钢筋的抗压强度设计值应取 400N/mm^2。

$$\begin{aligned}
N_u &= 0.9\varphi(f_c A + f'_y A'_s) \\
&= 0.9 \times 0.98 \times [16.7 \times 550 \times 750 + 400 \times (1900 + 1900)] \\
&= 7417 \times 10^3 \text{(N)} = 7417\text{(kN)} > N_u = 4390\text{(kN)}
\end{aligned}$$

故该柱截面所能承受的轴向压力设计值 $N_u = 4390\text{kN}$。

【例 5-7】 钢筋混凝土偏心受压柱，截面尺寸 $b \times h = 350\text{mm} \times 450\text{mm}$，$a_s = a'_s = 45\text{mm}$，混凝土强度等级 C30，钢筋采用 HRB400 级。承受轴向压力设计值 267kN，柱顶截

面弯矩设计值 136kN·m，柱底截面弯矩设计值 123kN·m。柱端弯矩已在结构分析时考虑侧移二阶效应，柱挠曲变形为单曲率。柱弯矩作用平面内的支承长度为 3.6m，柱弯矩作用平面外的计算长度 4.5m。每侧配置钢筋 3Φ20（$A_s = A_s' = 942\text{mm}^2$）。试验算该柱截面是否能够满足承载力的要求。

【解】 C30 混凝土：$f_c = 14.3\text{N/mm}^2$；HRB400 级钢筋：$f_y = f_y' = 360\text{N/mm}^2$，$\xi_b = 0.518$，$\rho_{\min} = 0.55\%$；$h_0 = 450 - 45 = 405$（mm）。截面总配筋率：$\rho = \dfrac{A_s + A_s'}{bh} = \dfrac{942 + 942}{350 \times 450} = 1.20\% > \rho_{\min} = 0.55\%$，满足要求。

(1) 判断是否考虑轴向压力在弯矩方向杆件因挠曲产生的附加弯矩。

杆端弯矩比 $\dfrac{M_1}{M_2} = \dfrac{123}{136} = 0.904 > 0.9$

所以应考虑附加弯矩的影响。

(2) 计算弯矩设计值。

$$\zeta_c = \dfrac{0.5 f_c A}{N} = \dfrac{0.5 \times 14.3 \times 350 \times 450}{267 \times 10^3} = 4.22 > 1，取 \zeta_c = 1$$

$$\dfrac{h}{30} = \dfrac{450}{30} = 15(\text{mm}) < 20\text{mm}，取 e_a = 20\text{mm}$$

$$C_m = 0.7 + 0.3 \dfrac{M_1}{M_2} = 0.7 + 0.3 \times 0.904 = 0.971$$

$$\eta_{ns} = 1 + \dfrac{1}{1300\left(\dfrac{M_2}{N} + e_a\right)/h_0} \left(\dfrac{l_c}{h}\right)^2 \zeta_c$$

$$= 1 + \dfrac{1}{1300 \times \left(\dfrac{136 \times 10^6}{267 \times 10^3} + 20\right)/405} \times \left(\dfrac{3600}{450}\right)^2 \times 1$$

$$= 1.038$$

$$M = C_m \eta_{ns} M_2 = 0.971 \times 1.038 \times 136 = 137.07(\text{kN·m})$$

其中 $C_m \eta_{ns} = 0.971 \times 1.038 = 1.008 > 1.0$

(3) 判别大、小偏压类型。

$$e_0 = \dfrac{M}{N} = \dfrac{137.07 \times 10^6}{267 \times 10^3} = 513(\text{mm})$$

$$e_i = e_0 + e_a = 513 + 20 = 533(\text{mm})$$

$$e = e_i + \dfrac{h}{2} - a_s = 533 + \dfrac{450}{2} - 45 = 713(\text{mm})$$

$$e' = e_i - \dfrac{h}{2} + a_s' = 533 - \dfrac{450}{2} + 45 = 353(\text{mm})$$

将已知条件代入式(5-42)，化简后，解方程可得 x 或 ξ：

$$A_s f_y e = A_s' f_y' e' + \alpha_1 f_c bx(e' - a_s' + x/2)$$

$$942 \times 360 \times 713 = 942 \times 360 \times 353 + 1.0 \times 14.3 \times 350 x \times (353 - 45 + 0.5x)$$

$$2502.5 x^2 + 1541540 x - 122083200 = 0$$

$$x = 71(\text{mm})$$

$$\xi = \frac{x}{h_0} = \frac{71}{405} = 0.175 < \xi_b = 0.518,\text{则为大偏心受压构件,同时}\ \xi < \frac{2a_s'}{h_0} = \frac{90}{405} = 0.222。$$

(4) 计算截面能承受的偏心压力设计值 N_u。

将 ξ 代入大偏心受压构件式(5-20) 中,计算 N_u:

$$\begin{aligned} N_u &= f_y A_s (h_0 - a_s')/e' \\ &= 360 \times 942 \times (405-45)/353 \\ &= 346 \times 10^3 (\text{N}) = 346(\text{kN}) \end{aligned}$$

由于 $N_u > N = 267\text{kN}$,故该柱截面承载力满足要求。

5.5 受压构件一般构造要求

受压构件除应满足承载力计算要求外,还应满足相应的构造要求。以下仅介绍与受压构件有关的基本构造要求。

5.5.1 截面形式及尺寸

5.5.1.1 截面形式

钢筋混凝土受压构件的截面形式应考虑受力合理和模板制作方便。轴心受压构件的截面形式可采用方形,也可以根据建筑上的要求采用圆形和多边形。偏心受压构件的截面形式一般采用矩形截面,但为了节约混凝土和减轻柱的自重,较大尺寸的柱常常采用工字形截面或双肢截面形式。拱结构的肋常做成 T 形截面。采用离心法制造的柱、桩、电杆以及烟囱、水塔支筒等常用环形截面。

5.5.1.2 截面尺寸

钢筋混凝土方形或矩形截面柱的截面不宜小于 250mm×250mm。为了避免矩形截面轴心受压构件长细比过大,承载力降低过多,常取 $l_0/b \leqslant 30$、$l_0/h \leqslant 25$,此处 l_0 为柱的计算长度,b 为矩形截面短边边长,h 为长边边长。同时截面的长边 h 与短边 b 的比值常选用为 h/b 为 1.5~3.0。工字形截面柱的翼缘厚度不宜小于 120mm,腹板厚度不宜小于 100mm。

为了施工支模方便,柱截面尺寸宜符合模数:截面尺寸 $\leqslant$ 800mm,以 50mm 为模数;截面尺寸 > 800mm,以 100mm 为模数。

5.5.2 材料强度要求

混凝土强度等级对受压构件正截面承载力的影响较大,为了减小构件截面尺寸及节省钢材,宜采用较高强度等级的混凝土。一般采用 C25、C30、C35、C40,对于高层建筑的底层柱,必要时可采用更高强度等级的混凝土。

纵向受力普通钢筋宜采用 HRB400 级、HRB500 级、HRBF400 级、HRBF500 级钢筋,箍筋宜采用 HRB400 级、HRBF400 级、HRB335 级、HPB300 级、HRB500 级、HRBF500 级钢筋。

5.5.3 纵向钢筋

受压构件中的纵向钢筋与混凝土共同承担纵向压力,可以减小构件的截面尺寸,能够抵抗偏心在构件受拉边产生的拉应力,防止构件突然的脆性破坏,改善混凝土的变形性能,还可以减小混凝土的收缩与徐变变形。

受压构件的纵向钢筋的配筋率应符合附录 14 纵向受力钢筋的最小配筋率的规定，同时，全部纵向钢筋的配筋率不宜大于 5%。一般配筋率控制在 1%～2% 为宜。

在受压构件中，为了增加钢筋骨架的刚度，减小钢筋在施工时的纵向弯曲，宜采用较粗直径的钢筋，纵向受力钢筋直径不宜小于 12mm，一般在 12～32mm 范围内选用。

轴心受压构件中的纵向钢筋应沿构件截面周边均匀布置，偏心受压构件中的纵向钢筋应布置在偏心方向的两侧。矩形截面受压构件中纵向受力钢筋根数不应少于 4 根，以便与箍筋形成钢筋骨架。圆形截面中纵向钢筋不宜少于 8 根，不应少于 6 根，且宜沿周边均匀布置。

柱中纵向钢筋的净间距不应小于 50mm，且不宜大于 300mm。在偏心受压柱中，垂直于弯矩作用平面的侧面上的纵向受力钢筋以及轴心受压柱中各边的纵向受力钢筋，其间距不宜大于 300mm。

偏心受压柱的截面高度不小于 600mm 时，在柱的侧面上应设置直径不小于 10mm 的纵向构造钢筋，以防止构件因温度和混凝土收缩应力而产生裂缝，并相应设置复合箍筋或拉筋，如图 5-18 所示。

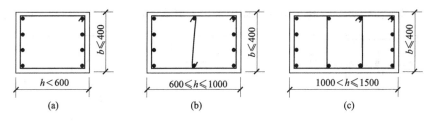

图 5-18 纵向构造钢筋及复合箍筋

纵筋的连接接头宜设置在受力较小处，可采用机械连接，也可采用焊接和搭接。对于直径大于 28mm 的受拉钢筋和直径大于 32mm 的受压钢筋，不宜采用绑扎的搭接接头。

5.5.4 箍筋

受压构件箍筋的作用除了承受剪力外，还有保证纵向钢筋的正确位置并与纵向钢筋组成整体骨架，防止纵向钢筋受压时屈曲，为纵向钢筋提供侧向支承，同时箍筋还可以约束核心混凝土，改善混凝土的变形性能。配置在螺旋箍筋柱中的箍筋一般间距较密，这种箍筋能够显著提高核心混凝土的抗压强度，并增大其纵向变形能力。

箍筋直径不应小于 $d/4$（d 为纵向钢筋的最大直径），且不应小于 6mm。箍筋间距不应大于 400mm 及构件截面的短边尺寸，且不应大于 15d（d 为纵向钢筋的最小直径）。

柱及其他受压构件中的周边箍筋应做成封闭式；对圆柱中的箍筋，搭接长度不应小于规范中规定的锚固长度，且末端应做成 135°弯钩，弯钩末端平直段长度不应小于 5d（d 为箍筋直径）。

柱中全部纵向受力钢筋的配筋率超过 3% 时，箍筋直径不应小于 8mm，间距不应大于 10d（d 为纵向受力钢筋的最小直径）且不应大于 200mm。箍筋末端应做成 135°弯钩，且弯钩末端平直段长度不应小于 10d（d 为箍筋直径）。

柱内箍筋形式常用的有普通箍筋和复合箍筋两种。当柱截面短边尺寸大于 400mm 且各边纵向钢筋多于 3 根时，或当柱截面短边尺寸不大于 400mm 但各边纵向钢筋多于 4 根时，应设置复合箍筋。复合箍筋的周边箍筋应为封闭式，内部箍筋可为矩形封闭箍筋或拉筋，如图 5-19 所示。

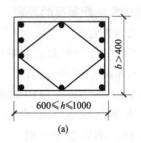 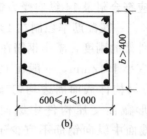 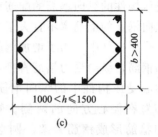

图 5-19　复合箍筋形式

当柱为圆形截面或柱承受的轴向压力较大而其截面尺寸受到限制时，可采用螺旋箍、复合螺旋箍或连续复合螺旋箍。在配有螺旋式或焊接环式箍筋（间接钢筋）的柱中，如在正截面受压承载力计算中考虑间接钢筋的作用时，箍筋间距不应大于 80mm 及 $d_{cor}/5$（d_{cor} 为按箍筋内表面确定的核心截面直径），且不宜小于 40mm；间接钢筋的直径不应小于 $d/4$（d 为纵向钢筋的最大直径），且不应小于 6mm。

对于截面形状复杂的构件，不可采用具有内折角的箍筋［如图 5-20(b) 所示］，避免产生向外的拉力，致使折角处的混凝土破损，而应采用分离式箍筋［如图 5-20(a)、(c) 所示］。

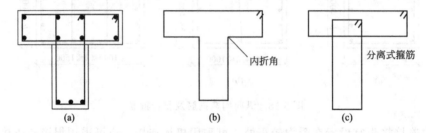

图 5-20　柱复杂截面的箍筋设置

柱纵向钢筋搭接长度范围内，箍筋直径不应小于 $0.25d$（d 为搭接钢筋较大直径），箍筋间距应加密。当纵筋受压时，箍筋间距不应大于 $10d$（d 为搭接钢筋较小直径），且不应大于 200mm；当受压钢筋直径大于 25mm 时，尚应在搭接接头端面外 100mm 的范围内各设两道箍筋。当纵筋受拉时，箍筋间距不应大于 $5d$（d 为搭接钢筋较小直径）且不应大于 100mm。箍筋弯钩要适当加长，以绕过搭接的 2 根纵筋。

(1) 钢筋混凝土轴心受压构件按照箍筋的作用及配置方式的不同分为两种类型：普通箍筋柱和螺旋式箍筋柱。

(2) 普通箍筋轴心受压构件在计算上分为长柱和短柱。短柱的破坏属于材料破坏，对于长柱需考虑纵向弯曲变形的影响，工程中常见的长柱，其破坏仍属于材料破坏，但特别细长的柱会由于失稳而破坏。对于轴心受压构件的受压承载力，短柱和长柱均采用统一的公式计算，其中采用稳定系数 φ 表达纵向弯曲变形对受压承载力的影响，短柱 $\varphi=1.0$，长柱 $\varphi<1.0$。

(3) 在螺旋式箍筋轴心受压构件中，由于螺旋式箍筋对核心混凝土的约束作用，提高了核心混凝土的抗压强度，从而提高构件的承载力。螺旋式箍筋对构件抗压是一种间接作用，称为间接钢筋。核心混凝土抗压强度的提高程度与螺旋式箍筋的数量及抗拉强度有关。螺旋式箍筋柱的适用条件为：构件的长细比 $l_0/d \leqslant 12$，螺旋式箍筋的换算截面面积 $A_{ss0} \geqslant 0.25A_s'$，构件的受压承载力应不小于同条件下普通箍筋柱的受压承载力。

(4) 偏心受压构件分为大偏心受压破坏和小偏心受压破坏，其判别条件类似于受弯构件适筋与超筋的判别条件：当 $\xi \leqslant \xi_b$ 或 $x \leqslant \xi_b h_0$ 时，为大偏心受压破坏；当 $\xi > \xi_b$ 或 $x > \xi_b h_0$ 时，为小偏心受压破坏。界限破坏指受拉钢筋应力达到屈服强度的同时受压区边缘混凝土刚好达到极限压应变，此时，$\xi = \xi_b$。

(5) 钢筋混凝土偏心受压长柱承载力要考虑荷载作用下构件由于侧向位移和挠曲变形引起的附加内力，其与构件的长细比有关，通过偏心距调整系数和弯矩增大系数来考虑。由于工程中实际存在着荷载作用位置的不定性、混凝土质量的不均匀性以及施工的偏差等因素，在偏心受压构件的正截面承载力计算中，应计入轴向压力在偏心方向存在的附加偏心距 e_a。

(6) 大、小偏心受压构件的基本公式实际上是统一的，建立公式的基本假定也相同，只是小偏心受压时离轴向压力较远一侧钢筋 A_s 应力 σ_s 不明确，在 $-f'_y \leqslant \sigma_s \leqslant f_y$ 范围内变化，使小偏心受压构件的计算较复杂。

(7) 对于矩形截面对称配筋的大、小偏心受压构件，在进行截面设计和截面复核时，应牢牢把握住基本公式，根据不同情况，直接运用基本公式进行计算。在计算中，一定要注意公式的适用条件，出现不满足适用条件或不正常的情况时，应对基本公式做相应变化后再进行计算，在理解的基础上熟练掌握计算方法和步骤。

(8) 受压构件除应满足承载力计算要求外，还应满足相应的构造要求。

(1) 什么是轴心受压、偏心受压构件，其作用的内力有什么不同？试举例说明。
(2) 在轴心受压构件中，配置纵向钢筋的作用是什么？为什么要控制配筋率？
(3) 在轴心受压构件中，普通箍筋柱和螺旋式箍筋柱中的箍筋各有什么作用？对箍筋有哪些构造要求？
(4) 轴心受压普通箍筋短柱和长柱的破坏形态有何不同？计算中如何考虑长柱的影响？
(5) 配置螺旋式箍筋的轴心受压柱承载力提高的原因是什么？若用矩形加密箍筋能否达到同样效果？为什么？
(6) 轴心受压螺旋式箍筋柱与普通箍筋柱的受压承载力计算有何不同？螺旋式箍筋柱承载力计算公式的适用条件是什么？为什么有这些限制条件？
(7) 偏心受压构件正截面破坏形态有几种？破坏特征怎样？与哪些因素有关？
(8) 试分析混凝土强度、钢筋强度、配筋率、截面尺寸对偏心受压构件承载力的影响。
(9) 偏心受压构件的长细比对构件的破坏有什么影响？
(10) 怎样判断偏心受压构件是属于大偏心受压还是小偏心受压？什么是界限破坏？
(11) 为什么要考虑附加偏心距 e_a？如何取值？
(12) 什么是二阶效应？在偏心受压构件设计中如何考虑这一问题？
(13) 试解释弯矩增大系数的概念以及应怎样计算。
(14) 偏心受压柱承载力计算中，怎样确定柱端设计弯矩？
(15) 试画出矩形截面大、小偏心受压破坏时截面应力计算图形，标明钢筋和混凝土的应力值。
(16) 为什么要对垂直于弯矩作用方向的截面承载力进行轴心受压验算？而一般认为实际上只有小偏心受压才有必要进行此项验算，为什么？

(17) 比较大偏心受压构件和双筋受弯构件的截面应力计算图形和计算公式的异同。

(18) 为什么有时虽然偏心距很大,也会出现小偏心受压破坏?

(19) 小偏心受压构件中远离轴向力一侧的钢筋可能有几种受力状态?

(20) 什么情况下要采用复合箍筋?为什么要采用这样的箍筋?

习题

(1) 某框架结构多层房屋,二层中柱为现浇混凝土轴心受压柱,柱计算长度为 $l_0=4.5$m,承受轴向压力设计值 1425kN,混凝土强度等级 C30,钢筋采用 HRB335 级。试求柱的截面尺寸和纵向配筋。

(2) 由于建筑和使用的要求,门厅中的柱限定为直径不大于 400mm 的圆形截面柱,柱计算长度为 $l_0=4.2$m,承受轴向压力设计值 3400kN,混凝土强度等级 C35,纵向钢筋采用 HRB500 级,箍筋采用 HRB400 级钢筋,混凝土保护层厚度 $c=25$mm。试设计该柱。

(3) 钢筋混凝土底层柱,截面尺寸 $b\times h=450\text{mm}\times 450\text{mm}$,$a_s=a_s'=50$mm,混凝土强度等级 C35,钢筋采用 HRB500 级。承受轴向压力设计值 314kN,柱顶截面弯矩设计值 265kN·m,柱底截面弯矩设计值 296kN·m。柱端弯矩已在结构分析时考虑侧移二阶效应,柱挠曲变形为单曲率。柱弯矩作用平面内的支承长度为 5.1m,柱弯矩作用平面外的计算长度为 6.3m。采用对称配筋,试计算该柱所需的纵向钢筋 A_s 和 A_s'。

(4) 钢筋混凝土框架结构柱,截面尺寸 $b\times h=450\text{mm}\times 500\text{mm}$,$a_s=a_s'=50$mm,混凝土强度等级 C25,钢筋采用 HRB400 级。承受轴向压力设计值 2200kN,柱顶截面弯矩设计值 200kN·m,柱底截面弯矩设计值 200kN·m。柱挠曲变形为单曲率。柱弯矩作用平面内的计算长度为 4.0m,弯矩作用平面外的计算长度为 5.0m。若对称配筋,求纵向钢筋 A_s 和 A_s'。

(5) 钢筋混凝土偏心受压柱,截面尺寸 $b=500$mm,$h=650$mm,$a_s=a_s'=50$mm。柱承受轴向压力设计值 2320kN,柱顶截面弯矩设计值 544kN·m,柱底截面弯矩设计值 582kN·m。柱挠曲变形为单曲率。柱弯矩作用平面内的计算长度为 4.8m,弯矩作用平面外的计算长度为 6.0m。混凝土强度等级为 C35,钢筋采用 HRB400 级,采用对称配筋。试求该柱所需的纵向钢筋 A_s 和 A_s'。

(6) 某框架结构底层柱,截面尺寸 $b=500$mm,$h=600$mm,$a_s=a_s'=50$mm。柱承受压力设计值 3685kN,柱顶截面弯矩设计值 512kN·m,柱底截面弯矩设计值 532kN·m。柱挠曲变形为单曲率。柱弯矩作用平面内的计算长度为 4.5m,弯矩作用平面外的计算长度为 5.625m。采用 C35 混凝土,HRB500 级钢筋。若对称配筋,试求该柱所需的纵向钢筋 $A_s=A_s'$。

(7) 已知承受轴向压力设计值 815kN、偏心距 $e_0=402$mm 的矩形截面偏心受压柱,其截面尺寸 $b\times h=400\text{mm}\times 600\text{mm}$,采用 C35 混凝土,采用 HRB400 级钢筋,每边各配置 4Φ25 ($A_s=A_s'=1964\text{mm}^2$) 钢筋。取 $a_s=a_s'=40$mm,试复核该柱受压承载力是否满足要求。

(8) 某矩形截面偏心受压柱,承受轴向压力设计值 325kN,柱顶截面弯矩设计值 141kN·m,柱底截面弯矩设计值 128kN·m。柱端弯矩已在结构分析时考虑侧移二阶效应,柱挠曲变形为单曲率。柱弯矩作用平面内的支承长度为 4.8m,柱弯矩作用平面外的计算长度 6.0m。截面尺寸 $b\times h=400\text{mm}\times 500\text{mm}$,采用 C30 混凝土,HRB400 级钢筋,已知对称配筋的每边各配置 3Φ20 ($A_s=A_s'=942\text{mm}^2$) 钢筋。试验算该柱截面是否能够满足承载力的要求,取 $a_s=a_s'=40$mm。

第 6 章 受拉构件正截面承载力计算

结构中以承受轴向拉力或同时有轴向拉力与弯矩作用的构件称为受拉构件。与受压构件相同，钢筋混凝土受拉构件按照轴向拉力作用位置的不同，分为轴心受拉和偏心受拉两种类型。

当轴向拉力的作用点与构件截面形心重合时称为轴心受拉构件，例如钢筋混凝土桁架中的拉杆、有内压力的环形截面管壁、圆形贮液池的池壁以及拱的拉杆等；当轴向拉力的作用点与构件截面形心不重合或构件截面上既有轴向拉力又有弯矩作用时称为偏心受拉构件，例如矩形水池的池壁、双肢柱的受拉肢以及地震作用下的框架边柱等。

6.1 轴心受拉构件承载力计算

由于混凝土的抗拉强度很低，所以钢筋混凝土轴心受拉构件在较小的拉力作用下就会开裂，而且随着拉力的增加，构件的裂缝宽度不断加大。因此，用普通钢筋混凝土构件承受拉力是不合理的，对承受拉力的构件一般采用预应力混凝土或钢结构。但在实际工程中，钢筋混凝土屋架或托架结构的受拉弦杆以及拱结构的拉杆仍采用钢筋混凝土，而不是将局部受拉构件做成钢构件，这样做可以免去施工的不便，并且使构件的刚度增大，但在设计时应采取措施控制构件的裂缝开展宽度。

6.1.1 轴心受拉构件的受力特点

轴心受拉构件从加载开始到构件破坏，其受力和变形大致经历了以下三个阶段。

第一阶段：加载开始到裂缝出现前。这一阶段混凝土与钢筋共同受力，轴向拉力与变形基本为线性关系。随着荷载的增加，混凝土很快达到极限拉应变，即将出现裂缝。对于使用阶段不允许开裂的构件，应以此受力状态作为抗裂验算的依据。

第二阶段：混凝土开裂到受拉钢筋屈服前。当裂缝出现后，裂缝截面处的混凝土逐渐退出工作，截面上的拉力全部由钢筋承担。对于使用阶段允许出现裂缝的构件，应以此阶段作为裂缝宽度验算的依据。

第三阶段：受拉钢筋屈服到构件破坏。构件某一裂缝截面的受拉钢筋应力首先达到屈服强度，随即裂缝迅速开展，荷载稍有增加甚至不增加，都会导致裂缝截面的全部钢筋达到屈服强度，构件达到破坏。应以此时的应力状态作为截面承载力计算的依据。

6.1.2 承载力计算公式及应用

轴心受拉构件破坏时，裂缝截面全部拉力由钢筋承担，如图 6-1 所示为轴心受拉构件承载力计算图形。正截面受拉承载力计算公式为：

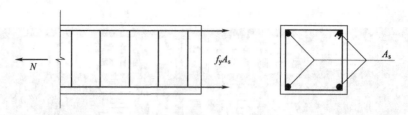

图 6-1 轴心受拉构件承载力计算图形

$$N \leqslant N_u = f_y A_s \tag{6-1}$$

式中　N——轴向拉力设计值；

　　　N_u——轴心受拉承载力设计值；

　　　f_y——纵向受拉钢筋的抗拉强度设计值；

　　　A_s——全部纵向受拉钢筋的截面面积。

6.1.3 构造要求

(1) 纵向受力钢筋　纵向受力钢筋应沿截面四周均匀、对称布置，并宜优先选择直径较小的钢筋；一侧的受拉钢筋配筋率 ρ 应不小于 0.2% 且不小于 $0.45 f_t/f_y$；纵向受力钢筋不得采用非焊接的搭接接头，搭接的受拉钢筋接头仅仅允许用在圆形池壁或管中，其接头位置应错开，搭接长度应不小于 $1.2 l_a$ 和 300mm。

(2) 箍筋　箍筋主要是固定纵向受力钢筋的位置，并与纵向钢筋组成钢筋骨架。箍筋的直径一般为 6~8mm，间距不宜大于 200mm（对屋架的腹杆不宜超过 150mm）。

6.2　矩形截面偏心受拉构件承载力计算

6.2.1 偏心受拉构件的破坏形态

偏心受拉构件是介于轴心受拉构件与受弯构件之间的受力构件。偏心受拉构件的纵向钢筋的布置方式与偏心受压构件相同，离轴向拉力较近一侧所配置的钢筋称为受拉钢筋，其截面面积用 A_s 表示；离轴向拉力较远一侧所配置的钢筋称为受压钢筋，其截面面积用 A_s' 表示。

根据偏心距大小的不同，偏心受拉构件的破坏分为小偏心受拉破坏和大偏心受拉破坏。

(1) 轴向拉力 N 作用在 A_s 合力点与 A_s' 合力点之间的（$e_0 \leqslant \dfrac{h}{2} - a_s$）为小偏心受拉破坏，如图 6-2(a) 所示。

(2) 轴向拉力 N 作用在 A_s 合力点与 A_s' 合力点之外（$e_0 > \dfrac{h}{2} - a_s$）的为大偏心受拉破坏，如图 6-2(b) 所示。

6.2.1.1 小偏心受拉破坏

当轴向拉力 N 逐渐增大到一定数值时，离轴向拉力较近一侧截面边缘的混凝土达到极限拉应变，则混凝土开裂，且整个截面迅速裂通，拉力全部由钢筋承受。其破坏特征与配筋方式有关。采用非对称配筋，当轴向拉力 N 作用于钢筋截面面积的"塑性中心"时，两侧纵向钢筋应力才会同时达到屈服强度，否则，轴向拉力近侧钢筋 A_s 的应力可以达到屈服强

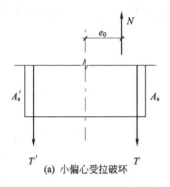
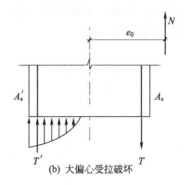

(a) 小偏心受拉破坏　　　(b) 大偏心受拉破坏

图 6-2　偏心受拉构件破坏形态

度，而远侧钢筋 A_s' 不屈服。采用对称配筋，构件破坏时，只有离轴向拉力近侧的钢筋 A_s 的应力能达到屈服强度，而远侧钢筋 A_s' 达不到屈服强度。

6.2.1.2　大偏心受拉破坏

加载开始后，随着轴向拉力 N 的增大，裂缝首先从拉应力较大侧开始，但截面不会裂通，离轴向拉力较远一侧仍保留有受压区。破坏特征与 A_s 的数量多少有关，当 A_s 的数量适当时，受拉钢筋 A_s 首先屈服，然后受压钢筋 A_s' 的应力达到屈服强度，受压区边缘混凝土达到极限压应变而破坏，这与大偏心受压破坏特征类似。设计时应以这种破坏形式为依据。而当 A_s 的数量过多时，则首先是受压区边缘混凝土被压坏，受压钢筋 A_s' 的应力能够达到屈服强度，但受拉钢筋 A_s 不屈服，这种破坏形式具有脆性性质，设计时应予以避免。

6.2.2　偏心受拉构件正截面承载力计算公式

6.2.2.1　小偏心受拉破坏

承载力计算时，小偏心受拉构件截面应力计算图形如图 6-3 所示。为了使钢筋应力在破坏时都能达到屈服强度，设计时应使轴向拉力 N 与钢筋截面面积的"塑性中心"重合。此时，纵向钢筋 A_s 和 A_s' 的应力均取为 f_y。

分别对钢筋 A_s 和 A_s' 的合力点取矩得：

$$Ne \leqslant N_u e = f_y A_s' (h_0 - a_s') \tag{6-2}$$

$$Ne' \leqslant N_u e' = f_y A_s (h_0 - a_s') \tag{6-3}$$

式中　N——轴向拉力设计值；

e——轴向拉力作用点至 A_s 合力作用点的距离，$e = \dfrac{h}{2} - e_0 - a_s$；

e'——轴向拉力作用点至 A_s' 合力作用点的距离，$e' = \dfrac{h}{2} + e_0 - a_s'$；

e_0——轴向拉力对截面重心的偏心距，$e_0 = \dfrac{M}{N}$。

当采用对称配筋时，为了达到内外力平衡，受压钢筋 A_s' 达不到屈服，取：

$$A_s' = A_s = \frac{Ne'}{f_y (h_0 - a_s')} \tag{6-4}$$

6.2.2.2　大偏心受拉破坏

对于大偏心受拉破坏情况，设计时，纵向受拉钢筋 A_s 和受压钢筋 A_s' 都能达到屈服，混凝土应力分布仍用等效的矩形应力分布图形，其应力值为 $\alpha_1 f_c$，大偏心受拉构件截面应力计算图形如图 6-4 所示。

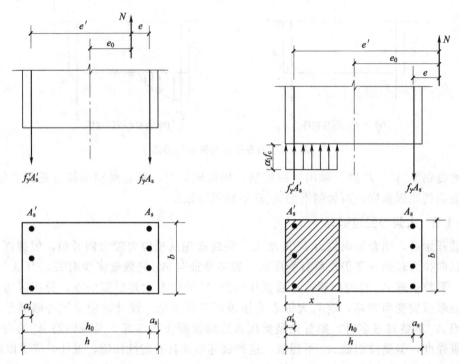

图 6-3 小偏心受拉构件截面应力计算图形　　图 6-4 大偏心受拉构件截面应力计算图形

由截面平衡条件可得：

$$N \leqslant N_u = f_y A_s - f'_y A'_s - \alpha_1 f_c bx \tag{6-5}$$

$$Ne \leqslant N_u e = \alpha_1 f_c bx \left(h_0 - \frac{x}{2}\right) + f'_y A'_s (h_0 - a'_s) \tag{6-6}$$

式中　N——轴向拉力设计值；

　　　e——轴向拉力作用点至 A_s 合力作用点的距离，$e = e_0 + a_s - \dfrac{h}{2}$。

将 $x = \xi h_0$ 代入式(6-5) 和式(6-6)，则基本公式可以写成如下形式：

$$N \leqslant N_u = f_y A_s - f'_y A'_s - \alpha_1 f_c b \xi h_0 \tag{6-7}$$

$$Ne \leqslant N_u e = \alpha_1 f_c b h_0^2 \xi (1 - 0.5\xi) + f'_y A'_s (h_0 - a'_s) \tag{6-8}$$

上述公式的适用条件是：

$$x \leqslant \xi_b h_0 \text{（或 } \xi \leqslant \xi_b)$$

$$x \geqslant 2a'_s \text{（或 } \xi \geqslant \frac{2a'_s}{h_0})$$

要求满足 $x \leqslant \xi_b h_0$（或 $\xi \leqslant \xi_b$）是为了防止发生超筋破坏，$x \geqslant 2a'_s$（或 $\xi \geqslant \dfrac{2a'_s}{h_0}$）是为了保证构件在破坏时，受压钢筋应力能达到屈服强度。

如果计算中出现 $x < 2a'_s$ 的情况，近似地取 $x = 2a'_s$，对受压钢筋 A'_s 合力点取矩，得：

$$Ne' \leqslant N_u e' = f_y A_s (h_0 - a'_s) \tag{6-9}$$

式中，e' 为轴向拉力作用点至 A'_s 合力作用点的距离，$e'=\dfrac{h}{2}+e_0-a'_s$。

当采用对称配筋时，由于 $A_s=A'_s$，$f_y=f'_y$，代入式(6-5)后，求得 x 为负值，属于 $x<2a'_s$ 时的情况，此时可取 $x=2a'_s$，按下式计算得：

$$A'_s=A_s=\dfrac{Ne'}{f_y(h_0-a'_s)}$$

以上计算的配筋均应满足最小配筋率的要求。偏心受拉构件一侧的受拉钢筋的最小配筋率取 0.2% 与 $0.45f_t/f_y$ 中的较大值，偏心受拉构件中受压钢筋的最小配筋率，应按受压构件一侧纵向钢筋的最小配筋率 0.2% 取用。

6.2.3 截面设计

6.2.3.1 小偏心受拉 $\left(e_0\leqslant\dfrac{h}{2}-a_s\right)$

由式(6-2)得：
$$A'_s=\dfrac{Ne}{f_y(h_0-a'_s)}$$

由式(6-3)得：
$$A_s=\dfrac{Ne'}{f_y(h_0-a'_s)}$$

当采用对称配筋时：
$$A'_s=A_s=\dfrac{Ne'}{f_y(h_0-a'_s)}$$

以上配筋 A_s 和 A'_s 均应满足最小配筋率（A_s 或 $A'_s \geqslant \rho_{\min}bh$）的要求。

6.2.3.2 大偏心受拉 $\left(e_0>\dfrac{h}{2}-a_s\right)$

情形 1：受压钢筋 A'_s 和受拉钢筋 A_s 均未知，此时，有三个未知数 A_s、A'_s、ξ，以 $A_s+A'_s$ 总量最小为补充条件，可取 $\xi=\xi_b$。

由式(6-8)得：
$$A'_s=\dfrac{Ne-\alpha_1 f_c bh_0^2\xi_b(1-0.5\xi_b)}{f'_y(h_0-a'_s)}$$

如果 $A'_s<\rho'_{\min}bh$ 且 A'_s 与 $\rho'_{\min}bh$ 数值相差较多，则取 $A'_s=\rho'_{\min}bh$，改用情形 2（已知 A'_s 求 A_s）计算 A_s。

由式(6-7)得：
$$A_s=\dfrac{\alpha_1 f_c b\xi_b h_0+f'_y A'_s+N}{f_y}$$

当采用对称配筋时：
$$A'_s=A_s=\dfrac{Ne'}{f_y(h_0-a'_s)}$$

情形 2：已知受压钢筋 A'_s，求受拉钢筋 A_s。

由式(6-8)求得：
$$\xi=1-\sqrt{1-2\times\dfrac{Ne-f'_y A'_s(h_0-a'_s)}{\alpha_1 f_c bh_0^2}}$$

此时，ξ 可能出现以下情况：

若 $\dfrac{2a'_s}{h_0}\leqslant\xi\leqslant\xi_b$，由式(6-7)得：$A_s=\dfrac{\alpha_1 f_c b\xi h_0+f'_y A'_s+N}{f_y}$

若 $\xi<\dfrac{2a'_s}{h_0}$，取 $\xi=\dfrac{2a'_s}{h_0}$，由式(6-9)得：$A_s=\dfrac{Ne'}{f_y(h_0-a'_s)}$

若 $\xi>\xi_b$,说明受压钢筋 A_s' 太小,应按情形1(A_s'、A_s 均未知)或增大截面尺寸,重新计算 A_s' 及 A_s。

以上配筋 A_s 和 A_s' 均应满足最小配筋率($A_s \geqslant \rho_{\min} bh$ 和 $A_s' \geqslant \rho_{\min}' bh$)的要求。

6.2.4 截面复核

偏心受拉构件截面承载力复核时,截面尺寸 $b \times h$、截面配筋 A_s' 和 A_s、混凝土强度等级、钢筋种类以及截面上作用的 N 和 M 均为已知,要求验算是否满足承载力的要求。

6.2.4.1 小偏心受拉 $\left(e_0 \leqslant \dfrac{h}{2} - a_s\right)$

利用式(6-2)和式(6-3)各解一个 N_u,取小值,即为该截面能够承受的轴向拉力设计值。

6.2.4.2 大偏心受拉 $\left(e_0 > \dfrac{h}{2} - a_s\right)$

由式(6-7)和式(6-8)联立消去 N_u,解出 ξ。若 $\dfrac{2a_s'}{h_0} \leqslant \xi \leqslant \xi_b$,将 ξ 代入式(6-7)计算 N_u;若 $\xi < \dfrac{2a_s'}{h_0}$,则计算出的 ξ 值无效,应按式(6-9)计算 N_u;若 $\xi>\xi_b$,说明受压钢筋 A_s' 不足,可近似取 $\xi=\xi_b$,由式(6-7)和式(6-8)各计算一个 N_u,取小值。

【例6-1】 钢筋混凝土偏心受拉构件,截面尺寸 $b \times h = 300\text{mm} \times 350\text{mm}$,$a_s = a_s' = 40\text{mm}$,混凝土强度等级C25,钢筋采用HRB335级。承受轴向拉力设计值785kN,弯矩设计值91kN·m。求钢筋截面面积 A_s 和 A_s'。

【解】 (1)确定混凝土及钢筋的材料强度和相关参数。

C25混凝土:$f_c = 11.9\text{N/mm}^2$,$f_t = 1.27\text{N/mm}^2$;HRB335级钢筋:$f_y = f_y' = 300\text{N/mm}^2$,$\xi_b = 0.550$;$h_0 = 350 - 40 = 310(\text{mm})$;

受拉钢筋最小配筋率:$\rho_{\min} = \max(0.20\%, 0.45 f_t/f_y) = (0.20\%, 0.45 \times 1.27/300) = 0.20\%$;

受压钢筋最小配筋率:$\rho_{\min}' = 0.20\%$。

(2)判别大、小偏心受拉。

$$e_0 = \frac{M}{N} = \frac{91 \times 10^6}{785 \times 10^3} = 116(\text{mm}) < \frac{h}{2} - a_s = \frac{350}{2} - 40 = 135(\text{mm})$$

所以属于小偏心受拉构件。

(3)计算钢筋面积 A_s 和 A_s'。

$$e = \frac{h}{2} - e_0 - a_s = \frac{350}{2} - 116 - 40 = 19(\text{mm})$$

$$e' = \frac{h}{2} + e_0 - a_s' = \frac{350}{2} + 116 - 40 = 251(\text{mm})$$

由式(6-2)得:$A_s' = \dfrac{Ne}{f_y(h_0 - a_s')} = \dfrac{785 \times 10^3 \times 19}{300 \times (310 - 40)} = 184(\text{mm}^2)$

由式(6-3)得:$A_s = \dfrac{Ne'}{f_y(h_0 - a_s')} = \dfrac{785 \times 10^3 \times 251}{300 \times (310 - 40)} = 2433(\text{mm}^2)$

(4) 配筋及验算配筋率。

受压钢筋 A'_s：配置 3Φ10（$A'_s = 236\text{mm}^2$）$> A'_{smin} = \rho'_{min}bh = 0.2\% \times 300 \times 350 = 210$（$\text{mm}^2$）；

受拉钢筋 A_s：配置 5Φ25（$A_s = 2454\text{mm}^2$）$> A_{smin} = \rho_{min}bh = 0.2\% \times 300 \times 350 = 210$（$\text{mm}^2$）。

满足要求。

【例 6-2】 钢筋混凝土偏心受拉构件，承受轴向拉力设计值 364kN，弯矩设计值 265kN·m。截面尺寸 $b \times h = 250\text{mm} \times 400\text{mm}$，$a_s = 65\text{mm}$，$a'_s = 40\text{mm}$，混凝土强度等级 C30，钢筋采用 HRB400 级。求钢筋截面面积 A_s 和 A'_s。

【解】（1）确定混凝土及钢筋的材料强度和相关参数。

C30 混凝土：$f_c = 14.3\text{N/mm}^2$，$f_t = 1.43\text{N/mm}^2$；HRB400 级钢筋：$f_y = f'_y = 360\text{N/mm}^2$，$\xi_b = 0.518$；$h_0 = 400 - 65 = 335(\text{mm})$；

受拉钢筋最小配筋率：$\rho_{min} = \max(0.20\%, 0.45f_t/f_y) = \max(0.20\%, 0.45 \times 1.43/360) = 0.20\%$；

受压钢筋最小配筋率：$\rho'_{min} = 0.20\%$。

(2) 判别大、小偏心受拉。

$$e_0 = \frac{M}{N} = \frac{265 \times 10^6}{364 \times 10^3} = 728(\text{mm}) > \frac{h}{2} - a_s = \frac{400}{2} - 65 = 135(\text{mm})$$

所以属于大偏心受拉构件。

(3) 计算钢筋面积 A'_s。

$$e = e_0 + a_s - \frac{h}{2} = 728 + 65 - \frac{400}{2} = 593(\text{mm})$$

取 $\xi = \xi_b = 0.518$，由式(6-8)得：

$$A'_s = \frac{Ne - \alpha_1 f_c b h_0^2 \xi_b(1 - 0.5\xi_b)}{f'_y(h_0 - a'_s)}$$

$$= \frac{364 \times 10^3 \times 593 - 1.0 \times 14.3 \times 250 \times 335^2 \times 0.518 \times (1 - 0.5 \times 0.518)}{360 \times (335 - 40)} = 582(\text{mm}^2)$$

(4) 计算钢筋面积 A_s。

由式(6-7)得：

$$A_s = \frac{\alpha_1 f_c b \xi_b h_0 + f'_y A'_s + N}{f_y}$$

$$= \frac{1.0 \times 14.3 \times 250 \times 0.518 \times 335 + 360 \times 582 + 364 \times 10^3}{360} = 3316(\text{mm}^2)$$

受压钢筋 A'_s 选配 3Φ16，$A'_s = 603\text{mm}^2$，$> \rho'_{min}bh = 0.2\% \times 250 \times 400 = 200$（$\text{mm}^2$）。

受拉钢筋 A_s 选配 3Φ25+3Φ28 [$A_s = 1473 + 1847 = 3320(\text{mm}^2)$]，两排布置；$A_s = 3320\text{mm}^2 > A_{smin} = \rho_{min}bh = 0.2\% \times 250 \times 400 = 200$（$\text{mm}^2$），满足要求。

【例 6-3】 矩形截面偏心受拉构件，截面尺寸 $b \times h = 300\text{mm} \times 400\text{mm}$，$a_s = a'_s = 45\text{mm}$，混凝土强度等级 C35，钢筋采用 HRB500 级。承受轴向拉力设计值 385kN，弯矩设计值 127kN·m，受压钢筋 A'_s 已配 3Φ12（$A'_s = 339\text{mm}^2$），求钢筋截面面积 A_s。

【解】（1）确定混凝土及钢筋的材料强度和相关参数。

C35 混凝土：$f_c=16.7\text{N/mm}^2$，$f_t=1.57\text{N/mm}^2$；HRB500 级钢筋：$f_y=f'_y=435\text{N/mm}^2$，$\xi_b=0.482$；$h_0=400-45=355(\text{mm})$；

受拉钢筋最小配筋率：$\rho_{\min}=\max(0.20\%, 0.45f_t/f_y)=\max(0.20\%, 0.45\times1.57/435)=0.20\%$；

受压钢筋配筋率：$\rho'=\dfrac{A'_s}{bh}=\dfrac{339}{300\times400}=0.28\%>\rho'_{\min}=0.20\%$。

(2) 判别大、小偏心受拉。

$$e_0=\frac{M}{N}=\frac{127\times10^6}{385\times10^3}=330(\text{mm})>\frac{h}{2}-a_s=\frac{400}{2}-45=155(\text{mm})$$

所以属于大偏心受拉构件。

(3) 计算钢筋面积 A_s。

$$e=e_0+a_s-\frac{h}{2}=330+45-\frac{400}{2}=175(\text{mm})$$

$$e'=\frac{h}{2}+e_0-a'_s=\frac{400}{2}+330-45=485(\text{mm})$$

由式(6-8)求得：
$$\xi=1-\sqrt{1-2\times\frac{Ne-f'_yA'_s(h_0-a'_s)}{\alpha_1 f_c bh_0^2}}$$
$$=1-\sqrt{1-2\times\frac{385\times10^3\times175-435\times339\times(355-45)}{1.0\times16.7\times300\times355^2}}$$
$$=0.035$$

$\xi<\dfrac{2a'_s}{h_0}=\dfrac{2\times45}{355}=0.254$，同时 $\xi<\xi_b=0.482$

由式(6-9)得：$A_s=\dfrac{Ne'}{f_y(h_0-a'_s)}=\dfrac{385\times10^3\times485}{435\times(355-45)}=1385(\text{mm}^2)$

受拉钢筋选配 2⌀20+2⌀22[$A_s=628+760=1388(\text{mm}^2)$]。

$A_s=1388\text{mm}^2>A_{s\min}=\rho_{\min}bh=0.2\%\times300\times400=240(\text{mm}^2)$，满足要求。

【例 6-4】 钢筋混凝土偏心受拉构件，承受轴向拉力设计值 250kN，弯矩设计值 175kN·m。截面尺寸 $b\times h=300\text{mm}\times450\text{mm}$，$a_s=a'_s=35\text{mm}$，混凝土强度等级 C30，钢筋采用 HRB400 级。若采用对称配筋，求截面配筋。

【解】 (1) 确定混凝土及钢筋的材料强度和相关参数。

C30 混凝土：$f_c=14.3\text{N/mm}^2$，$f_t=1.43\text{N/mm}^2$；HRB400 级钢筋：$f_y=f'_y=360\text{N/mm}^2$，$\xi_b=0.518$；$h_0=450-35=415(\text{mm})$；

受拉钢筋最小配筋率：$\rho_{\min}=\max(0.20\%, 0.45f_t/f_y)=\max(0.20\%, 0.45\times1.43/360)=0.20\%$；

受压钢筋最小配筋率：$\rho'_{\min}=0.20\%$。

(2) 判别大、小偏心受拉。

$$e_0=\frac{M}{N}=\frac{175\times10^6}{250\times10^3}=700(\text{mm})>\frac{h}{2}-a_s=\frac{450}{2}-35=190(\text{mm})$$

所以属于大偏心受拉构件。

(3) 计算钢筋面积 $A'_s=A_s$。

由于对称配筋，可利用式(6-9)计算 A_s，然后取 $A'_s=A_s$。

$$e' = \frac{h}{2} + e_0 - a'_s = \frac{450}{2} + 700 - 35 = 890(\text{mm})$$

$$A'_s = A_s = \frac{Ne'}{f_y(h_0 - a'_s)} = \frac{250 \times 10^3 \times 890}{360 \times (415 - 35)} = 1626(\text{mm}^2)$$

选配钢筋：受压钢筋 A'_s 和受拉钢筋 A_s 均选配 2 Φ 25 + 2 Φ 22 [A_s = 982 + 760 = 1742 (mm²)]，A'_s = 1742mm² > $\rho'_{min}bh$ = 0.2% × 300 × 450 = 270(mm²)，A_s = 1742mm² > $\rho_{min}bh$ = 0.2% × 300 × 450 = 270(mm²)，满足要求。

【例6-5】 钢筋混凝土偏心受拉构件，截面尺寸 $b \times h$ = 350mm × 450mm，$a_s = a'_s$ = 50mm，混凝土强度等级 C40，钢筋采用 HRB500 级，配置 A'_s = 4 Φ 14(A'_s = 615mm²)，A_s = 4 Φ 20(A_s = 1256mm²)。承受轴向拉力设计值 117kN，弯矩设计值 86kN·m。试验算截面是否能够满足承载力的要求。

【解】 (1) 确定混凝土及钢筋的材料强度和相关参数。

C40 混凝土：f_c = 19.1N/mm²，f_t = 1.71N/mm²；HRB500 级钢筋：$f_y = f'_y$ = 435N/mm²，ξ_b = 0.482；h_0 = 450 - 50 = 400(mm)；

受拉钢筋的最小配筋率：ρ_{min} = max(0.20%, 0.45f_t/f_y) = max(0.20%, 0.45 × 1.71/435) = 0.20%；

受压钢筋的最小配筋率：ρ'_{min} = 0.20%。

(2) 验算配筋率

A'_s = 4 Φ 14(A'_s = 615mm²) > $A'_{smin} = \rho'_{min}bh$ = 0.2% × 350 × 450 = 315(mm²)

A_s = 4 Φ 20(A_s = 1256mm²) > $A_{smin} = \rho_{min}bh$ = 0.2% × 350 × 450 = 315(mm²)

配筋满足最小配筋率的要求。

(3) 判别大、小偏心受拉。

$$e_0 = \frac{M}{N} = \frac{86 \times 10^6}{117 \times 10^3} = 735(\text{mm}) > \frac{h}{2} - a_s = \frac{450}{2} - 50 = 175(\text{mm})$$

所以属于大偏心受拉构件。

(4) 计算承载力 N_u。

$$e = e_0 + a_s - \frac{h}{2} = 735 + 50 - \frac{450}{2} = 560(\text{mm})$$

$$e' = \frac{h}{2} + e_0 - a'_s = \frac{450}{2} + 735 - 50 = 910(\text{mm})$$

由式(6-7) 和式(6-8) 联立消去 N_u，解出 ξ，即：

$$\xi = \left(1 + \frac{e}{h_0}\right) - \sqrt{\left(1 + \frac{e}{h_0}\right)^2 - \frac{2(f_y A_s e - f'_y A'_s e')}{\alpha_1 f_c b h_0^2}}$$

$$= \left(1 + \frac{560}{400}\right) - \sqrt{\left(1 + \frac{560}{400}\right)^2 - \frac{2 \times (435 \times 1256 \times 560 - 435 \times 615 \times 910)}{1.0 \times 19.1 \times 350 \times 400^2}}$$

$$= 0.024 < \frac{2a'_s}{h_0} = \frac{2 \times 50}{400} = 0.25$$

则应按式(6-9) 计算 N_u，即：

$$N_u = \frac{f_y A_s (h_0 - a'_s)}{e'} = \frac{435 \times 1256 \times (400 - 50)}{910} = 210(\text{kN}) > N = 117\text{kN}$$

满足要求。

(1) 轴心受拉构件从加载开始到构件破坏,其受力和变形经历了三个阶段。以受拉钢筋屈服到构件破坏的第三阶段作为截面承载力计算的依据。此时,构件某一裂缝截面的受拉钢筋应力首先达到屈服强度,随即裂缝迅速开展,荷载稍有增加甚至不增加,都会导致裂缝截面的全部钢筋达到屈服强度,构件达到破坏。

(2) 根据偏心距大小的不同,偏心受拉构件的破坏分为小偏心受拉破坏和大偏心受拉破坏。当轴向拉力 N 作用在 A_s 合力点与 A'_s 合力点之间 $\left(e_0 \leqslant \dfrac{h}{2} - a_s\right)$ 时,为小偏心受拉破坏;当轴向拉力 N 作用在 A_s 合力点与 A'_s 合力点之外 $\left(e_0 > \dfrac{h}{2} - a_s\right)$ 时,为大偏心受拉破坏。

(3) 小偏心受拉构件全截面受拉,而大偏心受拉构件存在受压区,大偏心受拉构件的计算与大偏心受压构件的计算类似。

(1) 大、小偏心受拉构件的受力特点和破坏形态有什么不同?
(2) 判别大、小偏心受拉破坏的条件是什么?
(3) 钢筋混凝土大偏心受拉构件非对称配筋,如果计算中出现 $x < 2a'_s$ 或为负值时,应如何计算?出现这种现象的原因是什么?
(4) 试从破坏形态、截面应力、计算公式及计算步骤来分析大偏心受拉构件与大偏心受压构件有何异同。

(1) 某钢筋混凝土屋架下弦,截面尺寸 $b \times h = 220\text{mm} \times 220\text{mm}$,采用 C25 混凝土,HRB400 级钢筋。承受轴心拉力设计值 245kN,求钢筋截面面积并配筋。

(2) 矩形截面偏心受拉构件,截面尺寸 $b \times h = 250\text{mm} \times 400\text{mm}$,$a_s = a'_s = 45\text{mm}$,混凝土强度等级 C35,钢筋采用 HRB500 级。承受轴向拉力设计值 505kN,弯矩设计值 48kN·m,求钢筋截面面积 A_s 和 A'_s。

(3) 某矩形水池,壁板厚为 200mm,每米板宽上承受轴向拉力设计值 216kN,承受弯矩设计值 75kN·m。混凝土强度等级 C30,钢筋采用 HRB400 级,取 $a_s = a'_s = 35\text{mm}$,试设计水池壁板配筋。

(4) 钢筋混凝土偏心受拉构件,截面尺寸 $b \times h = 320\text{mm} \times 450\text{mm}$,$a_s = a'_s = 50\text{mm}$,混凝土强度等级 C35,钢筋采用 HRB400 级,配置 $A'_s = 3 \oplus 16$ ($A'_s = 603\text{mm}^2$),$A_s = 4 \oplus 22$ ($A_s = 1520\text{mm}^2$)。承受轴向拉力设计值 125kN,弯矩设计值 90kN·m。试验算截面是否能够满足承载力的要求。

第 7 章 构件斜截面受剪承载力计算

7.1 概述

工程中常见的梁、柱等构件,在荷载作用下除了会产生弯矩(梁)或弯矩和轴力(柱)外,通常还会产生剪力。在弯矩、剪力或者弯矩、轴力、剪力的共同作用下,构件内部将出现斜裂缝,并可能发生斜截面破坏。斜截面破坏往往比较突然,破坏时缺乏明显的预兆。因此,对梁、柱等构件除了进行正截面承载力设计计算之外,还应同时进行斜截面承载力的设计计算。

为了防止构件发生斜截面破坏,应使构件有一个合适的截面尺寸和适宜的混凝土强度等级,并配置必要的箍筋。当受弯构件(梁)中的剪力较大时,也可以增设斜筋,斜筋一般由梁内的部分纵向受力钢筋弯起而成,称为弯起钢筋。梁中箍筋和弯起钢筋统称为腹筋或横向

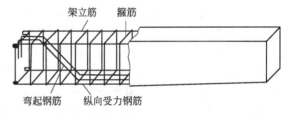

图 7-1 梁的钢筋骨架

钢筋,它们与纵向受力钢筋、架立筋等组成梁的钢筋骨架,见图 7-1。

通常把设置有纵筋和腹筋的梁称为有腹筋梁,把仅设置纵筋而没有腹筋的梁称为无腹筋梁。在工程实践中,梁一般采用有腹筋梁。梁在配置腹筋时,一般优先选用箍筋,必要时再加配适量的弯起钢筋。由于弯起钢筋承受的拉力比较大,可能在弯起处引起混凝土的劈裂,一般梁底的角筋不能弯起,弯起钢筋的直径也不宜过大。

为了防止斜截面的受弯破坏,应使梁内纵向钢筋的弯起、截断和锚固满足相应的构造要求,一般不进行斜截面受弯承载力计算。

构件斜截面的受剪性能及破坏机理比较复杂,其斜截面受剪承载力计算方法主要是基于试验研究结果建立的。另外,受弯构件(如梁)与偏心受力构件(如柱、墙等)的受剪性能基本相同,仅需要考虑轴向压力(或拉力)的影响。因此,本章主要讨论受弯构件的受剪性能和受剪承载力计算方法,详细介绍受弯构件的钢筋布置及构造要求。

7.2 受弯构件受剪性能的试验研究

7.2.1 无腹筋简支梁的受剪性能

无腹筋梁是指不配置箍筋和弯起钢筋的梁。实际工程中的梁一般都配有箍筋,有时还有

弯起钢筋。讨论研究无腹筋梁的受力及破坏，主要是因为无腹筋梁较简单，影响斜截面破坏的因素较少，从而为有腹筋梁的受力及破坏分析奠定基础。

7.2.1.1 斜裂缝形成前的应力状态

图 7-2 所示为一作用有对称集中荷载的钢筋混凝土简支梁。当忽略梁的自重时，集中荷载之间的 BC 区段只有弯矩作用，称为纯弯段。在支座附近的 AB 和 CD 区段有弯矩和剪力共同作用，称为弯剪段。构件在跨中正截面抗弯承载力足够的情况下，有可能在剪力和弯矩的共同作用下，在弯剪段发生斜截面破坏。

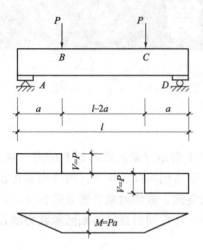

图 7-2 作用有对称集中荷载的钢筋混凝土简支梁

当荷载较小时，尚未出现裂缝，可以将梁视为匀质弹性体，按照材料力学的方法绘制出梁在荷载作用下的主应力迹线，见图 7-3(a)。其中实线为主拉应力迹线，虚线为主压应力迹线。

从截面 1—1 的中和轴、受压区和受拉区分别取出一个微元体，其编号分别为 1、2、3，它们处于不同的受力状态，见图 7-3(b)。对于钢筋混凝土梁，由于混凝土的抗拉强度很低，在弯剪区段，当剪力和弯矩复合作用引起的主拉应力（也称为斜向拉应力）超过混凝土的抗拉强度时，将产生与主拉应力方向垂直的斜裂缝。在通常情况下，斜裂缝往往是由梁底的弯曲裂缝发展而成的，称为弯剪型斜裂缝，见图 7-3(c)；当梁的腹板很薄或者集中荷载距支座距离很小时，斜裂缝首先在梁腹部中和轴附近出现，随后向梁底和梁顶斜向发展，称为腹剪型斜裂缝，见图 7-3(d)。

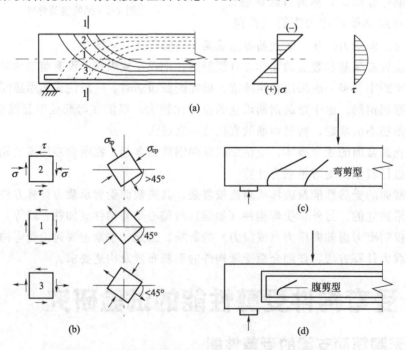

图 7-3 无腹筋梁裂缝出现前的应力状态和斜裂缝形态

斜裂缝的出现和发展使梁内的应力分布和数值发生变化，最终导致在剪力较大的区段内不同部位的混凝土被压碎或者拉坏而丧失承载能力，即发生斜截面破坏。

7.2.1.2 斜裂缝形成后的应力状态

随着梁上荷载的增加，梁上出现斜裂缝后，梁的应力状态发生了很大变化，发生了应力重分布。为了能定性地进行分析，将梁沿着斜裂缝 ABC 切开，以 BC 为界取出隔离体，其中 C 为斜裂缝起点，B 为裂缝端点，斜裂缝上端截面 AB 称为剪压区，如图 7-4 所示。

与剪力 V 平衡的力有：AB 面上的混凝土剪应力合力 V_c；由于开裂面 BC 两侧凹凸不平产生的骨料咬合力 V_a 的竖向分力；穿过斜裂缝的纵向钢筋在斜裂缝相交处的销栓力 V_d。与弯矩 M 平衡的力矩主要有：纵向钢筋拉力 T 和 AB 面上混凝土压应力合力 D_c 组成的内力矩。随着斜裂缝的增大，骨料咬合力 V_a 的竖向分力逐渐减弱以至消失。在销栓力 V_d 作用下，阻止纵向钢筋发生竖向位移的只有下面很薄的混凝土保护层，所以销栓作用也不可靠。

总之，梁内由于斜裂缝的出现，梁内的应力发生了很大变化，主要表现在：

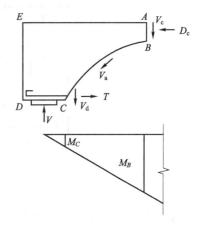

图 7-4 斜裂缝形成后的应力状态

（1）斜裂缝出现前，剪力 V 由全截面承受。斜裂缝出现后，剪力 V 全部由裂缝上端混凝土残余面（剪压区）承担。由于混凝土剪压区面积因斜裂缝的出现和发展而逐渐减少，剪压区的截面面积远小于全截面面积，因此剪压区混凝土的剪应力也大大增加，压应力也将大大增加。

（2）斜裂缝出现前，纵向钢筋的拉应力由截面 C 处的弯矩 M_C 决定。在斜裂缝出现后，根据力矩平衡的原则，纵向钢筋的拉应力则由斜裂缝端点处截面 AB 的弯矩 M_B 所决定。由于 M_B 比 M_C 大很多，因此与斜裂缝相交的纵向钢筋的拉应力将突然增大。

（3）纵向钢筋拉应力的增大导致钢筋与混凝土间粘接应力的增大，有可能出现沿纵向钢筋的粘接裂缝或撕裂裂缝。

7.2.2 有腹筋简支梁的受剪性能

7.2.2.1 有腹筋梁截面的受力特点

试验研究表明，在斜裂缝出现之前，有腹筋梁受力特点和无腹筋梁基本相同。但当斜裂缝出现之后，有腹筋梁与无腹筋梁在斜截面上的抗剪形态发生了明显变化。斜裂缝出现后，无腹筋梁主要依靠斜裂缝上端的残留混凝土起作用，而对于有腹筋梁，则由斜裂缝上端的残留混凝土与斜裂缝相交的腹筋共同承担剪力，大大提高了梁的抗剪能力。在出现斜裂缝之前，腹筋的作用尚不明显，一旦出现斜裂缝，与斜裂缝相交的腹筋中的应力会突然增大，起到竖向拉杆的作用，同时斜裂缝之间的齿状混凝土相当于斜压杆，纵向钢筋相当于桁架的下弦拉杆，整个有腹筋梁的受力犹如一拱形桁架，见图 7-5。

试验表明，腹筋对提高梁斜截面的抗剪能力是十分明显的。弯起钢筋几乎与斜裂缝垂直，传力较直接，但由于弯起钢筋一般是由纵筋弯起而成的，其直径较粗，根数较少，受力不均匀，且施工不方便，因此弯起钢筋目前在工程中应用较少。在设计中，通常把梁腹筋增

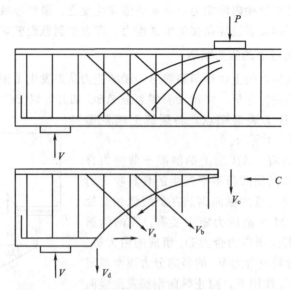

图 7-5 有腹筋梁的抗剪作用

设的重点放在箍筋上,即梁主要利用箍筋来防止斜截面破坏,必要时再加配适量的弯起钢筋。梁中箍筋分布一般较均匀,箍筋的直径和数量可灵活调整,施工操作方便。梁中通过配置适量的箍筋,可有效防止斜裂缝的开展和延伸,减少裂缝宽度,增大剪压区的面积,提高斜截面上的骨料咬合力和纵向钢筋的销栓力,从而满足梁斜截面抗剪承载力的要求。

7.2.2.2 剪跨比 λ 和配箍率 ρ_{sv} 的基本概念

(1) 剪跨比 λ 试验研究表明,梁的受剪性能与梁截面上弯矩 M 和剪力 V 的相对大小有很大关系。这种影响可用参数剪跨比 λ 来表示。剪跨比 λ 是一个无量纲的参数,是影响集中荷载作用下构件抗剪承载力的主要因素。

剪跨比用破坏截面的弯矩 M 与剪力 V 和相应截面的有效高度 h_0 乘积的比值来表示,称为广义剪跨比,即

$$\lambda = \frac{M}{Vh_0} \tag{7-1}$$

对于集中荷载作用下的简支梁(图 7-6),破坏截面一般发生于集中荷载作用处,式(7-1) 可进一步简化。P_1 作用截面的剪跨比可分别表示为 $\lambda_1 = \frac{M_1}{V_1 h_0} = \frac{V_A a_1}{V_A h_0} = \frac{a_1}{h_0}$,$P_2$ 作用截面的剪跨比可分别表示为 $\lambda_2 = \frac{M_2}{V_2 h_0} = \frac{V_B a_2}{V_B h_0} = \frac{a_2}{h_0}$,$a_1$、$a_2$ 分别为集中荷载 P_1、P_2 作用点至相邻支座的距离,称为剪跨。因此对集中荷载作用下的简支梁,剪跨比可表示为剪跨 a 与梁截面有效高度 h_0 的比值,称为计算剪跨比,即:

$$\lambda = \frac{a}{h_0} \tag{7-2}$$

应当注意,式(7-1) 可以用来计算构件在任意荷载作用下任意截面的剪跨比,是一个普遍适用的剪跨比计算公式,故称为广义剪跨比。而式(7-2) 只能用于计算集中荷载作用下,距离支座最近的集中荷载作用截面的剪跨比(如图 7-6 中 P_1、P_2 作用点处的截面),不能用来计算其他集中荷载作用截面的剪跨比(如图 7-6 中 P_3 作用点处的截面),也不能用来计

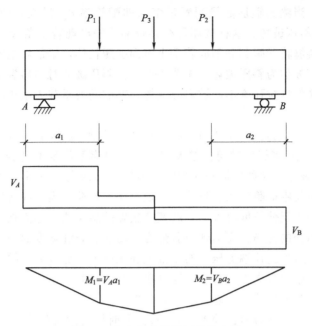

图 7-6 集中荷载作用下的简支梁

算其他复杂荷载作用下的剪跨比。

(2) 配箍率 ρ_{sv}　　配箍率是指箍筋的配筋率，其值为箍筋截面面积与对应的混凝土面积的比值，梁截面箍筋示意图见图 7-7。梁中配箍率用 ρ_{sv} 表示，按下式计算。

$$\rho_{sv}=\frac{A_{sv}}{bs}=\frac{nA_{sv1}}{bs} \tag{7-3}$$

式中　A_{sv}——配置在同一截面内箍筋各肢的全部截面面积；
　　　n——同一截面内箍筋的肢数；
　　　A_{sv1}——单肢箍筋的截面面积；
　　　b——截面宽度，若是 T 形截面或工字形截面，取腹板宽度；
　　　s——沿构件长度方向的箍筋间距。

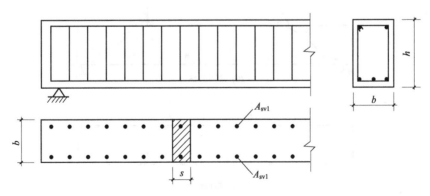

图 7-7 梁截面箍筋示意图

7.2.2.3 有腹筋梁斜截面破坏形态

试验研究表明，有腹筋梁在斜裂缝出现后，由于剪跨比和配腹筋数量（主要是配箍率）的不同，梁斜截面剪切破坏主要有斜压破坏、剪压破坏、斜拉破坏三种破坏形态。

(1) 斜压破坏 当梁的箍筋数量配置过多（即配箍率 ρ_{sv} 过大）或梁的剪跨比 λ 较小（$\lambda<1$）时，将发生斜压破坏。这种破坏是在梁腹部首先出现若干条大致平行的斜裂缝，随着荷载的增加，斜裂缝将梁腹部分割成若干个斜向受压柱体，梁最后是因为这些斜向受压柱体被压碎而破坏的，故称为斜压破坏，见图7-8(a)。斜压破坏时与斜裂缝相交的箍筋应力达不到屈服强度，箍筋的抗拉强度不能被充分发挥，梁的受剪承载力主要取决于混凝土强度及截面尺寸。

(2) 剪压破坏 当梁的剪跨比适当（λ 为 1~3）且梁中所配置的腹筋数量不过多（即配箍率 ρ_{sv} 不过大）时，或者梁的剪跨比较大（$\lambda>3$）但腹筋数量不过少时（即配箍率 ρ_{sv} 不过小），常发生剪压破坏。这种破坏是在梁的弯剪段下边缘先出现垂直裂缝，随着荷载的增加，这些垂直裂缝向集中荷载作用点延伸，出现多条斜裂缝，当荷载增加到一数值时，在几条斜裂缝中会形成一条延伸长度较大、开展宽度较宽的斜裂缝，称为临界斜裂缝。到梁破坏时，与临界斜裂缝相交的箍筋首先达到屈服强度。随着斜裂缝宽度的增大，导致剩余截面面积减少，最后，由于斜裂缝顶端剪压区的混凝土在压应力、剪应力共同作用下达到混凝土复合受力强度而破坏，梁也就失去承载力，这种破坏称为剪压破坏，见图7-8（b）。梁发生剪压破坏时，混凝土和箍筋的强度均能得到充分发挥。

(3) 斜拉破坏 当梁的剪跨比较大（$\lambda>3$），同时梁内配置的腹筋数量又过少时（即配箍率 ρ_{sv} 过小），将发生斜拉破坏。在这种情况下，一旦梁腹部出现斜裂缝，很快就形成临界斜裂缝，并迅速延伸到集中荷载作用点处。由于箍筋数量过少，与斜裂缝相交的箍筋很快达到屈服，变形剧增，箍筋对斜裂缝开展的限制已不起作用，导致斜裂缝迅速向梁上方受压区延伸，梁将沿斜裂缝拉裂成两部分而破坏，见图7-8(c)。因这种破坏是在混凝土正应力和剪应力共同作用下发生的主拉应力破坏，故称为斜拉破坏。斜拉破坏的梁，其斜截面承载力主要取决于混凝土的抗拉强度，故承载力很低。

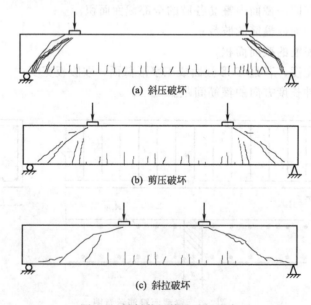

图 7-8 梁斜截面剪切破坏形态

梁斜截面的三种破坏形态发生的都比较突然，均属于脆性破坏。其中斜拉破坏最为突出，斜压破坏次之，剪压破坏稍好一些。在梁的斜截面三种破坏形态中，相比较而言，剪压破坏能充分利用钢筋和混凝土的性能，抗剪承载力较高，故设计中以剪压破坏作为模型来建立斜截面受剪承载力计算公式。在工程中应避免斜拉破坏和斜压破坏。

7.2.3 影响斜截面受剪承载力的主要因素

工程实践中，影响梁斜截面受剪承载力的因素很多，主要因素有剪跨比、混凝土强度、配箍率和箍筋强度、纵筋配筋率等。

7.2.3.1 剪跨比

剪跨比 λ 反映了截面上正应力和剪应力的相对关系。试验研究表明，在梁截面尺寸、混凝土强度等级、箍筋配箍率和纵筋配筋率基本相同的条件下，剪跨比 λ 越小，梁的受剪承载力越高。剪跨比大小对低配箍率梁影响较大，而对高配箍率梁影响较小。

7.2.3.2 混凝土强度

试验研究表明，梁的受剪承载力随混凝土强度的提高而增大。另外，混凝土强度大小对梁的不同破坏形态影响程度也存在着差异，如斜压破坏时，随着混凝土强度等级的提高，梁的抗剪能力有较大幅度的提高；若为斜拉破坏时，由于梁的抗拉强度提高不大，梁的抗剪能力也提高较小。

7.2.3.3 配箍率和箍筋强度

有腹筋梁出现斜裂缝后，箍筋不仅直接承担一部分剪力，而且还能有效地抑制斜裂缝的开展和延伸，对提高剪压区混凝土的受剪承载力和纵筋的销栓作用均有一定的影响。试验表明，当配箍率适当的情况下，配箍率越大，箍筋强度越高，梁的受剪承载力也越大。

7.2.3.4 纵筋配筋率

纵向钢筋配筋率 ρ 的增大可抑制斜裂缝的开展和延伸，相应地增加剪压区的混凝土面积，从而提高剪压区混凝土承受的剪力，提高梁的受剪承载力。同时，纵筋数量增大，一定程度上提高了骨料咬合力及纵筋的销栓力，受剪承载力也会有一定程度的提高。剪跨比较小时，纵筋配筋率 ρ 对受剪承载力影响较大；剪跨比较大时，纵筋配筋率 ρ 的影响程度减弱。目前我国《混凝土结构设计规范》（GB 50010—2010，2015 年版，以下简称《规范》）中的受剪承载力计算公式未考虑这一因素影响。

另外，不同截面形状对受弯构件的抗剪强度有一定的影响。相对于矩形截面梁而言，由于 T 形和工字形截面梁存在受压区翼缘，其剪压破坏时的斜截面承载力有一定程度的提高，但提高的幅度有限。《规范》中未考虑截面形状对受剪承载力的影响，矩形、T 形和工字形采用统一的计算公式。

7.3 受弯构件斜截面受剪承载力计算公式

7.3.1 基本假定

根据前面的讲述，钢筋混凝土有腹筋梁沿斜截面主要有斜压破坏、剪压破坏、斜拉破坏三种破坏形态，其中斜压破坏和斜拉破坏不能充分发挥材料的性能，且破坏具有明显的脆性特征，所以一般在工程设计中应避免。其中斜压破坏是由于梁截面尺寸过小发生的，故可采用控制梁截面最小尺寸来防止；斜拉破坏是由于梁内配置的腹筋数量过少而引起的，因此可用配置一定数量的箍筋和限制箍筋的最大间距来防止。对于常见的剪压破坏，则要通过受剪承载力计算给予保证。《规范》的受剪承载力计算公式就是依据剪压破坏特征建立的。

对于配有箍筋和弯起钢筋的简支梁，梁达到受剪承载力极限状态而发生剪压破坏时，取出被破坏截面所分割的一段梁作为脱离体，脱离体斜截面上的抗力有混凝土剪压区的剪力和压力、箍筋和弯起钢筋的抗力、纵筋的抗力、纵筋的销栓力、骨料咬合力等。为了简化计算，《规范》所采用的是理论与试验相结合的办法，用半理论半经验的方法建立斜截面受剪承载力计算公式，仅考虑一些主要因素，次要因素不考虑或者合并于其他因素中，同时引入一些试验参数。

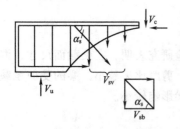

图 7-9 梁斜截面受剪承载力计算简图

在建立斜截面受剪承载力计算公式时，作了以下假定：

（1）假定剪压破坏时，与斜裂缝相交的箍筋和弯起钢筋都达到屈服强度；

（2）假定剪压破坏时，不考虑斜裂缝处的骨料咬合力和纵筋的销栓力；

（3）假定剪压破坏时，梁的斜截面受剪承载力由剪压区混凝土、箍筋和弯起钢筋三部分组成，忽略斜裂缝破坏面上骨料的咬合作用和纵筋的销栓作用。

按照以上假定，可得到梁斜截面受剪承载力计算简图，如图 7-9 所示。根据平衡条件 $\sum Y = 0$，可得到：

$$V_u = V_c + V_{sv} + V_{sb} \tag{7-4}$$

其中

$$V_{cs} = V_c + V_{sv} \tag{7-5}$$

式中　V_u——斜截面受剪承载力设计值；

　　　V_c——剪压区混凝土所承受的剪力设计值；

　　　V_{sv}——与斜裂缝相交的箍筋所承受的剪力设计值；

　　　V_{sb}——与斜裂缝相交的弯起钢筋所承受的剪力设计值；

　　　V_{cs}——斜截面上混凝土和箍筋的受剪承载力设计值。

7.3.2　斜截面受剪承载力计算公式

7.3.2.1　仅配箍筋梁

由式(7-5)可见，仅配箍筋梁的斜截面受剪承载力 V_{cs} 由混凝土的受剪承载力 V_c 与斜裂缝相交的箍筋的受剪承载力 V_{sv} 组成。对于承受集中荷载作用为主的独立梁，其受剪承载力应考虑剪跨比的影响。

《规范》规定，对矩形、T 形和工字形截面受弯构件，斜截面受剪承载力计算公式为：

$$V \leqslant V_u = V_{cs} = \alpha_{cv} f_t b h_0 + f_{yv} \frac{A_{sv}}{s} h_0 \tag{7-6}$$

式中　V——计算截面的剪力设计值；

　　　V_u——斜截面受剪承载力设计值；

　　　V_{cs}——斜截面上混凝土和箍筋的受剪承载力设计值；

　　　α_{cv}——斜截面混凝土受剪承载力系数，对于一般受弯构件取 0.7，对集中荷载作用下（包括作用有多种荷载，其中集中荷载对支座截面或节点边缘所产生的剪力值占总剪力的 75% 以上情况）的独立梁，取 $\alpha_{cv} = \dfrac{1.75}{\lambda + 1}$，$\lambda$ 为计算截面的剪跨比，

可取 $\lambda = \dfrac{a}{h_0}$，当 λ 小于 1.5 时，取 1.5，当 λ 大于 3 时，取 3，a 为集中荷载作用点至支座截面或者节点边缘的距离；

f_t——混凝土轴心抗拉强度设计值；

b——矩形截面的宽度，T 形截面或工字形截面的腹板宽度；

h_0——截面有效高度；

f_{yv}——箍筋抗拉强度设计值；

A_{sv}——配置在同一截面内箍筋各肢的全部截面面积，$A_{sv} = nA_{sv1}$，此处 n 为同一截面内箍筋的肢数，A_{sv1} 为单肢箍筋的截面面积；

s——沿构件长度方向的箍筋间距。

需要强调，对于承受集中荷载且与楼板整体浇筑的梁，式(7-6)中的 α_{cv} 应取 0.7。

7.3.2.2 同时配置箍筋和弯起钢筋梁

当梁承受的剪力较大时，除配置箍筋之外，有时还需要设置弯起钢筋。弯起钢筋的受剪承载力按下式计算：

$$V_{sb} = 0.8 f_y A_{sb} \sin\alpha_s \tag{7-7}$$

式中 V_{sb}——与斜裂缝相交的弯起钢筋所承受的剪力设计值；

f_y——弯起钢筋抗拉强度设计值；

A_{sb}——配置在同一截面内的弯起钢筋的截面面积；

α_s——弯起钢筋与梁纵向轴线的夹角，一般取 $\alpha_s = 45°$，当梁截面高度超过 700mm 时，取 $\alpha_s = 60°$。

式中的系数 0.8 为弯起钢筋应力不均匀系数，是考虑到弯起钢筋与斜裂缝的相交位置可能接近受压区，该情况下受剪破坏时弯起钢筋的强度不能全部发挥，即弯起钢筋有可能达不到屈服。

对于同时配置箍筋和弯起钢筋的梁，其斜截面受剪承载力等于仅配箍筋梁的斜截面受剪承载力与弯起钢筋的受剪承载力之和，即：

$$V \leqslant V_u = V_{cs} + V_{sb} = V_{cs} + 0.8 f_y A_{sb} \sin\alpha_s \tag{7-8}$$

即

$$V \leqslant V_u = \alpha_{cv} f_t b h_0 + f_{yv} \dfrac{A_{sv}}{s} h_0 + 0.8 f_y A_{sb} \sin\alpha_s \tag{7-9}$$

式中，V_{cs} 为构件斜截面上混凝土和箍筋的受剪承载力设计值。

7.3.3 计算公式的适用条件

受弯构件斜截面承载力计算公式是根据剪压破坏的受力特征和试验结果建立的，公式有一定的适用范围。为了防止斜压破坏和斜拉破坏，还应规定斜截面承载力计算公式的上限和下限。

7.3.3.1 公式的上限——最小截面尺寸限制

当发生斜压破坏时，梁腹部的混凝土被压碎，箍筋的应力达不到屈服强度，截面的受剪承载力主要取决于截面尺寸和混凝土的抗压强度。因此，只要保证构件截面尺寸不太小，就可以防止斜压破坏的发生。

《规范》规定，矩形、T 形和工字形截面的受弯构件，其受剪截面尺寸应符合下列要求：

当 $h_w/b \leqslant 4$ 时，

$$V \leqslant 0.25 \beta_c f_c b h_0 \tag{7-10}$$

当 $h_w/b \geqslant 6$ 时，　　　　　　　　$V \leqslant 0.2\beta_c f_c bh_0$ 　　　　　　　　(7-11)

当 $4 < h_w/b < 6$ 时，按线性内插法确定。

式中　V——构件斜截面上的最大剪力设计值；

　　　β_c——混凝土强度影响系数，当混凝土强度等级不超过 C50 时，取 $\beta_c=1.0$，当混凝土强度等级为 C80 时，取 $\beta_c=0.8$，其间按线性内插法确定；

　　　f_c——混凝土轴心抗压强度设计值；

　　　b——矩形截面的宽度，T 形截面或工字形截面的腹板宽度；

　　　h_w——截面的腹板高度，矩形截面取有效高度 h_0，T 形截面取有效高度减去翼缘高度，工字形截面取腹板净高。

在设计中，当不满足此条件时，应加大截面尺寸或提高混凝土的强度等级，直到满足为止。对于 T 形和工字形截面的简支受弯构件，由于受压翼缘对抗剪的有利影响，当有实践经验时，式(7-10)的系数可改为 0.3。

7.3.3.2　公式的下限——最小配箍率和箍筋最大间距

若梁中箍筋配置过少，斜裂缝一旦出现，箍筋应力迅速达到屈服强度（甚至被拉断），不能有效抑制斜裂缝的发展，导致发生斜拉破坏。因此，为了防止斜拉破坏，《规范》规定了箍筋的最小配箍率要求，即：

$$\rho_{sv} = \frac{A_{sv}}{bs} \geqslant \rho_{sv,\min} = 0.24\frac{f_t}{f_{yv}} \qquad (7-12)$$

同时，如果箍筋间距过大，则斜裂缝可能不与箍筋相交，或者相交在箍筋不能充分发挥作用的位置，使得箍筋不能有效地抑制斜裂缝的开展，从而也就起不到箍筋应有的抗剪作用。此外，若箍筋间距过大，箍筋直径过小，也不能保证钢筋骨架的刚度要求。《规范》规定了对梁中箍筋的最小直径 $d_{\min}$ 和最大间距 $s_{\max}$ 的要求，见表 7-1。

表 7-1　梁中箍筋的最大间距和最小直径的要求

梁截面高度 h/mm	最大间距/mm		最小直径/mm
	$V > 0.7f_t bh_0$	$V \leqslant 0.7f_t bh_0$	
$150 < h \leqslant 300$	150	200	6
$300 < h \leqslant 500$	200	300	
$500 < h \leqslant 800$	250	350	
$h > 800$	300	400	8

对于矩形、T 形、工字形截面的受弯构件，当截面的受剪承载力满足

$$V \leqslant \alpha_{cv} f_t bh_0 \qquad (7-13)$$

可不进行斜截面受剪承载力计算，按构造要求配置箍筋，即箍筋的最大间距和最小直径满足表 7-1 的构造要求即可。

7.3.4　板类构件的受剪承载力

板类构件通常承受的荷载不大，剪力较小，因此一般情况下不需进行斜截面承载力计算，也不配置箍筋和弯起钢筋。

在高层建筑中，基础底板和转换层板的厚度高达 1～3m 甚至更大，属于厚板。对于厚板，除应计算正截面受弯承载力外，还需进行斜截面受剪承载力计算。对于不配置腹筋的厚

板来说，截面的尺寸效应是影响受剪承载力的主要因素。随着板厚的增加，斜裂缝的宽度会相应增加，如果骨料的粒径没有随板厚的增大而增大，就会使裂缝两侧的骨料咬合力减弱，传递剪力的能力也随之下降。因此计算厚板的受剪承载力时，应考虑尺寸效应的影响。

《规范》规定：不配置箍筋和弯起钢筋的一般板类受弯构件，其斜截面受剪承载力应按下式计算：

$$V \leqslant V_u = 0.7\beta_h f_t b h_0 \quad (7\text{-}14)$$

$$\beta_h = \left(\frac{800}{h_0}\right)^{\frac{1}{4}} \quad (7\text{-}15)$$

式中，β_h 为截面高度影响系数，当 $h_0 < 800\text{mm}$ 时，取 $h_0 = 800\text{mm}$，当 $h_0 > 2000\text{mm}$ 时，取 $h_0 = 2000\text{mm}$。

7.4 受弯构件斜截面受剪承载力计算方法

7.4.1 斜截面受剪承载力的计算截面位置

一般情况下，剪力作用效应沿梁长是变化的，截面的抗剪能力也有可能沿梁长不同，因此应选择剪力设计值较大或抗剪能力变化处的截面，以此作为斜截面受剪承载力的计算截面。在具体设计中，一般取下列截面作为梁受剪承载力的计算截面，见图 7-10。

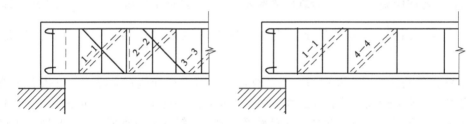

图 7-10 梁斜截面受剪承载力的计算截面

(1) 支座边缘处的截面（图 7-10 截面 1—1）；
(2) 受拉区弯起钢筋弯起点处的截面（图 7-10 截面 2—2、3—3）；
(3) 箍筋截面面积或间距改变处的截面（图 7-10 截面 4—4）；
(4) 腹板宽度改变处的截面。

计算截面处的剪力设计值按下述方法采用：计算支座边缘处的截面时，取该处的剪力设计值；计算从支座算起的第一排弯起钢筋时，取支座边缘处的剪力设计值，计算以后每一排弯起钢筋时，取前一排弯起钢筋弯起点处的剪力设计值；计算箍筋截面面积或间距改变处的截面时，取箍筋截面面积或间距改变处截面的剪力设计值；计算腹板宽度改变处的截面时，取腹板宽度改变处截面的剪力设计值。

7.4.2 斜截面受剪承载力计算方法

实际工程中，受弯构件斜截面承载力计算通常有两类问题：截面设计和截面复核。

7.4.2.1 截面设计

已知截面尺寸和材料强度，剪力设计值 V（或可通过计算得到），要求确定腹筋（箍筋和弯起钢筋）的数量。截面设计的计算步骤一般如下。

(1) 验算截面尺寸　根据斜截面上的最大剪力设计值 V，验算是否满足截面最小尺寸限值条件。当 $h_w/b \leqslant 4$ 时，$V \leqslant 0.25\beta_c f_c b h_0$；当 $h_w/b \geqslant 6$ 时，$V \leqslant 0.2\beta_c f_c b h_0$；当 $4 < h_w/b < 6$ 时，按线性内插法确定。若不满足上述截面尺寸限值条件的要求，应加大截面尺寸或提高混凝土强度等级。

(2) 判断是否需要按计算配置腹筋　若满足 $V \leqslant \alpha_{cv} f_t b h_0$ 时，则不需进行斜截面承载力计算，可直接按构造要求配置箍筋，此时按照表 7-1 的要求配置箍筋即可。否则，当 $V > \alpha_{cv} f_t b h_0$ 时，应按计算配置腹筋。

(3) 计算腹筋的数量　梁中的腹筋通常有两种设置方案，一种是仅配置箍筋，不配置弯起钢筋；另一种是既配置箍筋又配置弯起钢筋。工程设计中，优先采用仅配置箍筋的方法，必要时可设置一定数量的弯起钢筋。

① 仅配置箍筋，不配置弯起钢筋　当仅配置箍筋时，按照受剪承载力计算公式，可得到

$$\frac{A_{sv}}{s} \geqslant \frac{V - \alpha_{cv} f_t b h_0}{f_{yv} h_0} \tag{7-16}$$

计算出 $\dfrac{A_{sv}}{s}$ 后，式中有箍筋肢数 n、单肢箍筋面积 A_{sv1} 和箍筋间距 s 三个未知数。通常可先假定箍筋的肢数和直径，然后计算出箍筋的间距 s。梁中一般采用双肢箍，即取 $n=2$，$A_{sv}=2A_{sv1}$。注意选用的箍筋直径和间距应满足表 7-1 的要求。

箍筋直径和间距确定后，应验算配箍率 ρ_{sv} 是否满足最小配箍率 $\rho_{sv,min}$ 的要求，即 $\rho_{sv} = \dfrac{A_{sv}}{bs} \geqslant \rho_{sv,min} = 0.24\dfrac{f_t}{f_{yv}}$。如不满足，应加大箍筋直径或减少箍筋间距，直到满足要求为止。

② 既配置箍筋又配置弯起钢筋　当计算截面的剪力设计值较大时，若仅依靠箍筋和混凝土来抗剪，可能会造成箍筋直径过大，间距过小，这样施工不方便，也不经济。在此条件下，可设置弯起钢筋与箍筋和混凝土一起承担剪力。当纵向受拉钢筋多于两根时，可以将靠近支座的若干根纵向钢筋弯起，来承担一部分剪力。注意截面底部两侧的纵向钢筋不允许弯起。

当既配置箍筋又配置弯起钢筋时，一般先按表 7-1 选定箍筋的直径和间距，按下式计算弯起钢筋的截面面积 A_{sb}：

$$A_{sb} \geqslant \frac{V - V_{cs}}{0.8 f_y \sin\alpha_s} \tag{7-17}$$

$$V_{cs} = \alpha_{cv} f_t b h_0 + f_{yv} \frac{A_{sv}}{s} h_0 \tag{7-18}$$

也可以先确定弯起钢筋的截面面积 A_{sb}，由抗剪承载力计算公式计算出箍筋的数量，箍筋数量要满足表 7-1 和最小配箍率的要求。

7.4.2.2　截面复核（承载力复核）

已知截面尺寸和材料强度、箍筋和弯起钢筋的数量，要求复核构件斜截面所能承受的剪力设计值 V_u。截面复核的计算步骤一般如下。

(1) 验算箍筋是否满足最小配箍率的要求　箍筋的配箍率应满足 $\rho_{sv} = \dfrac{A_{sv}}{bs} \geqslant \rho_{sv,min} = 0.24\dfrac{f_t}{f_{yv}}$。若不满足此要求，应按无腹筋梁计算抗剪承载力，即只考虑混凝土的抗剪承载

力，取 $V_u = \alpha_{cv} f_t b h_0$。

(2) 计算斜截面承载力设计值 V_u　按照抗剪承载力计算公式计算 V_u。当仅配置箍筋时，$V_u = \alpha_{cv} f_t b h_0 + f_{yv} \dfrac{A_{sv}}{s} h_0$；既配置箍筋又配置弯起钢筋时，$V_u = \alpha_{cv} f_t b h_0 + f_{yv} \dfrac{A_{sv}}{s} h_0 + 0.8 f_y A_{sb} \sin\alpha_s$。

当 $h_w/b \leq 4$ 时，若计算出的 $V_u > V_{u,max} = 0.25\beta_c f_c b h_0$，取 $V_u = 0.25\beta_c f_c b h_0$。

(3) 斜截面安全性判断　当 $V_u > V$ 时，截面安全；反之，截面不安全。V 为构件计算截面在荷载作用下产生的剪力设计值。

7.4.3　计算例题

【例 7-1】　一承受均布荷载的钢筋混凝土简支梁，截面尺寸 $b \times h = 200\text{mm} \times 500\text{mm}$，承受剪力设计值 $V = 178\text{kN}$，混凝土强度等级为 C30，箍筋采用 HPB300 级，$a_s = 40\text{mm}$。计算该梁所需箍筋的数量。

【解】　C30 混凝土：$\beta_c = 1.0$，$f_c = 14.3\text{N/mm}^2$，$f_t = 1.43\text{N/mm}^2$；HPB300 钢筋：$f_{yv} = 270\text{N/mm}^2$；$h_0 = h - 40 = 460(\text{mm})$。

(1) 验算截面尺寸。

$h_w = h_0 = 460\text{mm}$

$\dfrac{h_w}{b} = \dfrac{460}{200} = 2.3 < 4$

$0.25\beta_c f_c b h_0 = 0.25 \times 1 \times 14.3 \times 200 \times 460 = 328.9 \times 10^3 (\text{N}) = 328.9(\text{kN}) > V = 178\text{kN}$

故截面尺寸满足要求。

(2) 验算是否需要按计算配箍筋。

$\alpha_{cv} f_t b h_0 = 0.7 \times 1.43 \times 200 \times 460 = 92.1 \times 10^3 (\text{N}) = 92.1(\text{kN}) < V = 178\text{kN}$

故需按计算配置箍筋。

(3) 计算箍筋。

$$\dfrac{A_{sv}}{s} \geq \dfrac{V - \alpha_{cv} f_t b h_0}{f_{yv} h_0} = \dfrac{(178 - 92.1) \times 10^3}{270 \times 460} = 0.692$$

根据表 7-1，该梁的箍筋直径不宜小于 6mm，最大间距 $s_{max} = 200\text{mm}$。选用 Φ8 双肢箍筋，$A_{sv} = 101\text{mm}^2$，则箍筋的间距为：

$$s \leq \dfrac{A_{sv}}{0.692} = \dfrac{101}{0.692} = 146(\text{mm})$$

取箍筋间距 $s = 140\text{mm}$，$s \leq s_{max} = 200\text{mm}$。

(4) 验算最小配筋率。

$$\rho_{sv} = \dfrac{A_{sv}}{bs} = \dfrac{101}{200 \times 140} = 0.36\% > \rho_{sv,min} = 0.24 \dfrac{f_t}{f_{yv}} = 0.24 \times \dfrac{1.43}{270} = 0.13\%$$

故该梁配置 Φ8@140 双肢箍满足要求。

【例 7-2】　一钢筋混凝土矩形截面简支梁如图 7-11 所示。该梁承受均布荷载设计值为 $q = 90\text{kN/m}$（包括梁自重），梁截面尺寸 $b \times h = 250\text{mm} \times 600\text{mm}$，环境类别为一类。混凝土强度等级为 C35，箍筋为 HPB300 级钢筋，纵向受力钢筋为 HRB400 级钢筋，$a_s = 40\text{mm}$。根据正截面受弯承载力计算所配置的纵筋数量为 3Φ20，计算该梁所需腹筋的数量。

【解】　C35 混凝土：$\beta_c = 1.0$，$f_c = 16.7\text{N/mm}^2$，$f_t = 1.57\text{N/mm}^2$；HPB300 钢筋：

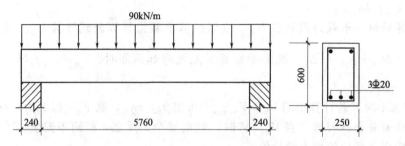

图 7-11 例题 7-2 图

$f_{yv}=270\text{N/mm}^2$；HRB400 钢筋：$f_y=360\text{N/mm}^2$；$h_0=h-40=560(\text{mm})$。

(1) 计算剪力设计值。

该简支梁承受均布荷载，最大剪力设计值的位置在支座边缘处。

$$V=\frac{1}{2}ql_n=\frac{1}{2}\times 90\times 5.76=259.2(\text{kN})$$

(2) 验算截面尺寸。

$h_w=h_0=560\text{mm}$

$\dfrac{h_w}{b}=\dfrac{560}{250}=2.24<4$

$0.25\beta_c f_c bh_0=0.25\times 1\times 16.7\times 250\times 560=584.5\times 10^3(\text{N})=584.5(\text{kN})>V=259.2\text{kN}$

故截面尺寸满足要求。

(3) 验算是否需要按计算配箍筋。

$\alpha_{cv}f_t bh_0=0.7\times 1.57\times 250\times 560=153.86\times 10^3(\text{N})=153.86(\text{kN})<V=259.2\text{kN}$

故需按计算配置箍筋。

(4) 计算腹筋数量

① 若只配置箍筋：

$$\frac{A_{sv}}{s}\geq \frac{V-\alpha_{cv}f_t bh_0}{f_{yv}h_0}=\frac{(259.2-153.86)\times 10^3}{270\times 560}=0.697$$

根据表 7-1，该梁的箍筋直径不宜小于 6mm，最大间距 $s_{max}=250\text{mm}$。故选用 Φ8 双肢箍筋，$A_{sv}=101\text{mm}^2$，则箍筋的间距为：

$$s\leq \frac{A_{sv}}{0.697}=\frac{101}{0.697}=145(\text{mm})$$

取箍筋间距 $s=140\text{mm}$，$s\leq s_{max}=250\text{mm}$。

$\rho_{sv}=\dfrac{A_{sv}}{bs}=\dfrac{101}{250\times 140}=0.29\%>\rho_{sv,min}=0.24\dfrac{f_t}{f_{yv}}=0.24\times\dfrac{1.57}{270}=0.14\%$

故该梁配置 Φ8@140 双肢箍筋，沿梁全长布置。

② 既配箍筋又配弯起钢筋：选用 Φ8@250 双肢箍筋，满足表 7-1 的构造要求。

$V_{cs}=\alpha_{cv}f_t bh_0+f_{yv}\dfrac{A_{sv}}{s}h_0$

$=0.7\times 1.57\times 250\times 560+270\times\dfrac{101}{250}\times 560=214.9\times 10^3(\text{N})=214.9(\text{kN})$

所需要弯起钢筋的截面面积为：

$$A_{sb} \geqslant \frac{V - V_{cs}}{0.8 f_y \sin\alpha_s} = \frac{(259.2 - 214.9) \times 10^3}{0.8 \times 360 \times \sin 45°} = 218 (\text{mm}^2)$$

利用梁跨中抵抗正弯矩的一根钢筋弯起,故选用弯起钢筋为 1⏀20($A_{sb}=314\text{mm}^2$),满足要求。

由于设置了弯起钢筋,还要验算弯起点处的斜截面受剪承载力。梁外边缘至纵筋外表面的距离为混凝土保护层厚度与箍筋直径之和,即为 20+8=28(mm)。则弯起钢筋的水平投影长度为 600-28×2=544(mm)。弯起钢筋的弯终点取距支座边缘 50mm,则弯起钢筋的弯起点距支座边缘的距离为 50+544=594(mm),如图 7-12 所示。

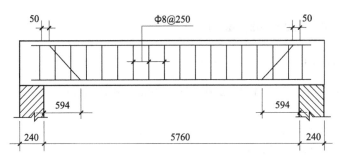

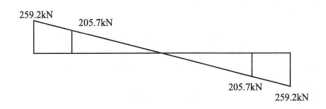

图 7-12 设置弯起钢筋梁的剪力及配筋图

由剪力图的相似三角形关系,可求得弯起钢筋弯起点处的剪力设计值 V_1 为:

$$V_1 = 259.2 \times \frac{2.88 - 0.594}{2.88} = 205.7 (\text{kN}) < V_{cs} = 214.9 \text{kN}$$

故该截面满足受剪承载力要求,所以该梁只需配置一排弯起钢筋。

【例 7-3】 一钢筋混凝土 T 形截面简支梁,承受一设计值为 600kN(包括梁的自重)的集中荷载,梁的跨度、荷载及截面尺寸如图 7-13 所示。混凝土强度等级为 C30,箍筋采用 HRB335 级,梁中纵筋按照两排考虑,$a_s=70\text{mm}$。若该梁仅配置箍筋来抗剪,计算该梁

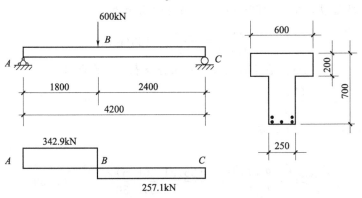

图 7-13 例题 7-3 图

所需箍筋的数量。

【解】 C30 混凝土：$\beta_c=1.0$，$f_c=14.3\text{N/mm}^2$，$f_t=1.43\text{N/mm}^2$；HRB335 级钢筋：$f_{yv}=300\text{N/mm}^2$；$h_0=h-70=630(\text{mm})$。

(1) 计算剪力设计值。

AB 段剪力为：
$$V_{AB}=\frac{600\times 2400}{4200}=342.9(\text{kN})$$

BC 段剪力为：
$$V_{BC}=\frac{600\times 1800}{4200}=257.1(\text{kN})$$

(2) 验算截面尺寸。

$h_w=h_0-h'_f=630-200=430(\text{mm})$

$\dfrac{h_w}{b}=\dfrac{430}{250}=1.72<4$

$0.25\beta_c f_c bh_0=0.25\times 1\times 14.3\times 250\times 630=563.1\times 10^3(\text{N})=563.1(\text{kN})>V=342.9\text{kN}$

故截面尺寸满足要求。

(3) 验算是否需要按计算配箍筋。

AB 段：$\lambda=\dfrac{a}{h_0}=\dfrac{1800}{630}=2.86<3$，取 $\lambda=2.86$ 计算

$$\alpha_{cv}=\frac{1.75}{\lambda+1}=\frac{1.75}{2.86+1}=0.453$$

$\alpha_{cv}f_t bh_0=0.453\times 1.43\times 250\times 630=102\times 10^3(\text{N})=102(\text{kN})<V=342.9\text{kN}$

BC 段：$\lambda=\dfrac{a}{h_0}=\dfrac{2400}{630}=3.81>3$，取 $\lambda=3$ 计算

$$\alpha_{cv}=\frac{1.75}{\lambda+1}=\frac{1.75}{3+1}=0.438$$

$\alpha_{cv}f_t bh_0=0.438\times 1.43\times 250\times 630=98.6\times 10^3(\text{N})=98.6(\text{kN})<V=257.1\text{kN}$

故 AB 段和 BC 段均需要按计算配置箍筋。

(4) 计算箍筋数量。

AB 段：
$$\frac{A_{sv}}{s}\geq\frac{V-\alpha_{cv}f_t bh_0}{f_{yv}h_0}=\frac{(342.9-102)\times 10^3}{300\times 630}=1.275$$

选用 ⊥10 双肢箍筋，$A_{sv}=157\text{mm}^2$，则箍筋的间距为：
$$s\leq\frac{A_{sv}}{1.275}=\frac{157}{1.275}=123(\text{mm})$$

取箍筋间距 $s=120\text{mm}$。箍筋的直径和间距符合表 7-1 的要求。

$$\rho_{sv}=\frac{A_{sv}}{bs}=\frac{157}{250\times 120}=0.52\%>\rho_{sv,\min}=0.24\frac{f_t}{f_{yv}}=0.24\times\frac{1.43}{300}=0.11\%$$

故 AB 段配置 ⊥10@120 双肢箍筋。

BC 段：
$$\frac{A_{sv}}{s}\geq\frac{V-\alpha_{cv}f_t bh_0}{f_{yv}h_0}=\frac{(257.1-98.6)\times 10^3}{300\times 630}=0.839$$

选用 ⊥8 双肢箍筋，$A_{sv}=101\text{mm}^2$，则箍筋的间距为：

$$s \leqslant \frac{A_{sv}}{0.839} = \frac{101}{0.839} = 120(\text{mm})$$

取箍筋间距 $s=120\text{mm}$。箍筋的直径和间距符合表 7-1 的要求。

$$\rho_{sv} = \frac{A_{sv}}{bs} = \frac{101}{250 \times 120} = 0.34\% > \rho_{sv,\min} = 0.24 \frac{f_t}{f_{yv}} = 0.24 \times \frac{1.43}{300} = 0.11\%$$

故 BC 段配置 $\Phi 8@120$ 双肢箍筋。

【例 7-4】 一承受均布荷载的简支梁，截面尺寸 $b \times h = 250\text{mm} \times 550\text{mm}$，混凝土强度等级为 C25，箍筋为 HPB300 级钢筋，$a_s = 45\text{mm}$。若沿梁全长布置 $\Phi 8@150$ 双肢箍筋，计算该梁的斜截面受剪承载力设计值 V_u。假设该梁的净跨为 5600mm，求该梁所能承受的均布荷载设计值 q（已包括梁自重）。

【解】 C25 混凝土：$\beta_c = 1.0$，$f_c = 11.9\text{N/mm}^2$，$f_t = 1.27\text{N/mm}^2$；HPB300 级钢筋：$f_{yv} = 270\text{N/mm}^2$；$h_0 = h - 45 = 505(\text{mm})$。

(1) 验算最小配箍率。

$$\rho_{sv,\min} = 0.24 \frac{f_t}{f_{yv}} = 0.24 \times \frac{1.27}{270} = 0.11\%$$

$$\rho_{sv} = \frac{A_{sv}}{bs} = \frac{101}{250 \times 150} = 0.27\% > \rho_{sv,\min}$$

故满足最小配箍率的要求。

(2) 计算剪力设计值。

$$V_u = \alpha_{cv} f_t b h_0 + f_{yv} \frac{A_{sv}}{s} h_0$$

$$= 0.7 \times 1.27 \times 250 \times 505 + 270 \times \frac{101}{150} \times 505 = 204.1 \times 10^3 (\text{N}) = 204(\text{kN})$$

$$\frac{h_w}{b} = \frac{505}{250} = 2.02 < 4$$

$0.25 \beta_c f_c b h_0 = 0.25 \times 1 \times 11.9 \times 250 \times 505 = 379.3 \times 10^3 (\text{N}) = 375.6(\text{kN}) > V_u$

故取 $V_u = 204\text{kN}$。

故该梁的斜截面受剪承载力设计值 $V_u = 204\text{kN}$。

(3) 求梁所能承受的均布荷载设计值。

假设该梁所能承受的均布荷载设计值为 q，根据 $V_u = \frac{1}{2} q l_n$，可得：

$$q = \frac{2V_u}{l_n} = \frac{2 \times 204 \times 10^3}{5600} = 72.9(\text{kN/m})$$

故该梁所能承受的均布荷载设计值为 $q = 72.9\text{kN/m}$。

7.5 受弯构件斜截面受弯承载力和钢筋的构造要求

梁的斜截面承载力包括斜截面受剪承载力和斜截面受弯承载力两个方面。在实际工程中，斜截面受弯承载力不需要计算，是通过梁内纵向钢筋的弯起、截断、锚固及箍筋的间距等构造措施来保证的。本节主要讲述受弯构件的纵筋、箍筋及弯起钢筋的构造等问题。为了理解纵向钢筋的弯起和截断，必须建立正截面抵抗弯矩图的概念。

7.5.1 抵抗弯矩图

抵抗弯矩图又称材料抵抗弯矩图,是按照梁实际配置的纵向钢筋所确定的各正截面所能抵抗的弯矩图,即按照梁各个截面的受弯承载力设计值 M_u 所绘制的图形,它反映了沿梁长正截面上材料的抗力。

7.5.1.1 抵抗弯矩图的作用

(1) 反映材料利用的程度　材料抵抗弯矩图越接近于荷载作用下的设计弯矩图,表示材料的利用程度越高。

(2) 确定纵向钢筋的弯起数量和位置　纵向钢筋弯起的作用有两个,一是用于斜截面抗剪,二是抵抗支座负弯矩。只有当材料抵抗弯矩图包住荷载作用下的弯矩图才能确定弯起钢筋的数量和位置。

(3) 确定纵向钢筋的截断位置　根据抵抗弯矩图上钢筋的理论截断点,再保证锚固长度要求,就可以确定纵筋的截断位置。

7.5.1.2 纵向受力钢筋沿梁长不变时的抵抗弯矩图

图 7-14 为纵向受力钢筋沿梁长不变时的抵抗弯矩图,跨中最大弯矩为 $M_{\max}=\dfrac{1}{8}ql^2$。根据跨中最大弯矩计算所需配置的纵向受力钢筋数量为 $2\Phi25+1\Phi22$。如果全部纵向钢筋沿梁通长布置,全部锚入支座时,则沿梁长任一截面的抵抗弯矩值是相等的,图 7-14 所示的 $abdc$ 即为该梁的抵抗弯矩图。抵抗弯矩图 $abdc$ 所包围的曲线就是梁在荷载作用下引起的弯矩 M 图,说明该梁的任一截面都是安全的。纵向受力钢筋沿梁通长布置,构造简单,施工方便。但梁靠近支座的弯矩越来越小,如果和跨中配置同样数量的纵向受力钢筋,钢筋的强度不能充分利用,显然是不经济的。

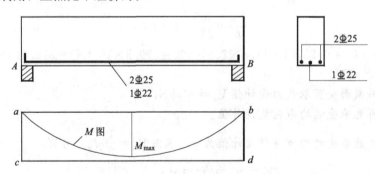

图 7-14　纵向受力钢筋沿梁长不变时的抵抗弯矩图

在工程设计中,为了既能保证构件受弯承载力又节约钢材,对于跨度较小的构件,可以采用纵向受力钢筋全部通长的方式布置。对于跨度较大的构件,可将一部分纵向受力钢筋在正截面受弯承载力不需要处弯起或截断,使抵抗弯矩图尽量靠近荷载作用下的设计弯矩图,以便节约钢筋。

7.5.1.3 纵向受力钢筋弯起时的抵抗弯矩图

在简支梁设计中,一般不宜在跨中截面将纵向受力钢筋截断,可以在支座附近将纵筋弯起抵抗剪力。梁中每根钢筋所能抵抗的弯矩 M_{ui} 可近似按照每根钢筋的截面面积 A_{si} 与纵筋总截面面积 A_s 的比值,再乘以总抵抗弯矩 M_u 求得,即

$$M_{ui} = \frac{A_{si}}{A_s} M_u \tag{7-19}$$

图 7-15 中，如果将①号钢筋 $1\Phi22$ 在 E、F 截面处弯起，由于在弯起过程中，弯起钢筋对受压区的合力点的力臂是逐渐减少的，因此其抗弯承载力并不是立即消失，而是逐渐减少，一直到截面 G、H 处弯起钢筋穿过梁轴线基本进入受压区后，才认为它的正截面抗弯作用完全消失。作抵抗弯矩图时，从 E、F 两点作垂直投影线与 M_u 图的基线 cd 相交于 e、f，再从 G、H 两点作垂直投影线与 M_u 图的基线 mk 相交于 g、h，连线 $hfeg$，则为梁①号钢筋弯起后的抵抗弯矩图。

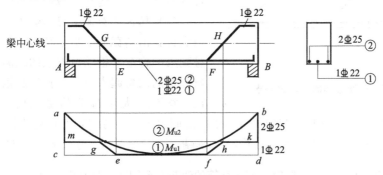

图 7-15 纵向受力钢筋弯起时的抵抗弯矩图

7.5.1.4 纵向受力钢筋截断时的抵抗弯矩图

图 7-16 所示为连续梁中间支座受力钢筋截断时的抵抗弯矩图，根据支座负弯矩计算所需受力钢筋为 $4\Phi20$，其中 $2\Phi20$ 为通长筋。从图中可知，①号钢筋在 b 点被充分利用，b 点称为①号钢筋的"充分利用点"，到 e、d 点由于设计弯矩变小就不需要①号钢筋了，故 e、d 点为①号钢筋的"理论截断点"或"不需要点"。从 e、d 两点分别向上作垂直投影线交于 f、c 点，则 $fcde$ 为①号钢筋在被截断后的抵抗弯矩图。同理，图中也给出了②钢筋截断后的抵抗弯矩图。

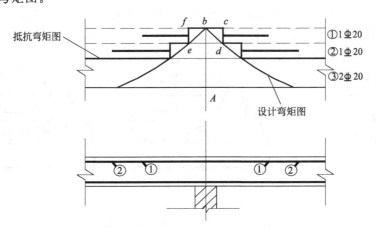

图 7-16 连续梁中间支座受力钢筋截断时的抵抗弯矩图

从上述分析可见，对正截面受弯承载力而言，把纵筋在不需要的地方弯起和截断是合理的。从荷载弯矩图与抵抗弯矩图的关系来看，二者越靠近，其经济效果越好。但是纵筋的弯起和截断多数是在弯剪段进行的，在处理过程中不仅要满足正截面受弯承载力的要求，还要保证斜截面的受弯承载力。

7.5.2 纵向钢筋的构造要求

7.5.2.1 纵筋的弯起

梁中纵向钢筋的弯起，必须满足以下三个方面要求。

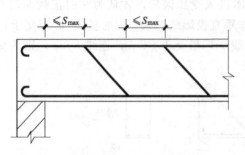

图 7-17 纵筋弯起的构造置要求

(1) 保证正截面受弯承载力 纵筋弯起后，剩下的纵筋数量减少，正截面受弯承载力降低。为了保证正截面受弯承载力满足要求，必须使构件的抵抗弯矩图包住荷载作用下的设计弯矩图。

(2) 保证斜截面受剪承载力 纵筋的弯起数量和位置由斜截面受剪承载力计算确定。支座边缘到第一排弯起钢筋弯终点的距离，以及前一排弯起钢筋的弯起点至后一排弯起钢筋弯终点的距离，均不应大于箍筋的最大间距 s_{max} 的要求（表 7-1），见图 7-17，以避免在两排弯起钢筋之间出现不与弯起钢筋相交的斜裂缝。

(3) 保证斜截面受弯承载力 为了保证梁斜截面受弯承载力，弯起钢筋与梁中心线的交点应位于钢筋的理论截断点之外；同时，弯起钢筋的弯起点至钢筋充分利用点的距离不应小于 $\dfrac{h_0}{2}$。

7.5.2.2 纵筋的截断

梁跨中承受正弯矩的纵向受力钢筋一般不宜在受拉区截断，应全部伸入支座。这是因为钢筋截断处钢筋截面面积突然减小，混凝土中的拉应力骤增，在钢筋截断处容易出现弯剪斜裂缝，使构件承载能力下降。

对于连续梁、框架梁和外伸梁等构件，在支座处承受负弯矩的纵向受拉钢筋，为了节约钢筋和施工方便，可以根据弯矩图在不需要处将钢筋截断。《规范》规定，梁支座截面负弯矩纵向受拉钢筋不宜在受拉区截断，当需要截断时，应符合下列规定：

(1) 当 $V \leqslant 0.7f_t bh_0$ 时，应在延伸至按正截面受弯承载力计算不需要该钢筋的截面以外不小于 $20d$ 处截断，且从该钢筋强度充分利用截面伸出的长度不应小于 $1.2l_a$，见图 7-18(a)；

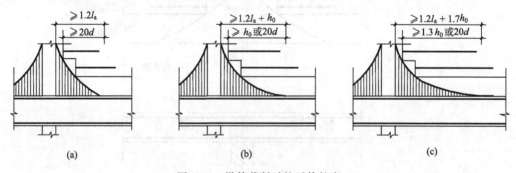

图 7-18 纵筋截断时的延伸长度

(2) 当 $V > 0.7f_t bh_0$ 时，应在延伸至按正截面受弯承载力计算不需要该钢筋的截面以外不小于 h_0 且不小于 $20d$ 处截断，且从该钢筋强度充分利用截面伸出的长度不应小于 $1.2l_a + h_0$，见图 7-18(b)；

(3) 若按上述规定的截断点仍位于负弯矩规定的受拉区内，则应在延伸至正截面受弯承载力计算不需要该钢筋的截面以外不小于 $1.3h_0$ 且不小于 $20d$ 处截断，且从该钢筋强度充分利用截面伸出的长度不应小于 $1.2l_a+1.7h_0$，见图 7-18(c)。

在钢筋混凝土悬臂梁中，应有不少于 2 根上部钢筋伸至悬臂梁外端，并向下弯折不小于 $12d$；其余钢筋不应在梁的上部截断，应按规范规定向下弯折和锚固。

7.5.2.3 纵筋的锚固

纵向钢筋只有在完全被锚固的情况下强度才可能被充分利用，否则将产生滑移，甚至会被从混凝土拔出造成锚固破坏。钢筋锚固需要一定的锚固长度，光面钢筋的锚固效果较差，做受拉钢筋时，端部还应做 180°弯钩。

(1) 简支端支座处纵筋的锚固　在简支梁和连续梁的简支端附近，弯矩接近于零。但当支座边缘出现斜裂缝时，该处纵筋的拉应力会突然增加，如无足够的锚固长度，纵筋会因锚固不足发生滑移造成锚固破坏，降低梁的承载力。为防止这种破坏，简支梁和连续梁简支端的下部纵筋伸入梁支座范围内的锚固长度 l_{as} (图 7-19) 应符合下列规定：

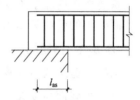

图 7-19　简支梁和连续梁简支端的下部纵筋的锚固长度

① 当 $V\leqslant 0.7f_tbh_0$ 时，不小于 $5d$；当 $V>0.7f_tbh_0$ 时，对带肋钢筋不小于 $12d$，对光圆钢筋不小于 $15d$，d 为钢筋的最大直径。

② 如纵向受力钢筋伸入梁支座范围内的锚固长度不符合上述要求时，可采取弯钩或机械锚固措施，也可采取在钢筋上加焊锚固钢板或将钢筋端部焊接在预埋件上等有效锚固措施。

③ 支撑在砌体结构上的钢筋混凝土独立梁简支支座处，由于约束较小，应在锚固长度内加强配箍。在纵向受力钢筋的锚固长度范围内应配置不少于 2 个箍筋，其直径不宜小于 $\dfrac{d}{4}$ (d 为纵向受力钢筋的最大直径)；箍筋间距不宜大于 $10d$，当采用机械锚固措施时，箍筋间距尚不宜大于 $5d$ (d 为纵向受力钢筋的最小直径)。

④ 混凝土强度等级为 C25 及以下的简支梁和连续梁的简支端，当距支座边 $1.5h$ 范围内作用有集中荷载，且 $V>0.7f_tbh_0$ 时，对带肋钢筋宜采用有效的锚固措施，或取锚固长度不小于 $15d$，d 为锚固钢筋的直径。

(2) 中间支座的钢筋锚固　连续梁或框架梁的中间节点或中间支座处，一般上部纵向钢筋受拉，上部钢筋应贯穿中间支座或中间节点范围。梁下部纵向钢筋宜贯穿支座或节点，当必须锚固时，应符合下列锚固要求：

① 当计算中不利用该钢筋的强度时，其伸入节点或支座的锚固长度对带肋钢筋不小于 $12d$，对光圆钢筋不小于 $15d$，d 为钢筋的最大直径。

② 当计算中充分利用钢筋的抗拉强度时，钢筋可采用直线方式锚固在中间节点或中间支座内，锚固长度不应小于钢筋的受拉锚固长度 l_a，见图 7-20(a)。当柱截面尺寸不足时，

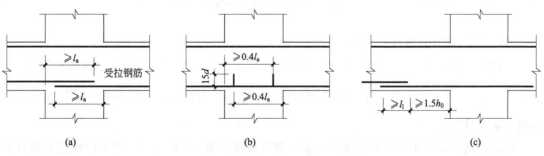

图 7-20　梁中间支座下部纵筋的锚固

可采用钢筋端部加锚头的机械锚固措施,也可采用90°弯折锚固,见图7-20(b)。

③ 当计算中充分利用钢筋的抗压强度时,钢筋应按照受压钢筋锚固在中间节点或中间支座内,其直线锚固长度不应小于$0.7l_a$。

④ 梁下部钢筋也可贯穿节点或支座范围,在梁端弯矩较小处设置搭接接头,搭接接头的起始点至节点或支座边缘的距离不应小于$1.5h_0$,见图7-20(c)。

7.5.3 箍筋的构造要求

箍筋在梁内除了承受剪力以外,还起到固定纵筋的位置,与纵筋形成钢筋骨架,增加受压区混凝土的延性等作用。因此箍筋除了满足斜截面抗剪之外,还需满足相关的构造要求。

7.5.3.1 箍筋的布置

当按抗剪承载力计算不需要箍筋的梁(即$V \leqslant \alpha_{cv} f_t b h_0$),按下列构造要求设置箍筋:

(1) 当截面高度大于300mm时,应沿梁全长设置构造箍筋。

(2) 当截面高度在150~300mm时,可仅在构件端部$\frac{1}{4}$跨度范围内设置构造箍筋。但当构件中部$\frac{1}{2}$跨度范围内有集中荷载作用时,则应沿梁全长设置箍筋。

(3) 当截面高度小于150mm时,可不设置箍筋。

7.5.3.2 箍筋的形式和肢数

箍筋的形式有封闭和开口式两种[图7-21(a)、(b)],一般梁中均采用封闭式箍筋。对现浇T形截面梁,当不承受转矩和动荷载时,在跨中截面上部受压区的跨中区段内,可采用开口式。当梁中配有计算的受压钢筋时,均应做成封闭式。

箍筋有单肢箍、双肢箍和复合箍等,见图7-21(c)~(e)。箍筋的肢数一般按下列情况选用:当梁宽$b \leqslant 400$mm时,可采用双肢箍;当梁宽$b > 400$mm且一层内的纵向受压钢筋多于3根时,或者当梁宽$b \leqslant 400$mm但一层内的纵向受压钢筋多于4根时,应设置复合箍。梁宽$b < 100$mm,可采用单肢箍。

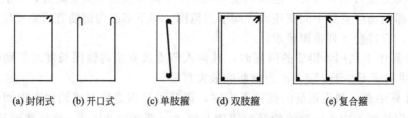

(a) 封闭式　　(b) 开口式　　(c) 单肢箍　　(d) 双肢箍　　(e) 复合箍

图7-21 箍筋的形式和肢数

7.5.3.3 箍筋的直径和间距

箍筋的直径不应太小,以保证钢筋骨架有一定的刚性,便于制作安装。箍筋的最小直径要求见表7-1。当梁中配置有按计算需要的纵向受压钢筋时,箍筋直径不应小于$\frac{d}{4}$(d为受压钢筋的最大直径)。

箍筋的间距除应满足计算要求外,最大间距应符合表7-1的规定。当梁中配置有按计算需要的纵向受压钢筋时,箍筋的间距不应大于15d,同时不应大于400mm;当一层内的纵向受压钢筋多于 5 根且直径大于 18mm 时，箍筋间距不应大于 $10d$。

7.5.4 弯起钢筋的构造要求

梁中弯起钢筋的弯起角度一般宜取 45°，当梁截面高度大于 700mm 时，宜采用 60°。弯起钢筋的弯终点应留有平行于轴线的锚固长度，其长度在受拉区不应小于 $20d$，在受压区不应小于 $10d$（d 为弯起钢筋的直径），见图 7-22，对光面钢筋末端还应设置弯钩。梁底层钢筋中的角部钢筋不应弯起，顶层钢筋中的角部钢筋不应弯下。

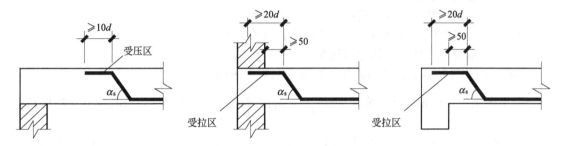

图 7-22 弯起钢筋端部构造

当不能利用纵向受力钢筋弯起抗剪时，可单独设置承受剪力的弯筋，此时应将弯筋布置成"鸭筋"的形式，不能采用"浮筋"，因浮筋在受拉区只有一小段水平长度，锚固性能不如两端均锚固在受压区的鸭筋可靠，浮筋滑动会使梁的斜裂缝开展过大。鸭筋和浮筋见图 7-23。

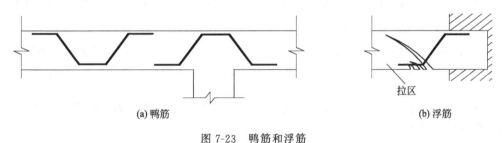

图 7-23 鸭筋和浮筋

7.6 偏心受力构件的斜截面受剪承载力

7.6.1 偏心受压构件斜截面受剪承载力

框架柱、排架柱等受压构件在竖向荷载和水平荷载共同作用下，截面上不仅有轴向力 N 和弯矩 M，而且还可能有较大的剪力，因此需进行斜截面受剪承载力计算。

试验研究表明，轴向压力的存在可以推迟和延缓斜裂缝的出现和发展，增加了混凝土剪压区高度，从而提高了构件的受剪承载力。但轴向压力对受剪承载力的提高是有限的，故应对轴向压力的受剪承载力提高范围予以限制。

《规范》规定，对矩形、T 形和工字形截面偏心受压构件，斜截面受剪承载力计算公式为：

$$V \leqslant V_u = \frac{1.75}{\lambda+1} f_t b h_0 + f_{yv} \frac{A_{sv}}{s} h_0 + 0.07N \tag{7-20}$$

式中 V——偏心受压构件计算截面的剪力设计值；

V_u——偏心受压构件斜截面受剪承载力设计值；

λ——偏心受压构件计算截面的剪跨比，取为$\dfrac{M}{Vh_0}$；

N——与剪力设计值V相应的轴向压力设计值，当$N > 0.3f_c A$时，取$N = 0.3f_c A$，此处A为构件的截面面积；

f_t——混凝土轴心抗拉强度设计值；

b——截面宽度，T形截面或工字形截面的腹板宽度；

h_0——截面有效高度；

f_{yv}——箍筋抗拉强度设计值；

A_{sv}——配置在同一截面内箍筋各肢的全部截面面积；

s——沿构件长度方向的箍筋间距。

偏心受压构件计算截面的剪跨比λ应按下列规定采用：

① 对各类结构的框架柱，宜取$\lambda = \dfrac{M}{Vh_0}$；对框架结构中的框架柱，当其反弯点在层高范围内时，可取$\lambda = \dfrac{H_n}{2h_0}$；当$\lambda < 1$时，取$\lambda = 1$；当$\lambda > 3$时，取$\lambda = 3$。此处，$M$为计算截面上与剪力设计值$V$相应的弯矩设计值，$H_n$为柱净高。

② 对其他偏心受压构件，当承受均布荷载时，取$\lambda = 1.5$；当承受集中荷载（包括作用有多种荷载，其中集中荷载对支座截面或节点边缘所产生的剪力值占总剪力的75%以上的情况）时，取$\lambda = \dfrac{a}{h_0}$；当$\lambda < 1.5$时，取$\lambda = 1.5$；当$\lambda > 3$时，取$\lambda = 3$；此处，a为集中荷载作用点至支座截面或节点边缘的距离。

对于圆形截面的偏心受压构件，仍可采用矩形截面偏心受压构件的受剪承载力计算公式[式(7-20)]进行计算，公式中的计算宽度b可用$1.76r$代替，截面有效高度h_0可用$1.6r$代替，r为圆形截面的半径。

钢筋混凝土偏心受压构件，当符合式(7-21)要求时，可不进行斜截面受剪承载力计算，按构造要求配置箍筋。

$$V \leqslant \dfrac{1.75}{\lambda + 1} f_t b h_0 + 0.07N \tag{7-21}$$

钢筋混凝土偏心受压构件，为了避免斜压破坏，截面尺寸还应符合式(7-22)的要求，否则，应加大截面尺寸或提高混凝土强度等级。

当$h_w/b \leqslant 4$时 $\qquad\qquad V \leqslant 0.25\beta_c f_c b h_0 \tag{7-22}$

【例 7-5】 某框架结构中的框架柱，柱截面尺寸$b \times h = 400\text{mm} \times 600\text{mm}$，柱的净高$H_n = 3.6\text{m}$，柱端作用剪力设计值$V = 380\text{kN}$，轴向压力设计值$N = 860\text{kN}$。混凝土强度等级为C40，纵向受力钢筋采用HRB400级，箍筋采用HRB335级，$a_s = 40\text{mm}$。计算该柱所需箍筋的数量。

【解】 C40混凝土：$\beta_c = 1.0$，$f_c = 19.1\text{N/mm}^2$，$f_t = 1.71\text{N/mm}^2$；HRB335钢筋：$f_{yv} = 300\text{N/mm}^2$；$h_0 = h - 40 = 560(\text{mm})$。

(1) 验算截面尺寸。

$h_w = h_0 = 560\text{mm}$

$\dfrac{h_w}{b} = \dfrac{560}{400} = 1.4 < 4$

$0.25\beta_c f_c b h_0 = 0.25 \times 1 \times 19.1 \times 400 \times 560 = 1069.6 \times 10^3(\text{N}) = 1069.6(\text{kN}) > V = 380\text{kN}$

故截面尺寸满足要求。

(2) 验算是否需要按计算配箍筋。

$$\lambda = \frac{H_n}{2h_0} = \frac{3600}{2 \times 560} = 3.21 > 3, \text{ 取 } \lambda = 3$$

$$0.3f_c A = 0.3 \times 19.1 \times 400 \times 600 = 1375200(\text{N}) = 1375.2\text{kN} > N = 860\text{kN}$$

取 $N = 860\text{kN}$

$$\frac{1.75}{\lambda+1} f_t b h_0 + 0.07N = \frac{1.75}{3+1} \times 1.71 \times 400 \times 560 + 0.07 \times 860 \times 10^3$$
$$= 227.78 \times 10^3 (\text{N}) = 227.78(\text{kN}) < V = 380\text{kN}$$

故需按计算配置箍筋。

(3) 计算箍筋筋数量。

$$\frac{A_{sv}}{s} \geqslant \frac{V - \left(\frac{1.75}{\lambda+1} f_t b h_0 + 0.07N\right)}{f_{yv} h_0} = \frac{(380 - 227.78) \times 10^3}{300 \times 560} = 0.906$$

选用Φ8双肢箍筋，$A_{sv} = 101\text{mm}^2$，则箍筋的间距为：

$$s \leqslant \frac{A_{sv}}{0.906} = \frac{101}{0.906} = 111.5(\text{mm})$$

取箍筋间距 $s = 110\text{mm}$。

故该柱需配置Φ8@110双肢箍筋。

7.6.2 偏心受拉构件斜截面受剪承载力

偏心受拉构件截面受到弯矩 M 及轴力 N 作用的同时，还受到较大的剪力作用，需要进行斜截面受剪承载力计算。

试验研究表明，由于轴向拉力的存在，使斜裂缝提前出现，甚至形成贯通全截面的斜裂缝，混凝土剪压区高度明显变小。因此，轴向拉力使构件的受剪承载力明显降低，降低的幅度随轴向拉力的增大而增大。

《规范》规定，对矩形、T形和工字形截面偏心受拉构件，斜截面受剪承载力计算公式为：

$$V \leqslant V_u = \frac{1.75}{\lambda+1} f_t b h_0 + f_{yv} \frac{A_{sv}}{s} h_0 - 0.2N \tag{7-23}$$

式中 N——与剪力设计值 V 相应的轴向压力设计值；

λ——偏心受拉构件计算截面的剪跨比，按偏心受压构件的规定取用。

虽然轴向拉力 N 的存在使构件的受剪承载力明显降低，但对箍筋的抗剪能力几乎没有影响，因此当轴向拉力 N 较大时，即式(7-23)右侧的计算值小于 $f_{yv} \frac{A_{sv}}{s} h_0$ 时，应取等于 $f_{yv} \frac{A_{sv}}{s} h_0$，且其值不得小于 $0.36 f_t b h_0$。

偏心受拉构件的箍筋一般应满足受弯构件对箍筋的构造要求。

本章小结

(1) 斜截面承载力计算是混凝土结构的一个重要问题。梁、柱、剪力墙等结构构件，应同时进行正截面承载力和斜截面承载力计算，并应满足相关构造要求。

(2) 为了防止梁发生斜截面破坏，应使构件有一个合适的截面尺寸和适宜的混凝土强度等级，并配置必要的腹筋。梁在配置腹筋时，一般优先选用箍筋来抗剪，必要时再加配适量的弯起钢筋。

(3) 根据剪跨比和箍筋用量的不同，有腹筋梁斜截面剪切破坏主要有斜拉破坏、剪压破坏、斜压破坏三种破坏形态。其中斜压破坏和斜拉破坏在工程中不允许出现，在设计时通过限制截面最小尺寸来防止斜压破坏，通过限制最小配箍率和箍筋的最大间距来防止斜拉破坏。对剪压破坏则是通过进行受剪承载力计算来保证的。

(4) 影响梁斜截面受剪承载力的因素很多，主要因素有剪跨比、混凝土强度、配箍率和箍筋强度、纵筋配筋率等。

(5) 梁斜截面受剪承载力计算公式是以剪压破坏为基础建立的。梁的斜截面受剪承载力由剪压区混凝土、箍筋和弯起钢筋三部分组成，即 $V_u = V_c + V_{sv} + V_{sb}$。当仅配置箍筋时，斜截面受剪承载力计算公式为 $V \leqslant V_u = \alpha_{cv} f_t b h_0 + f_{yv} \dfrac{A_{sv}}{s} h_0$；当既配置箍筋又配置弯起钢筋时，斜截面受剪承载力计算公式为 $V \leqslant V_u = \alpha_{cv} f_t b h_0 + f_{yv} \dfrac{A_{sv}}{s} h_0 + 0.8 f_y A_{sb} \sin\alpha_s$。斜截面承载力计算公式还应满足相应的适用条件。

(6) 受弯的斜截面承载力计算有截面设计和截面复核两个方面。在使用计算公式进行计算时，应理解计算公式的适用条件。

(7) 受弯构件的斜截面承载力有两类问题，一类是斜截面受剪承载力，对此问题通过计算配置腹筋（箍筋或箍筋+弯起钢筋）来解决；另一类是斜截面受弯承载力，主要是通过梁内纵向钢筋的弯起、截断、锚固等构造措施来保证，一般不需要计算。

(8) 偏心受力构件的斜截面受剪承载力计算与受弯构件类似，主要区别在于考虑轴向力的影响。偏心受压构件轴向压力的存在使受剪承载力有所提高，但提高的幅度有限。偏心受拉构件纵向拉力的存在会降低截面的斜截面受剪承载力，但对箍筋的抗剪能力几乎没有影响。

(1) 梁中抵抗剪力的钢筋有哪些？它们统称为什么钢筋？

(2) 钢筋混凝土梁在荷载作用下，为什么一般在跨中产生垂直裂缝，在支座处产生斜裂缝？

(3) 无腹筋梁在斜裂缝形成前后的应力状态有什么变化？

(4) 什么是剪跨比？对梁的斜截面受剪承载力有什么影响？

(5) 箍筋的配箍率如何定义？对梁的斜截面受剪承载力有什么影响？

(6) 有腹筋梁斜截面破坏形态有哪几种？它们分别在什么情况下发生？各有何特点？

(7) 影响斜截面承载力的主要因素有哪些？

(8) 斜截面承载力计算截面位置一般有哪些？

(9) 受弯构件斜截面承载力的计算公式是什么？公式的适用条件有哪些？

(10) 梁在斜截面设计计算时，如何防止斜压破坏和斜拉破坏？

(11) 梁在什么情况下可按照构造配箍筋？

(12) 什么是抵抗弯矩图，它与荷载作用下的设计弯矩图的关系如何？

(13) 什么是钢筋的充分利用点和理论截断点？

(14) 纵向钢筋弯起应满足哪些要求？
(15) 支座负弯矩纵向钢筋截断位置应满足哪些要求？
(16) 纵向钢筋在支座处的锚固有哪些要求？
(17) 箍筋的构造要求有哪些？
(18) 弯起钢筋的构造要求有哪些？
(19) 对于偏心受力构件，轴向力对构件受剪承载力有何影响？
(20) 对于偏心受压和偏心受拉构件，斜截面受剪承载力计算公式各是什么？

(1) 一承受均布荷载的钢筋混凝土简支梁，截面尺寸 $b \times h = 250\text{mm} \times 500\text{mm}$，承受剪力设计值 $V = 220\text{kN}$，混凝土强度等级为 C30，箍筋采用 HPB300 级，$a_s = 40\text{mm}$。计算该梁所需箍筋的数量。

(2) 一矩形截面简支梁，承受均布荷载，$h_0 = h - 40$，承受剪力设计值 $V = 300\text{kN}$，截面尺寸和混凝土强度等级见表 7-2。计算该梁所需 Φ10 双肢箍筋的间距，并根据计算结果分析截面尺寸和混凝土强度等级对梁斜截面承载力的影响。

表 7-2 习题（2）计算表

序号	截面尺寸 $b \times h/\text{mm} \times \text{mm}$	混凝土强度等级	$\dfrac{A_{sv}}{s}$	Φ10 计算箍筋间距 s	Φ10 实配箍筋间距 s
1	200×500	C30			
2	200×600	C30			
3	250×500	C40			
4	250×600	C40			

(3) 一钢筋混凝土矩形截面简支梁如图 7-24 所示。该梁承受均布荷载设计值为 $q = 120\text{kN/m}$（包括梁自重），梁截面尺寸 $b \times h = 250\text{mm} \times 600\text{mm}$，环境类别为一类。混凝土强度等级为 C30，箍筋为 HRB335 级钢筋，纵向受力钢筋为 HRB400 级钢筋。根据正截面受弯承载力计算所配置的纵筋数量为 3Φ25，$a_s = 40\text{mm}$。

① 假设该梁仅配置箍筋，计算所需箍筋的数量。

② 假设该梁既配置箍筋又配置弯起钢筋，已在支座处设置 1Φ25 弯起钢筋，计算该梁所需箍筋的数量。

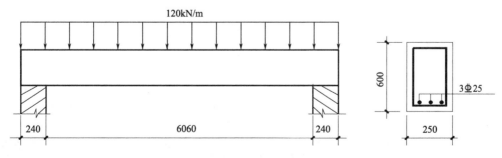

图 7-24 习题（3）图

(4) 一钢筋混凝土矩形截面简支梁，承受一设计值为 560kN（包括梁的自重）的集中荷载，梁的跨度、荷载及截面尺寸如图 7-25 所示。混凝土强度等级为 C30，箍筋采用 HRB335 级，梁中纵筋按照两排考虑，$a_s=70\text{mm}$。若该梁仅配置箍筋来抗剪，分别计算该梁 AB 段、BC 段所需箍筋的数量。

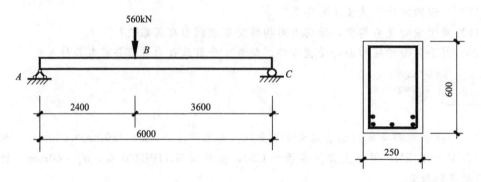

图 7-25　例题（4）图

(5) 一承受均布荷载的简支梁，在荷载作用下的剪力设计值 $V=300\text{kN}$，梁截面尺寸 $b\times h=250\text{mm}\times 600\text{mm}$，混凝土强度等级为 C30，$a_s=40\text{mm}$。若沿梁全长布置 Φ10@150 双肢箍筋，验算该梁是否安全。

(6) 已知钢筋混凝土矩形截面简支梁，截面尺寸 $b\times h=250\text{mm}\times 550\text{mm}$，梁的净跨为 5760mm，混凝土强度等级为 C30，箍筋为 HPB300 级，$a_s=40\text{mm}$。计算当采用 Φ8@200 和 Φ10@200 双肢箍筋时，该梁所能承受的均布荷载设计值分别为多少？（q 已包括梁自重）

(7) 某钢筋混凝土矩形截面梁，截面尺寸 $b\times h=250\text{mm}\times 500\text{mm}$，承受弯矩设计值 $M=180\text{kN}\cdot\text{m}$，承受剪力设计值 $V=200\text{kN}$。混凝土强度等级为 C30，纵向受力钢筋采用 HRB400 级，箍筋采用 HPB300 级，$a_s=40\text{mm}$。

① 按正截面承载力计算该梁所需的纵向受力钢筋面积 A_s。

② 按斜截面承载力计算该梁所需箍筋的数量。

(8) 某框架柱截面尺寸 $b\times h=500\text{mm}\times 600\text{mm}$，柱端作用剪力设计值 $V=280\text{kN}$，弯矩设计值 $M=200\text{kN}\cdot\text{m}$，与剪力相对应的轴向压力设计值 $N=700\text{kN}$。混凝土强度等级为 C30，纵向受力钢筋采用 HRB400 级，箍筋采用 HRB335 级，$a_s=40\text{mm}$。验算该柱的截面尺寸是否满足要求，并计算所需箍筋的数量。

第 8 章 受扭构件截面承载力计算

8.1 概述

承受扭矩作用的构件称为受扭构件。在实际工程中，单独受扭作用的纯扭构件很少见，大多数情况下都是处于弯矩、剪力和扭矩共同作用下的复合受扭构件。例如雨篷梁、吊车梁、框架结构的边梁、平面曲梁或折梁、螺旋楼梯梯板等，均属于复合受扭构件，如图 8-1 所示。

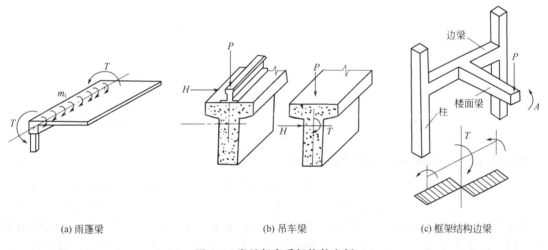

(a) 雨篷梁　　　　　　　(b) 吊车梁　　　　　　　(c) 框架结构边梁

图 8-1　常见复合受扭构件实例

按照构件中扭矩形成的原因，可分为平衡扭转和协调扭转。平衡扭转是由于荷载的直接作用引起的扭矩，扭矩可根据结构的平衡条件求得，与构件的抗扭刚度无关。平衡扭转是混凝土结构中的主要扭转，如图 8-1(a)、(b) 所示的雨篷梁和吊车梁等。协调扭转是超静定结构中由于变形的协调所引起的，是混凝土结构中的次要扭转，如图 8-1(c) 所示的框架结构边梁。在图 8-1(c) 中，当楼面梁受弯产生弯曲变形时，边梁对与其整浇在一起的楼面梁端支座的转动就要产生弹性约束，约束产生的弯矩就是楼面梁施加给边梁的扭转，从而使边梁受扭。协调扭矩与相邻构件的抗扭刚度有很大关系。

平衡扭转主要是承载能力问题，受扭构件必须提供足够的抗扭承载力，构件截面需配置足够的抗扭钢筋，本章介绍的受扭承载力计算公式主要针对平衡扭转。协调扭转引起的扭矩一般不做计算，只在构造上采取抗扭措施，适当配置构造钢筋进行处理。

8.2 纯扭构件的受力性能和扭曲截面承载力计算

8.2.1 试验研究

纯扭构件的受力性能是研究弯剪扭构件的基础，只有了解纯扭构件的受力性能，才能对弯剪扭构件有更深入的理解。

8.2.1.1 素混凝土纯扭构件的受力性能

矩形截面梁在扭矩 T 的作用下，截面将产生剪应力 τ，在构件截面长边的中点将产生主拉应力 σ_{tp}，其数值等于 τ 并与构件纵轴成 $45°$ 角，如图 8-2 所示。对素混凝土构件，当主拉应力达到混凝土的抗拉强度时，构件将开裂。主拉应力 σ_{tp} 使截面长边中点处混凝土首先开裂，出现一条与构件轴线成约 $45°$ 角的斜裂缝，该裂缝迅速地向构件的底部和顶部及向内延伸，最后构件将形成三面受拉、一边受压的斜向空间曲面，构件破坏。该破坏具有突然性，属于脆性破坏，如图 8-3 所示。

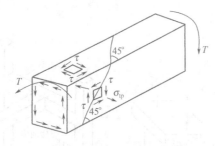

图 8-2 素混凝土纯扭构件受力图

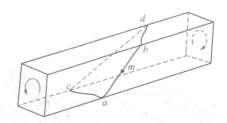

图 8-3 素混凝土纯扭构件破坏面图

8.2.1.2 钢筋混凝土纯扭构件的受力性能

由于素混凝土构件的受扭承载力很低，且破坏时表现出明显的脆性破坏特点，所以通常需在构件内配置一定数量的抗扭钢筋来改变其受力性能。由于扭矩在构件中产生的主拉应力与构件成 $45°$ 角，因此从受力合理的观点考虑，受扭钢筋应采用与轴线成 $45°$ 角的螺旋钢筋来抗扭，但这会给施工带来不便，可操作性不强。故在实际工程中，通常采用同时配置受扭箍筋和受扭纵筋来共同承担扭矩作用。

钢筋混凝土受扭构件在扭矩作用下，混凝土开裂以前钢筋应力是很小的，当裂缝出现后混凝土退出工作，斜截面上的拉应力主要由受扭钢筋承担，结构的破坏特征主要与配筋数量有关。按照抗扭钢筋配筋率的不同，钢筋混凝土受扭构件的破坏形态可分为少筋破坏、适筋破坏、超筋破坏和部分超筋破坏。

(1) 少筋破坏 当混凝土受扭构件抗扭箍筋和纵筋配置数量较少时，在扭矩作用下，混凝土开裂并退出工作，混凝土承担的拉力转移给钢筋，由于配置抗扭箍筋和纵筋数量很少，钢筋应力立即达到或超过屈服点，结构立即破坏，破坏扭矩基本上与抗裂扭矩相等。此类破坏的破坏过程迅速而突然，属于脆性破坏，破坏类似于受弯构件的少筋梁破坏，故称为"少筋破坏"，在工程设计中应予以避免。为了避免"少筋破坏"的发生，《混凝土结构设计规范》（GB 50010—2010，以下简称《规范》）对受扭构件提出了抗扭箍筋及抗扭纵筋的最小配筋率限值。

(2) 适筋破坏 当混凝土受扭构件抗扭箍筋和纵筋配置数量适当时,结构在扭矩作用下,混凝土开裂并退出工作,钢筋应力增加但没有达到屈服点。随着扭矩不断增加,抗扭箍筋和纵筋相继达到屈服,进而混凝土裂缝不断开展,最后导致受压区混凝土被压碎而破坏。结构破坏时其变形及混凝土裂缝宽度均较大,属于塑性破坏。这种破坏是钢筋先屈服而后混凝土压碎,与受弯构件的适筋梁相似,故称为"适筋破坏"。受扭构件应设计成这种具有适筋破坏特征的构件,钢筋混凝土受扭构件承载力计算也是以这种破坏形态为计算依据的。

(3) 超筋破坏 当混凝土受扭构件抗扭箍筋和纵筋配置数量过大或混凝土强度等级过低时,受压区混凝土首先达到抗压强度而破坏,结构破坏时抗扭箍筋和纵筋均未达到屈服。结构破坏时其变形及混凝土裂缝宽度均较小,破坏前无明显的征兆,属于脆性破坏。这种破坏类似于受弯构件的超筋梁破坏,故称为"超筋破坏",在工程设计中应予以避免。为了避免"超筋破坏"的发生,《规范》规定了构件截面的限制尺寸,即在选择适宜的混凝土基础上,限制了钢筋的最大配筋率。

(4) 部分超筋破坏 当混凝土受扭构件的抗扭箍筋和抗扭纵筋比率相差较大时,即一种钢筋配置数量较多,另一种钢筋配置数量较少时,随着扭矩的不断增加,配置数量较少的钢筋达到屈服,最后受压区混凝土被压碎而破坏,而配置数量较多的钢筋并没有达到屈服,结构破坏具有一定的塑性性质。这种破坏的塑性比完全超筋要大一些,但又小于适筋构件,这种破坏叫"部分超筋破坏"。为防止出现"部分超筋破坏",《规范》规定了抗扭纵筋和抗扭箍筋的配筋强度比值的合适范围。

为使抗扭纵筋和抗扭箍筋都能有效地发挥作用,在构件破坏时同时或先后达到屈服强度,应将这两种钢筋的数量比例控制在一定的范围内。抗扭纵筋与抗扭箍筋数量的比例用受扭纵筋和箍筋的配筋强度比 ζ 来表示,其计算公式为:

$$\zeta = \frac{f_y A_{stl} s}{f_{yv} A_{st1} u_{cor}} \tag{8-1}$$

式中 ζ——受扭纵向钢筋和箍筋的配筋强度比值,ζ 值不应小于 0.6,当 ζ 大于 1.7 时,取 1.7;
  A_{stl}——对称布置的全部抗扭纵筋截面面积;
  A_{st1}——沿截面周边配置的抗扭箍筋单肢截面面积;
  s——抗扭箍筋的间距;
  f_y——抗扭纵筋的抗拉强度设计值;
  f_{yv}——抗扭箍筋的抗拉强度设计值;
  u_{cor}——截面核心部分的周长,$u_{cor} = 2(b_{cor} + h_{cor})$;
  b_{cor}, h_{cor}——箍筋内表面范围的核心截面部分的短边尺寸、长边尺寸,见图 8-4。

试验表明,当 $0.5 \leqslant \zeta \leqslant 2.0$ 时,能够保证受扭构件破坏时抗扭纵筋和箍筋都能得到充分利用,抗扭纵筋和箍筋一般都能屈服。为了稳妥起见,《规范》规定 ζ 的取值范围为 $0.6 \leqslant \zeta \leqslant 1.7$。当 $\zeta = 1.2$ 左右时,抗扭纵筋和抗扭箍筋配合最佳,两者基本上能同时达到屈服强度。因此,设计时取 $\zeta = 1.2$ 左右较为合理。

8.2.2 纯扭构件的开裂扭矩

纯扭构件的承载力计算,首先需要计算构件的开

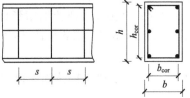

图 8-4 核心截面的短边尺寸、长边尺寸示意图

裂扭矩。如果扭矩大于构件的开裂扭矩,则需要按计算配置抗扭纵筋和箍筋以满足构件的承载力要求,否则,应按构造要求配置受扭钢筋。

试验表明,受扭构件混凝土开裂前的极限拉应变很小,此时钢筋的应力也很小,钢筋的存在对构件的开裂扭矩影响不大,因此在计算开裂扭矩时可忽略钢筋的影响。

8.2.2.1 矩形截面纯扭构件

由材料力学知识可知,对于匀质弹性材料矩形截面构件,在扭矩作用下,截面上的弹性剪应力分布如图 8-5(a) 所示。最大剪应力 τ 以及最大主拉应力发生在截面长边的中点,当拉应力超过混凝土抗拉强度时,构件将开裂。

试验表明,若按弹性应力分布估算素混凝土受扭构件的受扭承载力,则会低估其开裂扭矩。因此,通常按理想塑性材料估算素混凝土构件的开裂扭矩。若将混凝土视为理性的塑性材料,当截面上最大的切应力值达到材料强度时,结构材料进入塑性阶段,由于材料的塑性,截面上剪应力重新分布,如图 8-5(b) 所示,即假定各点剪应力均达到最大值。当截面上剪应力达到混凝土抗拉强度时,结构达到混凝土即将出现裂缝的极限状态,此时截面承受的扭矩就是开裂扭矩,记作 T_{cr}。根据力学理论,可将截面上切应力分为四个部分,各部分切应力的合力,如图 8-5(c) 所示,根据极限平衡条件,结构受扭开裂扭矩值为:

$$T_{cr} = f_t W_t \tag{8-2}$$

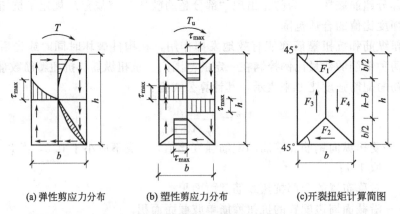

(a) 弹性剪应力分布　　(b) 塑性剪应力分布　　(c) 开裂扭矩计算简图

图 8-5　纯扭构件截面应力分布

因为混凝土不是理想的弹性材料,也不是理想的塑性材料,而是介于两者之间的弹塑性材料,截面上的混凝土切应力不会像理想塑性材料那样完全地应力重分布,而且混凝土应力也不会全截面达到抗拉强度,因此按式(8-2)计算的开裂扭矩偏高。

为实用计算方便,纯扭构件计算开裂扭矩时,采用理想塑性材料截面的应力分布计算模式,但结构受扭开裂扭矩值要适当降低,应乘以小于 1 的系数予以修正。试验表明,对素混凝土构件,修正系数在 0.87~0.97 变化;对于钢筋混凝土纯扭构件,修正系数在 0.86~1.06 变化;高强度混凝土的塑形比普通混凝土要差,相应系数要小些。《规范》偏于安全地取修正系数为 0.7,则素混凝土构件开裂扭矩的计算公式为:

$$T_{cr} = 0.7 f_t W_t \tag{8-3}$$

式中　f_t——混凝土抗拉强度设计值;

　　　W_t——受扭构件的截面受扭塑性抵抗矩,对于矩形截面取 $W_t = \dfrac{b^2}{6}(3h-b)$,$b$ 为矩形截面短边尺寸,h 为矩形截面长边尺寸。

8.2.2.2 T形和工字形截面纯扭构件

工程中常见的还有 T 形和工字形截面受扭构件。T 形和工字形截面纯扭构件的开裂弯矩仍然按照式(8-3) 计算，但截面受扭塑性抵抗矩 W_t 与矩形截面不同。

在计算截面受扭塑性抵抗矩 W_t 时，可近似将 T 形和工字形截面分别划分为若干个矩形截面，如图 8-6 所示。构件的截面受扭塑性抵抗矩 W_t 为各矩形块的受扭塑性抵抗矩之和。

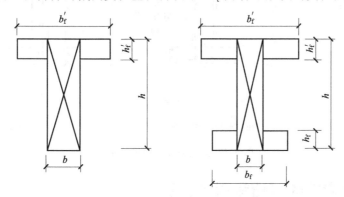

图 8-6 T 形和工字形截面矩形划分

T 形和工字形截面的受扭塑性抵抗矩，按式(8-4) 计算。

$$W_t = W_{tw} + W'_{tf} + W_{tf} \tag{8-4}$$

式中 W_{tw}——腹板矩形块的受扭塑性抵抗矩；

W'_{tf}——受压翼缘矩形块的受扭塑性抵抗矩；

W_{tf}——受拉翼缘矩形块的受扭塑性抵抗矩。

腹板、受压翼缘和受拉部分的矩形截面受扭抵抗矩 W_{tw}、W'_{tf}、W_{tf} 分别按照下式计算：

$$W_{tw} = \frac{b^2}{6}(3h-b) \tag{8-5}$$

$$W'_{tf} = \frac{h'^2_f}{2}(b'_f - b) \tag{8-6}$$

$$W_{tf} = \frac{h^2_f}{2}(b_f - b) \tag{8-7}$$

式中 b, h——截面的腹板宽度、截面高度；

b'_f, b_f——截面受压区、受拉区的翼缘宽度；

h'_f, h_f——截面受压区、受拉区的翼缘高度。

计算时取用的翼缘宽度尚应符合 $b'_f \leqslant b + 6h'_f$ 及 $b_f \leqslant b + 6h_f$ 的规定。

8.2.2.3 箱形截面纯扭构件

对于箱形截面构件，仍由式(8-3) 计算开裂扭矩。箱形截面按照分块法计算的截面受扭塑性抵抗矩偏小，《规范》规定按整体截面计算箱形截面的受扭塑性抵抗矩，计算公式如下：

$$W_t = \frac{b_h^2}{6}(3h_h - b_h) - \frac{(b_h - 2t_w)^2}{6}[3h_w - (b_h - 2t_w)] \tag{8-8}$$

式中 b_h, h_h——箱形截面的短边尺寸、长边尺寸；

t_w——箱形截面壁厚，其值不应小于 $\frac{b_h}{7}$。

矩形、T 形和工字形、箱形截面尺寸示意见图 8-7。

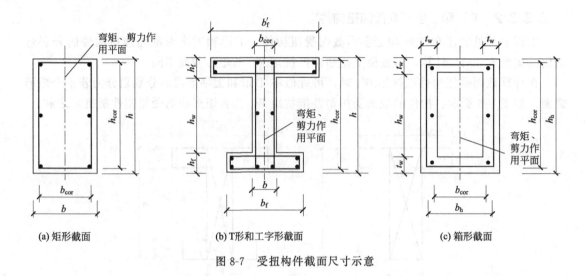

图 8-7 受扭构件截面尺寸示意

8.2.3 纯扭构件的受扭承载力计算

8.2.3.1 矩形截面纯扭构件受扭承载力计算

由试验研究表明,受扭构件的抗扭承载力 T_u 由混凝土的抗扭承载力 T_c 和箍筋与纵筋的抗扭承载力 T_s 两部分组成,即:

$$T_u = T_c + T_s \tag{8-9}$$

《规范》采用的方法是先确定有关的基本变量,然后根据大量的实测数据进行回归分析,从而得到抗扭承载力计算的经验公式为:

$$T \leqslant T_u = 0.35 f_t W_t + 1.2\sqrt{\zeta} f_{yv} \frac{A_{st1} A_{cor}}{s} \tag{8-10}$$

式中 T——扭矩设计值;

T_u——受扭构件的抗扭承载力设计值;

ζ——受扭纵向钢筋和箍筋的配筋强度比值,按公式(8-1)计算,$0.6 \leqslant \zeta \leqslant 1.7$;

A_{cor}——截面核心部分的面积,$A_{cor} = b_{cor} h_{cor}$。

公式中其他符号含义见前面所述。

8.2.3.2 T形和工字形截面纯扭构件受扭承载力计算

T形和工字形截面纯扭构件,可将其截面划分为几个矩形截面,分别按式(8-10)进行受扭承载力计算。每个矩形截面的扭矩设计值可按下列规定计算:

腹板
$$T_w = \frac{W_{tw}}{W_t} T \tag{8-11}$$

受压翼缘
$$T'_f = \frac{W'_{tf}}{W_t} T \tag{8-12}$$

受拉翼缘
$$T_f = \frac{W_{tf}}{W_t} T \tag{8-13}$$

式中 T_w——腹板所承受的扭矩设计值;

T'_f——受压翼缘所承受的扭矩设计值;

T_f——受拉翼缘所承受的扭矩设计值;

W_t——T形和工字形截面的受扭塑性抵抗矩，$W_t = W_{tw} + W'_{tf} + W_{tf}$；
W_{tw}——腹板矩形块的受扭塑性抵抗矩；
W'_{tf}——受压翼缘矩形块的受扭塑性抵抗矩；
W_{tf}——受拉翼缘矩形块的受扭塑性抵抗矩。

T形和工字形截面的腹板、受压翼缘和受拉翼缘部分的矩形截面受扭塑性抵抗矩W_{tw}、W'_{tf}和W_{tf}，按式(8-5)、式(8-6)和式(8-7)计算。

求得各部分矩形承受的扭矩后，按式(8-10)计算，确定各自所需的抗扭纵向钢筋和抗扭箍筋面积，统一配筋。试验证明，T形和工字形截面整体受扭承载力大于上述分块计算后再总加得出的承载力，故分块计算的方法偏于安全。

8.2.3.3 箱形截面纯扭构件受扭承载力计算

试验表明，具有一定壁厚的箱形截面，其受扭承载力与其实心截面是基本相同的。因此，其箱形截面受扭承载力公式是在矩形截面受扭承载力计算公式基础上，乘以修正系数α_h得出的。

箱形截面钢筋混凝土纯扭构件的受扭承载力按下式计算：

$$T \leqslant T_u = 0.35\alpha_h f_t W_t + 1.2\sqrt{\zeta} f_{yv} \frac{A_{st1}A_{cor}}{s} \tag{8-14}$$

$$\alpha_h = 2.5t_w/b_h \tag{8-15}$$

式中 α_h——箱形截面壁厚影响系数，当α_h大于1.0时，取1.0；
b_h——箱形截面的短边尺寸；
t_w——箱形截面壁厚，其值不应小于$\frac{b_h}{7}$。

8.3 复合受扭构件承载力计算

实际工程中单纯的受扭构件很少，大多数是弯矩、剪力和扭矩同时作用，俗称弯剪扭构件，使构件处于复合受力状态。试验表明，对于弯剪扭构件，构件的受扭承载力、受弯承载力和受剪承载力是相互影响的。由于其间相互影响极其复杂，所以要完全考虑它们之间的相关性，并用统一的的相关方程来计算是非常困难的。因此，《规范》对复合受扭构件的承载力计算采用部分相关、部分叠加的计算方法，即对混凝土抗力部分考虑相关性，对钢筋抗力部分采用叠加法。

8.3.1 弯扭构件承载力计算

弯矩和扭矩共同作用的构件称为弯扭构件。弯扭构件其受弯承载力与受扭承载力的相关关系比较复杂，为了简化设计，《规范》对弯扭构件的承载力计算采用简单的叠加法，即把受弯所需纵筋和受扭所需纵筋进行叠加。弯扭构件计算步骤如下：

(1) 根据截面承受的弯矩M，按受弯构件的正截面承载力计算所需要的抗弯纵筋；
(2) 根据截面承受的扭矩T，按纯扭构件计算所需的抗扭纵筋和抗扭箍筋；
(3) 将抗弯纵筋和抗扭纵筋在截面同一位置处叠加，将二者钢筋截面面积叠加后确定纵筋的直径和根数。抗弯纵筋和抗扭纵筋叠加示意图见图8-8。

8.3.2 剪扭构件承载力计算

试验表明，当构件同时承受剪力和扭矩作用时，其承载力是低于剪力和扭矩单独作用时

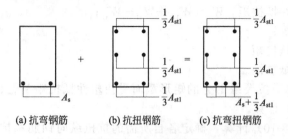

(a) 抗弯钢筋　　(b) 抗扭钢筋　　(c) 抗弯抗扭钢筋

图 8-8　抗弯纵筋和抗扭纵筋叠加示意图

的承载力的。由于受剪和受扭构件承载力计算时均包含有钢筋和混凝土两部分，为方便计算，采用混凝土部分相关、钢筋部分不相关的近似计算法。剪扭构件的箍筋可按受扭承载力和受剪承载力分别计算其用量，然后进行叠加。剪扭构件中的混凝土部分，由于混凝土有一部分被重复利用，应考虑其受扭和受剪的相关性，其抗剪承载力和抗扭承载力应予以降低。

8.3.2.1　混凝土受扭承载力降低系数 β_t

在剪扭构件中，《规范》采用混凝土受扭承载力降低系数 β_t 来考虑剪扭共同作用的影响。

一般剪扭构件

$$\beta_t = \frac{1.5}{1 + 0.5 \dfrac{VW_t}{Tbh_0}} \tag{8-16}$$

集中荷载作用下的独立剪扭构件

$$\beta_t = \frac{1.5}{1 + 0.2(\lambda + 1) \dfrac{VW_t}{Tbh_0}} \tag{8-17}$$

式中　λ——计算截面的剪跨比，当 λ 小于 1.5 时，取 1.5，当 λ 大于 3 时，取 3；

　　　β_t——剪扭构件混凝土受扭承载力降低系数，当 β_t 小于 0.5 时，取 0.5，当 β_t 大于 1.0 时，取 1.0。

8.3.2.2　矩形截面剪扭构件承载力计算

《规范》对混凝土提供的抗力部分考虑相关性，而对钢筋提供的抗力部分采用叠加的计算方法，混凝土的受剪承载力在纯剪构件的受剪承载力计算公式的基础上，乘以折减系数 $(1.5 - \beta_t)$，混凝土的受扭承载力则在纯扭构件受扭承载力计算公式的基础上乘以折减系数 β_t。

(1) 受剪承载力　一般剪扭构件

$$V \leqslant V_u = 0.7(1.5 - \beta_t) f_t b h_0 + f_{yv} \frac{nA_{sv1}}{s_v} h_0 \tag{8-18}$$

集中荷载作用下的独立剪扭构件

$$V \leqslant V_u = (1.5 - \beta_t) \frac{1.75}{\lambda + 1} f_t b h_0 + f_{yv} \frac{nA_{sv1}}{s_v} h_0 \tag{8-19}$$

式中　V——计算截面的剪力设计值；

　　　V_u——斜截面受剪承载力设计值；

　　　b——矩形截面的宽度，T 形截面或工字形截面的腹板宽度；

　　　β_t——剪扭构件的受扭承载力降低系数，按式(8-16)、式(8-17)确定；

　　　λ——计算截面的剪跨比，当 λ 小于 1.5 时，取 1.5，当 λ 大于 3 时，取 3；

　　　A_{sv1}——受剪承载力所需的单肢箍筋截面面积；

　　　n——同一截面内箍筋的肢数；

f_{yv}——箍筋抗拉强度设计值；

s_v——受剪箍筋的间距。

(2) 受扭承载力

$$T \leqslant T_u = 0.35\beta_t f_t W_t + 1.2\sqrt{\zeta}\frac{f_{yv}A_{st1}}{s_t}A_{cor} \tag{8-20}$$

由以上公式求得 $\dfrac{A_{sv1}}{s_v}$ 和 $\dfrac{A_{st1}}{s_t}$ 后，可叠加得到剪扭构件需要的单肢箍筋总用量：

$$\frac{A_{sv1}^*}{s} = \frac{A_{sv1}}{s_v} + \frac{A_{st1}}{s_t} \tag{8-21}$$

8.3.2.3 T形和工字形截面剪扭构件承载力计算

计算 T 形和工字形截面构件的受剪承载力时，按截面宽度等于腹板宽度，高度等于截面总高度的矩形截面计算，即不考虑翼缘板的受剪作用。因此，T 形和工字形截面剪扭构件，腹板部分要承受全部剪力和分配给腹板的扭矩，翼缘板仅承受所分配的扭矩。具体计算如下：

(1) T 形和工字形截面剪扭构件的受剪承载力，按式(8-18)、式(8-19)进行计算。计算时各式中的 T 和 W_t 应以 T_w 和 W_{tw} 代替。

(2) T 形和工字形截面的受扭承载力，可将其分为几个矩形截面分别进行计算。其中腹板按式 (8-20) 进行计算。但计算时应将 T 及 W_t 分别以 T_w 及 W_{tw} 代替。对受压翼缘和受拉翼缘，按纯扭用式 (8-10) 进行计算，但计算时应将 T 及 W_t 分别以 T'_f 及 W'_{tf} 或 T_f 及 W_{tf} 代替。

8.3.2.4 箱形截面剪扭构件承载力计算

箱形截面剪扭构件的受扭性能与矩形截面剪扭构件相似，但应考虑壁厚的影响，其受剪性能与工字形截面相似，即计算受剪承载力时只考虑侧壁作用。

(1) 受剪承载力　一般剪扭构件

$$V \leqslant 0.7(1.5-\beta_t)f_t bh_0 + f_{yv}\frac{A_{sv}}{s}h_0 \tag{8-22}$$

集中荷载作用下的箱形截面独立剪扭构件

$$V \leqslant (1.5-\beta_t)\frac{1.75}{\lambda+1}f_t bh_0 + f_{yv}\frac{A_{sv}}{s}h_0 \tag{8-23}$$

(2) 受扭承载力　其受扭承载力是在纯扭构件受扭承载力计算公式上，在混凝土项中考虑剪扭相关性，即按下式计算受扭承载力：

$$T \leqslant 0.35\alpha_h\beta_t f_t W_t + 1.2\sqrt{\zeta}f_{yv}\frac{A_{st1}A_{cor}}{s} \tag{8-24}$$

式中　β_t——箱形截面剪扭构件的受扭承载力降低系数，按式(8-16)、式(8-17)确定，但式中的 W_t 应代之以 $\alpha_h W_t$；

α_h——箱形截面壁厚影响系数，当 α_h 大于 1.0 时，取 1.0，按式(8-15)确定。

8.3.3 弯剪扭构件承载力计算

在弯剪扭构件中，为了简化计算，《规范》以剪扭和弯扭构件的受扭承载力计算方法为基础，采用简单实用的叠加法进行计算。即对弯剪扭构件，纵向钢筋截面面积应分别按受弯构件的正截面受弯承载力和剪扭构件的受扭承载力计算确定，所得的钢筋截面面积在构件截面上的相应位置叠加,并应配置在相应位置;箍筋截面面积应分别按剪扭构件的受剪承载力和受扭承载力计算确定,所得的箍筋相叠加,并配置在相应位置。

8.3.3.1 截面尺寸限制条件

在弯矩、剪力和扭矩共同作用下,为了避免由于配筋过多造成构件腹部混凝土局部斜向压坏,发生超筋脆性破坏,故截面尺寸不宜太小。《规范》规定,对 $h_w/b \leqslant 6$ 的矩形、T形、工字形截面和 $h_w/t_w \leqslant 6$ 的箱形截面构件,其截面应符合下列条件:

当 $h_w/b \leqslant 4$ (或 $h_w/t_w \leqslant 4$) 时

$$\frac{V}{bh_0} + \frac{T}{0.8W_t} \leqslant 0.25\beta_c f_c \tag{8-25}$$

当 $h_w/b=6$ (或 $h_w/t_w=6$) 时

$$\frac{V}{bh_0} + \frac{T}{0.8W_t} \leqslant 0.20\beta_c f_c \tag{8-26}$$

式中 b——矩形截面的宽度,T形或工字形截面取腹板宽度,箱形截面取两侧壁总厚度 $2t_w$;

h_w——截面的腹板高度,对矩形截面,取有效高度 h_0,对T形截面,取有效高度减去翼缘高度,对工字形和箱形截面,取腹板净高;

t_w——箱形截面壁厚,其值不应小于 $b_h/7$,此处,b_h 为箱形截面的宽度。

当 h_w/b (或 h_w/t_w) 大于4但小于6时,按线性内插法确定。

当 h_w/b 大于6或 h_w/t_w 大于6时,受扭构件的截面尺寸要求及扭曲截面承载力计算应符合专门规定。

计算时如不能满足以上两式要求,需加大构件截面尺寸或提高混凝土强度等级。

8.3.3.2 构造配筋要求

(1) 构造配筋条件 在弯矩、剪力和扭矩共同作用下的构件,当符合下列要求时,可不进行构件剪扭承载力计算,但应按构造要求配置纵向钢筋和箍筋。

$$\frac{V}{bh_0} + \frac{T}{W_t} \leqslant 0.7f_t \tag{8-27}$$

(2) 箍筋的最小配筋率 在弯剪扭构件中,箍筋的配筋率 ρ_{sv} 应满足下列要求:

$$\rho_{sv} = \frac{A_{sv}}{bs} \geqslant \rho_{sv,min} = 0.28\frac{f_t}{f_{yv}} \tag{8-28}$$

对于箱形截面构件,公式中的 b 应以 b_h 代替。

箍筋间距应符合第7章表7-1的规定,其中受扭所需的箍筋应做成封闭式,且应沿截面周边布置。当采用复合箍筋时,位于截面内部的箍筋不应计入受扭所需的箍筋面积。受扭所需箍筋的末端应做成135°弯钩,弯钩端头平直段长度不应小于 $10d$,d 为箍筋直径。

(3) 纵筋的最小配筋率 弯剪扭构件受扭纵向钢筋的最小配筋率 ρ_{tl} 应符合下列规定:

$$\rho_{tl} = \frac{A_{stl}}{bh} \geqslant \rho_{tl,min} = 0.6\sqrt{\frac{T}{Vb}}\frac{f_t}{f_y} \tag{8-29}$$

当 $T/Vb > 2.0$ 时,取 $T/Vb = 2.0$。

对于箱形截面构件,公式中的 b 应以 b_h 代替。

沿截面周边布置受扭纵向钢筋的间距不应大于200mm及梁截面短边长度;除应在梁截面四角设置受扭纵向钢筋外,其余受扭纵向钢筋宜沿截面周边均匀对称布置。受扭纵向钢筋应按受拉钢筋的锚固要求,锚固在支座内。

8.3.3.3 弯剪扭构件的计算简化

对于矩形、T 形、工字形和箱形截面的弯剪扭构件，当其内力设计值满足下列条件时，可忽略剪力或扭矩对构件承载力的影响：

（1）当 $V \leqslant 0.35 f_t b h_0$ 或 $V \leqslant \dfrac{0.875 f_t b h_0}{\lambda+1}$ 时，可忽略剪力的影响，仅计算受弯构件的正截面受弯承载力和纯扭构件的受扭承载力；

（2）当 $T \leqslant 0.175 f_t W_t$ 或 $T \leqslant 0.175 \alpha_h f_t W_t$，可忽略扭矩的影响，仅验算受弯构件的正截面受弯承载力和斜截面受剪承载力。

8.3.3.4 弯剪扭构件承载力计算步骤

当已知构件的弯矩、剪力和扭矩设计值，并初步选定截面尺寸和材料强度等级后，弯剪扭构件可按下列步骤进行承载力计算。

（1）**验算截面尺寸限制条件** 按式（8-25）或式（8-26）验算初步选定的截面尺寸是否符合要求，若不满足要求，则应加大截面尺寸或提高混凝土强度等级。

（2）**验算是否需按计算配置剪扭钢筋** 当满足式（8-27）的要求时，可不进行剪扭承载力计算，按构造要求配置剪扭所需的纵筋和箍筋，但受弯所需的纵筋应按计算配置。当不满足式（8-27）的要求时，应计算剪扭承载力。

（3）**验算是否可以忽略剪力 V 或扭矩 T** 当 $V \leqslant 0.35 f_t b h_0$（一般构件）或 $V \leqslant \dfrac{0.875 f_t b h_0}{\lambda+1}$（集中荷载作用下的独立梁）时，可忽略剪力的影响，可按纯扭构件的受扭承载力计算受扭纵筋和受扭箍筋，并按受弯构件的正截面受弯承载力计算受弯纵筋截面面积，叠加后进行钢筋配置。

当 $T \leqslant 0.175 f_t W_t$ 或 $T \leqslant 0.175 \alpha_h f_t W_t$（箱形截面），可忽略扭矩的影响，可按受弯构件的正截面受弯承载力计算纵向受力截面面积，按受弯构件的斜截面受剪承载力计算箍筋。

（4）**确定箍筋数量** 取抗扭纵筋和箍筋的配筋强度比 $\zeta=1.2$ 左右，分别求得受剪和受扭所需的单肢箍筋用量，将两者叠加得单肢箍筋总用量，并选用箍筋的直径和间距。

所选用箍筋直径和间距必须符合其构造要求。

（5）**计算纵筋数量** 纵筋包括抗弯纵筋和抗扭纵筋，应分别进行计算。抗弯纵筋按受弯构件正截面受弯承载力计算，配置在截面的受拉区（双筋截面受压区也有受压钢筋）。抗扭纵筋应根据已求得的抗扭单肢箍筋用量和选定的 ζ 值来确定，抗扭纵筋面积 $A_{stl} = \dfrac{\zeta A_{st1} f_{yv} u_{cor}}{s f_y}$，抗扭纵筋应沿截面四周对称均匀布置。最终配置在截面受拉区和受压区的纵筋总量，应为布置在相应位置的抗弯纵筋与抗扭纵筋的截面面积的叠加。

所配纵筋应满足纵筋的最小配筋率等各项构造要求。

【例 8-1】 已知均布荷载作用下的矩形截面梁，截面尺寸 $b \times h = 200\text{mm} \times 500\text{mm}$，构件承受的弯矩设计值 $M=80\text{kN} \cdot \text{m}$，剪力设计值 $V=60\text{kN}$，扭矩设计值 $T=20\text{kN} \cdot \text{m}$，混凝土的强度等级为 C30，纵向钢筋采用 HRB400 级，箍筋采用 HPB300 级，环境类别为一类。试计算该梁的配筋。

【解】 C30 混凝土：$f_c = 14.3\text{N/mm}^2$，$f_t = 1.43\text{N/mm}^2$；

HRB400 级钢筋：$f_y = 360\text{N/mm}^2$；HPB300 级钢筋：$f_{yv} = 270\text{N/mm}^2$；

混凝土保护层厚度 $c = 20\text{mm}$，则取 $a_s = 40\text{mm}$，$h_0 = 500 - 40 = 460(\text{mm})$。

(1) 验算截面尺寸。

$$W_t = \frac{b^2}{6}(3h-b) = \frac{200^2}{6} \times (3 \times 500 - 200) = 8.67 \times 10^6 (\text{mm}^3)$$

$$\frac{V}{bh_0} + \frac{T}{0.8W_t} = \frac{60 \times 10^3}{200 \times 460} + \frac{20 \times 10^6}{0.8 \times 8.67 \times 10^6} = 3.54(\text{N/mm}^2)$$

$$h_w/b \leq 4$$

$\frac{V}{bh_0} + \frac{T}{0.8W_t} = 3.54(\text{N/mm}^2) \leq 0.25\beta_c f_c = 0.25 \times 1.0 \times 14.3 = 3.58(\text{N/mm}^2)$，截面尺寸满足要求。

(2) 验算是否需要配置剪扭钢筋。

$$\frac{V}{bh_0} + \frac{T}{W_t} = \frac{60 \times 10^3}{200 \times 460} + \frac{20 \times 10^6}{8.67 \times 10^6} = 2.96(\text{N/mm}^2) > 0.7f_t = 0.7 \times 1.43 = 1.0(\text{N/mm}^2)$$

需进行剪扭构件承载力计算，需按照计算确定钢筋数量。

(3) 验算能否忽略剪力 V 或扭矩 T。

$0.35f_t bh_0 = 0.35 \times 1.43 \times 200 \times 460 = 46046(\text{N}) = 46(\text{kN}) < 60\text{kN}$

$0.175f_t W_t = 0.175 \times 1.43 \times 8.67 \times 10^6 = 2.17 \times 10^6(\text{N} \cdot \text{mm}) = 2.17(\text{kN} \cdot \text{m}) < T = 20\text{kN} \cdot \text{m}$

故剪力和扭矩都不可忽略。

(4) 确定箍筋数量。

$$\beta_t = \frac{1.5}{1 + 0.5\frac{VW_t}{Tbh_0}} = \frac{1.5}{1 + 0.5 \times \frac{60 \times 10^3 \times 8.67 \times 10^6}{20 \times 10^6 \times 200 \times 460}} = 1.31 > 1.0，取 \beta_t = 1.0$$

受扭箍筋计算：截面外边缘至箍筋内表面的距离为 $20+10=30(\text{mm})$

$A_{cor} = (200 - 30 \times 2) \times (500 - 2 \times 30) = 61600(\text{mm}^2)$

$u_{cor} = (200 - 30 \times 2) \times 2 + (500 - 2 \times 30) \times 2 = 1160(\text{mm})$

取 $\zeta = 1.2$，由式(8-20) 得

$$\frac{A_{st1}}{s_t} = \frac{T - 0.35\beta_t f_t W_t}{1.2\sqrt{\zeta} f_{yv} A_{cor}} = \frac{20 \times 10^6 - 0.35 \times 1.0 \times 1.43 \times 8.67 \times 10^6}{1.2 \times \sqrt{1.2} \times 270 \times 61600} = 0.716(\text{mm}^2/\text{mm})$$

受剪箍筋计算：

$$\frac{A_{sv1}}{s_v} = \frac{V - 0.7(1.5 - \beta_t) f_t bh_0}{nf_{yv} h_0} = \frac{60 \times 10^3 - 0.7 \times (1.5 - 1.0) \times 1.43 \times 200 \times 460}{2 \times 270 \times 460}$$

$$= 0.056(\text{mm}^2/\text{mm})$$

剪扭箍筋总用量：$\frac{A_{sv1}^*}{s} = \frac{A_{sv1}}{s_v} + \frac{A_{st1}}{s_t} = 0.056 + 0.716 = 0.772(\text{mm}^2/\text{mm})$

选用 Φ12 双肢箍筋，$A_{sv1} = 113.1\text{mm}^2$，则 $s = \frac{113.1}{0.772} = 146.5(\text{mm})$

取箍筋为双肢Φ12@140

$$\rho_{sv} = \frac{A_{sv}}{bs} = \frac{2 \times 113.1}{200 \times 140} = 0.81\% > \rho_{min} = 0.28\frac{f_t}{f_{yv}} = 0.28 \times \frac{1.43}{270} = 0.148\%$$

满足要求。

(5) 确定纵筋数量。

受弯纵筋计算：

$$\alpha_s = \frac{M}{\alpha_1 f_c b h_0^2} = \frac{80 \times 10^6}{1.0 \times 14.3 \times 200 \times 460^2} = 0.132$$

$$\xi = 1 - \sqrt{1 - 2\alpha_s} = 1 - \sqrt{1 - 2 \times 0.132} = 0.142 < \xi_b = 0.518$$

$$A_s = \frac{\alpha_1 f_c \xi b h_0}{f_y} = \frac{1.0 \times 14.3 \times 0.142 \times 200 \times 460}{360} = 519(\mathrm{mm}^2)$$

$$\rho_{\min} = \max\left\{0.2\%, 0.45\frac{f_t}{f_y}\right\} = \max\left\{0.2\%, 0.45 \times \frac{1.43}{360}\right\} = 0.2\%$$

$A_s > \rho_{\min} \times bh = 0.002 \times 200 \times 500 = 200(\mathrm{mm}^2)$，满足要求。

受扭纵筋计算：

$$A_{stl} = \frac{\zeta A_{st1} f_{yv} u_{cor}}{s_t f_y} = \frac{1.2 \times 0.716 \times 270 \times 1160}{360} = 748(\mathrm{mm}^2)$$

$T/Vb = 20 \times 10^6/(60 \times 10^3 \times 200) = 1.67 < 2.0$

$$\rho_{tl} = \frac{A_{stl}}{bh} = \frac{748}{200 \times 500} = 0.748\% \geqslant \rho_{tl,\min} = 0.6\sqrt{\frac{T}{Vb}}\frac{f_t}{f_y} = 0.6 \times \sqrt{1.67} \times \frac{1.43}{360} = 0.31\%$$

满足要求。

确定纵筋总用量：

将受扭纵筋沿梁高按三排对称布置，则截面各部位所需的纵筋用量分别为：

上部纵筋：$\frac{1}{3}A_{stl} = \frac{1}{3} \times 748 = 249\mathrm{mm}^2$，钢筋选用 2 ⌽ 14 ($A_s = 308\mathrm{mm}^2$)；

中部纵筋：$\frac{1}{3}A_{stl} = \frac{1}{3} \times 748 = 249\mathrm{mm}^2$，钢筋选用 2 ⌽ 14 ($A_s = 308\mathrm{mm}^2$)；

下部纵筋：$\frac{1}{3}A_{stl} + A_s = 249 + 519 = 768\mathrm{mm}^2$，钢筋选用 3 ⌽ 20 ($A_s = 942\mathrm{mm}^2$)。

梁的截面配筋图见图 8-9。

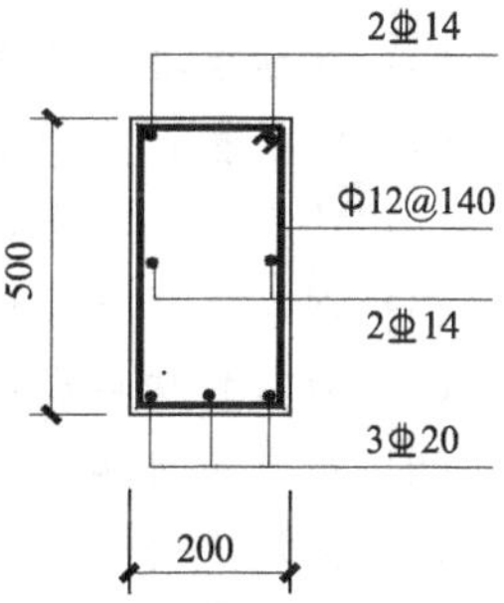

图 8-9 例 8-1 梁的截面配筋图

(1) 扭转是构件的基本受力形式之一，在实际工程中，绝大多数构件处于弯矩、剪力和扭矩共同作用的复合受扭情况。

(2) 混凝土既不是理想的弹性材料又不是理想的塑性材料，混凝土的开裂扭矩按弹性计算方法计算其值偏低，按理想塑性理论计算其值偏高。因此《规范》规定，混凝土构件的开裂扭矩的计算是在理想塑性理论计算的基础上，根据试验结果乘以修正系数 0.7。

(3) 钢筋混凝土受扭构件的受扭承载力大大高于素混凝土构件，根据所配钢筋数量的多少，构件的受扭破坏有四种情况，即少筋破坏、适筋破坏、部分超筋破坏和完全超筋破坏。其中适筋破坏和部分超筋破坏时，钢筋强度能充分或基本充分利用，破坏具有较好的塑性。为了使抗扭纵筋和箍筋的应力在构件受扭破坏时均能达到屈服强度，受扭纵筋与箍筋的强度比值 ζ 应满足条件 0.6≤ζ≤1.7，最佳比值取 ζ=1.2。

(4) 受扭构件承载力计算公式的截面限制条件是为了防止发生超筋破坏，规定抗扭纵筋和箍筋的最小配筋率是为了防止发生少筋破坏。

（5）剪扭构件的承载力计算是一个非常复杂的问题，为了简化计算，《规范》采用混凝土部分相关、钢筋部分叠加的近似计算法。剪扭构件的箍筋可按受扭承载力和受剪承载力分别计算其用量，然后进行叠加。剪扭构件中的混凝土部分，应考虑其受扭和受剪的相关性，其抗剪承载力和抗扭承载力应予以降低。在工程设计中，采用混凝土受扭承载力降低系数 β_t 来考虑剪扭共同作用的影响。

（6）在弯剪扭构件中，《规范》以剪扭和弯扭构件的受扭承载力计算方法为基础，采用简单实用的叠加法进行计算。即对弯剪扭构件，纵向钢筋截面面积应分别按受弯构件的正截面受弯承载力和剪扭构件的受扭承载力计算确定，所得的钢筋截面面积在构件截面上的相应位置叠加；箍筋截面面积应分别按剪扭构件的受剪承载力和受扭承载力计算确定，所得的箍筋截面面积相叠加。

（1）什么是平衡扭转？什么是协调扭转？各举一个例子。
（2）素混凝土矩形截面纯扭构件的破坏有何特点？
（3）钢筋混凝土纯扭构件有几种破坏形态？各自的破坏特征是什么？
（4）在抗扭计算中配筋强度比 ζ 的含义是什么？起什么作用？ζ 的取值有什么要求？
（5）什么是混凝土剪扭承载力的相关性？采用哪个系数来考虑这种相关性？
（6）钢筋混凝土弯剪扭构件承载力计算的原则是什么？
（7）弯剪扭构件纵向钢筋和箍筋在构件截面上应如何布置？
（8）在弯剪扭构件中，为什么要规定截面尺寸限制条件和受扭钢筋的最小配筋率？《规范》是如何规定的？
（9）受扭构件的纵筋和箍筋有哪些构造要求？

（1）已知钢筋混凝土矩形截面纯扭构件，截面尺寸 $b \times h = 250\text{mm} \times 600\text{mm}$，混凝土强度等级为 C30，纵向钢筋采用 HRB400 级，箍筋采用 HPB300 级。环境类别为一类，扭矩设计值 $T = 25\text{kN} \cdot \text{m}$。试求所需箍筋及纵筋的数量。

（2）已知钢筋混凝土矩形截面剪扭构件，处于一类环境，截面尺寸 $b \times h = 200\text{mm} \times 450\text{mm}$，混凝土强度等级为 C30，纵向钢筋采用 HRB400 级，箍筋采用 HRB335 级。扭矩设计值 $T = 20\text{kN} \cdot \text{m}$，剪力设计值 $V = 50\text{kN}$。试求所需箍筋及纵筋的数量。

（3）承受均布荷载的矩形截面梁，截面尺寸 $b \times h = 200\text{mm} \times 500\text{mm}$，承受弯矩、剪力、扭矩设计值分别为 $M = 100\text{kN} \cdot \text{m}$、$V = 80\text{kN}$、$T = 15\text{kN} \cdot \text{m}$，采用 C25 混凝土，纵向钢筋为 HRB400 级，箍筋为 HPB300 级，环境类别为一类。试确定梁的纵筋和箍筋数量。

第 9 章 正常使用极限状态及耐久性设计

为了保证结构安全可靠，建筑结构必须满足三个方面的功能要求，即安全性、适用性和耐久性。前面几章讲述的各类受力构件的承载力设计计算，属于承载能力极限状态计算的内容，主要是保证结构构件的安全性。但是对于结构构件还要进行裂缝和变形验算，使其不超过正常使用极限状态，从而确保构件的适用性和耐久性。例如，构件裂缝过宽会影响观瞻，导致使用者心里不安，而且侵蚀性液体或气体会使钢筋锈蚀，影响构件的耐久性；吊车梁挠度过大导致吊车不能正常行驶，使吊车轨道严重磨损；楼盖中梁板变形过大使粉刷开裂和剥落，梁过大变形还会导致非结构构件（隔墙、门窗等）损坏。

本章主要介绍混凝土结构的正常使用极限状态的有关内容，包括裂缝宽度和挠度的验算。混凝土结构应根据工作条件和使用要求，验算裂缝宽度和挠度，使其不超过规定的限值，以确保构件的适用性和耐久性。

结构构件不能满足正常使用极限状态对人民生命财产的危害程度比不满足承载能力极限状态要小，因此正常使用极限状态的可靠度指标可适当降低。在进行裂缝宽度和挠度验算时，采用荷载标准组合或荷载准永久组合产生的内力，材料强度也采用标准值。另外，截面承载力计算是以破坏阶段为计算依据的，而裂缝宽度和挠度计算是以正常使用时的受力状态为依据的。

9.1 裂缝及其控制

钢筋混凝土构件产生裂缝的原因是多方面的，主要为两大类：一类是由荷载引起的裂缝，如受拉构件、受弯构件产生的正截面垂直裂缝，受弯构件产生的斜裂缝等；另一类是由变形因素（非荷载）引起的裂缝，如温度变化、混凝土的收缩、钢筋的锈蚀、地基不均匀沉降等所引起的裂缝。很多裂缝往往是几种因素共同作用的结果。工程实践中，裂缝以变形因素为主引起的约占 80%，以荷载为主引起的约占 20%。变形因素引起的裂缝十分复杂，目前主要通过构造措施（如设置构造钢筋、设置变形缝等）进行控制。本节所讨论的裂缝，是指荷载作用引起的正截面裂缝。

9.1.1 裂缝控制的目的

要求钢筋混凝土构件不出现裂缝是不现实的，根据裂缝对结构功能的影响进行适当的控制是十分必要的。裂缝控制的目的主要有以下几点。

(1) 耐久性要求　这是裂缝控制的主要目的。当混凝土裂缝过宽时，混凝土就失去了对钢筋的保护作用，气体和水分以及有害化学介质就会侵入裂缝，使钢筋发生锈蚀，不仅削弱了钢筋面积，而且还会因钢筋体积的膨胀，致使混凝土保护层剥落，影响结构的使用寿命。

而且，沿钢筋方向的纵向裂缝对钢筋锈蚀的危害要比垂直裂缝严重得多。目前，高强钢筋和高性能混凝土的应用越来越广泛，构件中钢筋的应力相应提高，应变增大，裂缝宽度也随之加大，裂缝的控制也越来越重要。

（2）建筑外观要求　结构构件裂缝过大，有损结构的外观，会使人产生不安全感。经调查研究，一般认为裂缝控制在 0.3mm 以下，对外观没有影响，一般也不会引起人们的注意。

（3）使用功能要求　对于水利、给排水结构中的水池、管道等结构的开裂，将会引起渗漏水，影响其使用功能。

9.1.2 裂缝控制等级

混凝土结构构件的裂缝控制等级主要是根据其耐久性要求确定的，与结构的功能要求、环境条件对钢筋的腐蚀影响、钢筋种类对腐蚀的敏感性和荷载作用时间等因素有关。《混凝土结构设计规范》(GB 50010—2010，2015 年版，以下简称《规范》) 将结构构件正截面的受力裂缝控制等级分为三级。

一级：严格要求不出现裂缝的构件，按荷载标准组合计算时，构件受拉边缘混凝土不应产生拉应力。

二级：一般要求不出现裂缝的构件，按荷载标准组合计算时，构件受拉边缘混凝土拉应力不应大于混凝土抗拉强度的标准值。

三级：允许出现裂缝的构件，对钢筋混凝土构件的最大裂缝宽度可按荷载准永久组合并考虑长期作用影响的效应计算，最大裂缝宽度应符合下列要求：

$$w_{max} \leqslant w_{lim} \tag{9-1}$$

式中　w_{max}——按荷载准永久组合并考虑长期作用影响的效应计算的最大裂缝宽度；
　　　w_{lim}——最大裂缝宽度限值，见本书附录 11。

对二 a 类环境的预应力混凝土构件，尚应按荷载准永久组合计算，且构件受拉边缘混凝土的拉应力不应大于混凝土的抗拉强度标准值。

结构构件应根据结构类型和环境类别，按照本书附录 11 的规定选用不同的裂缝控制等级及最大裂缝宽度限值。

9.2 裂缝宽度验算

由于混凝土的非匀质性，抗拉强度离散性大，构件裂缝的出现和开展也带有随机性，因此在荷载作用下，钢筋混凝土构件的裂缝计算是一个比较复杂的问题。国内外对此进行了大量的试验研究和理论分析，不少学者持有不同的观点，因而提出了一些不同的裂缝宽度计算模式，一般有两类，一类是半理论半经验公式，另一类是数理统计的经验公式。《规范》提出的裂缝宽度计算公式主要以粘接滑移理论为基础，同时也考虑了混凝土保护层厚度及钢筋约束区的影响。

9.2.1 裂缝的产生、分布和开展

以受弯构件的纯弯段为例来研究竖向裂缝的产生、分布及开展过程。

钢筋混凝土受弯构件在荷载作用下，在裂缝出现前，各截面混凝土的拉应力和拉应变大致相同，由于钢筋和混凝土间的粘接没有被破坏，因此钢筋的拉应力和拉应变沿纯弯段长度

方向也大致相同。从理论上讲，各截面受拉区外边缘混凝土的应力均达到其抗拉强度时，各截面进入裂缝即将出现的极限状态，即"即裂未裂"的状态，如图9-1所示。

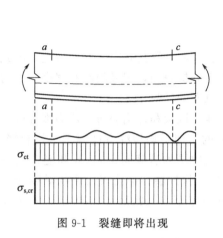

图 9-1　裂缝即将出现　　　　图 9-2　第一批裂缝出现

当受拉区边缘混凝土的拉应变达到其极限拉应变时，由于混凝土实际抗拉强度分布的不均匀性，在混凝土最薄弱的截面就会出现第一条裂缝如图 9-2 中的 a—a 截面和 c—c 截面。当第一条（批）裂缝出现后，裂缝截面处的混凝土将退出工作，相应的混凝土拉应力降低为零，拉力全部由钢筋承受，钢筋的拉应力突然增大，如图 9-2 所示。混凝土一开裂，原来受拉张紧的混凝土分别向裂缝两侧回缩，混凝土和钢筋出现相对滑移而出现变形差，所以裂缝一出现就具有一定程度的开展。钢筋和混凝土之间存在粘接作用，混凝土的回缩受到钢筋的约束，从而在钢筋与混凝土之间产生粘接应力，使裂缝截面处的钢筋的拉应力又通过粘接应力逐渐传递给混凝土，随着离开裂缝截面距离的增大，混凝土的拉应力逐渐增大，则钢筋传递给混凝土的拉应力逐渐减小。当达到某一距离 l 时，混凝土和钢筋不再产生相对滑移，粘接应力也随之为零，两者又具有相同的拉伸应变，其应力趋于均匀分布，又恢复到开裂前的状态。其中 l 表示粘接应力的作用长度，或称为传递长度。

第一批裂缝出现后，在粘接应力作用长度 l 以外的那部分混凝土仍处于受拉张紧状态。随着荷载的增加，就有可能在离裂缝截面大于等于 l 的另一薄弱截面处出现新的裂缝，如图 9-2、图 9-3 中的 b—b 截面。按此规律，随着荷载的增加，就会出现第三条裂缝、第四条裂缝……裂缝将逐条出现；当两条裂缝之间混凝土拉应力小于实际混凝土的抗拉强度，即不足以产生新的裂缝时，此时，可以认为裂缝的出现已达到稳定阶段。

从第一条（批）裂缝出现到裂缝全部出齐为裂缝出现阶段，该阶段的荷载增量并不大，主要取决于混凝土强度的离散程度。裂缝间距的计算公式即是以该阶段的受力分析而建立的。裂缝出齐后，随着荷载的继续增加，裂缝宽度不断开展。裂缝的开展是由于混凝土的回缩，钢筋不断伸长，导致钢筋与混凝土之间产生变形差。

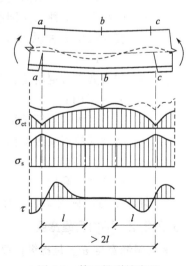

图 9-3　第二批裂缝出现

假设材料是匀质的,则两条相邻裂缝的最大间距应为 $2l$。比 $2l$ 稍大一些,就会在两条裂缝之间再出现一条新的裂缝,使裂缝间距变为 l。因此从理论上讲,裂缝间距在 $l\sim2l$ 之间,其平均裂缝间距为 $1.5l$。

9.2.2 裂缝宽度验算

9.2.2.1 平均裂缝间距

由于混凝土材料的不均匀性,裂缝的产生、分布和开展具有很大的离散性,因此裂缝的间距和宽度也是不均匀的。但大量的试验统计资料分析表明,裂缝间距和宽度的平均值具有一定的规律性,是钢筋与混凝土之间一定的受力机理的反映。

平均裂缝间距是计算平均裂缝宽度的基础。通过试验和理论分析,认为裂缝开展宽度主要是由裂缝间混凝土的回缩和钢筋的拉伸而形成的,即平均裂缝宽度等于平均裂缝间距 l_m 范围内的钢筋的拉伸长度与混凝土回缩的差值。此时平均裂缝间距 l_m 要和受拉钢筋直径与配筋率的比值 (d/ρ) 成正比。另外,考虑了混凝土保护层和钢筋表面形状对裂缝开展宽度的影响,通过回归分析,当最外纵向受拉钢筋外边缘至受拉区底边的距离 c_s 不大于 65mm 时,混凝土构件的平均裂缝间距 l_m 的计算公式如下:

$$l_m = \beta \left(1.9c_s + 0.08 \frac{d_{eq}}{\rho_{te}}\right) \tag{9-2}$$

$$d_{eq} = \frac{\sum n_i d_i^2}{\sum n_i v_i d_i} \tag{9-3}$$

$$\rho_{te} = \frac{A_s}{A_{te}} \tag{9-4}$$

式中 β——与构件受力特征有关的系数,对轴心受拉构件,$\beta=1.1$,对其他受力构件,$\beta=1.0$;

c_s——最外纵向受拉钢筋外边缘至受拉区底边的距离(mm),当 $c_s<20$mm 时,取 $c_s=20$mm,当 $c_s>65$mm 时,取 $c_s=65$mm;

d_{eq}——受拉区纵向钢筋的等效直径;

d_i——受拉区第 i 种纵向钢筋的公称直径;

n_i——受拉区第 i 种纵向钢筋的根数;

v_i——受拉区第 i 种纵向钢筋的相对粘接特性系数,光面钢筋 $v_i=0.7$,带肋钢筋 $v_i=1.0$;

ρ_{te}——按有效受拉混凝土截面面积计算的纵向受拉钢筋配筋率,当 $\rho_{te}\leqslant0.01$ 时,取 $\rho_{te}=0.01$;

A_s——受拉区纵向钢筋截面面积;

A_{te}——有效受拉混凝土截面面积,对轴心受拉构件,取构件全截面面积,对受弯、偏心受压和偏心受拉构件,取 $A_{te}=0.5bh+(b_f-b)h_f$,此处 b_f、h_f 为受拉翼缘的宽度、高度。

A_{te} 计算示意图见图 9-4,为图中阴影部分。

9.2.2.2 平均裂缝宽度

平均裂缝宽度 w_m 是指纵向受拉钢筋重心水平处的构件侧表面的裂缝宽度,可由两条相邻裂缝之间钢筋的平均伸长值与相应水平处受拉混凝土的平均伸长值之差求得。即

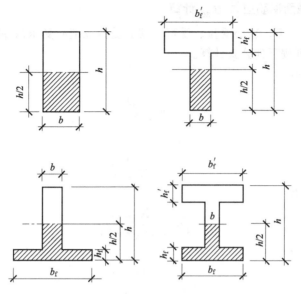

图 9-4 有效受拉混凝土截面面积（阴影部分面积）计算示意图

$$w_m = \varepsilon_{sm} l_m - \varepsilon_{cm} l_m = \varepsilon_{sm}\left(1 - \frac{\varepsilon_{cm}}{\varepsilon_{sm}}\right) l_m \tag{9-5}$$

式中 w_m——平均裂缝的宽度；
ε_{cm}——混凝土受拉的平均应变；
ε_{sm}——纵向钢筋的平均应变；
l_m——平均裂缝间距。

试验表明，混凝土受拉的平均应变 ε_{cm} 比纵向钢筋的平均应变 ε_{sm} 小得多，大致为 $\varepsilon_{cm}/\varepsilon_{sm}=0.15$，令 $\alpha_c=1-\varepsilon_{cm}/\varepsilon_{sm}$，则 $\alpha_c=0.85$。在正常使用阶段，钢筋尚未屈服，则：

$$w_m = \alpha_c \varepsilon_{sm} l_m \tag{9-6}$$

令钢筋的平均应变 ε_{sm} 与裂缝截面处的钢筋应变 ε_{sq} 之比为裂缝间纵向受拉钢筋应变不均匀系数，即

$$\psi = \frac{\varepsilon_{sm}}{\varepsilon_{sq}} \tag{9-7}$$

则

$$\varepsilon_{sm} = \psi \varepsilon_{sq} = \psi \frac{\sigma_{sq}}{E_s} \tag{9-8}$$

若用裂缝截面处的钢筋应力来表示，由式(9-8)代入式(9-6)，得

$$w_m = \alpha_c \psi \frac{\sigma_{sq}}{E_s} l_m \tag{9-9}$$

式中 σ_{sq}——按荷载准永久组合计算的纵向受拉钢筋应力；
ψ——裂缝间纵向受拉钢筋应变不均匀系数；
α_c——考虑裂缝间混凝土自身伸长对裂缝宽度的影响系数；
E_s——钢筋的弹性模量。

9.2.2.3 裂缝截面钢筋应力 σ_{sq} 计算

在荷载准永久组合下，轴心受拉、受弯，偏心受拉及偏心受压构件裂缝截面处受拉区纵向钢筋的应力 σ_{sq}，可按下列公式计算。

（1）轴心受拉构件

$$\sigma_{sq} = \frac{N_q}{A_s} \tag{9-10}$$

（2）受弯构件

$$\sigma_{sq} = \frac{M_q}{0.87 A_s h_0} \tag{9-11}$$

（3）偏心受拉构件

$$\sigma_{sq} = \frac{N_q e'}{A_s (h_0 - a'_s)} \tag{9-12}$$

（4）偏心受压构件

$$\sigma_{sq} = \frac{N_q (e - z)}{A_s z} \tag{9-13}$$

$$z = \left[0.87 - 0.12 (1 - \gamma'_f) \left(\frac{h_0}{e} \right)^2 \right] h_0 \tag{9-14}$$

$$e = \eta_s e_0 + y_s \tag{9-15}$$

$$\gamma'_f = \frac{(b'_f - b) h'_f}{b h_0} \tag{9-16}$$

$$\eta_s = 1 + \frac{1}{4000 e_0 / h_0} \left(\frac{l_0}{h} \right)^2 \tag{9-17}$$

式中　A_s——受拉区纵向钢筋截面面积，对轴心受拉构件，取全部纵向钢筋截面面积，对偏心受拉构件，取受拉较大边的纵向钢筋截面面积，对受弯、偏心受压构件，取受拉区纵向钢筋截面面积；

　　　N_q——按荷载准永久组合计算的轴向力值；

　　　M_q——按荷载准永久组合计算的弯矩值；

　　　e'——轴向拉力作用点至受压区或受拉较小边纵向普通钢筋合力点的距离；

　　　e——轴向压力作用点至纵向受拉普通钢筋合力点的距离；

　　　e_0——荷载准永久组合下的初始偏心距，取为 M_q/N_q；

　　　z——纵向受拉普通钢筋合力点至截面受压区合力点的距离，且不大于 $0.87h_0$；

　　　η_s——使用阶段的轴向压力偏心距增大系数，当 l_0/h 不大于 14 时，取 1.0；

　　　y_s——截面重心至纵向受拉普通钢筋合力点的距离；

　　　γ'_f——受压翼缘截面面积与腹板有效截面面积的比值；

　　　b'_f, h'_f——受压区翼缘的宽度、高度，当 h'_f 大于 $0.2h_0$ 时，取 $0.2h_0$。

9.2.2.4 裂缝间钢筋应变的不均匀系数 ψ

由前述可知，$\psi = \varepsilon_{sm}/\varepsilon_{sq} = \sigma_{sm}/\sigma_{sq}$，$\psi$ 越小，裂缝间的混凝土协助抗拉作用就越强。《规范》给出了 ψ 的计算公式为：

$$\psi = 1.1 - 0.65 \frac{f_{tk}}{\rho_{te} \sigma_{sq}} \tag{9-18}$$

当 $\psi < 0.2$ 时，取 $\psi = 0.2$；当 $\psi > 1.0$ 时，取 $\psi = 1.0$。

9.2.2.5 最大裂缝宽度 w_{max} 及裂缝宽度的验算

最大裂缝宽度 w_{max} 是采用平均裂缝宽度乘以扩大系数 τ_s 和 τ_l 得到的。根据保证率为 95% 的要求，τ_s 可由实测裂缝宽度分布直方图统计分析求得，对于轴心受拉和偏心受拉构件，$\tau_s=1.9$；对于受弯和偏心受压构件，$\tau_s=1.66$。此外最大裂缝宽度 w_{max} 尚应考虑长期效应组合的作用，短期最大裂缝宽度还需乘以荷载长期效应裂缝扩大系数 τ_l，对各种受力构件 $\tau_l=1.5$。因此，最大裂缝宽度为：

$$w_{max}=\tau_s \tau_l w_{max} \tag{9-19}$$

综合考虑各种因素，《规范》规定，对矩形、T形、倒 T 形和工字形截面的受拉、受弯和偏心受压构件，按荷载效应的准永久组合并考虑长期作用的影响，最大裂缝宽度可按下列公式计算：

$$w_{max}=\alpha_{cr}\psi\frac{\sigma_{sq}}{E_s}\left(1.9c_s+0.08\frac{d_{eq}}{\rho_{te}}\right) \tag{9-20}$$

式中 α_{cr} ——构件受力特征系数，对轴心受拉构件 $\alpha_{cr}=2.7$，偏心受拉构件 $\alpha_{cr}=2.4$，受弯和偏心受压构件，$\alpha_{cr}=1.9$；

ψ ——裂缝间纵向受拉钢筋应变不均匀系数，按式(9-18)计算，当 $\psi<0.2$ 时，取 $\psi=0.2$，当 $\psi>1.0$ 时，取 $\psi=1.0$，对直接承受重复荷载的构件，取 $\psi=1.0$；

σ_{sq} ——裂缝截面处受拉纵向钢筋的应力；

E_s ——钢筋的弹性模量；

c_s ——最外层纵向受拉钢筋外边缘至受拉边距离（mm），当 $c_s<20$mm 时，取 $c_s=20$mm，当 $c_s>65$mm 时，取 $c_s=65$mm；

d_{eq} ——纵向受拉钢筋的等效直径，按式(9-3)计算；

ρ_{te} ——按有效受拉混凝土截面面积计算的纵向受拉钢筋配筋率，按式(9-4)计算，当 $\rho_{te}\leqslant 0.01$ 时，取 $\rho_{te}=0.01$。

一般情况下，只要将混凝土结构构件的裂缝宽度控制在一定的范围内，对结构构件的耐久性不会造成威胁。混凝土构件的裂缝最大宽度应满足 $w_{max}\leqslant w_{lim}$，w_{lim} 为最大裂缝宽度限值，见附录 11。

9.2.3 减小裂缝宽度的主要措施

影响由荷载作用所产生的裂缝宽度的主要因素如下：

（1）受拉区纵向钢筋的应力 σ_{sq}　受拉区纵向钢筋的应力越大，裂缝宽度越大。因此，为了控制裂缝宽度，在普通混凝土结构中，不宜采用高强度钢筋。

（2）受拉区纵向钢筋的直径 d　当其他条件不变时，受拉钢筋直径越大，裂缝宽度也越大。当构件内纵向受拉钢筋截面面积相同时，采用细而密的钢筋会增大钢筋的表面积，使粘接力增大，裂缝宽度减小。

（3）受拉区纵向钢筋表面形状　带肋钢筋的粘接强度要比光面钢筋大很多，当其他条件相同时，配置带肋钢筋时裂缝宽度要比配置光面钢筋时的裂缝宽度小。

（4）受拉区纵向钢筋配筋率 ρ_{te}　构件受拉混凝土截面的纵筋配筋率越大，裂缝宽度越小。

（5）受拉区纵向钢筋的混凝土保护层厚度 c_s　当其他条件相同时，保护层厚度值越大，裂缝宽度也越大，因而增大保护层厚度对构件的裂缝宽度是不利的。但是，混凝土保护层厚度越厚对构件耐久性越有利。

(6) 荷载性质　荷载长期作用下的裂缝宽度大；反复荷载和动力荷载作用下的裂缝宽度也比普通荷载作用下的裂缝宽度大。

在工程中，减小裂缝宽度的主要措施有：
(1) 在钢筋截面面积不变的情况下，采用较小直径的钢筋；
(2) 采用变形钢筋；
(3) 增大受力钢筋截面面积；
(4) 增大构件截面尺寸；
(5) 采用预应力混凝土。

【例9-1】 某钢筋混凝土屋架下弦轴心受拉构件，截面尺寸 $b \times h = 200\text{mm} \times 200\text{mm}$，配置 HRB400 级 4⚫16 纵向受力钢筋，混凝土为 C25，纵向受力钢筋保护层厚度为 25mm。按荷载准永久组合产生的轴向拉力 $N_q = 140\text{kN}$，环境类别为二 a 类。试验算该构件的最大裂缝宽度是否满足要求。

【解】 查附录得：$A_s = 804\text{mm}^2$，$E_s = 2.0 \times 10^5 \text{N/mm}^2$，$f_{tk} = 1.78\text{N/mm}^2$，$w_{\lim} = 0.2\text{mm}$。

假定箍筋直径为 8mm，则 $c_s = 25 + 8 = 33(\text{mm})$。

裂缝截面处纵向钢筋的应力为：

$$\sigma_{sq} = \frac{N_q}{A_s} = \frac{140 \times 10^3}{804} = 174.13(\text{N/mm}^2)$$

$$\rho_{te} = \frac{A_s}{A_{te}} = \frac{804}{200 \times 200} = 0.0201 > 0.01，取 \rho_{te} = 0.0201$$

纵向受拉钢筋应变的不均匀系数为：

$$\psi = 1.1 - 0.65 \frac{f_{tk}}{\rho_{te} \sigma_{sq}} = 1.1 - 0.65 \times \frac{1.78}{0.0201 \times 174.13} = 0.769，\psi 大于 0.2 且小于 1.0。$$

由于受力钢筋直径相同，则 $d_{eq} = 16\text{mm}$；轴心受拉构件 $\alpha_{cr} = 2.7$，最大裂缝宽度为：

$$w_{\max} = \alpha_{cr} \psi \frac{\sigma_{sq}}{E_s} \left(1.9 c_s + 0.08 \frac{d_{eq}}{\rho_{te}}\right)$$

$$= 2.7 \times 0.769 \times \frac{174.13}{2.0 \times 10^5} \times \left(1.9 \times 33 + 0.08 \frac{16}{0.0201}\right)$$

$$= 0.228(\text{mm}) > w_{\lim} = 0.2\text{mm}$$

裂缝宽度不满足要求。

【例9-2】 已知钢筋混凝土矩形截面简支梁，处于室内正常环境，计算跨度 $l_0 = 5.6\text{m}$，截面尺寸 $b \times h = 200\text{mm} \times 500\text{mm}$，混凝土强度等级为 C30，纵向钢筋采用 HRB400 级，按正截面受弯承载力计算配筋为 3⚫20，该梁承受的永久荷载标准值 $g_k = 8\text{kN/m}$（包括梁的自重），可变荷载标准值 $q_k = 10\text{kN/m}$，可变荷载的准永久值系数 $\psi_q = 0.4$。试验算该梁的最大裂缝宽度是否满足要求。

【解】 查附录得：$A_s = 942\text{mm}^2$，$E_s = 2.0 \times 10^5 \text{N/mm}^2$，$f_{tk} = 2.01\text{N/mm}^2$，$w_{\lim} = 0.3\text{mm}$。

假定箍筋直径为 10mm，最外层钢筋的混凝土保护层最小厚度为 $c = 20\text{mm}$，则 $c_s = 20 + 10 = 30(\text{mm})$，$a_s = 40\text{mm}$，$h_0 = 500 - 40 = 460(\text{mm})$。

按荷载准永久组合计算的弯矩为：

$$M_q = \frac{1}{8}(g_k + \psi_q q_k)l_0^2 = \frac{1}{8} \times (8 + 0.4 \times 10) \times 5.6^2 = 47.04(\text{kN} \cdot \text{m})$$

裂缝截面处纵向钢筋的应力为：

$$\sigma_{sq} = \frac{M_q}{0.87 A_s h_0} = \frac{47.04 \times 10^6}{0.87 \times 942 \times 460} = 124.78(\text{N/mm}^2)$$

$$\rho_{te} = \frac{A_s}{A_{te}} = \frac{942}{0.5 \times 200 \times 500} = 0.019 > 0.01，取 \rho_{te} = 0.019$$

纵向受拉钢筋应变的不均匀系数为：

$$\psi = 1.1 - 0.65 \frac{f_{tk}}{\rho_{te} \sigma_{sq}} = 1.1 - 0.65 \times \frac{2.01}{0.019 \times 124.78} = 0.549$$

ψ 大于 0.2 且小于 1.0，故取 $\psi = 0.549$。

由于受力钢筋直径相同，则 $d_{eq} = 20\text{mm}$；对受弯构件 $\alpha_{cr} = 1.9$，最大裂缝宽度为：

$$w_{max} = \alpha_{cr} \psi \frac{\sigma_{sq}}{E_s}\left(1.9 c_s + 0.08 \frac{d_{eq}}{\rho_{te}}\right)$$

$$= 1.9 \times 0.549 \times \frac{124.78}{2.0 \times 10^5} \times \left(1.9 \times 30 + 0.08 \times \frac{20}{0.019}\right)$$

$$= 0.092(\text{mm}) < w_{lim} = 0.3\text{mm}$$

裂缝宽度满足要求。

9.3 受弯构件的挠度验算

9.3.1 变形控制的目的和要求

对受弯构件进行变形控制的目的主要有以下几个方面：

（1）功能要求　结构构件产生过大的变形将损害甚至使构件完全丧失所应承担的使用功能。例如厂房结构过大的变形，会影响精密仪器的操作精度；桥梁过大的挠度则影响桥面行车速度和舒适性；吊车梁过大的变形会影响吊车的正常运行和使用期限；屋面构件变形过大，会造成排水不畅，导致表层积水、渗水等。

（2）防止非结构构件破坏　结构构件的过大变形可能导致一些变形能力较差的非结构构件破坏，如门窗开启困难、轻质隔墙开裂等。

（3）外观要求　结构构件出现明显的挠度时会使使用者产生不安全感。如刚度过小，桥面或楼面板大幅度震颤，给使用者造成很大的心理压力甚至导致恐慌。

因此，为了保证结构构件在使用期间的适用性，应对结构构件的变形加以控制。

9.3.2 受弯构件挠度验算

9.3.2.1 受弯构件变形计算的特点

根据力学知识，匀质弹性材料梁的跨中挠度 f 为：

$$f = \alpha \frac{M}{EI} l_0^2 \tag{9-21}$$

式中　α——与荷载类型和支承条件有关的挠度系数，如承受均布荷载的单跨简支梁，$\alpha = 5/48$，跨中承受集中力作用的单跨简支梁，$\alpha = 1/12$；

EI——梁截面的抗弯刚度；

M——梁的弯矩；

l_0——梁的计算跨度。

对匀质弹性材料梁，当梁的截面、材料和跨度一定时，其截面抗弯刚度 EI 是一个常量，挠度 f 与弯矩 M 呈线性关系。

对混凝土受弯构件，由于混凝土是非匀质的弹塑性材料，混凝土梁的挠度 f 与弯矩是非线性的。梁截面弯曲刚度随着弯矩的增大而减小，另外弯曲刚度还与配筋率、截面形状、荷载作用时间等因素有关，钢筋混凝土构件截面弯曲刚度要比确定匀质材料梁的抗弯刚度 EI 复杂得多，因此不能用 EI 这个常量来表示。

由此分析可知，确定钢筋混凝土梁截面的抗弯刚度是挠度计算的关键。对钢筋混凝土构件，通常用 B_s 表示钢筋混凝土梁在荷载短期效应组合下的截面抗弯刚度，称为短期刚度；用 B 表示考虑荷载长期作用影响的截面抗弯刚度，称为长期刚度。构件在使用阶段的最大挠度计算取长期刚度 B，而长期刚度 B 是通过短期刚度 B_s 得来的。

9.3.2.2 短期刚度 B_s 的计算

影响钢筋混凝土受弯构件截面抗弯刚度的因素很多。通过理论分析和试验研究，《规范》规定，对矩形、T 形、倒 T 形、工字形截面受弯构件，短期刚度 B_s 的计算公式为：

$$B_s = \frac{E_s A_s h_0^2}{1.15\psi + 0.2 + \dfrac{6\alpha_E \rho}{1+3.5\gamma_f'}} \tag{9-22}$$

式中 E_s——钢筋的弹性模量；

A_s——纵向受拉钢筋截面面积；

h_0——截面有效高度；

α_E——钢筋弹性模量和混凝土弹性模量的比值，$\alpha_E = \dfrac{E_s}{E_c}$；

ψ——裂缝间纵向受拉钢筋应变不均匀系数，按式(9-18)计算；

ρ——纵向受拉钢筋的配筋率，$\rho = A_s/(bh_0)$；

γ_f'——受压翼缘截面面积与腹板有效截面面积的比值，矩形截面取 $\gamma_f' = 0$，T 形截面取 $\gamma_f' = \dfrac{(b_f'-b)h_f'}{bh_0}$，当 $h_f' > 0.2h_0$，取 $h_f' = 0.2h_0$，b_f'、h_f' 分别为受压区翼缘的宽度、高度。

9.3.2.3 长期刚度 B 的计算

在荷载持续长期作用下，钢筋混凝土构件截面的抗弯刚度会逐渐降低，构件的挠度随时间而不断缓慢增长，这一过程往往持续数年之久。因此，计算挠度时要采用考虑荷载长期作用影响的长期刚度 B。

受弯构件考虑荷载长期作用影响的挠度计算方法主要有两种：第一种是用不同方式和在不同程度上考虑混凝土徐变和收缩以计算荷载长期作用影响的刚度；第二种是根据试验结果确定挠度增大影响系数来计算构件的长期刚度 B。《规范》采用第二种方法，用挠度增大影响系数来考虑荷载长期作用的影响计算受弯构件挠度，即：

$$\theta = \frac{f_1}{f_s} = \frac{\alpha M l_0^2 / B}{\alpha M l_0^2 / B_s} = \frac{B_s}{B} \tag{9-23}$$

式中 θ——挠度增大系数；

f_l——考虑荷载长期作用影响计算的挠度；

f_s——按构件短期刚度计算的挠度。

《规范》关于变形条件的验算，要求对钢筋混凝土构件采用荷载准永久组合并考虑荷载长期作用的影响；对预应力混凝土构件采用荷载标准组合并考虑荷载长期作用的影响。矩形、T形、倒T形和工字形截面受弯构件考虑荷载长期作用影响的刚度可按下列规定计算。

采用荷载标准组合时

$$B = \frac{M_k}{M_q(\theta-1)+M_k} B_s \qquad (9-24)$$

采用荷载准永久组合时

$$B = \frac{B_s}{\theta} \qquad (9-25)$$

式中 M_k——按荷载的标准组合计算的弯矩，取计算区段内的最大弯矩值；

M_q——按荷载的准永久组合计算的弯矩，取计算区段内的最大弯矩值；

B_s——构件的短期刚度，按式(9-22)计算；

θ——考虑荷载长期作用对挠度增大的影响系数，按下列规定采用：

(1) 钢筋混凝土受弯构件，当 $\rho'=0$ 时，$\theta=2.0$；当 $\rho'=\rho$ 时，$\theta=1.6$；当 ρ' 为中间数值时，θ 按线性内插法取用。ρ' 和 ρ 分别为纵向受压钢筋和纵向受拉钢筋配筋率，$\rho'=A_s'/(bh_0)$，$\rho=A_s/(bh_0)$。对翼缘位于受拉区的倒T形截面，θ 应增加20%。

(2) 预应力混凝土构件，取 $\theta=2.0$。

9.3.2.4 最小刚度原则与挠度验算

钢筋混凝土受弯构件的截面抗弯刚度随弯矩增大而减小，当各截面作用的弯矩不同时，截面的抗弯刚度沿构件长度是变化的，弯矩大的截面刚度小，而弯矩小的截面刚度大。为了简化计算，《规范》规定，在等截面构件中，可假定同号弯矩段内的刚度相等，并取用该区段内最大弯矩处的刚度（最小刚度），按等刚度梁来计算其挠度，这是挠度计算时的最小刚度原则。当计算跨度内的支座截面刚度不大于跨中截面刚度的2倍或不小于跨中截面刚度的1/2时，该跨也可按等刚度构件进行计算，其构件刚度可取跨中最大弯矩截面处的刚度。

在受弯构件挠度计算时，仍采用力学的公式计算挠度，但用长期刚度 B 代替 EI。受弯构件按长期刚度 B 和最小刚度原则计算所得的挠度，不应超过受弯构件挠度的限值，即：

$$f \leqslant [f] \qquad (9-26)$$

$$f = \alpha \frac{M_q}{B} l_0^2 \qquad (9-27)$$

式中 f——受弯构件按荷载的准永久组合并考虑荷载长期作用影响计算的挠度最大值；

$[f]$——受弯构件的挠度限值，见本书附录12。

9.3.3 减小受弯构件挠度的主要措施

如果受弯构件挠度验算不满足要求时，则应采取措施减小构件的挠度。要减小受弯构件的挠度，就必须提高构件的截面刚度。在其他条件不变的情况下，构件截面的高度对刚度影响最大。另外，有受拉翼缘或受压翼缘，刚度有所增大；提高混凝土强度等级、增大受拉钢筋的配筋率，刚度略有增大；若其他条件相同，截面上作用的弯矩越大，构件的刚度相应减小。

工程中减小受弯构件挠度的主要措施有：

(1) 增大构件截面高度 h，它是减小挠度的最有效措施；

(2) 增加受拉钢筋配筋率；

(3) 提高混凝土强度等级；

(4) 在截面受压区配置一定数量的受压钢筋；

(5) 采用预应力混凝土构件。

【例 9-3】 已知钢筋混凝土矩形截面简支梁，处于室内正常环境，计算跨度 $l_0=6\text{m}$，截面尺寸 $b\times h=200\text{mm}\times 500\text{mm}$，混凝土强度等级为 C30，钢筋采用 HRB400 级，按正截面受弯承载力计算纵向受力配筋 3⚛20，该梁承受的永久荷载标准值 $g_k=8\text{kN/m}$（包括梁的自重），可变荷载标准值 $q_k=10\text{kN/m}$，可变荷载的准永久值系数为 0.4，试验算该梁的挠度是否满足要求。

【解】 查附录得：$A_s=942\text{mm}^2$，$E_s=2.0\times 10^5 \text{N/mm}^2$，$E_c=3.0\times 10^4 \text{N/mm}^2$，$f_{tk}=2.01\text{N/mm}^2$。

假定箍筋直径为 10mm，最外层钢筋的混凝土保护层最小厚度为 $c=20\text{mm}$，则 $c_s=20+10=30(\text{mm})$，$a_s=40\text{mm}$，$h_0=500-40=460(\text{mm})$。

$$M_q=\frac{1}{8}(g_k+\psi_q q_k)l_0^2=\frac{1}{8}\times(8+0.4\times 10)\times 6^2=54(\text{kN}\cdot\text{m})$$

$$\rho_{te}=\frac{A_s}{0.5bh}=\frac{942}{0.5\times 200\times 500}=0.019>0.01, \text{故取} \rho_{te}=0.019。$$

$$\rho=\frac{A_s}{bh_0}=\frac{942}{200\times 460}=0.01$$

$$\sigma_{sq}=\frac{M_q}{0.87A_s h_0}=\frac{54\times 10^6}{0.87\times 942\times 460}=143.24(\text{N/mm}^2)$$

$$\psi=1.1-0.65\frac{f_{tk}}{\rho_{te}\sigma_{sq}}=1.1-0.65\times\frac{2.01}{0.019\times 143.24}=0.62$$

ψ 大于 0.2 小于 1.0，取 $\psi=0.62$。

根据已知条件可知：$\gamma_f'=0$，$\rho'=0$，$\theta=2.0$

$$\alpha_E=\frac{E_s}{E_c}=\frac{2.0\times 10^5}{3.0\times 10^4}=6.667$$

$$B_s=\frac{E_s A_s h_0^2}{1.15\psi+0.2+\frac{6\alpha_E\rho}{1+3.5\gamma_f'}}=\frac{2.0\times 10^5\times 942\times 460^2}{1.15\times 0.62+0.2+6\times\frac{6.667\times 0.01}{1+3.5\times 0}}$$

$$=3.04\times 10^{13}(\text{N}\cdot\text{mm}^2)$$

$$B=\frac{B_s}{\theta}=\frac{3.04\times 10^{13}}{2.0}=1.52\times 10^{13}(\text{N}\cdot\text{mm}^2)$$

该简支梁的最大挠度：

$$f=\frac{5}{48}\times\frac{M_q l_0^2}{B}=\frac{5}{48}\times\frac{54\times 10^6\times 6000^2}{1.52\times 10^{13}}=13.32(\text{mm})<[f]=\frac{l_0}{200}=\frac{6000}{200}=30(\text{mm})$$

挠度满足要求。

9.4 混凝土结构的耐久性

混凝土结构的耐久性是指结构及其构件在预计的设计使用年限内，在正常维护和使用条件下，在指定的工作环境中，结构不需要进行大修即可满足正常使用和安全功能的能力。工程实践表明，由于混凝土结构本身的组成成分及承载力特点，其抗力在外界环境和各种因素作用下存在逐渐消弱和衰减现象，经历一定时间后，甚至会出现不能满足设计应有的功能要求的情况。我国混凝土结构量很大，若因耐久性不足而需要进行维修、加固和改造，要付出更大的代价。因此，混凝土结构除了要进行承载力计算和裂缝、变形验算外，还需要进行耐久性设计。

9.4.1 影响混凝土结构耐久性的主要因素

影响混凝土结构耐久性的因素要从混凝土结构的内部因素和外部环境因素两个方面进行分析。混凝土结构的内部因素主要为混凝土结构的强度、保护层厚度、密实度、水泥品种、标号和用量、水灰比、氯离子和碱的含量、外加剂用量及结构和构件的构造等；外部环境因素主要为环境温度、湿度、二氧化碳含量、化学介质侵蚀、冻融及磨损等。混凝土结构在内部因素与外部环境因素的综合作用下，将会发生耐久性能下降和耐久性能失效问题，主要表现在以下几个方面。

9.4.1.1 混凝土碳化

混凝土碳化是指大气中的二氧化碳或其他酸性气体与混凝土中的碱性物质发生反应，使混凝土碱性下降的现象。当混凝土碳化到钢筋表面时，会使钢筋保护膜破坏，造成钢筋锈蚀，同时使混凝土的收缩加大，导致混凝土开裂，从而造成了混凝土的耐久性能下降。

延缓和减小混凝土碳化对提高结构的耐久性有重要作用，设计中减小碳化作用的措施主要是提高混凝土的密实性，增强抗渗性；合理设计混凝土的配合比，采用覆盖面层，覆盖面层可以隔离混凝土表面与大气环境的直接接触，这对减小混凝土碳化十分有利；规定钢筋的混凝土最小保护层厚度。

9.4.1.2 钢筋锈蚀

钢筋锈蚀是指在水和氧气共同作用的条件下，水、氧气和铁发生电化学反应，在钢筋的表面形成疏松、多孔的锈蚀现象。钢筋锈蚀的必要条件是混凝土碳化使钢筋表面的氧化膜被破坏，钢筋锈蚀后其体积膨胀数倍，引起混凝土保护层脱落和构件开裂，进一步使空气中的水分和氧气更容易进入，加快锈蚀。钢筋锈蚀将使钢筋有效面积减小，导致结构和构件的承载力下降以及结构破坏。

防止钢筋锈蚀的主要措施是提高混凝土的密实性、增强抗渗性，采用覆盖面层，采用足够的保护层厚度等，来防止水、二氧化碳、氯离子和氧气的侵入，减少钢筋锈蚀；还可采用钢筋阻锈剂以防止氯盐的腐蚀，采用防腐蚀钢筋，如环氧涂层钢筋、镀锌钢筋、不锈钢钢筋等；对重大工程可对钢筋采用阴极保护法，包括牺牲阳极法和输入电流法。

9.4.1.3 混凝土冻融破坏

混凝土冻融破坏是指处于饱和水状态的混凝土结构受冻时，其内部毛细孔的水结冰膨胀产生膨胀力，使混凝土结构内部产生微裂损伤，这种损伤经多次反复冻融循环作用，将逐步积累，最终导致体积膨胀破坏，混凝土结构开裂。

9.4.1.4 混凝土碱骨料影响

混凝土的骨料中某些活性矿物与混凝土微孔中的碱性溶液发生化学反应称为碱骨料反应。碱骨料反应的危害是其产生的碱-硅酸盐凝胶吸水膨胀使体积增大数倍，导致混凝土剥落、开裂，以至强度降低，造成耐久性破坏。

9.4.1.5 侵蚀性介质的影响

在一些特殊环境条件下，混凝土会受到海水、硫酸盐、酸及盐类结晶等化学介质的腐蚀作用。其危害表现在化学物质的侵蚀造成混凝土松散破碎，出现裂缝，有些化学物质与混凝土中的一些成分进行化学反应，生成使体积膨胀的物质，引起混凝土结构的开裂和损伤破坏。在设计中，侵蚀性物质对耐久性的影响需要进行专门的研究。

9.4.2 混凝土结构耐久性设计方法和内容

综上所述，影响结构耐久性的因素较多，机理复杂，而且对有些影响因素及规律研究尚不完善，目前，还难以进行定量设计。《规范》采用耐久性概念设计，即根据混凝土结构所处的环境类别和设计使用年限，采用相应的技术措施和构造设计来保证结构的耐久性。这种方法概念清楚，设计简单，虽然还不能定量地界定准确的设计使用年限，但基本上能保证在规定的设计年限内结构应有的使用性能和安全储备。

混凝土结构应根据设计使用年限和环境类别进行耐久性设计，耐久性设计包括下列内容：

（1）确定结构所处的环境类别；
（2）提出对混凝土材料的耐久性基本要求；
（3）确定构件中钢筋的混凝土保护层厚度；
（4）不同环境条件下的耐久性技术措施；
（5）提出结构使用阶段的检测与维护要求。

临时性的混凝土结构，可不考虑混凝土的耐久性要求。

9.4.3 《规范》对混凝土结构耐久性的相关规定

（1）使用环境的划分。混凝土结构的耐久性与其使用环境密切相关，同一结构在强腐蚀环境中比在一般大气环境中的耐久性差。对混凝土结构使用环境进行分类，可使设计者针对不同的环境类别采用不同的设计对策，使结构达到设计使用年限的要求。《规范》将混凝土结构的环境类别分为五类，见本书附录10。

（2）设计使用年限为50年的混凝土结构，其混凝土材料宜符合表9-1的规定。

表9-1 结构混凝土材料的耐久性基本要求

环境类别	最大水胶比	最低强度等级	最大氯离子含量/%	最大碱含量/(kg/m³)
一	0.60	C20	0.30	不限制
二 a	0.55	C25	0.20	3.0
二 b	0.50(0.55)	C30 (C25)	0.15	
三 a	0.45(0.50)	C35 (C30)	0.15	
三 b	0.40	C40	0.10	

注：1. 氯离子含量是指其占胶凝材料总量的百分比。
2. 预应力构件混凝土中的最大氯离子含量为0.06%；其最低混凝土强度等级宜按表中的规定提高两个等级。
3. 素混凝土构件的水胶比及最低强度等级的要求可适当放松。
4. 有可靠工程经验时，二类环境中的最低混凝土强度等级可降低一个等级。
5. 处于严寒和寒冷地区二 b、三 a 类环境中的混凝土应使用引气剂，并可采用括号中的有关参数。
6. 当使用非碱活性骨料时，对混凝土中的碱含量可不作限制。

(3) 混凝土结构及构件尚应采取下列耐久性技术措施，以保证其耐久性的要求。

① 预应力混凝土结构中的预应力筋应根据具体情况采取表面防护、孔道灌浆、加大混凝土保护层厚度等措施，外露的锚固端应采取封锚和混凝土表面处理等有效措施；

② 有抗渗要求的混凝土结构，混凝土的抗渗等级应符合有关标准的要求；

③ 在严寒及寒冷地区的潮湿环境中，结构混凝土应满足抗冻要求，混凝土抗冻等级应符合有关标准的要求；

④ 处于二、三类环境中的悬臂构件宜采用悬臂梁-板的结构形式，或在其上表面增设防护层；

⑤ 处在二、三类环境中的结构构件，其表面的预埋件、吊钩、连接件等金属部件应采取可靠的防锈措施，对于后张预应力混凝土外露金属锚具，其防护要求要满足相关规定；

⑥ 处在三类环境中的混凝土结构构件，可采用阻锈剂、环氧树脂涂层钢筋或其他具有耐腐蚀性能的钢筋，采取阴极保护处理等防锈措施或采用可更换的构件等措施。

(4) 一类环境中，设计使用年限为 100 年的混凝土结构应符合下列规定：

① 钢筋混凝土结构的最低强度等级为 C30，预应力混凝土结构的最低强度等级为 C40；

② 混凝土中的最大氯离子含量为 0.06%；

③ 宜使用非碱活性骨料，当使用碱活性骨料时，混凝土中的最大碱含量为 3.0kg/m^3；

④ 混凝土保护层厚度应符合《规范》的规定，当采取有效的表面防护措施时，混凝土保护层厚度可适当减小。

(5) 二类和三类环境中，设计使用年限 100 年的混凝土结构应采取专门的有效措施。

(6) 耐久性环境类别为四类和五类的混凝土结构，其耐久性要求应符合有关标准的规定。

(7) 混凝土结构在设计使用年限内尚应遵守下列规定：

① 建立定期检测、维护制度；

② 设计中的可更换混凝土构件应定期按规定更换；

③ 构件表面的防护层应按规定维护或更换；

④ 结构出现可见的耐久性缺陷时，应及时进行处理。

(1) 混凝土结构构件应根据承载能力极限状态和正常使用极限状态分别进行计算和验算。进行承载力极限状态的计算是为了满足结构的安全性，而进行正常使用极限状态的验算是为了满足结构的适用性和耐久性。因此，除对结构构件要进行承载力计算之外，还应进行正常使用极限状态的验算，使构件变形和裂缝宽度不超过规定的限值。

(2)《规范》规定，结构构件正截面的受力裂缝控制等级分为三级，等级划分和要求应符合下列规定：一级为严格要求不出现裂缝的构件，按荷载标准组合计算时，构件受拉边缘混凝土不应产生拉应力；二级为一般要求不出现裂缝的构件，按荷载标准组合计算时，构件受拉边缘混凝土拉应力不应大于混凝土抗拉强度的标准值；三级为允许出现裂缝的构件，对钢筋混凝土构件，按荷载准永久组合并考虑长期作用影响计算时，构件的最大裂缝宽度不应超过规范规定的最大裂缝宽度限值。

(3)《规范》规定，钢筋混凝土受弯构件的最大挠度和最大裂缝宽度的计算，应按荷载的准永久组合，并应考虑荷载长期作用的影响。

(4) 在荷载长期作用下，由于混凝土的徐变等因素影响，截面刚度将进一步降低，这可通过挠度增大系数来考虑，由此得到构件的长期刚度，构件挠度计算时取长期刚度。由于沿构件长度方向的弯矩和配筋均为变量，故沿构件长度方向的刚度也是变化的，为了简化计算，对等截面构件，受弯构件的挠度按最小刚度原则进行计算。

(5) 当构件的裂缝宽度和挠度验算不满足要求时，可采用相关措施减小裂缝宽度和挠度。

(6) 混凝土结构的耐久性是指结构及其构件在预计的设计使用年限内，在正常维护和使用条件下，在指定的工作环境中，结构不需要进行大修即可满足正常使用和安全功能的能力。由于混凝土结构耐久性设计涉及广泛，影响因素多，有别于结构承载力设计，难以进行定量设计。《规范》采用了宏观控制的方法，以概念设计为主，根据环境类别和设计使用年限对混凝土结构提出相应的限制和要求，以保证其耐久性。

(1) 产生裂缝的原因有哪些？
(2) 裂缝控制等级分为哪几级？
(3) 最大裂缝宽度的计算公式是什么？
(4) 影响构件裂缝宽度的主要因素有哪些？
(5) 若构件的最大裂缝宽度不能满足要求，可采取哪些措施减少裂缝宽度？
(6) 何谓混凝土构件截面的抗弯刚度？它与材料力学中的刚度相比有何特点？
(7) 说明短期刚度与长期刚度的区别。
(8) 在受弯构件挠度计算中，什么是最小刚度原则？
(9) 可采取什么措施减小受弯构件挠度？其中最有效的措施是什么？
(10) 什么是结构的耐久性？影响结构耐久性的主要因素有哪些？
(11) 结构的耐久性设计包括哪些方面？
(12) 《规范》对保证结构构件耐久性的规定主要有哪些？

(1) 某钢筋混凝土轴心受拉构件，截面尺寸 $b \times h = 150\text{mm} \times 150\text{mm}$，配置 HRB400 级 4$\Phi$18 纵向受力钢筋，混凝土强度等级为 C30。按荷载准永久组合产生的轴向拉力 $N_q = 180\text{kN}$，环境类别为一类。试验算该构件的最大裂缝宽度是否满足要求。

(2) 已知承受均布荷载的钢筋混凝土矩形截面简支梁，环境类别为一类，截面尺寸 $b \times h = 250\text{mm} \times 600\text{mm}$，钢筋采用 HRB400 级，按正截面受弯承载力计算的纵向受力钢筋为 4Φ20，混凝土强度等级为 C30，按荷载准永久组合计算的跨中截面弯矩为 $M_q = 100\text{kN} \cdot \text{m}$。试验算该梁的最大裂缝宽度是否满足要求。

(3) 已知矩形截面简支梁，处于室内正常环境，计算跨度 $l_0 = 6\text{m}$，截面尺寸 $b = 200\text{mm}$、$h = 550\text{mm}$，混凝土强度等级为 C30，采用 HRB400 级钢筋，在受拉区配置纵向受拉钢筋 3Φ20，按荷载准永久组合计算的跨中最大弯矩值 $M_q = 70\text{kN} \cdot \text{m}$，$a_s = 40\text{mm}$，纵向受拉钢筋应变不均匀系数 $\psi = 0.639$，该梁挠度的限值为 $f_{\text{lim}} = l_0/200$。验算该梁挠度是否满足要求。

第 10 章 预应力混凝土构件

10.1 概述

10.1.1 预应力混凝土的概念

普通钢筋混凝土构件的最大缺点是抗裂性差。一般情况下，当钢筋的应力超过 $20\sim 30\mathrm{N/mm^2}$ 时，混凝土就会开裂，因此普通钢筋混凝土构件一般均处于带裂缝工作状态。对使用上允许开裂的构件，裂缝宽度一般应控制在 $0.2\sim0.3\mathrm{mm}$ 以内，此时相应的受拉钢筋应力最高也只能达到 $150\sim250\mathrm{N/mm^2}$。因此，在普通钢筋混凝土构件中采用高强度的钢筋是不能充分发挥作用的。同时，混凝土构件的开裂还将导致构件刚度降低，变形增大，耐久性变差。因而，普通钢筋混凝土构件不宜用在高湿度或侵蚀性环境中，不宜作为对裂缝控制作用较严的构件，且不能应用高强钢筋。

采用预应力混凝土是改善构件抗裂性的有效途径。在混凝土构件承受外荷载之前，预先对混凝土受拉区施加压应力，称为预应力混凝土结构。这种预压应力可以部分或者全部抵消外荷载作用下产生的拉应力，因而可避免或推迟裂缝的出现，减小裂缝宽度。

现以预应力混凝土简支梁为例，说明预应力混凝土的基本原理。如图 10-1 所示，在荷载作用之前，预先在梁的受拉区施加一对大小相等，方向相反的偏心预压力 N，使得梁截面下边缘混凝土产生预压应力 σ_c［如图 10-1(a) 所示］。当梁承受外荷载 q 作用时，截面下边缘产生拉应力 σ_{ct}［如图 10-1(b) 所示］。最后梁截面的应力分布为上述两种情况下的应力叠加，梁截面下边缘的应力可能是数值较小的拉应力、压应力或者零应力［如图 10-1(c) 所示］，也就是说，由于预压应力 σ_c 的存在，可部分抵消或全部抵消外荷载 q 所引起梁截面的拉应力 σ_{ct}，以满足不同的裂缝控制要求，从而改变了普通钢筋混凝土构件原有的裂缝状态，成为预应力混凝土构件。

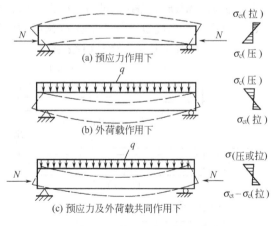

图 10-1 预应力混凝土简支梁

10.1.2 施加预应力的方法

预应力混凝土的主要特征在于构件受荷载之前，混凝土构件已建立起较大的预压应力，这种预压应力是通过张拉钢筋实现的。施加预应力的方法，根据张拉预应力钢筋与浇筑混凝土的先后次序不同，可分为先张法和后张法两种。

(1) **先张法**　先张拉预应力钢筋后浇筑混凝土的方法称为先张法。先张法的施工工序如图 10-2 所示。先在台座上张拉预应力钢筋，被张拉的预应力钢筋由夹具固定在台座上，然后浇筑混凝土，待混凝土达到规定的设计强度后，切断预应力钢筋，预应力钢筋回缩从而对混凝土施加预压应力。

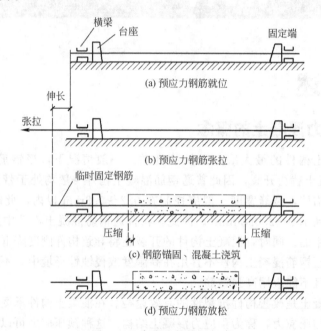

图 10-2　先张法的施工工序

先张法是靠钢筋与混凝土间的粘接力来保持和传递预应力的。

(2) **后张法**　先浇筑混凝土后张拉预应力钢筋的方法称为后张法，后张法的施工工序如图 10-3 所示。在构件混凝土浇筑时按预应力钢筋的设置位置预留孔道；待混凝土达到设计强度后，再将预应力钢筋穿入孔道；然后利用构件本身作为加力台座，直接在构件端部张拉预应力钢筋；当张拉预应力钢筋的应力达到设计规定值后，在张拉端用锚具锚住钢筋，使混凝土构件获得预压应力；最后在孔道内灌浆，使预应力钢筋与构件混凝土形成整体；也可不灌浆，完全通过锚具施加预压力，形成无粘接的预应力结构。

后张法是靠构件端部的锚具保持和传递预应力的。后张法构件端部的锚具是永久性的，是构件的组成部分，不能重复使用。

就两种方法比较而言，先张法的施工工艺简单、效率高、成本低、质量容易保

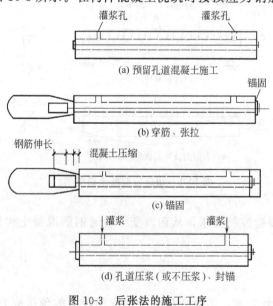

图 10-3　后张法的施工工序

证，适用于在工厂批量生产、便于运输的中小型构件，如预应力楼板、屋面板等。后张法是在构件上直接张拉预应力钢筋，不需要台座，但需要留设孔道和压力灌浆等，工序复杂，构件两端需设有永久性锚具，造价较高，适用于现场制作的大型预应力混凝土构件，如预应力屋架、吊车梁和大跨度桥梁等。

10.1.3 预应力混凝土的优缺点

10.1.3.1 优点

与普通钢筋混凝土结构相比，预应力混凝土结构具有以下优点。

（1）**提高了构件的抗裂能力** 预应力混凝土构件由于在承受外荷载之前已经在受拉区储存了预压应力，在外荷载作用下，只有当混凝土的预压应力被全部抵消转而受拉且拉应变超过混凝土的极限拉应变时，构件才会开裂。预应力混凝土构件很容易做到不出现裂缝，或者大大减小裂缝宽度，减少了构件因外界有害因素而受到的侵蚀，从而提高了构件的耐久性。

（2）**增加了构件的刚度** 由于预应力混凝土构件在正常使用时不出现裂缝或者只有很小的裂缝，混凝土基本上处于弹性工作阶段，因此构件的刚度比普通混凝土构件的刚度有所增大。预应力混凝土构件的刚度大，再加上预应力还将使构件产生一定的反拱，因此预应力混凝土梁、板的挠度小，大大减小了构件的变形量。

（3）**充分利用高强度材料** 在普通钢筋混凝土结构中，由于受裂缝宽度和挠度的限制，高强度钢筋不能被充分利用。而在预应力混凝土结构中，预应力钢筋预先施加较高的应力，而后在外荷载作用下拉应力进一步增大，使得高强度钢筋在结构破坏前能够达到屈服强度。与此同时，应尽可能采用高强度等级的混凝土，以便于和高强度钢筋配合。预应力混凝土结构能充分发挥高强钢筋和高强混凝土的性能，可以减少钢筋用量和构件的截面尺寸，减轻构件自重，节约材料。

（4）**扩大了混凝土构件的应用范围** 由于预应力混凝土构件改善了构件的抗裂性能，可用于有防水、抗渗透及抗腐蚀要求的环境；预应力混凝土构件刚度大、变形小，能充分发挥高强度钢筋和高强混凝土的性能，结构轻巧，可用于大跨度、重荷载及承受反复荷载的建筑中。

10.1.3.2 缺点

（1）施工工序多；
（2）对施工技术要求高；
（3）需要张拉设备和锚具；
（4）造价较高。

预应力混凝土构件虽然有许多优点，但是也存在一定的局限性，目前并不能完全代替钢筋混凝土。预应力混凝土构件主要用于普通钢筋混凝土难以满足的情形，如抗裂要求高、大跨度及重荷载的结构构件。而普通钢筋混凝土结构由于施工方便、造价低等特点，应用于允许带裂缝工作的一般工程结构中，仍具有强大的生命力。随着我国建筑业的飞速发展，预应力混凝土构件的缺点也在不断地得以克服，这将使预应力混凝土的发展前景更为广阔。

10.1.4 预应力混凝土的锚具

锚具是预应力混凝土构件中用来锚固预应力钢筋的装置。先张法构件中的锚具可重复使用，也称为夹具；后张法构件是依靠锚具来保持和传递预应力，锚具是构件的组成部分，不能重复使用。

锚具对在预应力构件中建立有效的预应力起着至关重要的作用,对锚具的要求有:锚固性能可靠,滑移小,制作简单,使用方便,节约钢材等。

锚具的种类繁多,按其构造形式及锚固原理,可以分为以下三种基本类型。

10.1.4.1 锚块锚塞型锚具

这种锚具由锚块和锚塞两部分组成,如图10-4所示,其中锚块形式有锚板、锚圈、锚筒等,根据所锚钢筋的根数,锚塞也可分成若干片。锚块内的孔洞以及锚塞做成楔形或锥形,预应力钢筋回缩时受到挤压而被锚住。锚块置于台座、钢模上(先张法)或构件上(后张法)。这种锚具可用于预应力钢筋的张拉端和固定端。用于固定端时,在张拉过程中锚塞即就位挤紧;用于张拉端时,钢筋张拉完毕后才将锚塞挤紧。

图10-4(a)、(b)所示的锚具通常用于先张法,用于锚固单根钢丝或钢绞线,分别称为楔形锚具和锥形锚具。如图10-4(c)所示的锚具也是一种锥形锚具,用来锚固后张法构件中的钢丝束。

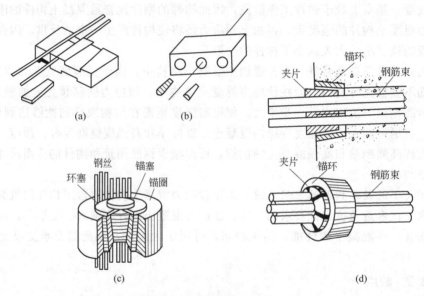

图10-4 锚块锚塞型锚具

由带锥孔的锚板和夹片所组成的夹片式锚具有JM、XM、QM、YM、OVM等,主要用于锚固钢绞线束,能锚固由1~55根不等的钢绞线所组成的筋束。图10-4(d)所示锚具称为JM12型锚具,有多种规格,适用于3~6根直径为12mm热处理钢筋的钢筋束以及5~6根7股4mm钢丝的钢绞线所组成的钢绞线束,通常用于后张法构件。JM12型锚具的主要缺点是钢筋的内缩量大。

10.1.4.2 螺杆螺母型锚具

图10-5所示为两种常用的螺杆螺母型锚具,图10-5(a)所示用于粗钢筋,图10-5(b)所示用于钢丝束。前者由螺杆、螺母、垫板组成,螺杆焊于预应力钢筋的端部;后者由锥形螺杆、套筒、螺母、垫板组成,通过套筒紧紧地将钢丝束与锥形螺杆挤压成一体。预应力钢筋或钢丝束张拉完毕时,旋紧螺母使其锚固。有时因螺杆中螺纹长度不够或预应力钢筋伸长过大,则需在螺母下增放后加垫板,以便能旋紧螺母。螺杆螺母型锚具常用于后张法构件的

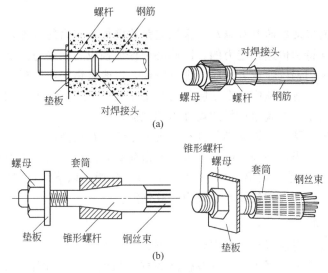

图 10-5 螺杆螺母型锚具

张拉端，也可用于先张法构件或后张法构件的固定端。

10.1.4.3 墩头型锚具

图 10-6 所示为两种墩头型锚具，图 10-6(a) 所示用于预应力钢筋的张拉端，如图 10-6(b) 所示用于预应力钢筋的固定端。墩头型锚具通常为后张法构件的钢丝束所采用，对于先张法构件的单根预应力钢丝，在固定端有时也采用，即将钢丝的一端墩粗，将钢丝穿过台座或钢模上的锚孔，在另一端进行张拉。采用这种锚具时，对钢筋下料长度的精确度要求较高，否则会使预应力钢筋受力不均匀。

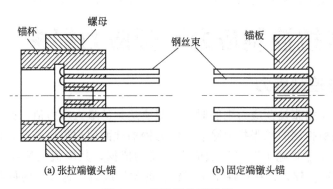

图 10-6 两种墩头型锚具

10.1.5 预应力混凝土的材料要求

10.1.5.1 预应力钢筋

预应力混凝土结构中的钢筋包括预应力钢筋和非预应力钢筋，非预应力钢筋的选用要求与钢筋混凝土中的钢筋要求相同。预应力钢筋在预应力构件中，从构件制作开始，到构件破坏为止，始终处于高应力状态，故对钢筋有较高的质量要求。

(1) **高强度** 为了使混凝土构件在发生弹性回缩、收缩及徐变后，其内部仍能建立较高的预压应力，需要采用较高的初始张拉应力，故要求预应力钢筋具有较高的抗拉强度，以提高构件的抗裂性能。

(2) 与混凝土间有足够的粘接强度　采用先张法施加预应力的构件，是依靠钢筋与混凝土之间的粘接力来保持和传递预应力的，因此必须保证预应力钢筋与混凝土间有足够的粘接强度。预应力钢筋采用钢绞线或者预应力螺纹钢筋，以改善钢筋与混凝土之间的粘接性能。

(3) 良好的加工性能　预应力钢筋应具有良好的可焊性、冷墩性、热墩性等加工性能，使预应力钢筋加工后不影响其原材料的物理力学性能。

(4) 一定的塑性　预应力钢筋必须具有一定的塑性，在拉断时具有一定的延伸率，以避免构件发生脆性破坏。当构件处于低温环境和冲击荷载条件下，此点更为重要。

《混凝土结构设计规范》(GB 50010—2010，2015 年版，以下简称《规范》) 规定，预应力钢筋宜采用预应力钢丝、钢绞线和预应力螺纹钢筋。

10.1.5.2　混凝土

预应力混凝土构件对混凝土的基本要求如下。

(1) 高强度　预应力混凝土必须具有较高的抗压强度，这样才能承受较大的预压应力，有效地减小构件截面尺寸，减轻自重，节约材料。对于先张法构件，高强度的混凝土具有较高的粘接强度，可减少端部应力传递长度；对于后张法构件，采用高强度混凝土，可承受构件端部很高的局部压应力。《规范》规定，预应力混凝土构件的混凝土强度等级不宜低于 C40，且不应低于 C30。

(2) 收缩、徐变小　在预应力混凝土结构中采用低收缩、低徐变的混凝土，一方面可以减少由于混凝土收缩、徐变产生的预应力损失，另一方面也可以有效控制预应力混凝土结构的徐变变形。

(3) 快硬、早强　预应力结构中的混凝土具有快硬、早强的性质，可以尽早地施加预应力，以提高台座、模板、锚具的周转率，加快施工进度，降低管理费用。

10.2　张拉控制应力和预应力损失

10.2.1　张拉控制应力

张拉控制应力是指张拉预应力钢筋时，钢筋所达到的最大应力值。张拉控制应力值是张拉设备的测力仪表所控制的总张拉力除以预应力钢筋截面面积得出的值，以 σ_{con} 表示。

张拉控制应力 σ_{con} 是施工时张拉预应力钢筋的依据，其取值应适当。当构件截面尺寸及配筋量一定时，σ_{con} 越大，在构件受拉区建立的预压应力也越大，构件在使用阶段的抗裂度也越高。但如果 σ_{con} 过大，可能产生下列问题：①个别钢筋可能屈服或被拉断；②施工阶段可能会引起构件某些部位受到拉力（称为预拉区）甚至开裂，还可能使后张法构件端部混凝土产生局部受压破坏；③使开裂荷载和破坏荷载相接近，构件一旦出现裂缝即很快被破坏，即可能产生无预兆的脆性破坏；④会增大预应力钢筋松弛而造成的预应力损失。因此，张拉控制应力 σ_{con} 既不能过大，也不能过小。根据国内外设计与施工经验以及近年来的科研成果，《规范》规定预应力筋的张拉控制应力 σ_{con} 应符合下列规定：

消除应力钢丝、钢绞线

$$\sigma_{con} \leqslant 0.75 f_{ptk} \tag{10-1}$$

中强度预应力钢丝

$$\sigma_{con} \leqslant 0.70 f_{ptk} \tag{10-2}$$

预应力螺纹钢筋

$$\sigma_{con} \leqslant 0.85 f_{pyk} \tag{10-3}$$

式中　f_{ptk}——预应力筋极限强度标准值；

f_{pyk}——预应力螺纹筋屈服强度标准值。

消除应力钢丝、钢绞线，中强度预应力钢丝的张拉控制应力值不应小于 $0.4f_{ptk}$；预应力螺纹钢筋的张拉控制应力值不宜小于 $0.5f_{pyk}$。

当符合下列情况之一时，上述张拉控制应力限值可提高 $0.05f_{ptk}$ 或 $0.05f_{pyk}$：①要求提高构件在施工阶段的抗裂性能而在使用阶段受压区内设置的预应力筋；②要求部分抵消由于应力松弛、摩擦、钢筋分批张拉以及预应力筋与张拉台座之间的温差等因素产生的预应力损失。

10.2.2　预应力损失

预应力混凝土构件在制作、运输、安装、使用的各个环节中，由于张拉工艺和材料特性等种种原因，预应力筋的张拉应力值会逐渐降低，同时混凝土中的预压应力也随之降低，把降低的这部分应力称为预应力损失。设计中所需的预应力值，应是扣除预应力损失后实际存余的预应力，即有效预应力。因此正确分析和计算预应力损失值，尽可能采取措施减少预应力损失是非常重要的。

引起预应力损失的因素很多，一般认为预应力混凝土构件的总预应力损失值，可采用各种因素产生的预应力损失值进行叠加的办法求得。《规范》采用分项计算各项预应力损失，然后叠加计算出总预应力损失值。下面分项论述引起预应力损失的原因、预应力损失值计算及减少预应力损失的措施。

10.2.2.1　张拉端锚具变形和预应力筋内缩引起的预应力损失 σ_{l1}

预应力钢筋张拉完毕，用锚具锚固后，由于锚具的压缩变形，锚具、垫板与构件三者之间的缝隙被挤紧，或者由于钢筋在锚具内的滑移，使得被拉紧的预应力钢筋松动缩短，使张拉程度降低，应力减小，从而引起预应力损失。锚具变形和预应力筋内缩引起的损失只考虑张拉端，对于锚固端，由于锚具在张拉过程中已被挤紧，故不考虑其引起的预应力损失。

直线预应力筋由于锚具变形和预应力筋内缩引起的预应力损失 σ_{l1} 按下式计算：

$$\sigma_{l1} = \frac{a}{l} E_s \tag{10-4}$$

式中　a——张拉端锚具变形和预应力筋内缩值，mm，可按表 10-1 采用；

l——张拉端至锚固端之间的距离，mm；

E_s——预应力钢筋的弹性模量。

对块体拼成的结构，其预应力损失尚应计入块体间填缝的预压变形。当采用混凝土或砂浆作为填充材料时，每条填缝的预压变形值应取 1mm。

减小 σ_{l1} 的主要措施有：

① 选择变形小或使预应力筋内缩小的锚具，并尽量少用垫板，因每增加一块垫板，a 值就增加 1mm。

② 增加台座长度。因 σ_{l1} 值与台座长度成反比，采用先张法生产的构件，当台座长度为 100m 以上时，σ_{l1} 可忽略不计。

表 10-1　锚具变形和预应力筋内缩值 a　　　　　　　　　　　单位：mm

锚具类别		a
支承式锚具(钢丝束镦头锚具等)	螺母缝隙	1
	每块后加垫板的缝隙	1
夹片式锚具	有顶压时	5
	无顶压时	6~8

注：1. 表中的锚具变形和预应力筋内缩值也可根据实测数据确定。
　　2. 其他类型的锚具变形和预应力筋内缩值应根据实测数据确定。

后张法构件曲线预应力筋或折线预应力筋，由于锚具变形和预应力内缩引起的预应力损失值 σ_{l1}，其计算详见《规范》附录 J，此处从略。

10.2.2.2　预应力筋与孔道壁之间的摩擦引起的预应力损失 σ_{l2}

预应力钢筋摩擦引起的预应力损失包括后张法构件预应力筋与孔道壁之间的摩擦引起的预应力损失，以及构件中有转向装置时预应力筋在转向装置处摩擦引起的预应力损失两种。因此，先张法构件只有在构件中设有转向装置时才有此项损失。

后张法预应力筋的预留孔道有直线形和曲线形。由于孔道的制作偏差、孔道壁的凹凸不平以及钢筋与孔道壁的挤压等原因，张拉预应力筋时，钢筋将与孔道壁发生摩擦。距离张拉端越远，摩擦阻力的累积值越大，从而使构件每一截面上预应力筋的拉应力值逐渐减小，这种预应力值差额称为摩擦损失，记以 σ_{l2}。距离预应力钢筋张拉端越远，σ_{l2} 值越大，见图 10-7。

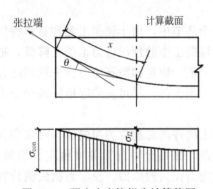

图 10-7　预应力摩擦损失计算简图

预应力筋与孔道壁之间的摩擦引起的预应力损失 σ_{l2} 按下式计算：

$$\sigma_{l2}=\sigma_{con}\left(1-\frac{1}{e^{\kappa x+\mu\theta}}\right) \tag{10-5}$$

当 $\kappa x+\mu\theta \leqslant 0.3$ 时，σ_{l2} 可按下列近似公式计算

$$\sigma_{l2}=(\kappa x+\mu\theta)\sigma_{con} \tag{10-6}$$

式中　x——从张拉端到计算截面的孔道长度，亦可近似取该段孔道在纵轴上的投影长度；
　　　θ——从张拉端至计算截面曲线孔道部分切线的夹角，见图 10-7；
　　　κ——考虑孔道每米长度局部偏差的摩擦系数，按表 10-2 采用；
　　　μ——预应力钢筋与孔道壁的摩擦系数，按表 10-2 采用。

表 10-2　摩擦系数 κ 和 μ 值

孔道成型方式	κ	μ	
		钢绞线、钢丝束	预应力螺纹钢筋
预埋金属波纹管	0.0015	0.25	0.50
预埋塑料波纹管	0.0015	0.15	—
预埋钢管	0.0010	0.30	—
抽芯成型	0.0014	0.55	0.60
无粘接预应力筋	0.0040	0.09	

注：摩擦系数也可根据实测数据确定。

减少 σ_{l2} 的主要措施有：

① 对于较长的构件可采用两端张拉，可减少 50% 的损失。由图 10-8(a) 及图 10-8(b) 可见，采用两端张拉可减少摩擦损失是显而易见的。但采用两端张拉将引起 σ_{l1} 的增加，应用时需加以注意。

② 采用超张拉工艺。如图 10-8(c) 所示，若张拉程序为 $0 \to 1.1\sigma_{con} \xrightarrow{2\min} 0.85\sigma_{con} \to \sigma_{con}$。当张拉端 A 超张拉 10% 时，钢筋中的预拉应力将沿 EHD 分布。当张拉端的应力降至 $0.85\sigma_{con}$ 时，由于孔道与钢筋之间产生反向摩擦，预应力将沿 $FGHD$ 分布。当张拉端 A 再次张拉至 σ_{con} 时，则钢筋中的应力将沿 $CGHD$ 分布，显然比如图 10-8(a) 所示所建立的预拉应力要均匀些，预应力损失要小一些。

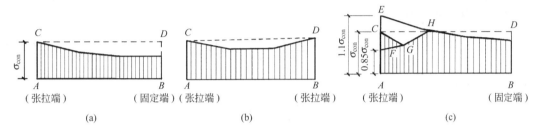

图 10-8 一端张拉、两端张拉及超张拉对减小摩擦损失的影响

先张法构件当采用折线形预应力筋时，在转向装置处也有摩擦力，由此产生的预应力筋摩擦损失按实际情况确定。当采用电热后张法时，不考虑这项损失。

10.2.2.3 混凝土加热养护时，预应力筋与承受拉力的设备之间的温差引起的预应力损失 σ_{l3}

采用先张法构件时，为缩短工期，浇筑混凝土常用蒸汽养护，以加快混凝土凝结硬化的速度。加热时预应力钢筋的温度随之升高，而张拉台座与大地相接，且表面大部分暴露于空气中，可认为台座温度基本不变，故预应力钢筋与张拉台座之间形成了温差，这样预应力钢筋和张拉台座热胀伸长不一样。但实际上钢筋被紧紧锚固在台座上，其长度 l 不变，钢筋内部张紧程度降低了；当降温时，预应力筋已与混凝土结硬成整体，无法恢复到原来的应力状态，于是产生了应力损失 σ_{l3}。

设预应力筋张拉时制造场地的自然气温为 t_1，加热养护的最高温度为 t_2，温度差为 $\Delta t = t_2 - t_1$，预应力筋的线胀系数为 $\alpha = 1 \times 10^{-5}$，弹性模量 $E_s = 2 \times 10^5 \text{N/mm}^2$，则预应力筋的预应力损失的计算公式为：

$$\sigma_{l3} = \alpha \Delta t E_s = 1 \times 10^{-5} \times \Delta t \times 2 \times 10^5 = 2\Delta t \tag{10-7}$$

如果台座是与预应力混凝土构件共同受热一起变形的，则不需计算此项损失。

减少 σ_{l3} 的主要措施有：

① 采用两次升温养护。若温度一次升高 75～80℃ 时，σ_{l3} 为 150～160N/mm²，则预应力损失太大。通常采用两次升温养护，即先升温 20～25℃，待混凝土强度达到 10N/mm² 以后，混凝土与预应力钢筋之间已具有足够的粘接力而结成整体；当再次升温时，二者可共同变形，不再引起预应力损失。因此，计算时取 $\Delta t = 20$～25℃。

② 在钢模上张拉预应力钢筋。钢模和预应力钢筋同时被加热，无温差，不考虑该项损失。

10.2.2.4 预应力筋的应力松弛引起的预应力损失值 σ_{l4}

预应力混凝土构件中，预应力筋在长度保持不变的条件下其应力随时间的增长而逐渐降低的现象，称为应力松弛。所降低的拉应力值即为预应力筋应力松弛损失值，以 σ_{l4} 表示。

试验证明，钢筋的应力松弛与初始应力、钢筋品种和时间有关。预应力筋的初始拉应力越高，其应力松弛越大。预应力筋的应力松弛与时间有关，开始阶段发展较快，第一小时内松弛可完成50%左右，24h 内完成约为80%，以后发展缓慢且逐渐趋于稳定。

根据试验研究及实践经验，预应力筋的应力松弛损失 σ_{l4} 可按下列公式计算。

(1) 消除应力钢丝、钢绞线

普通松弛

$$\sigma_{l4}=0.4\left(\frac{\sigma_{con}}{f_{ptk}}-0.5\right)\sigma_{con} \tag{10-8}$$

低松弛

当 $\sigma_{con} \leqslant 0.7f_{ptk}$ 时

$$\sigma_{l4}=0.125\left(\frac{\sigma_{con}}{f_{ptk}}-0.5\right)\sigma_{con} \tag{10-9}$$

当 $0.7f_{ptk} < \sigma_{con} \leqslant 0.8f_{ptk}$ 时

$$\sigma_{l4}=0.2\left(\frac{\sigma_{con}}{f_{ptk}}-0.575\right)\sigma_{con} \tag{10-10}$$

(2) 中强度预应力钢丝

$$\sigma_{l4}=0.08\sigma_{con} \tag{10-11}$$

(3) 预应力螺纹钢筋

$$\sigma_{l4}=0.03\sigma_{con} \tag{10-12}$$

当 $\sigma_{con}/f_{ptk} \leqslant 0.5$ 时，预应力筋的应力松弛损失 σ_{l4} 可取为零。

减少 σ_{l4} 的主要措施是采用超张拉工艺。超张拉时可采用以下两种方式：第一种是 $0 \rightarrow 1.03\sigma_{con}$；第二种为 $0 \rightarrow 1.05\sigma_{con} \xrightarrow{2min} \sigma_{con}$。其原理是：在高应力（超张拉）下短时间内所产生的松弛损失在低应力下需要较长时间；持续荷载 2min 可使相当一部分松弛损失发生在钢筋锚固之前，则锚固后松弛损失减少。

10.2.2.5 混凝土的收缩和徐变引起的预应力损失 σ_{l5}

混凝土在空气中结硬时体积收缩，而在预压力作用下，混凝土沿压力方向又发生徐变。收缩、徐变都导致预应力混凝土构件的长度缩短，预应力筋也随之回缩，产生预应力损失 σ_{l5}。由于收缩和徐变均使预应力钢筋回缩，二者难以分开，所以通常合在一起考虑。混凝土收缩徐变引起的预应力损失很大，在曲线配筋的构件中，约占总损失的 30%，在直线配筋的构件中可达 60%。

混凝土收缩、徐变引起受拉区和受压区纵向预应力筋的预应力损失值 σ_{l5}、σ'_{l5} 可按下列方法确定。

(1) 在一般情况下，对先张法、后张法构件的预应力损失值按下列公式计算

先张法构件

$$\sigma_{l5}=\frac{60+\dfrac{340\sigma_{pc}}{f'_{cu}}}{1+15\rho} \tag{10-13}$$

$$\sigma'_{l5}=\frac{60+\dfrac{340\sigma'_{pc}}{f'_{cu}}}{1+15\rho'} \tag{10-14}$$

后张法构件

$$\sigma_{l5}=\frac{55+\dfrac{300\sigma_{pc}}{f'_{cu}}}{1+15\rho} \tag{10-15}$$

$$\sigma'_{l5}=\frac{55+\dfrac{300\sigma'_{pc}}{f'_{cu}}}{1+15\rho'} \tag{10-16}$$

式中 σ_{pc}，σ'_{pc}——受拉区、受压区预应力筋合力点处的混凝土法向压应力；

f'_{cu}——施加预应力时混凝土立方抗压强度；

ρ，ρ'——受拉区、受压区预应力筋和普通钢筋的配筋率，对先张法构件，$\rho=\dfrac{A_p+A_s}{A_0}$，$\rho'=\dfrac{A'_p+A'_s}{A_0}$，对后张法构件，$\rho=\dfrac{A_p+A_s}{A_n}$，$\rho'=\dfrac{A'_p+A'_s}{A_n}$，对于对称配置的预应力筋和普通钢筋的构件，配筋率 ρ、ρ' 应按照钢筋总截面面积的一半计算；

A_p，A'_p——受拉区、受压区纵向预应力筋的截面面积；

A_s，A'_s——受拉区、受压区纵向普通钢筋的截面面积；

A_n——构件净截面面积；

A_0——构件换算截面面积。

计算受拉区、受压区预应力筋在各自合力点处的混凝土法向压应力 σ_{pc}、σ'_{pc} 时，预应力损失值仅考虑混凝土预压前（第一批）的损失，其普通钢筋中的应力 σ_{l5}、σ'_{l5} 值应取为零；σ_{pc}、σ'_{pc} 值不得大于 $0.5f'_{cu}$；当 σ'_{pc} 为拉应力时，则式(10-14)、式(10-16)中的 σ'_{pc} 应取为零。计算混凝土法向应力 σ_{pc}、σ'_{pc} 时，可根据构件制作情况考虑自重的影响。

当结构处于年平均相对湿度低于40%的环境下时，σ_{l5} 及 σ'_{l5} 值应增加30%。

（2）对重要结构构件　当需要考虑与时间相关的混凝土收缩、徐变及预应力筋应力松弛预应力损失时，可按《规范》附录 K 进行计算。

减少 σ_{l5} 的主要措施有：

① 采用高强度等级水泥，减少水泥用量，降低水灰比，采用干硬性混凝土。

② 采用级配较好的骨料，加强振捣，提高混凝土的密实性。

③ 加强养护，以减少混凝土的收缩。

10.2.2.6　用螺旋式预应力筋作配筋的环形构件，由于混凝土的局部挤压引起的预应力损失 σ_{l6}

对水管、蓄水池等圆形结构物，可采用后张法施加预应力。先用混凝土或喷射砂浆建造池壁，待池壁硬化达足够强度后，用缠丝机沿圆周方向把钢丝连续不断地缠绕在池壁并加以锚固，最后围绕池壁敷设一层喷射砂浆作保护层。把钢筋张拉完毕锚固后，由于张紧的预应力筋挤压混凝土，使环形构件的直径减小，构件中预应力筋的拉应力降低而产生预应力损失，以 σ_{l6} 表示。

σ_{l6} 的大小与环形构件的直径 d 成反比，直径越小，损失值越大。当环形构件的直径 d 较大时，这项损失可以忽略不计。为简化计算，《规范》规定：当构件直径 $d>3\text{m}$ 时，取 $\sigma_{l6}=0$；当构件直径 $d\leqslant 3\text{m}$ 时，取 $\sigma_{l6}=30\text{N/mm}^2$。

10.2.3　预应力损失值的分阶段组合

不同的施加预应力方法，产生的预应力损失也不相同。一般地，先张法构件的预应力损

失有 σ_{l1}、σ_{l3}、σ_{l4}、σ_{l5}；而后张法构件的预应力损失有 σ_{l1}、σ_{l2}、σ_{l4}、σ_{l5}（当为环形构件时还有 σ_{l6}）。

在实际计算中，以"预压"为界，把预应力损失分成两批。所谓"预压"，对先张法，是指放松预应力筋开始给混凝土施加预应力的时刻；对后张法，是指张拉预应力筋至 σ_{con} 并加以锚固的时刻。《规范》将预应力损失分为两个阶段，一般把混凝土受预压之前完成的预应力损失称为第一批损失，记为 σ_{lI}；把混凝土受预压之后完成的预应力损失称为第二批损失，记为 σ_{lII}。预应力总损失值记为 σ_l，$\sigma_l = \sigma_{lI} + \sigma_{lII}$。预应力混凝土构件在各阶段的预应力损失值宜按表10-3的规定进行组合。

表 10-3 各阶段预应力损失值的组合

预应力损失值组合	先张法构件	后张法构件
混凝土预压前（第一批）损失	$\sigma_{l1}+\sigma_{l2}+\sigma_{l3}+\sigma_{l4}$	$\sigma_{l1}+\sigma_{l2}$
混凝土预压后（第二批）损失	σ_{l5}	$\sigma_{l4}+\sigma_{l5}+\sigma_{l6}$

注：先张法构件由于预应力筋应力松弛引起的损失值 σ_{l4} 在第一批和第二批损失中各占一定的比例，如需区分，可根据实际情况确定。

考虑到预应力损失的计算值与实际值可能存在一定的偏差，并为了保证预应力混凝土构件具有足够的抗裂能力，应对预应力总损失值做最低限值的规定。《规范》规定，当计算求得的预应力总损失值小于下列数值时，应按下列数值取用：

先张法构件　　100N/mm²；
后张法构件　　80N/mm²。

预应力筋的有效预应力 σ_{pe} 定义为：锚下张拉控制应力 σ_{con} 扣除相应预应力损失 σ_l 并考虑混凝土弹性压缩引起的预应力筋应力降低后，在预应力筋内存在的预拉应力。因为各项预应力损失是先后发生的，则有效预应力值亦随不同受力阶段而变。将预应力损失按各受力阶段进行组合，可计算出不同阶段预应力筋的有效预拉应力值，进而计算出在混凝土中建立的有效预应力 σ_{pc}。

10.3 预应力混凝土轴心受拉构件计算

10.3.1 预应力混凝土轴心受拉构件应力分析

预应力混凝土轴心受拉构件从张拉钢筋开始到构件破坏为止，可分为施工阶段和使用阶段。本节用 A_p 和 A_s 分别表示预应力筋和普通钢筋的截面面积，A_c 为混凝土截面面积；以 σ_{pe}、σ_s 及 σ_{pc} 分别表示预应力筋、普通钢筋及混凝土的预压应力。以下推导公式时规定：σ_{pe} 以受拉为正，σ_{pc} 及 σ_s 以受压为正。

10.3.1.1 先张法轴心受拉构件

先张法构件中，预应力筋和普通钢筋与混凝土协调变形的起点均为预压前的时刻，此时，预应力筋的拉应力为 $\sigma_{con} - \sigma_{lI}$，而普通钢筋与混凝土的应力均为零。求任一时刻钢筋的应力，应考虑混凝土的弹性压缩引起的钢筋应力的变化，钢筋应力的增量等于相应时刻混凝土应力的 α_E 倍。

下面仅考虑对构件计算有特殊意义的几个特定阶段的应力状态。

(1) 施工阶段　在施工制作阶段，构件任一截面各部分的应力均为自平衡体系，应力图如图10-9所示。

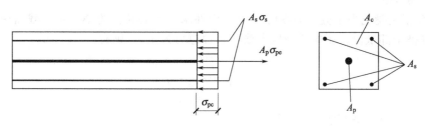

图 10-9 先张法截面应力图

① 放松预应力筋，压缩混凝土（完成第一批损失）　此时预应力筋已完成了第一批预应力损失 $\sigma_{l\mathrm{I}}=\sigma_{l1}+\sigma_{l3}+\sigma_{l4}$，放松预应力筋后，混凝土开始受压，混凝土产生预压应力 $\sigma_{pc\mathrm{I}}$，同时预应力筋的应力降低了 $\alpha_E\sigma_{pc\mathrm{I}}$。同样，构件内非预应力钢筋的应力因构件缩短而产生压应力 $\alpha_{E_s}\sigma_{pc\mathrm{I}}$。故有：

$$\sigma_{pc}=\sigma_{pc\mathrm{I}}$$
$$\sigma_{pe}=\sigma_{pe\mathrm{I}}=\sigma_{con}-\sigma_{l\mathrm{I}}-\alpha_E\sigma_{pc\mathrm{I}}$$
$$\sigma_s=\sigma_{s\mathrm{I}}=\alpha_{E_s}\sigma_{pc\mathrm{I}}$$

根据截面内力平衡条件得：

$$\sigma_{pe}=\sigma_{pe\mathrm{I}}A_p=\sigma_{pc\mathrm{I}}A_c+\sigma_{s\mathrm{I}}A_s$$
$$(\sigma_{con}-\sigma_{l\mathrm{I}}-\alpha_E\sigma_{pc\mathrm{I}})A_p=\sigma_{pc\mathrm{I}}A_c+\alpha_{E_s}\sigma_{pc\mathrm{I}}A_s$$
$$\sigma_{pc\mathrm{I}}=\frac{(\sigma_{con}-\sigma_{l\mathrm{I}})A_p}{A_c+\alpha_{E_s}A_s+\alpha_E A_p}=\frac{(\sigma_{con}-\sigma_{l\mathrm{I}})A_p}{A_0} \tag{10-17}$$

式中　$\sigma_{pc\mathrm{I}}$——经过第一批损失完成后混凝土的压应力；

α_E，α_{E_s}——预应力筋、普通钢筋的弹性模量与混凝土弹性模量之比；

A_c——扣除预应力钢筋和非预应力钢筋截面面积后的混凝土面积，$A_c=A-A_p-A_s$，A 为构件的毛截面面积；

A_0——构件换算截面面积，包括净截面面积以及全部纵向预应力筋截面面积换算成混凝土的截面面积，即 $A_0=A_c+\alpha_{E_s}A_s+\alpha_E A_p$。

② 完成第二批应力损失　当第二批预应力损失 $\sigma_{l\mathrm{II}}=\sigma_{l5}$ 完成后，因预应力筋的拉应力降低，导致混凝土的预压应力降低到 $\sigma_{pc\mathrm{II}}$。由于混凝土的收缩和徐变，构件内非预应力钢筋随着构件的缩短而缩短，为此其压应力将增大 σ_{l5}。故有：

$$\sigma_{pc}=\sigma_{pc\mathrm{II}}$$
$$\sigma_{pe}=\sigma_{pe\mathrm{II}}=\sigma_{con}-\sigma_l-\alpha_E\sigma_{pc\mathrm{II}}$$
$$\sigma_s=\sigma_{s\mathrm{II}}=\alpha_{E_s}\sigma_{pc\mathrm{II}}+\sigma_{l5}$$

《规范》规定，当受拉区非预应力钢筋 A_s 大于 $0.4A_p$ 时，应考虑非预应力钢筋由于混凝土收缩和徐变引起的内力影响。

根据截面内力平衡条件，得到：

$$(\sigma_{con}-\sigma_l-\alpha_E\sigma_{pc\mathrm{II}})A_p=\sigma_{pc\mathrm{II}}A_c+(\alpha_E\sigma_{pc\mathrm{II}}+\sigma_{l5})A_s$$

解得

$$\sigma_{pc\mathrm{II}}=\frac{(\sigma_{con}-\sigma_l)A_p-\sigma_{l5}A_s}{A_0} \tag{10-18}$$

式中，$\sigma_{pc\mathrm{II}}$ 为经过第二批损失完成后混凝土的压应力。

(2) 使用阶段

① **加荷至混凝土预压应力为零时** 设当构件承受轴心拉力为 N_0 时，截面中混凝土预压应力刚好被全部抵消，相应的预应力筋的有效应力为 σ_{p0}，则有：

$$\sigma_{pc}=0$$
$$\sigma_{pe}=\sigma_{p0}=\sigma_{con}-\sigma_l$$
$$\sigma_s=\sigma_{s0}=\sigma_{l5}$$

由截面上内外力平衡条件，求得

$$N_0=\sigma_{pe}A_p-\sigma_s A_s$$

则有
$$N_0=(\sigma_{con}-\sigma_l)A_p-\sigma_{l5}A_s=\sigma_{pcⅡ}A_0 \tag{10-19}$$

上式可以计算当截面上混凝土应力为零时，构件能够承受的轴向拉力。

② **继续加荷至混凝土即将开裂** 当轴向拉力超过 N_0 后，构件截面上的混凝土开始受拉，当混凝土的拉应力从零达到混凝土抗拉强度标准值 f_{tk} 时，混凝土即将出现裂缝，设相应的轴向拉力为 N_{cr}，则有：

$$\sigma_{pc}=-f_{tk}$$
$$\sigma_{pe}=\sigma_{con}-\sigma_l+\alpha_E f_{tk}$$
$$\sigma_s=\sigma_{l5}-\alpha_{E_s}f_{tk}$$

由截面上内外力平衡条件求得

$$N_{cr}=\sigma_{pe}A_p-\sigma_{pc}A_c-\sigma_s A_s$$

则有
$$\begin{aligned}N_{cr}&=(\sigma_{con}-\sigma_l+\alpha_E f_{tk})A_p+f_{tk}A_c-(\sigma_{l5}-\alpha_{E_s}f_{tk})A_s\\&=(\sigma_{con}-\sigma_l)A_p-\sigma_{l5}A_s+f_{tk}(A_c+\alpha_E A_p+\alpha_{E_s}A_s)\\&=N_0+f_{tk}A_0=(\sigma_{pcⅡ}+f_{tk})A_0\end{aligned} \tag{10-20}$$

上式表明，由于预压应力 $\sigma_{pcⅡ}$ 的作用使预应力混凝土轴心受拉构件的 N_{cr} 比普通混凝土受拉构件的大，这就是预应力混凝土构件抗裂度高的原因。上式可作为使用阶段对构件进行抗裂验算的依据。

③ **继续加荷直至构件破坏** 轴心受拉构件截面开裂后，混凝土完全退出工作，拉力全部由预应力筋及普通钢筋承担。破坏时，预应力筋和普通钢筋分别达到其抗拉强度设计值，由平衡条件可得：

$$N_u=f_{py}A_p+f_y A_s \tag{10-21}$$

上式可作为使用阶段对构件进行承载能力极限状态计算的依据。

10.3.1.2 后张法轴心受拉构件

后张法构件施工制作阶段，一般不考虑混凝土弹性压缩引起的预应力筋的应力变化，认为从完成第二批预应力损失的时刻开始，预应力筋才与混凝土协调变形，此时，混凝土的起点压应力为 $\sigma_{pcⅡ}$，而预应力筋的拉应力为 $\sigma_{con}-\sigma_l$。因此，在混凝土应力达 $\sigma_{pcⅡ}$ 以前，预应力筋的应力只扣除预应力损失；而在混凝土应力达 $\sigma_{pcⅡ}$ 以后，预应力筋应力除扣除预应力损失外，还应考虑由于混凝土弹性变形引起的钢筋应力增量。

(1) 施工阶段 在施工制作阶段，此阶段构件任一截面各部分的应力均为自平衡体系，应力图如图10-10所示。

① **在构件上张拉预应力筋至 σ_{con}，同时压缩混凝土** 在张拉预应力筋过程中，沿构件长度方向各截面均产生了数值不等的摩擦损失 σ_{l2}。将预应力筋张拉到 σ_{con} 时，设混凝土应力为 σ_{cc}，此时在任一截面处，有：

$$\sigma_{pc}=\sigma_{cc}$$

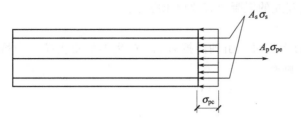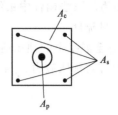

图 10-10　后张法构件截面应力图

$$\sigma_{pe}=\sigma_{con}-\sigma_{l2}$$
$$\sigma_s=\alpha_{E_s}\sigma_{cc}$$

根据截面内力平衡条件，得到

$$\sigma_{pe}A_p=\sigma_{pc}A_c-\sigma_s A_s$$

即
$$(\sigma_{con}-\sigma_{l2})A_p=\sigma_{cc}A_c+\alpha_{E_s}\sigma_{cc}A_s$$

解得

$$\sigma_{cc}=\frac{(\sigma_{con}-\sigma_{l2})A_p}{A_c+\alpha_{E_s}A_s}=\frac{(\sigma_{con}-\sigma_{l2})A_p}{A_n} \quad (10\text{-}22)$$

式中，A_n 为构件净截面面积，即扣除孔道、凹槽等削弱部分以外的混凝土全部截面面积及纵向非预应力筋截面面积换算成混凝土的截面面积之和，$A_n=A_c+\alpha_{E_s}A_s$。

当 $\sigma_{l2}=0$（张拉端）时，σ_{cc} 达最大值，即

$$\sigma_{cc}=\frac{\sigma_{con}A_p}{A_n} \quad (10\text{-}23)$$

上式可作为施工阶段对构件进行承载力验算的依据。

② 完成第一批损失　当张拉完毕，将预应力钢筋锚固于构件上时，又发生了 σ_{l1}，至此，第一批预应力损失 $\sigma_{lⅠ}=\sigma_{l1}+\sigma_{l2}$ 完成。则有：

$$\sigma_{pc}=\sigma_{pcⅠ}$$
$$\sigma_{pe}=\sigma_{con}-\sigma_{lⅠ}$$
$$\sigma_s=\alpha_{E_s}\sigma_{pcⅠ}$$

代入平衡方程，得到

$$(\sigma_{con}-\sigma_{lⅠ})A_p=\sigma_{pcⅠ}A_c+\alpha_{E_s}\sigma_{pcⅠ}A_s$$

解得

$$\sigma_{pcⅠ}=\frac{(\sigma_{con}-\sigma_{lⅠ})A_p}{A_c+\alpha_{E_s}A_s}=\frac{(\sigma_{con}-\sigma_{lⅠ})A_p}{A_n} \quad (10\text{-}24)$$

这里的 $\sigma_{pcⅠ}$ 用于计算 σ_{l5}。

③ 完成第二批损失　混凝土受到预压应力之后，完成第二批损失 $\sigma_{lⅡ}=\sigma_{l4}+\sigma_{l5}$。则有：

$$\sigma_{pc}=\sigma_{pcⅡ}$$
$$\sigma_{pe}=\sigma_{con}-\sigma_l$$
$$\sigma_s=\alpha_{E_s}\sigma_{pcⅡ}+\sigma_{l5}$$

代入平衡条件求得

$$\sigma_{pcⅡ}=\frac{(\sigma_{con}-\sigma_l)A_p-\sigma_{l5}A_s}{A_n} \quad (10\text{-}25)$$

σ_{pcII} 即为后张法构件中最终建立的混凝土有效预压应力。

(2) 使用阶段

① 加荷至混凝土的预压应力为零时　由轴向拉力 N_0 产生的混凝土拉应力恰好全部抵消混凝土的有效预压应力 σ_{pcII}，则有：

$$\sigma_{pc}=0$$
$$\sigma_{pe}=\sigma_{p0}=\sigma_{con}-\sigma_l+\alpha_E\sigma_{pcII}$$
$$\sigma_s=\sigma_{l5}$$

则有

$$N_0=\sigma_{pe}A_p-\sigma_s A_s=(\sigma_{con}-\sigma_l+\alpha_E\sigma_{pcII})A_p-\sigma_{l5}A_s$$
$$=\sigma_{pcII}A_n+\alpha_E\sigma_{pcII}A_p=\sigma_{pcII}A_0 \tag{10-26}$$

上式可以计算当截面上混凝土应力为零时，构件能够承受的轴向拉力。

② 继续加荷至混凝土开裂　荷载增加至混凝土的拉应力达到抗拉强度标准值 f_{tk}，相应的预应力筋和普通钢筋应力分别增大 $\alpha_E f_{tk}$ 和 $\alpha_{E_s} f_{tk}$，即：

$$\sigma_{pc}=-f_{tk}$$
$$\sigma_{pe}=(\sigma_{con}-\sigma_l+\alpha_E\sigma_{pcII})\alpha_E f_{tk}$$
$$\sigma_s=\alpha_{E_s}f_{tk}-\sigma_{l5}$$

同理，由平衡条件可得

$$N_{cr}=N_0+f_{tk}A_0=(\sigma_{pcII}+f_{tk})A_0 \tag{10-27}$$

上式可作为使用阶段对构件进行抗裂验算的依据。

③ 加荷直至构件破坏　同理，由平衡条件可得：

$$N_u=f_{py}A_p+f_y A_s \tag{10-28}$$

10.3.2 预应力混凝土轴心受拉构件的计算

预应力混凝土轴心受拉构件计算，除要进行使用阶段的承载力计算及抗裂能力验算外，还应进行施工阶段的承载力验算，以及后张法构件端部混凝土的局部承压验算。

10.3.2.1 使用阶段正截面承载力计算

进行使用阶段正截面承载力计算的目的是保证构件的安全性。因属于承载能力极限状态的计算，故荷载效应及材料强度均采用设计值。轴心受拉构件当加荷至构件破坏时，全部荷载由预应力钢筋和非预应力钢筋承担。正截面受拉承载力按下式计算。

$$N \leqslant N_u = f_{py}A_p + f_y A_s \tag{10-29}$$

式中　N——轴向拉力设计值；

　　　N_u——轴心受拉承载力设计值；

　　　f_{py}——预应力钢筋抗拉强度设计值；

　　　f_y——普通钢筋抗拉强度设计值。

应用上式解题时，一个方程只能求解一个未知量。一般先按构造要求或经验定出普通钢筋的数量（此时 A_s 已知），然后再由公式求解 A_p。

10.3.2.2 使用阶段正截面裂缝控制验算

对预应力混凝土轴心受拉构件，按下列规定进行混凝土拉应力或正截面裂缝宽度验算。由于属正常使用极限状态的验算，因而须采用荷载标准组合或准永久组合，且材料强度采用标准值。

(1) 一级：严格要求不出现裂缝的构件　按荷载标准组合计算时，构件受拉边缘混凝土不应产生拉应力，即：

$$\sigma_{ck} - \sigma_{pc} \leq 0 \tag{10-30}$$

(2) 二级：一般要求不出现裂缝的构件　按荷载标准组合计算时，构件受拉边缘混凝土拉应力不应大于混凝土抗拉强度的标准值，即：

$$\sigma_{ck} - \sigma_{pc} \leq f_{tk} \tag{10-31}$$

式中　σ_{ck}——荷载标准组合下的混凝土法向应力，$\sigma_{ck} = \dfrac{N_k}{A_0}$；

　　　N_k——按荷载效应标准组合计算的轴向拉力值；

　　　A_0——构件换算截面面积，$A_0 = A_c + \alpha_{E_s} A_s + \alpha_E A_p$；

　　　σ_{pc}——扣除全部预应力损失后混凝土的预压应力，$\sigma_{pc} = \sigma_{pcII}$；

　　　f_{tk}——混凝土轴心抗拉强度标准值。

(3) 三级：允许出现裂缝的构件　按荷载标准组合并考虑长期作用影响计算的最大裂缝宽度，应符合下列规定：

$$w_{max} \leq w_{lim} \tag{10-32}$$

式中　w_{max}——按荷载效应的标准组合并考虑长期作用影响计算的最大裂缝宽度；

　　　w_{lim}——最大裂缝宽度限值，见本书附录11。

对环境类别为二a类的三级预应力混凝土构件，在荷载准永久组合下，受拉边缘应力尚应符合下列规定：

$$\sigma_{cq} - \sigma_{pc} \leq f_{tk} \tag{10-33}$$

式中，σ_{cq} 为荷载准永久组合下的混凝土法向应力，$\sigma_{cq} = \dfrac{N_q}{A_0}$，$N_q$ 为按荷载准永久组合计算的轴向拉力值。

在预应力混凝土轴心受拉构件中，按荷载标准组合并考虑长期作用影响计算的最大裂缝宽度可按下列公式计算：

$$w_{max} = \alpha_{cr} \psi \frac{\sigma_{sq}}{E_s} \left(1.9 c_s + 0.08 \frac{d_{eq}}{\rho_{te}} \right) \tag{10-34}$$

$$\psi = 1.1 - 0.65 \frac{f_{tk}}{\rho_{te} \sigma_{sk}} \tag{10-35}$$

$$\sigma_{sk} = \frac{N_k - N_{p0}}{A_p + A_s} \tag{10-36}$$

$$d_{eq} = \frac{\sum n_i d_i^2}{\sum n_i v_i d_i} \tag{10-37}$$

$$\rho_{te} = \frac{A_s + A_p}{A_{te}} \tag{10-38}$$

式中　α_{cr}——构件受力特征系数，对预应力混凝土轴心受拉构件取 2.2；

　　　ψ——裂缝间纵向受拉钢筋应变不均匀系数，当 $\psi < 0.2$ 时，取 $\psi = 0.2$，当 $\psi > 0.1$ 时，取 $\psi = 0.1$，对直接承受重复荷载的构件，取 $\psi = 0.1$；

　　　σ_{sk}——按荷载标准组合计算的预应力混凝土构件纵向受拉钢筋的等效应力；

　　　E_s——钢筋弹性模量；

　　　c_s——最外层纵向受拉钢筋外边缘至受拉边距离，mm，当 $c_s < 20$mm 时，取 $c_s =$

20mm,当$c_s>65$mm 时,取$c_s=65$mm;

ρ_{te}——按有效受拉混凝土截面面积计算的纵向受拉钢筋配筋率,在最大裂缝宽度计算中,$\rho_{te}<0.01$ 时取$\rho_{te}=0.01$;

A_{te}——有效受拉混凝土截面面积,对轴心受拉构件,取构件全截面面积;

d_{eq}——受拉区纵向受拉钢筋的等效直径;

d_i——受拉区第 i 种纵向钢筋的公称直径;

n_i——受拉区第 i 种纵向钢筋的根数;

v_i——受拉区第 i 种纵向钢筋的相对粘接特征系数,按表 10-4 选用;

N_{p0}——混凝土法向预应力等于零时,全部纵向预应力和非预应力钢筋的合力。

$$N_{p0}=\sigma_{p0}A_p-\sigma_{l5}A_s \tag{10-39}$$

式中,σ_{p0} 为受拉区预应力钢筋合力点处混凝土法向应力等于零时的预应力钢筋应力。先张法,$\sigma_{p0}=\sigma_{con}-\sigma_l$;后张法,$\sigma_{p0}=\sigma_{con}-\sigma_l+\alpha_E\sigma_{pc}$。

表 10-4　钢筋的相对粘接特征系数

钢筋类别	非预应力钢筋		先张法预应力钢筋				后张法预应力钢筋	
	光面钢筋	带肋钢筋	带肋钢筋	螺旋肋钢筋	刻痕钢丝钢绞线	带肋钢筋	钢绞线	光钢丝筋
相对粘接系数	0.7	1.0	1.0	0.8	0.6	0.8	0.5	0.4

注:对环氧树脂涂层带肋钢筋,其相对粘接特征系数应按表中系数的 0.8 倍取用。

关于抗裂验算时计算截面的位置,当沿构件长度方向各截面尺寸相同时,应该取混凝土预压应力 σ_{pc} 最小处。对先张法轴心受拉构件,两端预应力传递长度范围除外的中间段,所有截面的混凝土预压应力 σ_{pc} 均相同,因而抗裂能力也相同;传递长度 l_{cr} 范围内,混凝土预压应力由零开始逐渐增大至中间段的 σ_{pc},由于杆端与其他杆件连接形成节点区,截面尺寸较大,一般当节点区该构件的最小截面位于 l_{tr} 内时,则有必要验算该截面的抗裂能力,相应的混凝土预压应力取值应在 0 与 σ_{pc} 之间线性插入。对后张法轴心受拉构件,抗裂验算时计算截面的位置应取锚固端,因为此处混凝土预压应力最小,但需注意锚固端的位置与张拉预应力钢筋的程序有关:如一端张拉时,锚固端在构件的另一端;两端张拉时,锚固端则在构件长度的中点截面。

10.3.2.3 施工阶段承载力验算

预应力轴心受拉构件,当放张预应力钢筋(先张法)或张拉预应力钢筋完毕(后张法)时,混凝土将受到最大的预压应力 σ_{cc},而此时混凝土强度一般尚未达到设计值,通常仅达到设计强度的 75%,因此,应对此时的混凝土进行抗压验算,以免混凝土被压坏。

$$\sigma_{cc} \leqslant 0.8 f'_{ck} \tag{10-40}$$

式中　f'_{ck}——与各施工阶段混凝土立方体抗压强度 f'_{cu} 相应的轴心抗压强度标准值,按线性内插法查表确定;

σ_{cc}——施工阶段构件计算截面上混凝土的最大法向压应力,先张法,$\sigma_{cc}=\dfrac{(\sigma_{con}-\sigma_{lI})A_p}{A_0}$,后张法,$\sigma_{cc}=\dfrac{\sigma_{con}A_p}{A_n}$。

10.3.2.4 施工阶段后张法构件端部局部受压承载力验算

在后张法构件的端部,预应力钢筋的预压力通过锚具下的垫板压在混凝土上。由于锚具下垫板面积很小,因此构件端部承受很大的压应力,这种局部压力需经过一定的扩散长度才能扩散到整个截面上，从而产生均匀的预压应力，这个长度近似等于构件截面的高度 h，称为锚固区，如图 10-11(b) 所示。

锚固区内混凝土处于三向应力状态，即在锚固区中任何一点将产生 σ_x、σ_y、τ 三种应力。σ_x 为沿 x 方向（即纵向）的正应力，在块体 ABCD 中的绝大部分 σ_x 都是压应力。σ_y 为沿 y 方向（即横向）的正应力，在块体的 AOBGFE 部分，σ_y 是压应力；在 EFGDC 部分，σ_y 是拉应力，最大横向拉应力发生在 H 点如图 10-11(c) 所示。当荷载 N_p 逐渐增大，以致 H 点的拉应变超过混凝土的极限拉应变值时，构件端部混凝土将出现纵向裂缝，如承载力不足，则会导致局部受压破坏。因此，应对构件端部锚固区的混凝土进行局部受压承载力计算。

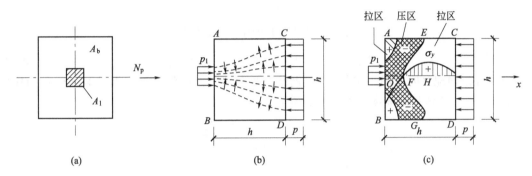

图 10-11 构件端部混凝土局部受压时的内力分布

《规范》规定，设计时既要保证在张拉钢筋时锚具下锚固区的混凝土不产生过大变形，又要求计算配置在锚固区的间接钢筋以满足局部受压承载力的要求。

（1）构件端部截面尺寸验算　为了避免局部受压区混凝土由于施加预应力而出现沿构件长度方向的裂缝，对配置间接钢筋的混凝土构件，其局部受压区截面尺寸应符合下列要求：

$$F_l \leqslant 1.35\beta_c\beta_l f_c A_{ln} \tag{10-41}$$

$$\beta_l = \sqrt{\frac{A_b}{A_l}} \tag{10-42}$$

式中　F_l——局部受压面上作用的局部荷载或局部压力设计值，在后张法预应力混凝土构件中的锚头局压区，应取 1.2 倍张拉控制力（超张拉时还应再乘以相应的增大系数）；

β_c——混凝土强度影响系数，当混凝土强度不超过 C50 时，取 $\beta_c=1.0$，当混凝土强度等级为 C80 时，取 $\beta_c=0.8$，其间按线性内插法确定；

A_l——混凝土局部受压面积；

β_l——混凝土局部受压时的强度提高系数；

A_{ln}——混凝土局部受压净面积，对后张法构件，应在混凝土局部受压面积中扣除孔道、凹槽部分的面积；

A_b——局部受压时的计算底面积，可由局部受压面积与计算底面积按同心、对称原则确定，对常用情况，可按图 10-12 取用。

当不满足上式时，应加大构件端部尺寸，调整锚具位置，提高混凝土强度或增大垫板厚度等。

（2）构件端部局部受压承载力计算　配置方格网式或螺旋式间接钢筋的局部受压承载力应按下列公式计算：

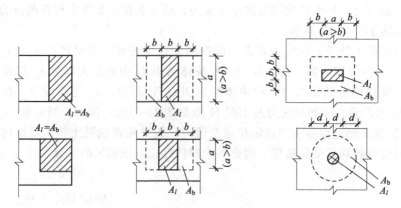

图 10-12 局部受压的计算底面积 A_b

$$F_l \leqslant 0.9(\beta_c\beta_l f_c + 2\alpha\rho_v\beta_{cor}f_{yv})A_{ln} \tag{10-43}$$

当为方格网配筋时[图 10-13(a)]，钢筋网两个方向上单位长度内钢筋截面面积的比值不宜大于 1.5。其体积配筋率应按下式计算：

$$\rho_v = \frac{n_1 A_{s1} l_1 + n_2 A_{s2} l_2}{A_{cor} s} \tag{10-44}$$

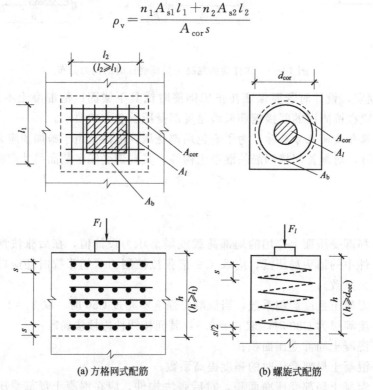

(a) 方格网式配筋　　(b) 螺旋式配筋

图 10-13 局部受压区的间接钢筋

当为螺旋式配筋时[图 10-13(b)]，其体积配筋率应按下式计算：

$$\rho_v = \frac{4A_{ss1}}{d_{cor}s} \tag{10-45}$$

式中　β_{cor}——配置间接钢筋的局部受压承载力提高系数，仍按式(10-42)计算，但 A_b 以 A_{cor} 代替，当 $A_{cor} > A_b$ 时，应取 $A_{cor} = A_b$，当 $A_{cor} \leqslant 1.25 A_l$ 时，β_{cor} 取 1.0；

α——间接钢筋对混凝土约束折减系数,当混凝土强度不超过 C50 时,取 1.0,当混凝土强度等级为 C80 时,取 0.85,其间按线性内插法确定;

f_{yv}——间接钢筋的抗拉强度设计值;

A_{cor}——方格式或螺栓式间接钢筋内表面范围内的混凝土核心面积,应大于混凝土局部受压面积 A_l,且其重心应与 A_l 重心重合,计算中仍按同心、对称原则取值;

ρ_v——间接钢筋体积配筋率;

n_1,A_{s1}——方格网沿 l_1 方向的钢筋根数、单根钢筋的截面面积;

n_2,A_{s2}——方格网沿 l_2 方向的钢筋根数、单根钢筋的截面面积;

A_{ss1}——单根螺旋式间接钢筋的截面面积;

d_{cor}——螺旋式间接钢筋内表面范围内的混凝土截面直径;

s——方格网或螺旋式间接钢筋的间距,宜取 30~80mm。

间接钢筋配置在规定的 h 范围内(如图 10-13 所示)。对柱接头,h 尚不应小于 15 倍纵向钢筋直径。配置方格网钢筋不应少于 4 片,配置螺旋式钢筋不应少于 4 圈。

当计算不满足局压要求时,对于方格钢筋网,可增设钢筋根数或增大钢筋直径或减小钢筋网间距;对于螺旋钢筋,应加大直径,减小螺距。

【例 10-1】 某预应力混凝土屋架下弦杆的计算。设计条件如下:24m 后张法预应力混凝土屋架下弦,截面尺寸及端部构造如图 10-14 所示。混凝土强度等级为 C60,f'_{ck}=38.5N/mm²。预应力钢筋采用 1×7 标准型低松弛钢绞 ϕ^S12.7(每束截面面积为 98.7mm²)。普通钢筋采用 HRB400 级钢筋 4Φ12。当混凝土达到设计强度时进行张拉预应力筋,采用 JM12 锚具(a=5mm),孔道为直径 ϕ54mm 的预埋金属波纹管成型,一端张拉预应力筋。永久荷载标准值产生的轴向拉力为 N_{Gk}=420kN,可变荷载标准值产生的轴向拉力为 N_{Qk}=260kN,可变荷载的组合值系数为 0.7,可变荷载的准永久值系数为 0.5,该构件按一般要求不出现裂缝的构件(二级)设计。

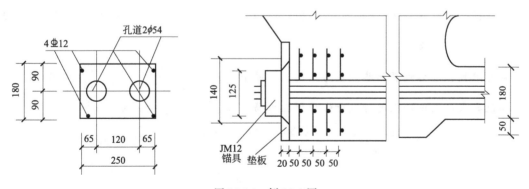

图 10-14 例 10-1 图

设计要求:按使用阶段正截面承载力确定预应力钢筋数量;进行使用阶段裂缝控制验算;进行施工阶段承载力验算。

【解】 查表得相关计算参数:f_{py}=1320N/mm²,f_{ptk}=1860N/mm²,f_y=360N/mm²,4Φ12 钢筋截面面积 A_s=452mm²,混凝土弹性模量 E_c=3.6×10⁴N/mm²,预应力钢筋弹性模量 E_s=1.95×10⁵N/mm²,普通钢筋弹性模量 E_s=2.0×10⁵N/mm²。

(1) 使用阶段正截面承载力计算。

由可变荷载效应控制的组合：$N=1.2N_{Gk}+1.4N_{Qk}=1.2\times420+1.4\times260=868(kN)$
由永久荷载效应控制的组合：$N=1.35N_{Gk}+1.4\times0.7\times N_{Qk}=1.35\times420+1.4\times0.7\times260=821.8(kN)$
取以上二者中的较大值，即取 $N=868kN$

$$A_p=\frac{N-f_yA_s}{f_{py}}=\frac{868\times10^3-360\times452}{1320}=534(mm^2)$$

选用 $6\phi^S 12.7$，则 $A_p=6\times98.7=592(mm^2)$。

(2) 使用阶段裂缝控制验算
① 截面几何特征：
$A_c=250\times180-2\times3.14\times27^2-452=39970(mm^2)$

预应力筋弹性模量与混凝土弹性模量的比值：$\alpha_E=\dfrac{1.95\times10^5}{3.6\times10^4}=5.42$

普通钢筋弹性模量与混凝土弹性模量的比值：$\alpha_{E_s}=\dfrac{2.0\times10^5}{3.6\times10^4}=5.56$

$A_n=A_c+\alpha_{E_s}A_s=39970+5.56\times452=42483(mm^2)$
$A_0=A_n+\alpha_E A_p=42483+5.42\times592=45692(mm^2)$

② 张拉控制应力：
$\sigma_{con}=0.75f_{ptk}=0.75\times1860=1395(N/mm^2)$

③ 预应力损失值：
锚具变形损失 σ_{l1}：$\sigma_{l1}=\dfrac{a}{l}E_s=\dfrac{5}{24000}\times1.95\times10^5=40.6(N/mm)$

摩擦损失 σ_{l2}：$\kappa x+\mu\theta=0.0015\times24+0=0.036<0.3$
$$\sigma_{l2}=(\kappa x+\mu\theta)\sigma_{con}=0.036\times1395=50.22(N/mm^2)$$

第一批损失为：$\sigma_{lI}=\sigma_{l1}+\sigma_{l2}=40.6+50.22=90.82(N/mm^2)$

松弛损失 σ_{l4}：$\sigma_{l4}=0.2\left(\dfrac{\sigma_{con}}{f_{ptk}}-0.575\right)\sigma_{con}=0.2\times(0.75-0.575)\times1395=48.83(N/mm^2)$

收缩和徐变损失 σ_{l5}：

对称配置预应力钢筋和非预应力钢筋，配筋率为 $\rho=\dfrac{A_p+A_s}{2A_n}=\dfrac{592+452}{2\times42483}=0.0123$

当混凝土达到设计强度时进行张拉预应力筋，故 $f'_{cu}=f_{cu,k}=60N/mm^2$

$$\sigma_{pcI}=\frac{(\sigma_{con}-\sigma_{lI})A_p}{A_n}=\frac{(1395-90.82)\times592}{42483}=18.17(N/mm^2)$$

$$\sigma_{pcI}/f'_{cu}=\frac{18.17}{60}=0.303<0.5$$

$$\sigma_{l5}=\frac{55+\dfrac{300\sigma_{pcI}}{f'_{cu}}}{1+15\rho}=\frac{55+300\times0.303}{1+15\times0.0123}=123.17(N/mm^2)$$

第二批预应力损失为：$\sigma_{lII}=\sigma_{l4}+\sigma_{l5}=48.83+123.17=172(N/mm^2)$
总预应力损失为：$\sigma_l=\sigma_{lI}+\sigma_{lII}=90.82+172=262.82(N/mm^2)$

④ 验算使用阶段抗裂度：
在荷载标准组合下：$N=N_{Gk}+N_{Qk}=420+260=680(kN)$

$$\sigma_{ck} = \frac{N_k}{A_0} = \frac{680 \times 10^3}{45692} = 14.88(\text{N/mm}^2)$$

混凝土有效预压应力为：

$$\sigma_{pcII} = \frac{(\sigma_{con} - \sigma_l)A_p - \sigma_{l5}A_s}{A_n} = \frac{(1395 - 262.82) \times 592 - 123.17 \times 452}{42483} = 14.47(\text{N/mm}^2)$$

$\sigma_{ck} - \sigma_{pcII} = 14.88 - 14.47 = 0.41(\text{N/mm}^2) < f_{tk} = 2.85 \text{N/mm}^2$

满足要求。

（3）施工阶段承载力验算。

张拉至控制应力时，张拉端截面压应力达到最大值。

$$\sigma_{cc} = \frac{\sigma_{con}A_p}{A_n} = \frac{1395 \times 592}{42483} = 19.44(\text{N/mm}^2) < 0.8f'_{ck} = 0.8 \times 38.5 = 30.8(\text{N/mm}^2)$$

满足要求。

10.4 预应力混凝土受弯构件计算

预应力混凝土受弯构件的计算内容包括使用阶段计算和施工阶段计算。使用阶段的计算内容有正截面受弯承载力计算和斜截面承载力计算，正截面抗裂验算和斜截面抗裂验算，挠度验算。施工阶段计算主要是施工阶段的强度验算。

10.4.1 使用阶段计算

10.4.1.1 正截面承载力计算

（1）矩形截面或翼缘位于受拉边的倒 T 形截面预应力混凝土受弯构件正截面受弯承载力计算　预应力混凝土矩形截面受弯构件正截面受弯承载力计算简图见图 10-15，与普通混凝土受弯构件类似，根据平衡条件，有两个独立平衡方程。

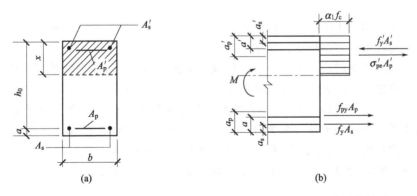

图 10-15　预应力混凝土矩形截面受弯构件正截面受弯承载力计算简图

由水平方向力的平衡条件，即 $\sum X = 0$，可得：

$$\alpha_1 f_c bx = f_y A_s - f'_y A'_s + f_{py} A_p + (\sigma'_{p0} - f'_{py})A'_p \tag{10-46}$$

由受拉区预应力筋和普通钢筋合力点的力矩平衡条件，即 $\sum M = 0$，可得：

$$M \leqslant M_u = \alpha_1 f_c bx \left(h_0 - \frac{x}{2}\right) + f'_y A'_s (h_0 - a'_s) - (\sigma'_{p0} - f'_{py})A'_p (h_0 - a'_p) \tag{10-47}$$

公式的适用条件为

$$x \leqslant \xi_b h_0 \tag{10-48}$$

$$x \geqslant 2a' \tag{10-49}$$

式中　M——弯矩设计值；

　　　M_u——受弯承载力设计值；

　　　α_1——系数，当混凝土强度不超过 C50 时，取 1.0，当混凝土强度等级为 C80 时，取 0.94，其间按线性内插法确定；

　　　f_c——混凝土轴心抗压强度设计值；

A_s, A_s'——受拉区、受压区纵向普通钢筋的截面面积；

A_p, A_p'——受拉区、受压区纵向预应力钢筋的截面面积；

　　　σ_{p0}'——受压区纵向预应力筋合力点处混凝土法向应力等于零时的预应力钢筋应力，$\sigma_{p0}' = \sigma_{con} - \sigma_l'$；

　　　b——矩形截面的宽度或倒 T 形截面的腹板宽度；

a_s', a_p'——受压区纵向普通钢筋合力点、预应力钢筋合力点至截面受压边缘的距离；

　　　a'——受压区全部纵向钢筋合力点至截面受压边缘的距离，当受压区未配置纵向预应力钢筋或受压区纵向预应力钢筋应力 $\sigma_{p0}' - f_{py}'$ 为拉应力时，a' 用 a_s' 代替；

　　　h_0——截面有效高度，为受拉区预应力和普通钢筋合力点至截面受压边缘的距离，$h_0 = h - a$；

　　　a——受拉区全部纵向钢筋合力点至截面受拉边缘的距离，按下式计算：

$$a = \frac{A_p f_{py} a_p + A_s f_y a_s}{A_p f_{py} + A_s f_y} \tag{10-50}$$

a_s, a_p——受拉区纵向普通钢筋合力点、预应力筋合力点至截面受拉边缘的距离；

　　　ξ_b——相对界限受压区高度：

$$\xi_b = \frac{\beta_1}{1 + \frac{0.002}{\varepsilon_{cu}} + \frac{f_{py} - \sigma_{p0}}{E_s \varepsilon_{cu}}} \tag{10-51}$$

　　　ε_{cu}——非均匀受压时混凝土极限压应变，$\varepsilon_{cu} = 0.0033 - (f_{cu,k} - 50) \times 10^{-5}$，$f_{cu,k}$ 为混凝土立方体抗压强度标准值；

　　　σ_{p0}——受拉区纵向预应力筋合力点处混凝土法向应力等于零时的预应力钢筋应力，先张法，$\sigma_{p0} = \sigma_{con} - \sigma_l$，后张法，$\sigma_{p0} = \sigma_{con} - \sigma_l + \alpha_E \sigma_{pc}$。

(2) 翼缘位于受压区的 T 形、工字形截面受弯构件正截面受弯承载力计算　T 形截面预应力受弯构件，按中和轴位置分为第一类 T 形截面（中和轴在翼缘内）和第二类 T 形截面（中和轴在腹板内），其计算简图分别如图 10-16(a)、(b) 所示。

当符合下式时，为第一类 T 形截面；否则为第二类 T 形截面。

$$f_y A_s + f_{py} A_p \leqslant \alpha_1 f_c b_f' x_f' + f_y' A_s' - (\sigma_{p0}' - f_{py}') A_p' \tag{10-52}$$

对于第一类 T 形截面，按照 $b_f' \times h$ 的矩形截面计算。

对于第二类 T 形截面，其正截面受弯承载力应按下列公式计算：

① 由水平方向力的平衡条件可得

$$\alpha_1 f_c [bx + (b_f' - b) h_f'] = f_y A_s - f_y' A_s' + f_{py} A_p + (\sigma_{p0}' - f_{py}') A_p' \tag{10-53}$$

② 由受拉区预应力筋和普通钢筋合力点的力矩平衡条件可得

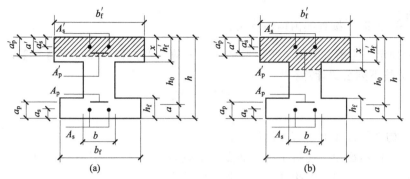

图 10-16 T形截面受弯构件计算简图

$$M \leqslant M_u = \alpha_1 f_c bx \left(h_0 - \frac{x}{2}\right) + \alpha_1 f_c (b'_f - b) h'_f \left(h_0 - \frac{h'_f}{2}\right)$$
$$+ f'_y A'_s (h_0 - a'_s) - (\sigma'_{p0} - f'_{py}) A'_p (h_0 - a'_p) \qquad (10\text{-}54)$$

式中 h'_f——T形、工字形截面受压区的翼缘高度；

b'_f——T形、工字形截面受压区的翼缘计算宽度。

公式适用条件和各符号含义同矩形截面。

当计算中计入纵向普通受压钢筋时，应符合式 $x \geqslant 2a'$ 的条件；当不符合此条件时，认为破坏时受压区普通钢筋 A'_s 达不到 f'_y，可近似取 $x = 2a'$（此时受压区混凝土合力作用点与 A'_s 重心正好重合），并对 A'_s 重心处取矩得：

$$M \leqslant M_u = f_{py} A_p (h - a_p - a'_s) + f_y A_s (h - a_s - a'_s) + (\sigma'_{p0} - f'_{py}) A'_p (a'_p - a'_s) \qquad (10\text{-}55)$$

式中，a_s、a_p 为受拉区纵向普通钢筋合力点、预应力筋合力点至截面受拉边缘的距离。

预应力混凝土受弯构件中的纵向受拉钢筋配筋率应符合下列要求：

$$M_u \geqslant M_{cr} \qquad (10\text{-}56)$$

式中，M_{cr} 为构件的正截面开裂弯矩值。

上式规定了各类预应力受力钢筋的最小配筋率。其含义是"截面开裂后受拉预应力筋不致立即失效"，目的是保证构件具有一定的延性，避免发生无预兆的脆性破坏。

10.4.1.2 斜截面承载力计算

(1) 斜截面受剪承载力计算　预应力阻滞斜裂缝的出现和开展，增加了混凝土剪压区高度，加强了斜裂缝间骨料的咬合作用，从而提高了构件的抗剪能力。因此，计算预应力混凝土梁的斜截面受剪承载力可在钢筋混凝土梁计算公式的基础上增加一项由预应力而提高的斜截面受剪承载力设计值 V_p。

矩形、T形、工字形截面的受弯构件，受剪截面应符合下列条件：

当 $\dfrac{h_w}{b} \leqslant 4$ 时 $\qquad V \leqslant 0.25 \beta_c f_c b h_0 \qquad (10\text{-}57)$

当 $\dfrac{h_w}{b} \geqslant 6$ 时 $\qquad V \leqslant 0.2 \beta_c f_c b h_0 \qquad (10\text{-}58)$

式中 β_c——混凝土强度影响系数，当混凝土强度等级不超过 C50 时，取 $\beta_c = 1.0$，当混凝土强度等级 C80 时，取 $\beta_c = 0.8$，其间按直线内插法取用；

b——矩形截面宽度，T形截面或工字形截面的腹板宽度；

h_w——截面的腹板宽度，矩形截面取有效高度 h_0，T形截面取有效高度扣除翼缘高度，工字形截面取腹板净高。

当 $4<\dfrac{h_w}{b}<6$ 时，按直线内插法取用。

《规范》规定，矩形、T形、工字形截面的一般受弯构件，当仅配有箍筋时，其斜截面的受剪承载力按下列公式计算：

$$V\leqslant V_{cs}+V_p \quad (10\text{-}59)$$
$$V_p=0.05N_{p0} \quad (10\text{-}60)$$

式中 V——构件斜截面上的剪力设计值；

V_{cs}——构件斜截面上混凝土和箍筋受剪承载力设计值，其计算详见第7章；

V_p——由预应力提高的构件受剪承载力设计值；

N_{p0}——计算截面上的混凝土法向预压应力为零时预应力钢筋及非预应力钢筋的合力，当 $N_{p0}>0.3f_cA_0$ 时，取 $N_{p0}=0.3f_cA_0$，此处，A_0 为构件的换算截面面积，N_{p0} 按下式计算：

$$N_{p0}=\sigma_{p0}A_p+\sigma'_{p0}A'_p-\sigma_{l5}A_s-\sigma'_{l5}A'_s \quad (10\text{-}61)$$

矩形截面、T形截面或工字形截面的预应力混凝土受弯构件，当配置箍筋和弯起钢筋时，其斜截面的受剪承载力按下式计算：

$$V\leqslant V_{cs}+V_p+0.8f_yA_{sb}\sin\alpha_s+0.8f_{py}A_{pb}\sin\alpha_p \quad (10\text{-}62)$$

式中 V——配置弯起钢筋处的剪力设计值；

A_{sb}，A_{pb}——同一弯起平面内的弯起普通钢筋、弯起预应力筋的截面面积；

α_s，α_p——斜截面上弯起普通钢筋、弯起预应力筋的切线与构件纵向轴线的夹角。

矩形截面、T形截面或工字形截面的一般预应力混凝土受弯构件，当符合下列公式的要求时，可不进行斜截面受剪承载力计算，仅需按构造要求配置箍筋。

一般受弯构件：

$$V\leqslant 0.7f_tbh_0+0.05N_{p0} \quad (10\text{-}63)$$

集中荷载作用下的独立梁：

$$V\leqslant \dfrac{1.75}{\lambda+1}f_tbh_0+0.05N_{p0} \quad (10\text{-}64)$$

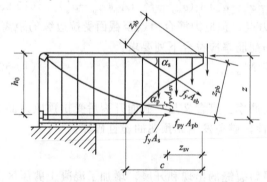

图 10-17 预应力混凝土受弯构件斜截面受弯承载力简图

(2) 斜截面受弯承载力计算 预应力混凝土受弯构件斜截面的受弯承载力简图见图 10-17。

预应力混凝土受弯构件斜截面的受弯承载力应按下式计算：

$$M\leqslant (f_yA_s+f_{py}A_p)z+\sum f_yA_{sb}z_{sb}+\sum f_{py}A_{pb}z_{pb}+\sum f_{yv}A_{sv}z_{sv} \quad (10\text{-}65)$$

此时，斜截面的水平投影长度 c 可按下列条件确定：

$$V=\sum f_yA_{sb}\sin\alpha_s+\sum f_{py}A_{pb}\sin\alpha_p+\sum f_{yv}A_{sv} \quad (10\text{-}66)$$

式中 V——斜截面受压区末端的剪力设计值；

z——纵向受拉普通钢筋和预应力筋的合力点至受压区合力点的距离，可近似取为 $z=0.9h_0$；

z_{sb}，z_{pb}——同一弯起平面内的弯起普通钢筋、弯起预应力筋的合力至斜截面受压区合力点的距离；

z_{sv}——同一斜截面上箍筋的合力至斜截面受压区合力点的距离。

在计算先张法预应力混凝土构件端部锚固区的斜截面受弯承载力时,上式中的 f_{py} 应按下列规定确定:锚固区内的纵向预应力钢筋抗拉强度设计值在锚固起点处应取为零,在锚固终点处应取为 f_{py},在两点之间可按线性内插法确定。

预应力混凝土受弯构件中配置的纵向钢筋和箍筋,当符合规范中关于纵筋的锚固、截断、弯起及箍筋的直径、间距等构造要求时,可不进行构件斜截面的受弯承载力计算。

10.4.1.3 正截面抗裂验算

对预应力混凝土受弯构件,应按所处环境类别和结构类别选用相应的裂缝控制等级,并进行受拉边缘抗裂验算或正截面裂缝宽度验算。预应力混凝土受弯构件正截面抗裂验算和裂缝宽度验算公式的形式与预应力混凝土轴心受拉构件的相同,只是混凝土法向应力计算有所不同。

截面抗裂验算边缘的混凝土法向应力计算公式如下:

$$\sigma_{ck} = \frac{M_k}{W_0} \tag{10-67}$$

$$\sigma_{cq} = \frac{M_q}{W_0} \tag{10-68}$$

式中 M_k——按荷载的标准组合计算的弯矩值;

M_q——按荷载的准永久组合计算的弯矩值;

W_0——构件换算截面受拉边缘的弹性抵抗矩。

10.4.1.4 斜截面抗裂验算

对于斜截面抗裂度验算,主要是验算斜截面上的混凝土主拉应力和主压应力。

(1) 混凝土主拉应力

一级:严格要求不出现裂缝的构件,应符合下列规定。

$$\sigma_{tp} \leqslant 0.85 f_{tk} \tag{10-69}$$

二级:一般要求不出现裂缝的构件,应符合下列规定。

$$\sigma_{tp} \leqslant 0.95 f_{tk} \tag{10-70}$$

(2) 混凝土主压应力 对严格要求和一般要求不出现裂缝的构件,均应符合下列规定。

$$\sigma_{cp} \leqslant 0.6 f_{ck} \tag{10-71}$$

式中 σ_{tp}, σ_{cp}——混凝土的主拉应力、主压应力;

f_{tk}, f_{ck}——混凝土的抗拉强度标准值、抗压强度标准值。

此时,应选择跨度内不利位置的截面,对该截面的换算截面重心处和截面宽度剧烈改变处进行验算。

混凝土主拉应力和主压应力按下列公式计算:

$$\left. \begin{array}{c} \sigma_{tp} \\ \sigma_{cp} \end{array} \right\} = \frac{\sigma_x + \sigma_y}{2} \pm \sqrt{\left(\frac{\sigma_x - \sigma_y}{2}\right)^2 + \tau^2} \tag{10-72}$$

$$\sigma_x = \sigma_{pc} + \frac{M_k y_0}{I_0} \tag{10-73}$$

$$\sigma_y = \frac{0.6 F_k}{bh} \tag{10-74}$$

$$\tau = \frac{(V_k - \sum \sigma_{pe} A_{pb} \sin\alpha_p) S_0}{I_0 b} \tag{10-75}$$

式中 σ_x——由预加力和弯矩值 M_k 在计算纤维处产生的混凝土法向应力;

σ_y——由集中荷载标准值 F_k 产生的混凝土竖向压应力;

τ——由剪力值 V_k 和预应力弯起钢筋的预加力在计算纤维处产生的混凝土剪应力，当计算截面上有转矩作用时，尚应计入转矩引起的剪应力，对超静定后张法预应力混凝土结构构件，尚应计入预加力引起的次剪应力；

F_k——集中荷载标准值；

M_k——按荷载标准组合计算的弯矩值；

V_k——按荷载标准组合计算的剪力值；

σ_{pe}——预应力弯起钢筋的有效预应力；

σ_{pc}——扣除全部预应力损失后，在计算纤维处由预加力产生的混凝土法向应力；

y_0——换算截面重心至所计算纤维处的距离；

I_0——换算截面惯性矩；

A_{pb}——计算截面上同一弯起平面内的预应力弯起钢筋的截面面积；

S_0——计算纤维以上部分的换算截面面积对构件换算截面中心的面积矩；

α_p——计算截面上预应力弯起钢筋的切线与构件纵向轴线的夹角。

上式中，当为拉应力时，以正值代入；当为压应力时，以负值代入。

10.4.1.5 挠度验算

与普通混凝土受弯构件不同，预应力混凝土受弯构件的挠度由两部分组成：一部分是由于构件预加应力产生的向上变形 f_p（反拱），另一部分是受荷后产生的向下变形 f_l（挠度）。

(1) 挠度计算公式 预应力混凝土受弯构件在正常使用极限状态下的挠度，应按下列公式验算：

$$f_l - f_p \leq [f] \tag{10-76}$$

式中 f_l——预应力混凝土受弯构件按荷载标准组合并考虑长期作用影响的挠度；

f_p——预应力混凝土受弯构件在使用阶段的预加力反拱值；

$[f]$——受弯构件的挠度限值，见本书附录12。

(2) f_l 的计算 预应力混凝土受弯构件按荷载标准组合并考虑荷载长期作用影响的挠度 f_l，可根据构件的长期刚度 B 用结构力学的方法计算。

受弯构件按荷载标准组合并考虑荷载长期作用影响的刚度计算公式为：

$$B = \frac{M_k}{M_q(\theta-1)+M_k} B_s \tag{10-77}$$

式中 M_k——按荷载标准组合计算的弯矩，取计算区段内的最大弯矩值；

M_q——按荷载准永久组合计算的弯矩，取计算区段内的最大弯矩值；

B_s——荷载标准组合作用下受弯构件的短期刚度；

θ——在考虑荷载长期作用对挠度增大的影响系数，预应力混凝土受弯构件，取 $\theta=2.0$。

在荷载标准组合作用下，预应力混凝土受弯构件的短期刚度 B_s 可按下列公式计算：

① 要求不出现裂缝的构件

$$B_s = 0.85 E_c I_0 \tag{10-78}$$

② 允许出现裂缝的构件（裂缝控制等级为三级）

$$B_s = \frac{0.85 E_c I_0}{\kappa_{cr}+(1-\kappa_{cr})\omega} \tag{10-79}$$

$$\kappa_{cr} = \frac{M_{cr}}{M_k} \tag{10-80}$$

$$\omega = \left(1.0 + \frac{0.21}{\alpha_E \rho}\right)(1 + 0.45\gamma_f) - 0.7 \tag{10-81}$$

$$M_{cr} = (\sigma_{pc} + \gamma f_{tk})W_0 \tag{10-82}$$

$$\gamma_f = \frac{(b_f - b)h_f}{bh_0} \tag{10-83}$$

式中 α_E ——钢筋弹性模量与混凝土弹性模量的比值：$\alpha_E = E_s/E_c$；

ρ ——纵向受拉钢筋配筋率，对预应力混凝土受弯构件，取 $\rho = (A_p + A_s)/(bh_0)$；

I_0 ——换算截面惯性矩；

γ_f ——受拉翼缘截面面积与腹板有效截面面积的比值；

b_f, h_f ——受拉区翼缘的宽度、高度；

κ_{cr} ——预应力混凝土受弯构件正截面的开裂弯矩 M_{cr} 与弯矩 M_k 的比值，当 $M_{cr} > 1.0$ 时，取 $M_{cr} = 1.0$；

σ_{pc} ——扣除全部预应力损失后，由预加力在受拉边缘产生的混凝土预压应力；

γ ——混凝土构件的截面抵抗矩塑性影响系数。

对预压时预拉区出现裂缝的构件，B_s 应降低 10%。

(3) f_p 的计算 预应力混凝土受弯构件在使用阶段的预加力反拱值 f_p，可用结构力学方法按刚度 $E_c I_0$ 进行计算，并应考虑预压应力长期作用的影响。此时，应将计算求得的预加应力反拱值乘以增大系数 2.0；在计算中，预应力钢筋的应力应扣除全部预应力损失。

对重要的或特殊的预应力混凝土受弯构件的长期反拱值，可根据专门的试验分析确定或根据配筋情况采用合理的收缩、徐变计算方法经分析确定；对恒载较小的构件，应考虑反拱过大对使用的不利影响。

10.4.2 施工阶段验算

预应力混凝土受弯构件在制作、运输和安装等施工阶段的受力状态往往与使用阶段不相同。在制作时，构件受到预压力而处于偏心受压状态，截面下边缘受压，上边缘受拉，如图 10-18(a) 所示；而在运输、安装时，搁置点或吊点通常离梁端有一段距离，两端悬臂部分因自重引起负弯矩，其方向与偏心预压力产生的负弯矩相同，如图 10-18(b) 所示。因此，在截面上边缘（预拉区）的混凝土可能开裂，并随时间的增长，裂缝宽度还会不断增大。在截面的下边缘（预压区），混凝土的压应力可能太大，以致出现纵向裂缝。试验表明，预拉区的裂缝虽可在使用荷载下闭合，对构件的影响不大，但会使构件在使用阶段的正截面抗裂度和刚度降低。因此，必须控制施工阶段截面边缘的应力。

对制作、运输、吊装等施工阶段预拉区允许出现拉应力的构件或预压时全截面受压的构件，在预加力、自重及施工荷载作用下，其截

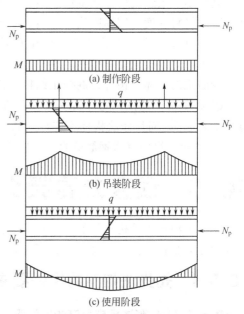

图 10-18 预应力混凝土受弯构件施工阶段强度验算

面边缘的混凝土法向应力宜符合下列规定（图10-19）：

$$\sigma_{ct} \leqslant f'_{tk} \tag{10-84}$$

$$\sigma_{cc} \leqslant 0.8 f'_{ck} \tag{10-85}$$

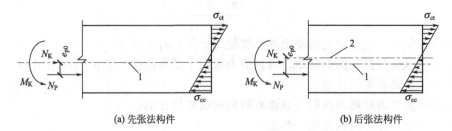

图10-19 预应力混凝土构件施工阶段验算
1—换算截面重心轴；2—净截面重心轴

截面边缘的混凝土法向应力 σ_{ct}、σ_{cc} 可按下式计算：

$$\left.\begin{array}{l}\sigma_{cc}\\ \sigma_{ct}\end{array}\right\} = \sigma_{pc} + \frac{N_k}{A_0} \pm \frac{M_k}{W_0} \tag{10-86}$$

式中 σ_{cc}，σ_{ct}——相应施工阶段计算截面边缘纤维的混凝土压应力、拉应力（绝对值）；

f'_{tk}，f'_{ck}——相应施工阶段混凝土立方体抗压强度 f'_{cu} 相应的抗拉强度标准值、抗压强度标准值，以线性内插法确定；

N_k，M_k——构件自重及施工荷载的标准组合在计算截面产生的轴力值、弯矩值；

A_0，W_0——换算截面面积、换算截面验算边缘的弹性抵抗矩。

当 σ_{pc} 为压应力时，取正值；当 σ_{pc} 为拉应力时，取负值。N_k 以受压为正；当 M_k 产生的边缘纤维应力为压应力时取加号，拉应力时取减号。

上式中，所采用的混凝土强度 f'_{tk}、f'_{ck} 值应与应力 σ_{ct}、σ_{cc} 出现的时刻相对应，因为此时混凝土不一定达到设计强度值。另外，由于施工时各应力值持续时间短暂，随后将很快降低，因而材料强度采用标准值，又由于 $0.8 f'_{ck} > f'_c$（f'_c 是与 f'_{ck} 对应的混凝土轴心抗压强度设计值），反映了施工阶段验算时可靠度可以降低一些，即应力限值适当放宽。

对预应力混凝土受弯构件的预拉区，还需规定预拉区纵筋的最小配筋率，以防止发生类似于少筋梁的破坏。预应力混凝土结构构件预拉区纵向钢筋的配筋应符合下列要求：

① 施工阶段预拉区允许出现拉应力的构件，预拉区纵向钢筋的配筋率 $(A'_s + A'_p)/A$ 不应小于 0.2%，对后张法构件不应计入 A'_p；其中，A 为构件截面面积。

② 预拉区纵向普通钢筋的直径不宜大于 14mm，并应沿构件预拉区的外边缘均匀配置。

10.5 预应力混凝土构件的构造要求

预应力混凝土结构构件的构造要求，除应满足普通钢筋混凝土结构的有关规定外，还应根据预应力张拉工艺、锚固措施、预应力钢筋种类的不同，采用相应的构造措施。

10.5.1 先张法构件的构造要求

10.5.1.1 先张法预应力筋的净间距

先张法预应力筋之间的净间距不应小于其公称直径的 2.5 倍和混凝土粗骨料最大直径的

1.25 倍，且应符合下列规定：预应力钢丝，不应小于 15mm；三股钢绞线，不应小于 20mm；七股钢绞线，不应小于 25mm。当混凝土振捣密实性具有可靠保证时，净间距可放宽至最大粗骨料直径的 1.0 倍。

10.5.1.2 先张法构件端部的构造措施

先张法预应力混凝土构件端部宜采取下列构造措施：
（1）单根配置的预应力钢筋，其端部宜设置螺旋筋。
（2）分散布置的多根预应力筋，在构件端部 10d 且不小于 100mm 范围内宜设置 3～5 片与预应力筋垂直的钢筋网片，此处 d 为预应力钢筋的公称直径。
（3）采用预应力钢丝配筋的薄板，在板端 100mm 范围内宜适当加密横向钢筋。
（4）槽形板类构件，应在构件端部 100mm 范围内沿构件板面设置附加横向钢筋，其数量不应少于 2 根。

先张法预应力传递长度范围内局部挤压造成的环向拉应力容易导致构件端部混凝土出现劈裂裂缝。因此端部应采取构造措施，以保证自锚端的局部承载力。近年来随着生产工艺技术的提高，也有一些预制构件不配置端部加强钢筋的情况，故规定特定条件下可根据可靠的工程经验适当放宽。

10.5.1.3 防止预应力构件端部及预拉区裂缝的措施

（1）预制肋形板，宜设置加强其整体性和横向刚度的横肋。端横肋的受力钢筋应弯入纵肋内。当采用先张长线法生产有端横肋的预应力混凝土肋形板时，应在设计和制作上采取防止放张预应力时端横肋产生裂缝的有效措施。
（2）在预应力混凝土屋面梁、吊车梁等构件靠近支座的斜向主拉应力较大部位，宜将一部分预应力筋弯起配置。
（3）预应力筋在构件端部全部弯起的受弯构件或直线配筋的先张法构件，当构件端部与下部支承结构焊接时，应考虑混凝土收缩、徐变及温度变化所产生的不利影响，宜在构件端部可能产生裂缝的部位设置纵向构造钢筋。

10.5.2 后张法构件的构造措施

10.5.2.1 后张法预应力筋的锚具、夹具和连接器

后张法预应力筋所用锚具、夹具和连接器等的形式和质量应符合国家现行有关标准的规定。

预应力锚具应根据《预应力筋用锚具、夹具和连接器》（GB/T 14370—2015）、《预应力筋用锚具、夹具和连接器应用技术规程》（JGJ 85—2010）的有关规定选用，并满足相应的质量要求。

10.5.2.2 后张法预应力筋及预留孔道

后张法预应力筋及预留孔道布置应符合下列规定：
（1）预制构件中预留孔道之间的水平净间距不宜小于 50mm，且不宜小于粗骨料粒径的 1.25 倍；孔道至构件边缘的净间距不宜小于 30mm，且不宜小于孔道直径的 50%。
（2）现浇混凝土梁中预留孔道在竖直方向的净间距不应小于孔道外径，水平方向的净间距不宜小于 1.5 倍孔道外径，且不应小于粗骨料粒径的 1.25 倍；从孔道外壁至构件边缘的净间距，梁底不宜小于 50mm，梁侧不宜小于 40mm；裂缝控制等级为三级的梁，梁底、梁

侧分别不宜小于 60mm 和 50mm。

(3) 预留孔道的内径宜比预应力束外径及需穿过孔道的连接器外径大 6~15mm，且孔道的截面面积宜为穿入预应力束截面面积的 3.0~4.0 倍。

(4) 当有可靠经验并能保证混凝土浇筑质量时，预留孔道可水平并列贴紧布置，但并排的数量不应超过 2 束。

(5) 在现浇楼板中采用扁形锚固体系时，穿过每个预留孔道的预应力筋数量宜为 3~5根；在常用荷载情况下，孔道在水平方向的净间距不应超过 8 倍板厚及 1.5m 中的较大值。

(6) 板中单根无粘接预应力筋的间距不宜大于板厚的 6 倍，且不宜大于 1m；带状束的无粘接预应筋根数不宜多于 5 根，带状束间距不宜大于板厚的 12 倍，且不宜大于 2.4m。

(7) 梁中集束布置的无粘接预应力筋，集束的水平净间距不宜小于 50mm，束至构件边缘的净距离不宜小于 40mm。

要求孔道的竖向净间距不应小于孔道直径，主要考虑曲线孔道张拉预应力筋时出现的局部挤压应力不致造成孔道间混凝土的剪切破坏。而对三级抗裂控制等级的梁提出更厚的保护层厚度要求，主要是考虑其耐久性。有关预应力孔道的并列贴紧布置，是为了方便截面较小的梁类构件的预应力筋配置。预应力混凝土构件的跨度较大时，其起拱值不宜过大。

10.5.2.3 后张法端部锚固区的间接钢筋

后张法预应力混凝土构件的端部锚固区，应按下列规定配置间接钢筋：

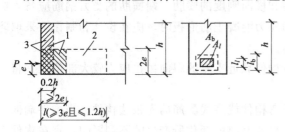

图 10-20 防止端部裂缝的配筋范围
1—局部受压间接钢筋配置区；2—附加防劈裂配筋区；
3—附加防端面裂缝配筋区

(1) 采用普通垫板时，应按相关规定进行局部受压承载力计算，并配置间接钢筋，其体积配筋率不应小于 0.5%，垫板的刚性扩散角应取 45°。

(2) 局部受压承载力计算时，局部压力设计值对有粘接预应力混凝土构件取 1.2 倍张拉控制力，对无粘接预应力混凝土取 1.2 倍张拉控制力和 $f_{ptk}A_p$ 中的较大值。

(3) 在局部受压间接钢筋配置区以外，在构件端部长度 l 不小于截面重心线上部或下部预应力筋的合力点至邻近边缘的距离 e 的 3 倍且不大于构件端部截面高度 h 的 1.2 倍，高度为 $2e$ 的附加配筋区范围内，应均匀配置附加防劈裂箍筋或网片（如图 10-20 所示），配筋面积可按下列公式计算：

$$A_{sb} \geqslant 0.18\left(1-\frac{l_l}{l_b}\right)\frac{P}{f_{yv}} \tag{10-87}$$

式中 P——作用在构件端部截面重心线上部或下部预应力筋的合力设计值；

l_l, l_b——沿构件高度方向 A_l、A_b 的边长或直径；

f_{yv}——附加防劈裂钢筋的抗拉强度设计值。

体积配筋率不应小于 0.5%。

(4) 当构件端部预应力筋需集中布置在截面下部或集中布置在上部和下部时，应在构件端部 $0.2h$ 范围内设置附加竖向防端面裂缝构造钢筋（如图 10-20 所示），其截面面积应符合下列公式要求：

$$A_{sv} \geqslant \frac{T_s}{f_{yv}} \tag{10-88}$$

$$T_s = \left(0.25 - \frac{e}{h}\right)P \tag{10-89}$$

式中 T_s——锚固端端面拉力；

P——作用在构件端部截面重心线上部或下部预应力筋的合力设计值；

e——截面重心线上部或下部预应力筋的合力点至截面近边缘的距离；

h——构件端部截面高度。

当 e 大于 $0.2h$ 时，可根据实际情况适当配置构造钢筋。竖向防端面裂缝钢筋宜靠近端面配置，可采用焊接钢筋网、封闭式箍筋或其他的形式，且宜采用带肋钢筋。

当端部截面上部和下部均有预应力筋时，附加竖向钢筋的总截面面积应按上部和下部的预应力合力分别计算的较大值采用。

在构件端面横向也应按上述方法计算抗端面裂缝钢筋，并与上述竖向钢筋形成网片筋配置。

当构件在端部有局部凹进时，应增设折线构造钢筋（如图10-21所示）或其他有效的构造钢筋。

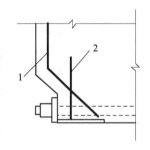

图 10-21 端部凹进处构造钢筋
1—折线构造钢筋；2—竖向构造钢筋

后张预应力混凝土构件端部锚固区和构件端面在预应力筋张拉后常出现两类裂缝：其一是局部承压区承压垫板后面的纵向劈裂裂缝；其二是当预应力束在构件端部偏心布置且偏心距较大时，在构件端面附近也会产生较高的沿竖向的拉应力，故产生位于截面高度中部的纵向水平端面裂缝。为确保安全可靠地将张拉力通过锚具和垫板传递给混凝土构件，并控制这些裂缝的发生和开展，《规范》给出了加强配筋的具体规定。为防止第一类劈裂裂缝，《规范》给出了配置附加钢筋的位置和配筋面积计算公式；为防止第二类剥裂裂缝，要求合理布置预应力筋，尽量使锚具能够沿构件端部均匀布置。当难以做到均匀布置时，为防止端面出现宽度过大的裂缝，根据理论分析和试验结果，提出限制剥裂裂缝的竖向附加钢筋截面面积的计算公式以及相应的构造措施。

10.5.2.4 曲线预应力钢丝束的曲率半径

后张法预应力混凝土构件中，当采用曲线预应力束时，其曲率半径 r_p 宜按下列公式确定，但不宜小于 4m。

$$r_p \geq \frac{P}{0.35 f_c d_p} \tag{10-90}$$

式中 P——预应力束的合力设计值；

r_p——预应力束的曲率半径，m；

d_p——预应力束孔道的外径；

f_c——混凝土轴心抗压强度设计值。

对于折线配筋的构件，在预应力束弯折处的曲率半径可适当减小。当曲率半径 r_p 不满足上述要求时，应在曲线预应力束弯折处内侧设置钢筋网片或螺旋筋。

当后张预应力筋束曲线段的曲率半径过小时，在局部挤压力作用下可能导致混凝土局部破坏，故应配置局部加强钢筋，加强钢筋可采用网片筋或螺旋筋。局部挤压应力的计算，考虑了预应力筋束曲率半径、管道直径、预加力及混凝土抗压强度的影响。

10.5.2.5 近凹面纵向预应力钢丝束的曲线段构造要求

在预应力混凝土结构中,当沿构件凹面布置曲线预应力束时(如图 10-22 所示),应进行防崩裂设计。当曲率半径 r_p 满足下列公式要求时,可仅配置构造 U 形插筋。

$$r_p \geqslant \frac{P}{f_t(0.5d_p+c_p)} \tag{10-91}$$

当不满足时,每单肢 U 形插筋的截面面积可按下列公式确定:

$$A_{sv1} \geqslant \frac{Ps_v}{2r_p f_{yv}} \tag{10-92}$$

式中 P——预应力束的合力设计值;

f_t——混凝土轴心抗拉强度设计值,或与施工张拉阶段混凝土立方体抗压强度 f'_{cu} 相应的抗拉强度设计值 f'_t;

c_p——预应力束孔道净混凝土保护层厚度;

A_{sv1}——每单肢插筋截面面积;

s_v——U 形插筋箍筋间距;

f_{yv}——U 形插筋抗拉强度设计值。

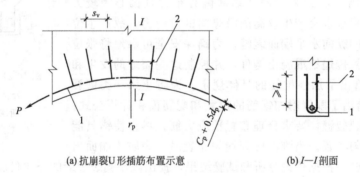

(a) 抗崩裂U形插筋布置示意　　　　(b) I—I剖面

图 10-22　防崩裂插筋构造示意

1—预应力筋束;2—沿曲线预应力筋束均匀布置的 U 形插筋

U 形插筋的锚固长度不应小于 l_a;当该锚固长度 l_e 小于 l_a 时,每单肢 U 形插筋的截面面积可按 A_{sv1}/k 取值。其中,k 取 $l_e/15d$ 和 $l_e/200$ 中的较小值,且 k 不大于 1.0。

10.5.2.6 后张法构件端部锚具的封闭保护要求

后张预应力混凝土外露金属锚具,应采取可靠的防腐及防火措施,并应符合下列规定:

(1) 无粘接预应力筋外露锚具应采用注有足量防腐油脂的塑料帽封闭锚具端头,并应采用无收缩砂浆或细石混凝土封闭。

(2) 对处于二 b 类、三 a 类、三 b 类环境条件下的无粘接预应力锚固系统,应采用全封闭的防腐蚀体系,其封锚端及各连接部位应能承受 10kPa 的静水压力而不得透水。

(3) 采用混凝土封闭时,其强度等级宜与构件混凝土强度等级一致,且不应低于 C30。封锚混凝土与构件混凝土可靠粘接,如锚具在封闭前应将周围混凝土界面凿毛并冲洗干净,且宜配置 1~2 片钢筋网,钢筋网应与构件混凝土拉结。

(4) 采用无收缩砂浆或混凝土封闭保护时,其锚具及预应力筋的最小保护层厚度不应小于:一类环境时 20mm,二 a 类、二 b 类环境时 50mm,三 a 类、三 b 类环境时 80mm。

本章小结

（1）普通钢筋混凝土构件存在的主要问题是抗裂性能差、刚度小、不能充分利用高强钢筋、适用范围受到一定限制等。预应力混凝土主要是改善了构件的抗裂性能，使用阶段可以做到混凝土不开裂（裂缝控制等级为一级或者二级），因而适用于有防水、抗渗要求的特殊环境以及大跨度、重荷载的结构。

（2）在工程结构中，通常是通过张拉预应力筋给混凝土施加预压应力的。根据施工时张拉预应力筋与浇筑混凝土的先后次序不同，施加预应力的方法分为先张法和后张法两种。先张法依靠预应力钢筋与混凝土之间的粘接力来保持和传递预应力，在构件端部有一预应力传递长度；后张法依靠锚具来保持和传递预应力，构件端部处于局部受压的应力状态。

（3）预应力混凝土与普通钢筋混凝土相比，具有抗裂性好、刚度大、能充分利用高强度材料、应用范围广等优点，但也存在着施工工序多、对施工技术要求高、需要张拉设备和锚具、造价较高等缺点。

（4）预应力损失的大小，关系到在构件中建立的混凝土有效预压应力的水平，应了解产生各项预应力损失的原因，掌握各项预应力损失的计算方法以及减少各项损失的措施。由于损失的发生是有先后的，为了求出特定时刻的混凝土预应力，应进行预应力损失的分阶段组合。

（5）预应力混凝土构件在外荷载作用后的使用阶段，两种极限状态的计算内容与钢筋混凝土构件类似；为了保证施工阶段构件的安全性，应进行相关的计算，对后张法构件还应计算构件端部的局部受压承载力。

（6）对预应力混凝土轴心受拉和受弯构件使用阶段两种极限状态的具体计算内容的理解，应对照相应的普通钢筋混凝土构件，注意预应力构件计算的特殊性、施加预应力对计算的影响。对于施工阶段（制作、运输、安装），须考虑此阶段构件内已存在预应力，为防止混凝土受压破坏或产生影响使用的裂缝等，应进行有关的计算。

（7）对预应力混凝土轴心受拉构件受力截面应力状态的分析，可得出几点结论，并可推广应用于预应力混凝土受弯构件。如：①施工阶段，先张法（或后张法）构件截面混凝土预应力的计算可比拟为将一个预加力 N_p 作用在构件的换算截面 A_0（或净截面 A_n）上，然后按材料力学公式计算；②正常使用阶段，由荷载效应的标准组合或准永久组合产生的截面混凝土法向应力，也可按材料力学公式计算，且无论是先张法构件还是后张法构件，均采用构件的换算截面 A_0；③使用阶段，先张法和后张法构件特定时刻的计算公式形式相同，即无论是先张法构件还是后张法构件，均采用构件的换算截面 A_0。

（8）预应力混凝土构件除应满足计算之外，还应满足相关的构造要求。

（1）何谓预应力混凝土？与普通混凝土构件相比，预应力混凝土构件有何特点？

（2）施加预应力的方法有哪几种？先张法和后张法有何区别？试简述其优缺点及应用范围。

（3）预应力混凝土结构对材料的要求有哪些？

（4）什么是张拉控制应力 σ_{con}？为什么张拉控制应力取值不能过高也不能过低？

（5）预应力损失有哪些项？各种损失产生的原因是什么？各采用什么措施减少预应力损失？

(6) 先张法、后张法中的预应力损失，哪些属于第一批损失，哪些属于第二批损失？

(7) 在计算混凝土预应力时，先张法、后张法的 A_0、A_n 如何计算？

(8) 为什么要对后张法构件端部进行局部受压承载力计算？应进行哪些方面的计算？不满足时采取什么措施？

(9) 不同的裂缝控制等级时，预应力混凝土的正截面抗裂验算各应满足哪些要求？

(10) 预应力混凝土构件中的普通钢筋有何作用？

(11) 预应力混凝土受弯构件的正截面、斜截面承载力计算与普通混凝土构件有何异同之处？

(12) 预应力混凝土受弯构件的刚度计算与普通混凝土构件有何不同？挠度计算有何特点？

(1) 某 18m 跨度预应力混凝土屋架下弦，截面尺寸为 150mm×200mm，后张法施工。预应力筋采用一端张拉并超张拉，预留孔道直径为 50mm，充压橡皮管抽芯成型，OVM 夹片式锚具，桁架端部构造如图 10-23 所示。预应力筋为 1×7 标准型低松弛钢绞线 ϕ^S12.7（每束截面面积为 98.7mm^2），$f_{py}=1320$N/mm^2，$f_{ptk}=1860$N/mm^2。普通钢筋为 4Φ20 的 HRB400 级热轧钢筋，混凝土采用 C40。裂缝控制等级为二级，一类使用环境。永久荷载标准值产生的轴向拉力 $N_{Gk}=280$kN，可变荷载标准值产生的轴向拉力 $N_{Qk}=110$kN，可变荷载的组合值系数 $\psi_c=0.7$，可变荷载的准永久值系数的 $\psi_q=0.5$。混凝土达 100% 设计强度张拉预应力筋。要求进行屋架下弦使用阶段承载力计算、使用阶段裂缝控制验算以及施工阶段验算。

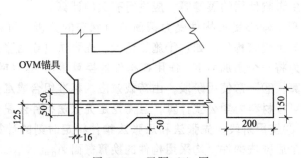

图 10-23 习题 (1) 图

(2) 某 18m 预应力混凝土矩形截面简支梁，截面尺寸 $b\times h=400$mm×1200mm。梁上均布承受恒载标准值 $g_k=24$kN/m，均布活载标准值 $q_k=16$kN/m，活荷载的组合值系数为 0.7，准永久值系数为 0.5。预应力钢筋采用 1×7 标准型低松弛钢绞 21ϕ^S12.7，当混凝土达到设计强度时进行张拉预应力筋，预应力筋采用直线一端超张拉，锚具采用夹片式锚具，孔道采用预埋金属波纹管成型。混凝土采用 C50，普通钢筋采用 HRB400 级钢筋 6Φ20。此梁为处于室内正常环境（一类）的一般受弯构件，裂缝控制等级为二级，允许挠度 $[f]=l_0/400$。拼装时吊点位置设在距梁端 2m 处。要求：a. 使用阶段的正截面受弯承载力计算；b. 使用阶段的斜截面承载力计算；c. 使用阶段正截面抗裂验算；d. 使用阶段的挠度计算；e. 进行施工阶段的强度力验算。

第 11 章 梁板结构设计

11.1 概述

梁板结构是由梁和板组成的承重结构体系。梁板结构在土木工程中应用广泛，例如房屋中的楼（屋）盖、楼梯、地下室底板（筏板基础）、桥梁的桥面结构等。

11.1.1 楼盖结构选型

钢筋混凝土楼盖是房屋建筑中的水平承重结构体系，它将楼面荷载传递给竖向承重结构，再传递给基础和地基。同时，楼盖将各竖向承重结构连接成一个整体，成为竖向承重结构的水平支撑，增强了房屋的刚度、整体性和稳定性。

楼盖是房屋建筑的重要组成部分，其造价占房屋土建总造价的 20%～30%，自重占房屋总自重的 50%左右。楼盖中板的厚度和梁的截面高度将直接影响房屋的净高，楼盖对于建筑隔声、隔热和美观等也有直接影响，同时楼盖对保证建筑结构的承载能力、刚度、耐久性、抗震性能等也有重要的作用。因此，合理选择楼盖结构形式，正确进行楼盖的设计，对于整个建筑物的安全、使用功能和经济性等方面具有重要意义。

房屋建筑中常见的楼盖类型很多，常见的分类方法有以下几种。

11.1.1.1 按施工方法分类

按施工方法，楼盖可分为现浇整体式、装配式、装配整体式三种形式。

现浇整体式楼盖整体性好，刚度大，抗震性强，防水性好，对不规则平面和开洞的适应性强。其主要缺点是模板用量较多，施工现场工作量较大，工期长。随着商品混凝土、泵送混凝土以及工具式钢模板的广泛采用，现浇整体式楼盖的应用越来越广泛。

现浇整体式楼盖主要适用于下列情况：①楼面荷载较大、平面形状复杂或布置上有特殊要求的建筑物，如多层厂房中需布置重型机械设备或要求开设较复杂孔洞的楼面；②防渗、防漏或抗震要求较高的建筑物；③有振动荷载作用的楼面；④高层建筑。

装配式楼盖由预制板和预制梁（梁也可现浇）在现场装配而成。由于楼盖采用了预制构件，便于工业化生产，施工速度快，但其整体性、抗震性、防水性较差，不便于开设孔洞，主要用于非地震区的砌体墙承重的多层混合结构房屋。

装配整体式楼盖，是将楼板中的部分构件预制，在现场安装后，再通过后浇的混凝土连成整体。这种楼盖兼有现浇式楼盖和装配式楼盖的优点，既有比装配式楼盖好的整体性，又较整体现浇式节省模板。但这种楼盖需要进行混凝土二次浇注，有时还需增加焊接工作量，故对施工进度和造价都带来一些不利的影响，主要适用于荷载较大的多层工业厂房、高层民用建筑及有抗震设防要求的建筑。

11.1.1.2 按结构形式分类

按结构形式，常用的现浇楼盖可分为单向板肋梁楼盖、双向板肋梁楼盖、井式楼盖、密肋楼盖和无梁楼盖等，见图11-1。其中单向板肋梁楼盖和双向板肋梁楼盖应用最为普遍。

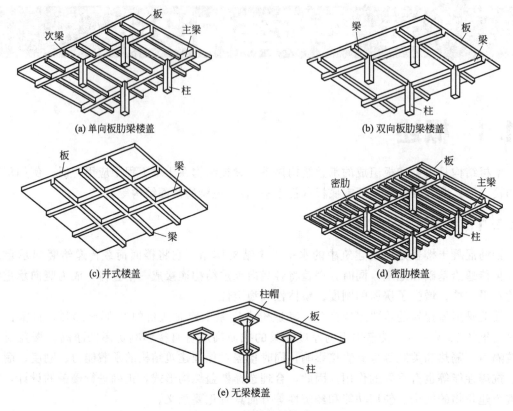

图 11-1 楼盖的结构类型

井式楼盖由板和两个方向相交的等截面梁组成，其中楼板为四边支承的双向板，交叉梁相互协同工作，故梁的高度比肋梁楼盖小。井式楼盖可以跨越较大的空间，且外形美观，但它的用钢量大、造价高，适用于平面形状为方形或接近方形的公共建筑门厅、会议室、礼堂、餐厅等。密肋楼盖由薄板和间距较小（一般不大于1.5m）的肋梁组成，肋梁可以沿单向或双向设置，由于肋梁间距小，梁高也较肋梁楼盖的小。密肋楼盖美观，材料用量较省，造价也较低，常用于对造型要求较高的建筑以及大空间的建筑中。无梁楼盖楼面荷载直接由板传给柱，为了增大板的传力面积，通常在柱顶端设置柱帽。无梁楼盖结构高度小，净空大，但板较肋梁楼盖厚，楼盖材料用量较多，且柱子周边的剪应力集中，容易引起板的冲切破坏，常用于商店、仓库等空间较大的房屋。

近年来，一些组合式楼盖也在工程中较多应用。如压型钢板-混凝土组合楼盖、钢梁-混凝土组合楼盖和网架-混凝土组合楼盖等，见图11-2。

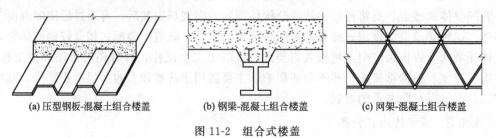

图 11-2 组合式楼盖

11.1.1.3 按是否施加预应力分类

按是否施加预应力,混凝土楼盖可分为钢筋混凝土楼盖和预应力混凝土楼盖两种。钢筋混凝土楼盖施工简单,但刚度和抗裂性不如预应力混凝土楼盖好。目前,预应力混凝土楼盖中应用较普遍的是无粘接预应力混凝土平板楼盖,当柱网尺寸较大时,预应力楼盖可减小板厚,具有较好的经济性。

在实际工程中,可根据房屋的性质、用途、平面尺寸、荷载大小、抗震设防以及经济技术指标等因素进行综合考虑,来选择合适的楼盖形式。

11.1.2 梁、板截面尺寸

楼盖中梁、板的截面尺寸应满足承载力、刚度及舒适度等要求。一般初步设计时可根据工程经验所确定的高跨比拟定。

11.1.2.1 梁截面尺寸

梁的高跨比 h/l（截面高度与跨度之比）,多跨连续次梁宜取 $1/18 \sim 1/12$,多跨连续主梁宜取 $1/14 \sim 1/8$,井字梁宜取 $1/20 \sim 1/15$。

梁截面宽度宜取截面高度的 $1/3 \sim 1/2$。

11.1.2.2 板截面尺寸

板的高跨比 h/l,对单向板不小于 $1/30$,双向板不小于 $1/40$;无梁支承的有柱帽板不小于 $1/35$,无梁支承的无柱帽板不小于 $1/30$,当板的荷载和跨度较大时宜适当增加,同时现浇钢筋混凝土板的截面高度（厚度）不应小于表 11-1 规定的数值。

表 11-1 现浇钢筋混凝土板的最小厚度　　　　　　　　　　单位：mm

板的类别		最小厚度
单向板	屋面板	60
	民用建筑楼板	60
	工业建筑楼板	70
	行车道下的板	80
双向板		80
密肋楼盖	面板	50
	肋高	250
悬臂板	悬臂长度不大于 500	60
	悬臂长度 1200	100
无梁楼板		150
现浇空心楼盖		200

对跨度较大的楼盖及业主对舒适度有要求时,混凝土楼盖结构还应根据使用功能要求进行竖向自振频率验算,自振频率宜符合下列要求:住宅和公寓不宜低于 5Hz,办公楼和旅馆不宜低于 4Hz,大跨度公共建筑不宜低于 5Hz。

若楼盖中梁、板开始拟定的截面尺寸偏小,可能出现超筋或挠度不满足要求的现象,此时宜适当加大截面尺寸;若截面尺寸偏大,则可能出现构造配筋,宜减小截面尺寸。初步假定的截面尺寸在截面承载力计算过程中如发现与实际需要尺寸相差甚大时,应重新估算截面尺寸，直至截面尺寸较合适为止。

11.1.3 现浇整体式楼盖的受力体系及内力分析方法

建筑结构承重体系可分为水平和竖向两种结构体系，它们共同承受作用在建筑物上的竖向力和水平力，并把这些力可靠地传给竖向构件直至基础和地基。构成楼盖的梁板结构属于水平结构体系，承重柱、墙等属于竖向结构体系。对楼盖的结构设计要求有：在竖向荷载作用下，满足承载力和竖向刚度的要求；在楼盖自身水平面内要有足够的水平刚度和整体性；与竖向构件有可靠的连接，以保证竖向力和水平力的传递。

11.1.3.1 单向板与双向板

现浇混凝土肋梁楼盖中的板被两个方向的梁分成许多区格，这些区格板四边支承在梁或墙上。作用在区格板上的荷载传递与区格板两个方向的尺寸之比有关。由于板是一个整体，弯曲时板在任意一点处的挠度在两个方向是相同的，见图11-3。因此在短跨 l_1 的竖向平面内曲率较大，弯矩也较大；在长跨 l_2 的竖向平面内曲率较小，弯矩也较小。当板的长跨 l_2 比短跨 l_1 大得多时，板上的荷载主要沿短跨方向传递到支承构件上，而沿长跨方向传递的荷载很少，计算时可忽略长跨方向荷载产生的弯矩，这种主要在一个方向受弯的板称为单向板。当长跨 l_2 与短跨 l_1 之比不是很大时，板在长跨方向的弯曲不可忽略，板上的荷载沿两个方向传递，计算时需考虑两个方向的受弯，这种在两个方向弯曲的板称为双向板。

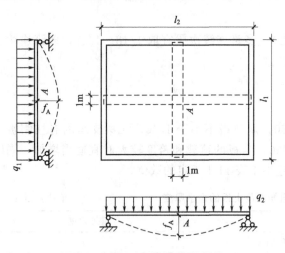

图 11-3 四边支承板的荷载传递

楼盖设计时通常按下列条件划分单向板和双向板：
(1) 两对边支承的板按单向板计算。
(2) 悬臂板按单向板计算，如一边支承的板式雨篷、阳台等。
(3) 四边支承的板应按下列规定计算：当长边与短边长度之比不大于2.0时，应按双向板计算；当长边与短边长度之比大于2.0但小于3.0时，宜按双向板计算，如按沿短边方向受力的单向板计算，应沿长边方向布置足够数量的构造钢筋；当长边与短边长度之比不小于3.0时，宜按沿短边方向受力的单向板计算，并应沿长边方向布置构造钢筋。

单向板一个方向受力，单向弯曲，沿受力方向设置受力钢筋，另一方向按构造要求设置分布钢筋；双向板两个方向受力，双向弯曲，两个方向均需配置受力钢筋。

11.1.3.2 现浇整体式楼盖结构分析方法

现浇整体式楼盖为梁、板所组成的超静定结构，在内力分析时通常做了简化，即不考虑梁、板的相互作用，将梁、板分开计算。根据作用于板上的荷载，按照单向板或者双向板计算板的内力；然后按照假定的荷载传递方式，将板上的荷载传递到支承梁上，计算支承梁的内力。现浇整体式楼盖的内力分析方法有弹性理论分析方法和塑性理论分析方法两种。

弹性理论分析方法是假定钢筋混凝土梁、板为匀质弹性体，一般按结构力学或弹性力学的方法分析内力。按此分析方法计算的内力比实际情况偏大，结构构件的安全系数较大，结构构件的变形和裂缝较小。

塑性理论分析方法是从实际情况出发，考虑混凝土塑性变形内力重分布来计算连续梁板的内力。此计算方法由于考虑了材料的实际弹塑性性能，使结构内力分析与构件截面承载力计算相协调，计算结果比较符合实际工作情况且比较经济，而且缓解了梁板支座处配筋拥挤的状况，改善了施工条件，但一般情况下结构的裂缝较宽，挠度也较大。对于直接承受动力荷载的构件，以及要求不出现裂缝或处于三 a 类、三 b 类环境情况下的结构，不应采用塑性内力重分布的分析方法。

现浇楼盖中的连续单向板和次梁，一般采用塑性理论分析方法计算内力。主梁是楼盖中的重要结构构件，要求有较高的安全储备，通常按弹性理论分析方法计算内力。

11.2 单向板肋梁楼盖设计

由单向板组成的楼盖称为单向板肋梁楼盖，单向板肋梁楼盖构造简单，施工方便，是现浇整体式楼盖结构中常用的形式。现浇单向板肋梁楼盖的设计步骤一般为：
① 进行楼盖的结构平面布置；
② 确定梁、板的计算简图；
③ 进行梁、板的内力分析；
④ 进行截面配筋计算，并要满足构造要求；
⑤ 绘制施工图。

11.2.1 单向板肋梁楼盖的结构布置

单向板肋梁楼盖由板、次梁和主梁组成，楼盖上荷载传递方式为：板→次梁→主梁。在楼盖两个方向一般都布置梁，其中一个方向的梁支承在柱、墙上，将楼盖上的荷载最终传给柱、墙，这类梁称为主梁。另一方向的梁与主梁相交，将楼盖上的荷载传给主梁，这类梁称为次梁。在单向板肋梁楼盖中，每块板区格的长边与短边之比至少大于 2，板上荷载主要沿短边传递给次梁，再由次梁传给主梁。

11.2.1.1 单向板肋梁楼盖结构布置原则

在进行楼盖结构布置时，应在满足建筑功能要求的前提下，尽量使结构布置合理，造价经济。

（1）满足梁、板经济跨度的要求。在单向板肋梁楼盖中，次梁的间距决定板的跨度，主梁的间距决定次梁的跨度，柱网尺寸决定主梁的跨度。一般单向板的经济跨度为 1.7～2.7m，次梁的经济跨度为 4～6m，主梁的经济跨度为 5～8m。在一个主梁跨内最好设两根或多根次梁，以使主梁跨内弯矩均匀。

（2）为了增强房屋的横向刚度，主梁一般沿房屋横向布置，次梁沿房屋纵向布置。尽量避免把主梁搁置在门、窗洞口上。

（3）楼盖的梁格布置应力求规整，梁、板应尽量布置成等跨度，梁应尽可能连续贯通以加强楼盖整体性，并便于设计和施工。

（4）在楼面上有机器设备、隔墙等的地方，宜设置梁承重；楼板上开有较大尺寸的洞口时，应在洞口周边设置小梁。

11.2.1.2 单向板肋梁楼盖常用的结构布置方案

（1）主梁沿房屋横向布置，次梁沿纵向布置，如图 11-4(a) 所示。其优点是主梁和柱可形成横向框架，房屋的横向刚度大，而各榀横向框架间由纵向的次梁相连，故房屋的纵向刚度亦较大，整体性较好。此外，由于主梁与外纵墙垂直，使外纵墙上窗的高度有可能开得大一些，对室内采光有利。

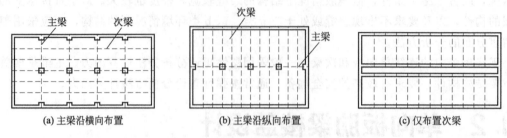

图 11-4 单向板肋梁楼盖布置方案

（2）主梁沿房屋纵向布置，次梁沿横向布置，如图 11-4(b) 所示。这种布置适用于横向柱距比纵向柱距大得多的情况。它的优点是减小了主梁的截面高度，增大了室内净空高度，但房屋的横向侧移刚度较差。

（3）仅布置次梁，不布置主梁，如图 11-4(c) 所示。它适用于房屋有中间走道、纵墙间距较小的楼盖。

11.2.2 单向板肋梁楼盖各构件计算简图确定

在进行结构内力计算前，应首先确定结构构件的计算简图。计算简图应反映构件上的荷载形式及大小、构件的跨数、各跨的跨度、支座形式等。单向板肋梁楼盖梁、板的计算简图如图 11-5 所示。

11.2.2.1 计算单元

在结构内力分析时，通常不是对整个结构进行分析，而是从实际结构中选取有代表性的某一部分作为计算的对象，称为计算单元。

单向板可取 1m 宽度的板带为其计算单元，在此范围内的楼面均布荷载即为该板带承受的荷载。楼盖中部主、次梁的截面形状都是两侧带翼缘板的 T 形截面，每侧翼缘板的计算宽度取与相邻梁的中心距的一半。从图 11-5 可看出，一根次梁的负荷范围等于板的跨度，一根主梁的集中荷载范围为一跨次梁的负荷范围。

11.2.2.2 荷载

作用在楼盖上的荷载有永久荷载和可变荷载。永久荷载一般为楼盖自重、隔墙自重等，可按构件的几何尺寸及材料的容重计算求得。可变荷载一般有楼面活荷载、屋面活荷载和雪荷载等。

单向板所承受的荷载为均布荷载，包括板自重和楼面活荷载，计算时通常取 1m 宽板带（即取截面宽度 $b=1000mm$）作为计算单元。次梁承受的荷载包括次梁的自重和板传来的荷载，其中板传来的荷载为次梁左右两侧各半跨板上的荷载，次梁上的荷载形式为均布荷载。主梁承受次梁传来的荷载和主梁自重，其中次梁传来的荷载为集中荷载，主梁的自重为均布荷载。由于主梁自重比次梁传来的荷载小得多，为了简化计算，一般将主梁自重按次梁间距分段换算为若干集中荷载，作用于次梁传来的集中荷载处。因此，主梁上荷载一般按集中荷

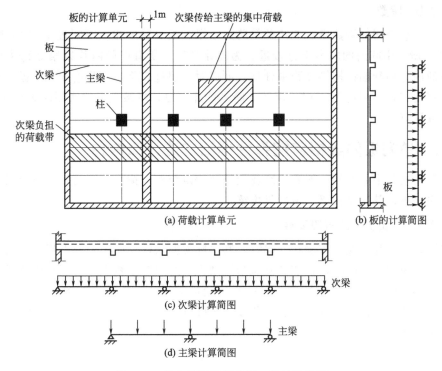

图 11-5 单向板肋梁楼盖梁、板计算简图

载考虑。

11.2.2.3 支座形式简化

在肋梁楼盖中，当板或梁支承在砖墙（或砖柱）上时，由于其嵌固作用较小，可假定为铰支座。当板的支座是次梁，次梁的支座是主梁，则次梁对板、主梁对次梁将有一定的嵌固作用，为简化计算通常也假定为铰支座，由此引起的误差将在荷载取值中加以调整。若主梁支承在混凝土柱上，其支座的简化需根据梁和柱的线刚度比值来确定。一般当主梁与柱的线刚度之比大于 3 时，可将主梁简化为铰接于柱上的连续梁，否则主梁与柱应按固接考虑。

11.2.2.4 计算跨度

梁、板的计算跨度与支座的形式、构件的截面尺寸以及内力计算方法有关，设计计算时可按表 11-2 采用。

表 11-2 连续梁、板的计算跨度

支承情况	按弹性理论计算		按塑性理论计算	
	梁	板	梁	板
两端与梁（柱）整体连接	l_c	l_c	l_n	l_n
两端搁置在墙上	$1.05 l_n \leq l_c$	$l_n + h \leq l_c$	$1.05 l_n \leq l_n + a$	$l_n + h \leq l_n + a$
一端与梁（柱）整体连接，另一端搁置在墙上	$1.025 l_n + \dfrac{b}{2} \leq l_n + \dfrac{a}{2} + \dfrac{b}{2}$	$l_n + \dfrac{b}{2} \leq l_n + \dfrac{a}{2} + \dfrac{b}{2}$	$1.025 l_n \leq l_n + \dfrac{a}{2}$	$l_n + \dfrac{h}{2} \leq l_n + \dfrac{a}{2}$

注：表中的 l_c 为支座中心线到支座中心线的距离，l_n 为净跨，h 为板的厚度，a 为板、梁在砌体墙上的支承长度，b 为板、梁在梁（或柱）上的支承长度。

11.2.2.5 跨数

对各跨荷载相同，跨数超过5跨的等跨连续梁、板（跨度相差不超过10%），除两边第1、2跨外，所有中间跨的内力十分接近。为简化计算，所有中间跨均以第3跨来代表，所有中间跨的内力和配筋都按第3跨来处理。所以对于超过5跨的多跨连续梁、板，当各跨荷载相同且跨度相差不超过10%时，可按5跨来计算内力；当梁、板的实际跨数少于5跨时，按实际跨数计算。

11.2.3 单向板肋梁楼盖按弹性理论方法计算内力

现浇肋梁楼盖中的构件一般是多跨连续的超静定结构。构件计算的顺序与荷载传递顺序相同，首先是板，其次是次梁，最后是主梁。

11.2.3.1 板和次梁的折算荷载

当连续梁、板与其支座整浇在一起时，其实际支座与计算简图中的理想铰支座有较大差别。支座将约束梁、板的转动，使其支座弯矩增大，跨中弯矩减小。为了在连续梁、板计算时考虑支座约束的影响，在总荷载（$g+q$）不变的前提下，通常采用增大恒载值及相应减小活载值的办法，这样的荷载称为折算荷载。按弹性理论计算的连续板和次梁的折算荷载，按下列规定取用：

连续板

$$g' = g + \frac{q}{2}$$
$$q' = \frac{q}{2}$$
(11-1)

连续次梁

$$g' = g + \frac{q}{4}$$
$$q' = \frac{3q}{4}$$
(11-2)

式中　g，q——构件上实际作用的恒荷载、活荷载；
　　　g'，q'——折算的恒荷载、活荷载。

连续主梁以及不与支座整浇的连续板和次梁，则不必对荷载进行调整折算，按实际荷载情况进行内力计算。当板和次梁搁置在砌体或钢结构上时，荷载也不做调整。

11.2.3.2 活荷载的不利布置

作用于梁（板）上的荷载有恒荷载和活荷载，恒荷载一直作用在梁（板）上，并布满各跨，而活荷载在各跨的分布则是随机的。对于单跨梁（板），当梁（板）上同时布满恒荷载和活荷载时，会产生最大内力。但对多跨连续梁（板），恒荷载必然满布于梁（板）上，而活荷载往往不是满布于梁（板）上时才出现最大内力。为了保证结构在各种荷载作用下都安全可靠，需要找出构件产生最大内力时的活荷载布置方式，即活荷载的最不利布置问题。

多跨连续梁（板）活荷载最不利位置的布置原则是：

（1）求某跨跨中截面最大正弯矩时，应该在该跨布置活荷载，然后向左、右两边每隔一跨布置活荷载；

（2）求某支座截面最大负弯矩或最大剪力时，应在该支座左、右两跨布置活荷载，然后每隔一跨布置活荷载；

(3) 求某跨跨中最小正弯矩（或最大负弯矩）时，该跨不布置活荷载，而在其左右邻跨布置活载，然后每隔一跨布置活荷载。

根据上述规律，可得到 5 跨连续梁（板）各截面内力计算时的最不利活荷载布置情况，见表 11-3。

表 11-3　5 跨连续梁（板）各截面内力计算时的最不利活荷载布置

活荷载布置	最大内力	最小内力
(图)	M_1、M_3、M_5 V_A、V_F	M_2、M_4
(图)	M_2、M_4	M_1、M_3、M_5
(图)	M_B $V_{B左}$、$V_{B右}$	
(图)	M_C $V_{C左}$、$V_{C右}$	
(图)	M_D $V_{D左}$、$V_{D右}$	
(图)	M_E $V_{E左}$、$V_{E右}$	

11.2.3.3　内力计算

按弹性理论方法计算连续板、梁的内力，就是假定结构为弹性匀质材料，按结构力学的原理进行计算。在实际工程中，对于等截面、等跨度（或跨度差≤10%）的连续梁、板，可直接利用附录 17 查得各种荷载作用下的内力系数，按下列公式计算出梁、板有关截面的弯

矩 M 和剪力 V。

当均布荷载及三角形荷载作用时

$$M = k_1 g l_0^2 + k_2 q l_0^2 \tag{11-3}$$

$$V = k_3 g l_0 + k_4 q l_0 \tag{11-4}$$

当集中荷载作用时

$$M = k_1 G l_0 + k_2 Q l_0 \tag{11-5}$$

$$V = k_3 G + k_4 Q \tag{11-6}$$

式中　　g，q——单位长度上的均布恒荷载及活荷载；

　　　　G，Q——集中恒荷载及活荷载；

k_1，k_2，k_3，k_4——内力系数，由附录17中相应栏内查得；

　　　　l_0——构件的计算跨度。

计算跨内弯矩时，l_0 应取本跨的计算跨度；计算支座弯矩时，l_0 可近似取支座左、右相邻两跨的较大计算跨度。

不等截面、不等跨度或边支座是固定端的连续构件，可按结构力学的方法（力法或力矩分配法）计算内力。

【例 11-1】 某3跨连续梁，每跨的计算跨度均为 6m，梁上作用永久荷载设计值 g=8kN/m，可变荷载设计值 q=6kN/m。用弹性理论方法计算该连续梁的第1跨跨内最大正弯矩、第1内支座最大负弯矩以及边支座最大剪力。

【解】 (1) 计算第1跨跨内最大正弯矩，永久荷载满跨布置，可变荷载布置在第1、3跨。

$$M_{1\max} = 0.080 \times 8 \times 6^2 + 0.101 \times 6 \times 6^2 = 44.86 (\text{kN} \cdot \text{m})$$

(2) 计算第1内支座最大负弯矩，永久荷载满跨布置，可变荷载布置在第1、2跨。

$$M_{B\max} = -0.100 \times 8 \times 6^2 - 0.117 \times 6 \times 6^2 = -54.07 (\text{kN} \cdot \text{m})$$

(3) 计算边支座最大剪力，永久荷载满跨布置，可变荷载布置在第1、3跨。

$$V_{A\max} = 0.4 \times 8 \times 6 + 0.45 \times 6 \times 6 = 35.4 (\text{kN})$$

11.2.3.4　内力包络图

对连续梁来说，活荷载作用位置不同，画出的弯矩图或剪力图也不同。分别将恒载作用下的内力与各种活载最不利布置情况下的内力进行组合，然后把各种情况的内力图分别叠画在同一坐标图上，则这一组曲线的最外轮廓线，就代表了各截面在恒载和活载作用下，可能出现的内力的上、下限。这个最外轮廓线所围成的内力图就叫内力包络图，内力包络图包括弯矩包络图和剪力包络图。

根据弯矩包络图来计算配置纵筋，根据剪力包络图来计算配置箍筋，可达到既安全又经济的目的。根据弯矩包络图还能合理地确定纵向受力钢筋的弯起和截断位置，也可以检查构件截面强度是否可靠、材料用量是否节省。但由于绘制内力包络图的工作量比较大，故在楼盖设计中，通常不绘制内力包络图，可按照相关标准图集的规定来确定连续梁、板的钢筋弯起和截断位置。

下面以2跨连续主梁为例讲述弯矩包络图和剪力包络图的绘制方法。

【例 11-2】 某2跨等跨主梁计算跨度 l_0=6.9m，恒荷载 G=60kN，活荷载 Q=110kN，如图 11-6(a) 所示。试绘出该主梁的弯矩包络图和剪力包络图。

【解】 (1) 绘制恒载作用下的弯矩图与剪力图。

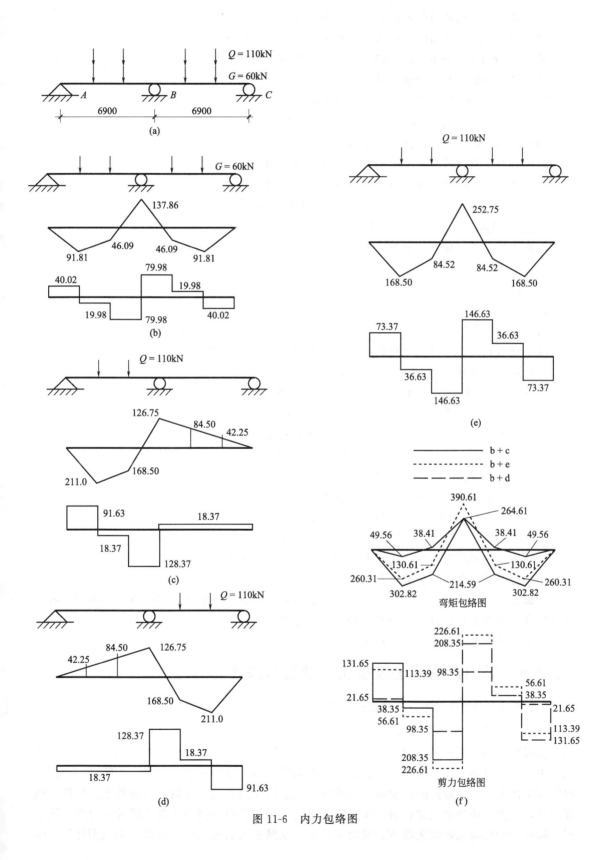

图 11-6 内力包络图

恒载作用下控制截面的最大正弯矩和负弯矩
$$M_{1\max}=M_{2\max}=k_1Gl_0=0.222\times60\times6.9=91.81(\text{kN}\cdot\text{m})$$
$$M_{B\max}=k_2Gl_0=-0.333\times60\times6.9=-137.86(\text{kN}\cdot\text{m})$$
恒载作用下控制截面的最大剪力
$$V_A=-V_C=k_3G=0.667\times60=40.02(\text{kN})$$
$$V_{B左}=-V_{B右}=k_4G=1.333\times60=79.98(\text{kN})$$
恒载作用下的弯矩图与剪力图如图 11-6(b) 所示。

(2) 绘制活载作用在 AB 跨时的弯矩图与剪力图。
活载作用在 AB 跨时控制截面的最大正弯矩和负弯矩
$$M_{1\max}=k_1Ql_0=0.278\times110\times6.9=211.0(\text{kN}\cdot\text{m})$$
$$M_{B\max}=k_2Ql_0=-0.167\times110\times6.9=-126.75(\text{kN}\cdot\text{m})$$
活载作用在 AB 跨时控制截面的最大剪力
$$V_A=k_3Q=0.833\times110=91.63(\text{kN})$$
$$V_{B左}=k_4Q=-1.167\times110=-128.37(\text{kN})$$
$$V_{B右}=k_5Q=0.167\times110=18.37(\text{kN})$$
$$V_C=k_6Q=0.833\times110=91.63(\text{kN})$$
活载作用在 AB 跨时的弯矩图与剪力图如图 11-6(c) 所示。

(3) 绘制活载作用在 BC 跨时的弯矩图与剪力图。
活载作用在 BC 跨时弯矩图与剪力图如图 11-6(d) 所示。

(4) 绘制活载满布在两跨时的弯矩图与剪力图。
活载满布在两跨时控制截面的最大正弯矩和负弯矩
$$M_{1\max}=k_1Ql_0=0.222\times110\times6.9=168.50(\text{kN}\cdot\text{m})$$
$$M_{B\max}=k_2Ql_0=-0.333\times110\times6.9=-252.75(\text{kN}\cdot\text{m})$$
活载满布在两跨时控制截面的最大剪力
$$V_A=-V_C=k_3Q=0.667\times110=73.37(\text{kN})$$
$$V_{B左}=-V_{B右}=k_4Q=1.333\times110=146.63(\text{kN})$$
活载满布在两跨时的弯矩图与剪力图如图 11-6(e) 所示。

(5) 绘制弯矩包络图和剪力包络图。
将恒载作用下的弯矩图和活荷载不同布置时的弯矩图分别叠加，可得弯矩包络图。将恒载及活载不同布置时的剪力图分别叠加，可得剪力包络图。
主梁的剪力包络图和弯矩包络图见图 11-6(f)。

11.2.4 单向板肋梁楼盖按塑性理论方法计算内力

11.2.4.1 内力重分布及塑性铰的概念

由结构力学可知，超静定结构的内力不仅与荷载有关，而且还与结构的计算简图以及各部分抗弯刚度的比值有关。如果计算简图或抗弯刚度的比值发生变化，结构的内力也随之变化。由于钢筋混凝土结构材料的非线性，其截面的受力全过程一般分三个工作阶段，即开裂前弹性工作阶段、开裂后的带裂缝工作阶段和钢筋屈服后的破坏阶段。在弹性工作阶段，刚度不变，内力与荷载成正比；进入带裂缝工作阶段后，各截面间的刚度比值发生改变，故各截面间内力的比值也将随之改变；截面中的受拉钢筋屈服后进入破坏阶段而形成塑性铰，引起结构计算简图改变，使内力的变化规律发生变化。钢筋混凝土结构由于刚度比值改变或塑性铰引起结构计算简图变化，从而引起的结构内力不再服从弹性理论的内力规律，这种现象称为塑性内力重分布。

受弯构件当加荷至受拉钢筋达到屈服强度 f_y 时，弯矩为 M_y，随着荷载的少许增加，裂缝继续向上开展，混凝土受压区缩小，中和轴上升，使截面抵抗的弯矩增加至 M_u，最后，由于受压区混凝土达到极限压应变值，构件丧失承载能力而破坏。在这一破坏过程中，位于梁内拉、压塑性变形集中的区域，形成了一个性能异常的铰，这个铰即为塑性铰。

塑性铰的特点是：只能沿弯矩作用方向，绕不断上升的中和轴单向转动，而不像普通铰那样可沿任意方向转动；只能在从受拉区钢筋开始屈服到受压区混凝土压坏的有限范围内转动，而不像普通铰那样可以无限制地转动；在转动的同时，能传递一定的弯矩，即截面的极限弯矩 M_u，而不能传递 $M > M_u$ 的弯矩。具有上述性能的铰称为"塑性铰"（在双向板内称为塑性铰线），它是构件塑性变形发展的结果，并产生在非弹性变形大量集中的区域。塑性铰出现后，简支梁即形成三铰在一直线上的破坏机构，这标志着构件进入破坏状态。

11.2.4.2 用弯矩调幅法计算连续梁、板的内力

所谓弯矩调幅法，就是对结构按弹性理论方法所求得的弯矩和剪力值进行适当的调整，以考虑结构非弹性变形所引起的内力重分布。截面的弯矩调整幅度用弯矩调幅系数 β 来表示，即

$$\beta = 1 - \frac{M_a}{M_c} \tag{11-7}$$

式中　M_a——调整后的弯矩设计值；
　　　M_c——按弹性方法计算得到的弯矩设计值。

根据试验研究及实践经验，应用弯矩调幅法进行结构承载能力极限状态计算时，应遵循以下原则：

（1）受力钢筋宜采用 HPB300 级、HRBF335 级、HRB400 级、HRRF400 级、HRB500 级及 HRBF500 级热轧钢筋，混凝土强度等级宜在 C20~C45 范围内选用。由于热轧钢筋具有明显的屈服台阶，普通混凝土比高强混凝土有较好的塑性，所以选用塑性好的材料是保证塑性铰具有预期转动能力的基本条件。

（2）梁支座的负弯矩调幅系数不宜大于 0.25，板的负弯矩调幅系数不宜大于 0.2。将弯矩调幅系数 β 控制在 0.25（梁）和 0.2（板）以内，一般可避免结构在正常使用阶段出现塑性铰。

（3）弯矩调幅后的梁板支座截面相对受压区高度应满足 $0.1 \leqslant \xi \leqslant 0.35$。如截面按计算配有受压钢筋，在计算 ξ 时可考虑受压钢筋的作用。若不能满足 $\xi \leqslant 0.35$ 的要求，可将截面尺寸加大，或设计成双筋截面。

相对受压区高度 ξ 是影响截面塑性转动能力的主要因素，ξ 越小，塑性铰的转动能力越大，故要求 $\xi \leqslant 0.35$；但考虑到截面配筋率较小时，调整弯矩有可能增加结构在使用阶段的裂缝宽度，而要求 $\xi \geqslant 0.1$。此外，配置受压钢筋可提高截面的塑性转动能力，因此在计算截面的 ξ 值时，可考虑受压钢筋的作用。

（4）连续梁、板弯矩经调整后必须满足静力平衡条件，即梁、板的任意一跨调整后的两支座弯矩的平均值与跨中弯矩之和应略大于该跨按简支梁计算的弯矩值，且不小于按弹性理论方法求得的考虑活荷载最不利布置的跨中最大弯矩。

（5）在可能产生塑性铰的区段，考虑弯矩调幅后，连续梁下列区段内按计算得出的箍筋

用量一般应增大 20%。增大的范围为：对于集中荷载，取支座边至最近一个集中荷载之间的区段；对于均布荷载，取支座边至距支座边 $1.05h_0$ 的区段（h_0 为截面的有效高度）。

此外，为了减少构件发生斜拉破坏的可能性，配置的受剪箍筋的配箍率应满足下式要求：

$$\rho_{sv} \geqslant 0.36 \frac{f_t}{f_{yv}} \tag{11-8}$$

（6）按弯矩调幅法计算的结构，在正常使用阶段不应出现塑性铰，且变形和裂缝宽度应符合相关规范的规定。

11.2.4.3 等跨连续梁、板按塑性理论计算内力的实用计算法

按照塑性理论的计算方法（弯矩调幅法）和一般原则，经过内力调幅，可推导出等跨连续梁、板（跨度相差不超过 10%）在均布荷载作用下内力的计算公式，设计时可直接利用这些公式计算内力。

（1）弯矩设计值

$$M = \alpha_m (g+q) l_0^2 \tag{11-9}$$

式中 M——弯矩设计值；
α_m——弯矩系数，按表 11-4 采用；
g——均布恒荷载设计值；
q——均布活荷载设计值；
l_0——计算跨度，按表 11-2 采用。

表 11-4 连续梁、板考虑塑性内力重分布的弯矩系数

端支座支承情况	截面				
	边支座	边跨跨中	第 1 内支座	中间跨跨中	中间支座
搁置在墙上	0	$\frac{1}{11}$	$-\frac{1}{10}$		
与梁整体连接	$-\frac{1}{16}$（板） $-\frac{1}{24}$（梁）	$\frac{1}{14}$	（用于两跨连续梁、板） $-\frac{1}{11}$ （用于多跨连续梁、板）	$\frac{1}{16}$	$-\frac{1}{14}$

计算跨中弯矩时，l_0 应取本跨的计算跨度；计算支座弯矩时，l_0 可近似取支座左、右相邻两跨的较大计算跨度。

（2）剪力设计值

$$V = \alpha_v (g+q) l_n \tag{11-10}$$

式中 V——剪力设计值；
α_v——剪力系数，按表 11-5 采用；
l_n——净跨度。

表 11-4 中的弯矩系数和表 11-5 中的剪力系数，适用于各跨跨度相差不超过 10%、均布活荷载与均布恒荷载比 $q/g > 0.3$ 的等跨连续梁。对于超出上述范围的连续梁、板，结构内力应按照塑性内力重分布的弯矩调幅法计算。

按塑性理论方法计算内力应注意以下问题：①计算跨度取值与弹性理论计算方法取值不同，具体计算跨度取值详见表 11-2；②不考虑活荷载的不利布置，按所有跨满布活荷载计算；

表 11-5　连续梁、板考虑塑性内力重分布的剪力系数

端支座支承情况	截面				
	端支座	第 2 支座左侧	第 2 支座右侧	中支座左侧	中支座右侧
支承在墙上	0.45	0.60	0.55	0.55	0.55
与梁整体连接	0.50	0.55			

③不需考虑折算荷载，直接按照全部实际荷载取用；④直接承受动力荷载的构件，要求不出现裂缝或处于三 a 类、三 b 类环境情况下的结构，不宜采用塑性理论计算内力。

在单向板肋梁楼盖中，一般单向板和次梁按塑性理论方法计算内力，主梁按弹性理论方法计算内力。

11.2.5　单向板肋梁楼盖的配筋计算与构造要求

梁、板的内力确定后，即可按照受弯构件进行配筋计算。如梁、板的截面尺寸按照规范规定的要求来确定，一般可不进行构件的挠度和裂缝宽度验算。

11.2.5.1　板的配筋及构造要求

（1）板的配筋计算要点

① 支承在次梁和砖墙上的连续板，一般可按塑性理论方法计算内力。板承受的剪力较小，一般混凝土足以承担剪力，故板不需进行受剪承载力计算，也不需配置抗剪钢筋。

② 板在砖墙上的支承长度不应小于板厚，同时不应小于 120mm。

③ 板的计算宽度可取为 1m，按单筋矩形截面进行截面配筋计算。板内纵向受力钢筋的数量根据各跨中、各支座截面处的最大弯矩分别计算而得，并配置在相应位置。当等跨板的跨数超过 5 跨时，中间跨均按第 3 跨的钢筋布置，中间支座均按第 3 支座的钢筋布置。

④ 在现浇楼盖中，四周与梁整体连接的板在破坏前，在正、负弯矩作用下，会在支座上部和跨中下部产生裂缝，使板内的压力轴线形成拱形，而板四周则成为具有抵抗横向位移能力的拱支座，见图 11-7。此时，板在竖向荷载作用下，一部分荷载将通过拱的作用以压力的形式传至周边，与拱支座（梁）所产生的推力相平衡，从而使板内各截面的弯矩有所降低。

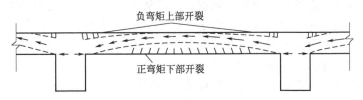

图 11-7　连续板的拱作用

为了考虑这种有利因素，对于四周与梁整体连接的板区格，中间跨跨中截面及中间支座截面，弯矩可折减 20%。但对于板的边跨跨中截面及第 1 内支座，不考虑这种有利影响，即弯矩不予折减。

（2）板的构造要求

① 板中受力钢筋　板的受力钢筋一般采用 HPB300 级、HRB335 级、HRB400 级钢筋以及相应的细晶粒钢筋。受力钢筋常用直径为 6mm、8mm、10mm、12mm，对于支座负钢筋，为便于施工架立，宜采用较大直径的钢筋。板中受力钢筋的间距一般不小于 70mm；当

板厚 $h \leqslant 150\text{mm}$ 时，间距不宜大于 200mm；当 $h > 150\text{mm}$ 时，间距不宜大于 $1.5h$，且不应大于 250mm。

板中受力钢筋的配置方式有弯起式和分离式两种，如图 11-8 所示。

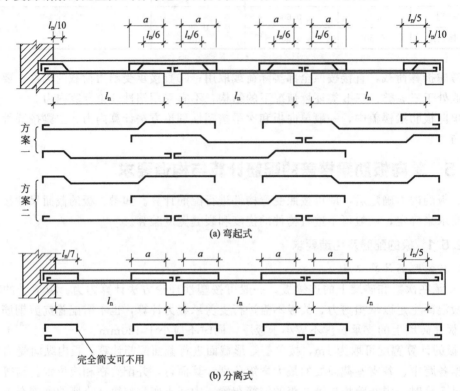

图 11-8　连续单向板的配筋方式

弯起式配筋，是将跨中一部分钢筋（一般隔一弯一）在支座前弯起，作为承担支座负弯矩之用，如不足可另加直钢筋。弯起式配筋伸入支座的下部钢筋，其截面面积不小于跨中受力钢筋截面面积的 1/3。弯起钢筋的弯起角度一般采用 30°，当板厚超过 120mm 时，可采用 45°。弯起式配筋锚固性和整体性好，节约钢筋，但施工复杂，钢筋直径的种类不宜过多。分离式配筋是支座处所需承担负弯矩的钢筋，不是从跨中弯起，而是另外单独配置，跨中正弯矩钢筋宜全部伸入支座。分离式配筋由于上、下钢筋之间无联系，整体性较差，用钢量稍高，但施工方便，工程中通常采用分离式配筋。

为了保证锚固可靠，板中的光面钢筋一般采用 180°弯钩。但对于上部负弯矩钢筋，为保证施工时不致改变有效高度和位置，宜做成 90°直钩以便撑在模板上。

板内受力钢筋的弯起和截断位置，一般按图 11-8 所示的构造要求处理。图中的 a 值，当 $q/g \leqslant 3$ 时，$a = l_n/4$；当 $q/g > 3$ 时，$a = l_n/3$。q、g 分别为活荷载、恒荷载设计值，l_n 为板的净跨。当板相邻跨度差超过 20%，或各跨荷载相差太大时，则应按弯矩包络图确定钢筋的弯起点和截断点。

② 板中构造钢筋

a. 分布钢筋：分布钢筋与受力钢筋垂直布置在受力钢筋的内侧，按构造要求设置。分布钢筋的主要作用是将板面的荷载更均匀地传递给受力钢筋，固定受力钢筋的位置，抵抗混凝土收缩和温度变化产生的沿分布钢筋方向的拉应力。分布钢筋的截面面积，不宜小于单位宽度上受力钢筋截面面积的 15%，且不宜小于该方向板截面面积的 0.15%；分布钢筋的直径不宜小于 6mm，间距不宜大于 250mm。对于集中荷载较大的情况，分布钢筋的截面面积应适当增加，其间距不宜大于 200mm。

b. 嵌固在承重砌体墙内的板上部构造钢筋：嵌固在承重砌体墙内的板，在板上部附近会产生少量负弯矩，有可能引起板上部受拉开裂。为了防止上述裂缝，在板的上部应配置构造钢筋，钢筋间距不宜大于 200mm，直径不宜小于 8mm，其伸出墙边的长度不应小于 $l_1/7$（l_1 为板的短向跨度）。对于两边均嵌固在墙内的板角部分，除因传递荷载使板双向受力引起负弯矩外，由于温度收缩影响而产生的角部拉应力也可能在板角处引起斜向裂缝，故应双向配置 $5\phi 8$ 的构造钢筋，钢筋间距不宜大于 200mm，伸出墙边的长度不应小于 $l_1/4$。嵌固在承重砌体墙内的板上部构造钢筋见图 11-9。

c. 周边与梁（或混凝土墙）整体浇注板上部构造钢筋：钢筋直径不宜小于 8mm，间距不宜大于 200mm，且单位长度内的截面面积不宜小于板中单位宽度内受力钢筋截面面积的 1/3。该钢筋自梁边（或墙边）伸入板内的长度，不宜小于 $l_1/4$（l_1 为板的短向跨度），在板角处构造钢筋应沿两个垂直方向布置或按放射状布置。

d. 垂直于主梁的板上部构造钢筋：在单向板中，受力钢筋是垂直次梁、平行主梁配置的，因此板与次梁连接较好，与主梁连接较差。事实上，板与主梁连接处也会存在一定的负弯矩（因为板上有部分荷载会直接传到主梁上），为了避免此处产生过大的板面裂缝，应在主梁上部的板面内配置垂直于主梁的构造钢筋。构造钢筋的间距不宜大于 200mm，直径不宜小于 8mm，且单位长度内的截面面积不宜小于板中单位宽度内受力钢筋截面面积的 1/3，伸入板中的长度从主梁边算起，每边不应小于 $l_0/4$（l_0 为板计算跨度），如图 11-10 所示。

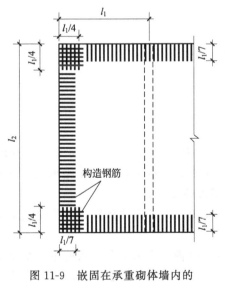

图 11-9 嵌固在承重砌体墙内的板上部构造钢筋

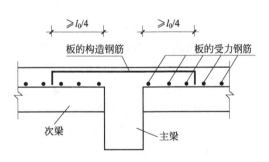

图 11-10 垂直于主梁的板上部构造钢筋

11.2.5.2 次梁的配筋与构造要求

(1) 次梁的配筋计算要点

① 支承在主梁和砖墙上的连续次梁，一般可按塑性理论方法计算内力。

② 次梁在砖墙上的支承长度不应小于 240mm，并应满足墙体局部受压承载力的要求。

③ 次梁按正截面受弯承载力计算纵向受力钢筋时，跨中截面承受正弯矩，板位于受压区，故应按 T 形截面计算；支座截面承受负弯矩，板位于受拉区，故应按矩形截面计算。

④ 次梁应按斜截面受剪承载力确定箍筋和弯起钢筋数量。当荷载、跨度较小时,一般可只配置箍筋;当荷载、跨度较大时,可在支座附近设置弯起钢筋,以便减少箍筋用量。

(2) 次梁的构造要求 次梁的纵向受力钢筋布置方式有分离式和弯起式两种,工程中一般采用分离式配筋。次梁纵向钢筋的弯起和截断,原则上应按弯矩及剪力包络图确定。但对于相邻跨跨度相差不超过20%,且均布活荷载和均布恒荷载的比值 $q/g \leqslant 3$ 的连续梁,其纵向受力钢筋的弯起和截断可按图11-11确定。

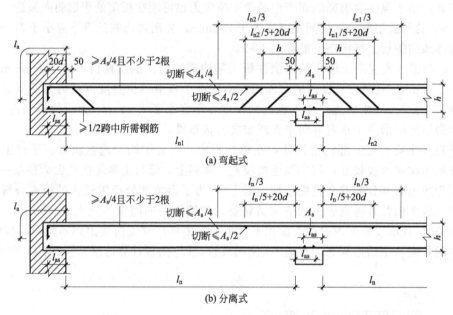

图 11-11 次梁的钢筋布置

11.2.5.3 主梁的配筋计算与构造要求

(1) 主梁的配筋计算要点

① 主梁一般按弹性理论方法计算内力。

② 主梁在砖墙上的支承长度不应小于370mm,并应满足墙体局部受压承载力的要求。

③ 主梁正截面设计与次梁相同,跨中承受正弯矩按 T 形截面计算,支座承受负弯矩按矩形截面计算。当跨中出现负弯矩时,跨中也应按矩形截面计算。

④ 主梁除自重外,主要承受由次梁传来的集中荷载,为了简化计算,可将主梁的自重折算成与次梁作用位置相同的集中荷载。

⑤ 在主梁支座处,主梁与次梁截面的上部纵向钢筋相互交叉重叠,致使主梁承受负弯矩的纵筋下移,主梁截面的有效高度减小,见图11-12。所以在计算主梁支座截面受力钢筋时,截面有效高度 h_0 取值为:一排钢筋时,$h_0 = h - (60 \sim 65)$mm;两排钢筋时,$h_0 = h - (80 \sim 85)$mm,h 为主梁截面高度。

⑥ 由于主梁一般按弹性理论计算内力,计算跨度一般取支座中心线之间的距离,计算所得的支座弯矩其位置是在支座中心处,但主梁最危险的是支座边缘处截面。因此,主梁支座截面配筋的计算应取支座边缘的弯矩 M_b',而不是支座中心处的 M_b,见图11-13。

支座边缘的弯矩 M_b' 可以近似地按下式计算:

$$M_b' = M_b - V_0 \frac{b}{2}$$ (11-11)

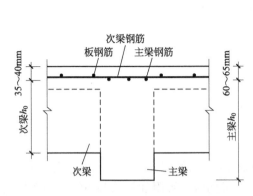
图 11-12 主梁支座处的截面有效高度

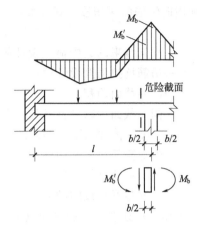
图 11-13 支座中心与边缘的弯矩

式中 M'_b——支座边缘处的弯矩;

M_b——支座中心处的弯矩;

V_0——按简支梁计算时的支座中心处的剪力设计值,取绝对值;

b——支座宽度。

(2) 主梁的构造要求 主梁纵向受力钢筋的弯起和截断,原则上应通过在弯矩包络图上作抵抗弯矩图确定,并应满足有关构造要求。

在次梁与主梁相交处,由于主梁承受由次梁传来的集中荷载,其腹部可能出现斜裂缝,并引起局部破坏,见图 11-14(a)。为了防止斜裂缝的发生导致局部破坏,应在次梁支承处的主梁内设置附加横向钢筋,以便将次梁的集中荷载有效地传递到主梁混凝土受压区。附加横向钢筋的形式有附加箍筋和吊筋,横向钢筋应布置在长度为 $s=2h_1+3b$ 的范围内,见图 11-14(b)。

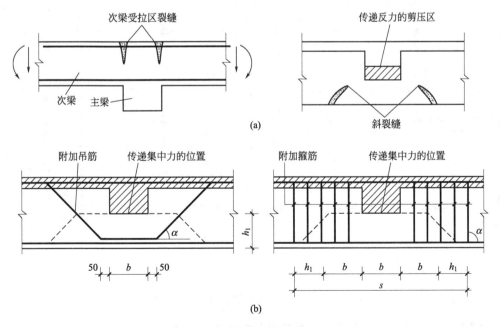

图 11-14 附加横向钢筋布置

附加横向钢筋的面积按下式计算：

$$F \leqslant 2f_y A_{sb} \sin\alpha + mn A_{sv1} f_{yv} \tag{11-12}$$

式中 F——次梁传来的集中荷载设计值；

f_y——吊筋抗拉强度设计值；

A_{sb}——吊筋截面面积；

n——同一截面内附加箍筋的肢数；

m——长度 s 范围内附加箍筋的总根数；

A_{sv1}——附加箍筋单肢截面面积；

f_{yv}——附加箍筋抗拉强度设计值；

α——吊筋与梁轴线间的夹角，一般取 45°，当梁高 $h>800\mathrm{mm}$ 时，取 60°。

横向钢筋可单独选用附加箍筋或吊筋，也可同时设置附加箍筋和吊筋，一般情况下宜优先采用附加箍筋。

11.2.6 单向板肋梁楼盖设计实例

【例 11-3】 某多层工业建筑楼盖结构平面布置如图 11-15 所示（楼梯间在此平面之外，暂不考虑）。采用钢筋混凝土现浇整体式楼盖，外墙厚 370mm，柱截面尺寸为 350mm×350mm。楼面面层为水磨石（共 30mm 厚，底层为 20mm 厚水泥砂浆，面层为水磨石），梁、板底面及侧面为 15mm 厚混合砂浆抹灰。楼面均布活荷载标准值 $q_k=5.0\mathrm{kN/m^2}$，活荷载组合值系数为 0.7。楼盖设计使用年限为 50 年，所处环境类别为一类，试设计该楼盖。

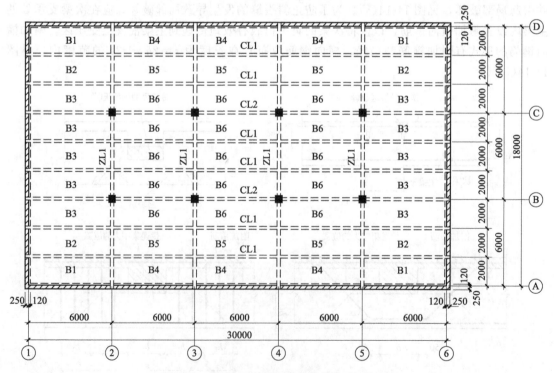

图 11-15 某多层工业建筑楼盖结构平面布置

【解】 （1）楼盖结构布置、材料选用及构件截面尺寸

① 楼盖结构平面布置如图 11-15 所示，CL1、CL2 为次梁，ZL1 为主梁，每块板的长边

和短边之比为 3，可按单向板肋梁楼盖设计。

② 楼盖材料选用：混凝土选用 C25（$f_c=11.9\text{N/mm}^2$，$f_t=1.27\text{N/mm}^2$）；梁中纵向受力钢筋采用 HRB400 级（$f_y=360\text{N/mm}^2$，$\xi_b=0.518$），其余钢筋均为 HPB300 级（$f_y=270\text{N/mm}^2$，$\xi_b=0.576$）。

楼盖所用各种材料的自重标准值：30mm 厚水磨石的自重荷载标准值为 0.65kN/m^2，混凝土自重荷载标准值为 25kN/m^3，混合砂浆自重荷载标准值为 17kN/m^3。

③ 构件截面尺寸初步选定：

a. 板：$h \geqslant l_0/30 = 2000/30 = 66.7(\text{mm})$，并应满足工业建筑楼板最小厚度 70mm 的要求，故取板厚 $h=80\text{mm}$。

b. 次梁：$h = \left(\dfrac{1}{18} \sim \dfrac{1}{12}\right) l_{次梁} = \left(\dfrac{1}{18} \sim \dfrac{1}{12}\right) \times 6000 = 333 \sim 500(\text{mm})$，取 $h=400\text{mm}$；

$$b = \left(\dfrac{1}{3} \sim \dfrac{1}{2}\right) h = \left(\dfrac{1}{3} \sim \dfrac{1}{2}\right) \times 400 = 133 \sim 200(\text{mm})，取 b=200\text{mm}。$$

c. 主梁：$h = \left(\dfrac{1}{14} \sim \dfrac{1}{8}\right) l_{主梁} = \left(\dfrac{1}{14} \sim \dfrac{1}{8}\right) \times 6000 = 429 \sim 750(\text{mm})$，取 $h=600\text{mm}$；

$$b = \left(\dfrac{1}{3} \sim \dfrac{1}{2}\right) h = \left(\dfrac{1}{3} \sim \dfrac{1}{2}\right) \times 600 = 200 \sim 300(\text{mm})，取 b=250\text{mm}。$$

（2）板的设计（按塑性理论方法计算内力）

① 荷载计算：

水磨石面层	0.65kN/m^2
80mm 厚钢筋混凝土板	$0.08 \times 25 = 2.0(\text{kN/m}^2)$
15mm 厚混合砂浆板底抹灰	$0.015 \times 17 = 0.255(\text{kN/m}^2)$
恒荷载标准值	$g_k = 0.65 + 2.0 + 0.255 = 2.905(\text{kN/m}^2)$
活荷载标准值	$q_k = 5.0\text{kN/m}^2$
总荷载设计值	$g+q = (1.3 \times 2.905 + 1.5 \times 5) \times 1.0 = 11.28(\text{kN/m})$

② 计算简图。取板在墙上的支承长度为 120mm，板计算跨度为：

中间跨：$l_0 = l_n = 2000 - 100 - 100 = 1800(\text{mm})$

边跨：$l_0 = l_n + \dfrac{h}{2} = (2000 - 100 - 120) + \dfrac{80}{2} = 1820(\text{mm})$

$\quad\quad < l_n + \dfrac{a}{2} = (2000 - 100 - 120) + \dfrac{120}{2} = 1840(\text{mm})$，故取 $l_0 = 1820\text{mm}$。

边跨与中间跨的计算跨度差 $(1820-1800)/1800 = 1.1\% < 10\%$，故可按等跨连续板计算内力。板的实际跨数为 9 跨，内力计算时可按 5 跨计算，板的计算简图如图 11-16 所示。

③ 内力计算。取 1m 宽板带作为计算单元，对于边区格板带，板各控制截面的弯矩设计值为：

$$M_1 = \alpha_m (g+q) l_0^2 = \dfrac{1}{11} \times 11.28 \times 1.82^2 = 3.40(\text{kN} \cdot \text{m})$$

$$M_B = -\dfrac{1}{11} \times 11.28 \times 1.82^2 = -3.40(\text{kN} \cdot \text{m})$$

$$M_2 = M_3 = \dfrac{1}{16} \times 11.28 \times 1.80^2 = 2.28(\text{kN} \cdot \text{m})$$

$$M_C = -\dfrac{1}{14} \times 11.28 \times 1.80^2 = -2.61(\text{kN} \cdot \text{m})$$

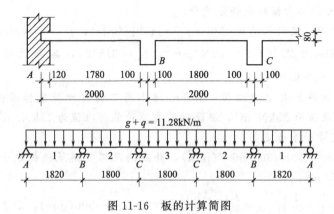

图 11-16 板的计算简图

④ 配筋计算。取板的截面有效高度 $h_0 = h - 20 = 60 \text{(mm)}$。中间板带的内区格板 B_5 和 B_6 的四个边都是与梁连接的,将弯矩设计值降低 20%,边区格板带 B_1、B_2、B_3 以及 B_4 的弯矩设计值则不降低。

板截面配筋计算结果见表 11-6。

表 11-6 板截面配筋计算

截面	边跨跨中 1	第 1 内支座 B	中间跨跨中 2,3	中间支座 C
$M/\text{kN} \cdot \text{m}$	3.40	−3.40	2.28 (1.82)	−2.61 (−2.02)
$\alpha_s = \dfrac{M}{\alpha_1 f_c b h_0^2}$	0.079	0.079	0.053 (0.043)	0.061 (0.047)
$\xi = 1 - \sqrt{1-2\alpha_s}$	0.082<0.576	0.082<0.1, 取 0.1	0.054<0.576 (0.044<0.576)	0.063<0.1, 取 0.1 (0.048<0.1, 取 0.1)
$A_s = \dfrac{\alpha_1 f_c b \xi h_0}{f_y}/\text{mm}^2$	217>169	242>169	143<169, 取 169 (116<169, 取 169)	242>169
实配钢筋/mm^2	8@200 $A_s=251$	8@200 $A_s=251$	6/8@200 $A_s=196$	8@200 $A_s=251$

注:1. 表中括号内的数据为中间板带的相应值,适用于②~⑤轴间。
2. 按照塑性理论计算方法,当支座截面 $\xi<0.1$ 时,取 0.1。
3. $A_{s,\min} = \rho_{\min} bh = 169 \text{mm}^2$,$\rho_{\min}$ 取 0.2% 和 0.45f_t/f_y 中较大值。

⑤ 绘制配筋图。板采用分离式配筋方式,由于 $q/g = 1.5 \times 5/1.3 \times 2.905 = 1.99 < 3$,板支座处受力钢筋截断位置可取 $a = l_n/4 = 450 \text{(mm)}$。板中分布钢筋选用 Φ6@200,满足构造要求。

板的配筋平面图见图 11-17。

(3) 次梁设计(CL1,按塑性理论方法计算内力)

① 荷载计算:

板传来的恒载 $2.905 \times 2 = 5.81 \text{(kN/m)}$

次梁自重 $25 \times 0.2 \times (0.40 - 0.08) = 1.6 \text{(kN/m)}$

次梁抹灰 $17 \times (0.40 - 0.08) \times 0.015 \times 2 = 0.163 \text{(kN/m)}$

恒荷载标准值 $g_k = 5.81 + 1.6 + 0.163 = 7.573 \text{(kN/m)}$

活荷载标准值(板传来) $q_k = 5.0 \times 2 = 10 \text{(kN/m)}$

总荷载设计值 $g + q = 1.3 \times 7.573 + 1.5 \times 10 = 24.84 \text{(kN/m)}$

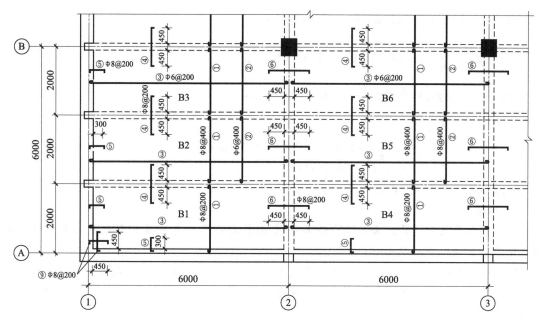

图 11-17 板配筋平面图

② 计算简图。取次梁在墙上的支承长度为 240mm，按照表 11-2 可得次梁计算跨度为：

中间跨：$l_0 = l_n = 6000 - 125 - 125 = 5750 \text{(mm)}$

边跨：$l_0 = 1.025 l_n = 1.025 \times (6000 - 120 - 125) = 5899 \text{(mm)}$

$$> l_n + \frac{a}{2} = (6000 - 120 - 125) + \frac{240}{2} = 5875 \text{(mm)}，故取 l_0 = 5875 \text{mm}。$$

边跨与中间跨的计算跨度差 $(5875 - 5750)/5750 = 2.2\% < 10\%$，故可按等跨连续梁计算内力。次梁的计算简图如图 11-18 所示。

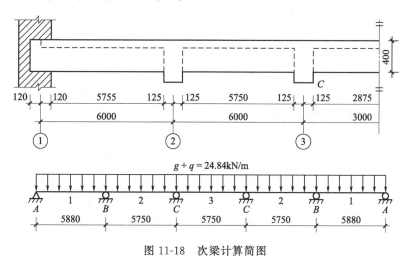

图 11-18 次梁计算简图

③ 内力计算

a. 弯矩设计值计算

$$M_1 = \alpha_m (g+q) l_0^2 = \frac{1}{11} \times 24.84 \times 5.88^2 = 78.08 \text{(kN·m)}$$

$$M_B = -\frac{1}{11} \times 24.84 \times 5.88^2 = -78.08(\text{kN} \cdot \text{m})$$

$$M_2 = M_3 = \frac{1}{16} \times 24.84 \times 5.75^2 = 51.33(\text{kN} \cdot \text{m})$$

$$M_C = -\frac{1}{14} \times 24.84 \times 5.75^2 = -58.66(\text{kN} \cdot \text{m})$$

b. 剪力设计值计算

$$V_A = \alpha_v(g+q)l_n = 0.45 \times 24.84 \times 5.755 = 64.33(\text{kN})$$

$$V_{B左} = 0.6 \times 24.84 \times 5.755 = 85.77(\text{kN})$$

$$V_{B右} = V_{C左} = V_{C右} = 0.55 \times 24.84 \times 5.75 = 78.56(\text{kN})$$

④ 配筋计算

a. 正截面承载力计算。次梁跨中截面按 T 形截面计算，支座按矩形截面计算。跨中截面翼缘计算宽度按下列规定采用：

$$b'_f = l_0/3 = 5750/3 = 1917(\text{mm}) < b + s_n = 200 + 1800 = 2000(\text{mm})，故取 b'_f = 1917\text{mm}$$

次梁跨中和支座均按一排纵向受力钢筋考虑，故次梁的截面有效高度 $h_0 = h - 40 = 360$ (mm)。

判别 T 形截面类型：

$$\alpha_1 f_c b'_f h'_f (h_0 - h'_f/2) = 1 \times 11.9 \times 1917 \times 80 \times (360 - 80/2) = 584(\text{kN} \cdot \text{m})$$

此值均大于各跨跨中弯矩设计值，故次梁各跨中截面均属于第一类截面，可按 1917mm×400mm 的矩形截面计算。

次梁正截面受弯承载力计算结果见表 11-7。

表 11-7 次梁正截面受弯承载力计算

截面	边跨跨中 1	第一内支座 B	中间跨跨中 2,3	中间支座 C
$M/\text{kN} \cdot \text{m}$	78.08	−78.08	51.33	−58.66
$b \times h_0 / \text{mm}$	1917×360	200×360	1917×360	200×360
$\alpha_s = \dfrac{M}{\alpha_1 f_c b h_0^2}$	0.026	0.253	0.017	0.190
$\xi = 1 - \sqrt{1-2\alpha_s}$	0.026<0.518	0.297 0.1<0.297<0.35	0.017<0.518	0.213 0.1<0.213<0.35
$A_s = \dfrac{\alpha_1 f_c b \xi h_0}{f_y} / \text{mm}^2$	593>160	707>160	388>160	507>160
实配钢筋/mm²	3⊈16 $A_s = 603$	3⊈18 $A_s = 763$	2⊈16 $A_s = 402$	2⊈18 $A_s = 509$

注：$\rho_{\min} bh = 0.2\% \times 200 \times 400 = 160(\text{mm}^2)$，$\rho_{\min}$ 取 0.2% 和 $0.45 f_t/f_y$ 中较大值。

b. 斜截面承载力计算。

验算截面尺寸：$h_w = h_0 - h'_f = 360 - 80 = 280(\text{mm})$

$h_w/b = 280/200 = 1.4 < 4$

$0.25\beta_c f_c b h_0 = 0.25 \times 1.0 \times 11.9 \times 200 \times 360 = 214.2(\text{kN}) > V$，截面尺寸符合要求。

次梁的斜截面受剪承载力计算见表 11-8。次梁利用箍筋来抗剪，不设置弯起钢筋。

表 11-8 次梁的斜截面受剪承载力计算

截面	A 支座	B 支座左侧	B 支座右侧	中间支座 C
V/kN	64.33	85.77	78.56	78.56
$0.7f_t bh_0/\mathrm{kN}$	64.01<V	64.01<V	64.01<V	64.01<V
$\dfrac{A_{sv}}{s} \geq 1.2 \times \dfrac{V-0.7f_t bh_0}{f_{yv} h_0}$	0.003	0.269	0.180	0.180
实配箍筋(A_{sv}/s)	双肢ϕ6@150 (0.377)	双肢ϕ6@150 (0.377)	双肢ϕ6@150 (0.377)	双肢ϕ6@150 (0.377)
配箍率 $\rho_{sv} = A_{sv}/bs$	0.19%>0.17%	0.19%>0.17%	0.19%>0.17%	0.19%>0.17%

注：1. 按塑性理论计算，箍筋用量增大 20%。

2. 按塑性理论计算规定，最小配箍率 $\rho_{sv,\min} = 0.36 f_t/f_{yv} = 0.36 \times 1.27/270 = 0.17\%$。

⑤ 绘制配筋图。次梁按传统方法表达的配筋图见图 11-19，支座负筋的截断长度按照相关规定取整数。次梁按平法表达的配筋图见图 11-20。

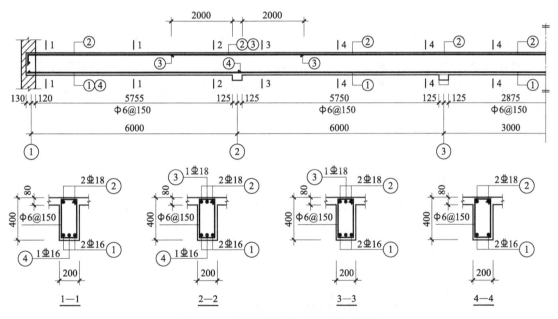

图 11-19 次梁按传统方法表达的配筋图

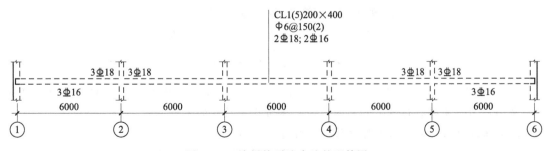

图 11-20 次梁按平法表达的配筋图

(4) 主梁设计（ZL1，按弹性理论方法计算内力）

① 荷载计算。为简化计算，将主梁自重折算为集中荷载，故主梁上的荷载形式均为集中荷载。

次梁传来的恒荷载　　　　　　　　　　　　　　$7.573 \times 6.0 = 45.44$(kN)

主梁自重　　　　　　　　　　　　　　$25 \times 2 \times 0.25 \times (0.60-0.08) = 6.5$(kN)

主梁抹灰　　　　　　　　　　　　$17 \times 2 \times 0.015 \times (0.60-0.08) \times 2 = 0.53$(kN)

恒荷载标准值　　　　　　　　　　　　　　$G_k = 45.44 + 6.5 + 0.53 = 52.47$(kN)

活荷载标准值(次梁传来)　　　　　　　　　　　　$Q_k = 10.0 \times 6 = 60$(kN)

恒荷载设计值　　　　　　　　　　　　　　$G = 1.3 \times 52.47 = 68.21$(kN)

活荷载设计值　　　　　　　　　　　　　　$Q = 1.5 \times 60 = 90$(kN)

总荷载设计值　　　　　　　　　　　　　　$G + Q = 158.21$(kN)

② 计算简图。取主梁在墙上的支承长度为370mm，由于主梁线刚度较柱线刚度大很多，中间支座可按铰支座考虑。主梁按弹性理论计算，根据表11-2，主梁的计算跨度为：

中间跨：$l_0 = l_c = 6000$mm

边跨：$l_0 = 1.025 l_n + \dfrac{b}{2} = 1.025 \times \left(6000 - 120 - \dfrac{350}{2}\right) + \dfrac{350}{2} = 6023$(mm)

$< l_n + \dfrac{a}{2} + \dfrac{b}{2} = \left(6000 - 120 - \dfrac{350}{2}\right) + \dfrac{370}{2} + \dfrac{350}{2} = 6055$(mm)，故取 $l_0 = 6023$mm

边跨与中间跨的计算跨度差 $(6023-6000)/6000 = 3.8\% < 10\%$，故可采用等跨连续梁的弯矩系数和剪力系数来计算内力。主梁的计算简图如图11-21所示。

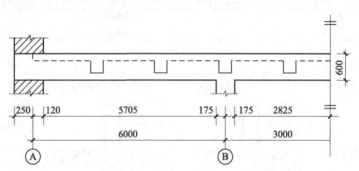

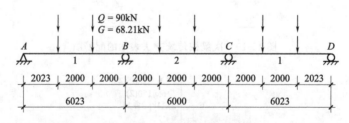

图 11-21　主梁的计算简图

③ 内力计算和内力包络图。主梁为三跨连续梁，可采用本书附录17的内力系数计算各控制截面内力。主梁按弹性理论计算内力，需考虑活荷载的不利布置。

a. 弯矩设计值计算。主梁弯矩设计值计算公式为：

$$M = k_1 G l_0 + k_2 Q l_0$$

式中，k_1、k_2 为弯矩计算系数，可由本书附录17相应栏内查得。

边跨：$Gl_0 = 68.21 \times 6.023 = 410.83$(kN·m)，$Ql_0 = 90 \times 6.023 = 542.07$(kN·m)

支座 B：$Gl_0 = 68.21 \times 6.023 = 410.83 (\text{kN} \cdot \text{m})$，$Ql_0 = 90 \times 6.023 = 542.07 (\text{kN} \cdot \text{m})$
中间跨：$Gl_0 = 68.21 \times 6.0 = 409.26 (\text{kN} \cdot \text{m})$，$Ql_0 = 90 \times 6.0 = 540 (\text{kN} \cdot \text{m})$

支座 B 弯矩计算时，近似按支座 B 两侧的较大计算跨度计算。主梁各控制截面的弯矩设计值计算见表 11-9。

表 11-9 主梁各控制截面的弯矩设计值计算

项次	荷载简图	边跨跨中 1 $\dfrac{k}{M_1}$	中间支座 B $\dfrac{k}{M_B}$	中间跨跨中 2 $\dfrac{k}{M_2}$
①	(G G G G G G)	$\dfrac{0.244}{100.24}$	$\dfrac{-0.267}{-109.69}$	$\dfrac{0.067}{27.42}$
②	(Q Q Q Q)	$\dfrac{0.289}{156.66}$	$\dfrac{-0.133}{-72.09}$	$\dfrac{-0.133}{-71.82}$
③	(Q Q)	$\dfrac{-0.044}{-23.85}$	$\dfrac{-0.133}{-72.09}$	$\dfrac{0.200}{108}$
④	(Q Q Q Q)	$\dfrac{0.229}{124.13}$	$\dfrac{-0.311}{-165.58}$	$\dfrac{0.170}{91.8}$
最不利荷载组合	①+②：$M_{1\max}$、$-M_{2\max}$	256.9	−181.78	−44.4
	①+③：$M_{2\max}$、$-M_{1\max}$	76.39	−181.78	135.42
	①+④：$M_{B\max}$	224.37	−275.27	119.22

b. 剪力设计值计算。主梁剪力设计值计算公式为：
$$V = k_3 G + k_4 Q$$
式中，k_1、k_2 为剪力计算系数，可由本书附录 17 相应栏内查得。
主梁各控制截面的剪力设计值计算见表 11-10。

表 11-10 主梁各控制截面的剪力设计值计算

项次	荷载简图	边支座 A $\dfrac{k}{V_A}$	中间支座 B 左侧 $\dfrac{k}{V_{B左}}$	中间支座 B 右侧 $\dfrac{k}{V_{B右}}$
①	(G G G G G G)	$\dfrac{0.733}{50}$	$\dfrac{-1.267}{-86.42}$	$\dfrac{1.000}{68.21}$

续表

项次	荷载简图	边支座 A $\dfrac{k}{V_A}$	中间支座 B 左侧 $\dfrac{k}{V_{B左}}$	中间支座 B 右侧 $\dfrac{k}{V_{B右}}$
②	$Q\ Q\quad\quad Q\ Q$	$\dfrac{0.866}{77.49}$	$\dfrac{-1.134}{-102.06}$	$\dfrac{0}{0}$
④	$Q\ Q\quad Q\ Q$	$\dfrac{0.689}{62.01}$	$\dfrac{-1.311}{-117.99}$	$\dfrac{1.222}{109.98}$
最不利荷载组合	①+②:$V_{A\max}$	127.49	−188.48	68.21
	①+④:$V_{B\max}$	112.01	−204.41	178.19

将主梁各控制截面的组合弯矩设计值和组合剪力设计值，分别绘制于同一坐标图上，其最外轮廓线所围成的内力图即为内力包络图，主梁的弯矩包络图和剪力包络图见图11-22。

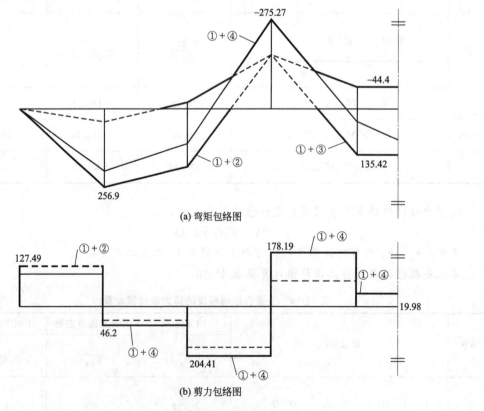

图 11-22 主梁的弯矩包络图和剪力包络图

④ 配筋计算

a. 正截面承载力计算。主梁跨中截面按 T 形截面计算，取截面有效高度 $h_0=h-40=560(\text{mm})$（按一排钢筋考虑），跨中截面翼缘计算宽度按下列规定采用：

$$b'_f = l_0/3 = 6000/3 = 2000(\text{mm}) < b + s_n = 250 + (6000-350) = 5900(\text{mm})$$，故取 $b'_f = 2000\text{mm}$

判别 T 形截面类型：

$$\alpha_1 f_c b'_f h'_f (h_0 - h'_f/2) = 1 \times 11.9 \times 2000 \times 80 \times (560 - 80/2) = 990.1(\text{kN}\cdot\text{m})$$

此值均大于各跨跨中弯矩设计值，故主梁各跨中截面均属于第一类截面，可按 $2000\text{mm} \times 600\text{mm}$ 的矩形截面计算。

主梁支座按矩形截面计算，取支座截面有效高度 $h_0=h-65=535(\text{mm})$（按一排钢筋考虑，主梁钢筋布置在次梁负筋下面）。主梁中间支座宽度为 350mm，支座边缘截面弯矩为：

$$M'_B = M_B - V_0 \frac{b}{2} = 275.27 - 158.21 \times \frac{0.35}{2} = 247.58(\text{kN}\cdot\text{m})$$

其中 $V_0 = G + Q = 68.21 + 90 = 158.21(\text{kN})$。

主梁根据各控制截面在最不利荷载作用下的最大弯矩计算纵向受力钢筋，主梁正截面受弯承载力计算结果见表 11-11。

表 11-11　主梁正截面受弯承载力计算

截面	边跨跨中 1	中间支座 B、C	中间跨跨中 2
$M/\text{kN}\cdot\text{m}$	256.9	-247.58	135.42(-44.4)
$b \times h_0/\text{mm}$	2000×560	250×535	2000×560
$\alpha_s = \dfrac{M}{\alpha_1 f_c b h_0^2}$	0.034	0.291	0.017(0.006)
$\xi = 1 - \sqrt{1-2\alpha_s}$	$0.035 < 0.518$	$0.353 < 0.518$	$0.006 < 0.518$ ($0.005 < 0.518$)
$A_s = \dfrac{\alpha_1 f_c b \xi h_0}{f_y}/\text{mm}^2$	$1296 > 300$	$1560 > 300$	$629 > 300$ ($222 < 300$，取 300)
实配钢筋/mm^2	$2\underline{\Phi}22 + 2\underline{\Phi}20$ $A_s = 1388$	$2\underline{\Phi}25 + 2\underline{\Phi}22$ $A_s = 1742$	$2\underline{\Phi}22(2\underline{\Phi}25)$ $A_s = 760(982)$

注：1. 中间支座弯矩采用支座边缘的弯矩，括号内数字为中间跨跨中受负弯矩的情形。

2. $\rho_{\min} bh = 0.2\% \times 250 \times 600 = 300(\text{mm}^2)$，$\rho_{\min}$ 取 0.2% 和 $0.45 f_t/f_y$ 中较大值。

b. 斜截面承载力计算。

验算截面尺寸：$h_w = h_0 - h'_f = 535 - 80 = 455(\text{mm})$

$h_w/b = 455/250 = 1.82 < 4$

$0.25\beta_c f_c b h_0 = 0.25 \times 1.0 \times 11.9 \times 250 \times 535 = 397.91(\text{kN}) > V$，截面尺寸符合要求。

主梁只设置箍筋来抗剪，主梁的斜截面受剪承载力计算见表 11-12。

表 11-12　主梁斜截面受剪承载力计算

截面	边支座 A	B 支座左侧	B 支座右侧
V/kN	127.49	204.41	178.19
$0.7 f_t b h_0/\text{kN}$	$118.9 < V$	$118.9 < V$	$118.9 < V$
$\dfrac{A_{sv}}{s} \geq \dfrac{V - 0.7 f_t b h_0}{f_{yv} h_0}$	0.059	0.592	0.410

续表

截面	边支座 A	B 支座左侧	B 支座右侧
实配箍筋(A_{sv}/s)	双肢Φ8@150（0.671）	双肢Φ8@150(0.671)	双肢Φ8@150（0.671）
配箍率 $\rho_{sv}=A_{sv}/bs$	0.27%＞0.11%	0.27%＞0.11%	0.27%＞0.11%

注：1. 支座的截面有效高度取 $h_0=535$mm。
2. 最小配箍率 $\rho_{sv,min}=0.24f_t/f_{yv}=0.24\times1.27/270=0.11\%$。

c. 附加横向钢筋的计算。

由次梁传至主梁的集中荷载设计值为：

$$F=1.3\times45.44+1.5\times60=149.07(\text{kN})$$

主梁在支承次梁处截面仅设置附加箍筋，不设置吊筋。假设附加箍筋采用Φ8双肢箍，则所需箍筋的数量为：

$$m\geqslant\frac{F}{nA_{sv1}f_{yv}}=\frac{149070}{2\times50.3\times270}=5.5$$

取 $m=6$ 个，即每侧 3Φ8 箍筋，箍筋的间距取 70mm。

⑤ 绘制配筋图。主梁支座受力钢筋的截断位置原则上应根据弯矩包络图和抵抗弯矩图确定。在抵抗弯矩图上，梁支座截面负弯矩纵向受拉钢筋不宜在受拉区截断，当 $V>0.7f_tbh_0$ 时，应延伸至按正截面受弯承载力计算不需要该钢筋的截面（理论不需要点）以外不小于 h_0 且不小于 $20d$ 处截断，且从该钢筋强度充分利用截面伸出的长度不应小于 $1.2l_a+h_0$。

由于绘制弯矩包络图和抵抗弯矩图内容烦琐，工作量大。在实际工程中，一般可按照钢

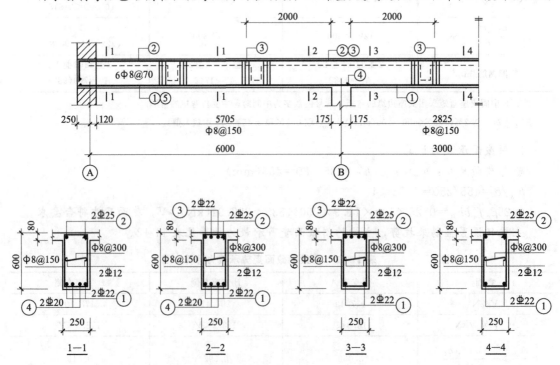

图 11-23 主梁按传统方法表达的配筋图

筋混凝土结构梁平面整体表示法的相关规定，来确定支座负弯矩纵向受拉钢筋的截断位置。主梁支座负筋的截断长度可按照 $l_n/3$ 确定并取整数。梁下部的受力钢筋，一般不宜截断，宜全部伸入支座。

主梁按传统方法表达的配筋图见图 11-23，按平法表达的配筋图见图 11-24。

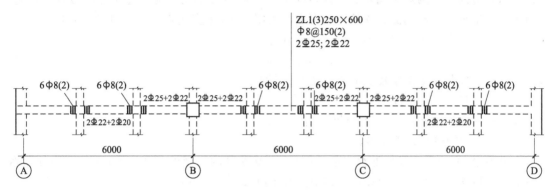

图 11-24 主梁按平法表达的配筋图

11.3 现浇整体式双向板肋梁楼盖设计

在荷载作用下沿两个方向弯曲的板称为双向板，由双向板组成的楼盖称为双向板肋梁楼盖。双向板比单向板的受力性能好，刚度也较大，可跨越较大的空间，适用于跨度较大的楼盖和屋盖。在相同跨度条件下，双向板比单向板做得薄，因此可减少混凝土用量，减轻结构自重。

11.3.1 双向板的受力特点

双向板在受力性能上与单向板不同，四边支承双向板与单向板的差别在于板在长跨方向的弯矩与短跨方向的弯矩相比不能忽略。板两个方向的边长越接近，两个方向的弯矩就越接近。双向板上的荷载沿两个跨度方向传递，并沿两个方向产生弯曲变形和内力，双向板的受力钢筋应沿两个方向配置。

四边简支的双向板在均布荷载作用下的试验结果表明，在裂缝出现之前，板基本上处于弹性工作阶段。当荷载逐渐增加时，板第一批裂缝出现在板底中间平行于长边的方向，随后裂缝逐渐延长并沿 45°角向四周扩展，见图 11-25(a)。当荷载增加到板接近破坏时，板面的四角附近也出现垂直于对角线方向而大体上成圆形的裂缝，见图 11-25(b)。这种裂缝的出现，促使对角线方向的裂缝进一步发展，最后跨中钢筋达到屈服，使得整个板发生破坏。

11.3.2 双向板内力计算

双向板常用的内力计算方法有弹性理论计算法和塑性理论计算法（塑性铰线法）等，本节主要介绍工程中常用的弹性理论计算方法。

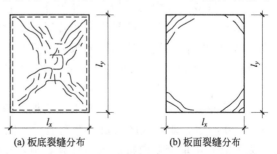

图 11-25 均布荷载作用下四边简支双向板的裂缝分布

11.3.2.1 单跨双向板内力计算

单跨双向板按其四边支承情况的不同，可形成不同的计算简图，在本书附录 18 中，列出了常见的 6 种情况的板在均布荷载作用下的弯矩系数：①四边简支；②三边简支、一边固定；③两对边简支、两对边固定；④四边固定；⑤两邻边简支、两邻边固定；⑥一边简支、三边固定。根据上述不同的计算简图，可在本书附录 18 中直接查得相应的弯矩系数。

双向板的跨中弯矩或支座弯矩可按下式计算：

$$m = \alpha_m \times (g+q) l_0^2 \tag{11-13}$$

式中 m——跨中或支座板截面单位宽度内的弯矩；
α_m——弯矩系数，按本书附录 18 查取；
g, q——均布恒荷载、活荷载的设计值；
l_0——板的较小计算跨度。

本书附录 18 的系数是按照材料的泊松比 $\nu=0$ 编制的。当泊松比 $\nu \neq 0$ 时，支座处负弯矩不变，仍可按式(11-13) 计算；而跨中正弯矩应按下式计算：

$$m_x(\nu) = m_x + \nu m_y \tag{11-14}$$

$$m_y(\nu) = m_y + \nu m_x \tag{11-15}$$

式中 $m_x(\nu), m_y(\nu)$ ——跨中平行于 l_{0x}、l_{0y} 方向单位宽度内的弯矩；
m_x, m_y ——$\nu=0$ 时跨中平行于 l_{0x}、l_{0y} 方向单位宽度内的弯矩；
ν ——泊松比，对于混凝土材料，可取 $\nu=0.2$。

【例 11-4】 一块矩形四边固定混凝土板，两个方向的计算跨度 $l_{0x}=3.9\text{m}$，$l_{0y}=6.3\text{m}$。已知板上作用的恒荷载设计值 $g=4\text{kN/m}^2$，活荷载设计值 $q=6\text{kN/m}^2$，混凝土的泊松比 $\nu=0.2$。计算该板的跨中最大弯矩和支座最大弯矩设计值。

【解】 $\dfrac{l_x}{l_y} = \dfrac{3.9}{6.3} = 0.62$

由本书附录 18 得各项弯矩系数为：$m_x=0.0358$，$m_y=0.0084$

$$m_x' = -0.0782, \quad m_y' = -0.0571$$

跨中最大弯矩：$M_x = (0.0358 + 0.2 \times 0.0084) \times (4+6) \times 3.9^2 = 5.70 (\text{kN} \cdot \text{m})$

$M_y = (0.0084 + 0.2 \times 0.0358) \times (4+6) \times 3.9^2 = 2.37 (\text{kN} \cdot \text{m})$

支座最大弯矩：$M_x' = -0.0782 \times (4+6) \times 3.9^2 = -11.89 (\text{kN} \cdot \text{m})$

$M_y' = -0.0571 \times (4+6) \times 3.9^2 = -8.68 (\text{kN} \cdot \text{m})$

11.3.2.2 多跨连续双向板的内力实用计算法

多跨连续双向板内力的精确计算很复杂，在实际工程中，多采用实用计算法。实用计算法是根据双向板上活荷载的最不利布置以及支承情况等，遵循既接近实际情况又便于计算的原则，从而很方便地利用单块双向板的计算系数进行计算。此实用计算法假定支承梁不产生竖向位移且不受扭，同时还规定板各区格沿同一方向的最小跨度与最大跨度之比不小于 0.75，以免产生较大误差。

(1) 跨中最大正弯矩计算 当求连续板某跨跨中最大正弯矩时，其活荷载的最不利布置如图 11-26 所示，即在该区格及其左右前后每隔一区格布置活荷载，通常称为棋盘形荷载布置。为了能利用单跨双向板的内力计算表格，在保证每一区格荷载总值不变的前提下，将棋盘式荷载作用满布各跨的恒荷载 g 和隔跨布置的活荷载 q 分解为满布各跨的 $g+q/2$ 和隔跨交替布置的 $\pm q/2$ 两部分，见图 11-26。

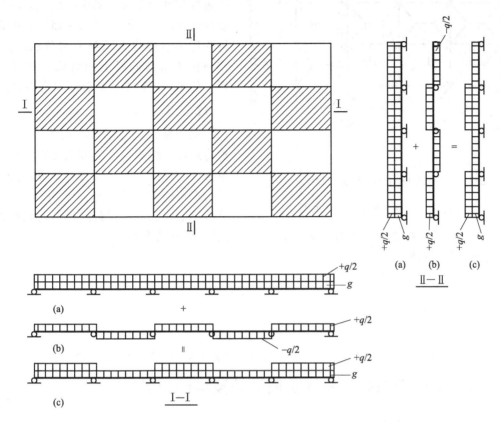

图 11-26 连续双向板的计算图示
(a) 满布荷载 $g+q/2$；(b) 间隔布置荷载 $\pm q/2$；(c) 总荷载

当双向板各区格均作用有 $g+q/2$ 时，由于板的各内支座上转动变形很小，可近似地认为转角为零，四周支承均可近似地看作固定边，故所有中间区格板均可按四边固定的单跨双向板来计算其跨中弯矩。对于边区格和角区格，其内部支承按固定考虑，外部边界支承按实际支承情况考虑。如边支座为简支，则边区格为三边固定、一边简支的支承情况；而角区格为两邻边固定、两邻边简支的情况。

当双向板各区格均作用有 $\pm q/2$ 时，板在中间支座处转角方向一致，大小相等接近于简支板的转角，故所有内区格均可按四边简支的单跨双向板来计算弯矩。对于边区格和角区格，其内部支承按简支考虑，外部边界支承按实际支承情况考虑。

最后，将以上两种荷载作用下板的内力计算结果叠加，即可得多跨连续板的跨中最大弯矩。

(2) 支座最大负弯矩计算 为了简化计算，近似将恒荷载和活荷载作用在所有区格板上。对内区格可按四边固定的单块双向板计算其支座负弯矩；对于边区格和角区格，其内部支承按固定端考虑，外部边界支承按实际支承情况考虑，按单块双向板计算各支座的负弯矩。

11.3.3 双向板楼盖支承梁的设计

11.3.3.1 荷载

双向板传给支承梁的荷载一般按图 11-27 所示近似确定，即从每一个区格的四角作 45°

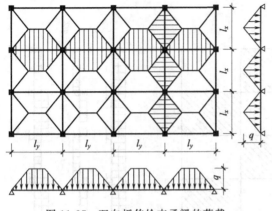

分角线与平行于长边的中线相交,将整个板块分成四块,作用在每块面积上的荷载即为传递给相应支承梁上的荷载。因此,双向板传给短向梁上的荷载形式是三角形,传给长向梁上的荷载形式是梯形。

11.3.3.2 内力

梁的荷载确定后,梁的内力(弯矩、剪力)可按结构力学的方法计算。当梁为单跨时,可按实际荷载直接计算内力。当梁为多跨连续且跨度相差不超过 10% 时,可将梁上的三角形荷载或梯形荷载根据固

图 11-27 双向板传给支承梁的荷载

端弯矩相等的原则折算成等效均布荷载 q',从而计算各截面的内力。

对于三角形荷载

$$q' = \frac{5}{8} q \tag{11-16}$$

对于梯形荷载

$$q' = (1 - 2\alpha^2 + \alpha^3) q \tag{11-17}$$

式中,$\alpha = 0.5 l_x / l_y$;$q = 0.5(g+q) l_x$;l_x 为短向跨度,l_y 为长向跨度。

11.3.4 双向板肋梁楼盖的配筋计算及构造要求

11.3.4.1 配筋计算

(1) 截面有效高度 双向板下部钢筋沿两个方向布置,沿短跨方向(弯矩较大方向)的受力钢筋宜放在沿长跨方向受力钢筋的外侧。由于双向板下部的受力钢筋纵横叠置,板跨中配筋计算时在两个方向应采用各自的有效高度。短跨方向的有效高度 $h_{0x} = h - a_s = h - (20 \sim 25)$,长跨方向跨中截面的有效高度 $h_{0y} = h_{0x} - d = h - (30 \sim 35)$($d$ 为板中钢筋直径,可近似取 10mm)。当板为正方形时,在跨中截面配筋计算时,可取两个方向截面有效高度的平均值作为跨中截面的有效高度。

(2) 弯矩的折减 在双向板肋梁楼盖中,由于板的内拱作用(与单向板肋梁楼盖类似),当板区格四周与梁整体连接时,板的计算弯矩可根据下列情况予以折减:

① 中间区格跨中截面及中间支座截面,折减系数为 0.8;

② 边区格跨中截面及从楼板边缘算起的第 2 支座上:当 $l_b/l \leq 1.5$ 时,折减系数为 0.8;当 $1.5 \leq l_b/l \leq 2$ 时,折减系数为 0.9;当 $l_b/l > 2.0$ 时,不折减。其中 l_b 为沿楼板边缘方向的计算跨度,l 为垂直于楼板边缘方向的计算跨度,见图 11-28。

③ 楼板的角区格不应折减。

(3) 双向板受力钢筋计算 为简化计算,双向板的受力钢筋面积可按下式计算:

$$A_s = \frac{m}{\gamma_s h_0 f_y} \tag{11-18}$$

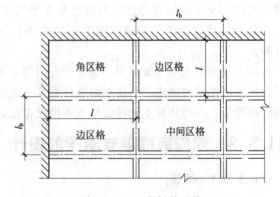

图 11-28 双向板的区格

式中 m——板单位宽度的截面弯矩设计值；
γ_s——内力臂系数，可近似取 $0.9 \sim 0.95$。

11.3.4.2 构造要求

(1) 板厚 双向板板厚 $h \geqslant l_x/40$，l_x 为板的短向计算跨度，且 $h \geqslant 80\text{mm}$，一般取 $h = (80 \sim 160)\text{mm}$。

(2) 钢筋的布置 双向板的配筋方式有弯起式与分离式两种，目前多采用分离式配筋。双向板受力钢筋沿板区格双向布置，沿短向的受力钢筋放在沿长向受力钢筋的外侧。双向板受力钢筋的直径、间距、弯起和切断点的位置，以及沿墙边及墙角处的板面构造钢筋，均与单向板肋梁楼盖的有关规定相同。

双向板按弹性理论分析时，所求得的钢筋数量是板的中间板带部分所需的量。靠近板的边缘板带，其弯矩已减少很多，故配筋可予以减少。考虑到施工方便，配筋采取分带布置方法，将板在 l_x、l_y 两个方向各分为两个边缘板带和一个中间板带，两边缘板带的宽度为 $l_x/4$（l_x 为较小跨度）。中间板带内按计算值配筋，两边缘板带的配筋量为中间板带的 $1/2$，且每米宽度内不少于 4 根，见图 11-29。对于支座负弯矩钢筋则沿支座边缘均匀配置，不应减少，这主要是考虑到板四角有扭矩存在。

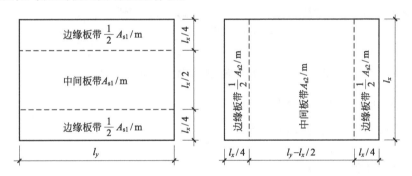

图 11-29 中间板带与边缘板带的钢筋配置

11.3.5 双向板肋形楼盖设计实例

【例 11-5】某厂房双向板肋梁楼盖结构平面布置如图 11-30 所示，板四周均与梁整体连接，板厚为 120mm，梁截面尺寸为 250mm×500mm。楼面均布活荷载的标准值 $q_k = 5\text{kN/m}^2$，楼面面层为水磨石，板底和梁底采用 15mm 厚石灰砂浆抹灰。采用 C30 混凝土（$f_c = 14.3\text{N/mm}^2$）、HPB300 级钢筋（$f_y = 270\text{N/mm}^2$）。试按弹性理论法设计此楼盖，并绘出配筋图。

【解】根据板的尺寸及支承情况，将楼盖的区格分成中间区格 B1、边区格 B2、角区格 B3 三种类型，见图 11-30。在本例中，楼盖边梁对板的作用视为固定支座。

(1) 荷载计算

水磨石面层　　　　　　　　　0.65kN/m^2
120mm 钢筋混凝土板　　$0.12 \times 25 = 3.0(\text{kN/m}^2)$
板底抹灰　　　　　　　　$0.015 \times 17 = 0.255(\text{kN/m}^2)$
恒荷载标准值　　　　　　$0.65 + 3.0 + 0.255 = 3.905(\text{kN/m}^2)$
恒荷载设计值　　　　　　$g = 1.3 \times 3.905 = 5.08(\text{kN/m}^2)$
活荷载设计值　　　　　　$q = 1.5 \times 5.0 = 7.5(\text{kN/m}^2)$

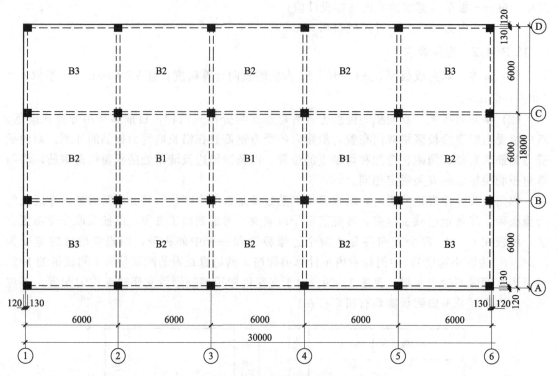

图 11-30 某厂房双向板肋梁楼盖结构平面布置图

$$g+q=5.08+7.5=12.58(\text{kN/m}^2)$$

$$g+\frac{q}{2}=5.08+\frac{7.5}{2}=8.83(\text{kN/m}^2)$$

$$\frac{q}{2}=\frac{7.5}{2}=3.75(\text{kN/m}^2)$$

(2) 内力计算 为方便计算，板的各区格计算跨度均取支座中心线间的距离，即取 $l_{0x}=l_{0y}=6\text{m}$，则 $\frac{l_{0x}}{l_{0y}}=1$。由于每个区格板两个方向的尺寸相等，为便于区分，以水平方向作为 x 向，竖直方向作为 y 向。

① B1 区格板 B1 区格板为内区格板，跨中最大正弯矩为 $g+\frac{q}{2}=8.83(\text{kN/m}^2)$（按四边固定计算）作用下与 $\frac{q}{2}=3.75(\text{kN/m}^2)$（按四边简支计算）作用下的跨中弯矩之和。支座最大负弯矩为 $g+q=12.58(\text{kN/m}^2)$（按四边固定计算）作用下的支座弯矩。取混凝土 $\nu=0.2$，可计算出跨中弯矩和支座弯矩。

$$m_x^{(\nu)}=m_x+0.2m_y=1.2m_x=1.2\times(0.0176\times8.83+0.0368\times3.75)\times6^2=12.68(\text{kN}\cdot\text{m})$$

$$m_y^{(\nu)}=m_x^{(\nu)}=12.68(\text{kN}\cdot\text{m})$$

$$m_x'=m_y'=-0.0513(g+q)l_0^2=-0.0513\times12.58\times6^2=-23.23(\text{kN}\cdot\text{m})$$

② B2 区格板 跨中最大正弯矩为在 $g+\frac{q}{2}=8.83(\text{kN/m}^2)$（按四边固定计算）作用下与 $\frac{q}{2}=3.75(\text{kN/m}^2)$（按三边简支、一边固定计算）作用下的跨中弯矩之和。支座最大负

弯矩为 $g+q=12.58(\text{kN/m}^2)$（按四边固定计算）作用下的支座弯矩。

$$m_x^{(v)}=m_x+0.2m_y=[(0.0176\times8.83+0.0249\times3.75)+0.2\times(0.0176\times8.83+0.034\times3.75)]\times6^2$$
$$=(0.249+0.057)\times6^2=11.02(\text{kN}\cdot\text{m})$$

$$m_y^{(v)}=m_y+0.2m_x=[(0.0176\times8.83+0.034\times3.75)+0.2\times(0.0176\times8.83+0.0249\times3.75)]\times6^2$$
$$=(0.283+0.050)\times6^2=11.99(\text{kN}\cdot\text{m})$$

$$m'_x=m'_y=-0.0513\times12.58\times6^2=-23.23(\text{kN}\cdot\text{m})$$

③ B3 区格板　跨中最大正弯矩为在 $g+\dfrac{q}{2}=8.83(\text{kN/m}^2)$（按四边固定计算）作用下

与 $\dfrac{q}{2}=3.75(\text{kN/m}^2)$（按两邻边简支、两邻边固定计算）作用下的跨中弯矩之和。支座最大负弯矩为 $g+q=12.58(\text{kN/m}^2)$（按四边固定计算）作用下的支座弯矩。

$$m_x^{(v)}=m_x+0.2m_y=[(0.0176\times8.83+0.024\times3.75)+0.2\times(0.0176\times8.83+0.0249\times3.75)]\times6^2$$
$$=(0.245+0.050)\times6^2=10.62(\text{kN}\cdot\text{m})$$

$$m_y^{(v)}=m_y+0.2m_x=[(0.0176\times8.83+0.0249\times3.75)+0.2\times(0.0176\times8.83+0.024\times3.75)]\times6^2$$
$$=(0.249+0.049)\times6^2=10.73(\text{kN}\cdot\text{m})$$

$$m'_x=m'_y=-0.0513\times12.58\times6^2=-23.23(\text{kN}\cdot\text{m})$$

(3) 配筋计算　由于板四周均与梁整浇，l_y/l_x 均小于 1.5，故中间区格 B1 和边区格 B2 的弯矩设计值均可降低 20%，角区格 B3 不折减。

假定板中钢筋直径为 10mm，混凝土保护层厚度为 15mm，则支座截面有效高度 $h_0=120-20=100(\text{mm})$。跨中截面两个方向有效高度分别为 100mm 和 90mm，计算时取平均值 $h_0=95\text{mm}$。计算配筋时，近似取内力臂系数 $\gamma_s=0.9$，则 $A_s=\dfrac{m}{0.9f_yh_0}$。

板截面配筋计算结果见表 11-13，楼盖配筋平面图见图 11-31。

表 11-13　板截面配筋计算表

截面		h_0/mm	$m/\text{kN}\cdot\text{m}$	$A_s=\dfrac{m}{0.9f_yh_0}/\text{mm}^2$	配筋	实际配筋 /mm²
跨中	B1 区格 x 方向	95	$12.68\times0.8=10.14$	439	φ10@170	462
	B1 区格 y 方向	95	$12.68\times0.8=10.14$	439	φ10@170	462
	B2 区格 x 方向	95	$11.02\times0.8=8.82$	382	φ10@170	462
	B2 区格 y 方向	95	$11.99\times0.8=9.59$	415	φ10@170	462
	B3 区格 x 方向	95	10.62	460	φ10@170	462
	B3 区格 y 方向	95	10.73	465	φ10@170	462
支座	B1-B1、B2-B2、B1-B2	100	$-23.23\times0.8=-18.58$	765	φ12@140	808
	B2-B3	100	-23.23	956	φ12@110	1028
	B2、B3 边支座	100	-23.23	956	φ12@110	1028

注：$\rho_{\min}bh=0.238\%\times1000\times120=286(\text{mm}^2)$，$\rho_{\min}$ 取 0.2% 和 $0.45f_t/f_y$ 中较大值。以上各截面的配筋面积均满足最小配筋率的要求。

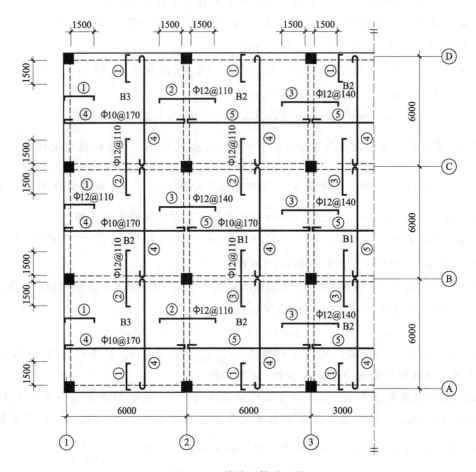

图 11-31 楼盖配筋平面图

11.4 装配式楼盖

11.4.1 概述

装配式楼盖由预制板和预制梁（梁也可现浇）组成，主要应用于多层工业和民用房屋。采用装配式楼盖，有利于房屋建筑标准化、构件生产工厂化，可以加快施工速度，提高工程质量，节约材料和劳动力，降低造价。但装配式楼盖由若干独立的预制构件组成，其刚度及整体性较差，抗震性差。目前，在地震区，装配式楼盖逐步被现浇楼盖所取代。

装配式楼盖主要有铺板式、密肋式等多种形式，其中以铺板式应用最为普遍，本节主要介绍这种形式。合理地选择预制构件的形式，进行合理的结构布置，可靠地处理好构件之间的连接，是装配式楼盖设计中要解决的关键问题。

铺板式楼盖的设计步骤一般为：①根据建筑平面图及墙、柱的位置，确定楼盖结构布置方案，排列预制梁、板；②选择预制板、梁的型号，并对个别非标准构件进行设计，或局部采用现浇处理；③处理好构件之间的连接构造，绘制施工图。

11.4.2 预制构件的形式及特点

11.4.2.1 预制板

目前常见的预制板有实心板、空心板、槽形板、T形板等。

(1) 实心板 实心板上、下表面平整，构造简单，施工方便，但材料用量多、自重大，适用于荷载及跨度较小的走道板、管沟盖板、楼梯平台板等处。

实心板的厚度常用 50～100mm，板宽 $b=400～1200$mm，板跨 1.5～2.4m，实心板的形式如图 11-32 所示。因考虑到板与板之间的灌缝及施工时便于安装，板的实际尺寸比设计尺寸要小一些，一般板底宽度小 10mm 左右，板面宽度小 20～30mm。

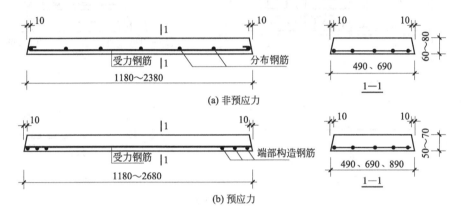

图 11-32 实心板形式

(2) 空心板 空心板具有刚度大、自重轻、受力性能好、隔热隔音效果好等优点，而且板面平整，施工简便，因此在装配式楼盖中得到广泛应用，但板面不能任意开洞。

空心板有单孔、双孔、多孔几种，孔洞的形状有圆形、方形、矩形、椭圆形等，其中圆孔板制作简单，应用最多。为避免空心板端部被压坏，在板端孔洞内应塞圆柱形混凝土堵头。图 11-33 为圆孔空心板截面形式和配筋情况。

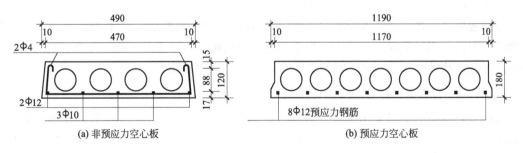

图 11-33 圆孔空心板截面形式和配筋情况

空心板的厚度可取为跨度的 1/20～1/30（非预应力空心板）或 1/30～1/35（预应力空心板），其取值宜符合砖的模数，一般为 120mm、180mm 和 240mm；空心板的宽度一般为 500mm、600mm、900mm、1200mm 等；钢筋混凝土空心板的跨长为 2.4～4.8m，预应力混凝土空心板的跨长为 3.0～7.5m。

(3) 槽形板 当板的跨度和荷载较大时，为了减轻板的自重，提高板的刚度，可采用槽形板。槽形板开洞较自由，承载能力较大，在工业建筑中采用较多，对天花板要求不高的民用建筑屋盖和楼面结构也可采用。

槽形板由板面、纵肋和横肋组成，如图 11-34 所示。槽形板板面厚度不小于 25mm；纵肋高一般为跨度的 1/17～1/22，当用作楼盖时，肋高应符合砖厚的模数，一般为 120mm、180mm 和 240mm；肋的截面宽度为 50～80mm；板的宽度一般为 500mm、600mm、900mm、1200mm 等；板常用跨长为 3.0～6.0m。

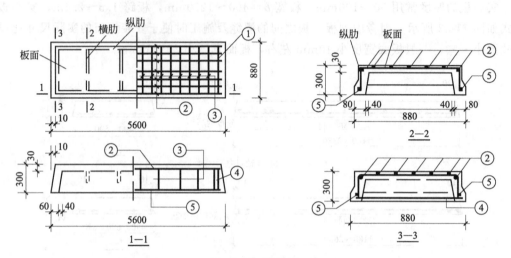

图 11-34　槽形板

槽形板有肋向下（正槽板）和肋向上（倒槽板）两种。正槽形板可较充分地利用板面混凝土受压，但因板下有肋，不能形成平整的天棚。倒槽形板可形成平整的天棚，但需要在槽形板上铺设楼面，此时槽形板的受力性能较差，施工也麻烦，所以目前很少采用这种形式。

(4) T 形板　T 形板有单 T 形和双 T 形两种形式。这类板受力性能良好，布置灵活，能跨越较大的空间，且开洞自由，但整体刚度不如其他类型的板。T 形板适用于跨度在 12m 以内的楼面和屋面结构，也可用作外墙板。T 形板的常用跨长为 6.0～12.0m，肋截面高度为 300～500mm，常用宽度 b 为 1500～2100mm。

预制板除了上述几种常见的以外，尚有双向板、双向密肋板、V 形折板等，有的适用于楼面，有的适用于屋面，设计中可根据具体情况选用。为了设计和施工方便，全国各省对于常用的预制构件均编制有各种标准图集或通用图集可供查用。

11.4.2.2　楼盖梁

装配式楼盖中的梁可采用预制或现浇，截面形式有矩形、T 形、倒 T 形、十字形和花篮形等，见图 11-35。矩形截面梁外形简单，施工方便，应用广泛。当梁高较大时，为保证房屋净空高度，可采用倒 T 形梁、十字形梁或花篮形梁。

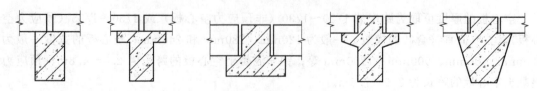

图 11-35　楼盖梁截面形式

11.4.3 装配式楼盖的计算要点

装配式楼盖的构件计算分使用阶段的计算和施工阶段的验算两个方面。

11.4.3.1 使用阶段的计算

装配式梁、板构件，其使用阶段承载能力计算、变形和裂缝宽度的验算与现浇整体式相同。计算时对截面形状复杂的构件应进行简化，可先将其截面折算成常用截面后再进行计算。

11.4.3.2 施工阶段的验算

预制混凝土构件需进行生产、施工过程中的验算。进行施工阶段的验算时，应注意以下几个方面：

(1) 应按构件在制作、运输和吊装阶段的实际支点位置和吊点位置分别确定计算简图，并按最不利情况计算内力，验算承载力以及变形和裂缝宽度。验算时应将构件自重乘以相应的动力系数，动力系数在脱模、翻转、吊装、运输时可取 1.5，临时固定时可取 1.2。

(2) 在进行施工阶段的承载能力验算时，结构的重要性系数应较使用阶段的承载能力计算降低一个安全等级，但不得低于三级。

(3) 对于预制楼板、挑檐板、雨篷板等构件，应考虑在其最不利位置作用 1.0kN 施工集中荷载，该集中荷载与活荷载不同时考虑。当验算挑檐、雨篷的承载力时，应沿板宽每隔 1.0m 取一个集中荷载；当验算挑檐、雨篷的倾覆时，应沿板宽每隔 2.5～3.0m 取一个集中荷载。

(4) 吊环设计。为了吊装方便，预制构件一般应设吊环。吊环应采用 HPB300 级钢筋制作，严禁使用冷加工钢筋，以防脆断。吊环锚入混凝土的深度不应小于 $30d$（d 为吊环钢筋的直径），并应焊接或绑扎在构件的钢筋骨架上。

在构件自重标准值 G_k（不考虑动力系数）作用下，每个吊环按 2 个截面计算，则吊环的截面面积 A_s 按下式计算：

$$A_s \geqslant \frac{G_k}{2n[\sigma_s]} \tag{11-19}$$

式中　G_k——构件自重标准值（不考虑动力系数）；

　　　n——吊环数量，当在一个构件设 4 个吊环时，计算中最多只能考虑其中 3 个同时发挥作用，取 $n=3$；

　　　$[\sigma_s]$——吊环钢筋的容许拉应力，取 65N/mm^2。

(5) 混凝土预制构件吊装设施的位置应能保证构件在吊装、运输过程中平稳受力。设置预埋件、吊环、吊装孔及各种内埋式预留吊具时，应对构件在该处承受吊装荷载作用的效应进行承载能力的验算，并应采取相应的构造措施，避免吊点处混凝土局部破坏。

11.4.4 装配式楼盖的连接构造

装配式钢筋混凝土楼盖由预制构件组成，这些构件均简支在砖墙或混凝土梁上。在水平荷载作用下楼盖作为纵墙的支点，起着将水平荷载传给横墙的作用，因此楼盖和纵、横墙间必须有可靠的连接，才能保证这一反力（可能为压力或拉力）的传递。其次，由于楼盖在水平面内像一个两端支承在横墙上的深梁一样工作，在水平荷载作用下，楼盖内将产生弯曲应力和剪切应力（见图 11-36），要求预制板缝之间的连接能承受这些应力，以保证楼盖在水平方向的整体性。在垂直荷载作用下，加强预制板间连接可增强楼盖垂直方向的整体性，改善各独立铺板的工作条件，见图 11-37。因此，装配式楼盖必须处理好各构件之间的连接构造问题。

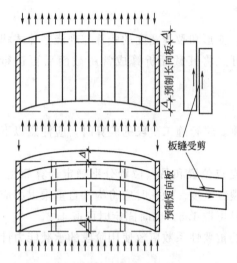

图 11-36 水平荷载作用下楼盖板缝应力

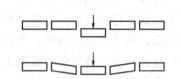

图 11-37 预制板的连接在竖向的整体性

11.4.4.1 板与板的连接

板与板之间的连接，一般采用不低于 C20 的细石混凝土灌缝，见图 11-38。为了能使板灌缝密实，缝的上口宽度不宜小于 30mm，缝的下口宽度以 10mm 为宜。当楼面有振动荷载或房屋有抗震设防要求时，板缝内应配置钢筋，并宜设置钢筋混凝土现浇层。现浇层厚度不小于 50mm，并应双向配置钢筋网。

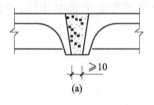 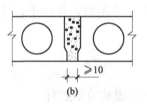 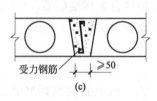

图 11-38 板与板的连接

11.4.4.2 板与墙、梁的连接

（1）板与支承墙、梁的连接　板与支承墙、梁的连接，应在支承处铺设 10～20mm 厚的水泥砂浆（俗称坐浆）。同时板在墙上的支承长度应不小于 100mm，在钢筋混凝土梁上的支承长度应不小于 80mm，才能保证板与墙、梁的连接可靠，见图 11-39。

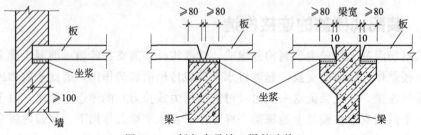

图 11-39 板与支承墙、梁的连接

（2）板与非支承墙、梁的连接　板与非支承墙、梁的连接，一般采用细石混凝土灌缝的做法［图 11-40(a)］。当板跨大于等于 4.8m 时，应配置锚拉筋以加强与墙体的连接［图 11-40(b)］，或将钢筋混凝土圈梁设置于楼层平面处，以加强其整体性［图 11-40(c)］。

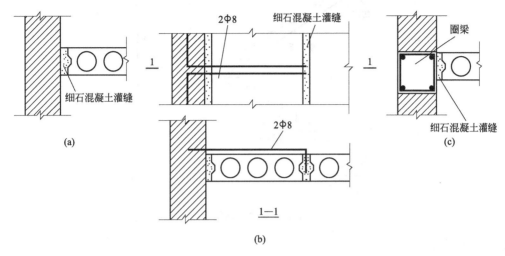

图 11-40　板与非支承墙、梁的连接

（3）梁与墙（梁）的连接　预制梁与墙（梁）的连接，应在支承处坐浆 10～20mm 厚水泥砂浆，必要时（如抗震时）在预制梁端设置拉结筋。同时预制梁在砖墙上的支承长度不小于 180mm，并应满足梁内受力钢筋在支座处的锚固要求和支座处砌体局部受压承载能力的要求。预制梁下砌体局部受压承载能力不足时，应按计算设置梁垫，梁与梁垫、梁垫与墙体之间都要坐浆。

11.5　楼梯

钢筋混凝土楼梯由于经济耐用、耐火性能好，因此在多、高层建筑中被广泛采用。钢筋混凝土楼梯按施工方法的不同可分为现浇整体式和预制装配式两类。预制装配式楼梯由于整体性较差，现已很少采用。现浇整体式楼梯按其结构形式和受力特点又可分为板式楼梯、梁式楼梯、剪刀式楼梯和螺旋式楼梯。本节主要介绍最常用的现浇整体板式楼梯和梁式楼梯的计算与构造。

11.5.1　板式楼梯

板式楼梯是指梯段板为板式结构的楼梯。板式楼梯由梯段板、平台板和平台梁组成，如图 11-41 所示。板式楼梯荷载传递路线为：梯段板→平台梁→墙（柱）。板式楼梯的梯段板为带有踏步的斜板，两端支承在平台梁上。平台板一端支承在平台梁上，另一端支承在楼梯间的墙（或梁）上，平台梁两端支承在楼梯间的墙（或梁、柱）上。板式楼梯梯段板底面平整，外形轻巧、美观，施工方便，但当梯段跨度较大时，斜板较厚，材料用量较多，所以一般用于梯段跨度不太大的情况（一般在 3m 以内）。

11.5.1.1　梯段板

（1）梯段板内力计算　一般取梯段板的厚度 $h=(1/25\sim1/30)l_0$（l_0 为梯段板的计算

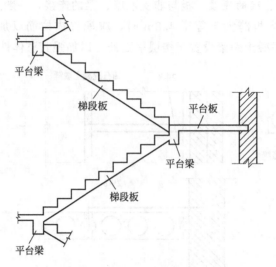

图 11-41 板式楼梯的组成

跨度），常用厚度为 100～120mm。

梯段板是一块带有踏步的斜板，可近似认为简支于上、下平台梁上。由结构力学可知，斜置简支构件的跨中弯矩可按平置构件计算，跨长取斜构件的水平投影长度，故梯段斜板可简化为两端简支的水平板计算，其计算简图如图 11-42 所示。由于板的两端与平台梁为整体连接，考虑梁对板的约束作用，板的跨中弯矩相对于简支构件有所减少，一般取跨中最大弯矩 $M_{max}=\frac{1}{10}(g+q)l_0^2$，其中 g、q 为作用在梯段板上的沿水平方向单位长度上的恒荷载、活荷载设计值；l_0 为梯段板的计算跨度，设计时取 $l_0=l_n$，l_n 为梯段板净跨的水平投影长度。

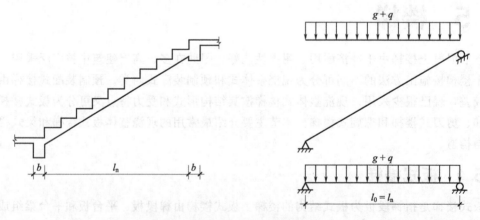

图 11-42 梯段斜板的计算简图

有时为了满足建筑使用要求，需采用折线形梯段板，折线形梯段板的梯段荷载和平台荷载有所差别，但差别不大。为了简化计算，可近似取梯段荷载和平台荷载中的较大值来计算跨中弯矩，从而计算出梯段配筋。折线形梯段板的荷载及计算简图见图 11-43。

（2）梯段板钢筋配置　梯段斜板中的受力钢筋按跨中最大弯矩计算求得，并沿跨度方向布置。为考虑支座连接处实际存在的负弯矩，防止混凝土开裂，在支座处板上部应配置适量的支座负筋，一般不小于 Φ8@200，其伸出支座长度为 $l_n/4$（l_n 为梯段板水平投影净跨度）。

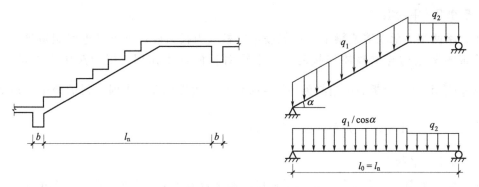

图 11-43 折线形梯段板的荷载及计算简图

在垂直受力钢筋的方向应设置分布钢筋，分布钢筋应位于受力筋的内侧，并要求每踏步内至少 1Φ8。梯段板钢筋布置见图 11-44。

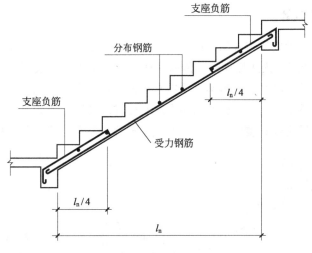

图 11-44 梯段板钢筋布置

折线形梯段板曲折处形成内折角，若钢筋沿内折角连续配置，则此处受拉钢筋将产生较大的向外的合力，可能使该处混凝土保护层剥落，钢筋被拉出而失去作用。因此，在折线形梯段的内折角处，受力钢筋不应连续穿过内折角，而应将钢筋断开并分别予以锚固，如图 11-45 所示。

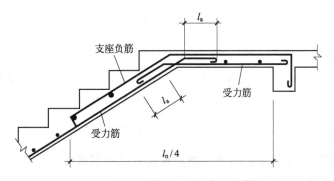

图 11-45 折线形梯段板内折角处钢筋配置

11.5.1.2 平台板

平台板两端支承在墙或梁上，一般按单向板（当板为四边支承时也可能是双向板）计算。当板的两边均与梁整体连接时，考虑梁对板的约束作用，板的跨中弯矩可按 $M=\frac{1}{10}(g+q)l_0^2$ 计算；当板的一边与梁整体连接而另一边支承在墙上时，板的跨中弯矩则应按 $M=\frac{1}{8}(g+q)l_0^2$ 计算，l_0 为平台板的计算跨度。

11.5.1.3 平台梁

平台梁上的荷载除自重外，还承受梯段板和平台板传来的均布荷载。平台梁通常按简支梁计算，其截面高度一般取 $h \geqslant l_0/12$（l_0 为平台梁的计算跨度），其他构造要求与一般梁相同。平台梁内力计算时可不考虑梯段板之间的空隙，即荷载按全跨满布考虑，并可近似按矩形截面进行配筋计算。

11.5.2 梁式楼梯

梁式楼梯指踏步板做成梁板式结构的楼梯。梁式楼梯由踏步板、梯段斜梁、平台板、平台梁组成，如图 11-46 所示。梁式楼梯荷载传递路线为：踏步板→梯段斜梁→平台梁→墙（柱）；梁式楼梯的踏步板支承于斜梁上，斜梁支承在平台梁上，平台板一端支承在平台梁上，另一端支承在楼梯间的墙（或梁）上，平台梁两端支承在楼梯间的墙（或梁、柱）上。当踏步板长度较大时，采用梁式楼梯比板式楼梯经济，但梁式楼梯施工复杂，造型不如板式楼梯美观。

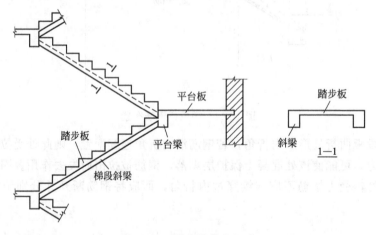

图 11-46 梁式楼梯的组成

11.5.2.1 踏步板

梁式楼梯踏步板的厚度一般为 30～40mm，踏步板承受均布荷载，按支承于两侧斜梁上的简支板计算内力。踏步板计算时一般取一个踏步作为计算单元，其截面形式为梯形，为简化计算，踏步板的高度可近似取梯形截面的平均高度，即 $h=\frac{c}{2}+\frac{d}{\cos\alpha}$，其中 c 为踏步高度，d 为板厚，如图 11-47 所示。这样，踏步板就可以按照截面宽度为 b、高度为 h 的矩形板进行内力及配筋计算。

踏步板的受力配筋除按计算确定外，每个踏步的受力钢筋不得少于 2Φ6。为了承受支座处的负弯矩,板底受力筋伸入支座后,每 2 根中应弯上 1 根,见图 11-48。踏步板中的分布筋一般不小于$\phi 6@250$,沿梯段方向布置。

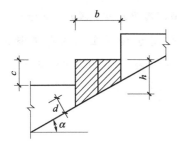

图 11-47 踏步板的截面高度取法

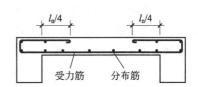

图 11-48 梁式楼梯踏步板配筋

11.5.2.2 梯段斜梁

梯段斜梁承受踏步板传来的荷载,一般按两端支承在平台梁上的简支梁计算,计算简图见图 11-49。梯段斜梁的荷载及内力计算与板式楼梯中梯段斜板计算相似,但梯段斜梁除计算跨中最大弯矩外,还需计算支座剪力。斜梁跨中截面最大弯矩和支座截面最大剪力分别为:

$$M_{max} = \frac{1}{8}(g+q)l_0^2 \tag{11-20}$$

$$V_{max} = \frac{1}{2}(g+q)l_n \cos\alpha \tag{11-21}$$

式中 M_{max},V_{max}——梯段斜梁在竖向均布荷载作用下的最大弯矩和最大剪力;
l_0,l_n——梯段斜梁的水平投影计算跨度及净跨;
α——斜梁与水平面的夹角。

当无平台梁时,即形成折线形斜梁,折线形斜梁的荷载及内力计算同板式楼梯的折线形梯段板。梯段斜梁可按倒 L 形截面梁计算,为方便计算,也可按矩形截面计算。梯段梁的配筋与一般梁相同。

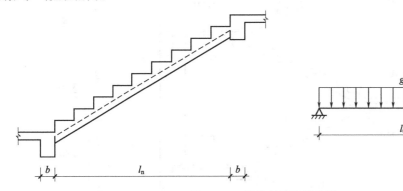

图 11-49 梯段斜梁计算简图

11.5.2.3 平台板与平台梁

梁式楼梯的平台板与平台梁计算与板式楼梯基本相同,只是平台梁除了承受平台板传来的均布荷载和梁自重外,还承受斜梁传来的集中荷载,其计算简图见图 11-50。平台梁在斜梁支承处应设置吊筋或附加箍筋,以承担斜梁传来的集中力。

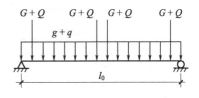

图 11-50 梁式楼梯平台梁计算简图

11.5.3 整体式楼梯设计实例

【例 11-6】 某框架结构办公楼楼梯为现浇板式楼梯，踏步尺寸 $b\times h=280\mathrm{mm}\times150\mathrm{mm}$，楼梯的结构平面布置图及剖面图如图 11-51 所示。作用于楼梯上的活荷载标准值 $q_k=3.5\mathrm{kN/m^2}$，楼梯踏步面层为 30mm 厚水磨石（自重荷载标准值为 $0.65\mathrm{kN/m^2}$），底面为 20mm 厚混合砂浆抹灰。混凝土采用 C30，平台梁中受力钢筋采用 HRB400 级，其余钢筋采用 HPB300 级，环境类别为一类。试设计该板式楼梯。

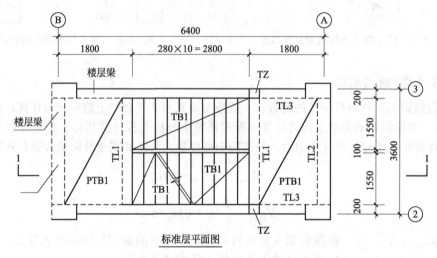

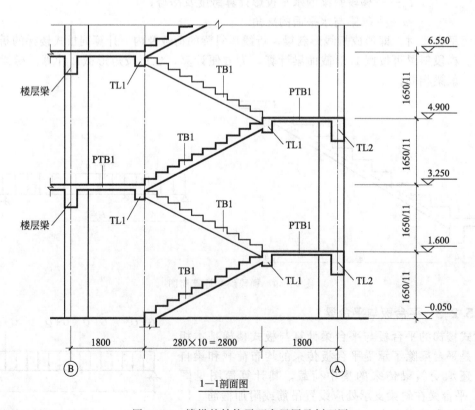

图 11-51 楼梯的结构平面布置图及剖面图

【解】 (1) 梯段板 TB1 计算

① 确定板厚和计算跨度：

梯段板计算跨度取 $l_0 = l_n = 2.8 \text{m}$；

梯段板厚 $h = (1/30 \sim 1/25)l_0 = (1/30 \sim 1/25) \times 2800 = 93 \sim 112 (\text{mm})$，取 $h = 100 \text{mm}$。

② 荷载计算：荷载计算时的楼梯踏步详图见图 11-52。荷载计算时取 $b = 1000 \text{mm}$ 宽板带作为计算单元，假设梯段板的倾斜角度为 α，则

$$\cos\alpha = \frac{280}{\sqrt{280^2 + 150^2}} = 0.881。$$

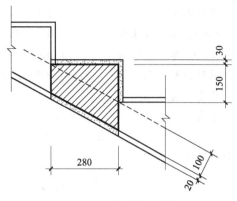

图 11-52 楼梯踏步详图

水磨石面层 $\dfrac{0.28 + 0.15}{0.28} \times 1.0 \times 0.65 = 1.00 (\text{kN/m})$

三角形踏步自重 $\dfrac{1.0}{0.28} \times \dfrac{1}{2} \times 0.28 \times 0.15 \times 25 = 1.88 (\text{kN/m})$

100mm 厚混凝土梯段斜板 $\dfrac{1.0}{0.881} \times 0.10 \times 25 = 2.84 (\text{kN/m})$

20mm 厚板底抹重 $\dfrac{1.0}{0.881} \times 0.02 \times 17 = 0.39 (\text{kN/m})$

恒荷载标准值 $g_k = 1.00 + 1.88 + 2.84 + 0.39 = 6.11 (\text{kN/m})$

活荷载标准值 $q_k = 1.0 \times 3.5 = 3.5 (\text{kN/m})$

总荷载设计值 $g + q = 1.3 \times 6.11 + 1.5 \times 3.5 = 13.19 (\text{kN/m})$

③ 弯矩计算。梯段斜板两端均与梁整浇，考虑梁对板的约束作用，跨中最大弯矩为：

$$M = \frac{1}{10}(g+q)l_0^2 = \frac{1}{10} \times 13.19 \times 2.8^2 = 10.34 (\text{kN} \cdot \text{m})$$

④ 配筋计算：

$$h_0 = h - 20 = 100 - 20 = 80 (\text{mm})$$

$$\alpha_s = \frac{M}{\alpha_1 f_c b h_0^2} = \frac{10.34 \times 10^6}{1.0 \times 14.3 \times 1000 \times 80^2} = 0.113$$

$$\xi = 1 - \sqrt{1 - 2\alpha_s} = 1 - \sqrt{1 - 2 \times 0.113} = 0.120 < \xi_b = 0.576$$

$$A_s = \frac{\alpha_1 f_c \xi b h_0}{f_y} = \frac{1.0 \times 14.3 \times 0.120 \times 1000 \times 80}{270} = 508 (\text{mm}^2)$$

$0.45 f_t / f_y = 0.45 \times 1.43 / 270 = 0.24\% > 0.2\%$，故取 $\rho_{\min} = 0.24\%$

$A_s > \rho_{\min} b h = 0.24\% \times 1000 \times 100 = 240 (\text{mm}^2)$，满足要求

受力钢筋选用 $\Phi 10@150$ ($A_s = 523 \text{mm}^2$)，分布钢筋选用每踏步 $1\Phi 8$，支座负筋选用 $\Phi 8@200$。

(2) 平台板 PTB1 计算

① 确定板厚和计算跨度。假设梯梁的宽度为 200mm，则平台板长向净跨和短向的比值为 (3200/1500)>2，可按单向板计算。

平台板板厚 $h \geq \dfrac{l_0}{30} = \dfrac{1800}{30} = 60 (\text{mm})$，取 $h = 80 \text{mm}$。

② 荷载计算：

水磨石面层	$1.0 \times 0.65 = 0.65 (\text{kN/m})$
80mm厚混凝土板	$1.0 \times 0.08 \times 25 = 2.00 (\text{kN/m})$
20mm厚板底抹灰	$1.0 \times 0.02 \times 17 = 0.34 (\text{kN/m})$
恒荷载标准值	$g_k = 0.65 + 2.00 + 0.34 = 2.99 (\text{kN/m})$
活荷载标准值	$q_k = 1.0 \times 3.5 = 3.5 (\text{kN/m})$
总荷载设计值	$g + q = 1.3 \times 2.99 + 1.5 \times 3.5 = 9.14 (\text{kN/m})$

③ 弯矩计算。平台板两端均与梁整体连接，其计算跨度近似取 $l_0 = 1800\text{mm}$。平台板跨中最大弯矩为：

$$M = \frac{1}{10}(g+q)l_0^2 = \frac{1}{10} \times 9.14 \times 1.8^2 = 2.96 (\text{kN} \cdot \text{m})$$

④ 配筋计算：

$$h_0 = h - 20 = 80 - 20 = 60 (\text{mm})$$

$$\alpha_s = \frac{M}{\alpha_1 f_c b h_0^2} = \frac{2.96 \times 10^6}{1.0 \times 14.3 \times 1000 \times 60^2} = 0.057$$

$$\xi = 1 - \sqrt{1 - 2\alpha_s} = 1 - \sqrt{1 - 2 \times 0.057} = 0.059 < \xi_b = 0.576$$

$$A_s = \frac{\alpha_1 f_c \xi b h_0}{f_y} = \frac{1.0 \times 14.3 \times 0.059 \times 1000 \times 60}{270} = 187 (\text{mm}^2)$$

$A_s < \rho_{\min} b h = 0.24\% \times 1000 \times 80 = 192 (\text{mm}^2)$，取 $A_s = 192\text{mm}^2$

受力钢筋选用 $\Phi 8@200$（$A_s = 251\text{mm}^2$），分布钢筋选用 $\Phi 6@250$，板支座上部构造筋选用 $\Phi 8@200$。

(3) 平台梁 TL1 计算

① 截面尺寸和计算跨度：

平台梁截面高度 $h \geq \dfrac{l_0}{12} = \dfrac{3600}{12} = 300 (\text{mm})$，截面尺寸取 $b \times h = 200\text{mm} \times 300\text{mm}$。

平台梁两端在梯柱上的支承长度为 200mm，平台梁计算跨度近似取 $l_0 = 3400\text{mm}$。

② 荷载计算：

梯段板传来	$13.19 \times \dfrac{2.80}{2} = 18.47 (\text{kN/m})$
平台板传来	$9.14 \times \dfrac{1.80}{2} = 8.23 (\text{kN/m})$
梁自重	$1.3 \times 0.2 \times (0.3 - 0.08) \times 25 = 1.43 (\text{kN/m})$
梁侧抹灰	$1.3 \times 0.02 \times (0.3 - 0.08) \times 17 \times 2 = 0.19 (\text{kN/m})$
总荷载设计值	$g + q = 18.47 + 8.23 + 1.43 + 0.19 = 28.32 (\text{kN/m})$

③ 内力计算：

$$M_{\max} = \frac{1}{8}(g+q)l_0^2 = \frac{1}{8} \times 28.32 \times 3.4^2 = 40.92 (\text{kN} \cdot \text{m})$$

$$V_{\max} = \frac{1}{2}(g+q)l_n = \frac{1}{2} \times 28.32 \times 3.2 = 45.31 (\text{kN})$$

④ 配筋计算

a. 纵向受力钢筋计算，近似按 $b \times h = 200\text{mm} \times 300\text{mm}$ 的矩形截面计算：

$$h_0 = h - 40 = 300 - 40 = 260 (\text{mm})$$

$$\alpha_s = \frac{M}{\alpha_1 f_c b h_0^2} = \frac{40.92 \times 10^6}{1.0 \times 14.3 \times 200 \times 260^2} = 0.212$$

$$\xi = 1 - \sqrt{1 - 2\alpha_s} = 1 - \sqrt{1 - 2 \times 0.212} = 0.241 < \xi_b = 0.518$$

$$A_s = \frac{\alpha_1 f_c \xi b h_0}{f_y} = \frac{1.0 \times 14.3 \times 0.241 \times 200 \times 260}{360} = 498 (\text{mm}^2)$$

$0.45 f_t / f_y = 0.45 \times 1.43 / 360 = 0.18\% < 0.2\%$，故取 $\rho_{\min} = 0.2\%$。

$$A_s > \rho_{\min} b h = 0.2\% \times 200 \times 300 = 120 (\text{mm}^2)，满足要求。$$

纵向钢筋选用 $2 \underline{\Phi} 18$ （$A_s = 509 \text{mm}^2$）。

b. 箍筋计算：

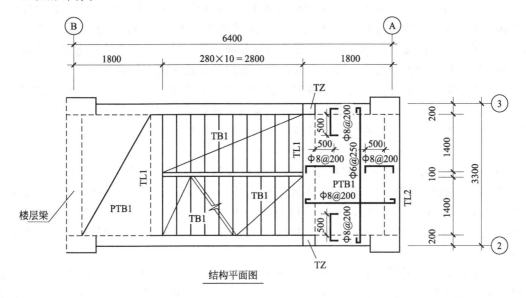

结构平面图

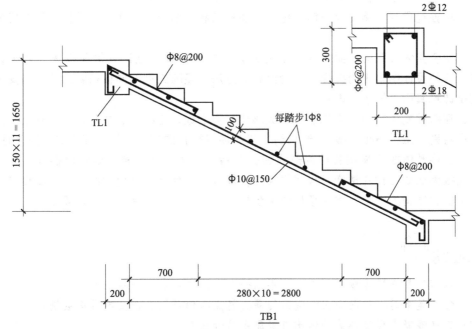

图 11-53 楼梯各构件的配筋图

$0.7f_t bh_0 = 0.7 \times 1.43 \times 200 \times 260 = 52052(N) = 52.05(kN) > V = 45.31(kN)$

故可按构造配箍筋，选用箍筋Φ6@200，沿梁长均匀布置。

(4) 楼梯配筋图　楼梯各构件的配筋图见图11-53。

(1) 梁板结构是由梁和板组成的承重结构体系，钢筋混凝土楼（屋）盖是典型的梁板结构。楼盖按结构形式可分为单向板肋梁楼盖、双向板肋梁楼盖、井式楼盖、密肋楼盖和无梁楼盖等，按施工方法不同分为现浇整体式、装配式和装配整体式三种形式。目前现浇整体式楼盖在建筑工程中应用广泛。

(2) 在荷载作用下，主要在一个方向弯曲的板称为单向板，在两个方向弯曲的板称为双向板。在楼盖设计中，可根据板的四边支承情况和两个方向的跨度比值来区分单、双向板。单向板一个方向受力，单向弯曲，受力钢筋单向配置，另一方向为按构造要求设置的分布钢筋。双向板两个方向受力，双向弯曲，两个方向均需配置受力钢筋。

(3) 现浇楼盖的设计步骤为：①进行楼盖的结构平面布置；②确定梁、板的计算简图；③进行梁、板的内力分析；④截面配筋计算及构造要求；⑤绘制施工图。其中结构平面布置的合理与否对整个结构的可靠性和经济性有很大影响，应根据使用要求、结构受力特点等慎重考虑。

(4) 现浇整体式单向板肋梁楼盖的内力分析有两种方法，弹性理论分析法和塑性理论分析法。按塑性理论分析内力的方法，更能符合钢筋混凝土超静定结构的实际受力状态并能取得一定的经济效果；按弹性理论分析内力的方法，结构的安全系数较大，结构构件的变形和裂缝较小。一般单向板、次梁按塑性理论方法分析内力，主梁按弹性理论方法分析内力。

(5) 在次梁与主梁相交处，由于主梁承受由次梁传来的集中荷载，其腹部可能出现斜裂缝，并引起局部破坏，因此应在次梁支承处的主梁内设置附加横向钢筋来承担集中力。横向钢筋可单独选用附加箍筋或吊筋，也可附加箍筋和吊筋同时选用，一般情况下宜优先采用附加箍筋。

(6) 现浇整体式双向板梁板结构的内力分析亦有按弹性理论计算和按塑性理论计算两种方法，目前设计中多采用按弹性理论计算的方法。多跨连续双向板荷载的分解与支承条件的确定是计算其内力的核心内容。

(7) 在装配式楼盖中，常见的预制板形式有实心板、空心板、槽形板、T形板等。装配式楼盖应特别注意板与板、板与墙（梁）、梁与墙（梁）的连接，以保证楼盖的整体性。

(8) 现浇整体式楼梯按其结构形式和受力特点分为板式楼梯、梁式楼梯等。板式楼梯是指梯段板为板式结构的楼梯，板式楼梯由梯段板、平台板和平台梁组成。梁式楼梯指踏步板做成梁板式结构的楼梯，梁式楼梯由踏步板、梯段斜梁、平台板、平台梁组成。

思考题

(1) 钢筋混凝土楼盖按其施工方法不同分几种形式？各有何特点？

(2) 什么是单向板和双向板？它们的受力特点有何不同？配筋有什么区别？

(3) 钢筋混凝土现浇楼盖的结构布置原则是什么？

(4) 单向板楼盖中，板、次梁、主梁的经济跨度一般各为多少？

(5) 按弹性理论计算连续梁时，若要计算某支座最大负弯矩、某跨跨中最大正弯矩，其活荷载最不利布置原则是什么？

(6) 何谓钢筋混凝土塑性铰？试说明钢筋混凝土塑性铰与普通理想铰的异同。

(7) 何谓钢筋混凝土连续梁的塑性内力重分布？用塑性内力重分布计算内力时，应遵循哪些原则？

(8) 现浇单向板肋梁楼盖中，板、次梁和主梁的计算要点和构造要求各有哪些？

(9) 单向板中有哪些构造钢筋？各有何作用？如何设置？

(10) 承担集中力的钢筋有哪几种形式？如何计算？

(11) 简述单跨双向板和多跨连续双向板按弹性理论计算的方法和步骤。

(12) 为了保证装配式楼盖的整体性，板与板、板与墙（梁）以及梁与墙（梁）之间应采取哪些连接构造措施？

(13) 板式楼梯和梁式楼梯有何区别？荷载各如何传递？

(14) 板式楼梯梯段板中有哪些钢筋？如何配置？

(1) 某 5 跨连续梁，梁上作用永久荷载设计值 $g=5\text{kN/m}$，可变荷载设计值 $q=6\text{kN/m}$，见图 11-54。用塑性理论方法计算该连续梁的各跨中最大正弯矩、支座最大负弯矩及支座剪力。

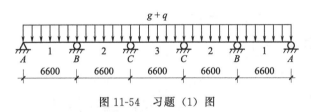

图 11-54 习题 (1) 图

(2) 某 3 跨连续主梁，每跨的计算跨度均为 6m，梁上作用永久荷载设计值 G 和可变荷载设计值 Q，见图 11-55。用弹性理论方法计算该连续梁的各跨中最大正弯矩、支座最大负弯矩及支座剪力。

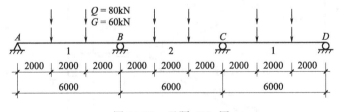

图 11-55 习题 (2) 图

(3) 一楼盖中主梁截面尺寸为 300mm×700mm，次梁截面尺寸为 250mm×600mm，主梁承受次梁传来的集中力设计值为 200kN·m，截面混凝土强度等级为 C30。

① 若只采用附加箍筋（HPB300 级 Φ8 双肢箍），计算所需附加箍筋的数量。

② 若只采用吊筋（HRB400 级），计算所需吊筋的数量。

(4) 一块四边固定混凝土板的平面尺寸为 $l_x=3.6\text{m}$，$l_y=6.0\text{m}$。已知板上作用的恒荷载设计值 $g=4\text{kN/m}^2$，活荷载设计值 $q=5\text{kN/m}^2$，混凝土的泊松比 $\nu=0.2$。计算该板的跨中最大正弯矩和支座最大负弯矩设计值。

(5) 某教学楼现浇板式楼梯平面、剖面尺寸如图 11-56 所示，踏步尺寸 $b \times h = 300\text{mm} \times 150\text{mm}$。作用于楼梯上的活荷载标准值 $q_k = 3.5\text{kN/m}^2$，楼梯踏步面层为水磨石（重力荷载标准值为 0.65kN/m^2），梁、板底面及侧面为 20mm 厚混合砂浆抹灰。混凝土采用 C30，平台梁中受力钢筋采用 HRB400 级，其余钢筋采用 HPB300 级，环境类别为一类。试设计该板式楼梯。

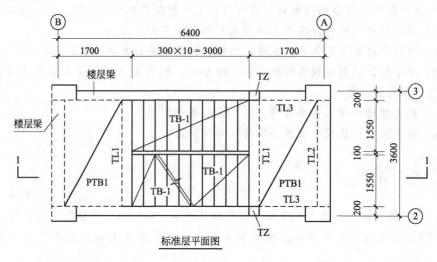

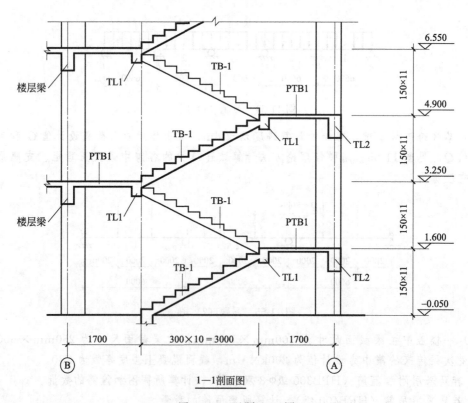

图 11-56 习题（5）图

(6) 钢筋混凝土单向板肋梁楼盖设计。

① 设计资料 某多层工业厂房仓库，采用钢筋混凝土现浇单向板肋梁楼盖，建筑平面如图 11-57 所示。

a. 楼面活荷载标准值 $q_k=6\mathrm{kN/m^2}$，柱网尺寸 $l_1 \times l_2 = 6.6\mathrm{m} \times 6.0\mathrm{m}$。

b. 楼面面层采用 20mm 厚水泥砂浆，楼盖底面用 20mm 厚混合砂浆粉刷。

c. 混凝土强度等级为 C30，钢筋除主梁和次梁的受力钢筋采用 HRB400 级钢筋外，其余均采用 HPB300 级钢筋。

② 设计内容和要求

a. 进行楼盖的结构平面布置。

b. 进行板、次梁、主梁的内力及配筋计算。板和次梁按考虑塑性内力重分布方法计算内力，主梁按弹性理论计算内力。

c. 绘制楼盖结构施工图，包括：楼面结构布置，板配筋图，次梁配筋图，主梁配筋图。

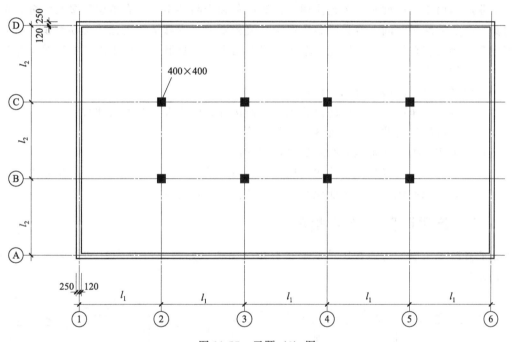

图 11-57 习题（6）图

第 12 章 单层工业厂房

12.1 概述

12.1.1 单层厂房的特点

工业厂房由于生产性质、工艺流程、机械设备和产品的不同,有单层和多层之分。单层厂房具有高大的使用空间,容易满足生产工艺流程要求,内部运输也比较容易组织,有利于大型设备直接安装在地面上。因此,单层厂房在冶金、机械制造、化工以及纺织等工业建筑中得到广泛的应用。

一般说来,单层厂房具有以下特点:
(1) 跨度大、净高大、承受的荷载大,因而构件的内力大,截面尺寸大;
(2) 作用有吊车荷载、动力机械设备荷载等;
(3) 空旷型结构,柱是承受荷载的主要构件;
(4) 一般为装配式或装配整体式结构,这是由于单层厂房中每种构件的应用较多,因而有利于构件设计标准化、生产工业化和施工机械化,缩短建造工期。

12.1.2 单层厂房的结构类型

钢筋混凝土单层厂房的常用结构形式有排架结构(如图 12-1 所示)和刚架结构(如图 12-2 所示)。

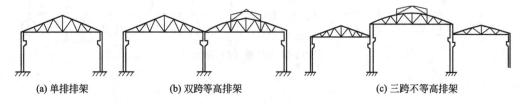

(a) 单排排架　　　　(b) 双跨等高排架　　　　(c) 三跨不等高排架

图 12-1　排架结构的形式

12.1.2.1　排架结构

排架结构由屋架(或屋面梁)、柱和基础组成。通常,排架柱与屋架(或屋面梁)为铰接,而与基础为刚结。按照厂房的生产工艺和使用要求不同,排架结构可设计为单跨或多跨、等高或不等高等多种形式,如图 12-1 所示。

在单层厂房设计中,对于跨度较大以及对相邻厂房有较大干扰的车间,应采用单跨厂房;对于跨度较小且生产工艺和使用要求相同或相近的一些车间,可组合成一个多跨厂房。多跨厂房有利于提高厂房结构的横向刚度,减少柱的截面尺寸,节省材料,提高土地利用率,减少公共设施及工程管道等。但多跨厂房需设置天窗等解决通风和采光问题。

单层多跨厂房一般应设计成等高厂房,以使结构受力明确,设计和计算简单;构件种类规格少,施工方便。但当生产工艺要求的相邻跨高差较大时,则应设计成不等高厂房。

单层厂房中的排架结构,根据其所用材料的不同,分为钢筋混凝土-砖排架、钢筋混凝土排架和钢-钢筋混凝土排架。钢筋混凝土-砖排架由钢筋混凝土屋架或屋面梁、砖柱和基础组成,其承载能力和抗震性能均较低,故一般用于跨度不大于15m、柱顶标高不大于6.6m、无吊车或吊车起重量小于5t的中小型工业厂房。钢筋混凝土排架由钢筋混凝土的屋架或屋面梁、柱及基础组成,由于其具有较高的承载能力和较好的抗震性能,因此,可用于跨度不大于36m、柱顶标高不大于20m、吊车起重量不超过200t的大型工业厂房。钢-钢筋混凝土排架由钢屋架、钢筋混凝土柱和基础组成,其承载能力和抗震性能较钢筋混凝土排架好,可用于跨度大于36m、吊车起重量超过250t的重型工业厂房。

12.1.2.2 刚架结构

刚架结构通常由钢筋混凝土横梁、柱和基础组成。刚架结构柱与横梁一般为刚接,与基础常为铰接。刚架结构按横梁形式的不同,分为折线形门式刚架和拱形门式刚架。钢筋混凝土门式刚架的顶节点做成铰接时,称为三铰门式刚架,如图12-2(a)所示;当其顶节点做成刚接时,称为两铰门式刚架〔如图12-2(b)、(c)所示〕。

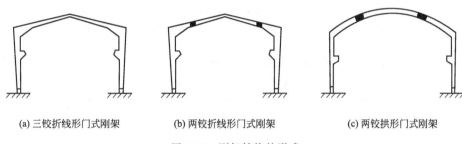

(a) 三铰折线形门式刚架　　(b) 两铰折线形门式刚架　　(c) 两铰拱形门式刚架

图 12-2　刚架结构的形式

刚架结构的优点是梁柱整体结合,构件种类少,制作简单;跨度和高度较小时比钢筋混凝土排架结构节省材料。但其缺点是梁柱转折处因弯矩较大而容易产生裂缝;同时,刚架柱在横梁的推力作用下,将产生相对位移,使厂房的跨度发生变化。因此,刚架结构在有较大起重量的吊车厂房中的应用受到了一定的限制。目前,刚架结构一般仅适用于无吊车或吊车起重量不大于10t、跨度不大于18m的中小型厂房或仓库等。

本章主要介绍装配式钢筋混凝土单层排架结构厂房。

12.1.3　单层工业厂房的结构组成

单层工业厂房是由多种构件组成的空间受力体系,如图12-3所示。其结构组成可分为屋盖结构、横向平面排架、纵向平面排架和围护结构四大部分。

12.1.3.1　屋盖结构

屋盖结构的主要作用是承重、围护、采光和通风,并与厂房柱形成排架结构。

屋盖结构分为无檩体系和有檩体系。无檩体系由大型屋面板、屋架(或屋面梁)、屋盖支撑组成。有檩体系由小型屋面板、檩条、屋架(或屋面梁)、屋盖支撑组成。有檩体系屋盖刚度小,整体性差,故仅适用于中小型厂房。为满足厂房内通风和采光的需要,屋盖结构中有时还需设置天窗架(其上也有屋面板)及天窗架支撑。当生产工艺或使用上要求抽柱时,则需在抽柱的屋架下设置托架。

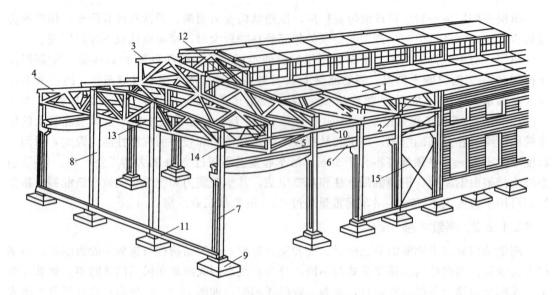

图 12-3 单层厂房的结构组成

1—屋面板；2—天沟板；3—天窗架；4—屋架；5—托架；6—吊车梁；7—排架柱；
8—抗风柱；9—基础；10—连系梁；11—基础梁；12—天窗架垂直支撑；
13—屋架下弦横向水平支撑；14—屋架端部垂直支撑；15—柱间支撑

(1) 屋面板 屋面板支撑在檩条或屋架（屋面梁）或天窗架上，直接承受屋面活荷载、积灰荷载、雪荷载及风荷载等，并把它们传给其下的支撑构件。

(2) 天窗架 天窗架支撑在屋架上，承受其上屋面板及天窗传来的荷载，并把它们传给屋架。

(3) 檩条 檩条支撑在屋架（屋面梁）上，承受屋面板传来的荷载，并将其传给屋架。檩条同时起着增强屋盖整体刚度的作用。

(4) 屋架或屋面梁 屋架或屋面梁一般直接支撑在排架柱上，承受大型屋面板或檩条、天窗架等传来的全部屋盖荷载，并将其传至排架柱顶。

(5) 托架 托架支撑在相邻柱上，承受其上屋架传来的荷载，并传给支撑柱。

12.1.3.2 横向平面排架

横向平面排架由横向平面内一系列排架柱（简称横向柱列）、屋架（或屋面梁）和基础组成，如图 12-4 所示。厂房结构受到的竖向荷载（结构自重、屋盖可变荷载、吊车竖向荷载等）和横向水平荷载（横向风荷载、吊车横向水平荷载等）主要由横向平面排架承受，并通过它传给基础及地基。

横向平面排架是厂房的基本承力结构，必须进行设计计算，以确保其可靠性。

12.1.3.3 纵向平面排架

纵向平面排架由纵向柱列、连系梁、吊车梁、柱间支撑及基础等组成，如图 12-5 所示。其作用是保证厂房结构的纵向刚度和稳定性，承受厂房结构受到的纵向水平荷载（山墙传来的纵向风荷载、吊车纵向水平荷载等），并把其传给基础。

通常，纵向平面排架承担的荷载较小，纵向柱子又较多，再加上柱间支撑的加强，因而纵向平面排架的刚度较大，而内力较小，一般可不进行设计计算，仅采用构造措施即可。但当纵向柱子数量较少或需要考虑地震作用时，就要进行纵向平面排架的计算。

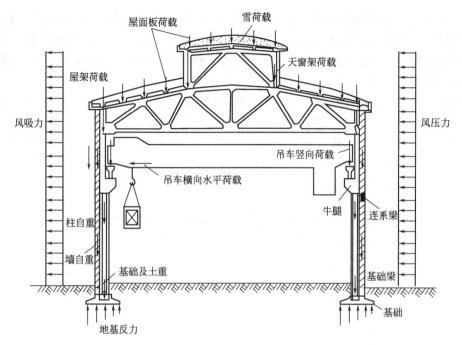

图 12-4 横向平面排架及其荷载

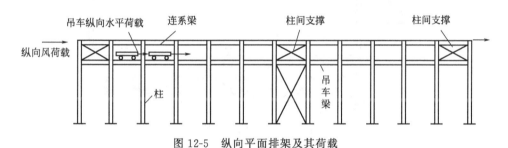

图 12-5 纵向平面排架及其荷载

12.1.3.4 围护结构

围护结构由外墙、连系梁、圈梁、基础梁、抗风柱等组成。这些构件主要承受自重或墙重以及作用在墙面上的风荷载。

12.2 单层工业厂房结构布置及主要构件选型

在单层厂房结构设计中，屋面板、屋架（或屋面梁）、吊车梁、连系梁、柱及基础等组成构件都有相应的标准图或通用图供设计时选用，柱和基础往往需要根据工程的实际情况进行设计计算。单层厂房结构设计的主要工作是：①进行结构布置；②选用标准构件；③分析排架内力；④计算柱和基础配筋；⑤绘制结构构件布置图；⑥绘制柱和基础施工图。

12.2.1 结构平面布置

12.2.1.1 柱网布置

在厂房的结构平面布置中，需根据生产工艺和使用要求，确定厂房承重柱的纵向定位轴线和横向定位轴线。通常把厂房承重柱的定位轴线在平面上形成的网格称为柱网。柱网布置就是确定纵向定位轴线之间的尺寸（跨度）和横向定位轴线之间的尺寸（柱距）；柱网布置既是确定柱的位置，也是确定屋面板、屋架（或屋面梁）和吊车梁等构件的跨度，同时也涉及其他结构构件的布置。因此，柱网布置直接关系到厂房的经济合理性和先进性，因此是厂房结构设计的重要工作。

柱网布置的原则，首先应满足生产工艺和实用要求，在此前提下力求建筑平面和结构方案的经济合理。另外，为了保证结构构件标准化，柱网尺寸应符合《厂房建筑模数协调标准》（GB/T 50006—2010）规定的建筑模数要求。当厂房跨度不大于18m时，应采用3m的倍数；当厂房跨度大于18m时，宜采用6m的倍数；厂房柱距应采用6m的倍数。厂房山墙处抗风柱的柱距，宜采用1.5m的倍数。厂房的柱网布置见图12-6。

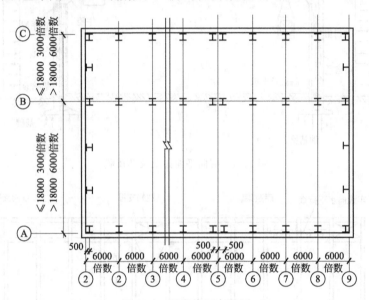

图 12-6 厂房柱网布置图

12.2.1.2 变形缝的设置

变形缝包括伸缩缝、沉降缝和防震缝。

（1）伸缩缝 如果厂房的长度或宽度过大，当气温变化时，厂房结构地上部分热胀冷缩大，而地下部分受温度变化影响小，基本上不产生温度变形。这样，厂房上部结构的伸缩受到限制，结构内部产生温度应力。当温度应力较大时，可使屋面、墙体等开裂，影响厂房的正常使用。为了减少温度变化对厂房的不利影响，需要沿厂房的横向或纵向设置伸缩缝，将厂房结构分成若干个温度区段。温度区段的划分应尽可能简单规整，并应使伸缩缝的数量最少。

温度区段的长度（伸缩缝之间的距离）与结构类型及其所处的环境条件有关。《混凝土结构设计规范》（GB 50010—2010，以下简称《规范》）规定，装配式钢筋混凝土排架结构的伸缩缝最大间距，在室内或土中时为100m，在露天时为70m。

对于下列情况，伸缩缝的最大间距宜适当减小：
① 从基础顶面算起柱高低于8m；
② 屋面无保温隔热措施；
③ 经常处于高温作用或位于气温干燥地区、夏季炎热且暴雨频繁的地区。

厂房的横向伸缩缝应从基础顶面开始，将相邻两个温度区段的上部结构构件全部分开；

伸缩缝处采用双柱、双屋架（或屋面梁），纵墙和各构件间留出一定宽度的缝隙［如图 12-7 (a)所示］，以使上部结构在温度变化时可自由地变形，不致引起厂房开裂。对厂房的纵向伸缩缝，一般做法是将伸缩缝一侧的屋架或屋面梁用滚轴式支座与柱相连［如图 12-7(b)所示］。

（2）沉降缝 如果单层厂房相邻两部分高度差很大（10m 以上）、两跨间吊车起重量相差较大、地基承载力或土的压缩性差异较大、厂房各部分的施工时间先后相差较长时，可考虑设置沉降缝。沉降缝应将房屋从基础到屋顶完全分开，以使缝两侧结构发生不同沉降时不致影响厂房的使用功能。沉降缝可兼起伸缩缝的作用。

（3）防震缝 地震区的单层厂房为减轻震害，应考虑设置防震缝。当厂房的建筑平面、立面复杂或结构相邻部分的刚度、高度相差较大时，需采用防震缝将其分开。防震缝从基础顶面开始沿房屋全高设置，而基础可以不断开，防震缝宽度需符合一定的要求，以避免地震时相邻部分互相碰撞，导致厂房破坏。

地震区厂房中设置的伸缩缝或沉降缝均应符合防震缝的要求。

12.2.1.3 厂房高度的确定

厂房高度是指屋面梁底面（或屋架下弦底面的标高）及吊车轨顶标高，如图 12-8 所示。这两个标高是厂房结构设计中重要的参数，应根据生产工艺和使用要求确定，同时要符合建筑模数的规定。

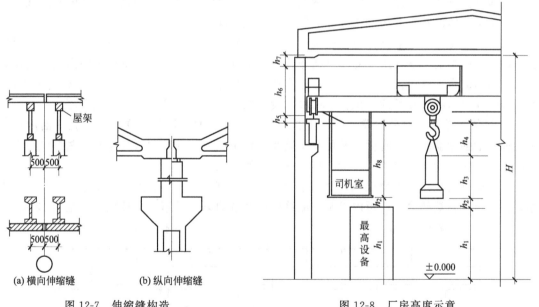

图 12-7 伸缩缝构造

图 12-8 厂房高度示意

对无吊车的单层厂房，屋面梁底标高 H 根据生产设备高度和生产使用、检修所需的高度确定。

对设有吊车的单层厂房，屋面梁底标高 H 由生产设备高度和吊车起吊运行所需的高度确定。可按下列公式计算，并取两者中的较大值，即

$$H = h_1 + h_2 + h_3 + h_4 + h_5 + h_6 + h_7 \tag{12-1}$$

$$H = h_1 + h_2 + h_8 + h_5 + h_6 + h_7 \tag{12-2}$$

式中 h_1——厂房内最高设备的高度，由工艺要求确定；

h_2——起吊重物时超越设备的安全高度,一般不小于 500mm;

h_3——最大起吊重物的高度;

h_4——最小吊索高度;

h_5——吊车底面至吊车轨顶高度,由吊车规格查得;

h_6——吊车轨顶至吊车小车顶面的尺寸,由吊车规格查得;

h_7——吊车行驶安全高度,一般不小于 220mm;

h_8——操纵室底至吊车底面的高度,由吊车规格查得。

吊车轨顶标高由屋面梁底标高(或屋架下弦底标高)减去 h_6 和 h_7 得到。柱的牛腿顶面标高为吊车轨顶标高减去吊车轨道连接高度和吊车梁高度。

确定厂房高度时,考虑建筑模数要求,屋面梁底标高应为 300mm 的倍数,柱的牛腿顶面标高应为 300mm 的倍数,吊车轨顶标高应为 600mm 的倍数。为满足以上要求,允许吊车轨顶实际设计标高与工艺要求的标志高度相差±200mm。

12.2.1.4 支撑的布置

在单层厂房中,支撑是联系各主要结构构件并把它们构成整体的重要组成部分。支撑的主要作用是增强厂房的整体性及空间刚度,保证结构构件的稳定和正常工作,传递水平荷载给主要承重构件。工程实践证明,如果支撑布置不当,不仅会影响厂房的正常使用,还可能引起主要承重构件的破坏和失稳,造成工程事故。因此对支撑体系的布置应予以足够重视。

厂房支撑分屋盖支撑和柱间支撑两类。下面主要介绍屋盖支撑和柱间支撑的作用和布置原则,关于具体的布置方法及构造细节可参阅有关标准图集。

(1) **屋盖支撑** 屋盖支撑包括屋架(或屋面梁)的上、下弦水平支撑、垂直支撑及纵向水平系杆。屋架上、下弦水平支撑是指布置在屋架(或屋面梁)上、下弦平面内以及天窗架上弦平面内的水平支撑。屋架垂直支撑是指布置在屋架(或屋面梁)间和天窗架间的支撑。系杆分刚性(压杆)和柔性(拉杆)两种,设置在屋架上、下弦及天窗上弦平面内。

① **屋架上弦横向水平支撑** 屋架上弦横向水平支撑的作用是:在屋架上弦平面内构成刚性框,增强屋盖的整体刚度,并可将山墙风载传至纵向柱列,同时为屋架上弦提供不动的侧向支点,保证屋架上弦或屋面梁上翼缘平面外的稳定。

当采用钢筋混凝土屋面梁的有檩屋盖体系时,应在梁的上翼缘平面内设置横向水平支撑,并应布置在端部第一柱距内以及伸缩缝区段两端的第一或第二个柱距内,见图 12-9。

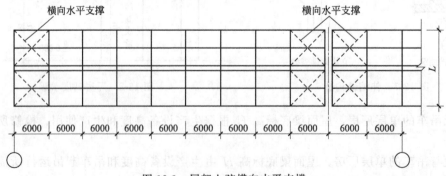

图 12-9 屋架上弦横向水平支撑

当采用大型屋面板且与屋面梁(或屋架)有可靠连接,能保证屋盖平面的稳定并能传递山墙风载时,则认为大型屋面板能起上弦横向水平支撑的作用,可不设置上弦横向水平支撑。对于采用钢筋混凝土拱形及梯形屋架的屋盖系统,应在每一个伸缩缝区段端部的第一或第二个柱距内布置上弦横向水平支撑。

② 屋架下弦纵、横向水平支撑　屋架下弦横向水平支撑的作用是：承受垂直支撑传来的荷载，并将山墙风载传递至两旁柱列。当厂房跨度≥18m 时，下弦横向水平支撑应布置在每一伸缩缝区段端部的第一柱距内；当厂房跨度＜18m 且山墙上的风荷载由屋架上弦水平支撑传递时，可不设屋架下弦横向水平支撑。

屋架下弦纵向水平支撑能提高厂房的空间刚度，保证横向水平力的纵向分布，增强排架间的空间作用。当厂房柱距为 6m 且厂房内设有普通桥式吊车，吊车吨位≥10t 时，应设置下弦纵向水平支撑。当厂房有托架时，必须设置下弦纵向水平支撑。

当设有屋架下弦纵向水平支撑时，为了保证厂房空间刚度，必须同时设置相应的下弦横向水平支撑，并应与下弦纵向水平支承形成封闭的支撑体系，见图 12-10。

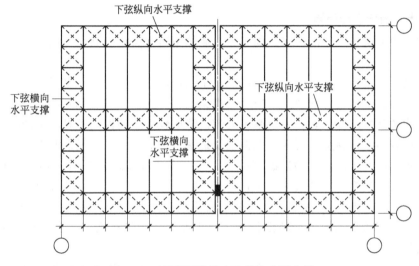

图 12-10　屋架下弦纵向和横向水平支撑

③ 垂直支撑和水平系杆　屋架之间的垂直支撑及水平系杆的作用是保证屋架在安装和使用阶段的侧向稳定，增加厂房的整体刚度。当屋架跨度≤18m 且无天窗时，可不设垂直支撑和水平系杆；当屋架跨度＞18m 时，应在第一或第二柱间设垂直支撑并在下弦设置通长水平系杆；当为梯形屋架时，因其端部高度较大，应增设端部垂直支撑和水平系杆。当为屋面大梁时，一般可不设垂直支撑和水平系杆，但应对梁在支座处进行抗倾覆验算。

④ 天窗架支撑　天窗架支撑的作用是将由天窗架组成的平面结构连接成空间受力体系，增加天窗系统的空间刚度，并将天窗壁板传来的风荷载传递给屋盖系统。天窗架支撑包括天窗横向水平支撑和天窗端垂直支撑，它们尽可能和屋架上弦横向水平支撑设于同一柱间内。

(2) 柱间支撑　柱间支撑的主要作用是保证厂房的纵向刚度和稳定性，传递纵向水平力到两侧纵向柱列。柱间支撑在下述情况之一时设置：①设有悬臂吊车或有 3t 及 3t 以上悬挂吊车；②设有重级工作制吊车或中、轻级工作制吊车；③厂房跨度在 18m 及以上或柱高在 8m 及以上；④纵向柱列总数每排在 7 根以下；⑤露天吊车的柱列。

柱间支撑由上、下两组组成，一组设置在上柱区段，一组设置在下柱区段。柱间支撑应布置在伸缩缝区段的中央或临近中央的柱间（上部柱间支撑在厂房两端的第一个柱距内也应同时设置），有利于在温度变化或混凝土收缩时，厂房可以自由变形而不致产生较大的温度和收缩应力。

柱间支撑一般采用十字交叉形式（交叉倾角在35°～55°）的钢结构，见图12-11。当厂房设有中级或轻级工作制吊车时，柱间支撑也可采用钢筋混凝土结构。

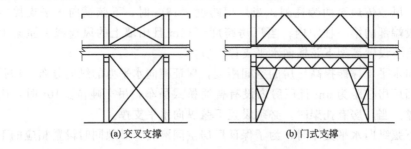

(a) 交叉支撑　　　　　(b) 门式支撑

图 12-11　柱间支撑

12.2.1.5　围护结构布置

围护结构中的墙体一般沿厂房四周布置，墙体中通常布置有圈梁、连系梁、过梁、基础梁等构件。

(1) **圈梁**　圈梁为非承重的现浇钢筋混凝土构件，在墙体的同一水平面上连续设置，构成封闭状，并和柱中伸出的预埋拉筋连接。圈梁的作用是将厂房的墙体和柱等连接在一起，增强厂房结构的整体刚度，防止因地基不均匀沉降或较大振动作用等对厂房产生不利影响。

圈梁的设置与墙体高度、设备有无振动及地基情况等有关。一般情况下，单层厂房可按下列原则设置圈梁：①无吊车的砖砌围护墙厂房，当檐口标高为 5～8m 时，应在檐口标高处设置圈梁一道，当檐口标高大于 8m 时，应增加设置数量；②无吊车的砌块围护墙厂房，当檐口标高为 4～5m 时，应在檐口标高处设置圈梁一道，当檐口标高大于 5m 时，应增加设置数量；③设有吊车或较大振动设备的单层工业厂房，除在檐口或窗顶标高处设置圈梁外，尚应增加设置数量。

圈梁的截面宽度宜与墙厚相同，当墙厚大于 240mm 时，其宽度不宜小于 2/3 墙厚。圈梁的截面高度不应小于 120mm。圈梁中的纵向钢筋不应少于 4Φ10，绑扎接头的搭接长度按受拉钢筋考虑，箍筋间距不应大于 300mm。圈梁兼作过梁时，过梁部分的钢筋按计算另行增配。

(2) **连系梁**　连系梁的作用是承受其上墙体及窗重，并传给排架柱；同时起连系纵向柱列、增强厂房纵向刚度的作用。连系梁一般为预制钢筋混凝土构件，两端支撑在柱外侧的牛腿上，用预埋件或螺栓与牛腿连接。

(3) **基础梁**　在单层厂房中，一般用基础梁来支撑围护墙体自重，并将围护墙的重力传给基础。基础梁通常为预制钢筋混凝土简支梁，两端直接支撑在基础顶部 [如图 12-12(a) 所示]；如果基础埋深较大，可将基础梁支撑在基础顶部的混凝土垫块上 [如图 12-12(b) 所示]。施工时，基础梁支撑处应坐浆。基础梁的顶面一般位于室内地坪以下 50mm 处，基础梁的底面以下应预留 100mm 的空隙，以保证基础梁可随基础一起沉降。

当基础梁上围护墙较高（如 15m 以上），墙体不能满足承载力要求或基础梁不能承担其上墙重时，可设置连系梁。当厂房的围护墙不高，柱基础埋深较小且地基较好时，可不设置基础梁，采用墙下条形基础。

12.2.2　主要承重构件选型

单层装配式钢筋混凝土排架结构厂房中的屋面板、屋架和屋面梁、吊车梁等构件，应根

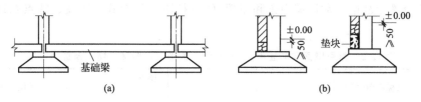

图 12-12 基础梁

据厂房的柱网尺寸、高度、吊车起重量和承受的荷载等实际情况,并考虑当地材料供应和施工条件,经过技术和经济比较,按标准图集中的要求合理地选用。

12.2.2.1 屋盖构件

(1) 屋面板 单层厂房无檩体系屋盖的常用屋面板形式、特点及使用范围见表 12-1。

表 12-1 无檩体系屋盖的常用屋面板形式、特点及使用范围

序号	构件名称(标准图号)	形式	特点及适用范围
1	预应力混凝土屋面板 (G410、CG411)	5970(8970)×1490,240(300)	(1) 屋面可为卷材防水,也可为非卷材防水; (2) 屋面水平刚度大; (3) 适用于中、重型和振动较大的厂房; (4) 屋面坡度:卷材防水≤1/5,非卷材防水≤1/4
2	预应力混凝土 F 型屋面板(CG412)	5370×1490,200	(1) 屋面为自防水; (2) 屋面水平刚度小,但节省材料; (3) 适用于中、小型非保温厂房; (4) 屋面坡度 1/8~1/4
3	预应力混凝土单肋板	3980(5980)×935(1200),180(250)	(1) 屋面为自防水; (2) 屋面刚度差,但节省材料; (3) 适用于中、小型非保温厂房; (4) 屋面坡度 1/4~1/3
4	钢筋混凝土天沟板	5970×240,400,580~860	(1) 屋面为卷材防水; (2) 用于屋面内、外檐处; (3) 需与大型屋面板配合使用

(2) 天窗架 天窗架有钢和钢筋混凝土两种,其跨度为 6m 或 9m。单层厂房中常用的钢筋混凝土三铰刚架式天窗架由两个三角形钢架在顶节点处及底部与屋架焊接而成,如图 12-13 所示。

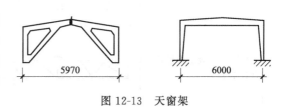

图 12-13 天窗架

(3) 屋面梁和屋架 常用屋面梁和屋架（6m柱距）的形式、跨度、特点及适用范围见表12-2。

表12-2 常用屋面梁与屋架（6m柱距）的形式、跨度、特点及适用范围

序号	构件名称(标准图号)	形式	跨度/m	特点及适用范围
1	预应力混凝土薄腹单坡屋面梁(G414)		6	(1)自重较大； (2)适用于跨度不大、有较大振动或有腐蚀性介质的厂房； (3)屋面坡度 1/12～1/8
2	预应力混凝土薄腹双坡屋面梁(G414)		9	
3	钢筋混凝土两铰拱屋架(G310,CG311)		9 12 15	(1)钢筋混凝土上弦,角钢下弦,顶节点刚接,自重较轻,构造简单； (2)适用于跨度不大的中、小型厂房； (3)屋面坡度：卷材防水为1/5,非卷材防水为1/4
4	钢筋混凝土三铰拱屋架(G312,CG313)		9 12 15	顶节点铰接,其他与钢筋混凝土两铰拱屋架构件相同
5	钢筋混凝土两铰拱屋架(CG424)		9 12 15 18	预应力混凝力上弦,角钢下弦,其他与钢筋混凝土三铰拱屋架构件相同
6	钢筋混凝土组合式屋架(CG315)		12 15 18	(1)钢筋混凝土上弦及受压腹杆,角钢下弦,自重较轻,刚度较差； (2)适用于中、小型厂房； (3)屋面坡度为1/4
7	钢筋混凝土菱形组合屋架		12 15	(1)自重较轻,构造简单； (2)适用于中、小型厂房； (3)屋面坡度 1/7.5～1/15
8	钢筋混凝土三角形屋架(原G145)		9 12 15	(1)自重较大； (2)适用于跨度不大的中、小型厂房； (3)屋面坡度 1/5～1/2.5
9	钢筋混凝土折线形屋架(原G314)		15 18	(1)外形较合理,屋面坡度合适； (2)适用于卷材防水屋面的中型厂房； (3)屋面坡度 1/15～1/5
10	预应力混凝土三角形屋架(G415)		18 21 24 27 30	适用于跨度较大的中、重型厂房,其他与钢筋混凝土折线形屋架构件相同
11	预应力混凝土三角形屋架(CG423)		18 21 24	适用于非卷材防水屋面,屋面坡度1/4的中型厂房,其他与预应力混凝土折线形屋架相同
12	预应力混凝土梯形屋架(CG417)		18 21 24 27 30	(1)自重较大,刚度好； (2)适用于卷材防水的重型厂房； (3)屋面坡度 1/12～1/10

(4) 托架　单层厂房中常用预应力混凝土三角形托架和折线形托架，如图 12-14 所示。

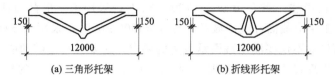

图 12-14　托架

12.2.2.2　吊车梁

吊车梁支撑在柱牛腿上，承受吊车传来的竖向荷载和水平荷载，并把它们传给牛腿和排架。吊车梁同时还要连系纵向柱列，起到增强厂房纵向刚度的作用。常用吊车梁的类型见表 12-3。设计时可根据吊车的工作级别、跨度、起重量和台数从相应的标准图中选用，并在结构布置图中标明其编号。

表 12-3　常用吊车梁类型

序号	构件名称（标准图号）	形式	跨度/m	特点及适用范围
1	钢筋混凝土吊车梁（厚腹）		6	轻级：3~50t 中级：3~30t 重级：5~20t
2	钢筋混凝土吊车梁（薄腹）		6	
3	预应力混凝土吊车梁（厚腹）		6	重级：5~50t
4	预应力混凝土吊车梁（薄腹）		6	中级：5~75t 重级：5~50t
5	预应力混凝土鱼腹式吊车梁		12	中级：5~100t 重级：5~50t

12.2.2.3　柱

柱是单层厂房重要的承重构件，按照受力不同分为排架柱和抗风柱。

(1) 排架柱　排架柱的常用形式有矩形截面柱、工字形截面柱和双肢柱等，如图 12-15

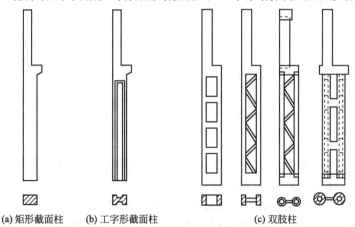

图 12-15　常用排架柱形式

所示。一般当排架柱的截面高度 $h \leqslant 500mm$ 时，采用矩形截面柱；当 h 为 $600 \sim 800mm$ 时，采用矩形或工字形截面柱；当 h 为 $900 \sim 1200mm$ 时，采用工字形截面柱；当 h 为 $1300 \sim 1500mm$ 时，采用工字形截面柱或双肢柱；当 $h \geqslant 1600mm$ 时，采用双肢柱。

排架柱的截面尺寸不仅要满足截面承载力的要求，还要具有足够的刚度，以保证厂房在正常使用过程中不出现过大的变形。表 12-4 列出可不进行刚度验算的柱的最小截面尺寸，表 12-5 列出柱的常用的截面尺寸，在确定排架柱的截面尺寸时，可作为参考。

表 12-4 可不进行刚度验算的柱的最小截面尺寸

序号	柱的类型	截面尺寸			
		b	H		
			$Q \leqslant 10t$	$10t < Q < 30t$	$30t \leqslant Q \leqslant 50t$
1	有吊车厂房下柱	$\geqslant H_1/25$	$\geqslant H_1/14$	$\geqslant H_1/12$	$\geqslant H_1/10$
2	露天吊车柱	$\geqslant H_1/25$	$\geqslant H_1/10$	$\geqslant H_1/8$	$\geqslant H_1/7$
3	单跨无吊车厂房	$\geqslant H/30$	$\geqslant 1.5H/25$		
4	多跨无吊车厂房	$\geqslant H/30$	$\geqslant 1.25H/25$		

注：1. H_1 为基础顶至吊车梁底的高度。
2. H 为基础顶至柱顶总高度。
3. Q 为吊车起重量。

表 12-5 柱的常用截面尺寸 单位：mm

吊车起重量 /t	轨顶标高 /m	边柱		中柱	
		上柱	下柱	上柱	下柱
$\leqslant 5$	$6 \sim 8$	矩 400×400	I 400×600×100	矩 400×400	I 400×600×100
10	8	矩 400×400	I 400×700×100	矩 400×600	I 400×800×150
	10	矩 400×400	I 400×800×150	矩 400×600	I 400×800×150
15~20	8	矩 400×400	I 400×800×150	矩 400×600	I 400×800×150
	10	矩 400×400	I 400×900×150	矩 400×600	I 400×1000×150
	12	矩 500×400	I 500×1000×200	矩 500×600	I 500×1200×200
30	8	矩 400×400	I 400×1000×150	矩 400×600	I 400×1000×150
	10	矩 400×500	I 400×1000×150	矩 500×600	I 500×1200×200
	12	矩 500×500	I 500×1000×200	矩 500×600	I 500×1200×200
	14	矩 600×500	I 600×1200×200	矩 600×600	I 600×1200×200
50	10	矩 500×500	I 500×1200×200	矩 500×700	双 500×1600×300
	12	矩 500×600	I 500×1400×200	矩 500×700	双 500×1600×300
	14	矩 600×600	I 600×1400×200	矩 600×700	双 600×1800×300

注：1. 矩表示矩形截面 $b \times h$。
2. I 表示工字形截面 $b \times h \times h_f$（h_f 为翼缘厚度）。
3. 双表示双肢柱 $b \times h \times h_z$（h_z 为肢杆厚度）。

(2) 抗风柱　当单层厂房的外横墙（山墙）受风面积较大时，就需设置抗风柱将山墙分为若干个区格。这样墙面受到的风荷载，一部分直接传给纵向柱列，另一部分则通过抗风柱与屋架上弦或下弦的连接传给纵向柱列和抗风柱下基础。

当厂房的跨度为 $9 \sim 12m$，抗风柱高度在 $8m$ 以下时，可采用与山墙同时砌筑的砖壁柱作为抗风柱。当厂房的跨度和高度较大时，应在山墙内侧设置钢筋混凝土抗风柱［如

图 12-16(a) 所示],并用钢筋与山墙连接。抗风柱与屋架既要可靠地连接,以保证把风荷载有效地传给屋架至纵向柱列;又要允许两者之间具有一定竖向位移的可能性,以防厂房与抗风柱沉降不均匀时产生不利的影响。在实际工程中,抗风柱与屋架常采用横向有较大刚度,而竖向又可位移的钢制弹簧板连接[如图 12-16(b) 所示]。抗风柱在风荷载作用下的计算简图如图 12-16(c) 所示。

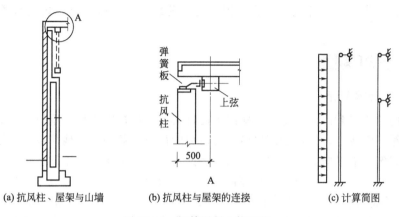

(a) 抗风柱、屋架与山墙　　(b) 抗风柱与屋架的连接　　(c) 计算简图

图 12-16　钢筋混凝土抗风柱

钢筋混凝土抗风柱的上柱宜采用矩形截面,下柱可采用矩形截面或工字形截面。

12.2.2.4　基础

单层厂房的柱下基础一般采用单独基础。这种基础按外形不同,分为阶形基础和锥形基础,如图 12-17 所示。为了便于预制柱的插入,并保证柱与基础的整体性,这种基础与预制柱的连接部分常做成杯口状,故统称杯形基础。杯形基础构造简单,施工方便,适用于地基土质较均匀、基础持力层距地面较浅、地基承载力较大、柱传来的荷载不大的一般厂房。

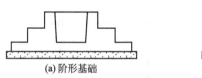　　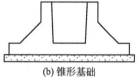

(a) 阶形基础　　　　　　　(b) 锥形基础

图 12-17　单独基础形式

当柱下基础与设备基础的布置发生冲突,或局部地质条件较差,需将柱下基础深埋时,为了不改变预制柱的长度,可采用高杯口基础(如图 12-18 所示)。如果柱传来的荷载很大,而基础的持力层又很深,则应考虑采用桩基础(如图 12-19 所示)。

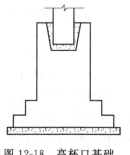　　　　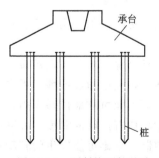

图 12-18　高杯口基础　　　　图 12-19　预制柱下桩基础

12.3 排架结构内力分析

对单层厂房排架结构进行内力分析和内力组合,是为了获得排架柱在各种荷载作用下,控制截面的最不利内力,以此作为设计柱的依据。同时,柱底截面的最不利内力,也是设计基础的依据。本节主要内容包括计算简图确定、荷载计算、排架结构内力计算和荷载效应组合。

12.3.1 计算简图

12.3.1.1 计算单元

单层厂房结构受到的荷载主要由横向平面排架(简称横向排架)承担。横向排架沿厂房纵向一般为等间距排列,作用于厂房横向的荷载除吊车荷载外,其他荷载(如结构自重、雪荷载、风荷载等)沿纵向又是均匀分布的。因此,厂房中部各横向排架所承担的荷载和受力情况均相同,在计算时,可通过两相邻柱距的中线取出有代表性的一段作为计算单元,如图12-20中的阴影部分。作用于计算单元范围内的荷载,则完全由该单元的横向排架承担。由于吊车的大车可沿厂房纵向移动,因此,通过吊车梁传给排架柱的吊车荷载不能按计算单元考虑。

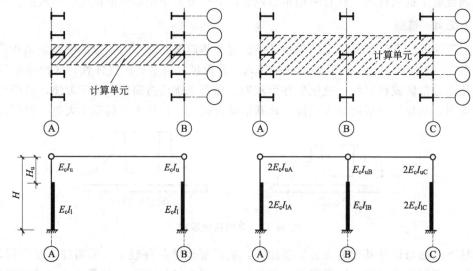

图 12-20 横向排架计算单元和计算模型

12.3.1.2 基本假定

根据单层厂房结构的实际工程构造,为了简化计算,确定计算简图时,作如下基本假定。

(1)排架柱上端与屋架(或屋面梁)铰接,下端固接于基础顶面 屋架(或屋面梁)通常为预制构件,在柱顶通过预埋钢板焊接或用螺栓连接在一起。这种连接方式,可传递水平力和竖向力,而不能可靠地传递弯矩,因此可假定排架柱上端与横梁为铰接。由于预制的排架柱插入基础杯口有足够的深度,并采用细石混凝土灌实缝隙与基础连成整体,而地基的变形又为设计控制,基础可能发生的转动一般很小,故可假定排架柱的下端固接于基础顶面。

(2)横梁为轴向变形可忽略不计的刚性连杆 钢筋混凝土或预应力混凝土屋架在荷载作

用下，其轴向变形很小，可忽略不计，视为刚性连杆。根据这一假定，排架受力后，横梁两端柱的水平位移相等。但需注意，若横梁为下弦刚度较小的组合式屋架或两铰拱、三铰拱屋架，则应考虑横梁轴向变形对排架柱内力的影响。

12.3.1.3 计算简图

根据上述基本假定，可得横向排架的计算简图，如图 12-21 所示。

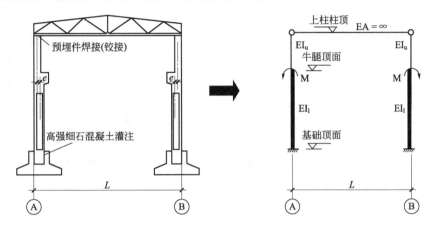

图 12-21 横向排架的计算简图

在计算简图中，排架柱的轴线分别取上、下柱的截面中心线。上柱高为牛腿顶面至柱顶的高度，下柱高为基础顶面至牛腿顶面的高度，柱总高为上柱高与下柱高之和。上、下柱的截面抗弯刚度 EI_u、EI_l 可按所选用的混凝土强度等级和预先设定的截面形状与尺寸确定。

12.3.2 荷载计算

作用于厂房横向排架上的荷载有永久荷载和可变荷载两类。永久荷载一般包括屋盖自重 G_1、上柱自重 G_2、下柱自重 G_3、吊车梁与轨道自重 G_4 以及由支撑在柱外牛腿上的连系梁传来的围护结构等的自重。可变荷载一般包括屋面活荷载 Q_1、吊车荷载（吊车竖向荷载 D_{max}、吊车横向水平荷载 T_{max}）和风荷载（横向的均布风荷载 q 及作用于排架柱顶的集中风荷载 F_w）。排架柱上的荷载如图 12-22 所示。

12.3.2.1 永久荷载

（1）屋盖自重 G_1 屋盖自重为计算单元范围内的屋面构造层、屋面板、天窗架、屋架或屋面梁、屋盖支撑等自重。屋盖自重以集中力 G_1 的形式作用于柱顶。当采用屋架时，G_1 的作用线通过屋架上、下弦中心线的交点，一般距厂房纵向定位轴线 150mm ［如图 12-23(a) 所示］。当采用屋面梁时，G_1 的作用线通过梁端支撑垫板的中心线。G_1 对上柱截面中心线一般有偏心距 e_1，对下柱截面中心线又增加一偏心距为 e_2（e_2 为上下柱截面中心线的间距）。故 G_1 对柱顶截面有力矩 $M_1=G_1e_1$，对下柱变截面处有一个附加力矩 $M'_1=G_1e_2$，如图 12-23(b) 所示。

（2）柱自重 G_2 和 G_3 上柱自重 G_2 和下柱自重 G_3 分别按各自的截面尺寸和高度计算。G_2 作用于上柱底部截面中心线处，在牛腿顶面处，对下柱截面中心线有力矩 $M'_2=G_2e_2$。G_3 作用于下柱底部，且与下柱截面中心线重合，如图 12-24(a)、(b) 所示。

（3）吊车梁与轨道自重 G_4 吊车梁与轨道自重 G_4 可根据所选用的构配件，由相应的标准图集中查得。G_4 沿吊车梁的中线作用于牛腿顶面，对下柱截面中心线有偏心距 e_4，在

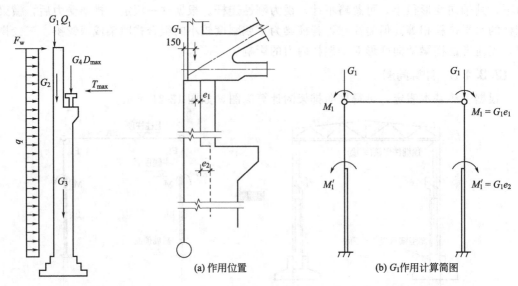

图 12-22 排架柱上的荷载　　图 12-23 屋盖自重的作用位置及计算简图

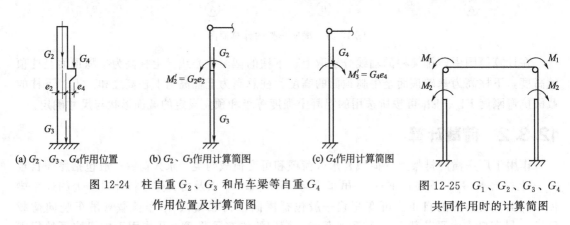

图 12-24 柱自重 G_2、G_3 和吊车梁等自重 G_4 作用位置及计算简图

图 12-25 G_1、G_2、G_3、G_4 共同作用时的计算简图

牛腿顶面处有力矩 $M_3'=G_4 e_4$，如图 12-24(a)、(c) 所示。

当考虑 G_1、G_2、G_3、G_4 共同作用时，需要按排架计算内力的简图如图 12-25 所示，图 12-25 中，$M_2=M_1'+M_2'-M_3'$。

12.3.2.2 屋面活荷载

屋面活荷载包括屋面均布活荷载、雪荷载和屋面积灰荷载。屋面活荷载 Q_1 的计算范围、作用形式及位置同屋盖自重 G_1。

(1) 屋面均布活荷载　屋面水平投影面上的屋面均布活荷载按《建筑结构荷载规范》（GB 50009—2012，以下简称《荷载规范》）的规定采用，不上人屋面的屋面均布活荷载标准值为 0.5kN/m^2，上人屋面的屋面均布活荷载标准值为 2.0kN/m^2；当施工或维修荷载较大时，应按实际情况采用。

(2) 雪荷载　屋面水平投影面上的雪荷载标准值 S_k 按下式计算：

$$S_k = \mu_r S_0 \qquad (12-3)$$

式中　μ_r——屋面积雪分布系数，由《荷载规范》查得；

　　　S_0——基本雪压，kN/m^2，按《荷载规范》给出的 50 年一遇的雪压采用。

(3) 屋面积灰荷载　当设计的厂房在生产过程中有大量的排灰或与灰源排放邻近时，应考虑屋面积灰荷载。积灰荷载按《荷载规范》的规定取值。

考虑到屋面可变荷载同时出现的可能性，屋面均布活荷载不应与雪荷载同时考虑，取两者中的较大值。积灰荷载应与雪荷载或屋面均布活荷载两者中的较大值同时考虑。

12.3.2.3 吊车荷载

单层工业厂房中的吊车，按主要承重结构的形式分为单梁式吊车和桥式吊车；按吊钩的种类分为软钩吊车和硬钩吊车；按动力来源又分为手动吊车和电动吊车。在实际工程中应根据使用要求确定，目前多采用软钩的电动桥式吊车。吊车的起重量标有如 15/3t 或 20/5t 等时，表明吊车的主钩额定起重量为 15t 或 20t，副钩额定起重量为 3t 或 5t，主、副钩的起重量不会同时出现。厂房设计时，按主钩额定起重量考虑。

考虑吊车在工作中的繁重程度，按吊车在使用期内要求的总工作循环次数和吊车荷载达到其额定值的频繁程度，将吊车划分为 $A_1 \sim A_8$ 共 8 个工作级别。吊车的工作级别与过去采用的吊车工作制的对应关系为：$A_1 \sim A_3$ 相应于轻级工作制，例如用于检修设备的吊车；A_4、A_5 相应于中级工作制；A_6、A_7 相应于重级工作，例如轧钢厂房中的吊车；A_8 相应于超重级工作制。

桥式吊车由大车和小车组成，大车在吊车梁的轨道上沿着厂房纵向运行，小车在大车的轨道上沿着厂房横向行驶，小车上设有滑轮和吊索用来起吊物件，如图 12-26 所示。

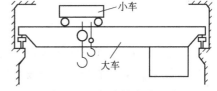

图 12-26 桥式吊车的组成

桥式吊车作用在横向排架上有吊车竖向荷载、吊车横向水平荷载，作用在纵向排架上有吊车纵向水平荷载。

（1）吊车竖向荷载 D_{max} 与 D_{min}　吊车竖向荷载是指吊车在满载运行时，经吊车梁传给排架柱的竖向移动荷载。

当小车吊有额定最大起重量 Q 的物件，行驶至大车一端的极限位置时，则该端大车的每个轮压达到最大轮压标准值 P_{max}，而另一端大车的各个轮压为最小轮压标准值 P_{min}，如图 12-27 所示。P_{max} 和 P_{min} 可根据所选用的吊车型号、规格由产品样本中查得。表 12-6 列举了电动双钩桥式吊车的相关数据。

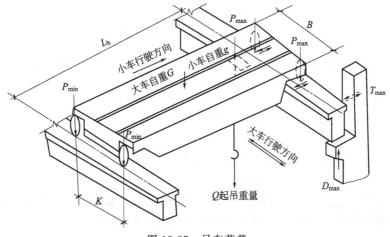

图 12-27 吊车荷载

表 12-6　电动双钩桥式吊车数据表

起重量 Q/t	跨度 L_h/m	起升高度/m	中级工作制		小车重 g/kN	吊车总重/kN	主要尺寸/mm						大车轨道重/(kN/m)
			P_{max}/kN	P_{min}/kN			吊车最大宽度 B/mm	大车轮距 K/mm	大车底面至轨道顶面的距离 F/mm	轨道顶面至吊车顶面的距离 H/mm	轨道中心至吊车外缘的距离 B_1/mm	操纵室底面至主梁底面的距离 h_3/mm	
$\dfrac{15}{3}$	10.5	12/14	135	41.5	73.2	203	5660	4000	80	2047	230	2290	0.43
	13.5		145	40		220			80			2290	
	16.5		155	42		244			180			2170	
	22.5		176	55		312			390	2137		2180	
$\dfrac{20}{5}$	10.5	14/12	158	46.5	77.2	209	5600	4400	80	2046	230	2280	0.43
	13.5		169	45		228			84			2280	
	16.5		180	46.5		253			184			2170	
	22.5		202	60		324			392	2136	260	2180	

由 P_{max} 与 P_{min} 同时在两侧排架柱上产生的吊车最大竖向荷载标准值 D_{max} 和最小竖向荷载标准值 D_{min}，可根据吊车的最不利布置和吊车梁的支座反力影响线计算确定，如图 12-28 所示。

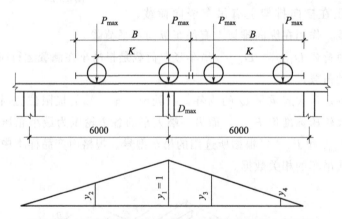

图 12-28　吊车的最不利布置和吊车梁的支座反力影响线

如果单跨厂房中设有相同的两台吊车，则 D_{max} 和 D_{min} 可按下式计算：

$$D_{max} = P_{max} \sum y_i \tag{12-4}$$

$$D_{min} = P_{min} \sum y_i \tag{12-5}$$

式中，$\sum y_i$ 为吊车最不利布置时，各轮子下影响线竖向坐标值之和，其中 $y_1 = 1$。

当厂房内设有多台吊车时，《荷载规范》规定：多台吊车的竖向荷载，对一层吊车的单跨厂房的每个排架，参与组合的吊车台数不宜多于 2 台；对一层吊车的多跨厂房的每个排架，不宜多于 4 台（每跨不多于 2 台）。

吊车竖向荷载 D_{max}、D_{min} 沿吊车梁的中心线作用在牛腿顶面，对下柱截面中心线的偏心距为 e_4 [如图 12-29(a) 所示]，相应的力矩 $M_{D_{max}}$、$M_{D_{min}}$ 为

$$M_{D_{max}} = D_{max} e_4 \tag{12-6}$$

$$M_{D_{\min}} = D_{\min} e_4 \tag{12-7}$$

排架结构在吊车竖向荷载作用下的计算简图如图 12-29(b) 所示。

(2) 吊车横向水平荷载 $T_{\max}$　桥式吊车在使用过程中，位于大车轨道上的小车吊有额定最大起重量 Q 的物件在启动或制动时，将产生横向水平惯性力。此惯性力通过大车车轮及其下轨道传给两侧的吊车梁，再经吊车梁与柱间的连接钢板传至排架柱，如图 12-30 所示。在排架计算中，由此惯性力引起的荷载称为吊车横向水平荷载。显然，吊车横向水平荷载对排架柱的作用位置在吊车梁的顶面，且同时作用于吊车两侧的排架柱上，方向相同。

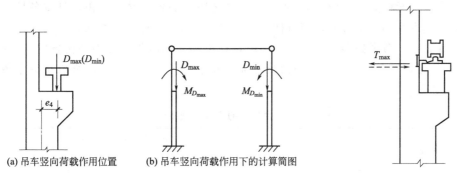

(a) 吊车竖向荷载作用位置　　(b) 吊车竖向荷载作用下的计算简图

图 12-29　吊车竖向荷载作用位置及计算简图　　图 12-30　吊车横向水平荷载作用位置

吊车的横向水平荷载标准值按《荷载规范》规定，可取横向小车重量 g 与额定最大起重量 Q 之和的百分数，并允许近似地平均分配给大车的各轮。对常用的四轮吊车，每个轮子引起的横向水平荷载标准值为：

$$T = \frac{\alpha(g+Q)}{4} \tag{12-8}$$

式中，α 为横向制动力系数，对软钩吊车，当 $Q \leqslant 10\text{t}$ 时，$\alpha=0.12$；当 $Q=16\sim 50\text{t}$ 时，$\alpha=0.1$；当 $Q \geqslant 75\text{t}$ 时，$\alpha=0.08$；对硬钩吊车，$\alpha=0.20$。

吊车对排架柱产生的最大横向水平荷载标准值 $T_{\max}$，可利用计算吊车竖向荷载 $D_{\max}$ 的方法求得，如图 12-31 所示，即：

$$T_{\max} = T \sum y_i \tag{12-9}$$

当计算吊车横向水平荷载引起的排架结构内力时，《荷载规范》规定，对单跨或多跨厂房的每个排架，参与组合的吊车台数不应多于 2 台。

考虑小车往返运行，在两个方向都有可能启动或制动，故排架结构受到的吊车横向水平荷载方向也随着改变，其计算简图如图 12-32 所示。

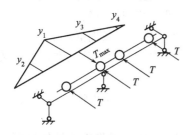　　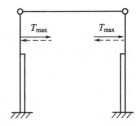

图 12-31　吊车最大横向水平荷载的计算图　　图 12-32　吊车横向水平荷载作用的计算简图

(3) 吊车纵向水平荷载 T_0　吊车纵向水平荷载是吊车沿厂房纵向运行时，由大车制动引起的惯性力产生的，它通过大车的制动轮与轨道间的摩擦，经吊车梁传到纵向柱列或柱间支撑。

吊车纵向荷载主要与大车制动轮的轮压及轨与轨道间的滑动摩擦系数有关,其作用点位于刹车轮与轨道的接触点,方向与轨道方向一致。《荷载规范》规定:吊车纵向水平荷载标准值 T_0 应按作用在一边轨道上所有刹车轮的最大轮压 P_{max} 之和的 10% 采用。对每侧有一个制动轮的四轮吊车,可按下式计算:

$$T_0 = 0.1 P_{max} \tag{12-10}$$

计算多台吊车的纵向水平荷载时,对单跨或多跨厂房的每个排架,参与组合的吊车台数不应多于 2 台。当无柱间支撑时,T_0 由同一温度区段内的各柱共同承担,且按各柱沿厂房纵向的抗侧移刚度大小比例分配。当有柱间支撑时,则 T_0 由柱间支撑承受。

在排架计算中,考虑到多台吊车同时满载,且小车又同时处于最不利位置的概率很小,《荷载规范》规定,对多台吊车的竖向荷载标准值和水平荷载标准值,应乘以折减系数,折减系数见表 12-7。

表 12-7 多台吊车的荷载折减系数

参与组合的吊车台数	吊车工作级别	
	$A_1 \sim A_5$	$A_6 \sim A_8$
2	0.90	0.95
3	0.85	0.90
4	0.80	0.85

12.3.2.4 风荷载

《荷载规范》规定,当计算主要承重结构时,垂直作用于建筑物表面上的风荷载标准值应按下式计算:

$$w_k = \beta_z \mu_s \mu_z w_0 \tag{12-11}$$

式中 w_k——风荷载标准值,kN/m^2;

w_0——基本风压,kN/m^2,是以当地比较空旷平坦地面上离地 10m 高处统计所得的 50 年一遇 10 分钟平均最大风速为标准确定的风压值,可由《荷载规范》查得,但不得小于 $0.3kN/m^2$;

β_z——高度 z 处的风振系数,对房屋高度不大于 30m 或高宽比小于 1.5 的建筑结构可不考虑风振系数的影响,$\beta_z = 1.0$,单层厂房一般不予考虑,取 $\beta_z = 1.0$。

μ_s——风荷载体型系数,对于矩形平面的多层房屋,迎风面为 $+0.8$(压力),背风面为 -0.5(吸力),其他形状平面的 μ_s 详见《荷载规范》;

μ_z——风压高度变化系数,应根据地面粗糙度类别,从《荷载规范》中查得。

单层厂房横向排架承担的风荷载按计算单元考虑。为了简化计算,作用在厂房排架上的风荷载可简化为如图 12-33 所示的形式。

(1) 作用于柱顶以下的风荷载标准值沿高度取为均匀分布,其值分别为 q_1 和 q_2,此时的风压高度变化系数 μ_z 按柱顶标高确定。

(2) 作用于柱顶以上的风荷载标准值以水平集中荷载 F_w 的形式作用于排架柱顶。此时的风压高度变化系数 μ_z,对有天窗的可按天窗架檐口标高确定,对无天窗的可按厂房檐口标高确定。

由于风的方向是变化的,因此排架内力分析时,既要考虑风从横向排架一侧吹来的受力

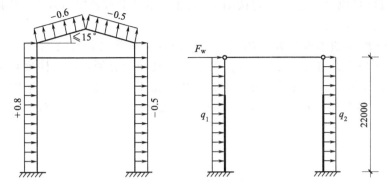

图 12-33 排架风荷载体型系数和风荷载

情况，也要考虑风从横向排架另一侧吹来的受力情况。

12.3.3 排架结构内力计算

单层厂房结构是由屋盖结构、排架柱、吊车梁和连系梁等构件组成的整体空间结构。当某个横向排架受到荷载作用时，不仅该排架受力产生位移，而且其他排架也参与受力产生位移，从而使直接受荷排架承受的力减少。这种排架与排架之间的相互关联作用称为厂房的整体空间作用。对吊车荷载等局部荷载，厂房的整体空间作用较均布荷载要大。因此，在厂房的设计中，当需要考虑整体空间作用的有利影响时，仅对吊车荷载而言。当不考虑厂房的整体空间作用时，单层厂房的横向排架是一个承受多种荷载作用、具有变截面柱的平面结构。

为了确定排架柱在可能同时出现的荷载作用下的截面最不利内力，一般需先对各种荷载单独作用下的排架进行内力分析。对单跨排架，通常需考虑如下 8 种单独作用的荷载情况：

(1) 恒荷载（G_1、G_2、G_3、G_4 等）；
(2) 屋面活荷载（Q_1）；
(3) 吊车竖向荷载 D_{max} 作用于 A 柱，D_{min} 作用于 B 柱；
(4) 吊车竖向荷载 D_{min} 作用于 A 柱，D_{max} 作用于 B 柱；
(5) 吊车水平荷载 T_{max} 作用于 A、B 柱，方向由左向右；
(6) 吊车水平荷载 T_{max} 作用于 A、B 柱，方向由右向左；
(7) 风荷载（F_w、q_1、q_2）由左向右作用；
(8) 风荷载（F_w、q_1、q_2）由右向左作用。

排架在各种单独作用的荷载情况下的内力均可用结构力学的方法进行计算。在计算时，如不考虑厂房的整体空间作用，其计算简图可归结为柱顶有不动铰支排架[如图 12-34(a) 所示]和柱顶有侧移铰接排架[如图 12-34(b) 所示]两种。

下面分别叙述这两种计算简图的排架内力计算实用方法。

12.3.3.1 柱顶为不动铰支排架

单跨等高排架在恒荷载（如 G_1、G_2、G_3、G_4 等）以及屋面活荷载（如 Q_1）作用下，一般属于结构对称、荷载对称的情况，因此，可按柱顶为无侧移的不动铰支排架计算内力。由于在排架的计

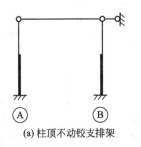
(a) 柱顶不动铰支排架

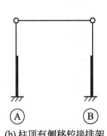
(b) 柱顶有侧移铰接排架

图 12-34 单跨等高排架计算简图

算简图中假定横梁为刚性连杆，故可按图 12-35 所示的恒荷载及屋面活荷载作用下的单根柱计算简图分析柱的内力。

对图 12-35 所示的单根柱计算简图，可根据各个荷载（如 G_1、G_2、G_3、G_4 等）对柱上、下轴线的偏心距（如 e_1、e_2、e_4 等），将其转换为分别作用在柱顶和牛腿顶面的力矩 M_1 和 M_2 以及沿上、下柱轴线作用的集中力。由于沿柱轴线作用的集中力仅使柱产生轴向力，而不引起弯矩和剪力，因此，可按图 12-36 所示的计算简图计算柱的截面弯矩和剪力。

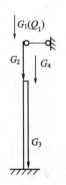

图 12-35 恒荷载及屋面活荷载作用下的单根柱计算简图

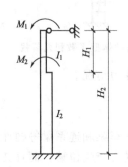

图 12-36 M_1、M_2 作用下的计算简图

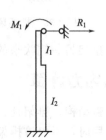

(a) M_1 作用下的柱顶反力 R_1

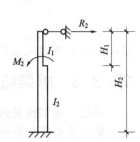

(b) M_2 作用下的柱顶反力 R_2

图 12-37 M_1、M_2 作用下的内力计算

图 12-36 所示的计算简图为一次超静定结构，用结构力学的方法可求得在 M_1 和 M_2 分别作用下的柱顶反力 R_1［如图 12-37(a) 所示］和 R_2［如图 12-37(b) 所示］为：

$$R_1 = C_1 \frac{M_1}{H_1} \tag{12-12}$$

$$R_2 = C_2 \frac{M_2}{H_2} \tag{12-13}$$

式中　C_1——柱顶力矩 M_1 作用下的柱顶反力系数，由表 12-8 查得；

　　　C_2——牛腿顶面力矩 M_2 作用下的柱顶反力系数，由表 12-8 查得。

柱顶反力 R_1 和 R_2 的方向按实际受力情况确定。当求得 M_1 和 M_2 共同作用下的柱顶反力（$R = R_1 + R_2$）后，即可按悬臂柱计算柱的截面弯矩和剪力。

12.3.3.2　柱顶为有侧移铰接排架

排架在吊车荷载及风荷载作用下，一般可按柱顶为有侧移铰接排架进行内力计算。

(1) 吊车竖向荷载作用的排架内力计算　吊车竖向荷载 D_{max} 和 D_{min} 为同时分别作用在两侧柱的有侧移铰接排架柱的内力，根据力的叠加原理，可由图 12-38(a)、(b) 的内力计算结果叠加而得。

对于吊车竖向荷载 D_{max} 作用在 A 柱的图 12-38(a) 所示的情况，作用于 A 柱下柱轴线上的 D_{max} 仅对其下柱产生轴向力，故可按图 12-39(a) 所示计算排架柱的截面弯矩和剪力。计算时，可按如下步骤进行：

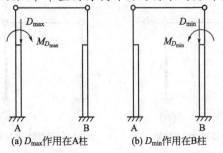

图 12-38 D_{max} 和 D_{min} 分别作用下的计算简图

表 12-8　单阶变截面柱的柱顶反力系数

序号	简图	R	$C_0 \sim C_5$	序号	简图	R	$C_6 \sim C_{11}$
0			$\delta = \dfrac{H^3}{C_0 EI_1}$ $C_0 = \dfrac{3}{1+\lambda^3\left(\dfrac{1}{n}-1\right)}$	6		TC_6	$C_6 = \dfrac{1-0.5\lambda(3-\lambda^2)}{1+\lambda^3\left(\dfrac{1}{n}-1\right)}$
1		$\dfrac{M}{H}C_1$	$C_1 = \dfrac{3}{2}\dfrac{1-\lambda^2\left(1-\dfrac{1}{n}\right)}{1+\lambda^3\left(\dfrac{1}{n}-1\right)}$	7		TC_7	$C_7 = \dfrac{b^2(1-\lambda)^2[3-b(1-\lambda)]}{2\left[1+\lambda^3\left(\dfrac{1}{n}-1\right)\right]}$
2		$\dfrac{M}{H}C_2$	$C_2 = \dfrac{3}{2}\dfrac{1+\lambda^2\left(\dfrac{1-a^2}{n}-1\right)}{1+\lambda^3\left(\dfrac{1}{n}-1\right)}$	8		qHC_8	$C_8 = \left[\dfrac{a^4}{n}\lambda^4 - \left(\dfrac{1}{n}-1\right)\right.$ $\left.(6a-8)a\lambda^4 - a\lambda(6a\lambda-8)\right] \div$ $8\left[1+\lambda^3\left(\dfrac{1}{n}-1\right)\right]$
3		$\dfrac{M}{H}C_3$	$C_3 = \dfrac{3}{2}\dfrac{1-\lambda^2}{1+\lambda^3\left(\dfrac{1}{n}-1\right)}$	9		qHC_9	$C_9 = \dfrac{8\lambda - 6\lambda^2 + \lambda^4\left(\dfrac{3}{n}-2\right)}{8\left[1+\lambda^3\left(\dfrac{1}{n}-1\right)\right]}$
4		$\dfrac{M}{H}C_4$	$C_4 = \dfrac{3}{2}\dfrac{2b(1-\lambda)-b^2(1-\lambda)^2}{1+\lambda^3\left(\dfrac{1}{n}-1\right)}$	10		qHC_{10}	$C_{10} = \left\{3 - b^3(1-\lambda)^3\right.$ $[4-b(1-\lambda)] + 3\lambda^4$ $\left.\left(\dfrac{1}{n}-1\right)\right\} \div 8\left[1+\lambda^3\left(\dfrac{1}{n}-1\right)\right]$
5		TC_5	$C_5 = \left\{2 - 3a\lambda + \lambda^3\right.$ $\left.\left[\dfrac{(2+a)(1+a)^2}{n} - (2-3a)\right]\right\} \div$ $2\left[1+\lambda^3\left(\dfrac{1}{n}-1\right)\right]$	11		qHC_{11}	$C_{11} = \dfrac{3\left[1+\lambda^4\left(\dfrac{1}{n}-1\right)\right]}{8\left[1+\lambda^3\left(\dfrac{1}{n}-1\right)\right]}$

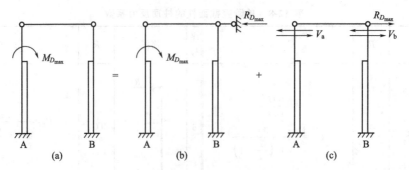

图 12-39　$M_{D_{max}}$ 作用在 A 柱的内力计算

① 在排架柱顶附加一个不动铰支座 [图 12-39(b)]，按前述的柱顶为不动铰支排架计算牛腿顶面处 $M_{D_{max}}$ 作用下的柱顶反力 $R_{D_{max}}$ 和柱的内力。此时的 $R_{D_{max}}$ 为：

$$R_{D_{max}} = C_2 \frac{M_{D_{max}}}{H_2} \tag{12-14}$$

② 为消除附加不动铰支座的影响，将柱顶反力 $R_{D_{max}}$ 反向作用于有侧移的铰接排架柱顶，按剪力分配法求得此时的柱顶剪力 V_i，即可按悬臂柱计算柱的内力。柱顶剪力 V_i 为：

$$V_i = \frac{\frac{1}{\delta_i}}{\sum \frac{1}{\delta_i}} R_{D_{max}} = \eta_i R_{D_{max}} \tag{12-15}$$

$$\delta_i = \frac{H_2^3}{C_0 E I_2} \tag{12-16}$$

式中　δ_i——第 i 柱的柔度，即柱顶作用单位水平力时，在柱顶产生的水平位移，其倒数 $1/\delta_i$ 称为第 i 柱的抗剪刚度；

　　　η_i——第 i 柱的剪力分配系数，即第 i 柱的抗剪刚度 $1/\delta_i$ 与各柱抗剪刚度总和的比值，且 $\sum \eta_i = 1$，对于单层单跨对称排架结构，$\eta_i = 0.5$；

　　　C_0——柱顶单位水平力作用下的柱顶反力系数，由表 12-8 查得。

③ 将上述两步所得柱的内力叠加，即为如图 12-39(a) 所示排架柱的内力。

同理，可求得吊车竖向荷载 D_{min} 作用在 B 柱时如图 12-38(b) 所示排架柱的内力。

以上为吊车竖向荷载 D_{max} 在 A 柱、D_{min} 在 B 柱时单跨等高排架的内力计算方法。当吊车竖向荷载 D_{min} 作用于 A 柱、D_{max} 作用于 B 柱时，同样可用上述方法计算排架柱的内力，但此时排架柱的内力图恰好与 D_{max} 在 A 柱时相反。因此，D_{min} 作用于 A 柱的情况可不再另行计算。

(2) 吊车水平荷载作用的排架内力计算　在吊车水平荷载 T_{max} 作用下，有侧移铰接排架柱的内力也可利用柱顶附加不动铰支座和剪力分配法进行计算。图 12-40(a) 所示为两跨等高排架承受 T_{max} 作用的计算简图，其排架柱的内力可由图 12-40(b)、(c) 所示的内力叠加得到。

对于图 12-40(b) 所示的情况，可分别按上端为不动铰支、下端为固定的变截面单根柱计算其柱顶反力 R_i 和柱的内力，各柱的柱顶反力 R_i 为：

$$R_i = C_3 T_{max} \tag{12-17}$$

式中，C_3 为吊车水平荷载 T_{max} 作用下的柱顶反力系数，由表 12-8 查得。

此时，排架柱顶总的反力 $R_T = \sum R_i$。

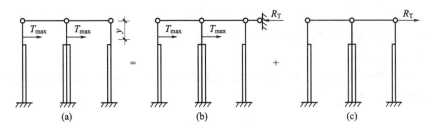

图 12-40 两跨等高排架 T_{max} 作用下的内力计算

对于图 12-40(c) 所示的情况，则按剪力分配法计算在 R_T 作用下各柱的柱顶剪力 V_i，并求得各柱内力。

当为单跨对称排架时，在 T_{max} 作用下的各柱内力，可按图 12-41 所示的悬臂柱直接计算。

同理，当 T_{max} 的作用方向向左时，排架柱的内力也可用上述方法计算。

(3) 风荷载作用的排架内力计算　在风荷载 F_w、q_1、q_2 作用下，等高排架柱的内力仍可用柱顶附加不动铰支座和剪力分配法进行计算。单跨排架柱的内力，可由图 12-42(a)、(b) 两种内力状态叠加求得。

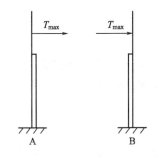

图 12-41　单跨对称排架 T_{max}
作用下的内力计算

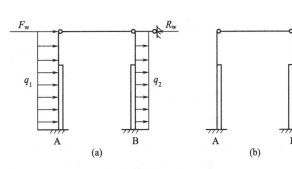

图 12-42　单跨排架风荷载作用下的内力计算

在 F_w、q_1、q_2 共同作用下的受力情况，可由它们分别作用的图 12-43(a)～(c) 三种受力情况叠加得到。

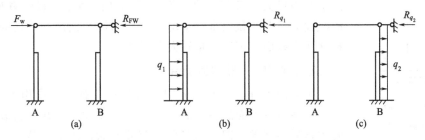

图 12-43　F_w、q_1、q_2 分别作用的受力情况

① F_w 作用下的计算。由图 12-43(a) 可见，此时的柱顶反力 $R_{FW}=F_w$，且柱中不产生内力。

② q_1 作用下的计算。在图 12-43(b) 所示的情况下，因 B 柱上无荷载作用，其柱中内力为零，且不引起柱顶反力，故仅需对 A 柱按上端为不动铰支，下端为固定的单根柱计算柱顶反力 R_{q_1} 和柱中内力。此时的柱顶反力 R_{q_1} 为：

$$R_{q_1} = C_4 H q_1 \tag{12-18}$$

式中 C_4——均布风荷载作用下的柱顶反力系数,由表 12-8 查得;

H——全柱柱高。

③ q_2 作用下的计算。对图 12-43(c) 所示的情况,可采用与 q_1 作用时相同的方法分析计算。此时的柱顶反力 R_{q_2} 为:

$$R_{q_2} = C_4 H q_2 \tag{12-19}$$

将 F_w、q_1、q_2 单独作用下的排架柱内力和柱顶反力分别进行叠加,即得如图 12-42(a) 所示排架柱的内力和柱顶总的反力 R_w。

对于 R_w 反向作用下的图 12-42(b) 所示情况,由剪力分配法即可求得其排架柱的内力。

最后,将图 12-42(a) 和图 12-42(b) 中对应排架柱的内力叠加,即为原单跨排架在风荷载作用下的柱中内力。

当风荷载由右向左作用时,A 柱的内力与向右作用时 B 柱的内力符号相反、数值相等,因此,这种情况不需另行计算。

以上为等高排架不考虑厂房整体空间作用的内力计算方法。对不等高多跨排架,可用结构力学中所述的内力法进行内力计算。如在计算时考虑厂房的整体空间作用,则可参阅有关书籍。

12.3.4 荷载效应组合

经过对排架进行内力分析,求得排架柱在恒荷载和各种活荷载单独作用下的内力后,就需要根据厂房排架可能同时承受的荷载情况进行内力组合,以获得排架柱控制截面的最不利内力,作为对柱进行配筋计算和设计基础的依据。

12.3.4.1 控制截面

排架柱的控制截面是指对柱的各区段配筋起控制作用的截面。对图 12-44 所示的单阶柱,上柱的最大轴力和弯矩通常发生在其底部截面 I—I 处,故此截面为上柱的控制截面,上柱的纵向钢筋按此截面的钢筋用量配置。下柱牛腿顶面截面 II—II,在吊车竖向荷载作用下的弯矩最大;而其柱底截面(基础顶面) III—III,在风荷载和吊车横向水平荷载作用下弯矩最大,且截面 III—III 的最不利内力也是设计基础的依据,故截面 II—II 和截面 III—III 均为下柱的控制截面,下柱的纵向钢筋按这两个截面中钢筋用量较大者配置。

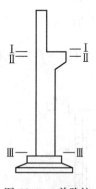

图 12-44 单阶柱的控制截面

12.3.4.2 荷载效应组合

排架内力分析一般是分别算出各种荷载单独作用下柱的内力,为求得柱控制截面的最不利内力,首先需找出哪几种荷载同时作用时才是最不利的,即考虑各单项荷载同时出现的可能性;其次,由于几种可变荷载同时作用又同时达到其设计值的可能性较小,为此,需对可变荷载进行折减,即考虑可变荷载组合值系数。

排架荷载效应基本组合的设计值 S,应按下式进行计算:

$$S = \sum_{i \geqslant 1} \gamma_{G_i} S_{G_i k} + \gamma_{Q_1} \gamma_{L1} S_{Q_1 k} + \sum_{j > 1} \gamma_{Q_j} \gamma_{Lj} \psi_{cj} S_{Q_j k} \tag{12-20}$$

式中 $S_{G_i k}$——第 i 个永久荷载标准值计算的效应值;

S_{Q_1k}，S_{Q_jk}——第1个、第j个可变荷载标准值计算的效应值；

γ_{G_i}——第i个永久荷载的分项系数，按表3-8取值；

γ_{Q_1}，γ_{Q_j}——第1个、第j个可变荷载的分项系数，按表3-8取值；

γ_{L1}，γ_{Lj}——第1个、第j个可变荷载考虑结构设计使用年限的调整系数，按表3-9取值；

ψ_{cj}——第j个可变荷载的组合值系数，按表3-4、表3-5取值。

12.3.4.3 内力组合的项目

单层厂房的排架柱为偏心受压构件，控制截面上同时作用有弯矩、轴力和剪力。对于矩形、工字形截面偏心受压构件，其纵向受力钢筋数量取决于控制截面上的弯矩和轴力。由于弯矩和轴力有多种组合，需找出截面配筋面积最大的弯矩和轴力组合。因此，当柱采用对称配筋时，控制截面最不利内力组合一般有以下几种：

(1) $|M|_{max}$ 及相应的 N、V；

(2) N_{max} 及相应的 M、V；

(3) N_{min} 及相应的 M、V。

按上述情况可以得到很多组不利内力组合，但难以判别哪一种组合是决定截面配筋的最不利内力。通长做法是对每一组不利内力组合进行分析和判断，求出几种可能的最不利内力组合值，经过截面配筋计算，通过比较后加以确定。对于不考虑抗震设防的排架柱，箍筋一般由构造控制，故在柱的截面设计时，可不考虑最大剪力所对应的不利内力组合值。

12.3.4.4 组合时注意的问题

对排架柱的控制截面进行最不利内力组合时，应注意如下几点：

(1) 恒荷载参与每一种组合。

(2) 每次内力组合时，只能以一种内力为目标来决定可变荷载的取舍，并求得与其相应的其余两种内力。

(3) 吊车竖向荷载 D_{max} 作用于 A 柱和 D_{min} 作用于 A 柱，只能选其中一种参与组合。

(4) 吊车水平荷载 T_{max} 作用方向向右与向左只能选其中一种参与组合。

(5) 在同一跨内，吊车竖向荷载 D_{max} 和 D_{min} 与吊车水平荷载 T_{max} 不一定同时发生，故组合 D_{max} 或 D_{min} 产生的内力时，不一定要组合 T_{max} 产生的内力。考虑到 T_{max} 既可向左又可向右的特性，所以若组合了 D_{max} 或 D_{min} 产生的内力，则同时组合相应的 T_{max} 产生的内力才能得到最不利的内力组合。如果组合时取用了 T_{max} 产生的内力，则必须取用相应的 D_{max} 或 D_{min} 产生的内力。

(6) 风荷载作用方向向右与向左只能选其中一种参与组合。

(7) 当以 N_{max} 或 N_{min} 为目标进行内力组合时，因为在风荷载及吊车水平荷载作用下，轴力 N 为零，虽然将其组合并不改变组合目标，但可使弯矩 M 值增大或减小，故要取相应可能产生的最大正弯矩或最大负弯矩的内力项。

(8) 由于多台吊车同时满载的可能性较小，所以当多台吊车参与组合时，吊车竖向荷载和水平荷载作用下的内力应乘以表12-7规定的荷载折减系数。

12.4 排架柱设计

单层厂房排架柱的设计，包括选择柱的形式、确定截面尺寸、内力分析、配筋计算、吊装验算、牛腿设计等。关于柱的形式、截面尺寸的确定以及内力分析已在前面讲述,本节讨论排架柱设计中的其他问题。

12.4.1 截面设计

排架柱配筋常采用对称配筋,可根据排架计算求得的控制截面的最不利内力 M、N 和 V,按偏心受压构件进行截面配筋计算。一般情况下,矩形、工字形截面实腹柱可按构造要求配置箍筋,不必进行受剪承载力计算。因柱截面上同时作用弯矩和剪力,且弯矩有正、负两种情况,故这种柱应按对称配筋偏心受压构件进行弯矩作用平面内的受压承载力计算,还应按轴心受压截面进行平面外受压承载力验算。

在对柱进行受压承载力计算或验算时,需要考虑二阶效应影响。排架柱的计算长度 l_0 与柱的支承条件和高度有关,其计算长度 l_0 可按第 5 章中的表 5-2 进行取值。

12.4.2 牛腿设计

单层厂房中的排架柱一般都设有牛腿,以支撑屋架(或屋面梁)、吊车梁、连系梁等构件,并将这些构件承受的荷载传给柱子(如图 12-45 所示)。

牛腿按照其承受的竖向力作用点至牛腿根部的水平距 a 与牛腿截面有效高度 h_0 之比,分为长牛腿和短牛腿。当 $a/h_0 > 1.0$ 时称为长牛腿,$a/h_0 \leqslant 1.0$ 时称为短牛腿。长牛腿的受力性能与悬臂梁相近,故可按悬臂梁进行设计。下面主要介绍短牛腿(简称牛腿)的设计。

12.4.2.1 牛腿的应力状态

对牛腿进行加载试验表明,在混凝土开裂前,牛腿的应力状态处于弹性阶段;其主拉应力迹线集中分布在牛腿顶部一个较窄的区域内,而主压应力迹线则密集分布于竖向力作用点到牛腿根部之间的范围内,在牛腿和上柱相交处具有应力集中现象,如图 12-46 所示。牛腿的这种应力状态,对牛腿的设计有着重要的影响。

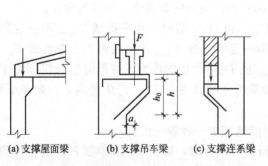
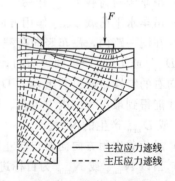

图 12-45 排架柱上牛腿上的支撑情况　　图 12-46 牛腿的应力状态

12.4.2.2 牛腿的破坏形态

对牛腿进一步加载试验表明,在混凝土出现裂缝后,牛腿主要有如下几种破坏形态:

(1)剪切破坏。当 $a/h_0 \leqslant 0.1$,即牛腿的截面尺寸较小时,或牛腿中箍筋配置过少时,可能发生如图 12-47(a)所示的剪切破坏。

(2)斜压破坏。当 $a/h_0 = 0.1 \sim 0.75$,竖向力作用点与牛腿根部之间的主压应力超过混凝土的抗压强度时,将发生斜压破坏,如图 12-47(b)所示。

(3) 弯压破坏。当 $1.0 > a/h_0 > 0.75$ 或牛腿顶部的纵向受力钢筋配置不能满足要求时，可能发生弯压破坏，如图 12-47(c) 所示。

(4) 局部受压破坏。当牛腿的宽度过小或支承垫板尺寸较小时，在竖向力作用下，可能发生局部受压破坏，如图 12-47(d) 所示。

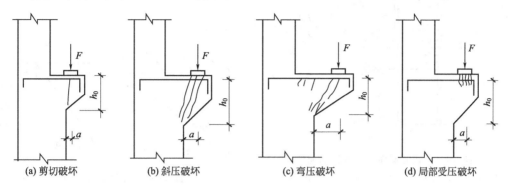

图 12-47　牛腿的破坏形态

12.4.2.3　牛腿的截面尺寸

牛腿的截面尺寸和钢筋配置如图 12-48 所示。根据裂缝控制要求，牛腿的截面尺寸应符合下式要求：

$$F_{vk} \leqslant \beta \left(1 - 0.5 \frac{F_{hk}}{F_{vk}}\right) \frac{f_{tk} b h_0}{0.5 + \dfrac{a}{h_0}} \tag{12-21}$$

式中　F_{vk}——作用于牛腿顶部按荷载效应标准组合计算的竖向力值；

　　　F_{hk}——作用于牛腿顶部按荷载效应标准组合计算的水平拉力值；

　　　β——裂缝控制系数，对支撑吊车梁的牛腿，取 0.65，对其他牛腿，取 0.8；

　　　f_{tk}——混凝土轴心抗拉强度标准值；

　　　b——牛腿的宽度，一般取与柱宽相同；

　　　h_0——牛腿与下柱交接处的垂直截面有效高度，$h_0 = h_1 - a_s + c\tan\alpha$，当 $\alpha > 45°$ 时，取 $\alpha = 45°$，c 为下柱边缘到牛腿外边缘的水平长度；

　　　a——竖向力的作用点至下柱边缘的水平距离，应考虑安装偏差 20mm，当考虑 20mm 的安装偏差后，竖向力的作用点仍位于下柱截面以内时，取 $a=0$。

牛腿的外边缘高度 h_1 不应小于 $h/3$，且不应小于 200mm。牛腿挑出下柱边缘的长度 c 应使吊车梁外侧至牛腿外边缘的距离不宜小于 70mm，以保证牛腿顶部的局部受压承载力。

为防止牛腿发生局部受压破坏，在牛腿顶部的局部受压面上，由竖向力 F_{vk} 引起的局部压应力不应超过 $0.75f_c$。

12.4.2.4　牛腿的配筋及构造

根据牛腿的应力状态和破坏形态，牛腿的工作状况相当于图 12-49 中所示的三角形桁架，顶部纵向受力钢筋为其水平拉杆，竖向力作用点与牛腿根部之间的受压混凝土为其斜向压杆。

牛腿的纵向受力钢筋总截面面积 A_s，由承受竖向力的受拉钢筋截面面积和承受水平拉力的锚筋截面面积组成，其值可按下式计算：

$$A_s \geqslant \frac{F_v a}{0.85 f_y h_0} + 1.2 \frac{F_h}{f_y} \tag{12-22}$$

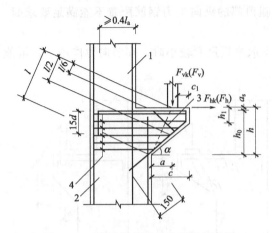
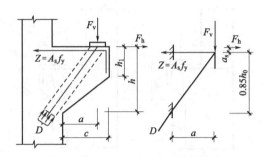

图 12-48 牛腿的截面尺寸和钢筋配置
1—上柱；2—下柱；3—弯起钢筋；4—水平箍筋

图 12-49 牛腿的配筋计算

式中 F_v——作用于牛腿顶部的竖向力设计值；
F_h——作用于牛腿顶部的水平拉力设计值；
a——竖向力的作用点至下柱边缘的水平距离，当 $a<0.3h_0$ 时，取 $a=0.3h_0$；
f_y——纵向受拉钢筋强度设计值。

牛腿顶部的纵向受力钢筋宜采用 HRB400 级或 HRB500 级钢筋。承受竖向力 F_v 所需的纵向受力钢筋配筋率，不应小于 0.2% 及 $0.45f_t/f_y$，也不宜大于 0.6%；钢筋的数量不宜少于 4 根，直径不宜小于 12mm。全部纵向受力钢筋宜沿牛腿外边缘向下伸入下柱内 150mm 后截断。伸入上柱的锚固长度，当采用直线锚固时，不应小于受拉钢筋的锚固长度 l_a；当上柱尺寸不满足直线锚固要求时，可将钢筋向下弯折，从上柱内边算起的水平段长度不应小于 $0.4l_a$，向下弯折的竖直段应取 $15d$，如图 12-48 所示。

当牛腿位于上柱柱顶时［如图 12-45(a) 所示］，宜将牛腿对边的柱外侧纵向受力钢筋沿柱顶水平弯入牛腿顶部，作为牛腿纵向受拉钢筋使用；当牛腿顶部的纵向受拉钢筋与牛腿对边的柱外侧纵向受力钢筋分别配置时，牛腿顶部的纵向受拉钢筋应向下弯入柱外侧，并保证符合框架顶层端节点处梁上部钢筋和柱外侧钢筋的有关搭接规定。

当牛腿的截面尺寸满足式 (12-22) 的抗裂条件后，可不进行斜截面承载力计算，可按构造要求配置水平箍筋的弯起钢筋。

水平箍筋直径宜为 6~12mm，间距宜为 100~150mm，且在牛腿上部 $2h_0/3$ 范围内的水平箍筋总截面面积不宜小于承受竖向力的受拉钢筋截面面积的 1/2。

当牛腿的 $a/h_0 \geqslant 0.3$ 时，宜增设弯起钢筋。弯起钢筋的级别一般与纵向受力钢筋相同，并宜使其与竖向力作用点到牛腿斜边下端点连线的交点位于牛腿上部 $l/6 \sim l/2$ 的范围内，其中 l 为该连线的长度（如图 12-48 所示）。弯起钢筋的截面面积不宜小于承受竖向力的受拉钢筋截面面积的 1/2，根数不宜少于 2 根，直径不宜小于 12mm。纵向受拉钢筋不得兼作弯起钢筋，弯起钢筋沿牛腿外边缘向下伸入下柱内的长度和伸入上柱的锚固长度要求与牛腿的纵向受力钢筋相同。

12.4.3 预埋件设计

单层厂房中的屋面板、屋架（屋面梁）、吊车梁、柱等预制构件之间的连接常采用预埋件。预埋件的组成如图 12-50 所示。

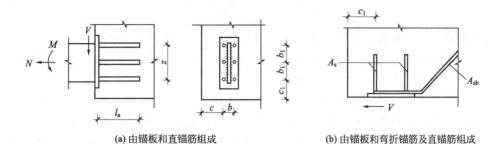

(a) 由锚板和直锚筋组成　　　　　(b) 由锚板和弯折锚筋及直锚筋组成

图 12-50　预埋件的组成

(1) 由锚板和对称配置的直锚筋组成的受力预埋件 [如图 12-50(a) 所示]，其锚筋的总截面面积 A_s 的计算分以下两种情况。

① 当有剪力、法向拉力和弯矩共同作用时，可按如下两式计算，并取其中的较大值：

$$A_s \geqslant \frac{V}{\alpha_r \alpha_v f_y} + \frac{N}{0.8 \alpha_b f_y} + \frac{M}{1.3 \alpha_r \alpha_b f_y z} \tag{12-23}$$

$$A_s \geqslant \frac{N}{0.8 \alpha_b f_y} + \frac{M}{0.4 \alpha_r \alpha_b f_y z} \tag{12-24}$$

② 当有剪力、法向压力和弯矩共同作用时，可按如下两式计算，并取其中的较大值：

$$A_s \geqslant \frac{V - 0.3N}{\alpha_r \alpha_v f_y} + \frac{M - 0.4Nz}{1.3 \alpha_r \alpha_b f_y z} \tag{12-25}$$

$$A_s \geqslant \frac{M - 0.4Nz}{0.4 \alpha_r \alpha_b f_y z} \tag{12-26}$$

$$\alpha_v = (4.0 - 0.08d) \sqrt{\frac{f_c}{f_y}} \tag{12-27}$$

$$\alpha_b = 0.6 + 0.25 \frac{t}{d} \tag{12-28}$$

式中　V——剪力设计值；

N——法向拉力或法向压力设计值，法向压力设计值不应大于 $0.5 f_c A$，这里，A 为锚板的面积；

M——弯矩设计值，当 $M < 0.4Nz$ 时，取 $M = 0.4Nz$；

f_y——锚筋的抗拉强度设计值，不应大于 300N/mm^2；

α_r——锚筋层数的影响系数，当锚筋按等间距布置时，对两层取 1.0；对三层取 0.9；对四层取 0.85；

α_v——锚筋的受剪承载力系数，当 $\alpha_v > 0.7$ 时，取 $\alpha_v = 0.7$；

d——锚筋的直径；

α_b——锚板的弯曲变形折减系数；

t——锚板的厚度；

z——沿剪力作用方向最外层锚筋中心线之间的距离。

(2) 由锚板和对称配置的弯折锚筋及直锚筋共同承受剪力的预埋件 [如图 12-50(b) 所

示]，其弯折锚筋的截面面积 A_{sb} 可按下式计算：

$$A_{sb} \geqslant 1.4 \frac{V}{f_y} - 1.25 \alpha_v A \tag{12-29}$$

式中符号意义、取值及计算同前所述。当直锚筋按构造要求配置时，取 $A_s=0$。

受力预埋件的锚板宜采用 Q235 级、Q345 级钢。锚筋应采用 HPB300 级、HRB335 级或 HRB400 级钢筋，严禁采用冷加工钢筋。

预埋件的受力直锚筋不宜少于 4 根，且不宜多于 4 层；其直径不宜小于 8mm，且不宜大于 25mm。受剪预埋件的直锚筋可采用 2 根。预埋件的锚筋应位于构件的外层主筋内侧。锚板厚度宜大于锚筋直径的 0.6 倍。受拉和受弯预埋件的锚板厚度应大于锚筋间距 b [如图 12-50(a) 所示] 的 1/8。受拉直锚筋和弯折锚筋的锚固长度不应小于受拉钢筋的锚固长度 l_a；当锚筋采用 HPB300 级钢筋时，其末端应按规定做弯钩。受剪和受压直锚筋的锚固长度不应小于 $15d$。

锚筋中心至锚板边缘的距离不应小于 20mm 和 $2d$（d 为锚筋的直径）。对受拉和受弯预埋件，其锚筋间距 b、b_1 和锚筋至构件边缘的距离 c、c_1，均不应小于 $3d$ 和 45mm [如图 12-50(a) 所示]。对受剪预埋件，其锚筋间距 b 和 b_1 不应大于 300mm，且 b_1 不应小于 $6d$ 和 70mm；锚筋至构件边缘的距离 c_1 不应小于 $6d$ 和 70mm，b、c 不应小于 $3d$ 和 45mm [如图 12-50(a) 所示]。

另外，预制构件上所设置的吊环应采用 HPB300 级钢筋制作，严禁使用冷加工钢筋。吊环埋入混凝土中的深度不应小于 $30d$，并应焊接或绑扎在钢筋骨架上。在构件自重标准值作用下，每个吊环按 2 个截面计算的吊环应力不应大于 $50N/mm^2$；当一个构件上设有 4 个吊环时，设计时仅取 3 个吊环进行计算。

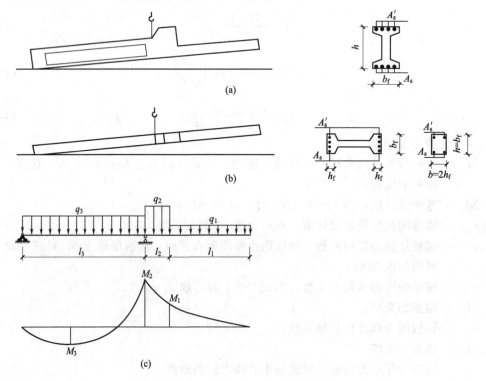

图 12-51 柱吊装方式及计算简图

12.4.4 柱的吊装验算

单层厂房排架柱一般为预制柱,由于柱在运输和吊装阶段的受力状态与使用阶段完全不同,且此时混凝土的强度等级一般未达到设计要求,因此应进行柱吊装阶段的承载力和裂缝宽度验算。

柱的吊装方式有平吊和翻身吊两种。平吊较为方便,当采用平吊不能满足承载力和裂缝宽度要求时,可采用翻身吊。当采用一点起吊时,吊点一般设置在牛腿根部变截面处[图12-51(a)、(b)],在吊装过程中的最不利受力阶段为吊点刚离开地面时,此时柱的底端搁置在地面上,其计算简图和弯矩图如图12-51(c)所示。

柱在其自重作用下为受弯构件,一般取上柱柱底、牛腿根部和下柱跨中三个截面为控制截面。在进行吊装阶段受弯承载力验算时,柱自重荷载分项系数取1.3,考虑到起吊时的动力作用,还应乘动力系数1.5。由于吊装阶段时间比较短,可将安全等级降低一级,结构重要性系数可较其使用阶段降低一级采用。混凝土强度取吊装时的实际强度,一般要大于70%的设计强度。当采用平吊时,工字形截面可简化为宽度为 $2h_f$、高度为 b_f 的矩形截面。当采用翻身起吊时,截面的受力方式与使用阶段一致,可按矩形或者工字形截面进行受弯承载力计算。

柱在吊装阶段的裂缝验算,一般可按照该构件在使用阶段允许出现裂缝的控制等级进行裂缝宽度验算。当吊装验算不满足要求时,应优先采用调整或增设吊点以减少弯矩的方法,或采用临时加固措施来解决。当变截面处配筋不足时,可在该局部区段加配短钢筋。

本章小结

(1) 单层工业厂房的结构形式有排架结构和刚架结构两种。其中,排架结构应用较普遍。排架的特点是:柱顶与屋架(或屋面梁)铰接,柱底与基础刚接。

(2) 单层工业厂房是由多种构件组成的空间受力体系,其结构组成可分为屋盖结构、横向平面排架、纵向平面排架和围护结构四大部分。

(3) 支承包括屋盖支撑及柱间支撑两大类,支撑的主要作用是增强厂房的整体性及空间刚度,保证结构构件的稳定和正常工作,传递水平荷载给主要承重构件。支撑虽然不是厂房的主要承重构件,但对保证厂房的整体性、防止构件的局部失稳、传递局部的水平荷载等都起着重要作用。

(4) 单层厂房结构上的荷载有恒荷载和活荷载两大类,其中恒荷载有屋盖自重、上柱自重、下柱自重、吊车梁及轨道自重、连系梁及墙体自重,活荷载有屋面活荷载、吊车荷载和风荷载。

(5) 单层工业厂房排架计算的步骤是:
① 确定计算单元及排架计算简图;
② 计算排架上的各种荷载;
③ 分别计算各种荷载单独作用下的排架内力;
④ 确定控制截面,并考虑可能同时出现的荷载,对每一个控制截面进行内力组合,确定最不利内力,作为柱及基础设计的依据。

(6) 单层工业厂房排架柱设计的步骤是:
① 确定柱的形式及截面尺寸;
② 确定柱的计算长度,计算柱内配筋并进行吊装验算;

③ 牛腿设计，包括确定牛腿尺寸、计算牛腿配筋、验算局部受压承载力；
④ 预埋件设计；
⑤ 绘制柱的施工图。

(7) 牛腿为一变截面悬臂深梁，它的设计首先要确定牛腿的截面尺寸，然后进行牛腿的配筋计算，并要满足有关构造要求。

(1) 单层厂房由哪些主要构件组成？各起什么作用？
(2) 单层厂房的受力特点是什么？
(3) 什么是柱网？如何布置柱网？
(4) 单层厂房中如何布置变形缝？
(5) 单层厂房中有哪些支撑？它们各起什么作用？
(6) 单层厂房排架结构的计算简图做了哪些基本假定？
(7) 作用在横向平面排架上的荷载有哪些？如何计算？试画出各单项荷载作用下排架结构的计算简图。
(8) 什么是等高排架？如何用剪力分配法计算等高排架的内力？试述在任何荷载作用下等高排架的计算步骤。
(9) 什么是单层厂房的整体空间作用？考虑整体空间作用对柱内力有何影响？
(10) 排架柱常用的截面形式有哪些？如何选择？
(11) 以单阶排架柱为例说明如何选择控制截面。
(12) 简述内力组合原则、组合项目和注意事项。
(13) 简述柱牛腿的几种主要破坏形态。
(14) 牛腿设计有哪些内容？设计中如何考虑？
(15) 牛腿中纵向受力钢筋、弯起钢筋和水平箍筋的构造要求有哪些？

(1) 某单跨厂房，跨度 24m，柱距为 6m，作用 2 台软钩吊车，起重量 20/5t，工作制为 A5，求作用在排架上的吊车竖向荷载和横向水平荷载标准值。吊车参数：吊车宽度 $B=5600$mm，轮距 $K=4400$mm，最大轮压 $P_{max}=202$kN，最小轮压 $P_{min}=60$kN，小车重量 $Q_1=7.72$t。

(2) 单层单跨排架计算简图如图 12-52 所示。A、B 柱截面形状和尺寸相同，作用在牛腿顶面的弯矩：$M_{max}=86$kN·m，$M_{min}=32$kN·m。试用剪力分配法求 B 柱在图示荷载作用下的弯矩图（提示：弯矩作用在牛腿顶面时，柱顶不动铰支座反力 $R=\dfrac{M}{H}C_3$，$C_3=1.1$）。

(3) 某排架计算简图如图 12-53 所示。已知 $F_w=3$kN，$q_1=2.5$kN/m，$q_2=1.5$kN/m；A、B 柱截面形状和尺寸均相同，试用剪力分配法求 A 柱在图示荷载作用下的柱底弯矩（提示：均布荷载作用下柱顶不动铰支座反力 $R=C_{11}qH$，$C_{11}=0.4$）。

(4) 柱子牛腿如图 12-54 所示。已知竖向力设计值 $F_v=300$kN，水平拉力设计值 $F_h=60$kN，采用钢筋为 HRB400 级（$f_y=360$N/mm²），牛腿与下柱交接处的垂直截面有效高度

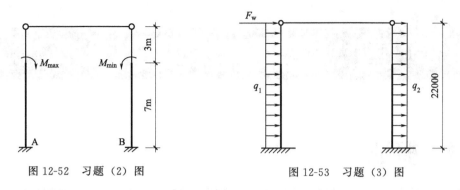

图 12-52 习题（2）图　　　　图 12-53 习题（3）图

为 750mm。试计算牛腿的纵向受力钢筋面积，并画出受力钢筋配筋图。

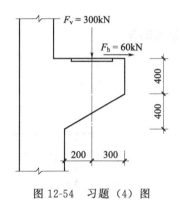

图 12-54 习题（4）图

（5）某单层厂房柱牛腿顶部作用的竖向力设计值为 500kN，水平拉力设计值为 150kN，竖向力至下柱边缘的水平距离为 500mm，牛腿与下柱交接处的垂直截面有效高度为 850mm，钢筋设计强度为 360N/mm²。试计算牛腿纵向受拉钢筋的面积。

第13章 框架结构设计

13.1 概述

在各种工程结构中,钢筋混凝土框架结构应用非常广泛,成为工业与民用建筑中最常见的房屋结构类型之一。

13.1.1 框架结构体系的特点

框架结构是由梁、柱通过节点连接起来而形成承重骨架的空间结构体系。框架结构体系的最大特点是梁和柱是承重结构,墙只起围护、分隔作用。典型的框架结构平面图如图13-1所示。

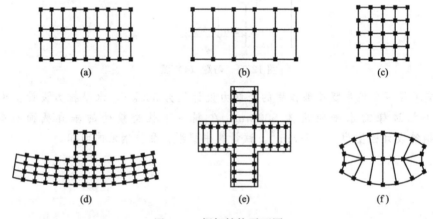

图13-1 框架结构平面图

框架结构体系的优点是建筑平面布置灵活,能获得大空间,也可分隔为小空间;建筑立面容易处理;计算理论比较成熟;结构自重较轻,在一定范围内造价较低。缺点是抗侧移刚度较小,水平荷载作用下侧移较大,属于柔性结构,适用高度受限制,设计时要控制建筑的高度和高宽比。框架结构房屋中非承重的填充墙、围护墙、隔墙应尽量采用轻质材料,以减轻建筑物自重,对抗震有利。

框架结构按照施工方法不同,可分为现浇整体式、装配式和装配整体式三种,在地震区,多采用梁、柱、板全现浇或梁柱现浇、板预制的方案;在非地震区,可采用梁、柱、板均预制的方案。

框架结构易于满足生产工艺和使用要求,构件便于标准化,具有较高的承载力和较好的整体性,因此,广泛应用于多层工业厂房和多高层办公楼、医院、旅馆、教学楼、住宅等。

柱截面为L形、T形、Z形或十字形的框架结构称为异形柱框架。其柱截面厚度与墙厚相同,一般为180~300mm。异形柱框架的最大优点是:柱截面宽度等于墙厚,室内墙面平整,便于布置。但其抗震性能较差,目前一般用于非抗震设计或按6度、7度抗震设计的12

层以下的建筑中。异形柱框架平面图如图 13-2 所示。

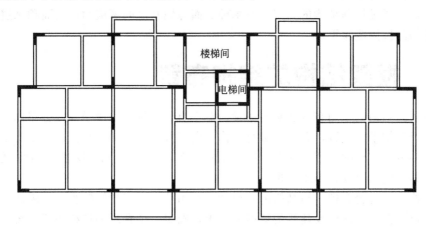

图 13-2　异形柱框架平面图

13.1.2　结构总体布置

在进行框架结构设计时，尚应对结构平面和竖向进行合理的总体布置，应综合考虑建筑的使用要求、建筑美观、结构合理以及施工方便等因素。

结构平面布置，应有利于抵抗水平荷载和竖向荷载，受力明确，传力直接，力求对称均匀，减少扭转的影响。在地震作用下，建筑平面力求简单、规则，质量、刚度和承载力分布宜均匀，不应采用严重不规则的平面布置。因此结构平面布置的基本原则是尽量避免结构扭转和局部应力集中，平面宜简单、规则、对称，刚心与质心或形心重合。

竖向结构布置，应从结构受力及对抗震性能要求考虑，竖向体型宜规则、均匀，避免有过大的外挑和收进，结构的承载力和刚度宜自下而上逐渐减小，变化宜均匀、连续，不应突变。因此，结构竖向布置的基本原则是要求结构的侧向刚度和承载力自下而上逐渐减小，变化均匀、连续、不突变，避免出现柔软层或薄弱层。

13.1.3　框架结构设计要求

一般框架结构应满足承载力、刚度和延性的要求，高层框架结构还应满足整体稳定性和抗倾覆要求。

（1）承载力要求　为了满足承载力要求，应对多、高层框架结构的所有承重构件进行承载力计算，使其能够承受使用期间可能出现的各种荷载而不产生破坏。

（2）刚度要求　为了保证多、高层框架结构的承重构件在风荷载或多遇地震作用下基本处于弹性受力状态，非承重构件基本完好，不产生明显损伤，应进行弹性层间侧移验算，实际上是对构件截面尺寸和结构侧向刚度的控制。

（3）延性要求　在地震区，除了要求框架结构具有足够的承载力和合适的侧向刚度外，还要求它具有良好的延性。相对于多层框架而言，高层框架在地震作用下的反应更大一些，故其延性需求更高一些。一般结构的延性需求主要是通过抗震构造措施来保证的，对于高层框架结构，一般还要进行罕遇地震作用下的弹塑性变形验算，以检验结构是否满足延性需求。

（4）整体稳定和抗倾覆要求　对于高层框架结构，为了使在风荷载或水平地震作用下，重力荷载产生的二阶效应不致过大，以免引起结构的失稳倒塌，应进行整体稳定验算。当高层框架结构的高宽比较大、风荷载或水平地震作用较大、地基刚度较弱时，则可能出现整体倾覆问题，这可通过控制结构的高宽比及基础底面与地基之间零应力区的面积来避免，一般不必进行专门的抗倾覆验算。

13.2　框架结构的结构布置

结构布置包括结构平面布置和竖向布置。对于质量和侧向刚度沿高度分布比较均匀的结构，只需进行结构平面布置，否则应进行结构竖向布置。框架结构平面布置主要是确定柱在平面上的排列方式（柱网布置）和选择结构承重方案，这些均应满足建筑平面及使用要求，同时也须使结构受力合理、施工简单。

框架结构布置是否合理，对结构的安全性、适用性、经济性影响很大，因此，应根据建筑的使用特点、荷载情况以及建筑的造型等要求，确定一个合理的结构布置方案。

13.2.1　框架结构布置一般原则

（1）满足使用要求，与建筑、设备等专业协调一致。

（2）结构受力明确，框架梁宜贯通，框架柱宜上下对中。梁、柱形心轴线宜重合，尽可能减少偏心。

（3）结构尽可能简单、规则，避免有过大的外挑和内收。各部分刚度宜对称均匀，以减少扭转。

（4）尽量统一柱网，减少构件类型和规格，以简化设计和施工。

（5）不宜采用单跨框架。

13.2.2　柱网布置

结构平面布置首先是确定柱网，也就是柱在平面图上的位置。柱网尺寸，即平面框架的跨度（进深）及其间距（开间）。框架结构的柱网布置既要满足生产工艺和建筑功能的要求，又要使结构受力合理，施工方便。常用的柱网布置可分为内廊式和跨度组合式两类（如图13-3所示）。

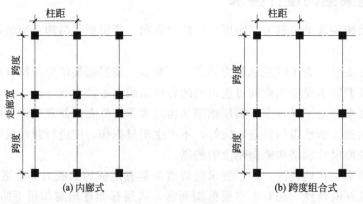

图 13-3　柱网的布置

民用建筑常用柱距为 3.6m、3.9m、4.5m、4.8m、6m、6.6m、7.2m 等，常用跨度是 4.8m、5.4m、6.0m、6.6m、7.2m、7.5m 等，采用内廊式时，走廊跨度一般为 2.4m、2.7m、3m。民用建筑的柱网尺寸因房屋用途不同而变化较大，但一般按 300mm 进级。

民用建筑纵向柱列的柱距与房间的开间尺寸有关，如住宅、旅馆、办公楼的开间多为 3.3～4.5m，开间较大时，可采用一个开间一个柱距方案；而开间较小时，若为一开间一柱距，则柱网过密，建筑布置既不灵活也不经济，此时可采用两个开间一个柱距的方案。横向平面框架有四根柱组成的三跨组合式布置，也有一大一小的两跨组合式布置。跨度大小主要与房间进深尺寸有关，例如，办公楼、旅馆采用的三跨内廊式，两边跨跨度为 5～5.7m，走廊跨跨度为 2～2.5m；旅馆建筑也有采用中间跨比两边跨大的三跨组合式，边跨跨度按客房进深确定，一般为 5m 左右，在中间的大跨内，布置两侧客房的卫生间和走廊，跨度为 7m 左右。民用建筑除沿纵、横向柱列布置框架梁外，还应于隔墙下设置楼盖次梁，以承受墙体传来的集中线荷载。

工业建筑的柱网是根据生产工艺要求而定的。内廊式柱网的常用尺寸：房间进深一般采用 6.0m、6.6m、6.9m 三种，走廊宽一般采用 2.4m、2.7m、3.0m 三种，开间的常用尺寸为 6m、7.2m。跨度组合式柱网的常用尺寸：跨度采用 6.0m、7.5m、9.0m、12.0m 四种，开间采用 6.0m。

近年来，由于建筑不同的使用功能要求，使建筑体型多样化，出现了一些非矩形的平面形状，使柱网布置更复杂多样，各不相同。

13.2.3 框架结构的承重方案

框架结构体系是一个空间的受力体系，在结构计算时通常简化成若干个平面框架来计算。按建筑定位轴线的纵横向，可分为纵向框架和横向框架。纵向框架：平行于建筑长轴方向的框架；横向框架：平行于建筑短轴方向的框架（如图 13-4 所示）。

将框架结构视为竖向承重结构时，承重方案常见有横向框架承重、纵向框架承重和纵横向框架承重等。

（1）横向框架承重　横向框架承重是指楼板搁置在横向框架上，主要由横向框架承受竖向荷载，纵向连系梁只起连系各横向框架、加强纵向刚度的作用［如图 13-4(a) 所示］。这种方案的特点是房屋横向刚度大，竖向荷载主要通过横梁传递给框架柱。这种承重方案在实际工程应用较多。缺点是由于主梁截面尺寸较大，当房屋需要较大空间时，其净空间较小。

（2）纵向框架承重　纵向框架承重是指楼板搁置在纵向框架上，竖向荷载主要由纵向框架承受，横向连系梁只起联系纵向框架和加强房屋横向刚度的作用［如图 13-4(b) 所示］。这种方案其房间布置灵活，采光和通风好，有利于提高楼层净高，但建筑横向刚度较差，实际工程中应用较少。通常当房屋开间较大、进深相对较小、横向跨数较多时采用此方案。

（3）纵横向框架承重　纵横向框架承重是指沿房屋的纵向和横向都布置承重框架［如图 13-4(c) 所示］。当采用双向板或井字梁楼盖，纵横两个方向的梁都要承担楼板传来的竖向荷载时，即为纵横向框架承重。

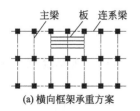
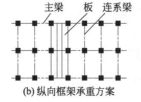
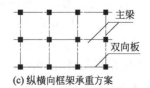

图 13-4　框架结构承重方案

框架结构除了承受竖向荷载以外，同时也是抗侧力结构，应能承受纵横两个方向的水平荷载（风荷载和水平地震作用），这就要求纵横两个方向的框架均应具有一定的侧向刚度和水平荷载承载力，因此框架结构应设计成双向梁柱抗侧力体系，宜采用纵、横双向框架承重体系。地震区的多高层框架房屋，以及由于工艺要求需双向承重的厂房常用这种方案。

13.2.4 变形缝的设置

13.2.4.1 伸缩缝

伸缩缝又称温度缝，它当房屋较长时，为了防止由于温度变化和收缩引起的混凝土内应力使房屋产生裂缝而设置的。

由于温度变化对建筑造成的危害在其底部数层和顶部数层较为明显，基础部分基本不受温度变化的影响，因此宜用伸缩缝从基础顶面开始，将两个温度区段的上部结构分开，分成独立的温度区段，以免建筑产生裂缝。

钢筋混凝土框架结构伸缩缝的最大间距见表 13-1。

表 13-1 钢筋混凝土框架结构伸缩缝最大间距　　　　　　　　　　　单位：m

施工方法	室内或土中	露天
现浇框架	55	35
装配式框架	75	50

如果距离较长，不设伸缩缝时，需采取以下措施：

(1) 受温度影响比较大的部分如顶层、底层山墙和内纵墙端开间，应提高配筋率。

(2) 施工中留后浇带。每隔 40m 留 700~1000mm 的混凝土后浇带，钢筋搭接 $35d$，以保证在施工过程中混凝土可以自由收缩，因为早期收缩占收缩的 70%~80%，从而减少了收缩应力。后浇带一般采用高强混凝土填充，浇筑宜在主体混凝土浇筑后两个月进行，至少不低于一个月。

伸缩缝宽度一般为 20~40mm。

13.2.4.2 沉降缝

沉降缝是为了防止地基不均匀沉降在结构构件中产生裂缝而设置的。当房屋高度或荷载相差较大，或前述条件即使相同但地基有差异时，地基会出现过大的不均匀沉降，在结构中引起过大内力，导致基础、地面、墙体、楼面、屋面等构件出现裂缝。

当有下列情况之一时应考虑设置沉降缝：

(1) 地质条件变化较大处；

(2) 地基基础处理方法不同处；

(3) 房屋平面形状变化的凹角处；

(4) 房屋高度、重量、刚度有较大变化处；

(5) 新建部分与原有建筑的结合处。

沉降缝自基础到屋顶将整个建筑分开，使各部分能够自由沉降。沉降缝宽一般不小于 50mm，当房屋高度超过 10m 时，缝宽应不小于 70mm。

13.2.4.3 防震缝

有抗震设防要求地区的体型复杂的多高层建筑，通常都要求在适当部位设置防震缝，把复杂不规则结构变为若干简单规则结构。

当房屋平面复杂、立面高差悬殊、各部分质量和刚度截然不同时，在地震作用下会产生扭转振动，加重房屋的破坏，或在薄弱部位产生应力集中导致过大变形；为避免上述现象发生，必须设置防震缝。设计时，宜使建筑的平面形状和结构布置对称、规则，当建筑平面形状复杂又无法调整其平面形状和结构布置使之成为较规则的结构时，宜设置防震缝将其划分为较简单的几个结构单元。

防震缝做法是将基础以上部分分开，而基础可以不分开。防震缝应有足够的宽度，以免地震作用下相邻房屋发生碰撞。

《高层建筑混凝土结构技术规程》（JGJ 3—2010）对防震缝做出如下规定：

（1）防震缝宽度：框架结构房屋，高度不超过 15m 时，不应小于 100mm；超过 15m 时，6 度、7 度、8 度和 9 度分别增加高度 5m、4m、3m 和 2m，宜加宽 20mm；框架-剪力墙结构房屋，不应小于上述框架结构房屋规定数值的 70%，剪力墙结构房屋不应小于上述框架结构房屋规定数值的 50%，且二者均不宜小于 100mm。

（2）防震缝两侧结构体系不同时，防震缝宽度应按不利的结构类型确定；防震缝两侧的房屋高度不同时，防震缝宽度可按较低的房屋高度确定。

（3）当相邻结构的基础存在较大沉降差时，宜增大防震缝的宽度。

（4）防震缝宜沿房屋全高设置，地下室、基础可不设防震缝，但在与上部防震缝对应处应加强构造和连接。

（5）结构单元之间或主楼与裙房之间不宜采用牛腿托梁的做法设置防震缝，否则应采取可靠措施。

另外，当因温度变化、混凝土收缩等引发结构局部应力集中时，可在结构局部设置结构缝，以释放局部应力，防止产生结构局部裂缝。对于重要的混凝土结构，为了防止局部破坏引发结构连续倒塌，应设置分隔缝，将结构分为几个区域，控制可能发生连续倒塌的范围。

结构设计时，应根据结构受力特点以及建筑的尺寸、形状、使用功能、施工可能性，合理确定各种缝的位置和构造形式，宜控制缝的数量，并采取有效措施减少设缝的不利影响，应遵循"一缝多能"的设计原则，采取有效的构造措施。如房屋既需设沉降缝又需设伸缩缝时，沉降缝可兼作伸缩缝，两缝合并设置；对有抗震设防要求的房屋，其沉降缝和伸缩缝均应符合防震缝要求，并尽可能三缝合并设置。

13.3 框架结构的计算简图

在框架结构的设计计算中，应首先确定构件截面尺寸和结构的计算简图，然后进行各种荷载作用下的内力计算和配筋计算。

13.3.1 框架梁、柱截面尺寸初选

框架梁、柱截面尺寸应当根据构件承载力、刚度和延性等的要求确定，设计时通常按工程设计经验初步估算选定截面尺寸，再在进行承载力计算中和变形验算中检查所选的尺寸是否合适。如果不能满足承载力或者变形的要求，要重新确定截面尺寸或采取必要的措施。

13.3.1.1 梁截面形状和尺寸初选

（1）梁截面形状　框架梁的截面形状在整体式框架中以 T 形和倒 L 形为主；在装配式框架中一般采用矩形，也可做成 T 形和花篮形；装配整体式框架中常做成花篮形；各种截

面形式如图 13-5 所示。当梁跨度较大时，为了节省材料和有利于建筑空间，可将梁设计成端部加腋形式，如图 13-6 所示。

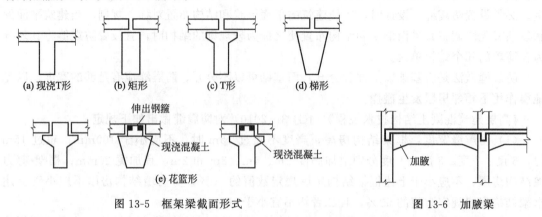

图 13-5　框架梁截面形式　　　　　图 13-6　加腋梁

（2）梁截面尺寸　框架梁的截面高度 h 可根据梁的计算跨度 l、约束条件及荷载大小进行确定，可按 $h=(1/18\sim1/10)l$ 确定；当框架梁为单跨或荷载较大时取大值，当框架梁为多跨或荷载较小时取小值。为防止梁发生剪切破坏，梁高 h 不宜大于 1/4 梁净跨。框架梁的截面宽度可取 $b=(1/3\sim1/2)h$，为了使端部节点传力可靠，梁宽不宜小于柱宽的 1/2，且不应小于 200mm。为了保证梁的侧向稳定性，梁截面的高宽比 h/b 不宜大于 4。当采用叠合梁时，后浇部分截面高度不宜小于 100mm。梁截面宽度和高度宜为 50 的倍数，当梁高大于 800mm 时，宜为 100 的倍数。

为了增加房屋净高，也可将梁设计成宽度较大高度较小的扁梁，扁梁的截面高度 h 可按 $h=(1/18\sim1/15)l$ 估算。扁梁的截面宽度 b 与其高度 h 的比值 b/h 不宜超过 3。当梁截面高度较小或采用扁梁时，除应验算承载力和受剪截面的要求外，尚应验算竖向荷载作用下梁的挠度和裂缝宽度，以保证其正常使用的要求。

需要注意的是，当一根框架梁的各跨跨度相差较大时，这种框架梁各跨的截面宽度应该相同，以利于梁内上部纵筋的贯通和下部纵筋的锚固；但梁各跨的截面高度应该取不同值，跨度较小跨（例如内廊式组合的走廊跨）的截面高度应予以减小，以使梁各跨的线刚度不致相差过于悬殊，从而使框架梁的受力以及配筋趋于合理。

13.3.1.2　柱截面形状和尺寸初选

（1）柱截面形状　框架柱截面形状一般为矩形或正方形，也可根据需要做成圆形、正多边形或其他形状。

（2）柱截面尺寸　柱截面尺寸可直接按工程经验确定，如柱截面宽可取 $b=(1/18\sim1/12)H$，H 为层高；柱截面高度可取 $h=(1\sim2)b$。也可根据其承受轴力的大小按轴心受压构件进行估算。

框架柱承受竖向荷载为主时，可先按负荷面积估算出柱轴力，再按轴心受压柱验算。考虑到弯矩的影响，将柱轴力乘以适当的放大系数，即：

$$A_c \geqslant (1.1\sim1.2)N/f_c \tag{13-1}$$
$$N = 1.4N_V \tag{13-2}$$

式中　A_c——柱截面面积；
　　　N——柱所承受的轴向压力设计值；
　　　f_c——混凝土轴心抗压强度设计值；

1.1~1.2——考虑弯矩影响的放大系数,中柱取较小值,边柱取较大值;

N_v——根据柱支承的楼面面积计算由重力荷载产生的轴向力值;

1.4——重力荷载的荷载分项系数平均值。

重力荷载标准值可以根据实际荷载取值,也可近似按 12~14kN/m² 计算。

柱的截面宽度和高度均不宜小于 250mm,也不宜小于梁宽加 100mm,圆柱截面直径不宜小于 350mm,柱截面高宽比不宜大于 3。为避免柱发生剪切破坏,柱净高与截面长边之比宜大于 4,或柱剪跨比宜大于 2。柱截面尺寸宜为 50mm 的倍数,当截面尺寸大于 800mm 时,宜为 100mm 的倍数。

有抗震要求的框架柱截面尺寸应符合下列要求:矩形截面柱,抗震等级为四级或层数不超过 2 层时,其最小截面尺寸不宜小于 300mm,一~三级抗震等级且层数超过 2 层时不宜小于 400mm;圆柱的截面直径,抗震等级为四级或层数不超过 2 层时不宜小于 350mm,一~三级抗震等级且层数超过 2 层时不宜小于 450mm。

对有抗震设防要求的框架结构,为保证柱有足够的延性,需要限制柱的轴压比,柱截面面积应满足下式:

$$A_c \geqslant \frac{N}{\lambda f_c} \tag{13-3}$$

式中 A_c——柱的全截面面积;

N——柱组合的轴压力设计值;

f_c——混凝土轴心抗压强度设计值;

λ——柱轴压比限值,见表 13-2。

表 13-2 柱轴压比限值

类别	抗震等级			
	一级	二级	三级	四级
框架柱	0.65	0.75	0.85	0.90

13.3.2 框架结构计算单元的选取

框架结构房屋是由梁、柱、楼板、基础等构件组成的横向平面框架和纵向平面框架的空间结构体系,一般应按三维空间结构进行分析。但对于平面布置比较规则的框架结构房屋,为了简化计算,通常将实际的空间结构简化为若干个横向或纵向平面框架进行分析,每榀平面框架为一个计算单元,计算单元宽度取相邻跨中线之间的距离,如图 13-7 所示。

当采用横向承重方案时,截取横向框架作为计算单元,认为全部竖向荷载由横向框架承担,不考虑纵向框架的作用。当采用纵向承重方案时,截取纵向框架作为计算单元,认为全部竖向荷载由纵向框架承担,不考虑横向框架的作用。当采用纵横向承重方案时,应根据竖向荷载实际传递路径,按纵横向框架共同承担进行计算。

在水平荷载(风荷载或者水平地震)作用下,整个框架结构体系可视为若干个平面框架,各方向的水平力全部由该方向的框架承担,与该方向垂直的框架不参与受力,即横向水平力由横向框架承担,纵向水平力由纵向框架承担。当水平力为风荷载时,每榀框架只承担计算单元范围内的风荷载值。当水平力为地震作用时,每榀框架承担的水平力按各榀框架的抗侧刚度比例分配。

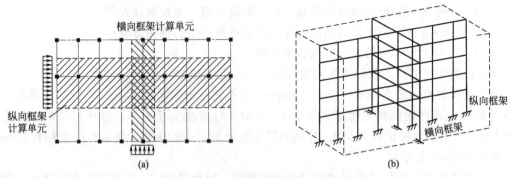

图 13-7 框架结构的计算单元和计算模型

13.3.3 框架结构计算简图的确定

将复杂的空间框架简化为平面框架之后，应进一步将实际的平面框架转化为力学模型，在该力学模型上施加荷载，就成了框架结构的计算简图。

13.3.3.1 梁和柱的简化

在平面框架计算简图中，框架梁和柱用其轴线表示，梁和柱等各杆件之间的连接用节点表示，梁和柱的长度用节点之间的距离表示。

在现浇整体式框架结构中，将框架梁、柱用其杆件截面形心线作为其轴线来表示，框架梁的计算跨度等于相邻框架柱形心线之间的距离，各层框架柱的高度等于相邻框架梁形心线之间的距离。

钢筋混凝土现浇整体式楼盖中，框架梁为 T 形或倒 L 形，其截面形心线可近似取至现浇楼板底面处。当各层梁截面尺寸相同时，除底层外，柱的高度即为各层层高；对于底层柱的下端，一般取至基础顶面，当地下室整体刚度很大，且地下室结构的楼层侧向刚度不小于相邻上部结构楼层侧向刚度的 2 倍时，可取至地下室结构的顶板处。另外，框架梁各跨跨度相差不超过 10% 时，可当作具有平均跨度的等跨框架；对斜梁或折线形框架梁，当倾斜度不超过 1/8 时，则仍可当作水平梁对待。一榀平面框架结构的计算简图如图 13-8 所示。

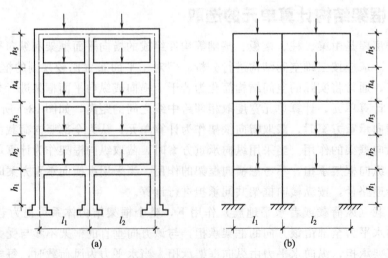

图 13-8 一榀平面框架结构的计算简图

在实际工程中，框架柱的截面尺寸通常沿建筑高度变化（下大上小），当框架柱上、下层截面形心线重合时,其计算简图与各层柱截面不变时的相同;当框架柱由于层间截面尺寸变化使各层柱的截面形心线不重合时,此时,框架梁的计算跨度可近似取顶层柱形心线之间的距离,但是必须注意,在进行框架结构的计算分析时,应考虑上、下层柱轴线不重合由上层柱传来的轴力在变截面处所产生的力矩,如图 13-9 所示。

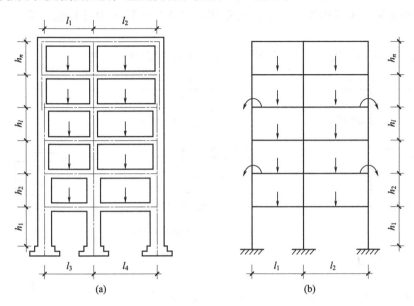

图 13-9 变截面柱框架结构的计算简图

13.3.3.2 杆件连接——节点的简化

对于现浇整体式框架结构,框架梁、柱的连接节点视为刚接,框架的底层柱底视为固定端,固接于基础顶面处。

对于装配整体式框架,如果梁柱中的钢筋在节点处为焊接或者搭接,并在现场浇筑混凝土使节点成为整体,这种节点可视为刚接。但是,这种节点的刚性不如现浇整体式框架结构好,在竖向荷载作用下,相应的梁端实际负弯矩小于计算值,而跨中实际正弯矩则大于计算值,截面设计时应予以调整。

对于装配式框架,一般是在构件的适当部位预埋钢板,安装就位后再予以焊接。由于钢板在其自身平面外的刚度很小,故这种节点可有效地传递竖向力和水平力,传递弯矩的能力有限。通常根据具体构造情况,将这种节点简化为铰接或半铰接。

框架柱与基础的连接:当框架柱与基础现浇为整体,视为刚接,支座为固定端;对于装配式框架,如果柱子插入基础杯口比较深,并用细石混凝土与基础浇筑成整体,则柱与基础的连接可视为刚接;如用沥青麻丝填实,则柱与基础的连接可视为铰接。

13.3.4 框架梁、柱线刚度的确定

13.3.4.1 框架梁

框架梁的线刚度计算公式为:$i_b = \dfrac{E_b I_b}{l_b}$;式中,$l_b$ 为框架梁的计算跨度;E_b 为框架梁混凝土的弹性模量;I_b 为框架梁的截面惯性矩,要考虑楼板对梁的相互作用,根据楼盖的不同类型分别计算。

为简化计算，对各种钢筋混凝土楼盖，在进行框架结构内力分析时，框架梁的截面惯性矩 I_b 取值如下：

现浇整体式框架梁：中间框架梁 $2.0I_0$，边框架梁 $1.5I_0$，如图 13-10(a) 所示。
装配整体式框架梁：中间框架梁 $1.5I_0$，边框架梁 $1.2I_0$，如图 13-10(b) 所示。
装配式框架梁：不考虑板与梁的共同作用，按梁的实际截面计算惯性矩，取 I_0，如图 13-10(c) 所示。

I_0 为按矩形截面（图 13-10 中阴影部分）计算的梁截面惯性矩。

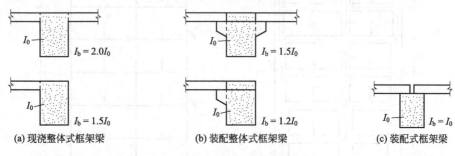

图 13-10　框架结构梁截面惯性矩取值

13.3.4.2　框架柱

框架柱的线刚度计算公式与框架梁的线刚度计算公式相同，即：$i_c = \dfrac{E_c I_c}{h_c}$；式中，$h_c$ 为框架柱的计算高度；E_c 为框架柱混凝土的弹性模量；I_c 为框架柱的截面惯性矩，按照实际截面尺寸进行计算。

13.4　框架结构的荷载计算

作用于多、高层框架结构上的荷载有两类：一类是竖向荷载，包括结构自重（永久荷载）和楼（屋）面的活荷载及雪荷载（可变荷载）；另一类是水平荷载，包括风荷载和水平地震作用（均是可变荷载）。

13.4.1　竖向荷载

13.4.1.1　永久荷载

永久荷载主要包括结构自重及各种建筑装饰材料、饰面等的自重。永久荷载的标准值可按结构构件的几何尺寸和材料自重标准值计算。对于自重变异较大的材料或结构构件，自重的标准值应根据对结构的不利状态，取上限值或下限值。

13.4.1.2　屋面活荷载

屋面活荷载主要包括屋面均布活荷载和雪荷载，可根据房屋及房间的不同用途按《建筑结构荷载规范》（GB 50009—2012，以下简称《荷载规范》）取用。《荷载规范》规定：屋面均布活荷载不应与雪荷载同时考虑。设计计算时，取两者中较大值。

屋面水平投影面上的雪荷载标准值按下式计算：

$$s_k = \mu_r s_0 \tag{13-4}$$

式中　s_k——雪荷载标准值，kN/m^2；

μ_r——屋面积雪分布系数，按《荷载规范》的规定采用；

s_0——基本雪压，kN/m^2，按《荷载规范》的规定采用。

13.4.1.3 楼面活荷载

(1) 民用建筑楼面均布活荷载标准值可根据房屋及房间的不同用途参照《荷载规范》采用，选用时可参照第 3 章表 3-4。

《荷载规范》规定的楼面活荷载值，是根据大量调查资料所得到的等效均布活荷载标准值，且以楼板的等效均布活荷载作为楼面活荷载，因此在设计楼板时可以直接取用。而在设计楼面梁、墙、柱及基础时，应将其乘以折减系数，以考虑所给楼面活荷载在楼面上的满布程度。对于楼面梁来说，主要考虑梁的承载面积，承载面积愈大，荷载满布的可能性愈小；对于多、高层建筑的墙、柱及基础，应考虑计算截面以上各楼层活荷载的满布程度，楼层数愈多，荷载满布的可能性愈小。因此，要根据梁的承载面积和墙、柱及基础计算截面以上的总层数，对楼面荷载乘以相应的折减系数。

各种房屋或房间的楼面活荷载折减系数可由《荷载规范》查得。住宅、宿舍、旅馆、办公楼、医院、幼儿园等的楼面活荷载折减系数取值为：当楼面梁的承载面积超过 $25m^2$ 时，或当活荷载标准值大于 $2kN/m^2$ 且楼面梁承载面积超过 $50m^2$ 时，计算梁荷载时楼面活荷载折减系数为 0.9，楼面梁的承载面积按梁两侧各延伸 1/2 梁间距的范围内的实际面积确定；墙、柱及基础的活荷载按楼层的折减系数见表 13-3。

表 13-3　墙、柱及基础的活荷载按楼层的折减系数

计算截面以上的层数	1	2～3	4～5	6～8	9～20	>20
计算截面以上活荷载总和的折减系数	1.0(0.9)	0.85	0.70	0.65	0.60	0.55

注：当楼面梁的承载面积超过 $25m^2$ 时，采用括号内的系数。

(2) 工业建筑楼面活荷载，一般设备、零件、管道或运输工具都可折算成均布荷载计算，如有较大的设备，则可按实际情况计算。工业建筑楼面活荷载标准值的取值详见《荷载规范》。

13.4.2　水平荷载

作用在框架结构上的荷载有风荷载和地震荷载，此处主要讲述风荷载的计算。

《荷载规范》规定，当计算主要承重结构时，垂直作用于建筑物表面上的风荷载标准值应按下式计算：

$$w_k = \beta_z \mu_s \mu_z w_0 \tag{13-5}$$

式中　w_k——风荷载标准值，kN/m^2；

　　　β_z——高度 z 处的风振系数，即考虑风荷载动力效应的影响；

　　　μ_s——风荷载体型系数，对于矩形平面的多层房屋，迎风面为 +0.8（压力），背风面为 -0.5（吸力），其他形状平面的 μ_s 详见《荷载规范》；

　　　μ_z——风压高度变化系数，应根据地面粗糙度类别按表 13-4 取用；

　　　w_0——基本风压，kN/m^2，应按 50 年一遇的风压采用，它是以当地比较空旷平坦地面上离地 10m 高处统计所得的 50 年一遇 10min 平均最大风速为标准确定的风压值，可由《荷载规范》查得，但不得小于 $0.3kN/m^2$，对于特别重要或对风荷载比较敏感的高层建筑，基本风压应按 100 年重现期的风压值采用。

表 13-4 风压高度变化系数 μ_z

离地面或海平面的高度/m	地面粗糙度类别			
	A	B	C	D
5	1.09	1.00	0.65	0.51
10	1.28	1.00	0.65	0.51
15	1.42	1.13	0.65	0.51
20	1.52	1.23	0.74	0.51
30	1.67	1.39	0.88	0.51
40	1.79	1.52	1.00	0.60

注：超过 40m 详见《荷载规范》。

对房屋高度不大于 30m 或高宽比小于 1.5 的建筑结构可不考虑风振系数的影响，$\beta_z=1.0$；对于房屋高度大于 30m 或高宽比大于 1.5 的建筑结构，β_z 按《荷载规范》规定计算。

地面粗糙度分 A、B、C、D 四类：A 类指近海海面和海岛、海岸、湖岸及沙漠地区；B 类指田野、乡村、丛林、丘陵以及房屋比较稀疏的乡镇；C 类指有密集建筑群的城市市区；D 类指有密集建筑群且房屋较高的城市市区。

作用于框架结构上的风荷载可简化为作用于楼盖或屋盖处的水平集中荷载。

【例 13-1】 某办公楼为 5 层的现浇钢筋混凝土框架结构，横向框架柱间距为 6.9m，底层层高为 3.9m，室内外高差 500mm，基础顶面为室内地坪（±0.000）以下 2m，其余各层层高为 3.6m。该办公楼所在地的基本风压 $w_0=0.42\text{kN/m}^2$，地面粗糙度类别为 B 类。求作用在横向框架上的风荷载标准值。

【解】 （1）根据题中已知条件可得：

房屋总高度 $H=18.8\text{m}$，β_z 可取 1.0。地面粗糙度类别为 B 类，查表计算出横向框架节点处的风压高度变化系数 μ_z 值列于表 13-5 中。

表 13-5 风压高度变化系数 μ_z

风荷载作用点处	1	2	3	4	5
离地高度/m	4.4	8	11.6	15.2	18.8
μ_z	1.00	1.00	1.042	1.134	1.206

（2）计算作用于框架节点处风荷载 F_1、F_2、F_3、F_4、F_5 标准值：

$F_1=\beta_z\mu_s\mu_z w_0 Bh_i=1.0\times(0.8+0.5)\times1.00\times0.42\times6.9\times(4.4/2+3.6/2)=15.07(\text{kN})$

$F_2=\beta_z\mu_s\mu_z w_0 Bh_i=1.0\times(0.8+0.5)\times1.00\times0.42\times6.9\times(3.6/2+3.6/2)=13.56(\text{kN})$

$F_3=\beta_z\mu_s\mu_z w_0 Bh_i=1.0\times(0.8+0.5)\times1.042\times0.42\times6.9\times(3.6/2+3.6/2)=14.13(\text{kN})$

$F_4=\beta_z\mu_s\mu_z w_0 Bh_i=1.0\times(0.8+0.5)\times1.134\times0.42\times6.9\times(3.6/2+3.6/2)=15.38(\text{kN})$

$F_5=\beta_z\mu_s\mu_z w_0 Bh_i=1.0\times(0.8+0.5)\times1.206\times0.42\times6.9\times3.6/2=8.18(\text{kN})$

（3）风荷载计算结果如图 13-11 所示。

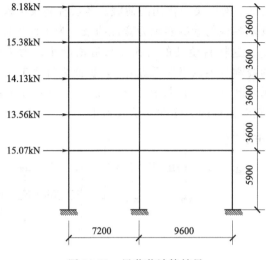

图 13-11　风荷载计算结果

13.5　竖向荷载作用下框架结构的内力计算

在竖向荷载作用下，多、高层框架结构的内力可用力法、位移法等结构力学计算。工程设计中，如采用手算，可采用迭代法、分层法、弯矩二次分配法、系数法等近似方法计算。本节主要介绍分层法和弯矩二次分配法的基本原理和计算方法，一般均能满足工程设计的要求。

力法或位移法的精确计算结果表明，框架结构在竖向荷载作用下具有以下受力特点：

（1）竖向荷载作用下，框架所产生的侧移较小，若不计侧移，即按照无侧移计算，对框架结构的内力影响不大。

（2）当整个框架仅在某一层横梁上受有竖向荷载时，则直接承受荷载的框架梁及与之相连的上、下层框架柱端的弯矩较大，其他各层梁柱的弯矩均很小，且距离直接承受荷载的框架梁越远，框架梁柱的弯矩越小。

13.5.1　分层法

13.5.1.1　基本假定

根据上述分析，计算竖向荷载作用下框架结构内力时，为了简化计算，可采用以下两个假设：

（1）框架的侧移忽略不计，即不考虑框架侧移对内力的影响；

（2）每层梁上的荷载仅对本层梁及其相连的上、下柱的内力产生影响，对其他层梁、柱内力的影响忽略不计。

应当指出，上述假定中所指的内力不包括柱轴力，因为某层梁上的荷载对下部各层柱的轴力均有较大影响，不能忽略。

13.5.1.2　计算要点及步骤

计算时，将框架结构［如图 13-12(a) 所示］沿高度分成若干个单层无侧移的敞口框架，每个敞口框架包括本层梁及其相连的上、下柱,以此敞口框架作为一个独立计算单元[如图13-12(b)所示]。每个敞口框架中梁上作用的荷载、各层柱高及梁跨度均与原结构相同。除了底层柱的下端以外,其他各柱的远端实际为弹性约束;为了便于计算,柱远端均视为固定端[如图13-12(b)所示],这样将使柱的弯曲变形有所减小;为了消除这种影响,把除底层柱以外的其他各层柱的线刚度乘以修正系数0.9,据此来计算节点周围各杆件的弯矩分配系数;杆端分配弯矩向远端传递时,底层柱和各层梁的传递系数仍按远端为固定支承取为1/2,其他各柱的传递系数考虑远端为弹性支承取为1/3。

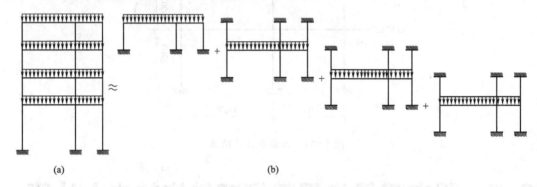

图 13-12 竖向荷载作用下框架结构分层法示意图

用弯矩分配法分层计算各榀敞口框架的杆端弯矩,由此求得的梁端弯矩即为其最后弯矩。因每一层柱属于上、下两层,所以每一层柱的最终弯矩需由上、下两层计算所得的弯矩值叠加得到。上、下层柱的弯矩叠加后,节点弯矩一般不会平衡,如欲进一步修正,可对不平衡弯矩再做一次弯矩分配。

用分层法求竖向荷载作用下框架内力的步骤如下:

(1) 画出分层框架计算简图。

(2) 计算框架梁、柱的线刚度,注意底层柱以外的各柱线刚度应乘以折减系数0.9。

(3) 用弯矩分配法或其他方法(如迭代法)计算各分层框架的梁柱端弯矩。

(4) 确定框架梁、柱端最终弯矩。由于底层柱以外的其他各层柱分别属于上、下两个分层框架,因此,这种柱端弯矩应为两个分层框架柱端弯矩之和;底层柱端弯矩和框架梁端弯矩直接取按分层框架计算的杆端弯矩。

如果以上求得的框架节点不平衡弯矩偏大,可将该节点不平衡弯矩反号后在近端进行一次分配(不再传递),这样可使框架节点弯矩达到表面上的平衡。

(5) 计算梁柱剪力及柱轴力,当框架梁、柱端弯矩求出之后,则可由静力平衡条件求梁的跨中弯矩,梁、柱剪力及柱轴力。由逐层叠加柱上的竖向荷载(包括节点集中力和柱自重等)和与之相连的梁端剪力,即得柱的轴力。

【例 13-2】 如图13-13(a)所示为两层两跨的框架结构,各层梁上作用为均布荷载,梁的跨度(mm)、柱的高度(mm)和荷载的大小均示于图中,图中梁、柱边的数据为梁、柱的相对线刚度。试用分层法计算框架结构梁、柱的弯矩。

【解】 首先将原框架结构分解成两个敞口框架,如图13-13(b)所示。然后用弯矩分配法计算这两个敞口框架的杆端弯矩,计算过程如图13-14(a)、(b)所示;其中梁的固端弯矩按 $M = \frac{1}{12}ql^2$ 计算,在计算弯矩分配系数时,除底层柱以外的第二层的所有柱的线刚度乘以系数0.9,数字标于图13-13(b)中第二层柱相应的旁边,相应第二层柱的传递系数均

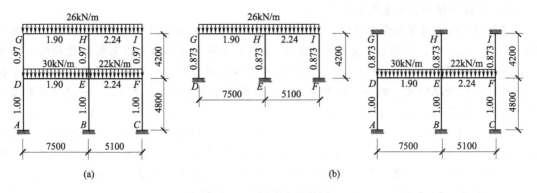

图 13-13 例 13-2 计算图

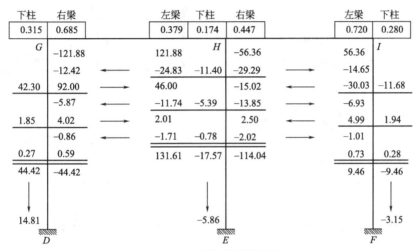

(a) 二层的弯矩分配过程

(b) 底层的弯矩分配过程

图 13-14 杆端弯矩的计算（单位：kN·m）

取 1/3，其他杆件的传递系数取 1/2。

根据图 13-14 的弯矩分配结果，可计算第二层和底层各杆件的杆端弯矩，弯矩示于如图 13-15(a)、(b) 中，然后根据叠加原理把两层相应柱的弯矩相加，得到框架结构的杆端弯矩，弯矩示于图 13-15(c) 中。显然，节点出现了不平衡弯矩，针对这种结果，对此不平衡弯矩再做一次分配即可。例如：对于节点 D，不平衡弯矩是 14.81kN·m，根据节点的分配系数再做一次分配，则得梁端弯矩为 $-79.68+(-14.81)\times 0.504=-87.14(\text{kN}\cdot\text{m})$，节点上柱柱端弯矩为 $51.92+(-14.81)\times 0.231=48.50(\text{kN}\cdot\text{m})$，节点下柱柱端弯矩为 $42.57+(-14.81)\times 0.265=38.65(\text{kN}\cdot\text{m})$。对其余节点均如此计算，可得用分层法计算的原框架结构的杆端弯矩，弯矩图如图 13-15(d) 所示。图中还给出了梁跨中的弯矩值，它是根据梁上作用的荷载及梁端弯矩值由静力平衡条件所得的。

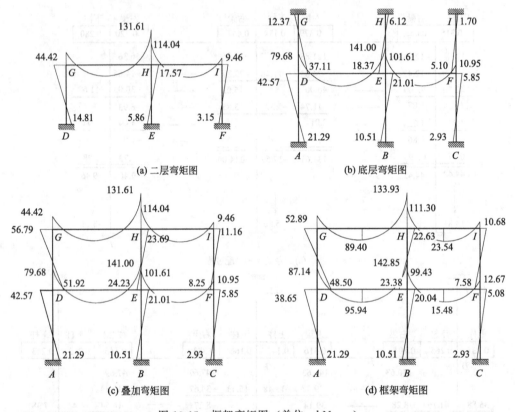

图 13-15 框架弯矩图（单位：kN·m）

从以上计算步骤可知，按分层法分析竖向荷载作用下的框架内力时，某层框架梁的弯矩、剪力主要由该层梁上竖向荷载产生；某根框架柱的弯矩和剪力主要由该柱上、下两层框架梁上的竖向荷载产生，而柱轴力则由该柱以上各层框架梁上竖向荷载共同产生。分层法特别适用于框架梁线刚度与框架柱线刚度相比较大的情形（梁柱线刚度比$\sum i_b/\sum i_c \geqslant 3$）。这可从弯矩分配法的计算过程来理解：当框架柱的线刚度较小时，其弯矩分配系数也小，则柱端弯矩在节点不平衡弯矩中所占比例就小，因而其分配弯矩、传递弯矩值均较小；直接承受荷载的框架梁上固端弯矩经多次分配、传递后，向其上下左右不断衰减，当框架梁线刚度比框架柱线刚度大很多时，框架柱的弯矩衰减得更快，因而对相距较远的梁柱弯矩影响越小。即当框架梁线刚度比框架柱线刚度大很多时，分层框架计算简图比较符合实际。

13.5.2 弯矩二次分配法

分层法计算竖向荷载作用下的多层多跨框架结构时，用的是无侧移框架的弯矩分配法来计算各个杆件的杆端弯矩，由于该法要考虑任一节点的不平衡弯矩对框架结构中所有杆件的影响，因而计算相当繁杂，且分层法只有当框架的层数较少或层数多但中间若干层的分层框架相同（此时需单独计算的分层框架数量较少）时，应用起来才比较简便；如果整个框架的层数较多，且分层框架的数目也较多，用分层法就比较烦琐。

根据在分层法中所做的分析和计算结果可知，多层框架中某节点的不平衡弯矩对与其相邻的节点影响较大，对其他节点的影响较小，因而为了简化计算，可假定某一节点的不平衡弯矩只对与该节点相交的各杆件的远端有影响，对其他杆件没有影响，这样可将弯矩分配法的循环次数简化到弯矩二次分配和其间的一次传递，此即弯矩二次分配法。

在与分层法类似的基本假定下，当分层框架各不相同时，采用整体框架计算简图（不分层）的弯矩二次分配法比分层法更加简便。

用弯矩二次分配法分析竖向荷载作用下的框架内力，步骤如下：

（1）根据各杆件的线刚度计算各节点的杆端弯矩分配系数，并计算竖向荷载作用下框架梁的固端弯矩。

（2）第一次弯矩分配：对所有的框架节点，求出节点不平衡弯矩后，反号分配至相交于该节点的各杆件的近端，其间不进行弯矩传递。

（3）将所有杆件的第一次分配弯矩分别向其远端传递（对于刚接框架，传递系数均取 1/2）。

（4）第二次弯矩分配：将所有的框架节点因传递弯矩而产生的新的不平衡弯矩，反号后分配至相交于该节点的各杆件的近端，使各节点处于平衡状态。

（5）计算框架梁、柱的杆端弯矩：对所有的框架梁、柱各杆端的固端弯矩、分配弯矩和传递弯矩叠加，即得梁、柱的杆端弯矩。

（6）由静力平衡条件求梁的跨中弯矩，梁、柱剪力及柱轴力。

【例 13-3】 用弯矩二次分配法计算如图 13-16(a) 所示框架结构在均布荷载作用下各杆件的杆端弯矩。梁柱的线刚度示于图 13-16(b) 中。

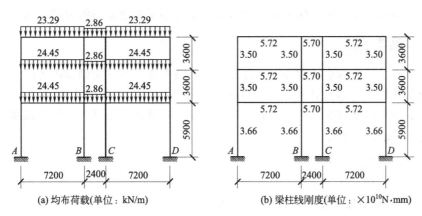

(a) 均布荷载(单位：kN/m)　　(b) 梁柱线刚度(单位：$\times 10^{10}$ N·mm)

图 13-16　例 13-3 计算简图

【解】 由于结构和荷载均对称，因此可利用对称性简化计算，取一半进行计算，如图

13-17(a)所示。按照弯矩二次分配法的计算步骤，计算分配系数、固端弯矩；计算不平衡弯矩，进行第一次分配，并传递；计算节点新的不平衡弯矩，进行第二次分配；最后将所有的固端弯矩、分配弯矩、传递弯矩相加，即可得各杆件的杆端弯矩。整个计算过程如图13-18所示。其中 AB 跨梁的固端弯矩按 $M=\dfrac{1}{12}ql^2$ 计算，BB' 跨梁的左边固端弯矩按 $M=-\dfrac{1}{3}ql^2$ 计算，在计算弯矩分配系数时，BB' 跨梁由于跨度减半，其线刚度在 BC 跨梁的基础上乘以2，线刚度数字标于图13-17(b)中，杆件的传递系数取 1/2（除滑动支座端，由于对称，此端可不传递）。

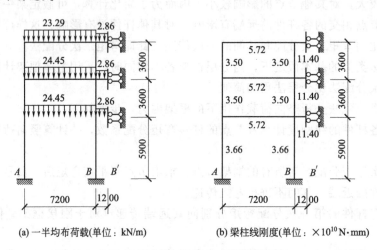

(a) 一半均布荷载(单位：kN/m)　　(b) 梁柱线刚度(单位：×10^{10}N·mm)

图13-17　一半框架均布荷载计算简图

根据如图13-18所示的杆端弯矩的计算结果，绘制框架结构在均布荷载作用下的弯矩图如图13-19所示。

应用弯矩二次分配法应注意弯矩的正负号规定：与结构力学规定相同，如杆端弯矩以顺时针为正，逆时针为负；而节点弯矩则以逆时针为正，顺时针为负。另外，当与所计算平面框架相垂直方向的框架梁与框架柱的截面形心间存在偏心或边柱外设有悬挑构件（如阳台、挑檐）时，该框架梁或悬挑构件传来的荷载将使框架节点处受到集中力矩的作用，在弯矩二次分配法中，节点集中力矩仅作为第一次弯矩分配时不平衡弯矩的组成部分加以考虑。

13.5.3　系数法

采用上述分层法和弯矩二次分配法计算竖向荷载作用下的框架结构内力时，需要首先确定梁、柱的截面尺寸，而且计算过程较为烦琐。系数法是一种更简单的方法，只要给出荷载、框架梁的计算跨度和支承情况，就可以很方便地计算出框架梁、柱各控制截面的内力。

13.5.3.1　框架梁内力

框架梁的弯矩按下式计算：

$$M=\alpha q l_n^2 \tag{13-6}$$

式中　α——框架梁弯矩系数，按照表13-6取值；
　　　q——作用在框架梁上的恒荷载设计值与活荷载设计值之和；
　　　l_n——框架梁净跨，计算支座弯矩时用相邻两跨净跨的平均值。

框架梁的剪力按下式计算：

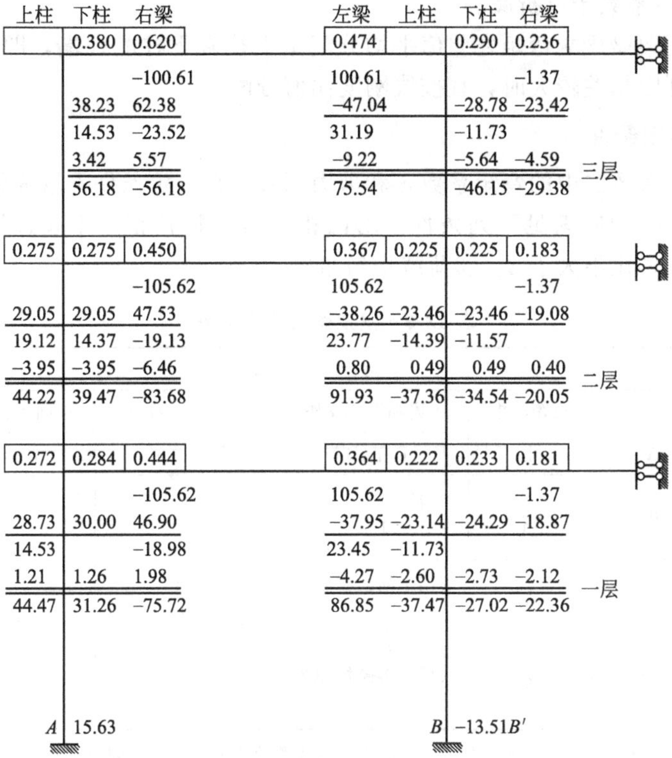

上柱 下柱 右梁
左梁 上柱 下柱 右梁
0.380 0.620
0.474 0.290 0.236
−100.61
100.61 −1.37
38.23 62.38
−47.04 −28.78 −23.42
14.53 −23.52
31.19 −11.73
3.42 5.57
−9.22 −5.64 −4.59
三层
56.18 −56.18
75.54 −46.15 −29.38
0.275 0.275 0.450
0.367 0.225 0.225 0.183
−105.62
105.62 −1.37
29.05 29.05 47.53
−38.26 −23.46 −23.46 −19.08
19.12 14.37 −19.13
23.77 −14.39 −11.57
−3.95 −3.95 −6.46
0.80 0.49 0.49 0.40
二层
44.22 39.47 −83.68
91.93 −37.36 −34.54 −20.05
0.272 0.284 0.444
0.364 0.222 0.233 0.181
−105.62
105.62 −1.37
28.73 30.00 46.90
−37.95 −23.14 −24.29 −18.87
14.53 −18.98
23.45 −11.73
1.21 1.26 1.98
−4.27 −2.60 −2.73 −2.12
一层
44.47 31.26 −75.72
86.85 −37.47 −27.02 −22.36
A 15.63
B −13.51B′

图 13-18 一半框架的弯矩二次分配过程

75.54 29.38
27.32
56.18
46.15
85.06
91.93
83.68
20.05
17.99
39.47 44.22 37.36
34.54
70.63
86.85 22.36
75.72
20.30
31.26 44.47 37.47
27.02
77.15
A 15.63
13.51 B C D

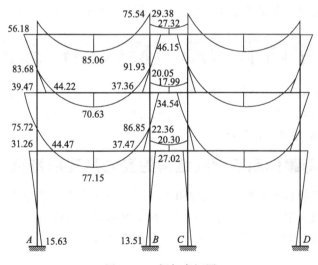

图 13-19 框架弯矩图

$$V=\beta q l_{\mathrm{n}} \tag{13-7}$$

式中，β 为剪力系数，边支座取 0.5，第一内支座外侧取 0.575，内侧取 0.5，其余内支座均取 0.5。

13.5.3.2 框架柱内力

框架柱的轴力可以按楼面单位面积上的恒荷载设计值与活荷载设计值之和乘以该柱的负载面积计算。柱的负载面积可以近似地按简支状态计算。计算轴力时，活荷载可以按

表 13-3 规定的折减系数予以折减。

将节点两侧框架梁梁端弯矩之差值平均分配给上柱和下柱的柱端,即得框架柱的弯矩。当上、下柱的线刚度相差较大时,宜按线刚度比值分配。

13.5.3.3 适用条件

由上述可见,系数法中的弯矩系数 α 和剪力系数 β 在一定条件下取为常数,因此,按系数法计算时,框架结构应满足下列条件:①两相邻跨的跨长相差不超过短跨跨长的 20%;②活荷载与恒荷载之比不大于 3;③荷载均匀布置。

表 13-6 框架梁弯矩系数 α

端支座 支撑情况	截面					
	端支座	边跨跨中	离端第二支座	离端第二跨中	中间支座	中间跨跨中
	A	I	B左、B右	II	C	III
端部无约束	0	$\frac{1}{11}$	$-\frac{1}{9},-\frac{1}{9}$ (用于两跨框架梁) $-\frac{1}{10},-\frac{1}{11}$ (用于多跨框架梁)	$\frac{1}{16}$	$-\frac{1}{11}$	$\frac{1}{16}$
梁支撑	$-\frac{1}{24}$	$\frac{1}{14}$				
柱支撑	$-\frac{1}{16}$	$\frac{1}{14}$				

注:表中 A、B、C 和 I、II、III 分别为从两端支座截面和边跨跨中截面算起的截面代号。

由表 13-6 所列数据及上述第②适用条件可知,该系数法已不仅是单纯的某一荷载作用下的结构内力分析结果,而是考虑了多种荷载不利组合所得的不利内力结果。

13.6 水平荷载作用下框架结构的内力计算

水平荷载作用下框架结构的内力和侧移可用结构力学方法计算,也可采用简化方法计算。常用的简化计算方法有迭代法、反弯点法、D 值法和门架法等。本节主要介绍反弯点法和 D 值法的基本原理和计算要点。

13.6.1 水平荷载作用下框架结构的受力及变形特点

框架结构在风荷载和水平地震力的作用下,可以简化为框架受节点水平集中力的作用,在节点水平集中荷载作用下,框架结构的内力和变形具有以下特点:

(1) 框架梁、柱的弯矩均为线性分布,且每跨梁及每根柱均有一零弯矩点即反弯点存在。

(2) 框架每一层柱的总剪力(称层间剪力)及单根柱的剪力均为常数。

(3) 若不考虑梁、柱轴向变形对框架侧移的影响,则同层各框架节点的水平侧移相等。

(4) 除底层柱底为固定端外,其余杆端(或节点)既有水平侧移又有转角变形,节点转角随梁柱线刚度比的增大而减小。

根据框架结构在水平荷载作用下的上述受力特点,在求解框架结构内力时,如果能够求出各柱的剪力和反弯点的位置,就可以很方便地算出柱端弯矩,进而可算出梁、柱内力。因此,水平荷载作用下框架结构内力近似计算的关键是确定各柱间的剪力分配和各柱的反弯点高度。

下面分别介绍在水平荷载作用下框架结构的内力近似计算方法：反弯点法和 D 值法。

13.6.2 反弯点法

反弯点法适用于结构比较均匀（各层层高变化不大、梁的线刚度变化不大），梁的线刚度 i_b 比柱的线刚度 i_c 大得多（$\sum i_b / \sum i_c \geqslant 3$），层数不多的多层框架。

13.6.2.1 基本假定

为了方便地求得各柱的柱间剪力和反弯点位置，根据框架结构的变形特点，作如下假定：

（1）确定各柱间的剪力分配时，假定梁与柱的线刚度之比为无限大，各柱上下两端均不发生角位移；

（2）确定各柱的反弯点位置时，假定除底层柱以外的其余各层柱，受力后上下两端的转角相等；

（3）不考虑框架梁的轴向变形，同一层各节点水平位移相等。

按照上述假定，即可确定柱反弯点高度、柱侧移刚度、柱端剪力以及杆端弯矩。

13.6.2.2 反弯点高度

柱的反弯点高度 yh 指反弯点至该层柱下端的距离，y 为反弯点高度与柱高的比值，h 为柱高。对于上部各层柱，因各柱上下端转角相等，这时柱上下两端弯矩相等，反弯点位于柱的中点处，$y = \dfrac{1}{2}$；对于底层柱，柱下端嵌固，转角为零，柱上端转角不为零，上端弯矩比下端小，反弯点偏离中点向上移，根据分析可取 $y = \dfrac{2}{3}$。

13.6.2.3 柱侧移刚度

柱的侧移刚度表示柱上下两端发生单位水平位移时柱中产生的剪力，它与两端约束条件有关。根据假定，若视横梁为刚性梁，在水平力作用下，柱端转角为零，则第 i 层 j 根柱的侧移刚度 D_{ij} 为：

$$D_{ij} = \frac{12 i_{cij}}{h_{ij}^2} \tag{13-8}$$

式中 i_{cij}——第 i 层 j 根柱的线刚度；

h_{ij}——第 i 层 j 根柱的高度。

13.6.2.4 层间剪力在各柱间的分配

如图 13-20 所示为框架的第 i 层柱反弯点处截取的脱离体，由水平方向力的平衡条件，可得该框架第 i 层的层间剪力 $V_i = F_i + F_n$。以此可得出，框架结构第 i 层的层间剪力 V_i 可表示为：

$$V_i = \sum_{k=i}^{n} F_k \tag{13-9}$$

式中，F_k 表示作用于第 k 层楼面处的水平荷载，n 为框架结构的总层数。

令 V_{ij} 表示第 i 层第 j 柱分配到的剪

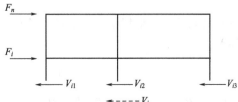

图 13-20 框架的第 i 层柱反弯点处截取的脱离体图

力，如该层共有 m 根柱，则第 i 层第 j 柱的剪力为：

$$V_{ij} = \frac{D_{ij}}{\sum_{j=1}^{m} D_{ij}} V_i \tag{13-10}$$

上式即为层间剪力 V_i 在各柱间的分配公式，适用于整个框架结构同层各柱之间的剪力分配，可见，每根柱分配到的剪力值与其侧向刚度成比例。

13.6.2.5 框架梁、柱内力

(1) 柱端弯矩　求得柱反弯点高度 yh 后，按下式计算柱端弯矩，如图 13-21(a) 所示，可得：

$$M_{ij}^{b} = V_{ij} yh \tag{13-11}$$

$$M_{ij}^{u} = V_{ij}(1-y)h \tag{13-12}$$

式中　M_{ij}^{b}——第 i 层第 j 根柱下端弯矩；

M_{ij}^{u}——第 i 层第 j 根柱上端弯矩。

(2) 梁端弯矩　根据节点的弯矩平衡条件，梁端弯矩之和等于柱端弯矩之和；将节点上、下柱端弯矩之和按左、右梁的线刚度（当各梁远端不都是刚接时，应取用梁的转动刚度）分配给梁端。由如图 13-21(b) 所示的节点弯矩平衡图可得：

$$M_{b}^{l} = (M_{i+1,j}^{b} + M_{ij}^{u}) \frac{i_{b}^{l}}{i_{b}^{l} + i_{b}^{r}} \tag{13-13}$$

$$M_{b}^{r} = (M_{i+1,j}^{b} + M_{ij}^{u}) \frac{i_{b}^{r}}{i_{b}^{l} + i_{b}^{r}} \tag{13-14}$$

式中　M_{b}^{l}, M_{b}^{r}——节点左、右梁端弯矩；

i_{b}^{l}, i_{b}^{r}——节点左、右梁的线刚度；

$M_{i+1,j}^{b}, M_{ij}^{u}$——节点上、下柱端弯矩（即第 $i+1$ 层第 j 根柱下端弯矩和第 i 层第 j 根柱上端弯矩）。

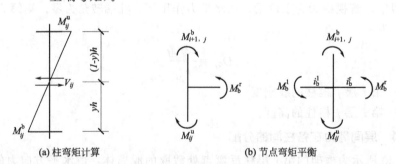

(a) 柱弯矩计算　　　　　　(b) 节点弯矩平衡

图 13-21　梁、柱弯矩计算

(3) 梁端剪力　根据梁端弯矩可计算梁端剪力，如图 13-22(a) 所示，由静力平衡条件得梁端剪力：

$$V_{b}^{l} = V_{b}^{r} = \frac{(M_{b}^{l} + M_{b}^{r})}{l} \tag{13-15}$$

式中　V_{b}^{l}, V_{b}^{r}——梁左、右两端剪力；

l——梁的跨度。

(4) 柱的轴力　节点左右梁端剪力之和即为柱的层间轴力，如图 13-22(b) 所示，第 i

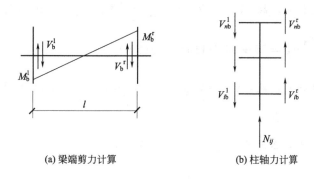

(a) 梁端剪力计算　　　(b) 柱轴力计算

图 13-22　梁端剪力和柱轴力计算

层第 j 根柱轴力为：

$$N_{ij} = \sum_{i=1}^{n}(V_{ib}^{l} - V_{ib}^{r}) \tag{13-16}$$

式中　N_{ij}——第 i 层第 j 根柱轴力；

V_{ib}^{l}，V_{ib}^{r}——第 i 层第 j 根柱轴左、右两侧梁端传来的剪力。

以上即为用反弯点法计算水平荷载作用下框架结构内力的计算过程。反弯点法的优点是概念简单，思路清晰，应用方便。

【例 13-4】 用反弯点法计算如图 13-23(a) 所示的框架结构，并画出弯矩图。括号内数字为杆件线刚度的相对值。

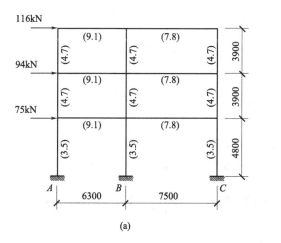
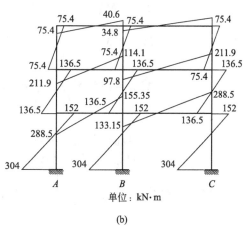

图 13-23　例 13-4 图

【解】（1）求各柱剪力。

三层层间剪力：$V_3 = \sum_{k=3}^{3} F_k = 116 \text{kN}$

因各柱的线刚度相同，故：$V_{3A} = V_{3B} = V_{3C} = \dfrac{1}{3}V_3 = \dfrac{1}{3} \times 116 = 38.67 \text{(kN)}$

二层柱：$V_2 = \sum_{k=2}^{3} F_k = 94 + 116 = 210 \text{(kN)}$

因各柱的线刚度相同，故：$V_{2A}=V_{2B}=V_{2C}=\dfrac{1}{3}V_2=\dfrac{1}{3}\times 210=70(\text{kN})$

底层柱：$V_1=\sum\limits_{k=1}^{3}F_k=75+94+116=285(\text{kN})$

因各柱的线刚度相同，故：$V_{1A}=V_{1B}=V_{1C}=\dfrac{1}{3}V_1=\dfrac{1}{3}\times 285=95(\text{kN})$

(2) 求各柱反弯点高度。

二、三层各柱反弯点高度为：$\dfrac{1}{2}\times 3.9=1.95(\text{m})$

底层各柱反弯点高度为：$\dfrac{2}{3}\times 4.8=3.2(\text{m})$

(3) 求柱端弯矩。

三层柱上端与下端弯矩相等：
$$M_{3A}^{u}=M_{3B}^{u}=M_{3C}^{u}=M_{3A}^{b}=M_{3B}^{b}=M_{3C}^{b}=38.67\times 1.95=75.4(\text{kN}\cdot\text{m})$$

二层柱上端与下端弯矩相等：
$$M_{2A}^{u}=M_{2B}^{u}=M_{2C}^{u}=M_{2A}^{b}=M_{2B}^{b}=M_{2C}^{b}=70\times 1.95=136.5(\text{kN}\cdot\text{m})$$

底层柱上端弯矩：$M_{1A}^{u}=M_{1B}^{u}=M_{1C}^{u}=95\times(4.8-3.2)=152(\text{kN}\cdot\text{m})$

底层柱下端弯矩：$M_{1A}^{b}=M_{1B}^{b}=M_{1C}^{b}=95\times 3.2=304(\text{kN}\cdot\text{m})$

(4) 求梁端弯矩。

根据节点平衡和梁线刚度比例分配可求得梁端弯矩。

三层：
$$M_{AB}=M_{3A}^{u}=75.4\text{kN}\cdot\text{m},\quad M_{CB}=M_{3C}^{u}=75.4(\text{kN}\cdot\text{m})$$

$$M_{BA}=M_{3B}^{u}\times\dfrac{i_b^l}{i_b^l+i_b^r}=75.4\times\dfrac{9.1}{9.1+7.8}=40.6(\text{kN}\cdot\text{m})$$

$$M_{BC}=M_{3B}^{u}\times\dfrac{i_b^r}{i_b^l+i_b^r}=75.4\times\dfrac{7.8}{9.1+7.8}=34.8(\text{kN}\cdot\text{m})$$

二层：
$$M_{AB}=M_{3A}^{b}+M_{2A}^{u}=75.4+136.5=211.9(\text{kN}\cdot\text{m})$$

$$M_{CB}=M_{3C}^{b}+M_{2C}^{u}=75.4+136.5=211.9(\text{kN}\cdot\text{m})$$

$$M_{BA}=(M_{3B}^{b}+M_{2B}^{u})\times\dfrac{i_b^l}{i_b^l+i_b^r}=(75.4+136.5)\times\dfrac{9.1}{9.1+7.8}=114.1(\text{kN}\cdot\text{m})$$

$$M_{BC}=(M_{3B}^{b}+M_{2B}^{u})\times\dfrac{i_b^r}{i_b^l+i_b^r}=(75.4+136.5)\times\dfrac{7.8}{9.1+7.8}=97.8(\text{kN}\cdot\text{m})$$

底层：
$$M_{AB}=M_{2A}^{b}+M_{1A}^{u}=136.5+152=288.5(\text{kN}\cdot\text{m})$$

$$M_{CB}=M_{2C}^{b}+M_{1C}^{u}=136.5+152=288.5(\text{kN}\cdot\text{m})$$

$$M_{BA}=(M_{2B}^{b}+M_{1B}^{u})\times\dfrac{i_b^l}{i_b^l+i_b^r}=(136.5+152)\times\dfrac{9.1}{9.1+7.8}=155.35(\text{kN}\cdot\text{m})$$

$$M_{BC}=(M_{2B}^{b}+M_{1B}^{u})\times\dfrac{i_b^r}{i_b^l+i_b^r}=(136.5+152)\times\dfrac{7.8}{9.1+7.8}=133.15(\text{kN}\cdot\text{m})$$

(5) 绘制弯矩图如图 13-23(b) 所示。

13.6.3 D 值法

采用反弯点法计算时，假定梁柱线刚度比值为无穷大，框架节点没有转角位移，从而假定反弯点高度为一定值，柱子的线刚度仅与本身线刚度有关，从而使框架结构在水平荷载作用的内力计算大为简化。然而，工程中的框架结构梁柱线刚度比一般不大于 3，若此时再利用反弯点法计算，必然会大大影响框架结构内力计算的精度，从而不能满足工程计算要求。

对于层高变化大、梁线刚度变化大、梁线刚度 i_b 与柱线刚度 i_c 之比较接近（特别是梁线刚度小于柱线刚度）的框架结构，用反弯点法计算水平荷载作用下框架结构的内力误差较大。框架柱的侧移刚度不仅与柱的线刚度和层高有关，还与梁的线刚度等因素有关，同时，柱的反弯点位置也与梁柱线刚度比、上下层横梁的线刚度比、上下层层高的变化以及该柱所在的楼层位置等有关，且受荷载形式的影响。在分析上述影响因素的基础上，为了提高计算精度，对反弯点法中的柱抗侧移刚度 D 值、反弯点位置进行修正，此法就是 D 值法。

D 值法在反弯点法的基础上做了两方面的修正：一是对柱的侧移刚度 D 值的修正；二是对柱的反弯点位置的修正，柱的反弯点位置不再取定值，而随多种因素变化。D 值法计算的关键就是求修正后的柱侧移刚度 D 值和各柱修正后的反弯点位置。

13.6.3.1 框架柱的侧移刚度——D 值

D 值法认为框架的节点均有转角，柱的侧移刚度有所降低，降低后的各种情况下柱的侧移刚度 D 值均可按下式计算，即：

$$D = \alpha_c \frac{12 i_c}{h^2} \tag{13-17}$$

式中，α_c 为柱的侧移刚度修正系数。

α_c 反映了节点转动降低了柱的侧移刚度，而节点转动的大小则取决于梁对节点转动的约束程度。梁线刚度越大，对节点的约束能力越强；节点转动越小，柱的侧移刚度越大。

柱的侧移刚度修正系数 α_c 及梁柱线刚度比 $\overline{K}$ 按表 13-7 所列公式计算。

表 13-7 柱侧移刚度修正系数 α_c ($\alpha_c < 1$)

位置		边柱		中柱		α_c
		简图	$\overline{K}$	简图	$\overline{K}$	
一般层			$\overline{K} = \dfrac{i_2 + i_4}{2 i_c}$		$\overline{K} = \dfrac{i_1 + i_2 + i_3 + i_4}{2 i_c}$	$\alpha_c = \dfrac{\overline{K}}{2 + \overline{K}}$
底层	固接		$\overline{K} = \dfrac{i_2}{i_c}$		$\overline{K} = \dfrac{i_1 + i_2}{i_c}$	$\alpha_c = \dfrac{0.5 + \overline{K}}{2 + \overline{K}}$
	铰接		$\overline{K} = \dfrac{i_2}{i_c}$		$\overline{K} = \dfrac{i_1 + i_2}{i_c}$	$\alpha_c = \dfrac{0.5 \overline{K}}{1 + 2 \overline{K}}$

13.6.3.2 柱的反弯点位置

对于多、高层框架结构，各层柱反弯点的位置与该柱上下端转角大小有关，影响柱两端转角的主要因素有：梁柱线刚度比、结构总层数及该柱所在楼层位置、上下层梁线刚度比、上下层层高的变化以及作用于框架上的荷载形式等。因此柱的反弯点的位置不一定在柱的中点（底层柱不一定在距柱脚 $\frac{2}{3}h$ 处），需要对反弯点的位置加以修正。修正后的反弯点的位置可用下式计算：

$$yh=(y_n+y_1+y_2+y_3)h \tag{13-18}$$

式中 y——各层柱的反弯点高度比；

y_n——标准反弯点高度比，它是在各层等高、梁和柱的线刚度都不改变的多层规则框架在水平荷载作用下求得的反弯点高度比；

y_1——上下层横梁线刚度变化时反弯点高度比的修正值；

y_2——上层层高与本层高度不同时反弯点高度比的修正值；

y_3——下层层高与本层高度不同时反弯点高度比的修正值。

(1) 标准反弯点高度比 y_n　不同荷载作用下框架柱的标准反弯点高度比 y_n 主要与梁柱线刚度比 $\overline{K}$、结构总层数 m 以及该柱所在的楼层位置 n 有关。为了便于应用，对于承受均布水平荷载、倒三角形分布水平荷载、顶点集中水平荷载等三种荷载作用下的规则框架的标准反弯点高度比 y_n，制成数字表格（见附录19），计算时可直接查用。应当注意，按附录19查取标准反弯点高度比 y_n 时，梁柱线刚度比 $\overline{K}$ 应按表13-7所列公式计算。

(2) 上下层横梁线刚度变化时反弯点高度比的修正值 y_1　若与某层柱相连的上下横梁线刚度不同，该柱的反弯点位置要在标准反弯点位置 y_nh 的基础上进行修正，修正值为 y_1h，如图13-24所示。y_1 的分析方法与 y_n 相仿，计算时可由附录19-4查取，查表时梁柱线刚度比 $\overline{K}$ 按表13-7所列公式计算。

由本书附录19-4查 y_1 时，当 $i_1+i_2<i_3+i_4$ 时，取 $\alpha_1=(i_1+i_2)/(i_3+i_4)$，则由 α_1 和 $\overline{K}$ 查得 y_1，这时反弯点应向上移动，y_1 取正值，如图13-24(a)所示。当 $i_1+i_2>i_3+i_4$ 时，取 $\alpha_1=(i_3+i_4)/(i_1+i_2)$，则由 α_1 和 $\overline{K}$ 查得 y_1，这时反弯点应向下移动，y_1 取负值，如图13-24(b)所示。对于底层框架柱，不考虑修正值 y_1。

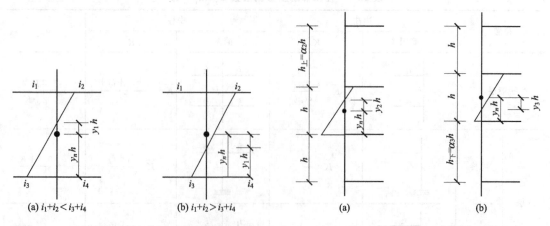

图13-24　上下横梁刚度变化对反弯点位置的影响　　图13-25　层高变化对反弯点位置的影响

(3) 上下层层高变化时反弯点高度比的修正值 y_2 和 y_3　当与某层柱相邻的上层或下层

层高改变时，柱上端或下端的约束刚度发生变化，引起反弯点的移动，其修正值 y_2h 或 y_3h，如图 13-25 所示。y_2 和 y_3 的分析方法与 y_n 相仿，计算时可由本书附录 19-5 查取，查表时梁柱线刚度比 $\overline{K}$ 按表 13-7 所列公式计算。

与某柱相邻的上层层高变化时，如图 13-25(a) 所示。当上层层高 $h_上$ 大于本层层高 h 时，其上端的约束刚度相对较小，所以反弯点向上移动，移动值为 y_2h，$\alpha_2 = h_上/h > 1.0$，则由 α_2 和 $\overline{K}$ 查得 y_2，y_2 为正值。当上层层高 $h_上$ 小于本层层高 h 时，$\alpha_2 = h_上/h < 1.0$，y_2 为负值，反弯点向下移动。

与某柱相邻的下层层高变化时，如图 13-25(b) 所示。当下层层高 $h_下$ 大于本层层高 h 时，其下端的约束刚度相对较小，所以反弯点向下移动，移动值为 y_3h，$\alpha_3 = h_下/h > 1.0$，则由 α_3 和 $\overline{K}$ 查得 y_3，y_3 为负值。当下层层高 $h_下$ 小于本层层高 h 时，$\alpha_3 = h_下/h < 1.0$，y_3 为正值，反弯点向上移动。

对于顶层柱不考虑修正值 y_2，对于底层柱不考虑修正值 y_3。

当各层框架柱的侧移刚度 D 值和各层柱反弯点的位置 yh 确定后，与反弯点法一样，就可确定各柱在反弯点处的剪力值和柱端弯矩，再由节点平衡条件，求出梁柱内力。

13.6.3.3 计算要点

(1) 计算框架结构各层层间剪力 V_i。

(2) 计算各柱的侧移刚度 D_{ij}，然后计算第 i 层第 j 根柱的剪力 V_{ij}。

(3) 确定各柱的反弯点高度的位置，计算第 i 层第 j 根柱的下端弯矩 M_{ij}^b 和上端弯矩 M_{ij}^u。

(4) 根据节点的弯矩平衡条件，将节点上、下柱端弯矩之和按节点左、右梁的线刚度比例分配给梁端，计算梁端弯矩 M_b^l 和 M_b^r。

(5) 根据静力平衡条件，由梁端弯矩计算梁端剪力，再由梁端剪力计算柱轴力。

D 值法除了进行柱剪力分配时用修正后的侧移刚度 D 值以及反弯点位置为变量外，其计算思路、计算步骤与反弯点法完全相同。D 值法继承了反弯点法概念简单、思路清晰、应用方便的特点，不同的是它比反弯点法具有更高的精度，且适用范围更广，因而在实际中得到了广泛应用。

【例 13-5】 用 D 值法计算如图 13-26(a) 所示的框架结构在风荷载作用下的内力，已计算的梁柱的线刚度（单位：$\times 10^{10} \text{N} \cdot \text{mm}$）示于图 13-26(b) 中。

【解】 (1) 计算层间剪力。

$$V_4 = 45 (\text{kN})$$
$$V_3 = 36 + 45 = 81 (\text{kN})$$
$$V_2 = 28 + 36 + 45 = 109 (\text{kN})$$
$$V_1 = 33 + 28 + 36 + 45 = 142 (\text{kN})$$

(2) 计算框架结构侧移刚度。

根据柱侧移刚度 $D = \alpha_c \dfrac{12 i_c}{h^2}$ 进行计算。例如，第 1 层边柱 A 柱和中柱 B 柱的侧移刚度计算如下：

边柱 A 柱：
$$\overline{K} = \frac{\sum i_b}{i_c} = \frac{5.55}{3.56} = 1.559$$

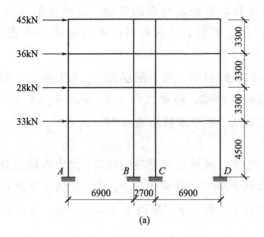 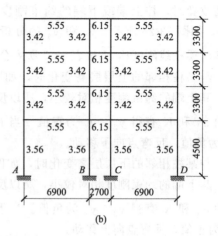

图 13-26　例 13-5 图

$$\alpha_c = \frac{0.5+\overline{K}}{2+\overline{K}} = \frac{0.5+1.559}{2+1.559} = 0.579$$

$$D = \alpha_c \frac{12i_c}{h^2} = 0.579 \times \frac{12 \times 3.56 \times 10^{10}}{4500^2} = 12215(\text{N/mm})$$

中柱 B 柱：

$$\overline{K} = \frac{\sum i_b}{i_c} = \frac{5.55+6.15}{3.56} = 3.287$$

$$\alpha_c = \frac{0.5+\overline{K}}{2+\overline{K}} = \frac{0.5+3.287}{2+3.287} = 0.716$$

$$D = \alpha_c \frac{12i_c}{h^2} = 0.716 \times \frac{12 \times 3.56 \times 10^{10}}{4500^2} = 15105(\text{N/mm})$$

第 1 层的一榀横向框架的总侧移刚度为：

$$\sum D = (12215+15105) \times 2 = 54640(\text{N/mm})$$

其余各层柱侧移刚度计算过程从略，计算结果见表 13-8。

表 13-8　各层柱侧移刚度 D 值

层次	柱别	$\overline{K}$	α_c	$D_{ij}/(\text{N/mm})$	$\sum D_{ij}/(\text{N/mm})$
4	A、D	$\frac{5.55+5.55}{2 \times 3.42}=1.623$	$\frac{1.623}{2+1.623}=0.448$	$0.448 \times \frac{12 \times 3.42 \times 10^{10}}{3300^2}=16883$	81326
4	B、C	$\frac{5.55 \times 2+6.15 \times 2}{2 \times 3.42}=3.421$	$\frac{3.421}{2+3.421}=0.631$	$0.631 \times \frac{12 \times 3.42 \times 10^{10}}{3300^2}=23780$	81326
3	A、D	$\frac{5.55+5.55}{2 \times 3.42}=1.623$	$\frac{1.623}{2+1.623}=0.448$	$0.448 \times \frac{12 \times 3.42 \times 10^{10}}{3300^2}=16883$	81326
3	B、C	$\frac{5.55 \times 2+6.15 \times 2}{2 \times 3.42}=3.421$	$\frac{3.421}{2+3.421}=0.631$	$0.631 \times \frac{12 \times 3.42 \times 10^{10}}{3300^2}=23780$	81326
2	A、D	$\frac{5.55+5.55}{2 \times 3.42}=1.623$	$\frac{1.623}{2+1.623}=0.448$	$0.448 \times \frac{12 \times 3.42 \times 10^{10}}{3300^2}=16883$	81326
2	B、C	$\frac{5.55 \times 2+6.15 \times 2}{2 \times 3.42}=3.421$	$\frac{3.421}{2+3.421}=0.631$	$0.631 \times \frac{12 \times 3.42 \times 10^{10}}{3300^2}=23780$	81326

续表

层次	柱别	$\overline{K}$	α_c	D_{ij}/(N/mm)	$\sum D_{ij}$/(N/mm)
1	A、D	$\dfrac{5.55}{3.56}=1.559$	$\dfrac{0.5+1.559}{2+1.559}=0.579$	$0.579\times\dfrac{12\times 3.56\times 10^{10}}{4500^2}=12215$	54640
	B、C	$\dfrac{5.55+6.15}{3.56}=3.287$	$\dfrac{0.5+3.287}{2+3.287}=0.716$	$0.716\times\dfrac{12\times 3.56\times 10^{10}}{4500^2}=15105$	

(3) 确定反弯点高度。

根据水平力的分布，确定 y_n 时可近似地按均布荷载考虑；本例中 $y_1=0$，对第 1 层柱，下层不修正 $y_3=0$，因 $\alpha_2=3.3/4.5=0.733$，由 α_2 及表 13-8 中的 $\overline{K}$ 值，查本书附录 19-5，得 $y_2=0$；对第 2 层柱，因 $\alpha_2=1.0$，所以 $y_2=0$，$\alpha_3=4.5/3.3=1.364>1.0$，由 α_3 及表 13-8 中的 $\overline{K}$ 值，查本书附录 19-5，得 $y_3=0$；对第 3 层柱，因 $\alpha_2=1.0$，$\alpha_3=1.0$，所以 $y_2=0$，$y_3=0$；对第 4 层柱，上层不修正 $y_2=0$，因 $\alpha_3=1.0$，所以 $y_3=0$。按式 $yh=(y_n+y_1+y_2+y_3)h$ 确定各层各柱的反弯点高度见表 13-9。

表 13-9 各层各柱反弯点高度

层数	柱别	y_n	y_1	y_2	y_3	y	yh/mm
4	A、D	0.38	0	0	0	0.38	1254
	B、C	0.45	0	0	0	0.45	1485
3	A、D	0.45	0	0	0	0.45	1485
	B、C	0.50	0	0	0	0.50	1650
2	A、D	0.48	0	0	0	0.48	1584
	B、C	0.50	0	0	0	0.50	1650
1	A、D	0.57	0	0	0	0.57	2565
	B、C	0.55	0	0	0	0.55	2475

(4) 计算柱端剪力及弯矩。

根据表 13-8 所列的 D_{ij} 和 $\sum D_{ij}$ 值，按式 $V_{ij}=\dfrac{D_{ij}}{\sum_{j=1}^{m}D_{ij}}V_i$ 计算各柱的剪力值 V_{ij}，计算过程及结果见表 13-10。根据各柱的反弯点高度（见表 13-9），然后按式 $M_{ij}^{b}=V_{ij}yh$ 和 $M_{ij}^{u}=V_{ij}(1-y)h$ 计算各柱上、下端的弯矩值。计算过程和结果见表 13-10。

表 13-10 柱端剪力及弯矩计算表

层次	柱别	$V_{ij}=\dfrac{D_{ij}}{\sum_{j=1}^{m}D_{ij}}V_i$ /kN	yh /m	$M_{ij}^{b}=V_{ij}yh$ /kN·m	$M_{ij}^{u}=V_{ij}(1-y)h$ /kN·m
4	A、D	$\dfrac{16883}{81326}\times 45=9.34$	1.254	$9.34\times 1.254=11.71$	$9.34\times 2.046=19.11$
	B、C	$\dfrac{23780}{81326}\times 45=13.16$	1.485	$13.16\times 1.485=19.54$	$13.16\times 1.815=23.89$

续表

层次	柱别	$V_{ij}=\dfrac{D_{ij}}{\sum_{j=1}^{m}D_{ij}}V_i$ /kN	yh /m	$M_{ij}^b=V_{ij}yh$ /kN·m	$M_{ij}^u=V_{ij}(1-y)h$ /kN·m
3	A、D	$\dfrac{16883}{81326}\times 81=16.82$	1.485	16.82×1.485=24.98	16.82×1.815=30.53
3	B、C	$\dfrac{23780}{81326}\times 81=23.68$	1.650	23.68×1.650=39.07	23.68×1.650=39.07
2	A、D	$\dfrac{16883}{81326}\times 109=22.63$	1.584	22.63×1.584=35.85	22.63×1.716=38.83
2	B、C	$\dfrac{23780}{81326}\times 109=31.87$	1.650	31.87×1.650=52.59	31.87×1.650=52.59
1	A、D	$\dfrac{12215}{54640}\times 142=31.74$	2.565	31.74×2.565=81.41	31.74×1.935=61.42
1	B、C	$\dfrac{15105}{54640}\times 142=39.26$	2.475	39.26×2.475=97.17	39.26×2.025=79.50

(5) 计算梁端弯矩和剪力以及柱轴力。

按式(13-13)和式(13-14)计算梁端弯矩,再按式(13-15)由梁端弯矩计算梁端剪力,最后按式(13-16)由梁端剪力计算柱轴力。计算过程及结果见表13-11。

表 13-11 梁端弯矩、剪力及柱轴力计算表

层次	梁别	M_b^l /kN·m	M_b^r /kN·m	V_b /kN	N_A /kN	N_B /kN	N_C /kN	N_D /kN
4	AB	19.11	$\dfrac{5.55}{5.55+6.15}\times 23.89$ =11.33	$-\dfrac{19.11+11.33}{6.9}$ =−4.41	−4.41	−4.89	4.89	4.41
4	BC	$\dfrac{6.15}{5.55+6.15}\times 23.89$ =12.56	$\dfrac{6.15}{5.55+6.15}\times 23.89$ =12.56	$-\dfrac{12.56+12.56}{2.7}$ =−9.30	−4.41	−4.89	4.89	4.41
4	CD	$\dfrac{5.55}{5.55+6.15}\times 23.89$ =11.33	19.11	$-\dfrac{19.11+11.33}{6.9}$ =−4.41	−4.41	−4.89	4.89	4.41
3	AB	11.71+30.53 =42.24	$\dfrac{5.55}{5.55+6.15}$ ×(19.54+39.07) =27.80	$-\dfrac{42.24+27.80}{6.9}$ =−10.15	−14.56	−17.56	17.56	14.56
3	BC	$\dfrac{6.15}{5.55+6.15}$ ×(19.54+39.07) =30.81	$\dfrac{6.15}{5.55+6.15}$ ×(19.54+39.07) =30.81	$-\dfrac{30.81+30.81}{2.7}$ =−22.82	−14.56	−17.56	17.56	14.56
3	CD	$\dfrac{5.55}{5.55+6.15}$ ×(19.54+39.07) =27.80	11.71+30.53 =42.24	$-\dfrac{42.24+27.80}{6.9}$ =−10.15	−14.56	−17.56	17.56	14.56

续表

层次	梁别	M_b^l /kN·m	M_b^r /kN·m	V_b /kN	N_A /kN	N_B /kN	N_C /kN	N_D /kN
2	AB	$24.98+38.83$ $=63.81$	$\dfrac{5.55}{5.55+6.15}\times(39.07+52.59)$ $=43.48$	$-\dfrac{63.81+43.48}{6.9}$ $=-15.55$	−30.11	−37.70	37.70	30.11
2	BC	$\dfrac{6.15}{5.55+6.15}\times(39.07+52.59)$ $=48.18$	$\dfrac{6.15}{5.55+6.15}\times(39.07+52.59)$ $=48.18$	$-\dfrac{48.18+48.18}{2.7}$ $=-35.69$				
2	CD	$\dfrac{5.55}{5.55+6.15}\times(39.07+52.59)$ $=43.48$	$24.98+38.83$ $=63.81$	$-\dfrac{63.81+43.48}{6.9}$ $=-15.55$				
1	AB	$35.85+61.42$ $=97.27$	$\dfrac{5.55}{5.55+6.15}\times(52.59+79.50)$ $=62.66$	$-\dfrac{97.27+62.66}{6.9}$ $=-23.18$	−53.29	−65.95	65.95	53.29
1	BC	$\dfrac{6.15}{5.55+6.15}\times(52.59+79.50)$ $=69.43$	$\dfrac{6.15}{5.55+6.15}\times(52.59+79.50)$ $=69.43$	$-\dfrac{69.43+69.43}{2.7}$ $=-51.43$				
1	CD	$\dfrac{5.55}{5.55+6.15}\times(52.59+79.50)$ $=62.66$	$35.85+61.42$ $=97.27$	$-\dfrac{97.27+62.66}{6.9}$ $=-23.18$				

注：表中剪力以绕梁端截面顺时针方向转动为正；柱轴力以受压为正；本表中的 M_b^l、M_b^r 分别表示同一梁的左端弯矩和右端弯矩。

(6) 根据计算结果绘制框架结构在风荷载作用下的弯矩图如图 13-27 所示。

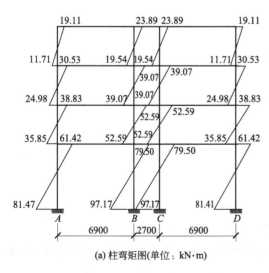

(a) 柱弯矩图(单位：kN·m)

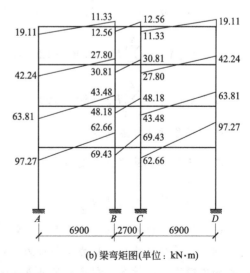

(b) 梁弯矩图(单位：kN·m)

图 13-27 例 13-5 弯矩图

13.6.4 门架法

门架法假定：所有柱子的反弯点都在柱中点，所有梁的反弯点都在梁跨中；每根柱子所承担的层间剪力比例等于该柱支承框架梁的长度（取左、右梁跨长之和的1/2）与框架总宽度之比。可见，用门架法计算水平荷载作用下框架结构内力时，只需给出框架各层的层高及各跨梁的跨长，不必给出构件截面尺寸。因此此法比反弯点法更简单，其精度更差一些。但是，在结构方案设计和初步设计阶段，为了比较不同方案的效果，门架法更简捷一些。

下面通过一个简单的例子说明门架法的计算要点。

【例 13-6】 用门架法计算图 13-28(a) 所示的框架结构在水平荷载作用下的内力。括号内数字为杆件线刚度的相对值。

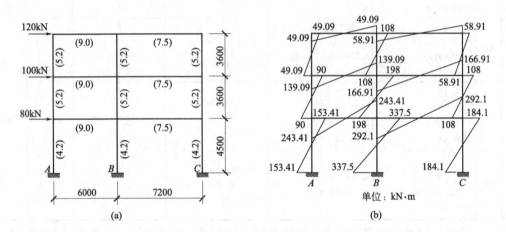

图 13-28 例 13-6 图

【解】 (1) 求层间剪力。

三层层间剪力：$V_3 = \sum\limits_{k=3}^{3} F_k = 120 \text{(kN)}$

二层柱：$V_2 = \sum\limits_{k=2}^{3} F_k = 100 + 120 = 220 \text{(kN)}$

底层柱：$V_1 = \sum\limits_{k=1}^{3} F_k = 80 + 100 + 120 = 300 \text{(kN)}$

(2) 求各柱反弯点高度。

二、三层各柱反弯点高度为 $\dfrac{1}{2} \times 3.6 = 1.8 \text{(m)}$

底层各柱反弯点高度为 $\dfrac{1}{2} \times 4.5 = 2.25 \text{(m)}$

(3) 计算各柱的柱端剪力及弯矩，计算过程及结果见表 13-12。

(4) 计算梁端弯矩、剪力及柱轴力。计算梁端弯矩、剪力时，先从顶层边跨梁端开始，依次向内跨进行。计算过程及结果见表 13-13。

(5) 按门架法计算结果绘制的弯矩图如图 13-28(b) 所示。

表 13-12 柱端剪力及弯矩计算表

层次	柱别	V_{ij}/kN	yh/m	$M_{ij}^b = M_{ij}^u$/kN·m
3	A	$\dfrac{6/2}{6+7.2} \times 120 = 27.27$	1.8	$27.27 \times 1.8 = 49.09$
3	B	$\dfrac{6/2+7.2/2}{6+7.2} \times 120 = 60$	1.8	$60 \times 1.8 = 108$
3	C	$\dfrac{7.2/2}{6+7.2} \times 120 = 32.73$	1.8	$32.73 \times 1.8 = 58.91$
2	A	$\dfrac{6/2}{6+7.2} \times 220 = 50$	1.8	$50 \times 1.8 = 90$
2	B	$\dfrac{6/2+7.2/2}{6+7.2} \times 220 = 110$	1.8	$110 \times 1.8 = 198$
2	C	$\dfrac{7.2/2}{6+7.2} \times 220 = 60$	1.8	$60 \times 1.8 = 108$
1	A	$\dfrac{6/2}{6+7.2} \times 300 = 68.18$	2.25	$68.18 \times 2.25 = 153.41$
1	B	$\dfrac{6/2+7.2/2}{6+7.2} \times 300 = 150$	2.25	$150 \times 2.25 = 337.5$
1	C	$\dfrac{7.2/2}{6+7.2} \times 300 = 81.82$	2.25	$81.82 \times 2.25 = 184.10$

表 13-13 梁端弯矩、剪力及柱轴力计算表

层次	梁别	$M_b^l = M_b^r$/kN·m	V_b/kN	N_A/kN	N_B/kN	N_C/kN
3	AB	49.09	$-\dfrac{49.09 \times 2}{6} = -16.36$	-16.36	0	16.36
3	BC	58.91	$-\dfrac{58.91 \times 2}{7.2} = -16.36$			
2	AB	$49.09+90=139.09$	$-\dfrac{139.09 \times 2}{6} = -46.36$	$-(16.36+46.36)$ $=-62.72$	0	$16.36+46.36$ $=62.72$
2	BC	$58.91+108=166.91$	$-\dfrac{166.91 \times 2}{7.2} = -46.36$			
1	AB	$90+153.41=243.41$	$-\dfrac{243.41 \times 2}{6} = -81.14$	$-(16.36+46.36+81.14)$ $=-143.86$	0	$16.36+46.36+$ $81.14=143.86$
1	BC	$108+184.10=292.10$	$-\dfrac{292.10 \times 2}{7.2} = -81.14$			

注：表中轴力以受压为正；剪力均以绕梁端截面顺时针方向旋转为正。

13.7 水平荷载作用下框架结构的侧移计算

根据前面介绍的框架结构在荷载作用下的受力和变形特点，可知：框架结构在竖向荷载作用下的侧移很小，一般不必计算，因此，框架的侧移主要是由水平荷载作用产生的。

框架结构在水平荷载作用下会产生侧移，侧移过大将导致填充墙开裂，内外墙饰面脱落，影响建筑物的使用。因此，需要对结构的侧移加以控制。控制侧移包括两部分内容：一是控制顶层最大侧移，二是控制层间相对侧移。

框架结构在水平荷载作用下的变形有总体剪切变形和总体弯曲变形两部分。总体剪切变形是由梁、柱弯曲变形引起的侧移，由水平荷载产生的层间剪力引起，侧移曲线与等截面悬臂柱的剪切变形曲线相似，曲线凹向结构的竖轴，层间相对侧移具有越往下越大的特点，称为"剪切型"变形，如图 13-29 所示。总体弯曲变形是由框架柱轴向变形引起的侧移，是由水平荷载产生的倾覆力矩引起的，倾覆力矩使框架结构一侧的柱受拉伸长，另一侧的柱受压缩短，从而引起侧移，侧移曲线与等截面悬臂柱的弯曲变形曲线相似，曲线凸向结构的竖轴，层间相对侧移具有越往上越大的特点，称为"弯曲型"变形，如图 13-30 所示。

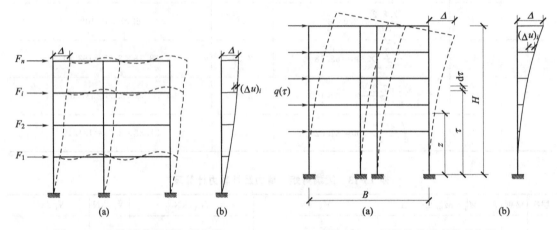

图 13-29　框架结构的剪切型变形　　　　图 13-30　框架结构的弯曲型变形

对于层数不多的框架，柱轴向变形引起的侧移很小，可以忽略不计，通常只考虑梁、柱弯曲变形引起的侧移。对于较高的框架（总高度 $H>50\mathrm{m}$）或较柔的框架（高宽比 $H/B>4$），由于柱子轴力较大，柱轴向变形引起的侧移不能忽略。实际工程中，这两种侧移均可采用近似算法进行计算，下面仅介绍由梁、柱弯曲变形引起的侧移（剪切型变形）的近似计算。

13.7.1　梁、柱弯曲变形引起的侧移（剪切型变形）的计算

梁、柱弯曲变形所引起的侧移主要表现为层间构件的错动，楼盖仅产生平移，因此可用 D 值法近似计算其侧移。侧移刚度 D 值的物理意义是层间产生单位侧移时所需施加的层间剪力，当已知框架结构第 i 层所有柱的侧移刚度之和 $\sum\limits_{j=1}^{m}D_{ij}$ 及层间剪力 V_i 后，则框架结构第 i 层的层间相对侧移 $(\Delta u)_i$ 可按下式计算：

$$(\Delta u)_i = \frac{V_i}{\sum\limits_{j=1}^{m}D_{ij}} \tag{13-19}$$

式中　$(\Delta u)_i$ ——第 i 层层间相对侧移；
　　　V_i ——第 i 层层间剪力；

$\sum_{j=1}^{m} D_{ij}$ ——第 i 层所有柱的侧移刚度之和；

m ——第 i 层柱总数。

第 i 层的侧移 Δ_i 可按下式计算：

$$\Delta_i = \sum_{k=1}^{i} (\Delta u)_k \tag{13-20}$$

框架由层间剪力引起的顶点总侧移 Δ 为各层层间相对侧移之和，为：

$$\Delta = \sum_{i=1}^{n} (\Delta u)_i \tag{13-21}$$

式中，n 为框架结构的总层数。

13.7.2 框架结构的侧移控制

在正常使用条件下，框架结构应具有足够的刚度，避免产生过大的位移而影响结构的承载力、稳定性和使用要求。

框架结构的侧向刚度过小，顶点侧移过大会给人以不安全感，层间侧移过大会导致填充墙开裂，内外墙饰面脱落等，影响房屋的正常使用。因此，应控制框架结构的侧移。

按弹性方法计算的风荷载或多遇地震作用下的楼层层间最大水平位移与层高之比 $\Delta u/h$ 宜小于 $[\Delta u/h]$，即：

$$\Delta u/h \leqslant [\Delta u/h] \tag{13-22}$$

式中，$[\Delta u/h]$ 表示层间位移角限值，对框架结构取 1/550，h 为层高。

由于变形验算属于正常使用极限状态，所以计算 Δu 时，各作用分项系数均应采用 1.0，混凝土结构构件的截面刚度可采用弹性刚度。另外，楼层层间最大位移 Δu 以楼层最大的水平位移差计算，不扣除整体弯曲变形。

层间位移角（剪切变形角）限值 $[\Delta u/h]$ 是根据以下两条原则并综合考虑其他因素确定的。

(1) 保证主体结构基本处于弹性受力状态。即避免混凝土墙、柱构件出现裂缝；同时，将混凝土梁等楼面构件的裂缝数量、宽度和高度限制在规范允许范围之内。

(2) 保证填充墙、隔墙和幕墙等非结构构件的完好，避免产生明显损伤。

【例 13-7】 计算【例 13-5】中框架结构在风荷载作用下的侧移。

【解】 (1) 计算柱的侧移刚度 D_{ij}。

已经计算的柱的侧移刚度 D_{ij} 和 $\sum D_{ij}$ 列于表 13-8 中。

(2) 计算层间相对侧移 $(\Delta u)_i$。

根据已知条件图 13-26(a) 所示的水平风荷载，计算出层间剪力 V_i，然后依据表 13-8 所列的层间侧移刚度，按式(13-19) 计算各层的相对侧移，计算过程见表 13-14。按式 (13-22) 进行侧移验算，验算结果列于表 13-14 中，可见，各层的层间侧移角均小于 1/550，满足要求。

表 13-14 层间剪力及侧移计算

层次	F_i/kN	V_i/kN	$\sum D_{ij}/(\text{N/mm})$	$(\Delta u)_i$/mm	Δ_i/mm	$(\Delta u)_i/h_i$
4	45	45	81326	0.55	5.49	1/6000
3	36	81	81326	1.00	4.94	1/3300
2	28	109	81326	1.34	3.94	1/2463
1	33	142	54640	2.60	2.60	1/1731

13.8　荷载效应组合及构件设计

13.8.1　荷载效应组合

　　框架结构在荷载作用下产生的内力和位移称为荷载作用效应。由于框架的位移主要由水平荷载引起，竖向荷载引起的位移通常不考虑，不存在组合问题，所以荷载效应组合实际上是指内力组合。必须进行内力组合，才能求得框架梁、柱各控制截面的最不利内力，进而对梁、柱的截面配筋进行设计。

　　一般来说，对于构件某个截面的某种内力，并不一定是所有荷载同时作用时其内力最为不利（即最大），而可能是在一些荷载同时作用下才能得到最不利内力。因此，必须对构件的控制截面进行最不利内力组合。

13.8.1.1　控制截面及最不利内力

　　构件内力一般沿其长度变化，构件配筋通常不完全与内力一样变化，而是分段配筋。设计时可根据内力图的变化特点，选取内力较大或截面尺寸改变处的截面作为控制截面，并按控制截面内力进行配筋计算。

　　（1）框架梁　由框架梁在竖向和水平荷载作用下的内力图可知：框架梁的控制截面通常是梁端支座截面和跨中截面。

　　框架梁的控制截面最不利内力有以下几种：

　　① 梁端支座截面：最大负弯矩 $-M_{\max}$、最大正弯矩 $+M_{\max}$ 和最大剪力 $V_{\max}$；

　　② 梁跨中截面：最大正弯矩 $+M_{\max}$、最大负弯矩 $-M_{\max}$（可能出现）。

　　（2）框架柱　由框架柱在竖向和水平荷载作用下的内力图可知：框架柱的控制截面通常是柱上、下两端截面。

　　框架柱属于偏心受力构件，随着截面上所作用的弯矩和轴力的不同组合，构件可能发生不同形态的破坏，故组合的不利内力类型有若干组。此外，同一柱端截面在不同内力组合时可能出现正弯矩或负弯矩，但框架柱一般采用对称配筋，所以只需选择绝对值最大的弯矩即可。

　　框架柱的控制截面最不利内力组合一般有以下几种：

　　① $|M|_{\max}$ 及相应的 N、V；

　　② $N_{\max}$ 及相应的 M、V；

　　③ $N_{\min}$ 及相应的 M、V；

　　④ $|V|_{\max}$ 及相应的 N。

　　这四组内力组合的前三组用来计算框架柱正截面偏压或偏拉承载力，以确定纵向钢筋数量；第四组用来计算框架柱斜截面受剪承载力，以确定箍筋数量。

　　按上述情况可以得到很多组不利内力组合，但难以判别哪一种组合是决定截面配筋的最不利内力。通常做法是对每一组不利内力组合进行分析和判断，求出几种可能的最不利内力组合值，经过截面配筋计算，通过比较后加以确定。设计经验和分析表明：当截面为大偏心受压时，以 M 最大而相应的 N 较小时为最不利；而当截面为小偏心受压时，往往以 N 最大而相应的 M 也较大时为最不利。

　　（3）梁端、柱端边缘的弯矩换算　结构分析所得内力是构件轴线处的内力值，而梁支座截面的最不利位置即梁端控制截面是柱边缘处，如图 13-31 所示。此外，不同荷载作用下构件内力的变化规律也不同。因此，内力组合前应将各种荷载作用下柱轴线处梁的内力值换算到柱边缘处梁的内力值，然后进行内力组合。

在进行截面配筋计算时，应根据柱轴线处梁的弯矩和剪力换算出柱边缘处梁的弯矩和剪力，如图 13-31 所示。即：

$$M_b = M - V \times \frac{b}{2} \quad (13\text{-}23)$$

当为均布荷载时：$\quad V_b = V - (g+q) \times \frac{b}{2} \quad (13\text{-}24)$

当为集中荷载时：$\quad V_b = V \quad (13\text{-}25)$

式中 M_b，V_b——柱边缘梁截面的弯矩和剪力；

$\quad\quad M$，V——柱轴线处梁截面的弯矩和剪力，剪力 V 可取按单跨简支梁计算的柱轴线处剪力；

$\quad\quad b$——柱宽长；

$\quad\quad g$，q——作用于梁上的均布恒荷载和活荷载。

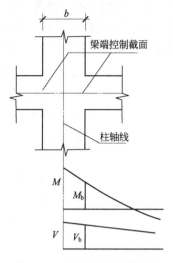

图 13-31 柱边缘处梁端控制截面的弯矩和剪力

13.8.1.2 活荷载最不利布置

永久荷载（恒荷载）在建筑的设计使用年限内，其大小和分布几乎保持不变，荷载变异不大，是长期作用于结构上的竖向荷载，结构内力分析时应按荷载的实际分布和数值作用于结构上，计算其作用效应。

框架结构中的楼面活荷载，其大小、分布随时间而变异，是随机作用的竖向荷载，在结构设计时应加以考虑。如同梁板结构中的连续梁通过活荷载的不利布置确定其支座截面或跨中截面的最不利内力一样，对于框架结构，同样存在楼面活荷载不利布置问题，只是活荷载不利布置方式比连续梁更为复杂。一般来说，结构构件的不同截面或同一截面的不同种类的最不利内力，有不同的活荷载最不利布置。因此，活荷载的最不利布置需要根据截面位置及最不利内力种类分别确定。

设计中，一般按下述方法确定框架结构楼面活荷载的最不利布置。

（1）分层分跨组合法 求框架梁、柱某控制截面的某种最不利内力时，通常将梁上活荷载以一跨为单位进行布置（即不考虑半跨作用活荷载情形）。"分层分跨组合法"的做法是：将楼面活荷载逐层逐跨单独作用在框架结构上，分别计算结构内力；然后，对框架上不同控制截面的不同内力，按照不利与可能的原则进行挑选与叠加，从而得到控制截面的最不利内力。这种方法的计算工作量繁重，适于采用计算机求解。

（2）最不利荷载布置法 对框架结构某一指定截面的某种最不利内力，可直接根据影响线原理确定产生此最不利内力的荷载位置，然后计算框架结构的内力。

对于多层多跨框架结构，如果某跨有活荷载作用，则在该跨跨中产生正弯矩，并使沿横向隔跨、竖向隔层、隔跨隔层的各跨跨中引起正弯矩，还使横向邻跨、竖向邻层、隔跨隔层的各跨跨中产生负弯矩。因此，如果要求某跨跨中产生的最大正弯矩，则应在该跨布置活荷载，然后沿横向隔跨、竖向隔层的各跨也布置活荷载；如果要求某跨跨中产生最大负弯矩，则活荷载布置恰与上述相反。图 13-32(a) 所示为 B_1C_1、D_1E_1、A_2B_2、C_2D_2、B_3C_3、D_3E_3、A_4B_4、C_4D_4 跨的各跨跨中产生最大正弯矩时活荷载的不利布置方式。

如果某跨有活荷载作用，则使该跨梁端产生负弯矩，并引起上下邻层梁端负弯矩然后逐层相反,还引起横向邻跨近端梁端负弯矩和远端梁端正弯矩,然后逐层逐跨相反。按此规律,如果要求图 13-32(b) 中 BC 跨梁 B_2C_2 的左端 B_2 产生最大负弯矩,则可按此图布置活荷载。按此图活荷载布置计算得到的 B_2 截面的负弯矩,即为该截面的最大负弯矩。

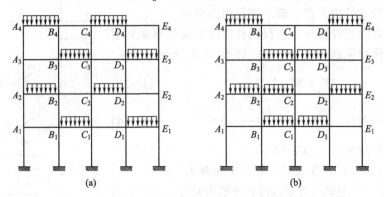

图 13-32 框架结构活荷载不利布置示意

对于框架梁、柱的其他截面,也可根据此规律得到最不利荷载布置。

用此方法求框架结构某控制截面的最不利内力,虽然其活荷载的不利布置规律一定存在,但对应于一个截面的一种内力,就有一种最不利荷载布置,相应地须进行一次结构内力的计算,这样计算工作量就很大。

(3) 满布法 综上所述,对框架结构进行活荷载不利布置,需要进行多次内力分析,计算工作量大。在多层民用混凝土框架结构中,楼面活荷载值一般较小,只占全部重力荷载的 15%~20%,相应产生的内力与恒载和水平荷载产生的内力相比较小。因此,一般情况下,可以不考虑楼面活荷载不利布置的影响,设计时可近似处理如下:按活荷载满布于所有梁上进行一次活荷载作用下的框架内力分析,在进行内力组合时,梁、柱端弯矩不考虑活荷载不利布置的影响;为了安全起见,将活荷载满布法计算求得的框架梁跨中截面弯矩及支座截面弯矩乘以 1.1~1.3 的扩大系数,活荷载大时可选用较大的数值;近似考虑活荷载不利分布影响时,梁正、负弯矩应同时予以放大。但是,对于楼面活荷载较大的工业建筑和某些公共建筑,仍应考虑活荷载的不利布置。

作用于框架结构上的水平荷载有风荷载和水平地震作用,水平荷载应考虑正反两个方向的作用。如果结构对称,风荷载和水平地震作用下的框架内力均为反对称,只需将水平力沿一个方向作用计算一次内力,水平力反向时内力改变符号即可。

13.8.1.3 荷载效应组合

由于框架结构的侧移主要是由水平荷载引起的,通常不考虑竖向荷载对侧移的影响,所以荷载效应组合实际上是指内力组合。将各种荷载单独作用时产生的内力,按照不利与可能的原则进行选择和叠加,得到控制截面的最不利内力。对所考虑的极限状态,在确定其荷载效应时,应对所有可能同时出现的诸荷载作用加以组合,求得组合后在结构中的总效应。

根据《建筑结构可靠性设计统一标准》(GB 50068—2018) 的规定,在承载能力极限状态设计时,对持久和短暂设计状况,应采用荷载的基本组合。

框架结构荷载基本组合的效应设计值 S 应按下式进行计算:

$$S = \sum_{i \geqslant 1} \gamma_{G_i} S_{G_i k} + \gamma_{Q_1} \gamma_{L1} S_{Q_1 k} + \sum_{j>1} \gamma_{Q_j} \gamma_{Lj} \psi_{cj} S_{Q_j k} \tag{13-26}$$

式中 $S_{G_i k}$ ——第 i 个永久荷载标准值计算的效应值;

S_{Q_1k}, S_{Q_jk}——第 1 个、第 j 个可变荷载标准值计算的效应值；

γ_{G_i}——第 i 个永久荷载的分项系数，按表 3-8 取值；

γ_{Q_1}, γ_{Q_j}——第 1 个、第 j 个可变荷载的分项系数，按表 3-8 取值；

γ_{L1}, γ_{Lj}——第 1 个、第 j 个可变荷载考虑结构设计使用年限的调整系数，按表 3-9 取值；

ψ_{cj}——第 j 个可变荷载的组合值系数，按表 3-4、表 3-5 取值。

对于一般民用建筑的框架结构，当荷载效应对承载力不利时，可采用以下两种荷载效应组合形式。

(1) 当风荷载作为主导可变荷载，楼屋面均布活荷载作为次要可变荷载时：

$$S = 1.3S_{Gk} \pm 1.5 \times \gamma_L \times S_{wk} + 1.5 \times \gamma_L \times 0.7 S_{Qk} \tag{13-27}$$

(2) 当楼屋面均布活荷载作为主导可变荷载，风荷载作为次要可变荷载时：

$$S = 1.3S_{Gk} + 1.5 \times \gamma_L \times S_{Qk} \pm 1.5 \times \gamma_L \times 0.6 S_{wk} \tag{13-28}$$

式中　γ_L——可变荷载考虑结构设计使用年限的调整系数，按表 3-9 取值；

S_{Gk}——永久荷载标准值计算的效应值；

S_{Qk}——楼屋面均布活荷载标准值计算的效应值；

S_{wk}——风荷载标准值计算的效应值。

应当注意，以上式中，对于书库、档案库、储藏室、密集柜书库、通风机房和电梯机房等楼面均布活荷载的组合值系数，应由 0.7 改为 0.9。

13.8.1.4　梁端弯矩的调幅

内力组合时应注意，框架节点是梁、柱纵筋交汇处，钢筋过多，混凝土难以振捣密实，施工质量难以保证；同时框架节点又是关乎结构整体性的关键部位。考虑到按弹性分析时，框架梁各控制截面的最大内力值不同时出现，计算的钢筋面积有富余，同时为了避免框架梁支座负弯矩钢筋过分拥挤，以及有利于抗震设计时，形成延性较好的梁铰破坏机构，故在竖向荷载作用下，可以考虑梁端塑性内力重分布，对梁端负弯矩进行调幅，降低支座处的弯矩。

对于现浇框架，调整后的梁端负弯矩可取 0.8～0.9 弹性弯矩；对于装配整体式框架，由于后浇节点连接刚度较差，受力后节点各杆件发生转动变形，梁端负弯矩值有所下降（约降低 10%），故调整后的梁端负弯矩可取 0.7～0.8 弹性弯矩。

梁端负弯矩降低后，经过塑性内力重分布，自动调至跨中，跨中弯矩增大。截面设计时，框架梁跨中截面正弯矩设计值不应小于竖向荷载作用下按简支梁计算的跨中弯矩设计值的 50%。

应先对竖向荷载作用下的框架梁弯矩进行调幅，再与水平荷载作用下产生的框架梁弯矩进行组合。对需要进行梁端弯矩调幅的框架结构，在内力分析时，可先将竖向荷载作用下梁的固端弯矩乘以调幅系数再进行分配，并通过平衡条件计算调幅后的跨中弯矩。

对于直接承受动力荷载作用的结构、要求不出现裂缝的结构、配置延性较差的受力钢筋的结构和处于严重侵蚀性环境中的结构，不得采用塑性内力重分布的分析方法。

13.8.2　构件设计

13.8.2.1　框架梁

框架梁属受弯构件，由内力组合求得控制截面的最不利弯矩和剪力后，按正截面受弯承载力计算方法确定所需要的纵筋数量,按斜截面受剪承载力计算方法确定所需的箍筋数量,并采取相应的构造措施,满足框架梁的构造要求。

13.8.2.2 框架柱

框架柱一般为偏心受压构件,正截面受压承载力计算时,框架的中柱和边柱一般按单向偏心受压构件考虑,角柱常常按双向偏心受压构件考虑。实际工程中,框架柱通常采用对称配筋,确定柱中纵筋数量时,从内力组合中找出最不利的内力,应按偏心受压构件的正截面受压承载力计算确定配筋。框架柱除进行正截面受压承载力计算外,还应根据内力组合得到的剪力值进行斜截面受剪承载力计算,确定柱的箍筋数量。框架柱中的纵向钢筋以及箍筋均应满足框架柱中对钢筋的构造要求。

下面对框架柱截面设计中的两个问题做一说明。

(1) 柱截面最不利内力的选取 在框架柱截面设计时,应从内力组合中挑选出一组最不利内力进行截面配筋计算。由于 M 与 N 的相互影响,很难找出哪一组为最不利内力。此时可根据偏心受压构件的判别条件,将几组内力分为大偏心受压组和小偏心受压组。对于大偏心受压组,按照"弯矩相差不多时,轴力越小越不利;轴力相差不多时,弯矩越大越不利"的原则进行比较,选出最不利内力。对于小偏心受压组,按照"弯矩相差不多时,轴力越大越不利;轴力相差不多时,弯矩越大越不利"的原则进行比较,选出最不利内力。

(2) 框架柱的计算长度 l_0 在轴心受压和偏心受压柱的配筋计算中,需要确定柱的计算长度 l_0。一般多层房屋中梁柱为刚接的框架结构,各层柱的计算长度 l_0 按第 5 章表 5-3 取用。

13.8.2.3 叠合梁

在装配整体式框架中,为了节约模板,方便施工,并增强结构的整体性,框架的横梁常采用二次浇捣混凝土。这种分两次浇捣混凝土的梁,即为叠合梁。第一次在预制厂浇捣混凝土做成预制梁,并将其运往现场吊装,当预制板搁置在叠合梁上后,第二次浇捣梁上部的混凝土,如图 13-33 所示。预制梁和后浇混凝土连成整体、共同工作,主要是依靠预制梁中伸出叠合面的箍筋与粗糙叠合面上的粘接力。

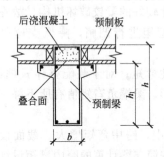

图 13-33 叠合梁示意图

若施工阶段预制梁下设有可靠支撑,施工阶段的荷载直接传给支撑,待叠合层后浇混凝土达到强度后再拆除支撑,这样整个截面承受全部荷载,称为"一阶段受力叠合层",其受力特点与一般钢筋混凝土梁相同。若施工阶段预制梁下不设支撑,由预制梁承受施工阶段作用的荷载,待叠合梁后浇混凝土达到设计强度后形成的整个截面继续承担后加荷载,这种叠合梁称为"二阶段受力叠合层"。

二阶段受力叠合梁在不同阶段的内力不同。第一阶段指叠合层混凝土达到设计强度前的阶段,此时预制梁按简支梁考虑。第二阶段指叠合层混凝土达到设计强度后的阶段,这时梁、柱已形成整体框架,应按整体框架结构分析内力。

叠合梁设计中应分别对预制梁和叠合梁进行验算,以使其分别满足施工阶段和使用阶段的承载力和正常使用要求,根据两个阶段的受力特点,应采用与各阶段相应的计算简图和有关的荷载。

叠合梁构造要求的关键是保证后浇混凝土与预制构件的混凝土相互粘接,使两部分能共同工作。因此，叠合梁除应符合普通梁的构造要求外，尚应符合下列规定：叠合梁的叠合层混凝土的厚度不宜小于 100mm，混凝土强度等级不宜低于 C30；预制梁的箍筋应全部伸入叠合层，且各肢伸入叠合层的直线段长度不宜小于 10d，d 为箍筋直径；预制梁的顶面应做成凹凸差不小于 6mm 的粗糙面。此外，为了保证叠合梁在使用阶段具有良好的工作性能，叠合梁预制部分的高度 h_1 与总高度 h 之比应满足 $h_1/h \geqslant 0.4$，否则应在施工阶段设置可靠支撑。

13.9 框架结构的构造要求

13.9.1 框架梁

13.9.1.1 纵向钢筋

框架梁纵向受拉钢筋除应满足受弯承载力的要求外，还应考虑温度变化、混凝土收缩引起的附加应力的影响，以防止梁发生脆性破坏并控制裂缝宽度。非抗震设计时，框架梁纵向受拉钢筋的最小配筋百分率 $\rho_{\min}$（％）不应小于 0.2 和 $45 f_t/f_y$ 二者中的较大值。同时为了防止超筋梁，当不考虑受压钢筋时，纵向受拉钢筋的最大配筋率不应超过 $\rho_{\max}=\xi_b \alpha_1 f_c/f_y$。

框架梁的纵向受力钢筋宜采用 HRB400 级、HRB500 级、HRBF400 级、HRBF500 级钢筋，直径不应小于 12mm。深入梁支座范围内的钢筋不应少于 2 根。梁上部钢筋水平方向的净间距不应小于 30mm 和 1.5d；梁下部钢筋水平方向的净间距不应小于 25mm 和 d；当下部钢筋多于 2 层时，2 层以上钢筋水平方向的中距应比下面 2 层的中距增大一倍，各层钢筋之间的净间距不应小于 25mm 和 d，d 为钢筋的最大直径。在梁的配筋密集区域宜采用并筋的配筋形式。梁支座截面负弯矩纵向受拉钢筋不宜在受拉区截断，当需要截断时，应符合规范的规定。

13.9.1.2 箍筋

宜采用箍筋作为框架梁承受剪力的钢筋，框架梁的箍筋宜采用 HRB400 级、HRBF400 级、HPB300 级、HRB500 级、HRBF500 级钢筋。箍筋应沿框架梁全长设置，第一排箍筋一般设置在距离节点边缘 50mm 处。箍筋的直径、间距及配筋率等要求与一般梁的相同，可参见《规范》中有关箍筋规定的内容。

13.9.2 框架柱

13.9.2.1 纵向钢筋

框架结构受到来自正反两个方向的水平荷载作用，框架柱的纵向钢筋宜采用对称配筋。

框架柱全部纵向钢筋的配筋率应符合下列规定：对 500MPa 级钢筋不应小于 0.50％，对 400MPa 级钢筋不应小于 0.55％，对 300MPa、335MPa 级钢筋不应小于 0.60％；当混凝土等级大于 C60 时，上述数值应分别增加 0.10％，且柱截面每一侧纵向钢筋配筋率不应小于 0.2％；同时，柱全部纵向钢筋的配筋率不宜大于 5％。

框架柱纵向受力钢筋直径不宜小于 12mm，柱中纵向钢筋的净间距不应小于 50mm 且不宜大于 300mm。

偏心受压柱的截面高度不小于 600mm 时，在柱的侧面上应设置直径不小于 10mm 的纵向构造钢筋，并相应设置复合箍筋或拉筋。

圆柱中纵向钢筋不宜少于8根，不应少于6根，且宜沿周边均匀布置。

13.9.2.2 箍筋

箍筋直径不应小于$d/4$，且不应小于6mm，d为纵向钢筋的最大直径。箍筋间距不应大于400mm及构件截面的短边尺寸，且不应大于$15d$，d为纵向钢筋的最小直径。

当柱中全部纵向受力钢筋的配筋率超过3%时，箍筋直径不宜小于8mm，间距不应大于$10d$且不应大于200mm。箍筋末端应做成135°弯钩且弯钩末端平直段长度不应小于$10d$，d为纵向受力钢筋的最小直径。

柱内箍筋形式常用的有普通箍和复合箍两种，如图13-34(a)、(b)所示。当柱截面短边尺寸大于400mm且各边纵向钢筋多于3根时，或当柱截面短边尺寸不大于400mm但各边纵向钢筋多于4根时，应设置复合箍筋。复合箍筋的周边箍筋应为封闭式，内部箍筋可为矩形封闭箍筋或拉筋。当柱为圆形截面或柱承受的轴向压力较大而其截面尺寸受到限制时，可采用螺旋箍、复合螺旋箍或连续复合螺旋箍，如图13-34(c)~(e)所示。

柱纵向钢筋搭接长度范围内，箍筋直径不应小于$0.25d$（搭接钢筋较大直径）。当纵筋受压时，箍筋间距不应大于$10d$（搭接钢筋较小直径），且不应大于200mm；当受压钢筋直径大于25mm时，尚应在搭接接头端面外100mm的范围内各设两道箍筋。当纵筋受拉时，箍筋间距不应大于$5d$（搭接钢筋较小直径）且不应大于100mm。箍筋弯钩要适当加长，以绕过搭接的2根纵筋。

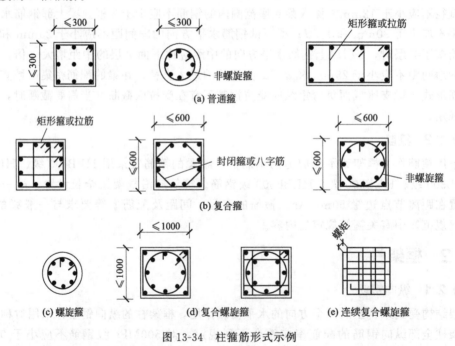

图13-34 柱箍筋形式示例

13.9.3 梁柱节点

13.9.3.1 现浇梁柱节点

梁柱节点处于剪压复合受力状态，为保证节点具有足够的受剪承载力，防止节点产生剪切脆性破坏，必须在节点内配置足够数量的水平箍筋。节点内的箍筋除应符合上述框架柱箍筋的构造要求外，其箍筋间距不宜大于250mm；对四边有梁与之相连的节点，可仅沿节点周边设置矩形箍筋。当顶层端节点内有梁上部纵向钢筋和柱外侧纵向钢筋的搭接接头时,节点内水平箍筋直径不应小于 $d/4$,间距不应大于 $5d$ 且不应大于 $100\mathrm{mm}$,d 为锚固钢筋的直径;当受压钢筋直径大于 $25\mathrm{mm}$ 时,尚应在搭接接头两个端面外 $100\mathrm{mm}$ 的范围内各设置两道箍筋。

13.9.3.2 装配式及装配整体式梁柱节点

装配式及装配整体式梁柱节点是结构的关键部位,在设计和施工中应采取有效措施保证梁柱节点的刚性,使得框架结构能够整体受力。常用的节点连接方法有钢筋混凝土明牛腿或暗牛腿刚性连接、齿槽式刚性连接、预制梁现浇柱整体式刚性连接。设计时应根据节点受力状态、现场施工方便要求、工程进度要求选择适当的节点连接方法,应进行施工阶段和使用阶段的承载力计算,应保证节点的整体性。

13.9.4 钢筋的连接和锚固

(1) 梁纵向钢筋在框架中间层端节点的锚固应符合下列要求

① 框架梁上部纵向钢筋伸入节点的锚固:

a. 当采用直线锚固形式时,锚固长度不应小于 l_a(受拉钢筋的锚固长度),且应伸过柱中心线,伸过的长度不宜小于 $5d$,d 为梁上部纵向钢筋的直径。

b. 当柱截面尺寸不满足直线锚固要求时,梁上部纵向钢筋可采用钢筋端部加机械锚头的锚固方式。梁上部纵向钢筋宜伸至柱外侧纵向钢筋内边,包括机械锚头在内的水平投影锚固长度不应小于 $0.4l_{ab}$[受拉钢筋的基本锚固长度,如图 13-35(a) 所示]。

c. 梁上部纵向钢筋也可采用 90°弯折锚固的方式,此时梁上部纵向钢筋应伸至柱外侧纵向钢筋内边并向节点内弯折,其包含弯弧在内的水平投影长度不应小于 $0.4l_{ab}$,弯折钢筋在弯折平面内包含弯弧段的投影长度不应小于 $15d$[如图 13-35(b) 所示]。

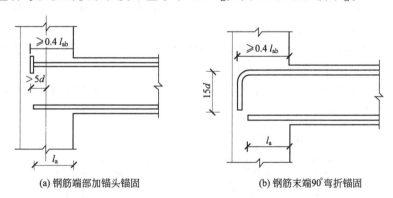

(a) 钢筋端部加锚头锚固　　　　(b) 钢筋末端90°弯折锚固

图 13-35　梁上部纵向钢筋在中间层端节点内的锚固

② 框架梁下部纵向钢筋伸入节点的锚固:

a. 当计算中充分利用该钢筋的抗拉强度时,钢筋的锚固方式及长度应与上部钢筋的规定相同。

b. 当计算中不利用该钢筋的强度或仅利用该钢筋的抗压强度时,伸入节点的锚固长度应分别符合下面中间节点梁下部纵向钢筋锚固的规定。

(2) 框架中间层中间节点。梁的上部纵向钢筋应贯穿节点,梁的下部纵向钢筋宜贯穿节点。当必须锚固时,应符合下列锚固要求:

① 当计算中不利用该钢筋的强度时,其伸入节点的锚固长度对带肋钢筋不小于 $12d$,

对光圆钢筋不小于 $15d$，d 为钢筋的最大直径。

② 当计算中充分利用钢筋的抗压强度时，钢筋应按受压钢筋锚固在中间节点，其直线锚固长度不应小于 $0.7l_a$。

③ 当计算中充分利用钢筋的抗拉强度时，钢筋可采用直线方式锚固在节点，锚固长度不应小于钢筋的受拉锚固长度 l_a [如图 13-36(a) 所示]。

④ 当柱截面尺寸不足时，可采用钢筋端部加锚头的机械锚固措施，也可采用 90°弯折锚固的方式。

⑤ 钢筋可在节点外梁中弯矩较小处设置搭接接头，搭接长度的起始点至节点边缘的距离不应小于 $1.5h_0$ [如图 13-36(b) 所示]。

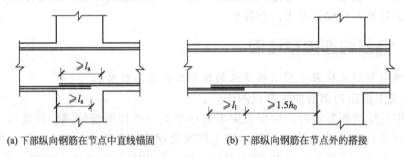

(a) 下部纵向钢筋在节点中直线锚固　　(b) 下部纵向钢筋在节点外的搭接

图 13-36　梁下部纵向钢筋在中间节点的锚固与搭接

(3) 柱纵向钢筋应贯穿中间层的中间节点或端节点，接头应设在节点区以外。

柱纵向钢筋在顶层中节点的锚固应符合下列要求：

① 柱纵向钢筋应伸至柱顶，且自梁底算起的锚固长度不应小于 l_a。

② 当截面尺寸不满足直线锚固要求时，可采用 90°弯折锚固措施。此时，包括弯弧在内的钢筋垂直投影锚固长度不应小于 $0.5l_{ab}$，在弯折平面内包含弯弧段的水平投影长度不宜小于 $12d$ [如图 13-37(a) 所示]。

③ 当截面尺寸不足时，也可采用带锚头的机械锚固措施。此时，包含锚头在内的竖向锚固长度不应小于 $0.5l_{ab}$ [如图 13-37(b) 所示]。

④ 当柱顶有现浇楼板且板厚不小于 100mm 时，柱纵向钢筋也可向外弯折，弯折后的水平投影长度不宜小于 $12d$。

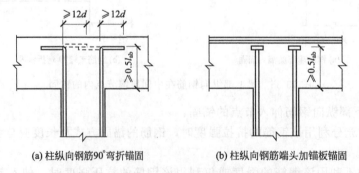

(a) 柱纵向钢筋90°弯折锚固　　(b) 柱纵向钢筋端头加锚板锚固

图 13-37　顶层节点中柱纵向钢筋在节点内的锚固

(4) 顶层端节点柱外侧纵向钢筋可弯入梁内作梁上部纵向钢筋，也可将梁上部纵向钢筋与柱外侧纵向钢筋在节点及附近部位搭接，搭接可采用下列方式：

① 搭接接头可沿顶层端节点外侧及梁端顶部布置，搭接长度不应小于 $1.5l_{ab}$ [如

图 13-38（a）所示]。其中，伸入梁内的柱外侧钢筋截面面积不宜小于其全部面积的 65%；梁宽范围以外的柱外侧钢筋宜沿节点顶部伸至柱内边锚固。当柱外侧纵向钢筋位于柱顶第一层时，钢筋伸至柱内边后宜向下弯折不小于 $8d$ 后截断［如图 13-38（a）所示]，d 为柱纵向钢筋的直径；当柱外侧纵向钢筋位于柱顶第二层时，可不向下弯折。当现浇板厚度不小于 100mm 时，梁宽范围以外的柱外侧纵向钢筋也可伸入现浇板内，其长度与伸入梁内的柱纵向钢筋相同。

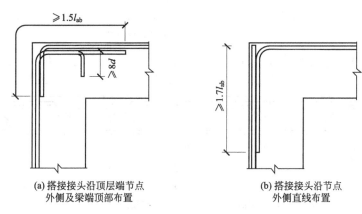

(a) 搭接接头沿顶层端节点外侧及梁端顶部布置 　　(b) 搭接接头沿节点外侧直线布置

图 13-38　顶层端节点梁、柱纵向钢筋在节点内的锚固与搭接

② 当柱外侧纵向钢筋配筋率大于 1.2% 时，伸入梁内的柱纵向钢筋除应满足上面第①条的规定外且宜分两批截断，截断点之间的距离不宜小于 $20d$，d 为柱外侧纵向钢筋的直径。梁上部纵向钢筋应伸至节点外侧并向下弯至梁下边缘高度位置截断。

③ 纵向钢筋搭接接头也可沿节点柱顶外侧直线布置［如图 13-38（b）所示]，此时，搭接长度自柱顶算起不应小于 $1.7l_{ab}$。当梁上部纵向钢筋的配筋率大于 1.2% 时，弯入柱外侧的梁上部纵向钢筋应满足上面第①条规定的搭接长度，且宜分两批截断，其截断点之间的距离不宜小于 $20d$，d 为梁上部纵向钢筋的直径。

④ 当梁的截面高度较大，梁、柱纵向钢筋相对较小，从梁底算起的直线搭接长度未延伸至柱顶即已满足 $1.5l_{ab}$ 的要求时，应将搭接长度延伸至柱顶并满足搭接长度 $1.7l_{ab}$ 的要求；或者从梁底算起的弯折搭接长度未延伸至柱内侧边缘即已满足 $1.5l_{ab}$ 的要求时，其弯折后包括弯弧在内的水平段的长度不应小于 $15d$，d 为柱纵向钢筋的直径。

⑤ 柱内侧纵向钢筋的锚固应符合顶层中节点的规定。

另外，梁支座截面上部纵向受拉钢筋应向跨中延伸至 $l_n/4$ 或 $l_n/3$（l_n 为左跨 l_{ni} 和右跨 l_{ni+1} 之较大值）处，并与跨中的架立筋（不少于 2Φ12）搭接，搭接长度可取 150mm，如图 13-39 所示。当梁上部有通长钢筋时，连接位置宜位于跨中 $l_{ni}/3$ 范围内；梁下部钢筋连接位置宜位于支座 $l_{ni}/3$ 范围内，且在同一连接区段内钢筋接头面积百分率不宜大于 50%。

13.9.5　框架结构抗震构造措施

13.9.5.1　框架梁的抗震构造措施

（1）框架梁的截面尺寸　框架梁的截面尺寸应符合下列要求：截面宽度不宜小于 200mm，截面高度与宽度的比值不宜大于 4，净跨与截面高度的比值不宜小于 4。

（2）框架梁的纵向钢筋配置　框架梁的纵向钢筋配置应符合下列规定：

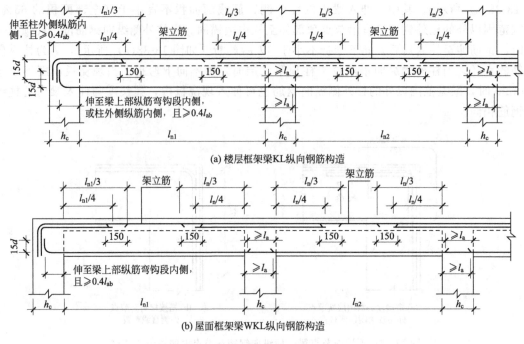

图 13-39 框架梁纵向钢筋构造

① 框架梁纵向受拉钢筋的配筋百分率不应小于表 13-15 规定的数值。

表 13-15 框架梁纵向受拉钢筋的最小配筋百分率 单位：%

抗震等级	梁中位置	
	支座	跨中
一级	0.40 和 $80f_t/f_y$ 中的较大值	0.30 和 $65f_t/f_y$ 中的较大值
二级	0.30 和 $65f_t/f_y$ 中的较大值	0.25 和 $55f_t/f_y$ 中的较大值
三级、四级	0.25 和 $55f_t/f_y$ 中的较大值	0.20 和 $45f_t/f_y$ 中的较大值

② 框架梁梁端截面的底部和顶部纵向受力钢筋截面面积的比值，除按计算确定外，一级抗震等级不应小于 0.5；二级、三级抗震等级不应小于 0.3。

③ 梁端纵向受拉钢筋的配筋百分率不宜大于 2.5%。沿梁全长顶面和底面至少应各配置两根通长的纵向钢筋，对一级、二级抗震等级，钢筋直径不应小于 14mm，且分别不应少于梁两端顶面和底面纵向受力钢筋中较大截面面积的 1/4；对三级、四级抗震等级，钢筋直径不应小于 12mm。

（3）框架梁的箍筋配置　框架梁梁端箍筋的加密区长度、箍筋最大间距和箍筋最小直径，应按表 13-16 采用；当梁端纵向受拉钢筋配筋百分率大于 2% 时，表中箍筋最小直径应增大 2mm。

表 13-16 框架梁梁端箍筋加密区的构造要求

抗震等级	加密区长度/mm	箍筋最大间距/mm	箍筋最小直径/mm
一级	2 倍梁高和 500 中的较大值	纵向钢筋直径的 6 倍，梁高的 1/4 和 100 中的最小值	10
二级	1.5 倍梁高和 500 中的较大值	纵向钢筋直径的 8 倍，梁高的 1/4 和 100 中的最小值	8
三级		纵向钢筋直径的 8 倍，梁高的 1/4 和 150 中的最小值	8
四级		纵向钢筋直径的 8 倍，梁高的 1/4 和 150 中的最小值	6

注：箍筋直径大于 12mm、数量不少于 4 肢且肢距不大于 150mm 时，一级、二级的最大间距应允许适当放宽，但不得大于 150mm。

梁箍筋加密区长度内的箍筋肢距：一级抗震等级，不宜大于 200mm 和 20 倍箍筋直径的较大值；二级、三级抗震等级，不宜大于 250mm 和 20 倍箍筋直径的较大值；各抗震等级下，均不宜大于 300mm。

梁端设置的第一个箍筋距框架节点边缘不应大于 50mm。非加密区的箍筋间距不宜大于加密区箍筋间距的 2 倍。沿梁全长箍筋的面积配筋率 ρ_{sv} 应符合下列规定：

一级抗震等级：$\rho_{sv} \geqslant 0.30 \dfrac{f_t}{f_{yv}}$

二级抗震等级：$\rho_{sv} \geqslant 0.28 \dfrac{f_t}{f_{yv}}$

三级、四级抗震等级：$\rho_{sv} \geqslant 0.26 \dfrac{f_t}{f_{yv}}$

13.9.5.2 框架柱的抗震构造措施

(1) 框架柱的截面尺寸　框架柱的截面尺寸应符合下列要求：矩形截面柱，抗震等级为四级或层数不超过 2 层时，其最小截面尺寸不宜小于 300mm，一~三级抗震等级且层数超过 2 层时不宜小于 400mm；圆柱的截面直径，抗震等级为四级或层数不超过 2 层时不宜小于 350mm，一~三级抗震等级且层数超过 2 层时不宜小于 450mm；柱的剪跨比宜大于 2；柱截面长边与短边的边长比不宜大于 3。

(2) 框架柱的纵向钢筋配置　框架柱中全部纵向受力钢筋的配筋百分率不应小于表 13-17 规定的数值，同时，每一侧的配筋百分率不应小于 0.2；对 IV 类场地上较高的高层建筑，最小配筋百分率应增加 0.1。

表 13-17　框架柱中全部纵向受力钢筋最小配筋百分率　　　　单位：%

柱类型	抗震等级			
	一级	二级	三级	四级
中柱、边柱	0.9(1.0)	0.7(0.8)	0.6(0.7)	0.5(0.6)
角柱、框支柱	1.1	0.9	0.8	0.7

注：表中括号内数值用于框架结构的柱；采用 335MPa 级、400MPa 级纵向受力钢筋时，应分别按表中数值增加 0.1 和 0.05 采用；当混凝土强度等级为 C60 以上时，应按表中数值增加 0.1 采用。

框架边柱、角柱在地震组合下处于小偏心受拉时，柱内纵向受力钢筋总截面面积应比计算值增加 25%。框架柱中全部纵向受力钢筋配筋百分率不应大于 5%，纵向钢筋宜对称配置。截面尺寸大于 400mm 的柱，纵向钢筋的间距不宜大于 200mm。当按一级抗震等级设计且柱的剪跨比不大于 2 时，柱每侧纵向钢筋的配筋百分率不宜大于 1.2%。

(3) 框架柱的箍筋配置　框架柱上、下两端箍筋应加密，加密区的箍筋最大间距和箍筋最小直径应符合表 13-18 的规定。

表 13-18　柱端箍筋加密区的构造要求

抗震等级	箍筋最大间距/mm	箍筋最小直径/mm
一级	纵向钢筋直径的 6 倍和 100 中的较小值	10
二级	纵向钢筋直径的 8 倍和 100 中的较小值	8
三级	纵向钢筋直径的 8 倍和 150(柱根 100)中的较小值	8
四级	纵向钢筋直径的 8 倍和 150(柱根 100)中的较小值	6(柱根 8)

注：柱根是指底层柱下端的箍筋加密区范围。

剪跨比不大于 2 的框架柱应在柱全高范围内加密箍筋，且箍筋间距应符合纵向钢筋直径的 6 倍和 100mm 中的较小值的一级抗震等级的要求。

一级抗震等级框架柱的箍筋直径大于 12mm 且箍筋肢距不大于 150mm 及二级抗震等级框架柱的直径不小于 10mm 且箍筋肢距不大于 200mm 时，除底层柱下端外，箍筋间距应允许采用 150mm；四级抗震等级框架柱剪跨比不大于 2 时，箍筋直径不应小于 8mm。

框架柱的箍筋加密区长度，应取柱截面长边尺寸（或圆形截面直径）、柱净高的 1/6 和 500mm 中的最大值；一级、二级抗震等级的角柱应沿柱全高加密箍筋。底层柱根箍筋加密区长度应取不小于该层柱净高的 1/3；当有刚性地面时，除柱端箍筋加密区外，尚应在刚性地面上、下各 500mm 的高度范围内加密箍筋。

柱箍筋加密区内的箍筋肢距：一级抗震等级不宜大于 200mm；二级、三级抗震等级不宜大于 250mm 和 20 倍箍筋直径中的较大值；四级抗震等级不宜大于 300mm。每隔一根纵向钢筋宜在两个方向有箍筋或拉筋约束；当采用拉筋且箍筋与纵向钢筋有绑扎时，拉筋宜紧靠纵向钢筋并勾住箍筋。

箍筋加密区的体积配筋率应符合《建筑抗震设计规范》（GB 50011—2010）中的相关规定。

在箍筋加密区外，箍筋的体积配筋率不宜小于加密区配筋率的一半；对一级、二级抗震等级，箍筋间距不应大于 $10d$；对三级、四级抗震等级，箍筋间距不应大于 $15d$；此处，d 为纵向钢筋直径。

13.9.5.3 框架梁柱节点的抗震构造措施

框架节点区箍筋的最大间距、最小直径宜按柱端箍筋加密区的要求采用。对一级、二级、三级抗震等级的框架节点核心区，配箍特征值 λ_v 分别不宜小于 0.12、0.10、0.08，且其箍筋体积配筋率分别不宜小于 0.6%、0.5%、0.4%。当框架柱的剪跨比不大于 2 时，其节点核心区体积配箍率不宜小于核心区上、下柱端体积配箍率中的较大值。

框架梁和框架柱的纵向受力钢筋在框架节点区的锚固和搭接应符合下列要求：

(1) 框架中间层中间节点处，框架梁的上部纵向钢筋应贯穿中间节点。贯穿中柱的每根梁纵向钢筋直径，对于 9 度设防烈度的各类框架和一级抗震等级的框架结构，当柱为矩形截面时，不宜大于柱在该方向截面尺寸的 1/25，当柱为圆形截面时，不宜大于纵向钢筋所在位置柱截面弦长的 1/25；对一～三级抗震等级，当柱为矩形截面时，不宜大于柱在该方向截面尺寸的 1/20，当柱为圆形截面时，不宜大于纵向钢筋所在位置柱截面弦长的 1/20。

(2) 对于框架中间层中间节点、中间层端节点、顶层中间节点以及顶层端节点，梁、柱纵向钢筋在节点部位的锚固和搭接应符合如图 13-40 所示的相关构造规定。

图 13-40 中，纵向受拉钢筋的抗震基本锚固长度 l_{abE} 按下式取用：

$$l_{abE} = \zeta_{aE} l_{ab} \tag{13-29}$$

纵向受拉钢筋的抗震搭接长度 l_{lE} 应按下列公式计算：

$$l_{lE} = \zeta_l l_{aE} \tag{13-30}$$

纵向受拉钢筋的抗震锚固长度 l_{aE} 应按下式计算：

$$l_{aE} = \zeta_{aE} l_a \tag{13-31}$$

式中，ζ_{aE} 为纵向受拉钢筋抗震锚固长度修正系数，对一级、二级抗震等级取 1.15，对三级抗震等级取 1.05，对四级抗震等级取 1.00；l_{ab}、ζ_l、l_a 的含义及计算详见第 2 章。

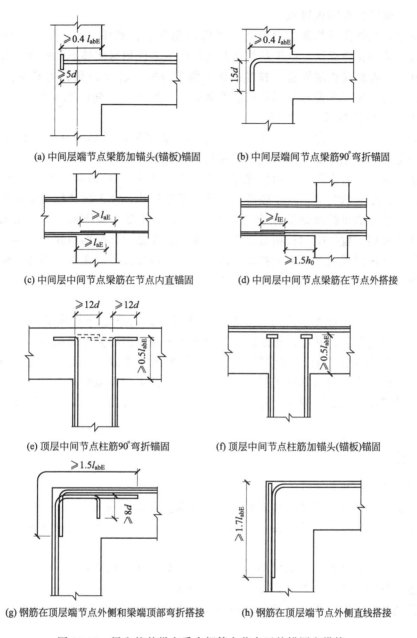

图 13-40 梁和柱的纵向受力钢筋在节点区的锚固和搭接

(1) 框架结构是多高层建筑的一种主要结构形式，框架结构设计时，应首先进行结构选型和结构布置，初步选定梁、柱截面尺寸，确定结构计算简图和结构上的作用，然后再进行作用效应计算和作用效应组合以及截面设计，并绘制结构施工图。

(2) 竖向荷载作用下框架内力分析可采用分层法或弯矩二次分配法两种近似方法。分层法在分层计算时，将上、下柱远端的弹性支承改为固定端，同时将除底层外的其他各层柱的线刚度均乘以折减系数 0.9，柱的弯矩传递系数由 1/2 改为 1/3。弯矩二次分配法将各节点的不平衡弯矩同时进行分配，并向远端传递，传递系数均为 1/2，第一次弯矩分配传递后，再进行第二次弯矩分配即告结束。

(3) 水平荷载作用下框架内力分析可采用 D 值法，计算精度高。当梁、柱线刚度比大于 3 时，也可采用反弯点法。D 值是框架层间柱产生单位相对侧移所需施加的水平力，亦即柱的侧移刚度。框架结构层间剪力按柱的侧移刚度分配，通过 D 值法可计算出各柱承担的剪力。柱的反弯点位置主要与柱端约束条件有关，反弯点总是向约束刚度较小的一端移动。通过 D 值法还可计算框架水平位移。

(4) 框架结构在水平力作用下的变形由总体剪切变形和总体弯曲变形两部分组成，总体剪切变形是由梁、柱弯曲变形引起的框架变形，其侧移曲线具有整体剪切变形特点，可由 D 值法确定。总体弯曲变形是由两侧框架柱的轴向变形导致的框架变形，它的侧移曲线与悬臂梁的弯曲变形形状类似，对于较高、较柔的框架结构，须考虑柱轴向变形影响。

(5) 内力组合的目的就是要找出框架梁、柱控制截面的最不利内力，并以此作为梁、柱截面配筋的依据。框架梁的控制截面通常是梁端支座截面和跨中截面，框架柱的控制截面通常是柱上、下两端截面。框架结构设计时应考虑活荷载最不利布置的组合效应；在活荷载不大的情况下，也可采用满布荷载法计算内力；水平荷载应考虑正反两个方向的作用并加以组合。

(6) 框架梁截面设计时，可考虑塑性内力重分布进行梁端弯矩调幅。框架柱截面设计时，一般采用对称配筋，并应注意选取配筋最大的一组内力计算截面配筋。

(7) 框架结构中梁、柱、节点等应满足一定的构造要求，在纵向钢筋、箍筋、材料、截面、锚固连接等方面均有具体的规定；有抗震设防要求的框架结构，梁、柱、节点等还应满足抗震构造措施。构造要求是计算配筋的必要补充，与其同等重要，应予以足够的重视。

(1) 简述框架结构的特点。

(2) 框架梁、柱截面尺寸如何确定？应考虑哪些因素？

(3) 框架结构房屋的计算简图如何确定？当各层柱截面尺寸不同且轴线不重合时应如何考虑？

(4) 框架结构设计中应考虑哪些荷载和作用？如何计算风荷载？

(5) 框架结构的承重方案有几种？各有何特点？

(6) 简述竖向荷载作用下框架结构内力的分层法和弯矩二次分配法的基本假定及计算步骤。

(7) 水平荷载作用下计算框架内力的反弯点法和 D 值法的异同点是什么？D 值的物理意义是什么？

(8) 水平荷载作用下框架柱的反弯点位置与哪些因素有关？试分析反弯点位置的变化规律与这些因素的关系。如果与某层柱相邻的上层柱的混凝土弹性模量降低了，该层柱的反弯点位置如何变化？

(9) 水平荷载作用下框架侧移是由哪两部分组成的，各自的特点是什么？

(10) 设计中限制框架侧移的原因是什么？什么是结构的层间角位移？框架结构的层间侧移角限值是多少？

(11) 框架梁、柱的控制截面是什么？如何进行框架梁、柱控制截面内力组合？

(12) 现浇框架梁、柱和节点有哪些构造要求？为什么要采取这些构造要求？

(13) 框架梁、柱纵向受力钢筋的锚固和接头有何要求？箍筋有何要求？
(14) 框架梁、柱的抗震构造措施包括哪些？
(15) 试述框架结构的设计步骤。

(1) 试用分层法和弯矩二次分配法分别计算如图 13-41 所示的框架结构的杆端弯矩，并绘制弯矩图。图中括号内数字表示框架梁、柱的相对线刚度，均布荷载示于图中。

(2) 试用反弯点法计算如图 13-42 所示水平荷载作用下两跨三层框架各杆件的弯矩，并作出弯矩图。各杆相对线刚度示于图中括号内。

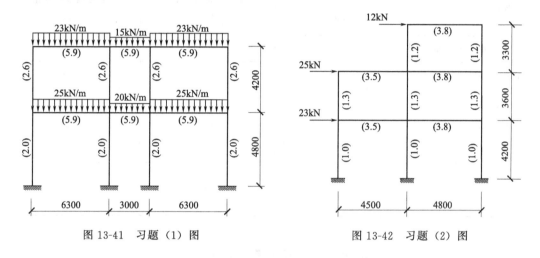

图 13-41 习题 (1) 图　　　　图 13-42 习题 (2) 图

(3) 如图 13-43 所示框架结构，各层柱截面尺寸均为 400mm×400mm，各层梁截面相同，左跨梁截面 300mm×600mm，右跨梁截面 300mm×500mm，梁、柱混凝土强度等级均为 C30。试用 D 值法计算该框架在图 13-43 所示水平荷载作用下的内力和侧移。

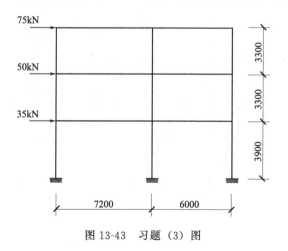

图 13-43 习题 (3) 图

附 录

附录1 普通钢筋强度标准值

单位：N/mm²

牌号	符号	公称直径 d /mm	屈服强度标准值 f_{yk}	极限强度标准值 f_{stk}
HPB300 级	ϕ	6~14	300	420
HRB335 级	Φ	6~14	335	455
HRB400 级 HRBF400 级 RRB400 级	Φ Φ^F Φ^R	6~50	400	540
HRB500 级 HRBF500 级	Φ Φ^F	6~50	500	630

附录2 预应力筋强度标准值

单位：N/mm²

种类	符号		公称直径 d /mm	屈服强度标准值 f_{pyk}	极限强度标准值 f_{ptk}
中强度 预应力钢丝	光面 螺旋肋	ϕ^{PM} ϕ^{HM}	5,7,9	620	800
				780	970
				980	1270
预应力螺纹 钢筋	螺纹	ϕ^T	18,25,32, 40,50	785	980
				930	1080
				1080	1230
消除应力钢丝	光面	ϕ^P	5	—	1570
				—	1860
	螺旋肋	ϕ^H	7	—	1570
			9	—	1470
				—	1570

续表

种类		符号	公称直径 d /mm	屈服强度标准值 f_{pyk}	极限强度标准值 f_{ptk}
钢绞线	1×3 (三股)	ϕ^S	8.6,10.8,12.9	—	1570
				—	1860
				—	1960
	1×7 (七股)		9.5,12.7, 15.2,17.8	—	1720
				—	1860
				—	1960
			21.6	—	1860

注：极限强度标准值为1960N/mm² 的钢绞线作后张预应力配筋时，应有可靠的工程经验。

附录3　普通钢筋强度设计值

单位：N/mm²

牌号	抗拉强度设计值 f_y	抗压强度设计值 f'_y
HPB300 级	270	270
HRB335 级	300	300
HRB400 级、HRBF400 级、RRB400 级	360	360
HRB500 级、HRBF500 级	435	435

注：1. 当构件中配有不同种类的钢筋时，每种钢筋应采用各自的强度设计值。
2. 对轴心受压构件，当采用 HRB500 级、HRBF500 级钢筋时，钢筋的抗压强度设计值 f'_y 应取 400N/mm²。
3. 横向钢筋的抗拉强度设计值 f_{yv} 应按表中 f_y 的数值采用。
4. 当用作受剪、受扭、受冲切承载力计算时，其数值大于 360N/mm² 时应取 360N/mm²。

附录4　预应力筋强度设计值

单位：N/mm²

种类	极限强度标准值 f_{ptk}	抗拉强度设计值 f_{py}	抗压强度设计值 f'_{py}
中强度预应力钢丝	800	510	410
	970	650	
	1270	810	
消除应力钢丝	1470	1040	410
	1570	1110	
	1860	1320	
钢绞线	1570	1110	390
	1720	1220	
	1860	1320	
	1960	1390	
预应力螺纹钢筋	980	650	400
	1080	770	
	1230	900	

注：当预应力筋的强度标准值不符合表中的规定时，其强度设计值应进行相应的比例换算。

附录5 普通钢筋及预应力钢筋在最大力下的总伸长率限值

钢筋品种	普通钢筋			预应力钢筋
	HPB300级	HRB335级、HRB400级、HRBF400级、HRB500级、HRBF500级	RRB400级	
δ_{gt}/%	10.0	7.5	5.0	3.5

附录6 钢筋的弹性模量

单位：$\times 10^5 \text{N/mm}^2$

牌号或种类	弹性模量 E_s
HPB300级钢筋	2.10
HRB335级、HRB400级、HRB500级钢筋 HRBF400级、HRBF500级钢筋 RRB400级钢筋 预应力螺纹钢筋	2.00
消除应力钢丝、中强度预应力钢丝	2.05
钢绞线	1.95

注：必要时可采用实测的弹性模量。

附录7 混凝土强度标准值

单位：N/mm^2

强度种类	符号	混凝土强度等级												
		C15	C20	C25	C30	C35	C40	C45	C50	C55	C60	C65	C70	C75	C80
轴心抗压	f_{ck}	10.0	13.4	16.7	20.1	23.4	26.8	29.6	32.4	35.5	38.5	41.5	44.5	47.4	50.2
轴心抗拉	f_{tk}	1.27	1.54	1.78	2.01	2.20	2.39	2.51	2.64	2.74	2.85	2.93	2.99	3.05	3.11

附录8 混凝土强度设计值

单位：N/mm^2

强度种类	符号	混凝土强度等级												
		C15	C20	C25	C30	C35	C40	C45	C50	C55	C60	C65	C70	C75	C80
轴心抗压	f_c	7.2	9.6	11.9	14.3	16.7	19.1	21.1	23.1	25.3	27.5	29.7	31.8	33.8	35.9
轴心抗拉	f_t	0.91	1.10	1.27	1.43	1.57	1.71	1.80	1.89	1.96	2.04	2.09	2.14	2.18	2.22

附录9 混凝土弹性模量

单位：$\times 10^4 \text{N/mm}^2$

混凝土强度等级	C15	C20	C25	C30	C35	C40	C45	C50	C55	C60	C65	C70	C75	C80
E_c	2.20	2.55	2.80	3.00	3.15	3.25	3.35	3.45	3.55	3.60	3.65	3.70	3.75	3.80

注：1. 当有可靠试验依据时，弹性模量可根据实测数据确定。
2. 当混凝土中掺有大量矿物掺合料时，弹性模量可按规定龄期根据实测数据确定。

附录10 混凝土结构的环境类别

环境类别	条件
一类	室内干燥环境； 无侵蚀性静水浸没环境
二a类	室内潮湿环境； 非严寒和非寒冷地区的露天环境； 非严寒和非寒冷地区与无侵蚀性的水或土壤直接接触的环境； 严寒和寒冷地区的冰冻线以下与无侵蚀性的水或土壤直接接触的环境
二b类	干湿交替环境； 水位频繁变动环境； 严寒和寒冷地区的露天环境； 严寒和寒冷地区冰冻线以上与无侵蚀性的水或土壤直接接触的环境
三a类	严寒和寒冷地区冬季水位变动区环境； 受除冰盐影响环境； 海风环境
三b类	盐渍土环境； 受除冰盐作用环境； 海岸环境
四类	海水环境
五类	受人为或自然的侵蚀性物质影响的环境

注：1. 室内潮湿环境是指构件表面经常处于结露或湿润状态的环境。
2. 严寒和寒冷地区的划分应符合现行国家标准《民用建筑热工设计规范》(GB 50176)的有关规定。
3. 海岸环境和海风环境宜根据当地情况，考虑主导风向及结构所处迎风、背风部位等因素的影响，由调查研究和工程经验确定。
4. 受除冰盐影响环境是指受到除冰盐盐雾影响的环境；受除冰盐作用环境是指被除冰盐溶液溅射的环境以及使用除冰盐地区的洗车房、停车楼等建筑。
5. 暴露的环境是指混凝土结构表面所处的环境。

附录11 结构构件的裂缝控制等级及最大裂缝宽度的限值

单位：mm

环境类别	钢筋混凝土结构		预应力混凝土结构	
	裂缝控制等级	w_{lim}	裂缝控制等级	w_{lim}
一类	三级	0.30(0.40)	三级	0.20
二a类		0.20		0.10
二b类			二级	—
三a类、三b类			一级	

注：1. 对处于年平均相对湿度小于60%地区一类环境下的受弯构件，其最大裂缝宽度限值可采用括号内的数值。
2. 在一类环境下，对钢筋混凝土屋架、托架及需做疲劳验算的吊车梁，其最大裂缝宽度限值应取为0.20mm；对钢筋混凝土屋面梁和托梁，其最大裂缝宽度限值应取为0.30mm。
3. 在一类环境下，对预应力混凝土屋架、托架及双向板体系，应按二级裂缝控制等级进行验算；对一类环境下的预应力混凝土屋面梁、托梁、单向板，应按表中二a类环境的要求进行验算；在一类和二a类环境下需做疲劳验算的预应力混凝土吊车梁，应按裂缝控制等级不低于二级的构件进行验算。
4. 表中规定的预应力混凝土构件的裂缝控制等级和最大裂缝宽度限值仅适用于正截面的验算；预应力混凝土构件的斜截面裂缝控制验算应符合《混凝土结构设计规范》(GB 50010—2010)的有关规定。
5. 对于烟囱、筒仓和处于液体压力下的结构，其裂缝控制要求应符合专门标准的有关规定。
6. 对于处于四、五类环境下的结构构件，其裂缝控制要求应符合专门标准的有关规定。
7. 表中的最大裂缝宽度限值为用于验算荷载作用引起的最大裂缝宽度。

附录12 受弯构件的挠度限值

构件类型		挠度限值
吊车梁	手动吊车	$l_0/500$
	电动吊车	$l_0/600$
屋盖、楼盖及楼梯构件	当 $l_0<7$m 时	$l_0/200(l_0/250)$
	当 7m$\leqslant l_0 \leqslant 9$m 时	$l_0/250(l_0/300)$
	当 $l_0>9$m 时	$l_0/300(l_0/400)$

注：1. 表中 l_0 为构件的计算跨度；计算悬臂构件的挠度限值时，其计算跨度 l_0 按实际悬臂长度的2倍取用。

2. 表中括号内的数值适用于使用上对挠度有较高要求的构件。

3. 如果构件制作时预先起拱，且使用上也允许，则在验算挠度时，可将计算所得的挠度值减去起拱值；对预应力混凝土构件，尚可减去预加力所产生的反拱值。

4. 构件制作时的起拱值和预加力所产生的反拱值，不宜超过构件在相应荷载组合作用下的计算挠度值。

附录13 混凝土保护层的最小厚度 c

单位：mm

环境类别	板、墙、壳	梁、柱、杆
一类	15	20
二a类	20	25
二b类	25	35
三a类	30	40
三b类	40	50

注：1. 混凝土强度等级不大于C25时，表中保护层厚度数值应增加5mm。

2. 钢筋混凝土基础宜设置混凝土垫层，基础中钢筋的混凝土保护层厚度应从垫层顶面算起，且不应小于40mm。

附录14 纵向受力钢筋的最小配筋百分率 $\rho_{\min}$

单位：%

受力类型		最小配筋百分率
受压构件	全部纵向钢筋	强度等级 500MPa	0.50
		强度等级 400MPa	0.55
		强度等级 300MPa、335MPa	0.60
	一侧纵向钢筋		0.20
受弯构件、偏心受拉、轴心受拉构件一侧的受拉钢筋			0.20 和 $45f_t/f_y$ 中的较大值

注：1. 受压构件全部纵向钢筋最小配筋百分率，当采用C60以上强度等级的混凝土时，应按表中规定增加0.10。

2. 板类受弯构件（不包括悬臂板）的受拉钢筋，当采用强度等级400MPa、500MPa的钢筋时，其最小配筋百分率应允许采用0.15和 $45f_t/f_y$ 的较大值。

3. 偏心受拉构件中的受压钢筋，应按受压构件一侧纵向钢筋考虑。

4. 受压构件的全部纵向钢筋和一侧纵向钢筋的配筋百分率以及轴心受拉构件和小偏心受拉构件一侧受拉钢筋的配筋百分率均应按构件的全截面面积计算。

5. 受弯构件、大偏心受拉构件一侧受拉钢筋的配筋百分率应按全截面面积扣除受压翼缘面积 $(b_f'-b)h_f'$ 后的截面面积计算。

6. 当钢筋沿构件截面周边布置时，"一侧纵向钢筋"系指沿受力方向两个对边中一边布置的纵向钢筋。

附录 15 钢筋的公称截面面积及理论重量

公称直径 /mm	不同根数钢筋的计算截面面积/mm²									单根钢筋理论重量/(kg/m)
	1	2	3	4	5	6	7	8	9	
6	28.3	57	85	113	142	170	198	226	255	0.222
8	50.3	101	151	201	252	302	352	402	453	0.395
10	78.5	157	236	314	393	471	550	628	707	0.617
12	113.1	226	339	452	595	678	791	904	1017	0.888
14	153.9	308	461	615	769	923	1077	1231	1385	1.21
16	201.1	402	603	804	1005	1206	1407	1608	1809	1.58
18	254.5	509	763	1017	1272	1527	1781	2036	2290	2.00(2.11)
20	314.2	628	942	1256	1570	1884	2199	2513	2827	2.47
22	380.1	760	1140	1520	1900	2281	2661	3041	3421	2.98
25	490.9	982	1473	1964	2454	2945	3436	3927	4418	3.85(4.10)
28	615.3	1232	1847	2463	3079	3695	4310	4926	5542	4.83
32	804.3	1609	2413	3217	4021	4826	5630	6434	7238	6.31(6.65)
36	1017.9	2036	3054	4072	5089	6107	7125	8143	9161	7.99
40	1256.1	2513	3770	5027	6283	7540	8796	10053	11310	9.87(10.34)
50	1963.5	3928	5892	7856	9820	11784	13748	15712	17676	15.42(16.28)

注：括号内为预应力螺纹钢筋的数值。

附录 16 每米板宽内的钢筋截面面积

钢筋间距 /mm	当钢筋直径为下列数值时的钢筋截面面积/mm²										
	6	6/8	8	8/10	10	10/12	12	12/14	14	14/16	16
70	404	561	719	920	1121	1369	1616	1908	2199	2536	2872
75	377	524	671	859	1047	1277	1508	1780	2053	2367	2681
80	354	491	629	805	981	1198	1414	1669	1924	2218	2513
85	333	462	592	758	924	1127	1331	1571	1811	2088	2365
90	314	437	559	716	872	1064	1257	1484	1710	1972	2234
95	298	414	529	678	826	1008	1190	1405	1620	1868	2116
100	283	393	503	644	785	958	1131	1335	1539	1775	2011
110	257	357	457	585	714	871	1028	1214	1399	1614	1828
120	236	327	419	537	654	798	942	1112	1283	1480	1676
125	226	314	402	515	628	766	905	1068	1232	1420	1608
130	218	302	387	495	604	737	870	1027	1184	1366	1547
140	202	282	359	460	561	684	808	954	1100	1268	1436
150	189	262	335	429	523	639	754	890	1026	1183	1340
160	177	246	314	403	491	599	707	834	962	1110	1257
170	166	231	296	379	462	564	665	786	906	1044	1183
180	157	218	279	358	436	532	628	742	855	985	1117
190	149	207	265	339	413	504	595	702	810	934	1058
200	141	196	251	322	393	479	565	668	770	888	1005
220	129	178	228	392	357	436	514	607	700	807	914
240	118	164	209	268	327	399	471	556	641	740	838
250	113	157	201	258	314	383	452	534	616	710	804
260	109	151	193	248	302	368	435	514	592	682	773
280	101	140	180	230	281	342	404	477	550	634	718
300	94	131	168	215	262	320	377	445	513	592	670
320	88	123	157	201	245	299	353	417	481	554	628

注：表中钢筋直径 6/8、8/10 等指两种直径钢筋间隔放置。

附录 17　等截面等跨连续梁在常用荷载作用下的内力系数表

17.1　在均布及三角形荷载作用下：
$$M = 表中系数 \times ql^2, \quad V = 表中系数 \times ql$$

17.2　在集中荷载作用下：
$$M = 表中系数 \times Pl, \quad V = 表中系数 \times P$$

17.3　内力正负号规定：M 为使截面上部受压、下部受拉为正；V 为对邻近截面所产生的力矩沿顺时针方向者为正。

附录 17-1　两跨梁

荷载图	跨内最大弯矩		支座弯矩	剪力		
	M_1	M_2	M_B	V_A	V_{B1} V_{Br}	V_C
(均布满跨)	0.070	0.070	−0.125	0.375	−0.625 0.625	−0.375
(均布左跨)	0.096	−0.025	−0.063	0.437	−0.563 0.063	0.063
(三角形满跨)	0.048	0.048	−0.078	0.172	−0.328 0.328	−0.172
(三角形左跨)	0.064	—	−0.039	0.211	−0.289 0.039	0.039
(两跨各一P)	0.156	0.156	−0.188	0.312	−0.688 0.688	−0.312
(左跨一P)	0.203	−0.047	−0.094	0.406	−0.594 0.094	0.094
(两跨各两P)	0.222	0.222	−0.333	0.667	−1.333 1.333	−0.667
(左跨两P)	0.278	−0.056	−0.167	0.833	−1.167 0.167	0.167

附录 17-2　三跨梁

荷载图	跨内最大弯矩		支座弯矩		剪力			
	M_1	M_2	M_B	M_C	V_A	V_{B1} V_{Br}	V_{C1} V_{Cr}	V_D
(满跨均布荷载)	0.080	0.025	−0.100	−0.100	0.400	−0.600 0.500	−0.500 0.600	−0.400
(第1、3跨均布荷载)	0.101	−0.050	−0.050	−0.050	0.450	−0.550 0	0 0.550	−0.450
(第2跨均布荷载)	−0.025	0.075	−0.050	−0.050	−0.050	−0.050 0.500	−0.500 0.050	0.050
(第1、2跨均布荷载)	0.073	0.054	−0.117	−0.033	0.383	−0.617 0.583	−0.417 0.033	0.033
(第1跨均布荷载)	0.094	—	−0.067	0.017	0.433	−0.567 0.083	0.083 −0.017	−0.017
(满跨三角形荷载)	0.054	0.021	−0.063	−0.063	0.188	−0.313 0.250	−0.250 0.313	−0.188
(第1、3跨三角形荷载)	0.068	—	−0.031	−0.031	0.219	−0.281 0	0 0.281	−0.219
(第2跨三角形荷载)	—	0.052	−0.031	−0.031	−0.031	−0.031 0.250	−0.250 0.031	0.031
(第1、2跨三角形荷载)	0.050	0.038	−0.073	−0.021	0.177	−0.323 0.302	−0.198 0.021	0.021
(第1跨三角形荷载)	0.063	—	−0.042	0.010	0.208	−0.292 0.052	0.052 −0.010	−0.010

续表

荷载图	跨内最大弯矩		支座弯矩		剪力			
	M_1	M_2	M_B	M_C	V_A	V_{B1} V_{Br}	V_{C1} V_{Cr}	V_D
(P P P)	0.175	0.100	−0.150	−0.150	0.350	−0.650 0.500	−0.500 0.650	−0.350
(P P)	0.213	−0.075	−0.075	−0.075	0.425	−0.575 0	0 0.575	−0.425
(P)	−0.038	0.175	−0.075	−0.075	−0.075	−0.075 0.500	−0.500 0.075	0.075
(P P)	0.162	0.137	−0.175	−0.050	0.325	−0.675 0.625	−0.375 0.050	0.050
(P)	0.200	—	−0.100	0.025	0.400	−0.600 0.125	0.125 −0.025	−0.025
(PP PP PP)	0.244	0.067	−0.267	−0.267	0.733	−1.267 1.000	−1.000 1.267	−0.733
(PP PP)	0.289	−0.133	−0.133	−0.133	0.866	−1.134 0	0 1.134	−0.866
(PP)	−0.044	0.200	−0.133	−0.133	−0.133	−0.133 1.000	−1.000 0.133	0.133
(PP PP)	0.229	0.170	−0.311	−0.089	0.689	−1.311 1.222	−0.778 0.089	0.089
(PP)	0.274	—	−0.178	0.044	0.822	−1.178 0.222	0.222 −0.044	−0.044

附录 17-3　四跨梁

荷载图	跨内最大弯矩				支座弯矩				剪力				
	M_1	M_2	M_3	M_4	M_B	M_C	M_D	V_A	V_{B1} / V_{Br}	V_{C1} / V_{Cr}	V_{D1} / V_{Dr}	V_E
![图]	0.077	0.036	0.036	0.077	−0.107	−0.071	−0.107	0.393	−0.607 / 0.536	−0.464 / 0.464	−0.536 / 0.607	−0.393
![图]	0.100	−0.045	0.081	−0.023	−0.054	−0.036	−0.054	0.446	−0.554 / 0.018	0.018 / 0.482	−0.518 / 0.054	0.054
![图]	0.072	0.061	—	0.098	−0.121	−0.018	−0.058	0.380	−0.620 / 0.603	−0.397 / −0.040	−0.040 / 0.558	−0.442
![图]	—	0.056	0.056	—	−0.036	−0.107	−0.036	−0.036	−0.036 / 0.429	−0.571 / 0.571	−0.429 / 0.036	0.036
![图]	0.094	—	—	—	−0.067	0.018	−0.004	0.433	−0.567 / 0.085	0.085 / −0.022	−0.022 / 0.004	0.004
![图]	—	0.071	—	—	−0.049	−0.054	0.013	−0.049	−0.049 / 0.496	−0.504 / 0.067	0.067 / −0.013	−0.013
![图]	0.052	0.028	0.028	0.052	−0.067	−0.045	−0.067	0.183	−0.317 / 0.272	−0.228 / 0.228	−0.272 / 0.317	−0.183

续表

荷载图	跨内最大弯矩				支座弯矩			剪力			
	M_1	M_2	M_3	M_4	M_B	M_C	M_D	V_A	V_{B1} / V_{Br}	V_{C1} / V_{Cr}	V_{D1} / V_{Dr}	V_E

荷载图	M_1	M_2	M_3	M_4	M_B	M_C	M_D	V_A	V_{B1} / V_{Br}	V_{C1} / V_{Cr}	V_{D1} / V_{Dr}	V_E
	0.067	—	0.055	—	−0.034	−0.022	−0.034	0.217	−0.284 / 0.011	0.011 / 0.239	−0.261 / 0.034	0.034
	0.049	0.042	—	0.066	−0.075	−0.011	−0.036	0.175	−0.325 / 0.314	−0.186 / 0.025	−0.025 / 0.286	−0.214
	—	0.040	0.040	—	−0.022	−0.067	−0.022	−0.022	−0.022 / 0.205	−0.295 / 0.295	−0.205 / 0.022	0.022
	0.063	—	—	—	−0.042	0.011	−0.003	0.208	−0.292 / 0.053	0.053 / −0.014	−0.014 / 0.003	0.003
	—	0.051	—	—	−0.031	−0.034	0.008	−0.031	−0.031 / 0.247	−0.253 / 0.042	0.042 / −0.008	−0.008
	0.169	0.116	0.116	0.169	−0.161	−0.107	−0.161	0.339	−0.661 / 0.554	−0.446 / 0.446	−0.554 / 0.661	−0.339
	0.210	−0.067	0.183	−0.040	−0.080	−0.054	−0.080	0.420	−0.580 / 0.027	0.027 / 0.473	−0.527 / 0.080	0.080

续表

荷载图	跨内最大弯矩				支座弯矩			剪力				
	M_1	M_2	M_3	M_4	M_B	M_C	M_D	V_A	V_{B1} V_{Br}	V_{C1} V_{Cr}	V_{D1} V_{Dr}	V_E
(P, P)	0.159	0.146	—	0.206	−0.181	−0.027	−0.087	0.319	−0.681 0.654	−0.346 0.060	−0.060 0.587	−0.413
(P)	—	0.142	0.142	—	−0.054	−0.161	−0.054	0.054	−0.054 0.393	−0.607 0.607	−0.393 0.054	0.054
(P)	0.200	—	—	—	−0.100	0.027	−0.007	0.400	−0.600 0.127	0.127 −0.033	−0.033 0.007	0.007
(P)	—	0.173	—	—	−0.074	−0.080	0.020	−0.074	−0.074 0.493	−0.507 0.100	0.100 −0.020	−0.020
(PP×)	0.238	0.111	0.111	0.238	−0.286	−0.191	−0.286	0.714	−1.286 1.095	−0.905 0.905	−1.095 1.286	−0.714
(PP)	0.286	−0.111	0.222	−0.048	−0.143	−0.095	−0.143	0.857	−1.143 0.048	0.048 0.952	−1.048 0.143	0.143
(PP)	0.226	0.194	—	0.282	−0.321	−0.048	−0.155	0.679	−1.321 1.274	−0.726 −0.107	−0.107 1.155	−0.845

续表

荷载图	跨内最大弯矩				支座弯矩			剪力				
	M_1	M_2	M_3	M_4	M_B	M_C	M_D	V_A	V_{B1} / V_{Br}	V_{C1} / V_{Cr}	V_{D1} / V_{Dr}	V_E
(荷载图)	—	0.175	0.175	—	−0.095	−0.286	−0.095	−0.095	−0.095 / 0.810	−1.190 / 1.190	−0.810 / 0.095	0.095
(荷载图)	0.274	—	—	—	−0.178	0.048	−0.012	0.822	−1.178 / 0.226	0.226 / −0.060	−0.060 / 0.012	0.012
(荷载图)	—	0.198	—	—	−0.131	−0.143	0.036	−0.131	−0.131 / 0.988	−1.012 / 0.178	0.178 / −0.036	−0.036

附录17-4 五跨梁

荷载图	跨内最大弯矩			支座弯矩				剪力					
	M_1	M_2	M_3	M_B	M_C	M_D	M_E	V_A	V_{B1} / V_{Br}	V_{C1} / V_{Cr}	V_{D1} / V_{Dr}	V_{E1} / V_{Er}	V_F
(荷载图)	0.078	0.033	0.046	−0.105	−0.079	−0.079	−0.105	0.394	−0.606 / 0.526	−0.474 / 0.500	−0.500 / 0.474	−0.526 / 0.606	−0.394
(荷载图)	0.100	—	0.085	−0.053	−0.040	−0.040	−0.053	0.447	−0.553 / 0.013	0.013 / 0.500	−0.500 / −0.013	−0.013 / 0.553	−0.447
(荷载图)	—	0.079	—	−0.053	−0.040	−0.040	−0.053	−0.053	−0.053 / 0.513	−0.487 / 0	0 / 0.487	−0.513 / 0.053	0.053

续表

荷载图	跨内最大弯矩			支座弯矩				剪力				
	M_1	M_2	M_3	M_B	M_C	M_D	M_E	V_A	V_{B1} / V_{Br}	V_{C1} / V_{Cr}	V_{D1} / V_{Dr}	V_{E1} / V_{Er}	V_F
	0.073	②0.059 / 0.078	—	−0.119	−0.022	−0.044	−0.051	0.380	−0.620 / 0.598	−0.402 / −0.023	−0.023 / 0.493	−0.507 / 0.052	0.052
	①— / 0.098	0.055	0.064	−0.035	−0.111	−0.020	−0.057	0.035	0.035 / 0.424	0.576 / 0.591	−0.409 / −0.037	−0.037 / 0.557	−0.443
	0.094	—	—	−0.067	0.018	−0.005	0.001	0.433	0.567 / 0.085	0.086 / 0.023	0.023 / 0.006	0.006 / −0.001	0.001
	—	0.074	—	−0.049	−0.054	0.014	−0.004	0.019	−0.049 / 0.496	−0.505 / 0.068	0.068 / −0.018	−0.018 / 0.004	0.004
	—	—	0.072	0.013	0.053	0.053	0.013	0.013	0.013 / −0.066	−0.066 / 0.500	0.068 / 0.066	0.066 / −0.013	0.013
	0.053	0.026	0.034	−0.066	−0.049	0.049	−0.066	0.184	−0.316 / 0.266	−0.234 / 0.250	−0.500 / 0.234	−0.266 / 0.316	0.184
	0.067	—	0.059	−0.033	−0.025	−0.025	0.033	0.217	0.283 / 0.008	0.008 / 0.250	−0.250 / −0.006	−0.008 / 0.283	0.217

续表

荷载图	跨内最大弯矩			支座弯矩				剪力					
	M_1	M_2	M_3	M_B	M_C	M_D	M_E	V_A	V_{B1} / V_{Br}	V_{C1} / V_{Cr}	V_{D1} / V_{Dr}	V_{E1} / V_{Er}	V_F
	—	0.055	—	−0.033	−0.025	−0.025	−0.033	0.033	−0.033 / 0.258	−0.242 / 0	0 / 0.242	−0.258 / 0.033	0.033
	0.049	②0.041 / 0.053	—	−0.075	−0.014	−0.028	−0.032	0.175	0.325 / 0.311	−0.189 / −0.014	−0.014 / 0.246	−0.255 / 0.032	0.032
	① / 0.066	0.039	0.044	−0.022	−0.070	−0.013	−0.036	−0.022	−0.022 / 0.202	−0.298 / 0.307	−0.198 / −0.028	−0.023 / 0.286	−0.214
	0.063	—	—	−0.042	0.011	−0.003	0.001	0.208	−0.292 / 0.053	0.053 / −0.014	−0.014 / 0.004	0.004 / −0.001	−0.001
	—	0.051	0.050	−0.031	−0.034	0.009	−0.002	−0.031	−0.031 / 0.247	−0.253 / 0.043	0.049 / −0.011	−0.011 / 0.002	0.002
	—	—	—	0.008	−0.033	−0.033	0.008	0.008	0.008 / −0.041	−0.041 / 0.250	−0.250 / 0.041	0.041 / −0.008	−0.008
	0.171	0.112	0.132	−0.158	−0.118	−0.118	−0.158	0.342	−0.658 / 0.540	−0.460 / 0.500	−0.500 / 0.460	−0.540 / 0.658	−0.342

续表

荷载图	跨内最大弯矩			支座弯矩					V_A	剪力			
	M_1	M_2	M_3	M_B	M_C	M_D	M_E			V_{B1} V_{Br}	V_{C1} V_{Cr}	V_{D1} V_{Dr}	V_{E1} V_{Er}	V_F
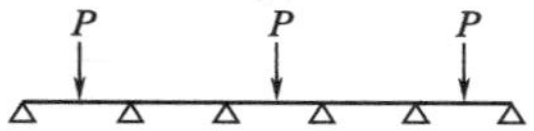 (图1)	0.211	—	0.191	−0.079	−0.059	−0.059	−0.079	0.421	−0.579 0.020	0.020 0.500	−0.500 −0.020	−0.020 0.579	−0.421
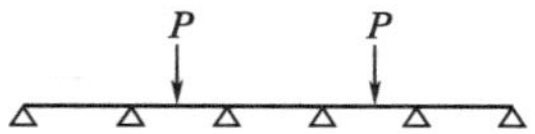 (图2)	—	0.181	—	−0.079	−0.059	−0.059	−0.079	−0.079	−0.079 0.520	−0.480 0	0 0.480	−0.520 0.079	0.079
 (图3)	0.160 / ①0.207	②0.144 / 0.178	—	−0.179	−0.032	−0.066	−0.077	0.321	−0.679 0.647	−0.353 −0.034	−0.034 0.489	−0.511 0.077	0.077
(图4)	— / 0.207	0.140	0.151	−0.052	−0.167	−0.031	−0.086	−0.052	−0.052 0.385	−0.615 0.637	−0.363 −0.056	−0.056 0.586	−0.414
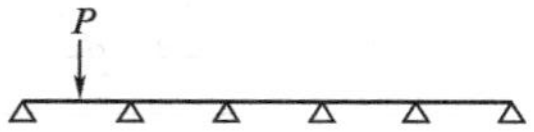 (图5)	0.200	—	—	−0.100	0.027	−0.007	0.002	0.400	−0.600 0.127	0.127 −0.031	−0.034 0.009	0.009 −0.002	−0.002
 (图6)	—	0.173	—	−0.073	−0.081	0.022	−0.005	−0.073	−0.073 0.493	−0.507 0.102	0.102 −0.027	−0.027 0.005	0.005
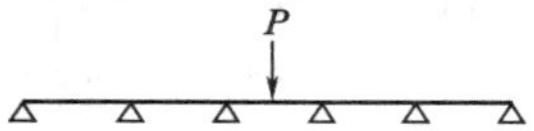 (图7)	—	—	0.171	0.020	−0.079	−0.079	0.020	0.020	0.020 −0.099	−0.099 0.500	−0.500 0.099	0.090 −0.020	−0.020
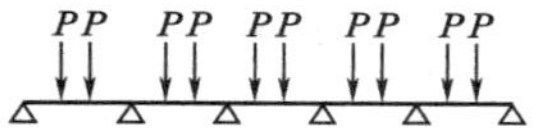 (图8)	0.240	0.100	0.122	−0.281	−0.211	0.211	−0.281	0.719	−1.281 1.070	−0.930 1.000	−1.000 0.930	1.070 1.281	−0.719

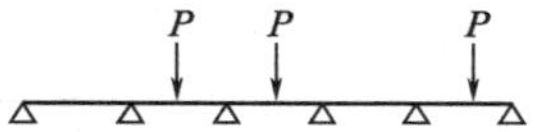

续表

荷载图	跨内最大弯矩			支座弯矩				剪力					
	M_1	M_2	M_3	M_B	M_C	M_D	M_E	V_A	V_{Bl} / V_{Br}	V_{Cl} / V_{Cr}	V_{Dl} / V_{Dr}	V_{El} / V_{Er}	V_F
(PP载荷图)	0.287	—	0.228	−0.140	−0.105	−0.105	−0.140	0.860	−1.140 / 0.035	0.035 / 1.000	1.000 / −0.035	−0.035 / 1.140	−0.860
(PP载荷图)	—	0.216	—	−0.140	−0.105	−0.105	−0.140	−0.140	−0.140 / 1.035	−0.965 / 0	0 / 0.965	−1.035 / 0.140	0.140
(PP载荷图)	—① / 0.282	0.189② / 0.209	—	−0.319	−0.057	−0.118	−0.137	0.681	−1.319 / 1.262	−0.738 / −0.061	−0.061 / 0.981	−1.019 / 0.137	0.137
(PP载荷图)	0.227	0.172	0.198	−0.093	−0.297	−0.054	−0.153	−0.093	−0.093 / 0.796	−1.204 / 1.243	−0.757 / −0.099	−0.099 / 1.153	−0.847
(PP载荷图)	0.274	—	—	−0.179	0.048	−0.013	0.003	0.821	−1.179 / 0.227	0.227 / −0.061	−0.061 / 0.016	0.016 / −0.003	−0.003
(PP载荷图)	—	0.198	—	−0.131	−0.144	0.038	−0.010	−0.131	−0.131 / 0.987	−1.013 / 0.182	0.182 / −0.048	−0.048 / 0.010	0.010
(PP载荷图)	—	—	0.193	0.035	−0.140	−0.140	0.035	0.035	0.035 / −0.175	−0.175 / 1.000	−1.000 / 0.175	0.175 / −0.035	−0.035

① 分子及分母分别为 M_1 及 M_5 的弯矩系数。
② 分子及分母分别为 M_2 及 M_4 的弯矩系数。

附录 18 双向板按弹性理论计算系数表

18.1 符号说明

m_x、$m_{x,\max}$ 分别为平行于 l_x 方向板中心点单位板宽内的弯矩和板跨内最大弯矩；

m_y、$m_{y,\max}$ 分别为平行于 l_y 方向板中心点单位板宽内的弯矩和板跨内最大弯矩；

m'_x 为固定边中点沿 l_x 方向单位板宽内的弯矩；

m'_y 为固定边中点沿 l_y 方向单位板宽内的弯矩；

f、$f_{\max}$ 分别为板中心点的挠度和最大挠度；

└┴┴┴┴┴┴┘代表固定边；──────代表简支边。

18.2 计算公式

$$\text{弯矩} = \text{表中系数} \times ql^2$$

$$\text{挠度} = \text{表中系数} \times \frac{ql^4}{B_l}$$

式中　B_l——刚度，$B_l = \dfrac{Eh^3}{12(1-\nu^2)}$；

E——弹性模量；

h——板厚；

ν——泊松比，混凝土可取 $\nu=0.2$；

q——作用于双向板上的均布荷载设计值；

l——板沿短边方向的计算跨度。

本计算表格是按材料的泊松比 $\nu=0$ 编制的；当泊松比 $\nu \neq 0$ 时，跨中弯矩要进行修正。

18.3 正负号规定

弯矩：使板的受荷面受压者为正，反之为负；

挠度：变位方向与荷载方向相同者为正，反之为负。

附录 18-1 四边简支

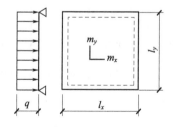

挠度 = 表中系数 $\times \dfrac{ql^4}{B_l}$

$\nu=0$，弯矩 = 表中系数 $\times ql^2$

式中，l 取用 l_x 和 l_y 中较小者

l_x/l_y	f	m_x	m_y	l_x/l_y	f	m_x	m_y
0.50	0.01013	0.0965	0.0174	0.80	0.00603	0.0561	0.0334
0.55	0.00940	0.0892	0.0210	0.85	0.00547	0.0506	0.0348
0.60	0.00867	0.0820	0.0242	0.90	0.00496	0.0456	0.0358
0.65	0.00796	0.0750	0.0271	0.95	0.00449	0.0410	0.0364
0.70	0.00727	0.0683	0.0296	1.00	0.00406	0.0368	0.0368
0.75	0.00663	0.0620	0.0317				

附录18-2 三边简支，一边固定

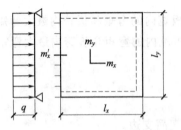

挠度 = 表中系数 × $\dfrac{ql^4}{B_c}$

$\nu = 0$，弯矩 = 表中系数 × ql^2

式中，l 取用 l_x 和 l_y 中较小者

l_x/l_y	l_y/l_x	f	f_{max}	m_x	$m_{x,max}$	m_y	$m_{y,max}$	m'_x
0.50		0.00488	0.00504	0.0583	0.0646	0.0060	0.0063	−0.1212
0.55		0.00471	0.00492	0.0563	0.0618	0.0081	0.0087	−0.1187
0.60		0.00453	0.00472	0.0539	0.0589	0.0104	0.0111	−0.1158
0.65		0.00432	0.00448	0.0513	0.0559	0.0126	0.0133	−0.1124
0.70		0.00410	0.00422	0.0485	0.0529	0.0148	0.0154	−0.1087
0.75		0.00388	0.00399	0.0457	0.0496	0.0168	0.0174	−0.1048
0.80		0.00365	0.00376	0.0428	0.0463	0.0187	0.0193	−0.1007
0.85		0.00343	0.00352	0.0400	0.0431	0.0204	0.0211	−0.0965
0.90		0.00321	0.00329	0.0372	0.0400	0.0219	0.0226	−0.0922
0.95		0.00299	0.00306	0.0345	0.0369	0.0232	0.0239	−0.0880
1.00	1.00	0.00279	0.00285	0.0319	0.0340	0.0243	0.0249	−0.0839
	0.95	0.00316	0.00324	0.0324	0.0345	0.0280	0.0287	−0.0882
	0.90	0.00360	0.00368	0.0328	0.0347	0.0322	0.0330	−0.0926
	0.85	0.00409	0.00417	0.0329	0.0347	0.0370	0.0378	−0.0970
	0.80	0.00464	0.00473	0.0326	0.0343	0.0424	0.0433	−0.1014
	0.75	0.00526	0.00536	0.0319	0.0335	0.0485	0.0494	−0.1056
	0.70	0.00595	0.00605	0.0308	0.0323	0.0553	0.0562	−0.1096
	0.65	0.00670	0.00680	0.0291	0.0306	0.0627	0.0637	−0.1133
	0.60	0.00752	0.00762	0.0268	0.0289	0.0707	0.0717	−0.1166
	0.55	0.00838	0.00848	0.0239	0.0271	0.0792	0.0801	−0.1193
	0.50	0.00927	0.00935	0.0205	0.0249	0.0880	0.0888	−0.1215

附录 18-3 两对边简支，两对边固定

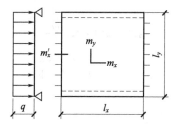

挠度 = 表中系数 × $\dfrac{ql^4}{B_l}$

$\nu = 0$，弯矩 = 表中系数 × ql^2

式中，l 取用 l_x 和 l_y 中较小者

l_x/l_y	l_y/l_x	f	m_x	m_y	m'_x
0.50		0.00261	0.0416	0.0017	−0.0843
0.55		0.00259	0.0410	0.0028	−0.0840
0.60		0.00255	0.0402	0.0042	−0.0834
0.65		0.00250	0.0392	0.0057	−0.0826
0.70		0.00243	0.0379	0.0072	−0.0814
0.75		0.00236	0.0366	0.0088	−0.0799
0.80		0.00228	0.0351	0.0103	−0.0782
0.85		0.00220	0.0335	0.0118	−0.0763
0.90		0.00211	0.0319	0.0133	−0.0743
0.95		0.00201	0.0302	0.0146	−0.0721
1.00	1.00	0.00192	0.0285	0.0158	−0.0698
	0.95	0.00223	0.0296	0.0189	−0.0746
	0.90	0.00260	0.0306	0.0224	−0.0797
	0.85	0.00303	0.0314	0.0266	−0.0850
	0.80	0.00354	0.0319	0.0316	−0.0904
	0.75	0.00413	0.0321	0.0374	−0.0959
	0.70	0.00482	0.0318	0.0441	−0.1013
	0.65	0.00560	0.0308	0.0518	−0.1066
	0.60	0.00647	0.0292	0.0604	−0.1114
	0.55	0.00743	0.0267	0.0698	−0.1156
	0.50	0.00844	0.0234	0.0798	−0.1191

附录 18-4 四边固定

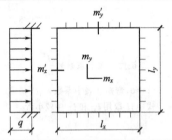

挠度＝表中系数$\times \dfrac{ql^4}{B_l}$

$\nu=0$，弯矩＝表中系数$\times ql^2$

式中，l 取用 l_x 和 l_y 中较小者

l_x/l_y	f	m_x	m_y	m'_x	m'_y
0.50	0.00253	0.0400	0.0038	−0.0829	−0.0570
0.55	0.00246	0.0385	0.0056	−0.0814	−0.0571
0.60	0.00236	0.0367	0.0076	−0.0793	−0.0571
0.65	0.00224	0.0345	0.0095	−0.0766	−0.0571
0.70	0.00211	0.0321	0.0113	−0.0735	−0.0569
0.75	0.00197	0.0296	0.0130	−0.0701	−0.0565
0.80	0.00182	0.0271	0.0144	−0.0664	−0.0559
0.85	0.00168	0.0246	0.0156	−0.0626	−0.0551
0.90	0.00153	0.0221	0.0165	−0.0588	−0.0541
0.95	0.00140	0.0198	0.0172	−0.0550	−0.0528
1.00	0.00127	0.0176	0.0176	−0.0513	−0.0513

附录 18-5 两邻边简支，两邻边固定

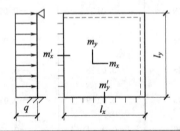

挠度＝表中系数$\times \dfrac{ql^4}{B_l}$

$\nu=0$，弯矩＝表中系数$\times ql^2$

式中，l 取用 l_x 和 l_y 中较小者

l_x/l_y	f	$f_{\max}$	m_x	$m_{x,\max}$	m_y	$m_{y,\max}$	m'_x	m'_y
0.50	0.00468	0.00471	0.0559	0.0562	0.0079	0.0135	−0.1179	−0.0786
0.55	0.00445	0.00454	0.0529	0.0530	0.0104	0.0153	−0.1140	−0.0785
0.60	0.00419	0.00429	0.0496	0.0498	0.0129	0.0169	−0.1095	−0.0782
0.65	0.00391	0.00399	0.0461	0.0465	0.0151	0.0183	−0.1045	−0.0777
0.70	0.00363	0.00368	0.0426	0.0432	0.0172	0.0195	−0.0992	−0.0770
0.75	0.00335	0.00340	0.0390	0.0396	0.0189	0.0206	−0.0938	−0.0760
0.80	0.00308	0.00313	0.0356	0.0361	0.0204	0.0218	−0.0883	−0.0748
0.85	0.00281	0.00286	0.0322	0.0328	0.0215	0.0229	−0.0829	−0.0733
0.90	0.00256	0.00261	0.0291	0.0297	0.0224	0.0238	−0.0776	−0.0716
0.95	0.00232	0.00237	0.0261	0.0267	0.0230	0.0244	−0.0726	−0.0698
1.00	0.00210	0.00215	0.0234	0.0240	0.0234	0.249	−0.0677	−0.0677

附录 18-6　一边简支，三边固定

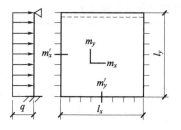

挠度 = 表中系数 × $\dfrac{ql^4}{B_l}$

$\nu = 0$，弯矩 = 表中系数 × ql^2

式中，l 取用 l_x 和 l_y 中较小者

l_x/l_y	l_y/l_x	f	$f_{\max}$	m_x	$m_{x,\max}$	m_y	$m_{y,\max}$	m'_x	m'_y
0.50		0.00257	0.00258	0.0408	0.0409	0.0028	0.0089	−0.0836	−0.0569
0.55		0.00252	0.00255	0.0398	0.0399	0.0042	0.0093	−0.0827	−0.0570
0.60		0.00245	0.00249	0.0384	0.0386	0.0059	0.0105	−0.0814	−0.0571
0.65		0.00237	0.00240	0.0368	0.0371	0.0076	0.0116	−0.0796	−0.0572
0.70		0.00227	0.00229	0.0350	0.0354	0.0093	0.0127	−0.0774	−0.0572
0.75		0.00216	0.00219	0.0331	0.0335	0.0109	0.0137	−0.0750	−0.0572
0.80		0.00205	0.00208	0.0310	0.0314	0.0124	0.0147	−0.0722	−0.0570
0.85		0.00193	0.00196	0.0289	0.0293	0.0138	0.0155	−0.0693	−0.0567
0.90		0.00181	0.00184	0.0268	0.0273	0.0159	0.0163	−0.0663	−0.0563
0.95		0.00169	0.00172	0.0247	0.0252	0.0160	0.0172	−0.0631	−0.0558
1.00	1.00	0.00157	0.00160	0.0227	0.0231	0.0168	0.0180	−0.0600	−0.0550
	0.95	0.00178	0.00182	0.0229	0.0234	0.0194	0.0207	−0.0629	−0.0599
	0.90	0.00201	0.00206	0.0228	0.0234	0.0223	0.0238	−0.0656	−0.0653
	0.85	0.00227	0.00233	0.0225	0.0231	0.0255	0.0273	−0.0683	−0.0711
	0.80	0.00256	0.00262	0.0219	0.0224	0.0290	0.0311	−0.0707	−0.0772
	0.75	0.00286	0.00294	0.0208	0.0214	0.0329	0.0354	−0.0729	−0.0837
	0.70	0.00319	0.00327	0.0194	0.0200	0.0370	0.0400	−0.0748	−0.0903
	0.65	0.00352	0.00365	0.0175	0.0182	0.0412	0.0446	−0.0762	−0.0970
	0.60	0.00386	0.00403	0.0153	0.0160	0.0454	0.0493	−0.0773	−0.1033
	0.55	0.00419	0.00437	0.0127	0.0133	0.0496	0.0541	−0.0780	−0.1093
	0.50	0.00449	0.00463	0.0099	0.0103	0.0534	0.0588	−0.0784	−0.1146

附录 19　框架柱反弯点高度比

附录 19-1　均布水平荷载作用下各层柱标准反弯点高度比 y_n

总层数 m	层号 n	$\overline{K}$ 0.1	0.2	0.3	0.4	0.5	0.6	0.7	0.8	0.9	1.0	2.0	3.0	4.0	5.0
1	1	0.80	0.75	0.70	0.65	0.65	0.60	0.60	0.60	0.60	0.55	0.55	0.55	0.55	0.55
2	2	0.45	0.40	0.35	0.35	0.35	0.35	0.40	0.40	0.40	0.40	0.45	0.45	0.45	0.45
2	1	0.95	0.80	0.75	0.70	0.65	0.65	0.65	0.60	0.60	0.60	0.55	0.55	0.55	0.50
3	3	0.15	0.20	0.20	0.25	0.30	0.30	0.30	0.35	0.35	0.35	0.40	0.45	0.45	0.45
3	2	0.55	0.50	0.45	0.45	0.45	0.45	0.45	0.45	0.45	0.45	0.50	0.50	0.50	0.50
3	1	1.00	0.85	0.80	0.75	0.70	0.70	0.65	0.65	0.65	0.60	0.55	0.55	0.55	0.55
4	4	−0.05	0.05	0.15	0.20	0.25	0.30	0.30	0.35	0.35	0.35	0.40	0.45	0.45	0.45
4	3	0.25	0.30	0.30	0.35	0.35	0.40	0.40	0.40	0.40	0.45	0.45	0.50	0.50	0.50
4	2	0.60	0.55	0.50	0.50	0.45	0.45	0.45	0.45	0.45	0.45	0.50	0.50	0.50	0.50
4	1	1.10	0.90	0.80	0.75	0.70	0.70	0.65	0.65	0.65	0.60	0.55	0.55	0.55	0.55
5	5	−0.20	0.00	0.15	0.20	0.25	0.30	0.30	0.30	0.35	0.35	0.40	0.45	0.45	0.45
5	4	0.10	0.20	0.25	0.30	0.35	0.35	0.40	0.40	0.40	0.40	0.45	0.45	0.50	0.50
5	3	0.40	0.40	0.40	0.40	0.40	0.45	0.45	0.45	0.45	0.45	0.50	0.50	0.50	0.50
5	2	0.65	0.55	0.50	0.50	0.50	0.50	0.50	0.50	0.50	0.50	0.50	0.50	0.50	0.50
5	1	1.20	0.95	0.80	0.75	0.75	0.70	0.70	0.65	0.65	0.65	0.55	0.55	0.55	0.55
6	6	−0.30	0.00	0.10	0.20	0.25	0.25	0.30	0.30	0.35	0.35	0.40	0.45	0.45	0.45
6	5	0.00	0.20	0.25	0.30	0.35	0.35	0.40	0.40	0.40	0.40	0.45	0.50	0.50	0.50
6	4	0.20	0.30	0.35	0.35	0.40	0.40	0.40	0.45	0.45	0.45	0.45	0.50	0.50	0.50
6	3	0.40	0.40	0.40	0.45	0.45	0.45	0.45	0.45	0.45	0.45	0.50	0.50	0.50	0.50
6	2	0.70	0.60	0.55	0.50	0.50	0.50	0.50	0.50	0.50	0.50	0.50	0.50	0.50	0.50
6	1	1.20	0.95	0.85	0.80	0.75	0.70	0.70	0.65	0.65	0.65	0.55	0.55	0.55	0.55
7	7	−0.35	−0.05	0.10	0.20	0.20	0.25	0.30	0.30	0.35	0.35	0.40	0.45	0.45	0.45
7	6	−0.10	0.15	0.25	0.30	0.35	0.35	0.40	0.40	0.40	0.40	0.45	0.45	0.50	0.50
7	5	0.10	0.25	0.30	0.35	0.40	0.40	0.40	0.45	0.45	0.45	0.45	0.50	0.50	0.50
7	4	0.30	0.35	0.40	0.40	0.40	0.45	0.45	0.45	0.45	0.45	0.50	0.50	0.50	0.50
7	3	0.50	0.45	0.45	0.45	0.45	0.45	0.45	0.45	0.45	0.45	0.50	0.50	0.50	0.50
7	2	0.75	0.60	0.55	0.50	0.50	0.50	0.50	0.50	0.50	0.50	0.50	0.50	0.50	0.50
7	1	1.20	0.95	0.85	0.80	0.75	0.70	0.70	0.65	0.65	0.65	0.55	0.55	0.55	0.55
8	8	−0.35	−0.05	0.10	0.15	0.25	0.25	0.30	0.30	0.35	0.35	0.40	0.45	0.45	0.45
8	7	−1.00	0.15	0.25	0.30	0.35	0.35	0.40	0.40	0.40	0.40	0.45	0.50	0.50	0.50
8	6	0.05	0.25	0.30	0.35	0.40	0.40	0.40	0.45	0.45	0.45	0.45	0.50	0.50	0.50
8	5	0.20	0.30	0.35	0.40	0.40	0.40	0.45	0.45	0.45	0.45	0.50	0.50	0.50	0.50
8	4	0.35	0.40	0.40	0.45	0.45	0.45	0.45	0.45	0.45	0.45	0.50	0.50	0.50	0.50
8	3	0.50	0.45	0.45	0.45	0.45	0.45	0.45	0.45	0.50	0.50	0.50	0.50	0.50	0.50
8	2	0.75	0.60	0.55	0.55	0.55	0.50	0.50	0.50	0.50	0.50	0.50	0.50	0.50	0.50
8	1	1.20	1.00	0.85	0.80	0.80	0.75	0.70	0.65	0.65	0.65	0.55	0.55	0.55	0.55

续表

总层数 m	层号 n	$\overline{K}$													
		0.1	0.2	0.3	0.4	0.5	0.6	0.7	0.8	0.9	1.0	2.0	3.0	4.0	5.0
9	9	−0.40	−0.05	0.10	0.20	0.25	0.25	0.30	0.30	0.35	0.35	0.45	0.45	0.45	0.45
	8	−0.15	1.05	0.25	0.30	0.35	0.35	0.35	0.40	0.40	0.40	0.45	0.45	0.50	0.45
	7	0.05	0.25	0.30	0.35	0.40	0.40	0.40	0.45	0.45	0.45	0.45	0.50	0.50	0.50
	6	0.15	0.30	0.35	0.40	0.40	0.45	0.45	0.45	0.45	0.45	0.50	0.50	0.50	0.50
	5	0.25	0.35	0.40	0.40	0.45	0.45	0.45	0.45	0.45	0.45	0.50	0.50	0.50	0.50
	4	0.40	0.40	0.40	0.45	0.45	0.45	0.45	0.45	0.45	0.45	0.50	0.50	0.50	0.50
	3	0.55	0.45	0.45	0.45	0.45	0.45	0.45	0.45	0.50	0.50	0.50	0.50	0.50	0.50
	2	0.80	0.65	0.55	0.55	0.50	0.50	0.50	0.50	0.50	0.50	0.50	0.50	0.50	0.50
	1	1.20	1.00	0.85	0.80	0.75	0.70	0.70	0.65	0.65	0.65	0.55	0.55	0.55	0.55
10	10	−0.40	−0.05	0.10	0.20	0.25	0.30	0.30	0.30	0.35	0.40	0.40	0.45	0.45	0.45
	9	−0.15	0.15	0.25	0.30	0.35	0.35	0.40	0.40	0.40	0.45	0.45	0.45	0.50	0.50
	8	0.00	0.25	0.30	0.35	0.40	0.40	0.40	0.45	0.45	0.45	0.45	0.50	0.50	0.50
	7	0.10	0.30	0.35	0.40	0.40	0.45	0.45	0.45	0.45	0.45	0.50	0.50	0.50	0.50
	6	0.20	0.35	0.40	0.40	0.45	0.45	0.45	0.45	0.45	0.45	0.50	0.50	0.50	0.50
	5	0.30	0.40	0.40	0.45	0.45	0.45	0.45	0.45	0.45	0.50	0.50	0.50	0.50	0.50
	4	0.40	0.40	0.45	0.45	0.45	0.45	0.45	0.45	0.45	0.50	0.50	0.50	0.50	0.50
	3	0.55	0.50	0.45	0.45	0.45	0.50	0.50	0.50	0.50	0.50	0.50	0.50	0.50	0.50
	2	0.80	0.65	0.55	0.55	0.55	0.50	0.50	0.50	0.50	0.50	0.50	0.50	0.50	0.50
	1	1.30	1.00	0.85	0.80	0.75	0.70	0.70	0.65	0.65	0.60	0.60	0.55	0.55	0.55
11	11	−0.40	−0.05	−0.10	0.20	0.25	0.30	0.30	0.30	0.35	0.35	0.40	0.45	0.45	0.45
	10	−0.15	0.15	0.25	0.30	0.35	0.35	0.40	0.40	0.40	0.40	0.45	0.45	0.50	0.50
	9	0.00	0.25	0.30	0.35	0.40	0.40	0.40	0.45	0.45	0.45	0.45	0.50	0.50	0.50
	8	0.10	0.30	0.35	0.40	0.40	0.45	0.45	0.45	0.45	0.45	0.50	0.50	0.50	0.50
	7	0.20	0.35	0.40	0.45	0.45	0.45	0.45	0.45	0.45	0.45	0.50	0.50	0.50	0.50
	6	0.25	0.35	0.40	0.45	0.45	0.45	0.45	0.45	0.45	0.45	0.50	0.50	0.50	0.50
	5	0.35	0.40	0.40	0.45	0.45	0.45	0.45	0.45	0.45	0.50	0.50	0.50	0.50	0.50
	4	0.40	0.45	0.45	0.45	0.45	0.45	0.45	0.50	0.50	0.50	0.50	0.50	0.50	0.50
	3	0.55	0.50	0.50	0.50	0.50	0.50	0.50	0.50	0.50	0.50	0.50	0.50	0.50	0.50
	2	0.80	0.65	0.60	0.55	0.55	0.50	0.50	0.50	0.50	0.50	0.50	0.50	0.50	0.50
	1	1.30	1.00	0.85	0.80	0.75	0.70	0.70	0.65	0.65	0.65	0.60	0.55	0.55	0.55
12 以上	↓1	−0.40	−0.05	0.10	0.20	0.25	0.30	0.30	0.30	0.35	0.35	0.40	0.45	0.45	0.45
	2	−0.15	0.15	0.25	0.30	0.35	0.35	0.40	0.40	0.40	0.40	0.45	0.45	0.50	0.50
	3	0.00	0.25	0.30	0.35	0.40	0.40	0.40	0.45	0.45	0.45	0.50	0.50	0.50	0.50
	4	0.10	0.30	0.35	0.40	0.40	0.45	0.45	0.45	0.45	0.45	0.50	0.50	0.50	0.50
	5	0.20	0.35	0.45	0.40	0.45	0.45	0.45	0.45	0.45	0.50	0.50	0.50	0.50	0.50
	6	0.25	0.35	0.40	0.45	0.45	0.45	0.45	0.45	0.45	0.45	0.50	0.50	0.50	0.50

续表

总层数 m	层号 n	$\overline{K}$													
		0.1	0.2	0.3	0.4	0.5	0.6	0.7	0.8	0.9	1.0	2.0	3.0	4.0	5.0
12以上	7	0.30	0.40	0.40	0.45	0.45	0.45	0.45	0.45	0.50	0.50	0.50	0.50	0.50	0.50
	8	0.35	0.40	0.45	0.45	0.45	0.45	0.45	0.50	0.50	0.50	0.50	0.50	0.50	0.50
	中间	0.40	0.40	0.45	0.45	0.45	0.45	0.50	0.50	0.50	0.50	0.50	0.50	0.50	0.50
	4	0.45	0.45	0.45	0.45	0.50	0.50	0.50	0.50	0.50	0.50	0.50	0.50	0.50	0.50
	3	0.60	0.50	0.50	0.50	0.50	0.50	0.50	0.50	0.50	0.50	0.50	0.50	0.50	0.50
	2	0.80	0.65	0.60	0.55	0.55	0.50	0.50	0.50	0.50	0.50	0.50	0.50	0.50	0.50
	↑1	1.30	1.00	0.85	0.80	0.75	0.70	0.70	0.65	0.65	0.65	0.55	0.55	0.55	0.55

附录19-2　倒三角形分布水平荷载作用下各层柱标准反弯点高度比 y_n

总层数 m	层号 n	$\overline{K}$													
		0.1	0.2	0.3	0.4	0.5	0.6	0.7	0.8	0.9	1.0	2.0	3.0	4.0	5.0
1	1	0.80	0.75	0.70	0.65	0.65	0.60	0.60	0.60	0.60	0.55	0.55	0.55	0.55	0.55
2	2	0.50	0.45	0.40	0.40	0.40	0.40	0.40	0.40	0.40	0.45	0.45	0.45	0.45	0.50
	1	1.00	0.85	0.75	0.70	0.70	0.65	0.65	0.65	0.60	0.60	0.55	0.55	0.55	0.55
3	3	0.25	0.25	0.25	0.30	0.30	0.35	0.35	0.35	0.40	0.40	0.45	0.45	0.45	0.50
	2	0.60	0.50	0.50	0.50	0.50	0.45	0.45	0.45	0.45	0.45	0.50	0.50	0.50	0.50
	1	1.15	0.90	0.80	0.75	0.75	0.70	0.70	0.65	0.65	0.65	0.60	0.55	0.55	0.55
4	4	0.10	0.15	0.20	0.25	0.30	0.30	0.35	0.35	0.35	0.35	0.40	0.45	0.45	0.45
	3	0.35	0.35	0.35	0.40	0.40	0.40	0.40	0.45	0.45	0.45	0.45	0.50	0.50	0.50
	2	0.70	0.60	0.55	0.50	0.50	0.50	0.50	0.50	0.50	0.50	0.50	0.50	0.50	0.50
	1	1.20	0.95	0.85	0.80	0.75	0.70	0.70	0.70	0.65	0.65	0.55	0.55	0.55	0.55
5	5	−0.05	0.10	0.20	0.25	0.30	0.30	0.35	0.35	0.35	0.35	0.40	0.45	0.45	0.45
	4	0.20	0.25	0.35	0.35	0.40	0.40	0.40	0.40	0.40	0.45	0.45	0.50	0.50	0.50
	3	0.45	0.40	0.45	0.45	0.45	0.45	0.45	0.45	0.45	0.45	0.50	0.50	0.50	0.50
	2	0.75	0.60	0.55	0.55	0.50	0.50	0.50	0.50	0.50	0.50	0.50	0.50	0.50	0.50
	1	1.30	1.00	0.85	0.80	0.75	0.70	0.70	0.65	0.65	0.65	0.65	0.55	0.55	0.55
6	6	−0.15	0.05	0.15	0.20	0.25	0.30	0.30	0.35	0.35	0.35	0.40	0.45	0.45	0.45
	5	0.10	0.25	0.30	0.35	0.35	0.40	0.40	0.40	0.45	0.45	0.45	0.50	0.50	0.50
	4	0.30	0.35	0.40	0.40	0.45	0.45	0.45	0.45	0.45	0.45	0.50	0.50	0.50	0.50
	3	0.50	0.45	0.45	0.45	0.45	0.45	0.45	0.45	0.45	0.50	0.50	0.50	0.50	0.50
	2	0.80	0.65	0.55	0.55	0.55	0.50	0.50	0.50	0.50	0.50	0.50	0.50	0.50	0.50
	1	1.30	1.00	0.85	0.80	0.75	0.70	0.70	0.65	0.65	0.65	0.60	0.55	0.55	0.55
7	7	−0.20	0.05	0.15	0.20	0.25	0.30	0.30	0.35	0.35	0.35	0.45	0.45	0.45	0.45
	6	0.05	0.20	0.30	0.35	0.35	0.40	0.40	0.40	0.40	0.45	0.45	0.50	0.50	0.50
	5	0.20	0.30	0.35	0.40	0.40	0.45	0.45	0.45	0.45	0.45	0.50	0.50	0.50	0.50

续表

总层数 m	层号 n	$\overline{K}$													
		0.1	0.2	0.3	0.4	0.5	0.6	0.7	0.8	0.9	1.0	2.0	3.0	4.0	5.0
7	4	0.35	0.40	0.40	0.45	0.45	0.45	0.45	0.45	0.45	0.45	0.50	0.50	0.50	0.50
	3	0.55	0.50	0.50	0.50	0.50	0.50	0.50	0.50	0.50	0.50	0.50	0.50	0.50	0.50
	2	0.80	0.65	0.60	0.55	0.55	0.55	0.50	0.50	0.50	0.50	0.50	0.50	0.50	0.50
	1	1.30	1.00	0.90	0.80	0.75	0.70	0.70	0.70	0.65	0.65	0.60	0.55	0.55	0.55
8	8	−0.20	0.05	0.15	0.20	0.25	0.30	0.30	0.30	0.35	0.35	0.45	0.45	0.45	0.45
	7	0.00	0.20	0.30	0.35	0.35	0.40	0.40	0.40	0.40	0.45	0.45	0.50	0.50	0.50
	6	0.15	0.30	0.35	0.40	0.40	0.45	0.45	0.45	0.45	0.45	0.50	0.50	0.50	0.50
	5	0.30	0.40	0.40	0.45	0.45	0.45	0.45	0.45	0.45	0.45	0.50	0.50	0.50	0.50
	4	0.40	0.45	0.45	0.45	0.45	0.45	0.45	0.45	0.50	0.50	0.50	0.50	0.50	0.50
	3	0.60	0.50	0.50	0.50	0.50	0.50	0.50	0.50	0.50	0.50	0.50	0.50	0.50	0.50
	2	0.85	0.65	0.60	0.55	0.55	0.55	0.50	0.50	0.50	0.50	0.50	0.50	0.50	0.50
	1	1.30	1.00	0.90	0.80	0.75	0.70	0.70	0.70	0.70	0.65	0.60	0.55	0.55	0.55
9	9	−0.25	0.00	0.15	0.20	0.25	0.30	0.30	0.35	0.35	0.40	0.45	0.45	0.45	0.45
	8	0.00	0.20	0.30	0.35	0.35	0.40	0.40	0.40	0.40	0.45	0.45	0.50	0.50	0.50
	7	0.15	0.30	0.35	0.40	0.40	0.45	0.45	0.45	0.45	0.45	0.50	0.50	0.50	0.50
	6	0.25	0.35	0.40	0.40	0.45	0.45	0.45	0.45	0.45	0.50	0.50	0.50	0.50	0.50
	5	0.35	0.40	0.45	0.45	0.45	0.45	0.45	0.45	0.50	0.50	0.50	0.50	0.50	0.50
	4	0.45	0.45	0.45	0.45	0.45	0.50	0.50	0.50	0.50	0.50	0.50	0.50	0.50	0.50
	3	0.60	0.50	0.50	0.50	0.50	0.50	0.50	0.50	0.50	0.50	0.50	0.50	0.50	0.50
	2	0.85	0.65	0.60	0.55	0.55	0.55	0.55	0.50	0.50	0.50	0.50	0.50	0.50	0.50
	1	1.35	1.00	0.90	0.80	0.75	0.75	0.70	0.70	0.65	0.65	0.60	0.55	0.55	0.55
10	10	−0.25	0.00	0.15	0.20	0.25	0.30	0.30	0.35	0.35	0.40	0.45	0.45	0.45	0.45
	9	−0.10	0.20	0.30	0.35	0.35	0.40	0.40	0.40	0.40	0.45	0.45	0.50	0.50	0.50
	8	0.10	0.30	0.35	0.40	0.40	0.40	0.45	0.45	0.45	0.45	0.50	0.50	0.50	0.50
	7	0.20	0.35	0.40	0.40	0.45	0.45	0.45	0.45	0.45	0.50	0.50	0.50	0.50	0.50
	6	0.30	0.40	0.40	0.45	0.45	0.45	0.45	0.45	0.45	0.50	0.50	0.50	0.50	0.50
	5	0.40	0.45	0.45	0.45	0.45	0.45	0.45	0.50	0.50	0.50	0.50	0.50	0.50	0.50
	4	0.50	0.45	0.45	0.45	0.50	0.50	0.50	0.50	0.50	0.50	0.50	0.50	0.50	0.50
	3	0.60	0.55	0.50	0.50	0.50	0.50	0.50	0.50	0.50	0.50	0.50	0.50	0.50	0.50
	2	0.85	0.65	0.60	0.55	0.55	0.55	0.55	0.50	0.50	0.50	0.50	0.50	0.50	0.50
	1	1.35	1.00	0.90	0.80	0.75	0.75	0.70	0.70	0.65	0.65	0.60	0.55	0.55	0.55
11	11	−0.25	0.00	0.15	0.20	0.25	0.30	0.30	0.30	0.35	0.35	0.45	0.45	0.45	0.45
	10	−0.05	0.20	0.25	0.30	0.35	0.40	0.40	0.40	0.40	0.45	0.45	0.50	0.50	0.50
	9	0.10	0.30	0.35	0.40	0.40	0.40	0.45	0.45	0.45	0.45	0.50	0.50	0.50	0.50
	8	0.20	0.35	0.40	0.40	0.45	0.45	0.45	0.45	0.45	0.50	0.50	0.50	0.50	0.50
	7	0.25	0.40	0.40	0.45	0.45	0.45	0.45	0.45	0.45	0.50	0.50	0.50	0.50	0.50

续表

总层数 m	层号 n	$\overline{K}$													
		0.1	0.2	0.3	0.4	0.5	0.6	0.7	0.8	0.9	1.0	2.0	3.0	4.0	5.0
11	6	0.35	0.40	0.40	0.45	0.45	0.45	0.45	0.50	0.50	0.50	0.50	0.50	0.50	0.50
	5	0.40	0.45	0.45	0.45	0.45	0.50	0.50	0.50	0.50	0.50	0.50	0.50	0.50	0.50
	4	0.50	0.50	0.50	0.50	0.50	0.50	0.50	0.50	0.50	0.50	0.50	0.50	0.50	0.50
	3	0.65	0.55	0.60	0.50	0.50	0.50	0.50	0.50	0.50	0.50	0.50	0.50	0.50	0.50
	2	0.85	0.65	0.60	0.55	0.55	0.55	0.55	0.50	0.50	0.50	0.50	0.50	0.50	0.50
	1	1.35	1.05	0.90	0.80	0.75	0.75	0.70	0.70	0.65	0.65	0.60	0.55	0.55	0.55
12 以上	↓1	−0.30	0.00	0.15	0.20	0.25	0.30	0.30	0.30	0.35	0.35	0.40	0.45	0.45	0.45
	2	−0.10	0.20	0.25	0.30	0.35	0.40	0.40	0.40	0.40	0.40	0.45	0.45	0.45	0.50
	3	0.05	0.25	0.35	0.40	0.40	0.40	0.45	0.45	0.45	0.45	0.45	0.50	0.50	0.50
	4	0.15	0.30	0.40	0.40	0.45	0.45	0.45	0.45	0.45	0.45	0.50	0.50	0.50	0.50
	5	0.25	0.35	0.50	0.45	0.45	0.45	0.45	0.45	0.45	0.45	0.50	0.50	0.50	0.50
	6	0.30	0.40	0.50	0.45	0.45	0.45	0.45	0.50	0.45	0.50	0.50	0.50	0.50	0.50
	7	0.35	0.40	0.55	0.45	0.45	0.45	0.50	0.50	0.50	0.50	0.50	0.50	0.50	0.50
	8	0.35	0.45	0.55	0.45	0.50	0.50	0.50	0.50	0.50	0.50	0.50	0.50	0.50	0.50
	中间	0.45	0.45	0.55	0.45	0.50	0.50	0.50	0.50	0.50	0.50	0.50	0.50	0.50	0.50
	4	0.55	0.50	0.50	0.50	0.50	0.50	0.50	0.50	0.50	0.50	0.50	0.50	0.50	0.50
	3	0.65	0.55	0.50	0.50	0.50	0.50	0.50	0.50	0.50	0.50	0.50	0.50	0.50	0.50
	2	0.70	0.70	0.60	0.55	0.55	0.55	0.55	0.50	0.50	0.50	0.50	0.50	0.50	0.50
	↑1	1.35	1.05	0.90	0.80	0.75	0.70	0.70	0.70	0.65	0.65	0.60	0.55	0.55	0.55

附录 19-3 顶点集中水平荷载作用下各层柱标准反弯点高度比 y_n

总层数 m	层号 n	$\overline{K}$													
		0.1	0.2	0.3	0.4	0.5	0.6	0.7	0.8	0.9	1.0	2.0	3.0	4.0	5.0
1	1	0.80	0.75	0.70	0.65	0.65	0.60	0.60	0.60	0.60	0.55	0.55	0.55	0.55	0.55
2	2	0.55	0.50	0.45	0.45	0.45	0.45	0.45	0.45	0.45	0.45	0.45	0.50	0.50	0.50
	1	1.15	0.95	0.85	0.80	0.75	0.70	0.70	0.65	0.65	0.65	0.60	0.55	0.55	0.55
3	3	0.40	0.40	0.40	0.40	0.40	0.40	0.40	0.45	0.45	0.45	0.45	0.50	0.50	0.50
	2	0.75	0.60	0.55	0.55	0.55	0.50	0.50	0.50	0.50	0.50	0.50	0.50	0.50	0.50
	1	1.30	1.00	0.90	0.80	0.75	0.70	0.70	0.70	0.65	0.65	0.60	0.55	0.55	0.55
4	4	0.35	0.35	0.35	0.40	0.40	0.40	0.40	0.45	0.45	0.45	0.45	0.50	0.50	0.50
	3	0.60	0.50	0.50	0.50	0.50	0.50	0.50	0.50	0.50	0.50	0.50	0.50	0.50	0.50
	2	0.85	0.65	0.60	0.55	0.55	0.55	0.55	0.50	0.50	0.50	0.50	0.50	0.50	0.50
	1	1.35	1.05	0.90	0.80	0.75	0.75	0.70	0.70	0.65	0.65	0.60	0.55	0.55	0.55
5	5	0.30	0.35	0.35	0.40	0.40	0.40	0.40	0.45	0.45	0.45	0.45	0.50	0.50	0.50
	4	0.50	0.45	0.45	0.50	0.50	0.50	0.50	0.50	0.50	0.50	0.50	0.50	0.50	0.50
	3	0.65	0.55	0.50	0.50	0.50	0.50	0.50	0.50	0.50	0.50	0.50	0.50	0.50	0.50
	2	0.90	0.70	0.60	0.55	0.55	0.55	0.55	0.50	0.50	0.50	0.50	0.50	0.50	0.50
	1	1.40	1.05	0.90	0.80	0.75	0.75	0.70	0.70	0.65	0.65	0.60	0.55	0.55	0.55

续表

总层数 m	层号 n	$\overline{K}$													
		0.1	0.2	0.3	0.4	0.5	0.6	0.7	0.8	0.9	1.0	2.0	3.0	4.0	5.0
6	6	0.30	0.35	0.35	0.40	0.40	0.40	0.40	0.45	0.45	0.45	0.45	0.50	0.50	0.50
	5	0.45	0.45	0.45	0.45	0.50	0.50	0.50	0.50	0.50	0.50	0.50	0.50	0.50	0.50
	4	0.55	0.50	0.50	0.50	0.50	0.50	0.50	0.50	0.50	0.50	0.50	0.50	0.50	0.50
	3	0.65	0.55	0.55	0.50	0.50	0.50	0.50	0.50	0.50	0.50	0.50	0.50	0.50	0.50
	2	0.90	0.70	0.60	0.60	0.55	0.55	0.55	0.55	0.50	0.50	0.50	0.50	0.50	0.50
	1	1.40	1.05	0.90	0.80	0.75	0.75	0.70	0.70	0.65	0.65	0.60	0.55	0.55	0.55
7	7	0.30	0.35	0.35	0.40	0.40	0.40	0.40	0.45	0.45	0.45	0.45	0.50	0.50	0.50
	6	0.40	0.45	0.45	0.45	0.50	0.50	0.50	0.50	0.50	0.50	0.50	0.50	0.50	0.50
	5	0.50	0.50	0.50	0.50	0.50	0.50	0.50	0.50	0.50	0.50	0.50	0.50	0.50	0.50
	4	0.55	0.50	0.50	0.50	0.50	0.50	0.50	0.50	0.50	0.50	0.50	0.50	0.50	0.50
	3	0.70	0.55	0.55	0.50	0.50	0.50	0.50	0.50	0.50	0.50	0.50	0.50	0.50	0.50
	2	0.90	0.70	0.60	0.60	0.55	0.55	0.55	0.55	0.50	0.50	0.50	0.50	0.50	0.50
	1	1.40	1.05	0.90	0.80	0.75	0.75	0.70	0.70	0.65	0.65	0.60	0.55	0.55	0.55
8	8	0.30	0.35	0.35	0.40	0.40	0.40	0.40	0.45	0.45	0.45	0.45	0.50	0.50	0.50
	7	0.40	0.40	0.45	0.45	0.50	0.50	0.50	0.50	0.50	0.50	0.50	0.50	0.50	0.50
	6	0.45	0.50	0.50	0.50	0.50	0.50	0.50	0.50	0.50	0.50	0.50	0.50	0.50	0.50
	5	0.50	0.50	0.50	0.50	0.50	0.50	0.50	0.50	0.50	0.50	0.50	0.50	0.50	0.50
	4	0.60	0.50	0.50	0.50	0.50	0.50	0.50	0.50	0.50	0.50	0.50	0.50	0.50	0.50
	3	0.70	0.55	0.55	0.50	0.50	0.50	0.50	0.50	0.50	0.50	0.50	0.50	0.50	0.50
	2	0.90	0.70	0.60	0.60	0.55	0.55	0.55	0.55	0.50	0.50	0.50	0.50	0.50	0.50
	1	1.40	1.05	0.90	0.80	0.75	0.75	0.70	0.70	0.65	0.65	0.60	0.55	0.55	0.55
9	9	0.25	0.35	0.35	0.40	0.40	0.40	0.40	0.45	0.45	0.45	0.45	0.50	0.50	0.50
	8	0.40	0.45	0.45	0.45	0.50	0.50	0.50	0.50	0.50	0.50	0.50	0.50	0.50	0.50
	7	0.45	0.50	0.50	0.50	0.50	0.50	0.50	0.50	0.50	0.50	0.50	0.50	0.50	0.50
	6	0.50	0.50	0.50	0.50	0.50	0.50	0.50	0.50	0.50	0.50	0.50	0.50	0.50	0.50
	5	0.55	0.50	0.50	0.50	0.50	0.50	0.50	0.50	0.50	0.50	0.50	0.50	0.50	0.50
	4	0.60	0.50	0.50	0.50	0.50	0.50	0.50	0.50	0.50	0.50	0.50	0.50	0.50	0.50
	3	0.70	0.55	0.50	0.50	0.50	0.50	0.50	0.50	0.50	0.50	0.50	0.50	0.50	0.50
	2	0.90	0.70	0.60	0.60	0.50	0.50	0.50	0.50	0.50	0.50	0.50	0.50	0.50	0.50
	1	1.40	1.05	0.90	0.80	0.75	0.75	0.70	0.70	0.65	0.60	0.60	0.55	0.55	0.55
10	10	0.25	0.35	0.35	0.40	0.40	0.40	0.40	0.45	0.45	0.45	0.45	0.50	0.50	0.50
	9	0.40	0.45	0.45	0.45	0.50	0.50	0.50	0.50	0.50	0.50	0.50	0.50	0.50	0.50
	8	0.45	0.50	0.50	0.50	0.50	0.50	0.50	0.50	0.50	0.50	0.50	0.50	0.50	0.50
	7	0.50	0.55	0.50	0.50	0.50	0.50	0.50	0.50	0.50	0.50	0.50	0.50	0.50	0.50
	6	0.50	0.50	0.50	0.50	0.50	0.50	0.50	0.50	0.50	0.50	0.50	0.50	0.50	0.50
	5	0.55	0.50	0.50	0.50	0.50	0.50	0.50	0.50	0.50	0.50	0.50	0.50	0.50	0.50

续表

总层数 m	层号 n	$\overline{K}$													
		0.1	0.2	0.3	0.4	0.5	0.6	0.7	0.8	0.9	1.0	2.0	3.0	4.0	5.0
10	4	0.60	0.50	0.50	0.50	0.50	0.50	0.50	0.50	0.50	0.50	0.50	0.50	0.50	0.50
	3	0.70	0.55	0.55	0.50	0.50	0.50	0.50	0.50	0.50	0.50	0.50	0.50	0.50	0.50
	2	0.90	0.70	0.60	0.60	0.55	0.55	0.55	0.55	0.50	0.50	0.50	0.50	0.50	0.50
	1	1.40	1.05	0.90	0.80	0.75	0.75	0.70	0.70	0.65	0.65	0.60	0.55	0.55	0.50
11	11	0.25	0.35	0.35	0.40	0.40	0.40	0.40	0.45	0.45	0.45	0.45	0.50	0.50	0.50
	10	0.40	0.45	0.45	0.45	0.50	0.50	0.50	0.50	0.50	0.50	0.50	0.50	0.50	0.50
	9	0.45	0.50	0.50	0.50	0.50	0.50	0.50	0.50	0.50	0.50	0.50	0.50	0.50	0.50
	8	0.50	0.50	0.50	0.50	0.50	0.50	0.50	0.50	0.50	0.50	0.50	0.50	0.50	0.50
	7	0.50	0.50	0.50	0.50	0.50	0.50	0.50	0.50	0.50	0.50	0.50	0.50	0.50	0.50
	6	0.50	0.50	0.50	0.50	0.50	0.50	0.50	0.50	0.50	0.50	0.50	0.50	0.50	0.50
	5	0.55	0.50	0.50	0.50	0.50	0.50	0.50	0.50	0.50	0.50	0.50	0.50	0.50	0.50
	4	0.60	0.50	0.50	0.50	0.50	0.50	0.50	0.50	0.50	0.50	0.50	0.50	0.50	0.50
	3	0.70	0.55	0.55	0.50	0.50	0.50	0.50	0.50	0.50	0.50	0.50	0.50	0.50	0.50
	2	0.90	0.70	0.60	0.60	0.55	0.55	0.55	0.55	0.50	0.50	0.50	0.50	0.50	0.50
	1	1.40	1.05	0.90	0.80	0.75	0.75	0.70	0.70	0.65	0.65	0.60	0.55	0.55	0.60
12	12	0.25	0.35	0.35	0.40	0.40	0.40	0.40	0.45	0.45	0.45	0.45	0.50	0.50	0.50
	11	0.40	0.45	0.45	0.45	0.50	0.50	0.50	0.50	0.50	0.50	0.50	0.50	0.50	0.50
	10	0.45	0.50	0.50	0.50	0.50	0.50	0.50	0.50	0.50	0.50	0.50	0.50	0.50	0.50
	9	0.50	0.50	0.50	0.50	0.50	0.50	0.50	0.50	0.50	0.50	0.50	0.50	0.50	0.50
	8	0.50	0.50	0.50	0.50	0.50	0.50	0.50	0.50	0.50	0.50	0.50	0.50	0.50	0.50
	7	0.50	0.50	0.50	0.50	0.50	0.50	0.50	0.50	0.50	0.50	0.50	0.50	0.50	0.50
	6	0.50	0.50	0.50	0.50	0.50	0.50	0.50	0.50	0.50	0.50	0.50	0.50	0.50	0.50
	5	0.55	0.50	0.50	0.50	0.50	0.50	0.50	0.50	0.50	0.50	0.50	0.50	0.50	0.50
	4	0.60	0.50	0.50	0.50	0.50	0.50	0.50	0.50	0.50	0.50	0.50	0.50	0.50	0.50
	3	0.70	0.55	0.50	0.50	0.50	0.50	0.50	0.50	0.50	0.50	0.50	0.50	0.50	0.50
	2	0.90	0.70	0.60	0.60	0.55	0.55	0.55	0.55	0.50	0.50	0.50	0.50	0.50	0.50
	1	1.40	1.05	0.90	0.80	0.75	0.75	0.70	0.65	0.65	0.65	0.60	0.55	0.55	0.55

附录 19-4　上、下层梁刚度变化对标准反弯点高度比的修正值 y_1

a_1 \ $\overline{K}$	0.1	0.2	0.3	0.4	0.5	0.6	0.7	0.8	0.9	1.0	2.0	3.0	4.0	5.0
0.4	0.55	0.40	0.30	0.25	0.20	0.20	0.20	0.15	0.15	0.15	0.05	0.05	0.05	0.05
0.5	0.45	0.30	0.20	0.20	0.15	0.15	0.15	0.10	0.10	0.10	0.05	0.05	0.05	0.05
0.6	0.30	0.20	0.15	0.15	0.10	0.10	0.10	0.10	0.05	0.05	0.05	0.05	0	0
0.7	0.20	0.15	0.10	0.10	0.10	0.10	0.05	0.05	0.05	0.05	0.05	0	0	0
0.8	0.15	0.10	0.05	0.05	0.05	0.05	0.05	0.05	0.05	0	0	0	0	0
0.9	0.05	0.05	0.05	0.05	0	0	0	0	0	0	0	0	0	0

注：当 $i_1+i_2 < i_3+i_4$ 时，取 $a_1=(i_1+i_2)/(i_3+i_4)$，y_1 取正值；当 $i_1+i_2 > i_3+i_4$ 时，取 $a_1=(i_3+i_4)/(i_1+i_2)$，y_1 取负值；对于底层框架柱，不考虑此修正，即 $y_1=0$。

附录 19-5 上、下层高度变化对标准反弯点高度比的修正值 y_2、y_3

α_2	$\overline{K}$ / α_3	0.1	0.2	0.3	0.4	0.5	0.6	0.7	0.8	0.9	1.0	2.0	3.0	4.0	5.0
2.0		0.25	0.15	0.15	0.10	0.10	0.10	0.10	0.10	0.05	0.05	0.05	0.05	0	0
1.8		0.20	0.15	0.10	0.10	0.10	0.05	0.05	0.05	0.05	0.05	0.05	0	0	0
1.6	0.4	0.15	0.10	0.10	0.05	0.05	0.05	0.05	0.05	0.05	0.05	0	0	0	0
1.4	0.6	0.10	0.05	0.05	0.05	0.05	0.05	0.05	0.05	0.05	0	0	0	0	0
1.2	0.8	0.05	0.05	0.05	0	0	0	0	0	0	0	0	0	0	0
1.0	1.0	0	0	0	0	0	0	0	0	0	0	0	0	0	0
0.8	1.2	−0.05	−0.05	−0.05	0	0	0	0	0	0	0	0	0	0	0
0.6	1.4	−0.10	−0.05	−0.05	−0.05	−0.05	−0.05	−0.05	−0.05	0	0	0	0	0	0
0.4	1.6	−0.15	−0.10	−0.10	−0.05	−0.05	−0.05	−0.05	−0.05	−0.05	−0.05	0	0	0	0
	1.8	−0.20	−0.15	−0.10	−0.10	−0.10	−0.05	−0.05	−0.05	−0.05	−0.05	−0.05	0	0	0
	2.0	−0.25	−0.15	−0.15	−0.10	−0.10	−0.10	−0.10	−0.10	−0.05	−0.05	−0.05	−0.05	0	0

注：1. $\alpha_2 = h_上/h$，$\alpha_3 = h_下/h$，h 为计算层层高，$h_上$ 为上层层高，$h_下$ 为下层层高。

2. y_2 为上层层高变化的修正值，按 $\overline{K}$ 及 α_2 查表，对顶层不考虑该项修正。

3. y_3 为下层层高变化的修正值，按 $\overline{K}$ 及 α_3 查表，对底层不考虑该项修正。

参 考 文 献

[1] 中华人民共和国国家标准.混凝土结构设计规范 GB 50010—2010（2015年版）.北京：中国建筑工业出版社，2011.
[2] 中华人民共和国国家标准.建筑结构荷载规范 GB 50009—2012.北京：中国建筑工业出版社，2012.
[3] 中华人民共和国国家标准.建筑结构可靠性设计统一标准 GB 50068—2018.北京：中国建筑工业出版社，2008.
[4] 中国建筑标准设计研究院.国家建筑标准设计图集 16G101-1.北京：中国计划出版社，2016.
[5] 梁兴文，史庆轩.混凝土结构设计原理.3版.北京：中国建筑工业出版社，2016.
[6] 梁兴文，史庆轩.混凝土结构设计.3版.北京：中国建筑工业出版社，2016.
[7] 刘晓红，等.混凝土结构设计.吉林：吉林大学出版社，2017.
[8] 马云玲，等.混凝土结构设计.哈尔滨：哈尔滨工业大学出版社，2014.
[9] 谢成新.混凝土结构设计原理.北京：中国建材工业出版社，2012.
[10] 沈蒲生.混凝土结构设计原理.4版.北京：高等教育出版社，2012.
[11] 邵永健，等.混凝土结构设计原理.2版.北京：北京大学出版社，2013.
[12] 熊丹安，吴建林.混凝土结构设计原理.北京：北京大学出版社，2012.
[13] 熊丹安，吴建林.混凝土结构设计.北京：北京大学出版社，2012.
[14] 东南大学，天津大学，同济大学.混凝土结构（上册）—混凝土结构设计原理.5版.北京：中国建筑工业出版社，2012.
[15] 刘立新，叶燕华.混凝土结构原理.2版.武汉：武汉理工大学出版社，2012.
[16] 王海军，魏华.混凝土结构（上册）—混凝土结构设计原理.西安：西安交通大学出版社，2012.
[17] 王海军，魏华.混凝土结构（下册）—混凝土结构设计.西安：西安交通大学出版社，2012.
[18] 苏小卒，等.混凝土结构基本原理.2版.北京：中国建筑工业出版社，2011.
[19] 白国良，王毅红.混凝土结构设计.武汉：武汉理工大学出版社，2012.
[20] 徐有邻，等.混凝土结构设计规范理解及应用.北京：中国建筑工业出版社，2013.